21世纪高等院校教材——生物工程系列

生 化 工 艺 学

陈来同　编著

科学出版社

北　京

内 容 简 介

本书首先介绍了生化工艺学的概论及生化制备的基本原理和方法,然后详细介绍了氨基酸、多肽及蛋白质、核酸、酶、脂类、糖类、天然色素的提取分离,最后说明现代生物技术生化产品制备原理和方法及其保藏。内容丰富,可操作性强,特别对近几年人们关注的生物技术产品做了论述。书中所列生化产品都以动植物材料为原料,采用土洋结合、简单易行的制备技术,可以变废为宝,提高其经济价值。

本书可供综合性大学、师范、农林等院校师生阅读,也可供从事生化工艺学的科技人员参考。

图书在版编目(CIP)数据

生化工艺学/陈来同编著 .—北京:科学出版社,2004
21世纪高等院校教材——生物工程系列
ISBN 978-7-03-012961-1

Ⅰ.生… Ⅱ.陈… Ⅲ.生物化学-技术-高等学校-教材 Ⅳ.Q503

中国版本图书馆 CIP 数据核字(2004)第 012607 号

责任编辑:谢灵玲 吴伶伶 王国华/责任校对:宋玲玲
责任印制:张 伟/封面设计:耕者工作室

科 学 出 版 社 出版
北京东黄城根北街 16 号
邮政编码:100717
http://www.sciencep.com

北京建宏印刷有限公司 印刷
科学出版社发行 各地新华书店经销

2004 年 8 月第 一 版 开本:(720×1000)B5
2023 年 1 月第九次印刷 印张:39 1/2
字数:763 000
定价:128.00元
(如有印装质量问题,我社负责调换)

前　言

　　生化工艺学是用化学、物理、生物化学的原理和方法从动物、植物、微生物等生物体提取药用和食用制品，并研究其含量、纯度的一门新型边缘学科。它是理论与应用相结合的桥梁，可使学生拓宽知识面，增强应变能力，以此适应当前市场经济发展的需求。

　　生化工艺学探讨生化产品的性质和提取分离条件之间的相互关系，为生化产品制备过程的优化提供理论基础，它包括了生物材料的特性和选择、生物材料的预处理、生物材料的粉碎、生化产品的提取、生化产品的分离纯化工艺及单元操作、生化产品制备工艺的设计等内容。

　　生化工艺学的任务是使学生深入理解生化制备过程的工艺原理，懂得如何应用生化工艺学基本理论去分析和解决制备过程中的具体问题，改造原有不合理的制备过程，使制备过程更好地符合客观规律，提高制备过程的经济和社会效益。在学习上要求学生结合制备实际，弄懂生化制备过程的工艺原理，掌握生化制备工艺的共性，熟悉特定制备工艺的特性，加强工程技术和单元操作的训练，具备进行不合理制备工艺的改造、设计和开发新产品的制备工艺的初步能力。

　　本书是以综合性大学、师范、农林等院校师生为主要对象，也可供从事生化工艺学的科技人员参考。本书全面系统地论述了生化工艺学所涉及的理论和技术，并介绍了一些新生化产品的化学结构和性质、采用的原料、制备工艺、技术路线及备注等，还编入了一些生化产品的测定方法。在具体工艺过程中，采用较实用的方法和简明的工艺流程，力求全面培养学生，使其能正确理解生化工艺学原理和较好地掌握生化工艺学技术及方法，以此体会生化工艺学的理论意义及应用范围。全书共分11章，首先介绍了生化工艺学的概论及生化制备的基本原理和方法，然后详细介绍了氨基酸、多肽及蛋白质、核酸、酶、脂类化合物、糖、天然色素的提取分离，最后说明现代生物技术生化产品制备原理和方法及其保藏。本书力求融最新生化工艺理论与实用技术于一体，以理论与实际相结合为出发点，在每一章节中都对有关理论做了较详细的阐述。

　　为了适应生物化学的发展趋势，促进生物化学与实际更紧密地结合，根据生化工艺学发展和实际的需要，结合作者多年的教学、科研及生产经验，撰写了《生化工艺学》。编写重点放在叙述如何从生物材料中提取制备生化产品为主线，以介绍当前最新生化技术领域的新成果和新方法为重点，以阐明分离、鉴定生化产品所涉及的制备原理及操作技巧为核心。

　　宁夏大学生命科学学院徐德昌教授(原宁夏农学院教授)参与了本书的原创构

思工作,并对部分章节的编写提供了宝贵的建议,在此表示衷心的感谢。

衷心感谢科学出版社的大力支持。

在编著过程中,参阅了许多国内外最新工艺著述,但由于生物化学产品涉及面广,品种繁多,新的制备技术日新月异,加之作者学识和经验有限,疏漏之处在所难免,恳请专家、同仁及广大读者对本书的错误、不妥之处惠予批评指正。

陈来同

2004 年 1 月于北京大学生命科学学院

目　　录

第一章 生化工艺学概论

一、生化工艺学的含义及任务

近些年来,伴随着生物化学、分子生物学、生物技术和医药学的蓬勃发展和普及,生化产品如氨基酸、多肽、蛋白质、核酸、酶及辅酶、糖类、脂类等各种生物体内物质,都已作为生化药物、生化试剂、生物医用材料、食品和添加剂及化妆品广泛地进入了人们的生活。由于生化产品在化学构成上十分接近于体内的正常生理物质,进入体内后也更易被机体所吸收利用和参与人体的正常代谢与调节,在药理学上,具有更高的生化机制合理性和特异治疗有效性。也就是说,这类生化产品具有针对性强、毒副作用小、疗效显著、营养价值高、易被人体吸收等特点,所以备受人们的青睐。

新陈代谢是生命的基本特征之一,生物体是有组织的统一整体。生物体的组成物质及其在体内进行的一连串代谢过程都是相互联系、相互制约的。如蛋白质、糖类、脂类是生物体内的基本组成物质和主要能量来源。生命的基本特征就是蛋白质的自我更新。生命的许多现象,如神经感受性、肌肉收缩、生长繁殖、免疫反应等都以蛋白质为物质基础;氨基酸则是组成蛋白质的基本物质;核酸在体内起指导各种特异蛋白质合成的作用,与生长、发育、繁殖、遗传、变异都有着极为密切的关系;酶是生物体内的催化剂,参与一切代谢过程;激素是体内各种化学反应的速率、方向以及相互关系的调控器。造成人体病变及衰老的主要原因是机体因内外环境的改变(如环境和食品的污染、工作节奏的加快造成人的心态的变化和失衡,优越的生活条件造成的多种"富贵病")而发生代谢失常,使起控制、调节作用的酶、激素、核酸以及蛋白质等生物活性物质自身或环境发生故障。如酶作用的失控,会使产物过多积累而造成中毒或底物大量消耗而得不到补偿,或激素分泌紊乱,或免疫机能下降,或基因表达调控失灵等。正常机体在生命活动中所以能战胜疾病、保持健康状态,就在于生物体内部具有调节、控制和战胜各种疾病的物质基础和生理功能。维持正常代谢的各种生物活性物质应是人类长期进化和自然选择的合理结果,根据其构效关系进行结构的修饰和改造使之更有效、更专一、更合理地为机体所接受。如果把上述生物体内的各种基本物质通过生化工艺技术提纯出来,生产出天然无公害的绿色食品、化妆品或药品等,用于补充、调整、增强、抑制、替换或纠正人体代谢的失调,则可以比较合理地治疗疾病,同时能使人的营养代谢更加合理,保持健康的体质和容貌。如用胰岛素治疗糖尿病,用人丙种球蛋白预防麻疹、肝炎及治疗丙种球蛋白缺乏症,用尿激酶治疗各种血栓病,用细胞色素 c 治疗因组织氧化还原过程障碍及因组织缺氧所引起的一系列疾病等。

尽管生化产品的种类多种多样,制备过程千差万别、各具特点,但其制备工艺学都是研究如何应用现代生化技术把生物大分子,如蛋白质、酶、黏多糖、核酸等从生物体内最大限度地提取出来,并加以分离纯化、鉴定及如何对一些生物分子进行改造,制备出更加有益于人类健康的药用和食用制品。对这些生化产品制备过程的共性的探讨,就形成了生化工艺学(biochemical technology)。通俗地讲,生化工艺学就是以生物化学、药物化学、遗传学、分子生物学为理论基础,通过提取、发酵或合成的方法研究生化产品制造的一门应用科学。

生化工艺学是以探讨生化产品的性质和提取分离条件之间的相互关系,为生化产品制备过程的优化提供理论基础,它是有机化学、生物化学、遗传学、分子生物学、生化分离工程等课程的后续课程,包括了生物材料的特性和选择、预处理、粉碎和生化产品的提取、分离纯化工艺及单元操作、制备工艺的设计等内容。

生化工艺学的任务是使学生在已学过有机化学、生物化学、遗传学、分子生物学等课程的基础上,进一步深化和提高所学的基本知识,深入理解生化制备过程的工艺原理,懂得如何应用上述这些基本理论去分析和解决制备过程中的具体问题,改造原有的不合理的制备过程,使制备过程更好地符合客观规律,提高制备过程的经济和社会效益。在学习上要求学生结合制备实际,弄懂生化制备过程的工艺原理,掌握生化制备工艺的共性,熟悉特定制备工艺的特性,加强工程技术和单元操作的训练,具备进行不合理制备工艺的改造、设计和开发新产品的制备工艺的初步能力。

二、生化产品及其主要特点

生化产品主要是从动物、植物、微生物中分离出来的具有生物活性物质(bioactive microbial product),又称生化活性物质、生理活性物质或药理活性物质,主要包括氨基酸、多肽、蛋白质、酶、辅酶、激素、维生素、多糖、脂类、核酸及其降解产物等,与人们的生活密切相关。目前这些生物活性物质已成为生命科学研究的主要对象。生化产品的制备包含着一个复杂的工艺过程,通常把研究制造生化制品和食用制品的科学技术称为生化工艺学。所谓生化是指生物化学,是研究生命本质的科学,它以生物体为研究对象,应用化学理论和方法,探讨生物体内各种物质的化学组成和变化规律;所谓工艺学,是应用物理学、化学和生物学中的手段,制备治疗各种疾病的物质及对人体有营养价值的物质。

生化产品的主要特点有以下 4 个方面。

1. 多数生化产品是具有生物活性的高分子有机物质

生化产品多是从生物体中提取、分离纯化获得的有效成分,如酶、蛋白质、核酸、黏多糖、激素等。它们都是体内不可缺少的物质,生物功能多种多样,化学结构比较复杂,一般不易人工合成。有些生物原料,是其他材料所不能代替的。

2. 制备生化产品必须具备特殊的条件

由于大多数生化产品对热、酸、碱、重金属等敏感,容易变性和失活。从生物原料中分离生化产品,一般说来比较困难,常易染菌变质。因此,不论在原料储存、生产加工还是成品检验过程中,都要在低温、防染菌的条件下快速进行,以保证工艺稳定和产品质量。

3. 生化产品具有治疗和营养价值

由于生化产品是来自生物体,因此它具有针对性强、毒副作用小、治疗效果确切和营养价值高等优点。

4. 生化产品的制备已成为寻找新的、高疗效生化药物的重要途径

目前,从生物世界的天然物质中寻找和按生化原理设计、探索、创造新的生化药品,已被认为是最有生命力的手段之一,如活性多肽(如水蛭素)、胰蛋白酶酶抑制剂等的研究。

三、生化工艺学与生物技术的关系

生物技术产品的提取、分离纯化都离不开生化工艺学的有关技术,因此生化工艺学是生物技术产品制备的必备技术。生化工艺学不仅同生物技术药物有关,也同整个生物药物及其他药物的提取、分离纯化有关。

生物技术是应用自然科学及工程学的原理,依靠微生物、动物、植物体作为反应器,将生物材料进行加工,以提供产品来为社会服务的技术。

生物技术是带动 21 世纪经济发展的关键技术之一,它在化工、医药卫生、农林牧渔、轻工食品、能源和环境等领域都将发挥重要作用。它促进了传统产业的改造和新兴产业的形成,将对人类社会产生深远的影响。

1. 生物技术是生命科学发展的重要组成部分

人类从开始有农业活动,就萌发了对生物技术的自发应用。我们的祖先最早懂得的制酱、酿酒、造醋,就是最初的发酵工程。这种原始的生物技术一直持续了4000 多年,直到 20 世纪法国微生物学家巴斯德揭示了发酵原理,从而为发酵技术

的发展提供了理论基础。微生物的发现、经典遗传学的建立以及化学理论与技术的诞生，出现了农作物的遗传育种技术。20世纪50年代在抗生素工业的带动下，发酵工业和酶制剂工业兴起，发酵技术和酶技术被广泛应用于医药、食品、化工、制革和农产品加工等产业部门。在20世纪70年代初开创了基因工程技术和单克隆抗体技术。两大新技术的诞生，宣告了现代生物技术新时代的到来。因此，可以说生物技术是在分子生物学和细胞生物学基础上，结合现代工程学的方法和原理而发展起来的一门综合性科学技术。

现代生物技术是应用基因工程（含蛋白质工程）、细胞工程、发酵工程和酶工程，以生物体为依托发展各种生物产业的技术。它以基因工程为核心，具备基因工程和细胞工程内涵的发酵工程和酶工程才可视为现代生物技术，这样以示与传统的生物技术相区别。

譬如，糖尿患者所需的药用胰岛素，可采用DNA重组技术，把人的胰岛素基因在实验室人工合成，再于试管内与相应的DNA载体重组后，引入大肠杆菌，随后即可用大肠杆菌来制造供患者使用的胰岛素。其产品称为重组人胰岛素注射液，它可替代常用的从动物脏器中经繁杂生物提取工艺制备的产品。重组人胰岛素注射液是世界上最早的应用基因工程技术生产的医用蛋白质药物。

把人的B淋巴细胞与小鼠骨髓瘤细胞融合产生的杂交瘤细胞能分泌特异性抗体。选用单个杂交瘤细胞，进行大规模细胞培养，可以生产质地均一的特异性抗体。这种称为单克隆抗体的产品可应用于疾病诊断、体内显像定位检查、体内治疗或导向治疗、食品与环境检测，还可用来提纯天然蛋白与基因工程产品。

现代生物技术除包含基因工程、细胞工程、酶工程和发酵工程外，还有现在发展的蛋白质工程等。近期发展的在医药领域的干细胞与组织工程、器官移植，在农业上的动、植物克隆和转基因技术、生物反应器等研发，以及基因组计划的实施，进一步拓展了现代生物技术研究、开发及其产业化的领域。

2. 生物技术产品的发展现状和展望

生物技术及其产业化程度能体现一个国家的整体研究水平和创新能力，而且它又能产生巨大的社会和经济效益，因此，生物技术已成为21世纪新的竞争热点，世界各国纷纷制定发展战略，支持和扶植本国的生物技术及其产业，制定相应的优惠政策，以确保和拓展本国在世界生物技术产业市场的优势和发展空间。

美国政府为了确保在世界生物技术的领导地位，1992年以来先后出台了一系列国家生物技术发展的战略报告、蓝皮书和行动计划。2001年1月布什在其就职演说中许下诺言："重视科技，有效决策"。新政府继续把生物技术与信息、纳米技术一起，作为系列科技计划的重点发展领域。建议在未来5年内将国立卫生研究院的经费预算翻一番，加强生命科学与健康的研究，在基因组研究计划中提出了植物基因组计划。美国参议院宣布2000年1月为"美国国家生物技术月"。预计到

2025年,美国生物技术市场将达到2万亿美元,届时将占国民生产总量(GDP)的20%。在遭遇恐怖袭击事件和炭疽热恐慌后,政府增加了反恐怖、反生化战的研究经费。

英国政府在21世纪到来的前夕发表了新的科技白皮书《优势与机遇:21世纪的科学与创新政策》,就加强科研基础设施建设、吸引优秀科技人才、促进创新与知识转移等方面提出了一系列新的政策与措施。把基因组研究、下一代运算技术以及包括生物工程、传感器与纳米技术在内的基础技术研究列为世纪初的科技优先发展领域。英国的生物技术和生物学研究委员会(BBSRC)提出促进生物科学家和生命科学工程专家之间、生物学家与物理学家之间的紧密合作,在健康、食品和农业方面开展跨越基础和应用的科学研究。其医学研究委员会(MRC)将进一步加强后基因组研究的战略投资,促进知识领域的重要成果迅速有效地应用于人民医疗保健的改善。

德国科教部在1999年发表了"生物技术机遇"和"生物技术概要"两份政策性报告,它们是德国生物技术商业化一揽子强化措施的重要组成部分。重点是支持并推动生物技术知识向新产品、新工艺的转换,以及扶植有发展前景并能产生高利润的生物技术聚集地区的发展。德国把2001年确立为生命科学年,生命科学得到显著加强。目前,德国用于基因组研究的经费仅次于美国,居世界第二位。2001年初,欧洲联盟通过了2002~2006年的科技发展框架计划(欧洲共同体第六个科技发展计划),其目标是整合欧洲科研力量、建设欧洲科研区和巩固科研区的基础。同时,将基因和生物技术列入7个优先领域,投资20亿欧元,协调和促进各成员国生物技术的研究与开发。

日本起步较晚,生物技术的整体水平较美国落后。为尽快缩小差距并开创新的生物产业,日本国政府于2000年1月也召开了有5个部(科学技术厅、教育部、工业部、农林水产部、通商产业部)参加的联席会议,共同商讨发展日本生物技术产业的基本战略和制订日本21世纪生物技术发展规划。他们认为日本是资源小国,发展生物技术是继发展石油、电子、航空等工业之后,21世纪可持续发展的最大的和有效的途径之一。日本科学技术厅长官与文部大臣等4个有关省部大臣共同签署"开创生物技术产业的基本方针"的文件,把生物技术作为立国之本,提出"生物产业立国"的战略目标。为全面推进21世纪"创造立国"的战略构想,日本政府制定了2001~2005年科技基本计划,在计划中明确提出将生命科学、信息通信、环境科学和材料科学等列入今后研发的重点领域。

韩国提出要在所有高技术领域全面发展,到21世纪争取进入世界十大科技先进国家之列。印度政府已专门成立了生物技术部,全面协调生物技术的研究、开发与产业化。

我国是最早利用生物技术的国家之一。最近10多年来传统生物技术得到了迅速发展,已经成为世界发酵产品市场的重要竞争者,多种发酵产品的生产和出口剧增,柠檬酸的生产工艺和技术已进入世界先进行列,产量居世界首位;谷氨酸和赖氨酸的生产工艺和技术水平、产量也已有一定的优势。与此同时,现代生物技术的研究和开发也取得了丰硕的成果:我国首创的两系杂交水稻已推广种植 200 万亩[①],平均单产提高 10% 以上;植物转基因技术获得成功;重组联合共生固氮菌、防病工程菌开始大面积田间实验;试管牛羊、转基因鱼已进入中间试验;动物生物反应器取得了可喜的进展;抗体工程已取得多项成果并开始在临床上应用;某些基因治疗达到了国际水平;人胰岛素、人尿激酶素、葡萄糖异构酶、凝乳酶的蛋白质工程已达到世界水平。特别是随着人类基因组序列"完成图"的完成(2003 年 4 月 15日公布),生命科学研究将进入后基因组时代(研究的焦点将从基因的序列转移到功能方面),我国在"十五"计划期间将人类基因组的后续研究与开发工作列为 12个国家重大科技专项之一,国家已投入 6 亿元,主要开展重大疾病、重要生理功能相关功能基因等多项研究。

生物技术的产生和发展涉及许多学科,包括生物化学、分子生物学、细胞生物学、遗传学、微生物学、动物学、植物学、化学和化学工程学、应用物理学和电子学以及数学和计算机科学等基础和应用学科。新一代的生物技术虽来源于原始的、传统的生物类生产技术,但它们之间在内容和手段上均有质的区别。生物技术能够带来的好处是十分巨大的,正在或即将使人们的某些梦想和希望变为现实。自 20世纪 80 年代第一个生物技术药物人胰岛素投放市场以来,至 2000 年国际上已有116 种生物技术药物投放市场,369 种获得批准Ⅲ期临床试验,2600 多种处于实验室研究和早期临床观察阶段。我国已有 19 种生物技术药物投放市场,还有近 30种生物技术药物已进入临床试验开发阶段,以及众多的生物技术药物处于中试阶段。国际上生物技术药物已产生巨大的经济和社会效益。据统计,1993 年 10 种生物技术医药产品销售达 77 亿美元,2000 年生物技术药物销售额已超过 200 亿美元,可见生物技术药物已在新药开发中成为一支主力军。

近年来,人们逐渐认识到现代生物技术的发展越来越离不开生化工艺学。生化工艺在生物技术产业化方面起着重要的作用,使生物技术的应用范围更加广泛,产品的下游技术不断更新,同时大大提高了生物技术产品的产量和质量。生化工艺学已成为生物技术产业化的桥梁和瓶颈,生化产品制备过程和工艺的研究已成为加速生物技术产业化的一个重要方面。

在生化产品的制备中,人们往往极其重视生物材料的选择和新产品的开发,而忽视了探求改进生产工艺和改善工业生产设备的工艺研究。但是,事实表明,下游分离纯化工艺的改进将在很大程度上改善产品的质量,提高生产效益,起到上游过程无法实现的作用。特别是随着生物技术的发展,对生化产品制备过程提出了更高的要求,使工艺的研究和优化更加变得重要起来。

---

① 亩为非法定单位,1 亩≈666.67m²。为遵从读者阅读习惯,本书仍沿用这种用法。

思 考 题

1. 分别叙述出生化工艺学的定义和主要任务。
2. 生化产品的主要特点是什么?
3. 生化工艺学与现代生物技术有何关联?
4. 你如何理解"生物技术是生命科学发展的重要组成部分"这句话的含义?
5. 为了提高生化产品的产量和质量,需要注意哪些因素?

第二章 生化制备的基本原理和方法

生化产品主要包括氨基酸、多肽、蛋白质、酶、辅酶、激素、维生素、多糖、脂类、核酸及其降解产物等。以上这些生化产品具有不同的生理功能，其中有些是生物活性物质如蛋白质、酶、核酸等。这些生物活性物质都有复杂的空间结构，而维系这种特定的三维结构主要靠氢键、盐键、二硫键、疏水作用力和范德华力等。这些生物活性物质对外界条件非常敏感，过酸、过碱、高温、剧烈的振荡等都可能导致活性丧失，这是生化产品不同于其他产品的一个突出特点。因此，在整个分离、纯化工艺中，要选择十分温和的条件，尽量在低温条件下操作，同时还要防止体系中的重金属离子及细胞自身酶系的作用。为了得到高纯度的生化产品，必须认真掌握生化产品提取分离的基本原理和方法。

第一节 概　　述

生化产品制备技术就是在保持原来的结构和功能的前提下，把生物体内的生化基本物质从含有多种物质的液相或固相中，较高纯度地分离出来。它是一项严格、细致、复杂的工艺过程，涉及物理、化学、生物学等方面的知识和操作技术。第一章主要介绍生化产品制备入门必须掌握的基本技术。

由于各种生化产品的结构和理化性质的不同，分离方法也不一样，就是同一类生化产品，其原料不同，使用的方法差别也很大，不可能有一个统一的标准方法。

如果研制新品种，在实验前要充分查阅有关文献资料，对分离纯化的生化产品的理化性质、生物活性等都要事先了解，再着手实验工作。对于一个未知结构及性质的试样，进行创造性的分离提纯时，要经过各种方法的比较和摸索，才能找到一些工作规律和获得预期的效果。在分离提纯前，常需建立相应的分析鉴定方法，正确指导分离提纯的顺利进行。全过程都要认真做好实验记录。

一般从天然生物材料制作生化产品的过程大体可分为六个阶段：① 原料的选择和预处理；② 原料的粉碎；③ 提取，即从原料中经溶剂分离有效成分，制成粗品的工艺过程；④ 纯化，即粗制品经盐析、有机溶剂沉淀、吸附、层析、透析、超离心、膜分离、结晶等步骤进行精制的工艺过程；⑤ 干燥及保存；⑥ 成品及制剂的制备，即半成品或原料药经精细加工制成片剂、口服液、针剂、冻干剂等供饮用或临床应用的各种剂型。

不是每个生化产品的制备都完整地具备以上六个阶段，也不是每个阶段都截然分开。选择性提取包含着分离纯化；沉淀分离包含着浓缩；从发酵液中分离胞外酶,则不用粉碎细胞。离心过滤去菌体后,就可以直接进行分离纯化。选择分离纯化的方法及各种方法的先后次序也因材料而异。选择性溶解和沉淀是经常交替使用的方法,贯彻整个制备过程中。各种柱层析常放在纯化的后阶段,结晶则只有产品达到一定纯度后进行,才能收到良好的效果。不论是哪个阶段,使用哪种操作技术,都必须注意在操作中保存生化药物的完整性,防止变性和降解的发生。

对于一个新研制的生化产品,从查阅文献开始,到探索实验、考察条件等都要严格做好实验记录,真实地表达客观实际,正确地传达信息,总结制定工艺规程,再进行中试放大,全面考察工艺是否成熟、是否稳定等。如选育新的菌种,在摇瓶中生长很好,收率很高,可是上罐则不长或是收率比较低,所以需要经中试放大,进一步完善工艺,再投入工业大生产。

利用生化制备技术从生物材料中获得特殊的生物活性物质,如蛋白质、酶、激素、核酸等生化产品时,通常要注意以下几个问题:

1) 生物材料的组成成分非常复杂,有数百种甚至更多,各种化合物的形状、大小、相对分子质量和理化性质都各不相同,有的迄今还是未知物,而且这些化合物在分离时仍在不断的代谢变化中。

2) 在生物材料中,有些化合物含量很低或极微,有的只有1/10 000,甚至更少。制备时,原材料用量很大,得到产品很少,与投料量相比"虎头蛇尾"。近年来,用所谓"钓鱼法",利用某些分子特有的专一亲和力,将某一化合物从极复杂的体系中"钓"出来,与其他化学分离技术相比具有很大的优越性。

3) 许多生物活性物质,一旦离开了生物体内环境,很易变性和被破坏,应十分注意保护这些化合物的生物活性,常选择十分温和的条件,尽可能在较低温度和洁净环境中进行。一般来说制备的操作时间长、手续较繁琐。因为许多大分子在分离过程中,过酸、过碱、重金属离子、高温、剧烈的机械作用、强烈的辐射和机体内自身酶的作用,均可破坏这些分子的结构或生理活性。

4) 生化分离制备过程几乎都在溶液中进行,各种温度、pH、离子强度等参数,对溶液中各种组成的综合影响,常常无法固定,有些实验或工艺的设计理论性不强,常带有很大的经验成分。因此,要建立重复性好的成熟工艺,对生物材料、各种试剂及其辅助材料等都要严格地加以规定。

5) 生化制备方法最后均一性的证明与化学上纯度的概念并不完全相同,这是由于生物分子对环境反应十分敏感,结构与功能的关系比较复杂,评定其均一性时,要通过不同角度测定,才能得出相对"均一性"结论,只凭一种方法所得纯度的结论,往往是片面的,甚至是错误的。

第二节　原料选择和预处理

选什么样的原材料应视生产目的而定,一般要注意以下几个方面:①要选择有效成分含量高的新鲜材料;②来源丰富易得;③制造工艺简单易行;④成本比较低;⑤经济效益要好。

有时,以上几个方面的条件不一定同时具备,如含量丰富而来源困难;当含量、来源都比较理想,而分离纯化手续繁琐时,用含量略低的原材料容易得到纯品。因此,必须全面分析,综合考虑,抓住主要矛盾决定取舍。如表2-1,用不同的猪脏器可提取不同的生化产品。

表 2-1　猪脏器的生长部位、含量和用途

名　称	生 长 部 位	色　泽	每头猪均重	制 备 产 品
血液	血管	红色	2000~2500g	氨基酸、蛋白质、酶、血卟啉
骨			7000~8000g	骨胶
脑髓	颅腔内	粉红色	100g	P物质、磷脂、胆固醇
脊髓	椎骨内	灰白色	60~80g	P物质、磷脂、胆固醇
肺	胸腔内	粉红色	1000g	胰肽酶、肝素
心	胸腔内	粉红色	1000g	细胞色素、泛癸利酮、人工心瓣膜
胆囊	肝胆囊窝中		5.2g	人工牛黄、胆酸、胆膜素
肝	腹腔内	栗红色	1500~2500g	CoA、RNA
肾	腹腔内	栗红色	200~250g	多种生化试剂
胰	腹腔内,靠近十二指肠处,为一长形粉红色器官	灰白色	50g	胰岛素、胰酶等多种激素和酶
脾	腹腔底	栗红色	80g	核酸类、转移因子
胃		灰白色	500~700g	胃酶、胃膜素
松果体	第三脑室顶部	红棕色	米粒大	松果体激素
甲状腺	气管上端	深红色	4~8g	降钙素
副甲状腺	两侧甲状腺上	棕红色	半米粒大	副甲状旁腺素
胸腺	幼畜胸、颈部位(颈部气管两侧、可延伸到喉部)	粉红色	30g	胸腺素、胸腺多肽、胸腺生成素Ⅰ、Ⅱ、胸腺液体因子
睾丸		粉红色	30~50g	透明质酸
脑垂体		粉红色	0.5~1g	神经脑垂体

对于不同性质的原料,植物要注意季节性;在微生物生长对数期,酶和核酸含量较高,可获得高产量;动物的生理状态不同也有差异。生物的生长期对生理活性物质的含量影响很大。如凝乳酶只能以哺乳期小牛、崽羊的第四胃为材料,成年牛、羊胃不适用。提取胸腺只有小牛胸腺才有,成年牛已退化了。提取绒毛膜促性腺激素(HCG)要收集孕期1~4个月的孕妇尿。因此,各种生物体和同一生物体

不同组织细胞,含有的生化物质的多少和分布情况是不同的。前人的许多工作可以借鉴和参考,也应注意总结和积累自己的实践经验,选择最佳原材料。

材料选定之后,通常要进行预处理,有的原料收集到一定的数量才能生产。动物组织先要剔除结缔组织、脂肪组织等非活性部分;植物种子先去壳除脂;微生物要进行菌体和发酵液的分离等操作。总之,凡是不能及时投入工业化生产的原料,都要进行加工,防止在存放过程中破坏要提取的生化物质,同时也便于储存和运输。

在生产中常用冷冻法处理原料,一般将新采集的原料在 -20℃冷库保存,以便抑制酶和微生物的作用,降低化学反应速率。有些原料经速冻,细胞内形成微小冰晶,破坏了细胞结构,使细胞膜易破裂,有利于细胞内物质的提取。也可采用有机溶剂除去水分(动物脏器和组织一般含60%水分),可降低水分至10%以下,延长保存时间。使用有机溶剂时,注意不要破坏有效成分,常用丙酮和乙醇等。经丙酮处理的原料,能脱水脱脂,制成丙酮干燥粉,不仅减少酶的变性失活,同时因使蛋白质与脂质结合的部分化学键打开,促使某些酶易释放到溶液中,有利于有效成分的分离提取。

有的原料在收集中必须经过处理。如1kg猪脑仁(脑垂体)要2000多头猪,采集后投入丙酮中浸泡,达到破坏酶、脱脂的目的,有利于原料的储存和下一步工序的进行。微生物菌体或发酵液,经热处理后,适宜工艺连续化进行,否则也可冷冻和灭菌后储存。

第三节　原料的粉碎

在提取前先将大块的原料粉碎或绞碎成适用的粒度,或将细胞破碎,使胞内生物活性物质充分释放到溶液中,有利于提取或吸附。不同的生物体或同一生物体不同的组织,其破碎的难易不一样,使用的方法也不完全相同。动物的脏器组织,常用绞肉机机械法粉碎;植物肉质组织可以磨碎;许多微生物均具有坚韧的细胞壁,常用自溶、冷热交替、加砂研磨、超声波、加压处理等破碎方法。如果提取的有效成分是体液或细菌胞外某些多肽激素、酶等,则不需要破碎细胞。

一、机　械　法

主要通过机械力的作用,使组织粉碎。粉碎少量原料时,可使用高速组织捣碎机(10 000r/min)、匀浆器、研钵、研船等。工业生产上一般常用的粉碎设备有电磨机、球磨机、万能粉碎机、绞肉机、击碎机等。

一般脏器组织的粉碎多用绞肉机,冰冻状态绞碎效果更好。要求达到破碎细胞程度时,可以采用匀浆机。目前生化药厂破碎胰采用刨胰机,将冷冻胰脏切成薄片进行提取,对于提高胰岛素收率有良好效果。此外也可用于其他原料的破碎。

二、物 理 法

物理法是指通过各种物理因素的作用,使组织细胞破碎的方法。

1. 反复冻融法

把待破碎的样品冷却至 $-20\sim-15℃$,使之凝固,然后缓慢地溶解,如此反复操作,大部分动物性的细胞及细胞内的颗粒可以破碎。

2. 冷热交替法

在细菌或病毒中提取蛋白质和核酸时可用此法。操作时,将材料投入沸水中,在 $90℃$ 左右维持数分钟,立即置于冰浴中,使之迅速冷却,绝大部分细胞被破坏。

3. 超声波处理法

多用于微生物材料,处理的效果与样品浓度、使用频率有关。用大肠杆菌制备各种酶时,常用 $50\sim100mg/L$ 的菌体浓度,在 $1\sim10kHz$ 频率下处理 $10\sim15min$。对于其他细菌,则视具体情况而定。操作中注意避免溶液中气泡的存在,制备对超声波敏感的一些核酸、酶,要慎重使用。

4. 加压破碎法

加气压或水压(如上海高压匀浆泵厂生产的高压匀质机),达 $20.59\sim34.32MPa(210\sim350kgf^{①}/cm^2)$ 的压力时,可使 90% 以上细胞被压碎。多用于微生物酶制剂的工业制备。

三、生化及化学法

1. 自溶法

自溶法即新鲜的生物材料存放在一定的 pH 和适当温度下,利用组织细胞中自身的酶系将细胞破坏,使细胞内含物释放出来的方法。自溶的温度,动物材料选在 $0\sim4℃$,微生物材料则多在室温下进行。自溶时,需加少量的防腐剂,如甲苯、氯仿等,以防止外界细菌的污染。因自溶的时间较长,不易控制,故制造具有活性

---

① kgf 为非法定单位,1kgf = 9.806 65N。

的核酸、蛋白质时比较少用。

2. 酶处理法

用外来酶处理生物材料,如溶菌酶(lysozyme)是专一地破坏细菌细胞壁的酶。如用噬菌体感染大肠杆菌细胞制备 DNA 时,采用 pH＝8 的 0.1mol/L 三羟甲基氨基甲烷(Tris)-0.01mol/L 乙二胺四乙酸(EDTA)制成每毫升含 2 亿个细胞的细胞悬液,然后加入 $100\mu g \sim 1mg$ 的溶菌酶,在 37℃ 保温 10min,细菌胞壁即被破坏;还有把蜗牛酶用于酵母细胞的破碎;用胰酶处理猪脑制备脑安素。用于专一性分解细胞壁的酶还有纤维素酶(破坏植物细胞)、细菌蛋白酶、酯酶、壳糖酶等。

3. 表面活性剂处理法

表面活性剂的分子中,兼有亲脂性和亲水性基团,能降低水的界面张力,具有乳化、分散、增溶作用。较常用的有十二烷基硫酸钠、氯化十二烷基吡啶、去氧胆酸钠等。

除上述方法外,通过改变细胞膜的通透性,破坏蛋白质与脂类的结合,也可达到破坏细胞的目的。这方面应用较多的是真空干燥和丙酮处理制成丙酮粉的方法。无论用哪种方法破坏细胞,都要在一定的稀盐溶液或缓冲液中进行,一般还需加入某些保护剂,以防止有效成分的变性、降解和被破坏。

第四节　生化产品的提取

利用一种溶剂对不同物质溶解度的差异,从混合物中分离出一种或几种组分的过程称为提取(extraction),又称萃取或抽提,其含义基本相同。提取是分离纯化的前期,先将经过处理或破碎的组织置于一定条件下的溶剂中,让被提取的生化产品充分释放出来。用冷溶剂从固体物质提取的过程可称为浸渍(maceration);用热溶剂者可称为浸提(digestion),也称浸煮。提取通常贯穿在分离纯化过程中,包括生化产品与细胞固体成分或其他相结合物质由固相转移到液相中,或从细胞内的生理状态转入外界特定的溶液中。提取可分为两类:一类是对固体的提取,也称液-固提取,被处理的原料为固体;另一类是对液体的提取,也称液-液提取(习惯上多称为萃取),被处理的原料为液体。在对固体的提取中,溶质首先溶于溶剂,然后由两相的界面扩散到溶剂中。在对液体的提取中,溶剂与被处理的液体互不混淆,但对液体中的组分,却有不同的溶解能力,因而可经由两液相间的界面,由一相扩散到另一相中。

通过提取而得到的物质还需进一步处理,用蒸发、盐析、沉淀、结晶或干燥等方法除去提取用的溶剂。此溶剂一般都可回收重用。

一、物质的性质与提取

(一) 物质的性质与提取方法的选择

要取得好的提取效果,最重要的是要针对生物材料和目的物的性质。选择合适的溶剂系统与提取条件。生物材料及其目的物与提取有关的一些性状,包括溶解性质、相对分子质量、等电点、存在方式、稳定性、相对密度、粒度、黏度、目的物含量、主要杂质种类及溶解性质、有关酶类的特征等。其中最主要的是目的物与主要杂质在溶解度方面的差异以及它们的稳定性。操作者可根据文献资料及本人的试验摸索获得有关信息,在提取过程中尽量增加目的物的溶出度,尽可能减少杂质的溶出度,同时充分重视生物材料及目的物在提取过程中的活性变化。对酶类生化产品的提取要防止辅酶的丢失和其他失活因素的干扰;对蛋白质类生化产品要防止其高级结构的破坏,即变性作用,应避免高热、强烈搅拌、大量泡沫、强酸、强碱及重金属离子的作用;多肽类及核酸类生化产品需注意避免酶的降解作用,提取过程应在低温下进行,并添加某些酶抑制剂;对脂类生化产品应特别注意防止氧化作用,减少与空气的接触,如添加抗氧剂、通氮气及避光等。

(二) 活性物质的保护措施

在提取过程中,保持目的物的生物活性十分重要,对于一些生物大分子,如蛋白质、酶及核酸类药物常采用下列保护措施。

1) 采用缓冲系统,防止提取过程中某些酸碱基团的解离导致溶液 pH 的大幅度变化,使某些活性物质变性失活或因 pH 变化影响提取效果。在生化产品的制备中,常用的缓冲系统有磷酸盐缓冲液、柠檬酸盐缓冲液、Tris 缓冲液、乙酸缓冲液、碳酸盐缓冲液、硼酸盐缓冲液和巴比妥缓冲液等,所使用的缓冲液浓度均较低,以利于增加溶质的溶解性能。

2) 添加保护剂,防止某些生理活性物质的活性基团及酶的活性中心受破坏。如巯基是许多活性蛋白质和酶的催化活性基团,极易被氧化,故提取时常添加某些还原剂如半胱氨酸、α-巯基乙醇、二巯基赤藓糖醇、还原型谷胱甘肽等。其他措施如提取某些酶时,常加入适量底物以保护活性中心;对易受重金属离子抑制的活性物质,可在提取时添加某些金属螯合剂,以保护活性物质的稳定性。

3) 抑制水解酶的作用。抑制水解酶对目的物的作用,是提取操作中的最重要保护性措施之一。可根据不同水解酶的性质采用不同方法,只需要金属离子激活的水解酶(如 DNase)常加入 EDTA 或用柠檬酸缓冲液,以降低或除去金属离子,使酶活力受到抑制。对热不稳定的水解酶,可用选择性热变性提取法,使酶失活。根据酶的溶解性质的不同,可用 pH 不同的缓冲体系提取以减少酶的释放或根据酶的最适 pH,选用酶发挥活力最低的 pH 进行提取。最有效的办法是在提取时添加酶抑制剂,以抑制水解酶的活力。如提取 RNA 时添加核糖核酸酶抑制剂,常用的有 SDS(十二烷基磺酸钠)、脱氧胆酸钠、萘-1,5-二磺酸钠、三异丙基萘磺酸钠、4-氨基水杨酸钠以及皂土、肝素、DEP(二乙基焦碳酸盐)、蛋白酶 K 等。又如在提取活性蛋白和酶类生化产品时,加入各种蛋白酶抑制剂,如 PMSF(甲基磺酰氟化物)、DFP 二异丙基氟磷酸、碘乙酸等。

4) 其他保护措施。为了保持某些生物大分子的活性,也要注意避免紫外光、强烈搅拌、过酸、过碱或高温、高频震荡等。有些活性物质还应防止氧化,如固氮酶、铜-铁蛋白提取分离时要求在无氧条件下进行。有些活性蛋白对冷、热变化也十分敏感,如免疫球蛋白就不宜在低温冻结。所以,提取时要根据目的物的不同性质,分别具体对待。

二、物质的性质与溶解度

(一) 物质溶解度的一般规律

物质的溶解度是固相分子间的相互作用及固-液两相分子间两种作用力综合平衡的结果,前者是"阻力",后者是"助力"。溶剂的选择原则就是减小"阻力",增加"助力"。溶剂的作用就是最大限度地削弱生物分子间的作用力,尽可能地增加目的分子与溶剂分子间的相互作用力。

物质溶解性质的一般规律是"相似相溶"原则,其涵义是相似物溶解于相似物。一方面表示溶质与溶剂分子结构上的相似;另一方面表示溶剂与溶质分子间的作用力相似。

按溶剂极性大小进行分类带有较多的经验成分,而按形成氢键的多寡进行分类科学性则更强。根据形成氢键能力的大小,可把溶剂分为五类:

1) 能形成 2 个以上氢键的溶剂分子,在溶液中这些分子有三维空间网状结构,水就是典型的例子,水的 2 个氢原子和 1 个氧原子都可以形成氢键;

2) 能形成 2 个氢键的溶剂分子, 这种溶剂分子既是氢供体又是氢的受体,如脂肪醇类;

3) 只作为质子受体的溶剂分子, 如脂肪族的醚类;

4) 只作为质子供体的溶剂分子, 如氯仿;

5) 不能形成氢键的烃类, 如四氯化碳。

上述 1)、2)两类溶剂可作为极性化合物的提取溶剂,3)、4)两类溶剂宜于对溶液中弱极性或非极性化合物进行提取。在提取中如加入质子供体溶剂(如酚类)或质子受体溶剂(如胺类),均可增加质子受体溶质或质子供体溶质的溶解度。

(二) 水在生化物质提取中的作用

水是提取生化物质的常用溶剂。水是高度极化的极性分子,具有很高的介电常数。在水溶液中,水分子自身形成氢键的趋势很强,有极高的分子内聚力(缔合力)。水分子的存在可使其他生物分子间(包括同种分子与异种分子)的氢键减弱,而与水分子形成氢键,水分子还能使溶质分子的离子键解离,这就是所谓"水合作用"。水合作用促使蛋白质、核酸、多糖等生物大分子与水形成了水合分子或水合离子,从而促使它们溶解于水或水溶液中。

三、提 取 效 率

提取时,总希望提取率愈高愈好,但实际上这种"相转移"的提取效率不可能达到100%,无论采用什么巧妙提取方法,在生物材料中总要残留部分目的物,残留量 X 的多寡取决于所选择的溶剂系统的种类、用量、提取次数以及操作条件。这个数量关系以"残留量公式"表示如下

$$X = X_0 \left(\frac{Kw}{Kw + L} \right)^n$$

式中:X_0 为目的物总量(g);K 为目的物在固相/液相的分配系数;L 为溶剂体积(mL);w 为生物材料质量(g);n 为提取次数。

由上式可见:

1) 对于所选的溶剂系统而言,目的物在生物材料中的分配系数 K 越大,提取后的残留物质就越多。

2) 所用的溶剂越多,残留量越少。

3) 提取次数越多残留量也越少。

在实际工作中,溶剂的用量有一定限量,溶剂用量过多不仅成本高,而且给提取液的后处理带来困难,所以一般用分次提取法予以弥补。但提取的次数太多也会增加生产设备的负担,使能耗提高,延长生产周期,不仅降低劳动生产率,还增加了产品失活的机会,所以一般生产上多用2~3次提取。溶剂用量(L)为生物材料的2~5倍,少数情况也有用10~20倍量溶剂进行一次性提取。目的是节省提取时间,降低有害酶的作用。

当提取物由固相转入液相或从细胞内转到细胞外时,提取率还与物质的扩散作用有关。为了提高提取速率,常采取一些措施,如增加材料的破碎程度、进行搅拌、延长提取时间、提高提取温度(但对一些不耐热的物质,温度不宜过高)等。

四、影响提取的因素

(一) 温度

多数物质的溶解度随提取温度的升高而增加。另外,较高的温度可以降低物料的黏度,有利于分子扩散和机械搅拌,所以对一些植物成分,某些较耐热的生化成分,如多糖类,可以用浸煮法提取。加热温度一般为 50～90℃。但对大多数不耐热生物活性物质浸煮法不宜采用,一般在 0～10℃进行提取。对一些热稳定性较好的成分,如胰弹性蛋白酶可在 20～25℃提取。有些生化物质在提取时,需要酶解激活,如胃蛋白酶的提取,温度可以控制在 30～40℃,应用有机溶剂提取生化成分时,一般在较低的温度下进行提取,一方面是为了减少溶剂挥发损失和生产安全;另一方面也是为了减少活力损失。

(二) 酸碱度

多数生化物质在中性条件下较稳定,所以提取用的溶剂系统原则上应避免过酸或过碱,pH 一般应控制在 4～9 范围内。为了增加目的物的溶解度,往往要避免在目的物的等电点附近进行提取。

有些生化物质在酸性环境中较稳定,且稀酸又有破坏细胞的作用,所以有些酶如胰蛋白酶、弹性蛋白酶及胰岛素等都在偏酸性介质中进行提取。多糖类物质因在碱性环境中更稳定,故多用碱性溶剂系统提取多糖类生化产品。

巧妙地选择溶剂系统的 pH 不但直接影响目的物与杂质的溶解度,还可以抑制有害酶类的水解破坏作用,防止降解,提高产率。对于小分子脂溶性物质而言,调节适当的溶剂 pH 还可使其转入有机相中,便于与水溶性杂质分离。

(三)盐浓度

盐离子的存在能减弱生物分子间离子键及氢键的作用力。稀盐溶液对蛋白质等生物大分子有助溶作用。一些不溶于纯水的球蛋白在稀盐中能增加溶解度,这是由于盐离子作用于生物大分子表面,增加了表面电荷,使之极性增加,水合作用增强,促使形成稳定的双电层,此现象称为"盐溶"作用。多种盐溶液的盐溶能力既与其浓度有关,也与其离子强度有关,一般高价酸盐的盐溶作用比单价酸盐的盐溶作用强。常用的稀盐提取液有氯化钠溶液(0.1～0.15mol/L)、磷酸盐缓冲液(0.02～0.05mol/L)、焦磷酸钠缓冲液(0.02～0.05mol/L)、乙酸盐缓冲液(0.10～0.15mol/L)、柠檬酸缓冲液(0.02～0.05mol/L)。其中焦磷酸盐的缓冲范围较大,对氢键和离子键有较强的解离作用,还能结合二价离子,对某些生化物质有保护作用。柠檬酸缓冲液常在酸性条件下使用,作用近似于焦磷酸盐。

五、提 取 方 法

(一) 用酸、碱、盐水溶液提取

用酸、碱、盐水溶液可以提取各种水溶性、盐溶性的生化物质。这类溶剂提供了一定的离子强度、pH 及相当的缓冲能力。如胰蛋白酶用稀硫酸提取,肝素用 pH＝9 的 3% 氯化钠溶液提取,某些与细胞结构结合牢固的生物高分子,在提取时采用高浓度盐溶液(如 4mol/L 盐酸胍,8mol/L 尿素或其他变性剂),这种方法称"盐解"。

(二) 用表面活性剂提取

表面活性剂分子兼有亲水与疏水基因,在分布于水-油界面时有分散、乳化和增溶作用。表面活性剂又称"去垢剂",可分为阴离子型、阳离子型、中性与非离子型去垢剂。离子型表面活性剂作用强,但易引起蛋白质等生物大分子的变性;非离子型表面活性剂变性作用小,适于用水、盐系统无法提取的蛋白质或酶的提取。某些阴离子去垢剂如 SDS 等可以破坏核酸与蛋白质的离子键合,对核酸酶又有一定抑制作用,因此常用于核酸的提取。

使用去垢剂时应注意它的亲油、亲水性能的强弱,通常以亲水基与亲油基的平衡值(H.L.B)表示

$$H.L.B = \frac{亲水基的亲水性}{亲油基的亲油性}$$

生物提取常用的表面活性剂,其 H.L.B 多在 10～20 之间。除 SDS 外,实验室中常见的还有吐温类(Tween 20、40、60、80)、Span 和 Triton 系列,以及十六烷基二乙基溴化铵等。离子型表面活性剂的化学本质多为高级有机酸盐、季铵盐、高级醇的无机酸酯如 SDS 和胆酸盐等。非离子型表面活性剂多为高级醇醚的衍生物。

在适当 pH 及低离子强度的条件下,表面活性剂能与脂蛋白形成微泡,使膜的渗透性改变或使之溶解。微泡的形成严格地依赖于 pH 与温度。一般说离子型比非离子型更有效。虽然它易于导致蛋白质变性,甚至使肽键断裂,但对于膜结合酶的提取,如呼吸链的一些酶及乙酰胆碱酯酶等,还是相当有效的。

表面活性剂的存在给酶蛋白等的进一步纯化带来一定困难,如盐析时很难使蛋白质沉淀,因此,需先除去。离子型表面活性剂可用离子交换层析法除去,非离子型表面活性剂可以用 Sephadex LH-50 层析法除去,其他表面活性剂可以用分子筛层析法除去。如采用 DEAE-Sephadex 柱层析纯化样品,则不必预先除去表面活性剂。经层析获得的蛋白质样品可用盐析或有机溶剂分别沉淀,用 SDS 处理菌体悬浮液时,浓度一般为 1% 左右,低温放置 12h 即可。

(三) 有机溶剂提取

用有机溶剂提取生化物质可分为固-液提取和液-液提取(萃取)两类。

1. 固-液提取

固-液提取常用于水不溶性的脂类、脂蛋白、膜蛋白结合酶等。例如用丙酮从动物脑中提取胆固醇,用醇醚混合物提取泛癸利酮,用氯仿提取胆红素等。有机溶剂在提取分离物质时,有单一溶剂分离法与多种溶剂组合分离法,如依据脂类生化产品在不同溶剂中溶解度差异进行分离的方法,如游离胆红素在酸性条件溶于氯仿及二氯甲烷,故胆汁经碱水解及酸化后用氯仿抽提,其他物质难溶于氯仿,而胆红素则溶出,因此得以分离;又如卵磷脂溶于乙醇,不溶于丙酮,脑磷脂溶于乙醚而不溶于丙酮和乙醇,故脑干丙酮抽提液用于制备胆固醇,不溶物用乙醇抽提得卵磷脂,用乙醚抽提得脑磷脂,从而使3种成分得以分离(表2-2)。

表 2-2　磷脂与胆固醇在有机溶剂中的溶解度比较

脂类　　　　　　溶剂	乙醚	乙醇	丙酮
卵磷脂	溶	溶	不溶
脑磷脂	溶	不溶	不溶
神经磷脂	不溶	溶于热乙醇	不溶
胆固醇	溶	溶于热乙醇	溶

在生化产品生产中常用的有机溶剂有甲醇、乙醇、丙酮、丁醇等极性溶剂以及乙醚、氯仿、苯等非极性溶剂。极性溶剂既有亲水基团又有疏水基团,从广义上说,也是一种表面活性剂。甲醇、乙醇、丙酮能同水混溶,同时又有较强的亲脂性,对某些蛋白质,类脂起增溶作用,乙醚、氯仿、苯是脂质化合物的良好溶剂。

在选用有机溶剂时一般采用"相似相溶"的原则。与细胞颗粒结构如线粒体等结合的酶,有的是与脂类物质紧密结合,采用丁醇为溶剂,效果较好。丁醇在水中有一定溶解度,对细胞膜上磷脂蛋白的溶解能力强,能迅速透入酶的脂质复合物中。丁醇也能用于干燥生物材料的脱脂,但它在水溶液中解离脂蛋白的能力更强。在生化物质提取前,有时还用丙酮处理原材料,制成"丙酮粉",其作用是使材料脱水,脱脂,使细胞结构松散,增加了某些物质的稳定性,有利于提取,同时又减少了体积,便于储存和运输,而且应用"丙酮粉"提取可以减少提取液的乳化程度及黏度,有利于离心与过滤操作。

有机溶剂既能抑制微生物的生长和某些酶的作用,防止目的物降解失活,也能阻止大量无关蛋白质的溶出,有利于进一步纯化。如用酸-醇法提取胰岛素既可抑制胰蛋白酶对胰岛素的降解作用,还能减少其他杂蛋白的共存,使后处理较为方便。

各类溶剂的性质与其分子结构有关。例如甲醇、乙醇是亲水性比较强的溶剂,它们的分子比较小,有羟基存在,与水的结构很近似,所以能够和水任意混合。丁醇和戊醇分子中有羟基,和水有相似之处,所以它们能彼此互溶,但随着相对分子质量的增加,在它们互溶达到饱和状态之后,丁醇或戊醇都能与水分层。氯仿、苯和石油醚是烃类或氯烃衍生物,分子中无氧,属于亲脂性强的溶剂。这些常见溶剂的亲水性或亲脂性的强弱顺序可表示如下:

亲水性增强

$$\longrightarrow$$

石油醚　苯　氯仿　乙醚　乙酸乙酯　丙酮　乙醇　甲醇

$$\longleftarrow$$

亲脂性增强

蛋白质和氨基酸都是两性化合物,有一定程度的极性,所以能溶于水,不溶于或难溶于有机溶剂。葡萄糖、蔗糖分子是比较小的多羟基化合物,具有亲水性,极易溶于水。淀粉虽然羟基数目多,但分子太大,所以难溶解于水。

2. 液-液萃取

液-液提取法简称萃取法,是利用混合物中各成分在两种互不相溶的溶剂中分配系数的不同,将溶质从一个溶剂相向另一个溶剂相转移的操作。影响液-液萃取的因素主要有目的物在两相的分配比(分配系数 K)和有机溶剂的用量等。分配系数 K 值增大,提取效率也增大,提取就易于进行完全。当 K 值较小时,可以适当增加有机溶剂用量来提高萃取率,但有机溶剂用量增加会增加后处理的工作量,因此在实际工作中,常常采取分次加入溶剂,连续多次提取来提高萃取率。萃取时各成分在两相溶剂中分配系数相差越大,分离效率越高。如果在水提取液中的有效成分是亲脂性的物质,一般多用亲脂性有机溶剂,如苯、氯仿或乙醚进行萃取;如果有效成分是偏于亲水性的物质,在亲脂性溶剂中难溶解,就需要改用弱亲脂性的溶剂,例如乙酸乙酯、丁醇等。还可以在氯仿、乙醚中加入适量乙醇或甲醇以增大其亲水性。

在生化产品制备中,用有机溶剂对原材料的水溶液进行提取,被提取的生化产品在两相的分配比和有机溶剂的用量是影响液-液提取的主要因素。增加有机溶剂用量,虽然可以提高提取效率,但溶质浓度降低,不利于下道工序分离纯化进行,而且浪费溶剂,不适合大量生产。所以在实际操作中,常采用分次加入溶剂,连续多次提取的方法。第一次提取时,溶剂要多一些,一般为水提取液的 1/3,以后的用量可以少一些,一般为 1/3~1/6,萃取 3~4 次即可。

对酸性物质的提取,常在酸性条件下进行;对碱性物质的提取,常在碱性条件下进行;对两性物质的提取,则使水溶液的 pH 在该两性物质的等电点为佳。在水溶液中加入大量盐,可使生化物质在水中的溶解度降低,促使它转入有机溶剂中,而有利于提取。此外,盐的存在还可减少提取物在有机溶剂中的溶解度,使提取液中的水分含量减少。液-液萃取常发生乳化作用,使有机溶剂和水相分层困难。常用的去乳化的方法有:离心或过滤分离、较长时间放置或轻轻搅动、改变两相的比例、将乳层稍稍加热、加电解质等。

在实验室进行小量萃取,可在分液漏斗中进行。工业生产中,多在密闭萃取罐内进行大量萃取,用搅拌机搅拌一定时间,使二液充分混匀,再放置待分层。

溶剂提取的注意事项有以下 4 个方面:

(1) pH   在提取操作中正确选择 pH 很重要。因为在水溶液中某些酸、碱物质会解离,在萃取时改变了分配系数,直接影响提取效率。所以提取具有酸、碱基团的物质时,酸性物质在酸性条件下萃取,碱性物质在碱性条件下萃取,对氨基酸等两性电解质,则采用 pH 在等电点时进行提取较好。

(2) 盐析   加入中性盐如硫酸铵,氯化钠等可以使一些生化物质溶解度减少,这种现象称为盐析。在提取液中加入中性盐,可以促使生化物质转入有机相从而提高萃取率。盐析作用也能减少有机溶剂在水中的溶解度,使提取液中的水分含量减少。

(3) 温度   温度升高可使生化物质不稳定,又易使有机溶剂挥发,所以一般在室温或低温下进行萃取操作。

(4) 乳化   液-液萃取时,常发生乳化作用,使有机溶剂与水相分层困难。去乳化的常用方法有:过滤与离心、轻轻搅动、改变两相的比例、加热、加电解质(氯化钠、氢氧化钠、盐酸及高价离子等)、加吸附剂(如碳酸钙)等。

液-液萃取时溶剂的选择要注意以下几点:

1) 选用的溶剂必须具有较高选择性,各种溶质在所选的溶剂中的分配系数差异愈大愈好;

2) 选用的溶剂,在提取后,溶质与溶剂要容易分离与回收;

3) 两种溶剂的密度相差不大时,易形成乳化,不利于萃取液的分离,选用溶剂时应注意;

4) 要选用无毒、不易燃烧的、价廉易得的溶剂。

六、超临界气体的萃取技术

以气体为萃取剂,当气体处于超过临界温度和临界压力时,呈现一种既非液相又非气相的流体,兼有液体和气体的特性。如密度接近于液体,黏度却接近于气体,具有良好的溶剂性质。

气体萃取剂必须具有临界压力低,临界温度接近于室温,化学稳定性好,价廉易得等特点。主要有二氧化碳、氮气、乙烯、乙烷、丙烯、丙烷等,最常用的是二氧化碳。其方法主要有等温法和等压法两种,借助于压力或温度的调节分离萃取剂与被萃取物。

该技术应用于酶、不饱和脂肪酸的提取(如鱼油和卵磷脂的提取),精制和回收,也可用于生化产品的溶剂脱除。某些生化产品在生产过程中,采用了丙酮和甲醇溶剂,欲脱去溶剂又要避免产品的分解,需选择超临界气体提取。与减压干燥法相比较,前者不多消耗能源,且缩短了脱溶时间。

七、提取液的分离

提取所得到的溶液,需与固体或另一液体分离。溶液与固体的分离,一般处理方法有三种:自然沉降、过滤、离心。自然沉降是在液体介质中,固体自然下沉而分离的过程。当混悬液处理量较大,且固体和液体的相对密度悬殊时,可用此法。沉降分层后,可用虹吸等方法将液体部分移去。过滤是利用多孔材料阻留固体,而使液体通过,达到固体与液体分离的过程。离心是利用旋转运动的离心力进行分离物料的一种操作,其中通过过滤介质分离液体和固体者为离心过滤;利用液体相对密度的大小分离出不同相对密度的液体者为离心分离;利用液固两相相对密度的差异进行沉降分离者为离心沉降。

第五节　生化产品的分离纯化技术

生化产品分离纯化技术包括:生化产品的分离分析和生化产品的制备。前者主要对生物体内各组分加以分离后进行定性、定量鉴定,它不一定要把某组分从混合物中分离提取出来;后者则主要是为了获得生物体内某一单纯组分。

为了保护目的物的生理活性及结构上的完整性,生物产品的制备中的分离方法多采用温和的"多阶式"方法进行,即常说的"逐级分离"方法。为了纯化一种生化物质常常要联合几个,甚至十几个步骤,并不断变换各种不同类型的分离方法,才能达到目的。因此操作的时间长,手续繁琐,给制备工作带来众多影响。亲和层析法具有从复杂生物组成中专一的"钓出"特异生化成分的特点,目前已在生物大分子,如酶、蛋白、抗体和核酸等的纯化中得到广泛应用。

一、分离纯化原理

生化产品的分离制备技术大都根据混合物中的不同组分分配率的差别,把它们分配于可用机械方法分离的两个或几个物相中(如有机溶剂抽提、盐析、结晶等),或者将混合物置于某一物相(大多数是液相)中,外加一定作用力,使多组分分配于不同区域,从而达到分离目的(如电泳、超离心、超滤等)。除了一些小分子如氨基酸、脂肪酸、某些维生素及固醇类外,几乎所有生物大分子都不能融化,也不能蒸发,只限于分配在固相或液相中,并在两相中相互交替进行分离纯化。在实际操作中,我们往往依据以下原理对生物大分子进行分离纯化:

1) 根据分子形状和大小不同进行分离,如差速离心与超离心、膜分离(透析、电渗析)与超滤法、凝胶过滤法;

2) 根据分子电离性质(带电性)的差异进行分离,如离子交换法、电泳法、等电聚焦法;

3) 根据分子极性大小及溶解度不同进行分离,如溶剂提取法、逆流分配法、分配层析法、盐析法、等电点沉淀法及有机溶剂分级沉淀法;

4) 根据物质吸附性质的不同进行分离,如选择性吸附与吸附层析法;

5) 根据配体特异性进行分离,如亲和层析法。

精制一个具体生物产品,常常需要根据它的各种理化性质和生物学特性,采用以上各种分离方法进行有机组合,才能达到预期目的。

二、分离纯化的程序和生产设计

生物体内某一组分,特别是未知结构的组分的分离制备设计,大致可分为五个基本阶段:① 确定制备物的研究目的及建立相应的分析鉴定方法;② 制备物的理化性质稳定性的预备试验;③ 选择材料处理及抽提方法;④ 摸索分离纯化方法;⑤ 测定产物的均一性。

提取是分离纯化目的物的第一步,所选用的溶剂应对目的物具有最大溶解度,并尽量减少杂质进入提取液中,为此可调整溶剂的 pH、离子强度、溶剂成分配比和温度范围等。

分离纯化是生化制备的核心操作。由于生化物质种类成千上万,因此分离纯化的实验方案也千变万化,没有一种分离纯化方法可适用于所有物质的分离纯化。一种物质也不可能只有一种分离纯化方法。所以,合理的分离纯化方法是根据目的物的理化性质与生物学性质,依具体实验条件而定。认真参考前人经验可以避免许多盲目性,节省实验摸索时间,即使是分离一个新的未知组分,根据分析和预试验的初步结果,参考别人对类似物质的分离纯化经验,也可以少走弯路。

1. 分离纯化初期使用方法的选择

分离纯化的初期,由于提取液中的成分复杂,目的物浓度较稀,与目的物物理化性质相似的杂质多,所以不宜选择分辨能力较高的纯化方法。因为在杂质大量存在的情况下,任何一种高分辨率分离方法都难于奏效,被分离的目的物难于集中在一个区域。因为此时,大批理化性质相近的分子在相同分离条件下,彼此在电场中或力场中竞争占据同一位置。这样,被目的物占据的机会就很少,或者分散在一个很长区域中而无法集中于一点。所以早期分离纯化用萃取、沉淀、吸附等一些分辨率低的方法较为有利,这些方法负荷能力大,分离量多兼有分离提纯和浓缩作用,为进一步分离纯化创造良好的基础。

总的来说,早期分离方法的选择原则是从低分辨能力到高分辨能力,而且负荷量较大者为合适,但随着许多新技术的建立,一个特异性方法的分辨率愈高,便意味着提纯步骤愈简化,收率愈高,生化物质的变性危险愈少,因此亲和层析法、纤维素离子交换层析法、连续流动电泳、连续流动等电聚焦等在一定条件下,也用于从粗提取液中分离制备小量目的物。

2. 各种分离纯化方法的使用程序

生化物质的分离都是在液相中进行,故分离方法主要根据物质的分配系数、相对分子质量大小、离子电荷性质及数量和外加环境条件的差别等因素为基础,而每一种方法又都在特定条件下发挥作用。因此,在相同或相似条件下连续使用同一种分离方法就不太适宜。例如纯化某一两性物质时,前一步已利用该物质的阴离子性质,使用了阴离子交换层析法,下一步提纯时再应用其阳离子性质进行层析或电泳分离便会取得较好分离效果。各种分离方法的交叉使用对于除去大量理化性质相近的杂质也较为有效。如有些杂质在各种条件下带电荷性质可能与目的物相似,其分子形状与大小与目的物相差较大,而另一些杂质的分子形状与大小可能与目的物相似,但在某条件下与目的物的电荷性质不同,在这种情况下,先用分子筛,用离心或膜过滤法除去相对分子质量相差较大的杂质,然后在一定 pH 和离子强度范围下,使目的物变成有利的离子状态,便能有效地进行色层析分离。当然,这两种步骤的先后顺序反过来应用也会得到同样效果。

在安排纯化方法顺序时,还要考虑到有利于减少工序,提高效率,如在盐析后采取吸附法,必然会因离子过多而影响吸附效果;如增加透析除盐,则使操作大大复杂化。如倒过来进行,先吸附,后盐析就比较合理。

对于一未知物通过各种方法的交叉应用,有助于进一步了解目的物的性质。不论是已知物或未知物,当条件改变时,连续使用一种分离方法是允许的,如分级盐析和分级有机溶剂沉淀等。分离纯化中期,由于各种原因,如含盐太多、样品量过大等,一个方法一次分离效果不理想,可以连续使用两次,这种情况常见于凝胶过滤与 DEAE-C 层析。在分离纯化后期,杂质已除去大部分,目的物已十分集中,重复应用先前几步所应用的方法,对进一步确定所制备的物质在分离过程中其理化性质有无变化和验证所得的制备物是否属于矫作物又有着新的意义。

3. 分离后期的保护性措施

在分离操作的后期必须注意避免产品的损失,主要损失途径是器皿的吸附、操作过程样品液体的残留、空气的氧化和某些事先无法了解的因素。为了取得足够量的样品,常常需要加大原材料的用量,并在后期纯化工序中注意保持样品溶液有较高的浓度,以防制备物在稀溶液中的变性,有时常加入一些电解质以保护生化物质的活性,减少样品溶液在器皿中的残留量。

三、分离纯化方法的评估

每一个分离纯化步骤的好坏,除了从分辨能力和重现性两个方面考虑外,还要注意方法本身的回收率,特别是制备某些含量很少的物质时,回收率的高低十分重要。一般经过 5~6 步提纯后,活力回收在 25% 以上。但不同物质的稳定性不同、分离难易不同,回收率也不同。

对每一步骤方法的优劣的记录,体现在所得产品质量及活性平衡关系上。这一关系,可通过每一步骤的分析鉴定求出。例如酶的分离纯化,每一步骤产物质量与活性关系,通过测定酶的比活力及溶液中蛋白质浓度的比例得到。其他活性物质也可通过测定总活性的变化与样品质量或体积与测出的活力列表进行对比分析,算出每步的提纯倍数及回收率。

四、生化产品纯度的鉴定

一个制备物是否纯,常以"均一性"表示。均一性是指所获得的制备物只具有一种完全相同的成分,均一性的评价常需经过数种方法的验证才能肯定。有时某一种测定方法认为该物质是均一的,但另一种测定方法却可把它分成两个甚至更多的组分,这就说明前一种鉴定方法所得的结果是片面的。如果某物质所具有的物理、化学等方面性质经过几种高灵敏度方法的鉴定都是均一的,那么大致可以认为它是均一的。当然,随着更好的鉴定方法的出现,还可能发现它不是均一的。绝对的标准只有把制备物的全部结构搞清楚,并经过人工合成证明具有相同生理活性时,才能肯定制备物是绝对纯净的。

生物分子纯度的鉴定方法很多,常用的有溶解度法、化学组成分析法、电泳法、免疫学方法、离心沉降分析法、各种色谱法、生物功能测定法以及质谱法等。

第六节 等电点沉淀法

氨基酸、多肽、蛋白质和核酸类等两性物质的等电点,是这类溶质在一定介质中其质点的净电荷为零时介质的 pH。两性物质在等电点时溶解度最低,易沉淀析出;在偏离等电点时容易溶解,偏离越远,溶解度也越大。等电沉淀法就是调节两性物质溶液的 pH,以达到某一物质的等电点,使其从溶液中沉淀出来。在生化产品的分离纯化过程中,常利用两性物质具有不同的等电点的特性来进行产品的分离纯化。即使在等电点时,有些两性物质仍有一定的溶解度,并不是所有的蛋白质制品在等电点时都能沉淀下来,特别是同一类两性物质的等电点又十分接近时,单独利用等电点来分离生化产品效果不太理想,生产中常与有机溶剂沉淀法、盐析法并用,这样沉淀效果较好。

采用等电点沉淀法时,应注意以下几点。

1. 等电点的改变

两性物质的等电点会因条件不同而改变。当盐存在时,蛋白质若结合了较多阳离子(如 Ca^{2+}、Zn^{2+} 等),则等电点向较高的 pH 偏移。因为结合阳离子后相对地正电荷增多了,只有 pH 升高才能达到等电状态。例如,胰岛素在水中等电点为5.3,在含一定浓度锌盐的水-丙酮溶液中等电点约为 6,如果改变锌盐的浓度,等电点也会改变。蛋白质若结合较多的阴离子(如 Cl^-、SO_4^{2-} 等),则等电点移向较低的 pH,因为负电荷相对地增多了,降低 pH 才能达到等电状态。

2. 等电点沉淀法去除杂蛋白

用等电点沉淀法可将需要提纯的蛋白质从溶液里沉淀出来,还可将提取液中不需要的杂蛋白通过改变 pH,把它们从溶液中沉淀除去。一般是将 pH 分别调到需提纯物质等电点的两侧,以除去酸性较强的或碱性较强的杂蛋白。需提纯物质等电点较高时,则先除去低于等电点的杂蛋白。细胞色素 c 的等电点为 10.7,在细胞色素 c 的提取纯化过程中,调 pH=6.0 除去酸性蛋白,调 pH=7.5~8.0 除去碱性蛋白。若产品成分本身是对热稳定的蛋白质,则等电点沉淀法还往往与加热相配合,以除去无用的杂蛋白。经此法处理后,可使某些脏器提取液易于澄清过滤而提高产品的纯度和透明度。

3. pH 的调节

在进行等电点 pH 调节时,如果采用盐酸、氢氧化钠等强酸或强碱,应注意由于溶液局部过酸或过碱所引起蛋白质或酶的变性作用。调节 pH 所用的酸、碱应同原溶液里的盐或即将加入的盐相适应。例如,溶液里含硫酸铵时,调 pH 可用硫酸或氨水,如原溶液含的是氯化钠,调 pH 可用盐酸和氢氧化钠。总之,尽量以原液不增加新物质为原则。

第七节　盐　析　法

生化产品的特点是成分复杂,大多含有蛋白质,有的成分含量虽低但活性强。蛋白质一般存在于复杂混合物中,有时这种混合物中的蛋白质数目相对较少而以其中之一为主,但在另外情况下,特别是来源于动物的原料,蛋白质的数目可以很大。在所有蛋白质混合物中,几乎都存在脂类、糖类、核酸类以及其他有机物,同时有不同的无机离子,而这些可以是游离的,也可以是以不同紧密程度与蛋白质结合的。从混合物中分离蛋白质,既需从非蛋白物质中分离(特别是能与蛋白质结合的物质),也要从其他蛋白质中分离。进行这种分离所用方法有多种。根据物质溶解度的不同可用盐析法、有机溶剂分级沉淀法和等电点沉淀法等。

一、基 本 原 理

盐析是利用不同物质在高浓度的盐溶液中溶解度有不同程度的降低来进行的。因此,通过向含蛋白质的粗提液中加入不同浓度的盐,就可使蛋白质分别从溶液中沉淀出来,以达到分离、提纯的目的。这种在溶液(一般是高分子溶液)中加入大量的盐,使原溶解的物质析出沉淀的过程,称为盐析。盐析作用的主要原因是由于大量盐的溶入,使高分子物质去水化,从而降低了溶解度。

当向蛋白质溶液中逐渐加入中性盐时,会产生两种现象:低盐情况下,随着中性盐离子强度的增高,蛋白质溶解度增大,称盐溶现象。但是,在高盐浓度时,蛋白质溶解度随之减小,发生了盐析作用。产生盐析作用的一个原因是由于盐离子与蛋白质表面具相反电性的离子基团结合,形成离子对,盐离子部分中和了蛋白质的电性(图2-1),使蛋白质分子之间电排斥作用减弱而能相互靠拢,聚集起

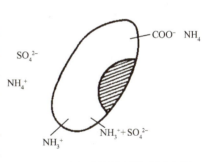

图 2-1　蛋白质的盐析机理示意图

来。盐析作用的另一个原因是由于中性盐的亲水性比蛋白质大,盐离子在水中发生水化而使蛋白质脱去了水化膜,暴露出疏水区域,由于疏水区域的相互作用,使其沉淀。

二、影响盐析的因素

(一)离子强度

盐对蛋白质溶解度的影响,不但和盐的离子在溶液中的物质的量浓度有关,

而且和离子所带电荷(式价数)Z有关。理论和实践都证明:这两个因素以离子强度 $I = 1/2 \sum cZ^2$ 的关系影响蛋白质的溶解度 S。离子强度越大,蛋白质的溶解度越小。

(二) 蛋白质的性质

各种蛋白质的结构和性质不同,盐析沉淀要求的离子强度也不同。例如血浆中的蛋白质,纤维蛋白原最易析出,硫酸铵的饱和度达到 20% 即可;饱和度增加到 28%~33% 时,优球蛋白析出;饱和度再增加至 33%~50% 时,拟球蛋白析出;饱和度大于 50% 时,白蛋白析出。

通常盐析所用中性盐的浓度不以物质的量浓度表示,而多用相对饱和度来表示,也就是把饱和时的浓度看成 1 或 100%,如 1L 水在 25℃ 时溶入了 767g 硫酸铵固体就是 100% 饱和,溶入 383.5g 硫酸铵称半饱和(50% 或 0.5 饱和度)。

(三) 蛋白质的浓度

在盐析蛋白质时,溶液中蛋白质的浓度对沉淀有双重影响,既影响沉淀极限,又影响其他蛋白质的共沉作用。例如,在沉淀血清球蛋白时,如果将它的浓度从 0.5% 递增至 3.0%,则所需硫酸铵的饱和度的最低极限从 29% 递减至 24%。由此可知,蛋白质浓度越高,所需盐的饱和度极限越低。但蛋白质浓度越高时,其他蛋白质的共沉作用也越强,这在一般情况下是不希望发生的。所以当溶液浓度太大时,就应进行适当稀释(例如可稀释到 3.0% 左右)。也就是说,宁可多消耗一些盐,也不希望发生严重的共沉作用。

(四) 氢离子浓度

溶液的 pH 距蛋白质的等电点越近,蛋白质沉淀所需的盐浓度越小,即盐析沉淀蛋白质时,溶液的 pH 在接近其等电点时最易析出。此性质适合于大部分蛋白质。但因蛋白质的等电点与介质中盐的种类和浓度有关,尤其在盐析的情况下,盐的浓度一般较大,会对等电点产生较大影响。在生产中,还要考虑 pH 对不同蛋白质共沉的影响,对具体问题进行观察研究,找出 pH 与溶解度的实际关系,选择合适的 pH 来进行盐析。

有的蛋白质可能有两个溶解度最低的 pH。例如马的一氧化碳血红蛋白在 pH 为 6.6 时显示一个最低溶解度,这与等电点相当;在浓硫酸铵存在下,另一溶解度最低的 pH 为 5.4,据认为这是由于生成血红蛋白硫酸盐的结果。

(五) 温度

一般来说,在低盐浓度下蛋白质等生物大分子的溶解度与其他无机物、有机物相似,即温度升高溶解度升高。但对于多数蛋白质、肽而言,在高盐浓度下,它们的溶解度反而降低。只有少数蛋白质例外,如胃蛋白酶、大豆球蛋白,它们在高盐浓度下的溶解度随温度上升而增高,而卵球蛋白的溶解度几乎不受温度影响,卵清蛋白在25℃时溶解度最小。

蛋白质可从逐渐升高温度的硫酸铵溶液中结晶出来,就是根据溶解度降低的原理。在蛋白质的分级沉淀时,温度变化引起各种蛋白质溶解度的变化是不相同的,所以在不同温度下,逐渐增加盐浓度所引起的各种蛋白质分级沉淀顺序,也是有变化的。这在实际操作中应加以注意。

盐析一般可在室温下进行。当处理对温度敏感的蛋白质或酶时,盐析操作要在低温下(如4℃左右)进行。

三、溶解度与离子强度的关系式

蛋白质等生物分子盐析时与溶液中中性盐的离子强度有如下关系(休克尔经验公式)

$$\lg \frac{S}{S_0} = -K_S I$$

或

$$\lg S - \lg S_0 = -K_S I$$

式中:S 为溶质在离子强度为 I 时的溶解度(g/L);S_0 为溶质在纯水中的溶解度(g/L);K_S 为盐析常数;I 为盐离子强度,$I = 1/2 \sum c Z^2$,c 为中性盐各离子的物质的量浓度(mol/L),Z 为离子的价数(电荷数)。

蛋白质在水中的溶解度不仅与中性盐离子的浓度有关,还与离子所带电荷数有关,高价离子影响更显著,通常用离子强度来表示对盐析的影响。盐离子强度与蛋白质溶解度之间的关系如图 2.2 所示,直线部分为盐析区,曲线部分表示盐溶区。

在盐析区,服从下列数学表达式(Cohn 经验式)

$$\lg S = \beta - K_S I$$

β 和 K_S 对特定的盐析系统为常数。β 的物理意义是:当盐离子强度为零时,蛋白质溶解度的对数值。在图 2-2 中是直线向纵轴延伸的截距,它与蛋白质的种类、温度和溶液 pH 有关,与无机盐无关。K_S 是盐析常数,为直线的斜率,与蛋白质和盐的种类有关,但与温度和 pH 无关。表 2-3 列出几种蛋白质的盐析常数。

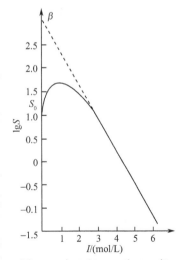

图 2-2　在25℃,pH 为 6.6 条件下一氧化碳血红蛋白 lgS 与 $(NH_4)_2SO_4$ 离子强度 I 的关系

表 2-3　几种蛋白质的盐析常数(单位:mol/L)

蛋白质	氯化钠	硫酸镁	硫酸铵	硫酸钠	磷酸钾
血红蛋白(马)		0.33	0.71	0.76	1.00
肌红蛋白(马)			0.94		
卵白蛋白			1.22		
纤维蛋白	1.07		1.46		2.16

从表 2-3 中可以看出,负离子价数较高的盐(如硫酸盐)的 K_S 值常较一价者高;但正离子价数高时(如镁离子)K_S 反而降低。因此,硫酸铵及硫酸钠常用来作为盐析用。磷酸盐的盐析作用较强,但由于它的溶解度低,且溶解度受温度影响较大,所以应用不如硫酸盐广泛。

β 值随 pH 不同而改变,显示出在浓盐溶液中蛋白质的电离情况与溶解度的关系。在等电点时,β 常有最小值。温度升高一般引起 β 值的降低。β 值越小,表示溶解度越低,即盐析效果越好。

以 $\lg S = \beta - K_S I$ 为基础将盐析方法分为两种类型:

1) 在一定的 pH 和温度下以改变离子强度(盐浓度)进行盐析,称为 K_S 盐析法。

2) 在一定离子强度下仅改变 pH 和温度进行盐析,称为 β 盐析法。

在多数情况下,尤其是在生产中,往往是向提取液中加入固体中性盐或其饱和溶液,以改变溶液的离子强度(温度及 pH 基本不变),使目的物或杂蛋白沉淀析出。这样做使被盐析物质的溶解度剧烈下降,易产生共沉现象,故分辨率不高。这就使 K_S 盐析法多用于提取液的前期分离工作。

在分离后期阶段,为了求得较好的分辨率,或者为了达到结晶目的,有时应用 β 盐析法。β 盐析法由于溶质溶解变化缓慢且变化幅度小,沉淀分辨率比 K_S 盐析好。

在生化产品的制备中,往往在一定的 pH 及温度下,改变盐浓度,进行分段盐析。例如,在胸腺素的生产工艺中,有一工序是先加硫酸铵使其饱和度为 0.25,盐析除去杂质,分离后于上清液再加入硫酸铵使饱和度达 0.50,收集盐析物,即可达部分提纯的目的。粗提时常用这种分段盐析法。不同蛋白质对 pH 和温度的不同反应,在其盐析实践中也很重要。在一定的盐浓度条件下,改变 pH 和温度,也可以进行分段盐析。对粗品的进一步分离,特别是使蛋白质或酶结晶时,常用此法。

四、盐 析 用 盐

按照盐析理论,离子强度对蛋白质等溶质的溶解度起着决定性的影响,但在相同的离子强度下,离子的种类对蛋白质的溶解度也有一定程度的影响。加上各种蛋白质分子与不同离子结合力的差异和盐析过程中的相互作用,蛋白质分子本身发生变化,使盐析行为远比经典的盐析理论复杂。一般的解释是(Hofoneister 提出)半径小的高价离子在盐析时的作用较强,半径大的低价离子作用较弱。不同盐类对同一蛋白质的不同盐析作用。其 K_S 值的顺序为磷酸钾>硫酸钠>硫酸铵>柠檬酸钠>硫酸镁。镁离子半径虽比铵离子小,但在高盐浓度下镁离子产生一层离子雾,因而半径增大,降低了盐析效应。

选用盐析用盐要考虑以下几个主要问题:

1)盐析作用要强。一般来说多价阴离子的盐析作用强,但有时多价阳离子反而使盐析作用降低。

2)盐析用盐须有足够大的溶解度,且溶解度受温度影响应尽可能地小。这样便于获得高浓度盐溶液,有利于操作,尤其是在较低温度下的操作,不致造成盐结晶析出,影响盐析效果。

3)盐析用盐在生物学上是惰性的,不致影响蛋白质等生物分子的活性。最好不引入给分离或测定带来麻烦的杂质。

4)来源丰富、经济。

下面列出两类离子盐析效果强弱的经验规律,可供参考。

阴离子:$C_6H_5O_7^{3-} > C_4H_4O_6^{2-} > SO_4^{2-} > F^- > IO_3^- > H_2PO_4^- > Ac^- > BrO_3^- > Cl^- > ClO_3^- > Br^- > NO_3^- > ClO_4^- > I^- > CNS^-$。

阳离子:$Ti^{3+} > Al^{3+} > H^+ > Ba^{2+} > Sr^{2+} > Ca^{2+} > Mg^{2+} > Cs^+ > Rb^+ > NH_4^+ > K^+ > Na^+ > Li^+$。

硫酸铵具有盐析效应强,溶解度大且受温度影响小等特点,在盐析中使用最多(表2-4)。在 25℃ 时,1L 水中能溶解 767g 硫酸铵固体,相当于 4mol/L 的浓度。该饱和溶液的 pH 在 4.5～5.5 范围内。使用时多用浓氨水调整到 pH=7 左右。盐析要求很高时,则可将硫酸铵进行重结晶,有时还需通入 H_2S 以去除重金属。

表 2-4 最常见的盐析用盐的有关特性

盐的类型	盐析作用	溶解度	溶解度受温度的影响	缓冲能力	其他性质
硫酸铵	大	大	小	小	含氮,便宜
硫酸钠	大	较小	大	小	不含氮,较贵
磷酸盐	小	较小	大	大	不含氮,贵

硫酸钠溶解度较低,尤其在低温下。如在 0℃ 时仅 138g/L,30℃ 时上升为 326g/L,增加幅度为 137%(表2-5)。它不含氮,是个优点,但因溶解度的原因,应用远不如硫酸铵广泛。

表 2-5　不同温度下硫酸钠的溶解度

温度/℃	0	10	20	25	30	32
溶解度/(g/L)	138	184	248	282	326	340

磷酸盐、柠檬酸盐也较常用,且有缓冲能力强的优点,但因溶解度低,易与某些金属离子生成沉淀,应用都不如硫酸铵广泛。

五、盐 析 操 作

(一) 盐析用盐的浓度表示和调整

硫酸铵是盐析最常用的盐。其优点除盐析能力较大外,还有其饱和溶液的浓度大,而且溶解度受温度影响很小(表 2-6)。它一般不会引起蛋白质明显变性。缺点是它的缓冲能力差,浓硫酸铵溶液的 pH 常在 4.5～5.5 之间, 在使用前有时需要用氨水调 pH。

表 2-6　硫酸铵的溶解度、质量分数及相对密度

项目　　温度/℃	0	10	20	25	30
溶解度/(g/100g H_2O)	70.695	73.073	75.716	76.905	78.095
溶解度/(g/100mL H_2O)	70.685	73.053	75.582	76.680	77.755
溶解度/(g/100mL 溶液)	51.472	52.505	53.634	54.124	54.588
质量分数/%	41.42	42.22	43.09	43.37	43.85
相对密度	1.2424	1.2436	1.2447	1.2450	1.2449

配制饱和硫酸铵溶液时,应使其达到真正的饱和。在室温时(25℃)100 mL 水溶解 76.905g 硫酸铵,即达饱和度。但实际所用硫酸铵往往含有水分和少量杂质,在具体操作中,100 mL 水可加一定纯度的硫酸铵 80g 左右。因为在接近饱和时溶解很慢,往往误认为已达平衡,此时,可热至 50～60℃,保温数分钟,趁热过滤除去不溶物,在 0～25℃下平衡 1～2d,有固体析出,即达到 100% 饱和度。

硫酸铵的 NH_4^+,水解后使溶液显酸性,浓硫酸铵溶液的 pH 常在 4.5～5.5 之间,在使用前可根据需要用氨水或硫酸调整。

饱和硫酸铵溶液的 pH 测定,因是浓盐溶液,误差很大。可取少量的蒸馏水稀释 10 倍以上再进行测定,虽然也不准确,但比直接测浓溶液好。

(二) 饱和度的概念

硫酸铵饱和度是指饱和硫酸铵溶液的体积占混合后溶液总体积的百分数。例

如,1体积饱和硫酸铵溶液加入1体积含蛋白质的溶液中时,饱和度为50%;1体积饱和硫酸铵溶液加入3体积含蛋白质的溶液中时,则饱和度为25%。

无论在实验室中,还是在生产上,除少数有特殊要求的盐析以外,大多数情况下都采用硫酸铵进行盐析,国外常用两种饱和度:一种是荷氏(Hofoneister)饱和度,其定义为在盐析溶液中所含的饱和硫酸铵体积与总体积之比;另一种是欧氏(Osborne)饱和度,定义为溶液中所含的硫酸铵质量与该溶液所能饱和溶解的硫酸铵质量之比。前者为体积饱和度,后者为质量饱和度,两种饱和度无本质区别。欧氏饱和度在工业生产上常用。工业上多用直接投盐法增加盐浓度,较细致的盐析则往往采取加入饱和硫酸铵溶液的方法。加入固体硫酸铵的量可由硫酸铵饱和度的常用表(附表5.8和附表5.9)求得。

(三) 饱和硫酸铵溶液体积的计算

在操作中,有时可采用加入预先配好的饱和硫酸铵溶液的方法进行盐析。在实验室和小规模生产时,或所要求达到的盐浓度不太高时,用此法较好,可防止局部浓度过高。根据蛋白质沉淀所要求的饱和度 S 不同,用下式可求出体积为 V 的含蛋白质溶液,应加饱和硫酸铵的体积 X

$$X = V \frac{S}{1 - S}$$

用此式时,100%饱和度以1计,如体积为 V 的蛋白质溶液中已有一定饱和度 S_1 的盐,为了进行分段盐析需增高饱和度至 S_2 时,可用下式计算所需饱和硫酸铵溶液的体积 X

$$X = V \frac{S_2 - S_1}{1 - S_2}$$

严格说来,由于混合两种浓度不同的硫酸铵溶液时体积的变化,上式不完全准确,但误差常在2%以下,一般应用已足够。此法快速简便,具有重复性,适用于生产。

当蛋白质溶液体积较大,或所需要达到的饱和度较高,如加入饱和溶液则增加总体积很大,以致蛋白质的浓度大为降低时,以加入固体硫酸铵比较适当。所需硫酸铵的质量,虽然也可以通过计算得知,但很不方便,一般可从硫酸铵饱和度的常用表(附表5.8和附表5.9)查得。例如,要把50%饱和度的溶液,提高到80%饱和度,每升溶液需加入硫酸铵的量可从表查得为214g。

作为蛋白质的沉淀剂,硫酸钠的优点是不含氮,不影响用定氮法测定蛋白质的含量。它的缺点是在30℃以下溶解度太小,但随温度变化溶解度改变很大,必须在30℃以上且近恒温(如37℃)的条件下操作。

磷酸盐也是较好的蛋白质沉淀剂,因缓冲作用较强,可作为一定pH和离子强度的缓冲液。在中性或碱性溶液中可采用能形成较高浓度的磷酸钾;在酸性溶液中则磷酸钠溶解度较大。

其他像氯化钠等也有时使用,可利用其盐析能力较小,达到使不同蛋白质分离的目的。另外,产品中不引进含氮的离子。

凡是直接加固体盐的情况,都应事先研碎,徐缓地分步加入,并不断搅拌。

六、盐析工艺的制定

对于生化产品的制备,如果要采用盐析工艺,除可查阅有关文献资料参照设计外,还可经过试验,找出合适的工艺路线和操作方法。除本节前面所述的有关问题外,以下几点也应注意。

1) 对要分离的物质,首先应了解在什么离子强度下,其溶解度开始随离子强度的增高而降低,并符合盐析关系式。

2) 可将试样分成若干份,每份加入盐,其量依次递增,分别收集沉淀,测定其性质和含量;或同一试液逐渐加入盐,依次收集每一盐浓度下的沉淀,测定其性质、含量。如此反复试验,依其结果制定工艺。

3) 还可用不同浓度的试样,进行以上试验,找出适合的试样浓度。如上所述,蛋白质浓度大时,容易盐析,但有时发生共沉淀。这就要将溶液稀释后再进行分级分离。但有时也会产生相反结果,即稀释后反而更不易分离。过分稀释还会造成收率偏低、用盐量增加和成本增高,且硫酸铵浓度增加将使离心困难。

4) 经过一次分级沉淀得到的蛋白质或酶,是否能进行第二次盐析纯化,存在各种不同情况,也要靠试验确定。

5) 盐析时蛋白质沉淀析出需一定时间,一般至少要 1h 左右才能分离,有时需要更长时间。具体时间的确定,开始时也要经过试验。低盐浓度易离心不易过滤,高盐浓度则反之。在粗制阶段,如盐浓度不高,自然过滤的效果往往比抽滤好。

第八节 有机溶剂的分级沉淀法

往蛋白质、酶、核酸、黏多糖等生物大分子的水溶液中,逐渐加入乙醇、丙酮等有机溶剂后,这些生化物质会从溶液里分别沉淀出来。这种利用生化物质在不同浓度的有机溶剂中溶解度的差异而分离的方法,称有机溶剂分级沉淀法。

加入这些有机溶剂后,之所以能使这些生化物质从溶液里分别沉淀出来,主要由于降低了溶液的介电常数,因而降低了蛋白质、酶等生物大分子的溶解度而使沉淀析出。这种方法的优点是分辨率比盐析高,溶剂易于除去回收;缺点是易使某些蛋白质或酶等变性。

介电常数与静电引力的关系,可用下式表示

$$F = \frac{q_1 q_2}{\varepsilon r^2}$$

式中：ε 为介电常数，由介质的性质决定，表示介质对带有相反电荷的微粒之间的静电引力与真空对比减弱的倍数，在真空中定为 1；F 表示相距为 r 的两个点电荷 q_1 和 q_2 互相作用的静电引力，其中 q_1、q_2 和 r 都是定值，F 的大小取决于 ε 值。表 2-7 列出了几种溶剂的介电常数 ε 值。

表 2-7　几种溶剂的介电常数 ε 值

液体	ε	液体	ε
水	80	乙醚	4.3
20%乙醇	70	氯仿	4.8
40%乙醇	60	乙酸乙酯	6.0
60%乙醇	48	丙酮	21.4
无水乙醇	24	2.5mol/L 甘氨酸	137
甲醇	33	2.5mol/L 尿素	84

利用有机溶剂作为沉淀剂时，应注意以下问题。

1. 有机溶剂的选择

乙醇和丙酮是最常用的有机溶剂。从表 2-7 可见，丙酮的介电常数小于乙醇，它的沉淀能力比较强。根据生产经验，如用 30%～40%乙醇沉淀的生化物质，改用丙酮可减少 10%左右，即用 20%～30%的丙酮。

在生化产品的生产中，常选择乙醇和丙酮为有机溶剂，有时也用氯仿等。常按下式计算加入的体积 X

$$X = V \frac{W_2 - W_1}{100 - W_2}$$

式中：V 为原溶液的体积(L)；W_1 为原溶液中有机溶剂的质量分数(质量分数为 50% 时，$W_1 = 50$)；W_2 为需要的有机溶剂质量分数。

如果使用的有机溶剂不是 100%，而是 95%，则公式中的 100 改为 95，其他溶剂质量分数类推。如现有溶液 5L，其中乙醇质量分数为 20%，要使其乙醇质量分数增加至 70%，需加入 95%乙醇的量可计算如下

$$X = 5L \frac{70 - 20}{95 - 70} = 10L$$

2. 温度的控制

全部操作过程应在低温条件下进行，而且最好在同一温度下进行。如果沉淀放置和分离时温度改变，会引起沉淀的溶解或另一些物质的沉淀，这对分离高纯度

的产品极为不利。在实际操作中,加入的有机溶剂温度要预冷到比操作温度更低,因乙醇等有机溶剂与水混溶时要放热。加入时搅拌要均匀。速率要适当,要避免局部浓度过高,引起沉淀的破坏、变性或失活,同时也要防止局部温度过高而产生类似的影响。有机溶剂沉淀一些小分子物质如核苷酸、氨基酸、生物碱及糖类等,其温度要求没有像生物大分子那样苛刻,这是因为小分子物质结构比较稳定,不易破坏。但低温对于提高沉淀效果仍是有利的。

3. pH 的选择

pH 影响蛋白质在有机溶剂中的溶解度。分级沉淀时更应严格控制 pH。为防止蛋白质之间的相互作用,应选择 pH 在等电点附近,使大部分蛋白质带相同的静电荷。生产中,我们常用 $0.01\sim0.05$ mol/L 缓冲液来控制蛋白质溶液的 pH,这样可达到更好的效果。

4. 离子强度的控制

离子强度在有机溶剂和水的混合液中是一个特别重要的因素。有时,当离子强度很小,物质不能沉淀出来时,补加少量电解质即可解决。当盐的离子强度达到一定程度时,能增加蛋白质或酶在有机溶剂中的溶解度。盐的浓度太大($0.1\sim0.2$mol/L 以上),就要用更多的有机溶剂来沉淀,并可能使部分盐在加入有机溶剂后析出。离子强度在 0.05 或稍低为好,既能使沉淀迅速形成,又能对蛋白质或酶起一定的保护作用,防止变性。由盐析法沉淀得到的蛋白质或酶,在用有机溶剂沉淀前,一定要先透析除盐。

5. 待分离物质质量分数的控制

蛋白质质量分数越大,加入有机溶剂后,由于溶解度降低所引起的浓度差值也越大,蛋白质沉淀量就越多。此外,蛋白质质量分数大时,可减少变性,节省有机溶剂用量。但质量分数过大,共沉现象增加,不利于分级沉淀。生产中一般控制蛋白质质量分数在 0.5%~2.0% 为好。

第九节　其他沉淀法

在生化产品制备中经常使用的沉淀方法还有成盐沉淀法、变性沉淀法及共沉淀法等。所使用的沉淀剂有金属盐、有机酸类、表面活性剂、离子型或非离子型的多聚物、变性剂及其他一些化合物。

一、水溶性非离子型聚合物沉淀剂

非离子多聚物是 20 世纪 60 年代发展起来的一类重要沉淀剂,最早应用于提纯免疫球蛋白(IgG)和沉淀一些细菌与病毒,近年来逐渐广泛应用于核酸和酶的分离纯化。这类非离子多聚物包括各种不同相对分子质量的聚乙二醇(polyethy-lene Glycol,简写为PEG)、壬苯乙烯化氧(简写为NPEO)、葡聚糖、右旋糖苷硫酸酯等,其中应用最多的是聚乙二醇,其结构式如下:

$$HO\!-\!(CH_2\!-\!CH_2\!-\!O)_n\!-\!CH_2\!-\!CH_2\!-\!OH$$

用非离子多聚物沉淀生物大分子和微粒,一般有两种方法:一是选用两种水溶性非离子多聚物组成液-液两相系统,使生物大分子或微粒在两相系统中不等量分配,而造成分离。这一方法主要基于不同生物分子和微粒表面结构不同,有不同分配系数,并外加离子强度、pH和温度等因素的影响,从而增强分离的效果。二是选用一种水溶性非离子多聚物,使生物大分子或微粒在同一液相中,由于被排斥相互凝集而沉淀析出。对后一种方法,操作时先离心除去粗大悬浮颗粒,调整溶液pH和温度至适度,然后加入中性盐和多聚物至一定浓度,冷储一段时间,即形成沉淀。

所得到的沉淀中含有大量沉淀剂,除去的方法有吸附法、乙醇沉淀法及盐析法等。如将沉淀物溶于磷酸缓冲液,用35%硫酸铵沉淀蛋白质,PEG则留在上清液中,用DEAE纤维素吸附目的物也常用,此时PEG不被吸附。用20%乙醇处理沉淀复合物,离心后也可将PEG除去(留在上清液中)。

用葡聚糖和聚乙二醇作为二相系统分离单链DNA、双链DNA和多种RNA制剂,在20世纪60年代也有过报道。近10多年来发展很快,特别是用聚乙二醇沉淀分离质粒DNA,已相当普遍。一般在0.01mol/L磷酸缓冲液中加聚乙二醇达10%浓度,即可将DNA沉淀下来。在遗传工程中所用的质粒DNA的相对分子质量一般在10^6范围。选用的PEG相对分子质量常为6000(即PEG 6000),因它易与相对分子质量在10^6范围的DNA结合而沉淀。

二、生成盐类复合物的沉淀剂

生物大分子和小分子都可以生成盐类复合物沉淀,此法一般可分为:①与生物分子的酸性功能团作用的金属复合盐法(如铜盐、银盐、锌盐、铅盐、锂盐、钙盐等);②与生物分子的碱性功能团作用的有机酸复合盐法(如苦味酸盐、苦酮酸盐、丹宁酸盐等);③无机复合盐法(如磷钨酸盐、磷钼酸盐等)。以上盐类复合物都具有很低溶解度,极容易沉淀析出。若沉淀为金属复合盐,可通以H_2S使金属变成硫化物而除去;若为有机酸盐、磷钨酸盐,则加入无机酸并用乙醚萃取,把有机酸、磷钨酸等移入乙醚中除去,或用离子交换法除去。但值得注意的是,重金属、某些有机酸与无机酸和蛋白质形成复合盐后,常使蛋白质发生不可逆的沉淀,应用时必须谨慎。

1. 金属复合盐

许多有机物包括蛋白质在内,在碱性溶液中带负电荷,都能与金属离子形成沉淀。所用的金属离子,根据它们与有机物作用的机制可分为三大类:第一类包括 Mn^{2+}、Fe^{2+}、Co^{2+}、Ni^{2+}、Cu^{2+}、Zn^{2+} 和 Ca^{2+},它们主要作用于羧酸、胺及杂环等含氮化合物;第二类包括 Ca^{2+}、Ba^{2+}、Mg^{2+} 和 Pb^{2+},这些金属离子也能和羧酸起作用,但对含氮物质的配基没有亲和力;第三类金属包括 Hg^{2+}、Ag^{2+} 和 Pb^{2+},这类金属离子对含巯氢基的化合物具有特殊的亲和力。蛋白质和酶分子中含有羧基、氨基、咪唑基和巯氢基等,均可以和上述金属离子作用形成盐复合物。

蛋白质-金属复合物的重要性质是它们的溶解度对介质的介电常数非常敏感。调整水溶液的介电常数(如加入有机溶剂),用 Zn^{2+}、Ba^{2+} 等金属离子可以把许多蛋白质沉淀下来,而所用金属离子浓度约为 $0.02mol/L$ 即可。金属离子复合物沉淀也适用于核酸或其他小分子,例如 $0.01mol/L$ 的 Ca^{2+} 或 Mg^{2+} 在室温下可以完全沉淀 PolyA 和 PolyI,金属离子还可沉淀氨基酸、多肽及有机酸等。

2. 有机酸类复合盐

含氮有机酸如苦味酸、苦酮酸和鞣酸等能够与有机分子的碱性功能团形成复合物而沉淀析出。但这些有机酸与蛋白质形成盐复合物沉淀时,常常发生不可逆的沉淀反应。工业上应用此法制备蛋白质时,需采取较温和的条件,有时还加入一定的稳定剂,以防止蛋白质变性。

1) 丹宁即鞣酸,广泛存在于植物界,其分子结构可看成是一种五-双没食子酸酰基葡萄糖,为多元酚类化合物。分子上有羧基和多个羟基。由于蛋白质分子中有许多氨基、亚氨基和羧基等,这样就有可能在蛋白质分子与丹宁分子间形成为数众多的氢键而结合在一起,从而生成巨大的复合颗粒沉淀下来。

丹宁沉淀蛋白质的能力与蛋白质种类、环境 pH 及丹宁本身的来源(种类)和浓度有关。由于丹宁与蛋白质的结合相对比较牢固,用一般方法不易将它们分开。故多采用竞争结合法,即选用比蛋白质更强的结合剂与丹宁结合,使蛋白质游离释放出来。这类竞争性结合剂有乙烯氮戊环酮(PVP),它与丹宁形成氢键的能力很强。此外还有聚乙二醇、聚氧化乙烯及山梨糖醇甘油酸酯也可用来从丹宁复合物中分离蛋白质。

2) 雷凡诺(2-乙氧基-6,9-二氨基吖啶乳酸盐,2-ethoxy-6,9-diaminoacidinelactate),是一种吖啶染料。虽然其沉淀机理比一般有机酸盐复杂,但其与蛋白质作用主要也是通过形成盐的复合物而沉淀的。此种染料对提纯血浆中 γ-球蛋白有较好效果。实际应用时以 0.40%的雷凡诺溶液加到血浆中,调 pH=7.6~7.8,除 γ-球蛋白外,可将血浆中其他蛋白质沉淀下来。然后将沉淀物溶解再以 5% NaCl 溶液将雷凡诺沉淀除去(或通过活性炭或马铃薯淀粉柱吸附除去)。溶液中的 γ-球蛋白可用25%乙醇或加等体积饱和硫酸氨液沉淀回收。使用雷凡诺沉淀蛋白质，不影响蛋白质活性，并可通过调整 pH，分段沉淀一系列蛋白质组分。但蛋白质的等电点在 pH=3.5 以下或 pH=9.0 以上，不被雷凡诺沉淀，核酸大分子也可在较低 pH 时(pH 在 2.4 左右)被雷凡诺沉淀。

3) 三氯乙酸(TCA)沉淀蛋白质迅速而完全，一般会引起变性。但在低温下短时间作用可使有些较稳定的蛋白质或酶保持原有的活力，如用 2.5%浓度 TCA 处理胰蛋白酶，抑肽酶或细胞色素 c 提取液，可以除去大量杂蛋白而对酶活性没有影响。此法多用于目的物比较稳定且分离杂蛋白相对困难的场合，如分离细胞色素 c 工艺(图 2-3)。

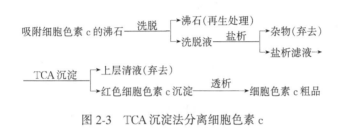

图 2-3　TCA 沉淀法分离细胞色素 c

三、离子型表面活性剂

十六烷基三甲基季氨溴化物(CTAB)、十六烷基氯化吡啶(CPC)、十二烷基磺酸钠(SDS)等皆属于离子型表面活性剂。前者用于沉淀酸性多糖类物质，后者多用于分离膜蛋白或核蛋白。

四、离子型多聚物沉淀剂

离子型多聚物沉淀剂与蛋白质等生物大分子形成类似盐键而结合起来，是一类温和的沉淀剂。常用的有核酸（多聚阴离子），可作用于碱性蛋白质，鱼精蛋白（多聚阳离子）则作用于酸性蛋白质。此外还有人工合成的离子型聚合物。因多聚电解质与蛋白质分子是发生静电作用，所以调整溶液 pH，使蛋白质分子带有不同电荷，与上述多聚物作用后得以分离。

五、氨基酸类沉淀剂

从氨基酸混合液中（如蛋白质水解液）提取某种特指氨基酸时，除采用等电点沉淀、柱层析等方法外还可使用一些特殊的沉淀剂，如从猪血纤维水解液中制取组氨酸时，用氯化汞使其形成汞盐析出，沉淀洗净后制成悬液，再向沉淀物中

通入 H_2S 气体即可使组氨酸重新游离。用苯甲醛沉淀精氨酸，用邻二甲基苯磺酸沉淀亮氨酸在生产上也有应用。另外，还有苯偶氮苯磺酸沉淀丙氨酸和丝氨酸、2，4-二硝基萘酚-7-磺酸沉淀精氨酸、二氨合硫氰化铬氨选择性沉淀脯氨酸和羟脯氨酸等。从酵母酸性提取液中分离谷胱甘肽时，先使其生成亚铜盐沉淀，然后以 H_2S 解析，再用丙酮将谷胱甘肽沉淀析出。

六、分离核酸用沉淀剂

在制备核酸时，常在核蛋白提取液中加入酚或氯仿、水合三氯乙醛、十二烷基磺酸钠等。它们破坏核酸与蛋白质分子间的盐键和氢键，使两者分离，并选择性地使其中的蛋白质部分变性沉淀，而使核酸留在溶液中有利于提取。

硫酸链霉素和鱼精蛋白为多价阳离子，带有大量正电荷，可使带大量负电荷的核酸发生直接沉淀。由于成本偏高，加上沉淀后分离较困难，使用不多。

七、分离黏多糖的沉淀剂

一些黏多糖的沉淀剂，除了较多地使用乙醇外，十六烷基三甲基季铵溴化物（CTAB），十六烷基氯化吡啶等阳离子表面活性剂也是用于分离黏多糖的有效沉淀剂。

CTAB 具有下列结构

$$CH_3-(CH_2)_{14}-CH_2-N^+(CH_3)_3 \cdot Br^-$$

季铵基上的阳离子与黏多糖分子上的阴离子可以形成季铵络合物，此络合物在低离子强度的水溶液中不溶解，但当溶液离子强度增加至一定范围，络合物则逐渐解离，最后溶解。除了离子强度的影响外，CTAB 对各种黏多糖的分级沉淀效果与各种黏多糖硫酸化程度和溶液 pH 有关。由于 CTAB 的沉淀效力极强，能从很稀的溶液中（如万分之一浓度）通过选择性沉淀回收黏多糖。

八、选择变性沉淀法

选择变性沉淀法主要是破坏杂质，保存目的物。其原理是利用蛋白质、酶和核酸等生物大分子对某些物理或化学因素敏感性不同，而有选择地使之变性沉淀，以达到分离提纯目的。此方法可分如下：

1）使用选择性变性剂，如表面活性剂、重金属盐，某些有机酸、酚、卤代烷等使提取液中的蛋白质或部分杂质蛋白发生变性，使之与目的物分离，如制取核酸时用氯仿将蛋白质沉淀分离。

2) 选择性热变性，利用蛋白质等生物大分子对热的稳定性不同，加热破坏某些组分，而保存另一些组分。如脱氧核糖核酸酶对热稳定性比核糖核酸酶差，加热处理可使混杂在核糖核酸酶中的脱氧核糖核酸酶变性沉淀。又如由黑曲霉发酵制备脂肪酶时，常混杂有大量淀粉酶，当把混合粗酶液在 40℃ 水浴中保温 2.5h (pH=3.4)，90% 以上的淀粉酶将受热变性而除去。热变性方法简单易行，在制备一些对热稳定的小分子物质过程中，除去一些大分子蛋白质和核酸特别有用。

3) 选择性的酸碱变性，利用酸、碱变性有选择地除去杂蛋白在生化制备中的例子也很多，如用 2.5% 浓度的三氯乙酸处理胰蛋白酶，抑肽酶或细胞色素 c 粗提取液，均可除去大量杂蛋白，而对所提取的酶活性没有影响。有时还把酸碱变性与热变性结合起来使用，效果更为显著。但使用前，必须对制备物的热稳定性和酸碱稳定性有足够了解，切勿盲目使用。例如，胰蛋白酶在 pH=2.0 的酸性溶液中可耐极高温度，而且热变性后产生的沉淀是可逆的。冷却后沉淀溶解即可恢复原来活性。还有某些酶与底物或者竞争性抑制剂结合后，对 pH 或热的稳定性显著增加，则可以采用较强烈的酸碱变性和加热方法除去杂蛋白。

上述这类沉淀剂或沉淀方法普遍存在选择性不强，或易引起变性失活等缺点，使用时都应注意环境条件的温和，并在沉淀完成后尽快除去沉淀剂。有时仅在沉淀物不进行收集的特殊情况下使用。

第十节　酶　解　法

酶(enzyme)是生物催化剂，既具有一般催化剂的特征，又有酶的独特特性。酶具有很高的催化效率。酶催化反应的速率比一般催化剂催化的反应速率要大 $10^7 \sim 10^{11}$ 倍。例如过氧化氢酶和铁离子都能催化过氧化氢，分解生成水和氧，但在相同条件下，过氧化氢酶要比铁离子催化同一反应快 10^{11} 倍。

酶的还有一个特点是它具有高度的专一性，酶对其所用的底物有着严格的选择性。一种酶只能作用于一类或一种特定化合物发生一定的反应，生成特定的产物，酶的这种性质称为酶的专一性。蛋白酶只能催化蛋白质的水解，脂酶只催化脂类水解，而淀粉酶只能催化淀粉的水解。蛋白酶不能催化脂类、淀粉水解。

酶是蛋白质，对环境条件具有高度的敏感性。在高温、强酸或强碱、重金属等引起蛋白质变性的条件下，都能使酶丧失活性。同时，酶也常因温度、pH 等轻微的改变或抑制剂的存在使其活性发生变化。

在生化产品的制备过程中，使用酶解法主要有两个目的：一是通过酶的分解使杂质大分子变为小分子，从而和待精制的生化产品分离，例如肝素的分离纯化过程中，就是使与肝素结合的蛋白质酶解而除去；二是通过酶解法制备小分子生化产品,例如水解蛋白注射液就是以血纤维为原料,通过酶解法制成的一种静脉营养剂,这种营养剂通常有17~18种氨基酸,其中包括8种人体必需的氨基酸。

一、酶解法的优越性

1) 酶的催化效率高,专一性强,不发生副反应。因此,用于生化产品制备时,产率高,质量好,便于产品的提纯,简化工艺步骤。

2) 酶作用条件温和,一般不需要高温、高压、强酸、强碱等条件。因此,把酶应用于生产时,要求设备简单,并可节约大量煤、电和化工原料。

3) 酶及其反应产物大多无毒,适合于生化制产品制备、食品工业上应用,有利于改善劳动卫生条件。

由于酶解法具有上述优越性,因此在工业利用上有着广泛的发展前景。

二、影响酶解的因素

(一)温度的影响

和所有的化学反应一样,酶促反应也随温度的升高而加快。但酶是蛋白质,当温度升高到一定程度时,又使酶变性而丧失活性。绝大多数酶在60℃以上即失去活性。因此从低温开始,温度逐渐升高,则酶促反应速率随之加快。但达到一定高峰后,如温度继续增加,反而可使酶促反应速率下降。在一定条件下,每一种酶在某一温度下,其活力最大,这个温度称为酶的最适温度。也就是说,最适温度是酶表现最大活力时的温度。

各种酶在一定条件下都有其一定的最适温度。通常动物体内酶的最适温度在37~40℃,而植物体内酶的最适温度在40~50℃。酶的最适温度不是一个固定不变的常数,其数值受底物的种类、作用时间等因素影响而改变。酶作用时间愈长,最适温度愈低;反之,作用时间愈短,最适温度则愈高。在作用时间较长或所反应温度较高时,应该加入酶的稳定剂或适当增加酶量,以补偿热对酶的破坏。使用酶制剂时,温度应控制在酶作用的最适温度,开始可控制在40℃,最后可采用温度的高限45℃。肝素生产过程中,酶解的目的是使肝素与同它相结合的蛋白质分离,并不要求将所有蛋白质水解为氨基酸或多肽。再考虑到肝素的性质,一般酶解所需时间不必过长,40℃保温2~3h即可。

(二)pH的影响

每一种酶只能在一定限度的pH范围内才表现活性,超过这个范围,酶的活力就降低。酶常常在某一pH时,才表现出最大活力。酶表现最大活力时的pH称为酶的最适 pH。偏离最适 pH 越远,酶的活力就越低,如图 2-4 所示。

各种酶的最适 pH 各不相同,彼此差异甚大,一般酶的最适 pH 在 4~8 之间。植物和微生物体内的酶,其最适 pH 多在 4.5~6.5,而动物体内的酶,其最适 pH 多在 6.5~8。但也有例外,如胃蛋白酶最适 pH 为 1.8(对酪蛋白),胰蛋白酶的最适 pH 为 7.8,肝精氨酸酶的最适 pH 为 9.0。

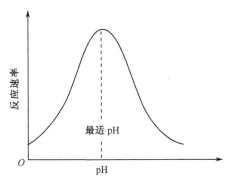

图 2-4　pH 对酶反应速率的影响

在使用酶制剂时,应控制最适 pH,并且在整个酶解过程中保持这一 pH。如产品在某一 pH 不稳定或操作的 pH 另有选择时,则需适量增加酶的用量或延长作用时间,使酶的作用达到预期效果。

(三) 酶的用量

当其他条件相同,而底物浓度又足以使所有的酶都能结合为酶—底物复合物时,则酶促反应速率与酶浓度成正比。使用酶制剂时,必须通过试验选择最适的用量。如果用量过少,则酶作用太弱,反应慢,底物转化不完全;如果用量过多,则增加生产成本,甚至从酶制剂中带进较多的杂质,影响产品的质量。为了避免酶制剂中的杂质混入产品中,可将酶纯化后使用。将酶溶解,通过过滤除去一些不溶性杂质后使用,可减轻产品的污染。还应注意酶与底物接触的程度,只有酶与底物充分接触时,酶才能发挥最大的效率。所以,应先将酶制剂用少量适当温度的水搅匀成浆,再用水配成酶液使用,以免结块不匀影响酶活性。

(四) 激活剂和抑制剂的影响

凡能提高酶活性的物质,称为激活剂。酶的激活分为酶原的激活和金属离子的激活两种,许多金属离子是某些酶的辅助因子,这些酶只有在所需特异金属离子存在时才有活性。例如 Mg^{2+} 是各种磷酸转移酶的辅助因子,Cu^{2+} 是某些氧化酶的辅助因子。因此当这些离子含量不足时,酶的活性便低,此时加入这些离子,便可增高相应酶的活性。

凡能使酶的活性降低甚至丧失的物质,称为酶的抑制剂。这些物质对酶的某些基团有特异性的作用,从而使酶的活性受抑制。如重金属(铅、汞、铁、银和铜)离子、氰化物和某些高分子有机化合物、蛋白质分子等,这些物质可称为抑制剂。

第十一节 层析分离技术原理

物质的分离和提纯是生化产品研究及制备上的重要任务。随着生产技术的发展,对物质纯度的要求也越来越高,经典的分离方法,如多级蒸馏、多级萃取、结晶等很难满足需要。层析法(或称色谱法)是在近 40 多年来迅速发展起来的一种新技术,它的优点是分离效率高、设备简单、操作方便,且不包含强烈的操作条件(如加热等),因而不易使物质变性,特别适用于不稳定的大分子有机化合物。操作方法和条件的多样性使它能适应多种物质的分离。层析分离法的缺点是处理量小、操作周期长、不能连续操作,因此以往主要用于实验室中,但随着技术的进步,层析分离法已在生化产品制备上广泛应用。

层析技术(chromatography)又称色谱法,俄国植物学家 Michael Tswett 于 1906 年首先创建,当时他用装填有白垩粒子吸附剂的柱子来分离植物叶子色素,各种色素以不同的速率通过柱子时彼此分开,形成易于区分的色素带,由此得名。后来不仅用于分离有色物质而且在多数情况下用来分离无色物质。色谱法由于分离效率高,操作简单等优点而被广泛应用。1941 年,Martin 和 Synge 发现了液-液(分配)色谱[liquid-lipuid(partition)chromatography,LLC]。该法用覆盖于吸附剂表面的并与流动相不混淆的固定液来代替以前仅有的固体吸附剂,使组分按照其溶解度在两相之间分配。在使用柱色谱的早期年代,可靠地鉴定小量的被分离物质是困难的,所以研究发展了纸色谱法(paper chromatography,PC)。在这种"平面"的技术中,分离主要是通过滤纸上的分配来实现的。然后由于充分考虑了平面色谱法的优点而发展了薄层色谱法(thin-layer chromatography,TLC),在这种方法中,分离系在涂布于玻璃板或某些坚硬材料上的薄层吸附剂上进行。气相色谱法是 Martin 和 James 于 1952 年首先描述的,它特别适用于气体混合物或挥发性液体和固体,其特点是分辨率高,分析迅速和检测灵敏等。近年来,因为新型液相色谱仪和新型柱填料的发展以及对色谱理论的更深入了解,又重新引起对密闭柱液相色谱法的兴趣。高效液相色谱(high-performance liquid chromatography,HPLC)迅速成为与气相色谱一样广泛使用的方法,对于迅速分离非挥发性的或热不稳定的试样来说,高效液相色谱常常是更可取的。

一、层析技术分类

(一) 按两相所处的状态

液体作为流动相(mobile phase),称为"液相色谱"(liquid chromatography);气体作为流动相,称为"气相色谱"(gas chromatography)。固定相(stationary phase)

也有两种状态,以固体吸附剂作为固定相和以附载在固体上的液体作为固定相,所以层析法按两相所处的状态可分为:液-固色谱(liquid-solid chromatography)、液-液色谱(liquid-liquid chromatography)、气-固色谱(gas-solid chromatography)、气-液色谱(gas-liquid chromatography)。

(二) 按层析过程的机理

吸附层析(adsorption chromatography)是利用吸附剂表面对不同组分吸附性能的差异,达到分离鉴定的目的。分配层析(partition chromatography)是利用不同组分在流动相和固定相之间的分配系数(或溶解度)不同,而使之分离的方法。离子交换层析(ion-exchange chromatography)是利用不同组分对离子交换剂亲和力的不同,而进行分离的方法。凝胶层析(gel chromatography)是利用某些凝胶对于不同组分因分子大小不同而阻滞作用不同的差异,进行分离的技术。

(三) 按操作形式不同

柱层析(column chromatography)是将固定相装于柱内,使样品沿一个方向移动而达到分离目的的方法。纸层析(paper chromatography)是用滤纸作为液体的载体(担体 support),点样后,用流动相展开,以达到分离鉴定的目的。薄层层析(thin layer chromatography)是将适当粒度的吸附剂铺成薄层,以与纸层析类似的方法进行物质的分离和鉴定。

(四) 根据分离的机理

吸附色谱法是靠吸附力不同而分离。
分配色谱法是靠物质在两液相间的分配系数不同而分离。
离子交换色谱法是靠各物质对离子交换树脂的化学亲和力不同而分离。
凝胶色谱法是靠各物质的分子大小或形状不同而分离。
亲和色谱法是靠分子的生物功能团与载体上配基的特殊亲和力不同而分离。
各种色谱法的特点和用途见表 2-8。

(五) 根据实验技术

迎头法(frontal analysis)是将混合物溶液连续通过色谱柱,只有吸附力最弱的组分以纯粹状态最先自柱中流出,其他各组分都不能达到分离。顶替法(displacement analysis)是利用一种吸附力比各被吸附组分都强的物质来洗脱,这种物质称为顶替剂。此法处理量较大,且各组分分层清楚,但层与层相连,故不易将各组分分离完全。洗脱分析法(elution analysis)是先将混合物尽量浓缩,使体积减小,然后将其引入色谱柱上部,然后用纯粹的溶剂洗脱,洗脱溶剂可以是原来溶解混合物的溶剂,也可选用另外的溶剂。此法能使各组分分层且分离完全,层与层间隔着一层溶剂。此法应用最广,而迎头法和顶替法则很少应用,以下重点介绍洗脱分析法。

表 2-8　各种色谱法的特点和用途

特点	分离方法	特点	应用
根据分子大小	凝胶过滤	① 在分级方法中分辨率为中等,但对脱盐效果优良 ② 流速较低,对分级每周期约≥8h,对脱盐仅 30min ③ 容量受样品体积局限	适用于大规模纯化的最后步骤,在纯化过程的任何阶段均可进行脱盐处理,尤其适用于两种缓冲液交替时
电荷	离子交换	① 通常分辨率高(usually high) ② 选用介质得当时流速快,容量很高,样品体积不受限制	最适用于大量样品需处理、分离的前期阶段
等电点	聚焦色谱	① 分辨率很高(very high) ② 流速快 ③ 容量很高,但柱的大小限制样品体积	适用于纯化的后阶段
疏水性	疏水作用	① 分辨率好(good) ② 流速很快 ③ 容量高,样品体积不受限制	适用于分离的任何阶段,尤其是样品离子强度高时,即在盐析、离子交换或亲和层析之后用
亲和性	亲和色谱	① 分辨率非常好(excellent) ② 流速很高,样品体积不受限制	适用于任何阶段,尤其是样品体积大、浓度很低而杂质含量很高时

二、层析法的基本概念

将欲分离的混合物加入层析柱的上部[图 2-5(a)],使其流入柱内,然后加入洗脱剂(流动相)冲洗[图 2-5(b)]。如各组分和固定相不发生作用,则各组分都以流动相的速率向下移动而得不到分离。实际上各组分和固定相间常存在一定的亲和力,故各组分的移动速率小于流动相的速率,如亲和力不等,则各组分的移动速率也不一样,因而能得到分离。图 2-5 中各组分对固定相的亲和力的次序为:白球分子○>黑球分子●>三角形分子△。当继续加入洗脱剂时,如色谱系统选择适当,且柱有足够长度,则 3 种组分逐渐分层[图 2-5(c)~(g)],三角形分子跑在最前面,最先从柱中流出[图 2-5(h)]。这种移动速率的差别是色谱法的基础。加入洗脱剂而使各组分分层的操作称为展开(development)。展开后各组分的分布情况称为色谱图(chromatogram)。显然,我们可选择各种各样的物质作为固定相和流动相,故色谱法有广阔的适用范围。

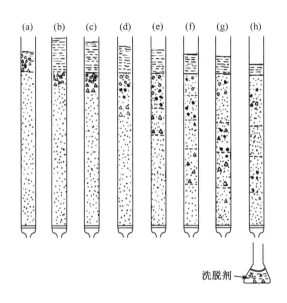

图 2-5　色谱法的基础

在吸附薄层层析过程中,展开剂(溶剂)是不断供给的,所以在原点上溶质与展开剂之间的平衡就不断地遭到破坏,即吸附在原点上的物质不断地被解吸。其次,解吸出来的物质溶解于展开剂中并随之向前移动,遇到新的吸附剂表面,物质和展开剂又会部分地被吸附而建立暂时的平衡,但立即又受到不断地移动上来的展开剂的破坏,因而又有一部分物质解吸并随展开剂向前移动,如此吸附—解吸—吸附的交替过程构成了吸附色谱法的分离基础。吸附力较弱的组分,首先被展开剂解吸下来,推向前去,故有较高的 R_f(阻滞因数 retardation factor,在纸色谱中称为比移值)值,吸附力强的组分,被扣留下来,解吸较慢,被推移不远,所以 R_f 值较低。

溶质在层析柱(纸或板)中的移动可以用 R_f 或洗脱容积(elution volume)V_e 来表征。两者都表示溶质分子在流动相方向的移动速率或在流动相中的停留时间。在一定的色谱系统中,各种物质有不同的阻滞因数或洗脱容积。改变固定相、流动相和操作条件,可使阻滞程度从完全阻滞到自由定向移动的很大范围内变化。假如溶质-固定相-移动相所组成的色谱系统能很快达到平衡,则阻滞因数或洗脱容积和分配系数有关。

(一) 分配系数

在吸附色谱法中,平衡关系一般用 Langmuir(朗缪尔)方程式表示

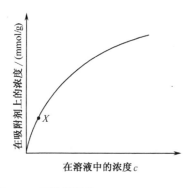

图 2-6　吸附等温线

$$m = \frac{ac}{1 + bc}$$

式中:m、c 为溶质在固定相和流动相的浓度;a、b 为常数。

当浓度很低时,即 c 很小时(在 X 点以下),上式成为 $m = ac$,平衡关系为一直线(图 2-6)。

在分配色谱法中,平衡关系服从于分配定律。当低浓度时,分配系数为一常数,故平衡关系也为一直线

$$\frac{c_1}{c_2} = K$$

在离子交换色谱法中,平衡关系可用下式表示

$$\frac{m_1^{\frac{1}{z_1}}}{m_2^{\frac{1}{z_2}}} = K \frac{c_1^{\frac{1}{z_1}}}{c_2^{\frac{1}{z_2}}}$$

$$\frac{m_1^{\frac{1}{z_1}}}{(m - m_1)^{\frac{1}{z_2}}} = K \frac{c_1^{\frac{1}{z_1}}}{(c_0 - c_1)^{\frac{1}{z_2}}}$$

式中:m 为树脂的总交换量;c_0 为被吸附组分的原始浓度。

当低浓度时,即当 c_1 很小,m_1 因而也很小时,上式可成为 $m_1 = Kc_1$,即平衡关系也为一直线。

在凝胶层析法中,分配系数表示凝胶颗粒内部水分中,为溶质分子所能达到的部分,故用一定的凝胶,分离一定的溶质时,分配系数也为一常数。

综上所述,不论色谱分离的机理怎样,当溶质浓度较低时,固定相浓度和流动相浓度都成线性的平衡关系,即两者之比可用分配系数 K_d 来表示

$$K_d = \frac{m}{c}$$

式中:K_d 为一常数,和溶质的浓度无关。

(二) 阻滞因数或 R_f 值

阻滞因数(或 R_f 值)是在色谱系统中溶质的移动速率和一理想标准物质(通

常是和固定相没有亲和力的流动相,即 $K_d = 0$ 的物质)的移动速率之比,即

$$R_f = \frac{溶质的移动速率}{流动相在色谱系统中的移动速率}$$

$$= \frac{溶质的移动距离}{在同一时间内溶剂(前沿)的移动距离}$$

令 A_s 为固定相的平均截面积,A_m 为流动相的平均截面积($A_s + A_m = A_t$ 即系统或柱的总截面积)。如体积为 V 的流动相流过色谱系统,流速很慢,可以认为溶质在两相间的分配达到平衡,则

$$溶质移动距离 = \frac{V}{能进行分配的有效截面积}$$

$$= \frac{V}{A_m + K_d A_s}$$

$$流动相移动距离 = \frac{V}{A_m}$$

$$R_f = \frac{A_m}{A_m + K_d A_s}$$

因此当 A_m、A_s 一定时(它们决定于装柱时的紧密程度),一定的分配系数 K_d 有相应的 R_f 值。

(三)洗脱容积 V_e

在柱色层析中,使溶质从柱中流出时所通过的流动相体积,称为洗脱容积,这一概念在凝胶色谱法中用得很多。

令色谱柱的长度为 L。设在 t 时间内流过的流动相的体积为 V,则流动相的体积速率为 V/t。

而根据前面所述,溶质的移动速率为 $\dfrac{V}{t(A_m + K_d A_s)}$。溶质流出色谱柱所需时间为 $\dfrac{L(A_m + K_d A_s)}{V/t}$,于是此时流过的流动相体积 $V_e = L(A_m + K_d A_s)$。

如令 $L_{am} = V_m$,色谱柱中流动相体积 $L_{as} = V_s$,色谱柱中固定相体积,则有

$$V_e = V_m + K_d V_s$$

由上式可见,不同的溶质有不同的溶出体积 V_e,后者取决于分配系数。

(四)层析法的塔板理论

塔板理论可以给出在不同瞬间,溶质在柱中的分布和各组分的分离程度与柱高之间的关系。和化工原理中的蒸馏操作一样,这里要引入"理论塔板高度"的概念。所谓"理论塔板高度"是指这样一段柱高,自这段柱中流出的液体(流动相)和其中固定相的平均浓度成平衡。设想把柱等分成若干段,每一段高度等于一块理

论板。假定分配系数是常数且没有纵向扩散,则不难推断,第 r 块塔板上溶质的质量分数为

$$f_r = \frac{n!}{r!\,n-r!}\left(\frac{1}{E+1}\right)^{n-r}\left(\frac{E}{E+1}\right)^r$$

式中:n 为色谱柱的理论塔板数。

$$E = \frac{\text{流动相中所含溶质的量}}{\text{固定相中所含溶质的量}}$$

当 n 很大时,上式变为

$$f_r = \frac{1}{\sqrt{2\pi nE/(E+1)^2}}\mathrm{e}^{-\frac{(r-nE/E+1)^2}{2nE/(E+1)^2}}$$

用图来表示,即成一钟罩形曲线(正态分布曲线)。当 $r = \dfrac{nE}{E+1}$ 时,f_r 最大,即最大浓度塔板 $r_{\max} = \dfrac{nE}{E+1}$,而最大浓度塔板上溶质的量为

$$f_{\max} = \frac{E+1}{\sqrt{2\pi nE}}$$

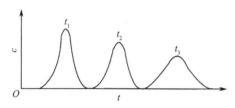

图 2-7　色带的变化过程

图中:c 为距柱顶 1 处的截面上,溶质的浓度;

t 为时间,$t_1 < t_2 < t_3$

由上式可见,当 n 越大,即加入的溶剂越多,展开时间越长,也即色带越往下流动,其高峰浓度逐渐减小,色带逐渐扩大(图 2-7)。

由此也可求出 R_f 值

$$R_f = \frac{\text{溶质最大浓度区所移动距离}}{\text{溶剂(前沿)所移动距离}}$$

$$= \frac{r_{\max}}{n} = \frac{E}{E+1} = \frac{A_m}{A_m + K_d A_s}$$

(五) 色带的变形和"拖尾"

在实际操作中,常常不能得到理想的钟罩形色带,色带的变形会使分层不清楚,故应该选择合适的条件避免变形。引起变形的原因有两种。

第一种原因是固定相在色谱柱中填充得不均匀。沿柱的高度填充得不均匀,并不会引起不良的后果;但如沿柱的截面填充得不均匀,就会引起色带变形,因为在固定相颗粒粗的地方,溶剂的流速较大,因而溶剂所带有的溶质的流速也较大,这样就使在柱中形成斜歪、不规则的色带,从而使流出曲线中各组分分离不清楚。显然,柱的截面积越大,越易发生变形,因而常采用细长的柱。

第二种原因是由于平衡关系偏离线性所引起。一般平衡关系常如图 2-8 所示,即曲线成凸形,因而当浓度低时,溶质相对容易分配于固定相,这使得浓度高的部分集中在前面,前缘尖锐,而浓度低的部分拖在后面,形成色谱的"拖尾",见图 2-9(a)。在纸色谱中,也可能"拖尾",圆的斑点拖了一条色泽逐渐变淡的长"尾巴",见图 2-8(b)。选择适宜的系统可避免此种现象。

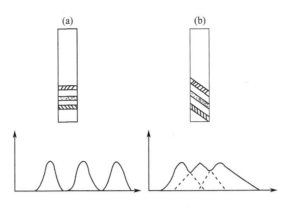

图 2-8　色带和流出曲线的形状
(a) 填充均匀的柱;(b) 填充不均匀的柱

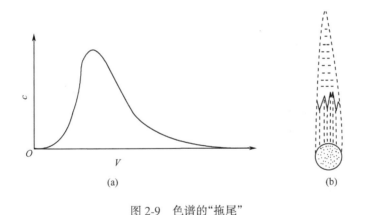

图 2-9　色谱的"拖尾"

三、层析系统操作方法

(一) 装柱

为了得到成功的分离,装柱是最关键的一步,通常是将一种在适当溶剂中充分溶胀后的吸附剂、树脂或凝胶的糊状物经真空抽气,除去气泡,慢慢连续不断地倒入关闭了出水口的已装入 1/3 柱高的缓冲溶液的柱中,让其沉降至柱高,约 3cm,然后打开柱的出水口,让缓冲液慢慢流出,控制适当的流速和一定的操作压,随着下面水的流出,上面陆续不断地添加糊状物,使其形成的胶粒床面上有胶粒连续均匀地沉降,直至装柱物完全沉降至适当的柱床体积为止。整个过程一般需要多次实践才能达到重复的结果。为了防止柱表面由于溶剂或样品的加入而引起的搅动,在柱的表面通常加上一个保护装置,例如圆的滤纸片、尼龙纱或人造丝网,某些商品柱具有一个承接管和柱塞,有保护柱胶面和提供一个入水口(通常是毛细管)把溶剂引到柱表面的双重作用。一旦柱制备完毕后,应强调的是,柱的任何一部分绝对不能"流干",也就是说在柱的表面始终要保持着一层溶剂(一般1~3cm柱高),以上是重力沉降法装柱,还有加压装柱,即在柱顶上连接一个耐压的厚壁梨形瓶,其中储放交换剂悬浮液。梨形瓶的上口连接加压装置(氮气或压缩空气及调压装置),将柱按10等分划线,起始为 $3.04 \times 10^4 Pa$,沉积床每升高一个刻度,增加 $7.09 \times 10^3 Pa$,最后达到 $1.013 \times 10^5 Pa$,立即减压。装柱时要不时地摇动梨形瓶使悬浮液均匀。

还有一种比较可靠的装柱方法:在电动搅拌下或用蠕动泵连续将处理好的填充物装入柱中沉积,用这种方法装柱一般都较理想。

若采用大型离子交换成套设备时,离子交换剂进入罐内都采用减压或加压等机械化操作,进入后又利用气压的变化来抖松交换剂使之分布均匀,因此不容易产生"节"和气泡等不正常现象。

层析柱的形状,一般认为直径与高度的比为1:15为宜,也有人认为1:100或1:200都可以。柱形必须根据层析介质和分离目的而定。经验表明,待分离物质的性质相近,柱越细长,则分离效果越好,但流速较慢。为了防止细目交换剂因外压而排列紧密,从而造成阻塞现象,在样品组分并不复杂的情况下,采用"矮胖柱"也是可以的。此外,在离子交换层析中,通常应根据样品的量和杂质情况,通过交换剂总交换量指标,先粗略计算应用多少交换剂后,再根据样品中组分情况和层析条件决定所用柱的直径和高度。

例如,717树脂总交换量为(3.5mmol/L)/g干树脂。分离样品为肌苷(相对分子质量为268),首先用分光光度计测得待分离溶液中肌苷的含量为3g/L,20L待分离溶液中总含量为60g,即 $60/268 = 0.22$ mol/L肌苷。

因溶液中尚有杂质的存在,实际应用的交换量按理论交换量的7%计算,留有充分余地,$35 \times 7\% = 0.25$(mol/L)/kg干树脂,所以0.22mol/L肌苷需用 $0.22/0.25 = 0.88$ kg干树脂,为此,选用合适的层析柱要装下0.88kg树脂,以保证充分交换。

(二) 平衡

层析柱正式使用前,必须平衡至所需的pH和离子强度,一般用起始缓冲溶液在恒定压力下走柱,其洗脱体积相当于3~5倍床体积,使交换剂充分平衡,柱床稳定。装好的柱必须均匀,无纹路,不含气泡,柱顶交换剂沉积表面十分平坦。

检查柱是否均匀,可用蓝色葡聚糖-2000,在恒压下走柱,如色带均匀下降,说明柱是均匀的,可以使用,否则应重新装柱。

(三) 上样量和上样体积

上样量的多少和上样体积大小是影响分离效果的关键因素,上样量越少和上样体积越小,分离效果越好。它主要取决于层析目的(分析性柱层析或制备性柱层析),也与样品中种类多少、相对浓度及亲和力有关。对于分析性柱层析,加样量一般不超过床体积 0.5%~1%,制备性柱层析加样量不超过 1%~3%。离子交换剂的上样量远远大于分子筛。如果要求高分辨率时,如分析性柱层析和精制要求高纯度产品时,则样品的体积尽可能小。相对分子质量较小的物质亲和力低,加样量要少,体积要小。在任何情况下,最大上样量必须在具体实验条件下通过反复试验来决定,例如,纤维素一般可按介质:蛋白质=10:1 的比例来计算上样量,进行初步试验。交换剂对核酸的吸附容量可能由于空间障碍的关系,仅为蛋白质的 1/100,所以 1g 干纤维素只能加样 1mg 左右。

1. 样品的准备

样品在上柱前必须经预处理,由于分离和制备的目的不同,预处理的方法也往往不同。一般使其与起始缓冲液有相同 pH、低的离子强度和尽可能小的体积。

预处理可酌情用超滤法、透析法和凝胶过滤法等进行浓缩和脱盐,样品中的不溶物在上样前用离心法或过滤法除去。

2. 加样方法

可用几种方法将样品加到已制备好的柱顶。一种简单的方法是移去柱床表面以上的溶液,然后小心地用移液管加样,先使移液管尖端接触离柱床表面约 1cm 高处的内壁,边加边沿柱内壁转动一周,然后迅速移至中央,使样品尽可能快地覆盖住全胶面,打开下口,以便使样品均匀地渗入柱内,当样品液下降至与胶面相切(胶面必须覆盖一层薄薄的溶液)时,关闭下口。按同样方法,用几份少量的起始缓冲溶液洗涤柱内壁和胶面,要使每一份溶液下降至与胶面相切时,再加下一份。这样可使样品全部进入层析柱内,以免造成拖尾,降低分辨率。加样前,如果胶面不平整,可用玻璃棒将胶表层轻轻搅起,待其自然沉降至平整后,方可加样,加样过程注意不要破坏胶面的平整。第一种方法是加样后小心地将溶剂加至 1~2cm 高,然后把柱和一个含有更多溶剂的适当的贮液瓶相连,使柱中溶剂的高度保持 1~2cm;第二种方法不需要让柱流干至床表面,而是加入 1% 浓度的蔗糖来增加样品的密度,当这种溶液铺在柱床上部的溶剂上时,它自动地沉到柱的胶表面,因而很快地通过柱,当然这方法假设蔗糖的存在不影响分离和以后样品的分析;第三种方法是用一个毛细管和一个注射器或蠕动泵把样品直接传送到柱表面(如一些商品柱附有专门加样装置)。

欲得到对称而清晰的洗脱峰,保持柱上端胶面平整、柱内无气泡和胶床不干裂是十分重要的。为此,除加样时注意不破坏胶面平整外,在整个层析过程中,应在胶面上端保留合适体积的洗脱液(1~2cm 柱高),避免洗脱液滴入柱内,破坏胶面的平整或可能造成胶床干裂。

(四) 洗脱

洗脱液的 pH 及离子强度等是影响分离效果、产品质量和数量的重要因素,故不同物质应选用不同的洗脱液。离子交换法根据洗脱液配比不同,洗脱方法有 3 种:①改变洗脱液 pH,根据目的物的等电点和介质的性质选择合适的 pH,通过改变 pH,使大分子的电荷减少,从被吸附状态变为解吸状态;②用一种比吸附物质更活泼的离子,增加洗脱液的离子强度,使离子竞争力加大,将大分子从介质上替换下来;③实践中,往往分离纯化复杂的混合物,被吸附的物质常常不是我们所要求的单一物质,故应将前两种方法结合起来应用,即同时改变洗脱液的 pH 和离子强度,通常采用的洗脱方式为阶段洗脱和梯度洗脱。

1. 阶段洗脱法

分段改变洗脱液中的 pH 或盐浓度,使吸附在柱上的各组分洗脱下来。当欲分离纯化的混合物组成简单,或相对分子质量及性质差别较大,或需要快速分离时,阶段洗脱是比较适用的,但这种方法有以下缺点:

1) 洗脱能力较强,分辨率较差,亲和力或相对分子质量相近的不同组分不易分开,可能几种组分将出现在同一个洗脱峰中,不能分开;

2) 拖尾现象,因为大分子和介质表面的电荷分布不均匀性或分子构象的不规则性,所以同一个组分的不同分子所遇到的微环境有差异,吸附的紧密程度就不同,在同一个恒定的洗脱条件下,吸附较紧密的分子将在后面,形成拖尾现象。

2. 梯度洗脱法

连续改变洗脱液中的 pH 或盐浓度,使吸附柱上的各组分被洗脱下来。通常采用一种低浓度的盐溶液为起始溶液,另一种高浓度的盐溶液作为最终溶液。两者之间通过一根玻璃管接通,使高盐溶液向低盐溶液处流,起始溶液直接流入柱内,这样就使柱内的盐浓度梯度上升,克服了直线洗脱中的拖尾现象。同时,混合物中的各个组分逐个地进入解吸状态,因此,它的分辨率大大超过阶段洗脱。在生化实验及生化物质制备中常用梯度洗脱法,它优于阶段洗脱法。

洗脱的梯度在柱层析中是个首要的因素,可以按实验要求,设计各种方法,产生出多种类型的理想梯度来。

常用的梯度混合器由 2 个容器构成(图 2-10)。2 个容器安放在同一个水平上,第一个容器盛有起始缓冲液,第二个容器盛有等量的、含较高离子强度或不同

pH 的上限缓冲液。二者用管子相连，以保持其中溶液的流体静力平衡。第一个容器通过管道与柱相连，当缓冲溶液从第一个容器流入柱中时，第二个容器的缓冲液自动地来补足，结果使洗脱液的 pH、离子强度呈线性增加。

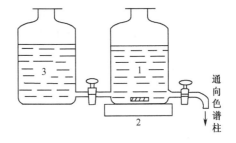

用同样形状和大小的容器得到线性增加离子强度的洗脱液，但是改变梯度容器的相对大小和形状可产生凹形梯度和凸形梯度(图 2-11)。

图 2-10　梯度洗脱装置
1. 第一种溶剂；2. 磁力搅拌器；3. 第二种溶剂

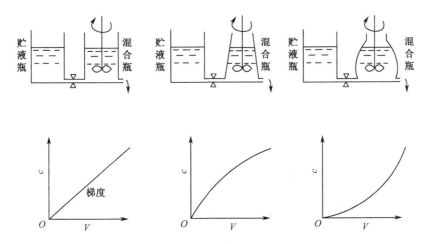

图 2-11　梯度洗脱装置于曲线的类型

不管用什么样的梯度洗脱，它的效力都应通过对其 pH 或电导率的测定来检验，所以形成的梯度应满足以下的要求：

1）洗脱液的总体积要足够大，洗脱时间足够长，使分离的各个峰不致丢失。

2）梯度上限要足够高，即离子强度要足够强。若目的物是酸性大分子，则选择碱性 pH；若目的物是碱性大分子，则选择酸性 pH，以保持目的物的稳定性和生物活性。

3）梯度的斜度要足够平缓，以使各峰分开，但又足够陡峭，以免峰形过宽或拖尾。

4）梯度升降速率要适当，要恰好使移动区带接近柱末端时，达到解吸状态，这样可用全柱长进行无数次的解吸和再吸附，达到分离目的。

5）最大分辨率的梯度洗脱应在那些对吸附和洗脱有相近亲和力的大分子出

现的区域,比较平坦,而在毗邻大分子的亲和力差异较大的那个区域则是陡峭的,通常要经反复试验,特别是用优选法或正交实验摸索一个合适的梯度洗脱液配方来调节梯度,才能达到理想的结果。

(五) 流速及控制

洗脱液流速也往往影响层析的分辨率,故在整个分离过程中,洗脱液通过柱时保持稳定的流速是十分重要的。由于流速与所用介质的结构、粗细及数量有关,与层析柱大小、介质填装的松紧及洗脱液的黏度、操作压等有关,必须根据具体条件反复试验以确定一个合适的流速。太高的流速使洗脱峰加宽,继而降低了分辨率;过高时,有时会使流速先快后慢甚至发生阻塞。流速可以通过调节"操作压"来控制,"操作压"相当于在柱上部的贮液瓶中溶剂的水平和出水口位置的水平之差。可以用装有恒压管的恒压瓶使操作压保持恒定。获得稳定流速的另一方法是利用蠕动泵把洗脱液泵入或泵出柱,并保持稳定流速。

应该指出的是,交联度不同的葡聚糖凝胶能够承受最大操作压是不相同的。此外,当离子交联葡聚糖凝胶层析采用普通的盐浓度梯度洗脱时,柱床体积变化较大,可缩小为它原始体积的 2/3 或更小,造成流速明显减慢,这是此类交换剂应用中值得注意的一个问题。

(六) 分部收集

洗脱液必须分成小部分收集,每一部分相当于 25% 的床体积。这些部分一般被收集在试管中,使得在柱上已经分离的化合物仍然处于分离的状态。每管收集的体积越小,越容易得到纯的组分。一种特殊的化合物可能分布在好几个部分中,但是,如果分离得好,这个数目就相对地小一些,它们通过一些几乎不含有任何化合物的中间部分与含有别的化合物的部分分开。当然,已经证明含有相同化合物的部分可以合并,作为进一步研究用。

已有各种商品的自动部分收集器(图 2-12)。它们被设计成当一个管中收集了一定量的洗脱液后,另一个新的收集管自动地接替了它的位置。每一部分中洗脱液的实际量可以用几种方法来确定,例如,用一种虹吸式的或类似的系统使一个预先确定的体积转移到每一个管中,或者用电子控制的方法使预定的滴数滴入每一管。后一种方法有个小缺点,如果洗脱液的成分改变(例如在梯度洗脱时),那么它的表面张力也可能发生改变,因而改变了滴的大小,使得实际收集的体积发生了变化。还有一个方法是在一个固定的时间内,让洗脱液进入每个管子。在这种情况下,如果柱的流速改变,每一部分的体积也会发生改变。为此已设计并使用自动部分收集器(fraction collector),已有多种形式的商品生产、出售。

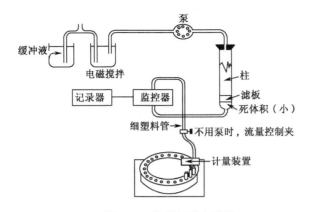

图 2-12　柱层析整套装置

（七）检测和合并收集

洗脱液按一定的体积分别收集于试管中,为了测定收集的各部分中各种成分的分布,必须用一些能特异地检测被分离化合物的方法来进行分析,一般可用直接或间接方法,主要取决于溶质的性质和层析目的。直接法有分光光度法、光折射法、荧光法和放免法等。对于许多化合物可能无可选择地需要用手工方法来分析所有的部分,如果某一化合物具有特征性的物理特性,对可见光或紫外光有吸收,如蛋白质在 280nm、核酸在 260nm 处有最大的吸收。在这种情况下,洗脱液从柱的出口流出,通过毛细管被引向一个在适当波长光束中的石英玻璃的流通池内。消光系数的变化通过一个光电管来检测,并在图表记录仪上被描绘出来,这样可连续地记录各部分的号码和每一部分中分离成分的量。这种仪器的商品名称为核酸蛋白质检测仪。

洗脱液的合并方法对目的物质量和产量有较大的影响。欲得高纯度的化合物,一般根据洗脱峰的位置收集合并较窄的部分;欲得产量较多目的物,则合并较宽部分,如图 2-13 中 V_1 和 V_2。

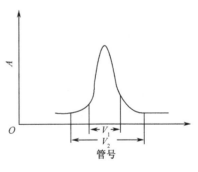

图 2-13　洗脱峰的体积

（八）洗脱峰的纯度鉴定

实际工作中,由于检测系统的分辨率有限,所以一个对称的洗脱峰并不一定代表一个纯净的组分。对在一个特定的柱层析分离条件下显示出的每个峰要用几个纯度标准(一般 2～3 个高分辨率方法)来检验,才能确定它的均一性。例如,可采用 SDS 电泳法、等电聚焦法、高效液相层析法和测定 N 末端氨基酸残基方法等。如果洗脱峰峰形不对称,或出现"肩"(shoulder),则表示混有杂质。

(九)脱盐和浓缩

洗脱峰在纯度鉴定的基础上,将同一组分合并。若欲得到某一产品,有必要依次经过减压薄膜浓缩法或超滤(去盐、去水),透析去盐,再用冰冻干燥或有机溶剂沉淀等方法处理,得到干粉或沉淀。科研、生产中要得到高纯度组分,往往要经过几次柱层析,每次柱层析后,某一峰的洗脱液可依次用透析法除盐,超滤或减压薄膜浓缩法将样品浓缩到一定体积后,再上第二次柱。上第三次柱前也可采用类似的方法处理样品。

第十二节　薄层吸附层析技术

薄层层析(thin-layer chromatography,TLC)是一种将固定相在固体上铺成薄层进行色谱的方法。1938 年,俄国科学家在分析植物提取物时首先提出了这一方法的基本原理,当时及随后多年并没有引起人们注意。一直到 1956 年德国学者欺塔尔在植物细胞的分析工作中比较完整地发展了这个方法,它才日益引起人们的重视和研究,目前它已是色谱法中的一个重要分支,其发展方兴未艾。

TLC 是一种简单快速、微量的层析方法。薄层层析技术特别适用于分离很小量的物质,常应用于分析工作以及层析过程的追踪。TLC 应用范围主要在生物化学、医药卫生、化学工业、农业生产、食品和毒理等领域,对天然化合物的分离和鉴定也已广泛应用。TLC 有以下优点:操作方便,设备简单,分辨率比纸层析高 10 倍,甚至 100 倍,样品用量少,有时 $0.01\mu g$ 也能检测。

由于 TLC 法有上述优点,因而用它来指导生产(中间物质的检验,合成化合物终点的确定)和鉴定产品的纯度是非常有用的。随着扫描仪、面积仪和质谱仪等仪器的配套使用,支持介质粒度的改进,薄层层析法日益完善。

一、薄层层析原理

薄层层析的作用机理主要包括吸附、分配、离子交换和凝胶过滤等作用。当样品组分在薄板上进行分离时,这几种作用产生不同的影响,究竟哪种作用为主,需视情况而定。如在吸附薄层层析中,因样品组分极性有差异,故不同组分与吸附剂和展层剂的亲和力就有差别,从而导致各组分在薄板上的移动距离不同,组分与吸附剂亲和力强的留在接近原点的位置;反之,组分与吸附剂亲和力弱的留在离原点较远的位置,即亲和力愈弱,移动愈远,于是样品中各组分就得到分离。

按照相似溶解相似规律,极性组分易溶于极性溶剂中;非极性组分则易溶于非极性溶剂中。因此在同一薄板上,不同极性化合物的组分在同一溶剂中的溶解度不同,溶解度越大,移动的速度越快;否则相反。展层的过程即样品各组分得到分离的过程,它也是一个吸附、解析、再吸附、再解析的连续过程。

实践证明,各种薄层层析均与其对应的柱层析原理相同,但薄层层析在分析中,有更多的优越性,它同柱层析一样,可选择不同的支持介质和不同搭配的展层剂进行各种薄层层析。

二、薄层层析的特点

薄层层析法与我们已介绍过的经典吸附层析法以及纸色谱和以后将要介绍的离子交换层析法、凝胶层析法和高效液相色谱法比较起来,具有下列特点:

1) 设备简单,操作方便。只需一块玻璃板和一个层析缸,即可以进行复杂混合物的定性与定量分析。既可用于有机物分析也可用于无机物分析。它的分析原理与经典附层析法相同,都是在敞开的薄层上操作,在检查混合物的成分是否分开以及在显色时都比较方便。只要把薄层放在荧光灯下或把显色剂直接喷上即可观察。

2) 快速,展开时间短。薄层层析法的实验操作(如点样、展开及显色等)与纸色谱相同,但是它比纸色谱快速。一般纸层析需要几小时至几十小时,薄层层析一般只需十几分钟至几十分钟。

3) 由于广泛采用无机物作为吸附剂,薄层层析可以采用腐蚀性的显色剂,如浓硫酸、浓盐酸和浓磷酸等。对于特别难以检出的化合物,可以喷以浓硫酸,然后小心加热,使有机物炭化,显出棕色斑点,而同样情况下,纸上色谱则无法检出。

4) 薄层层析可以广泛地选用各种固定相,比纸上色谱有显著的灵活性。它又可以广泛地选用各种移动相,这比气相色谱有利。

5) 纸色谱由于纤维的性质引起斑点的扩散作用较严重,降低了单位面积中样品的浓度,从而降低了检出的灵敏度。薄层色谱的扩散作用较少,斑点比较密集,检出灵敏度较高。

6) 薄层层析既适于分析小量样品(一般几到几十微克,甚至可小到 10^{-11}g),也适用于大型制备色谱。例如,把薄层的宽度加大到 $30\sim40$cm,样品溶液点成一条线,把薄层的厚度加厚 $2\sim3$mm,分离的量可大到几毫克至几百毫克。

7) 技术的多样化。一方面,有多种展开方式,如双向展开、多次展开、分步展开、连续展开、浓度梯度展开等;另一方面,可应用不同的物理化学原理,如吸附色谱、分配色谱、离子交换、电泳、等电点聚焦法等。对于复杂的混合物不能用简单的薄层色谱法解决时,可采用两种方法相配合来进行。

8) 与气相色谱比较起来,薄层色谱法更适于分析热不稳定、难于挥发的样品。但是它不适于分析挥发性样品。目前 TLC 的自动化程度不及气相色谱法和高效液相色谱法,并且分离效果也不及后两者,因此成分太复杂的混合物样品,用薄层色谱法分离或分析还是有困难的。

近年来薄层层析又有新的发展,例如,固定液的浸渍薄层、化学键合固定相薄层、多孔有机高分子小球薄层等,特别是极细小粒度(微米数量级)的吸附剂薄层板,为提高速率(十几秒钟可分离几个组分)和灵敏度开辟了新方向。在定量方面的双光束薄层扫描仪已有商品出售,为薄层色谱法自动化精确定量提供了条件。

三、吸附剂的性质与选择

用于吸附色层析中的吸附剂都可用于薄层层析法中,其中最常用的吸附剂是硅胶和氧化铝。硅胶略带酸性,适用于酸性和中性物质的分离;碱性物质则能与硅胶作用,不易展开,或发生拖尾的斑点,不好分离,反之氧化铝略带碱性,适用于碱性和中性物质的分离而不适于分离酸性物质。不过,我们也可以在铺层时用稀碱液制备硅胶薄层,用稀酸液制备氧化铝薄层以改变它们原来的酸碱性。

应该根据化合物的极性大小来选择吸附活性合适的吸附剂。为了避免试样在吸附剂上被吸附太牢,展不开,不好分离,对极性小的试样,可选择吸附活性较高的吸附剂;对极性大的试样,选择活性较低的吸附剂。

硅胶和氧化铝可由活化的方式或者掺入不同比例的硅藻土来调节其吸附活度。

要注意,碱性氧化铝作为吸附剂时,有时能对被吸附的物质产生不良的反应,例如,引起醛、酮的缩合,酯和内酯的水解,醇羟基的脱水,乙酰糖的脱乙酰基,维生素A和维生素K的破坏等。因此,有时需要把碱性氧化铝先转变成中性或酸性氧化铝后应用。

硅胶对于样品的副反应较少,但也发现萜类中的烃,甘油酯在硅胶薄层上发生异构化,邻羟基黄酮类的氧化,甾醇在含卤素的溶剂存在下在硅胶板上异构化等副反应。

除了硅胶和氧化铝以外还可用纤维素粉、聚酰胺粉等作为吸附剂。

四、薄层层析操作技术

一般薄层层析操作步骤是薄板的制备、点样、展层、显色、R_f值的测定、结果分析(定性和定量)等步骤。

(一) 硬板的制备

薄层板通常是用玻璃板作为基板,上面涂铺吸附剂薄层制成,有 5cm×20cm、2cm×10cm、10cm×20cm 或 10cm×10cm、20cm×20cm 等规格。有时可用小的玻板,如显微镜上的 2.5cm×7.5cm 的玻璃载片制成薄层板。玻璃板事先要洗涤干净,最好用洗液洗过。目前国内已有预制成的硅胶薄层色谱板和烧结薄层板出售,后者可在使用后,洗去斑点,烘干处理,再继续使用。

硬板的制备又称湿法铺层法,是把吸附剂、黏合剂(有时不加)和水或其他溶液(或溶剂)先调成糊状再铺层。铺板时可用手缓缓转动玻板,或轻敲玻板使表面平坦光滑,也可用刮刀推移法制取。但欲制 20cm×20cm 的大薄层板时最好用涂铺器。商品涂铺器如图 2-14 所示,能调节薄层厚度,便于一次制备好几块。薄层铺好后,先在室温晾干,然后置烘箱活化,活化条件可根据需要选择,如 120℃ 加热 2h、80℃ 加热 3h 等。湿法制成的薄层的优点是比较牢固,展开后便于保存,它可以用颗粒很细的吸附剂,制成的薄层厚度比干法制成的薄些,一般是 0.25mm,又因为薄层颗粒间空隙较小,毛细管作用小,展开后斑点较集中、较小,所以分离效果较好。

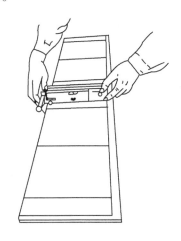

图 2-14　涂铺器

常用的黏合剂有煅石膏、羧甲基纤维素(CM-C)和淀粉,通常煅石膏的用量为吸附剂的 10%～20%,CM-C 为 0.5%～1%,淀粉为 5%。用煅石膏为黏合剂时,可与吸附剂混合,加一定量的水后不必加热,调成均匀的糊状物铺层。用 CM-C 时,把 0.5～1g CM-C 溶于 100mL 水中,再加适量的吸附剂调成稠度适中的均匀的糊状物铺层。用淀粉时,把吸附剂和淀粉加水调匀后在 85℃ 水浴或用直接火加热数分钟,使淀粉变得有黏性后再铺层。

煅石膏($CaSO_4 \cdot 1/2H_2O$)是把市售的生石膏($CaSO_4 \cdot 2H_2O$)在 120～140℃ 烤 2h,烤好后过 150～220 目筛。也可自制:把 10% 氯化钙溶液(AR)过滤后,倒入适量的 10% H_2SO_4(AR),用玻璃棒搅拌,出现絮状沉淀后,放置过夜。然后用布氏漏斗过滤,用蒸馏水洗涤沉淀物至滤液无氯离子。把沉淀物铺开,于 140℃ 干燥 48h,密塞备用。如存放过久,仍需 140℃ 重新干燥,否则将出现粗颗粒。

淀粉用可溶性淀粉、米淀粉等。

加石膏为黏合剂制成的薄层能耐受腐蚀性显色剂的作用,但仍不够牢固,易剥落,不能用铅笔在上面做记号。用 CM-C 或淀粉为黏合剂,则薄层较牢固,可用铅笔写字,但在显色时不宜用腐蚀性很强的显色剂,并且淀粉和 CM-C 中的成分有时对于鉴定某些有机物有干扰。

用湿法铺层时,纤维素中不必加黏合剂,制成的薄层就相当牢固。硅藻土和氧化铝加或不加黏合剂都可铺层,但不加黏合剂的薄层板在展开时应采取水平式展开。硅胶要加黏合剂。在一般情况下,加入黏合剂的量不太多时,对吸附剂的吸附性能和分离效果没有影响。

各种吸附剂薄层的湿法制备见表 2-9。

表 2-9　各种吸附剂薄层的湿法制备

薄层的类别	吸附剂:水的用量[1]	活　化[2]
氧化铝 G	1:2	250℃4h,活度Ⅱ级 150℃4h,活度Ⅲ～Ⅳ级
氧化铝淀粉	1:2	105℃0.5h
硅胶 G	1:2 或 1:3	110℃0.5h
硅胶 CM-C	1:2(用 0.7%CM-C 溶液)	110℃0.5h
硅胶-淀粉	1:2	105℃0.5h
硅藻土	1:2	110℃0.5h
硅藻土 G	1:2	110℃0.5h
纤维素	1:5	105℃0.5h
聚酰胺	溶于 85%甲酸 + 70%乙醇	80℃15min

1) 是大概的比例随吸附剂不同而异。

2) 分离某些易吸附的化合物时,不可活化。

聚酰胺用干法铺层较困难,因聚酰胺粉跟着玻璃棒滑动。可按下法制板。聚酰胺粉 1g(见前),溶于 85%甲酸 6mL 中,再加乙醇(70%)3mL,调匀,用量筒吸取一定量液体。用徒手倾倒法铺层。倒在板上的溶液如太多,可倾去一些,否则薄层太厚,干后会裂开。薄层铺好后,水平地放在一个盛水的盘子的水面上(不能浸入水中,但要使盘中的水蒸气能熏湿薄层,所以有时盘中要盛温水),盘子用大玻璃板或其他盖子盖上。制好的薄层原来是透明的,放在盘中约 1h 后,变成不透明的乳白色。放置数小时后,取出薄层用自来水漂洗 2 遍,再用蒸馏水漂洗 1 次,以洗去甲酸,晾干,再在 80℃烘 15min。也可直接用锦纶丝 1g,按上法溶于 85%甲酸和 70%乙醇中铺层制板。这样制成的薄层板分离有机酸化合物效果很好。

(二) 软板的制备

软板制备又称干法铺层法。氧化铝、硅胶可用干法铺层。干法铺层比较简单,但是制成的薄层板展开后不能保存,喷显色剂时容易吹散,并且吸附剂的颗粒间空隙大,展开时毛细管作用较大,所以展开速率较快,斑点一般较为扩散。

干法铺层法是两手握着两端带有套圈的玻璃棒(直径约 1.5cm),把吸附剂均匀地铺在玻板上(图 2-15)。套圈可以用胶布、塑料薄膜、塑料管或橡皮管等,其厚度为薄层的厚度,薄层的厚度可据需要选择,一般用于鉴定或分析的厚度为 0.25～0.3mm,用于小量制备时的厚度约 1～3mm。两端环的内侧边的距离,比玻板的宽度小1cm,这样两边各空出0.5cm,以避免端效应,即避免玻板边缘引起不正常的色带移动。

用此法铺层时两手用力要均匀,否则薄层厚度不一致。吸附剂的颗粒以150～200目较好,如颗粒太细,则玻璃棒推动时颗粒随玻璃棒一起移动,无法铺成均匀的薄层。

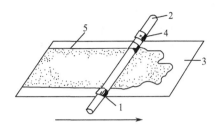

图 2-15 软板的制备
1. 调整薄层厚度的塑料环;2. 均匀直径的玻璃棒;3. 玻板;4. 防止玻璃滑动的环;5. 薄层吸附剂

(三) 样品的预处理

用于薄层层析的样品溶液的质量要求非常高,样品中必须不含盐,若含有盐分则引起严重的拖尾现象,甚至有时得不到正确的分离效果。样品溶液还应具有一定的浓度,一般应为1～5mg/mL,若样品液太稀,点样次数太多,影响分离效果,故必须进行浓缩处理。

一般各种来源的样品必须经过提取、粗制、精制、预处理过程(pretreatment)。

少数样品因纯度较高、杂质较少,可以用溶剂溶解或稀释后直接点样,如医药原料药、动植物的油类和脂肪,生物样品(血、尿、体液等)。样品的溶剂最好使用挥发性的有机溶液(如乙醇、氯仿等),不宜用水溶液,因为水溶液使吸附剂活性降低,从而使斑点扩散。

(四) 点样、展开和显色

1. 点样

薄层色谱法中根据不同要求、点样的方式,方法也不同。

进行定性分析时,点样量不需要准确,可采用玻璃毛细管点样。进行定量分析时,因取样量须要准确,一般采用微量注射器或医用吸血管(端磨尖)。进行制备色谱时,须用较大量试样溶液在大块(20cm×20cm)薄层板的起始线上连续点成一条直的横线。

样品溶于氯仿、丙酮、甲醇等挥发性有机溶剂中。用玻璃毛细管或医用吸血管或微量注射器将样品滴加到薄层上。点的直径一般不大于2～3cm,点与点之间的距离一般为1.5～2cm。样品点在距薄层一端1.5cm的起始线上,展开剂浸没薄层的一端约0.5cm。

点样原点的大小对最后斑点面积的影响较大,故必须严格控制,对于定量分析(按斑点面积定量)时尤其如此,对于较稀的样品溶液在原点须进行多次滴加时,更需注意。最好采用以下方法:将样品溶液点在2～3mm直径的小圆形滤纸上,点样时是将滤纸固定于插在软木塞的小针上,同时在薄层起始线上也制成相同直径的小圆穴(圆穴及滤纸片均可用适当大小的木塞打孔器印出),圆穴中必要时可放入少许淀粉糊,将已点样并除去溶剂后的圆形滤纸片小心放在薄层圆穴中粘住,然后展开。用这种方法,样品溶液体积大至1~2mL也能方便地点完,并能保证原点形状的一致。

在干法制成的薄层上点样经常把点样处的吸附剂滴成一个小孔,则必须在点样完毕后用小针头拨动孔旁的吸附剂把此孔填补起来,否则展开后斑点形状不规则,影响分离效果。

在制备薄层色谱法中,可将样品点成长条。如需样量更大,则可将吸附剂吸去一条,将样品溶液与吸附剂搅匀,干燥后再把它仔细地填充在原来的沟槽内,再行展开。

2. 展开

样品组分、支持介质、展层剂3个因素中,样品组分是不能变的因素,支持介质和展层剂是可变因素,因此,选择合适的展层剂就是薄层层析的又一关键步骤。因样品组分的类型和性质相当复杂,层析的分离机理各不相同,影响展层剂选择的因素很多,这里仅介绍选择的一般原则,在很多情况下要通过反复实验以寻找合适的展层剂。

1) 展层剂应具备的条件:①溶剂应能使待测组分很好地溶解。②使待测组分与杂质分开,而待测各组分之间也能达到较好分离。③展层后组分斑点圆而集中,无拖尾现象。④使待测组分的 R_f 值最好在 0.4~0.5。如样品中待测组分较多,则 R_f 值最好在 0.30~0.76。如 R_f 值太大,则组分斑点易扩散,降低检测灵敏度;如 R_f 值太小,则组分在薄板上不易展开,局部浓度太大,浓度与测出的峰面积之间不成直线关系。⑤展层剂应临用时新配,否则因放置时间太长而改变了它原来的层析性质。展层剂只能用一次,第二次再用时,因组成的改变而影响分离效果。⑥与组分不能发生化学反应或聚合作用。⑦具有适中的沸点和小的黏度。溶剂的沸点一般应高于室温 20℃以上。黏度大的溶剂如正丁醇等,展层时间较长,且不易从薄层上除去,影响以后的分析;黏度低,有利于分离效率的提高。

2) 展层剂的选择。可根据组分的结构、性质溶剂的结构、性质的不同,有计划、有目的地选择展层剂。展层剂的选择原则主要以溶剂的极性大小为依据,在同一支持介质上,溶剂的极性越大,对同一化合物的洗脱能力也越大,即在薄板上把它推进得越远,故 R_f 值也越大。因此,如果某一溶剂展层时,当 R_f 值太小时,可换用一种极性较大的溶剂或在原溶剂中加入一定量的极性较大的溶剂展层。如甲醇-己烷二元展层剂中,甲醇是极性较大的成分,当用同系物乙醇或丙醇来替换时,展层剂的分离效果不会有较大改变,因为它们结构相似。如用二氯甲烷替换甲醇,分离效果则有较大改变。在某些情况下,加入第三种溶剂,可增加极性溶剂与非极性溶剂的相互溶解。例如,常用的展层剂正丁醇-冰醋酸-水,冰醋酸的加入增加了正丁醇的溶解度(同时也改变了展层剂的酸碱度)。若样品组分具有酸碱性,还可将展层剂的 pH 进行适当的调整。样品组分具有碱性,则展层剂可用适量乙二胺或浓氨水等调整溶剂 pH 为碱性,以增加展层剂的分辨率,使组分在薄板上展层后,斑点圆而集中,避免拖尾。样品组分具有酸性时,常在展层剂中加乙酸或甲酸等,可得到圆而集中的斑点。

溶剂极性大小的次序如下:水＞正丙醇＞丙酮＞乙酸甲酯＞乙酸乙酯＞乙醚＞氯仿＞二氯甲烷＞苯＞三氧乙烯＞四氯化碳＞二硫化碳＞石油醚。

3) 展开方式可分为下列各类(图 2-16):

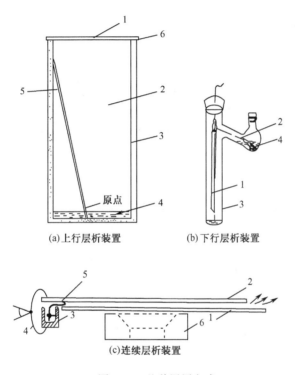

(a)上行层析装置　　(b)下行层析装置

(c)连续层析装置

图 2-16　几种展层方式

(a) 1.层析缸盖;2.层析缸;3.滤纸;4.溶剂;5.TLC 板;6.玻璃磨边并涂以凡士林

(b) 1.薄板;2.滤纸;3.层析缸;4.展层剂

(c) 1.薄板;2.盖板;3.溶剂槽;4.夹子;5.滤纸桥;6.支架

a.上行展开和下行展开。最常用的双开法是上行法,就是使展开剂从下往上爬行展开:将滴加样品后的薄层,置于盛有适当展开剂的标本缸、大量筒或方形玻璃缸中,使展开剂浸入薄层的高度约为 0.6cm。下行法是使展开剂由上向下流动。下行法由于展开剂受重力的作用而移动较快,所以展开时间比上行法少些。具体操作是将展开剂放在上位槽中,借滤纸的毛细管作用转移到薄层上,从而达到分离的效果。

层析缸空间最好先用展开剂蒸气饱和。为了加速饱和,可在缸内悬浸有展开剂的滤纸。最近也有研究认为在不饱和缸中展开,槽中展开剂蒸气的浓度由下到上呈梯度增加,吸附剂自空间吸附蒸气的量也相应增加,从而使薄层不同部位上吸附的展开剂具有梯度变化,改善了分离效果。

b. 单次展开和多次展开。用展开剂对薄层展开一次,称为单次展开。若展开分离效果不好时,可把薄层板自层析缸中取出,吹去展开剂,重新放入盛有另一种展开剂的缸中进行第二次展开。有时使薄层的顶端与外界敞通,这样,当展开剂走到薄层的顶端尽头处,就连续不断地向外界挥发而使展开可连续进行,以利于 R_f 值很小的组分得以分离。连续下行展开比较方便,是用滤纸条把展开剂引到薄层的顶端使其向下流动,当流到薄层的下端尽头后,再滴到层析缸的底部而储积起来。

c. 单相展开和双相展开。上面谈到的都是单向展开,也可如纸色谱法双向展开一样原理,取方形薄层板进行双向展开。

常用的展开容器为生物标本缸,如图 2-17(a)所示,这是在采取垂直上行展开方式时用的。用上行水平展开方式时则采用玻璃制长条盒附磨口盖的层析槽如图 2-17(b)所示。

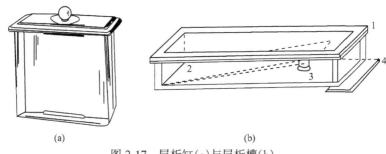

(a)   (b)

图 2-17　层析缸(a)与层析槽(b)

1. 层析槽;2. 薄层板;3. 垫架;4. 垫板

3. 显迹

显迹之前最好将展开剂挥发除尽,显迹方法有下列几种。

(1) 物理显迹法　有些化合物本身发荧光,则展开后待溶剂挥发即可在紫外灯下观察荧光斑点,用铅笔在薄层上划出记号,有的化合物需在留有少许溶剂的情况下方能显出荧光;有的化合物本来荧光不强,但在碘蒸气中熏一下再观察其荧光,灵敏度有所提高;有的化合物需要与一试剂作用以后才显荧光。如果样品的斑点本身在紫外光下不显荧光,则可采用荧光薄层法检出,即在吸附剂中加入荧光物质或在制好的薄层上喷荧光物质,如 0.5% 硫酸奎宁溶液等。这样在紫外光下,薄层本身显荧光,而样品的斑点却不显荧光。

（2）化学显迹法　化学显迹法可分为两种。

a. 蒸气显色。利用一些物质的蒸气与样品作用显色,例如,固体碘、浓氨水、液体溴等易挥发物质放在密闭容器内(标本缸、玻璃筒),然后将除去挥发的展开剂的薄层放入其中显色。显色时间与灵敏度随化合物不同而异,多数有机物遇碘蒸气能显黄-黄棕色斑点,发生显色作用或碘溶解于测定的化合物,或与化合物发生加成作用,但多数是化合物对碘的吸附作用。因此显色后在空气中放置,碘挥发逸去,斑点即褪色。多数情况下碘是一种非破坏性的显色剂,可将化合物刮下进行下一步处理,特别有利于制备色谱。

b. 喷雾显色。将显色剂配成一定浓度的溶液,用喷雾的方法均匀喷洒在薄层上。常用喷雾器如图 2-18(a)、(b)所示。喷雾时可连一橡皮管或塑料管后用嘴吹,或用压缩空气喷。喷雾器与薄层相距最好 0.5~0.8m,对于未加黏合剂的薄层,应趁展开剂未干前喷雾显色,以免吸附剂吹散。

图 2-18(a)、(b)表示常用的喷雾器形式。目前已有盛在塑料瓶中,充在压缩惰性气体的显色剂溶液出售,拿来揿住瓶口针形阀,即有雾状试剂喷出,十分方便,如图 2-18(c)所示。

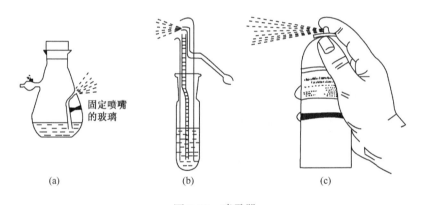

固定喷嘴的玻璃

(a)　　　　(b)　　　　(c)

图 2-18　喷雾器

(a),(b)常用的喷雾器；(c)喷雾显色试剂

（3）生物显迹法　抗生素等生物活性物质就可以用生物显迹法进行。取一张滤纸,用适当的缓冲液润湿,覆盖在板层上,上面用另一块玻璃压住。10~15min后取出滤纸,然后立即覆盖接有试验菌种的琼脂平板上,在适当温度下,经一定时间培养后,即可显出抑菌圈。

五、薄层层析的定性分析

薄层层析的定性分析与纸层析类似,对组分简单的样品的定性,根据在同一薄板上样品组分的 R_f 值和标准品的 R_f 值对照,就可初步确定样品组分的成分。对于复杂样品的定性,手续繁多,常常需要数种方法才能确定。

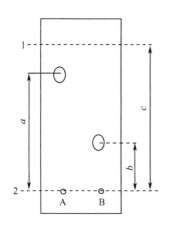

图 2-19　R_f 的测量示意图
1.溶剂前沿;2.起始线

（一）R_f 值

R_f 值表示样品组分在薄板上的位置,也表示组分在流动相和固定相中运动的状况,其数值大小可用下式计算(图 2-19)

$$R_f = \frac{原点至斑点中心的距离}{原点至展开剂前沿的距离}$$

A 物质的 $R_f = \dfrac{a}{c}$

B 物质的 $R_f = \dfrac{b}{c}$

（二）影响 R_f 值的因素

1）溶剂和组分的性质。组分若在固定相中,溶解度较大,在流动相中溶解度小,则 R_f 值小;反之,R_f 值大。

2）支持介质的性质和质量。不同批号和厂家的产品,其性质和质量不尽相同。

3）支持介质的活度。

4）薄层的厚度。

5）层析槽的形状、大小和饱和度。

6）展层方式。

7）杂质的存在和量的多少。

8）展层的距离。

9）样品量。

10）温度。

以上可见,影响 R_f 值的因素很多,故 R_f 不像一个化合物的熔点、沸点那样确定,因此,不能仅根据 R_f 值来鉴定样品的未知组分。一般采用在同一薄板上,用已知标准品作为对照,如果样品组分与对照品的 R_f 一致,那么还需要再用几种薄层层析法进一步确证,如一种是吸附薄层层析;另一种用聚酰胺薄层层析等。

实践中,也可以把样品与对照品混合点样,然后进行薄层层析。如果在几个不同类型的薄层层析中,两者都不发生分离,则可证明这两个化合物是相同的。

六、薄层层析的定量分析

薄层层析后,样品组分的定量法有洗脱测定法和原位法。薄层扫描法是原位法中目前应用最广和最灵敏的一种方法。

(一) 洗脱测定法

将样品组分的显色斑点和与它位置相当的另一空白斑点(同样大小)从薄板上连同吸附剂一起刮下,置于离心管中,用适量溶剂把组分从吸附剂上洗脱出来,离心除去吸附剂,上层清液可用分光光度法、同位素标记法等进行定量测定。

(二) 双光束薄层色谱扫描仪

为了直接在薄层上进行斑点所代表成分的含量定量分析,用一定波长(可见光与紫外光)、一定强度的光束照射薄层上斑点,用光度计测量透射或反射光强度的变化,从而测定化合物含量。测量的方式有两种:透射法与反射法。薄层色谱扫描仪结构示意图见 2-20。

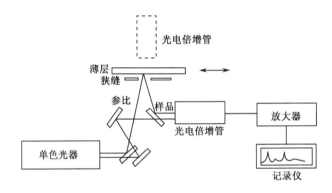

图 2-20　薄层色谱扫描仪结构示意图

工作时，在被分析物质的最大吸收波长处进行扫描，薄层板以一定速率顺着从起始线到展开剂前沿的方向移动。当斑点经过狭缝时即开始记录其光密度。扫描出如图 2-21 所示的吸收曲线峰，每个峰代表一个斑点组分，由峰高或峰面积即可测知该组分含量。

透射法的灵敏度大于反射法。透射法测量结果对于薄层厚度的均匀性比较敏感，薄层厚度不均匀，会使空白值不稳定，仪器基线漂移比较大，造成测量误差。双光束薄层扫描仪同时用两个波长和强度相等的光束扫描薄层，其中一个光束扫描斑点，另一个扫描邻近的空白薄层作为空白值，记录的是两个测量的差值。选用的波长，一个是斑点中化合物最大吸收峰的波长，另一个是不被化合物所吸收的光的波长。一般选择化合物吸收曲线的吸收峰邻近基线处的波长。所以，后者所测得的值即薄层的空白吸收，记录的是两者的差值。双光束薄层扫描仪由于测定中减去了薄层本身的空白吸收，所以在一定程度上消除了薄层不均匀的影响，使测定准确度得到改进。用反射法测量，薄层厚度不均匀的影响较小，

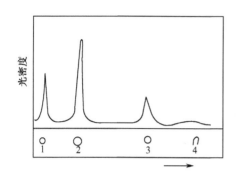

图 2-21　薄层色谱扫描仪的吸收曲线

而薄层表面的光洁度均匀性却影响较大。

（三）注意事项

由于薄层层析与纸层析法有不同的特点，因此在分析定量时需注意以下几点：

1）在喷雾显色时，不加黏合剂的薄层要小心操作，以免吹散吸附剂。

2）薄层层析还可用强腐蚀性显色剂，如硫酸、硝酸、铬酸或其他混合溶液。这些显色剂几乎可以使所有的有机化合物转变为碳，如果支持剂是无机吸附剂，薄层板经此类显色剂喷雾后，被分离的有机物斑点即显示黑色。此类显色剂不适用于定量测定或制备用的薄层上。

3）如果样品斑点本身在紫外光下不显荧光，可采用荧光薄层检测法，即在吸附剂中加入荧光物质，或在制备好的薄层上喷雾荧光物质，制成荧光薄层。这样在紫外光下薄层本身显示荧光，而样品斑点不显荧光。吸附剂中加入的荧光物质常用的有 1.5% 硅酸锌镉粉，或在薄层上喷 0.04% 荧光素钠、0.5% 硫酸奎宁醇溶液或 1% 磺基水杨酸的丙酮溶液。

4）由于薄层边缘含水量不一致，薄层的厚度、溶剂展开距离的增大，均会影响 R_f 值，因此在鉴定样品的某一成分时，应用已知标准样进行对照。

5）定量时，可对斑点进行光密度测定，也可将一个斑点显色，而将与其相同 R_f 值的另一未显色斑点从薄层板上连同吸附剂一起刮下，然后用适当的溶剂将被分离的物质从吸附剂上洗脱下来，进行定量测定。

七、薄层层析法的新发展

薄层层析法由于其本身所具有的许多优点，几十年来，在混合物的分离、定性及定量分析中的应用相当普遍，并逐渐取代了纸层析分离技术。为了克服薄层层析法存在的某些不足，获得更有效的分离效果，在薄层制备、展开方式、分析鉴定手段以及相配套的仪器设备等方面近年来进行了许多革新，其中最根本的是支持剂的改进。以一种直径更小的支持剂颗粒替代常规的支持剂剂型所制备的薄层，比常规的薄层具有所需样品少、展开速率快、距离短、分辨率高等优点，而且此种新型的薄层具有较好的光学特性，更有利于对分离斑点进行光密度扫描。为了区别于常规的薄层层析分析法,通常将此种新方法称为高效薄层层析法（high performance thin-layer chromatography，HPTLC），也称现代薄层层析法（modern

TLC)。

在进行 HPTLC 时,为了保证恒定的吸附剂活性和薄层板的相对湿度,预制板可用固定相浸渍剂加以处理,经处理后的薄层板一般不再受外界湿度的影响。固定相浸渍剂分两类:①亲水性固定相,多数用甲酰胺、二甲基甲酰胺、二甲基亚砜、乙二醇和不同相对分子质量的聚乙二醇或不同种类的盐溶液浸渍;②亲脂性固定相,一般作为反向层析用,多数用液体石蜡、十一烷、十四烷、矿物油、硅酮油或乙基油酸盐等浸渍。也有利用与浸渍剂形成络合物或加成物得以分离的,如经三硝基苯或苦味酸浸渍的,可利用络合反应分离多环化合物。用 $NaHSO_3$ 浸渍,可与含有羰基化合物生成加成物而得以分离。

第十三节　层析聚焦技术

层析聚焦(chromatofocusing)是 Sluyterman 等在等电聚焦技术的基础上首先建立的一种高分辨的新型的蛋白质分离纯化技术。它是根据蛋白质的等电点的差异与蛋白质的离子交换作用进行分离纯化的。它具有分离容量大(能分离几百毫克蛋白质样品),有洗脱峰被聚焦效应浓缩,峰宽度可达 $0.04 \sim 0.05$ pH 单位,分辨率很高,操作简单,不需特殊的操作装置等特点。

一、原　　理

层析聚焦是柱层析的一种类型。它同样具有固定相和流动相,其固定相为多缓冲交换剂,流动相为多缓冲剂。

(一)层析聚焦作用原理

层析聚焦作用原理包括 pH 梯度溶液的形成、蛋白质的层析聚焦行为和聚焦效应三个方面。

1. pH 梯度溶液的形成

在离子交换层析中,pH 梯度日夜的产生,通常是靠梯度混合容器完成的。例如,用阴离子交换剂进行层析时,要得到一个下降的 pH 梯度,混合器中盛高 pH 的起始缓冲液,还有一个容器装低 pH 的限制缓冲液(limit buffer)。当溶液离开混合容器时,低 pH 限制缓冲液进入混合容器,与高 pH 缓冲液混合,使流出液的 pH 逐渐降低。

层析聚焦是利用离子交换剂本身的带电基团的缓冲作用,当洗脱缓冲液滴到离子交换柱上时,自动形成 pH 梯度。

例如要形成 pH＝9～6 的下降梯度,层析柱的 pH 比洗脱液高,可选择一个具有碱性缓冲基团的阴离子交换剂,如商品名为 PBE94 的阴离子交换剂装填在柱上,首先用起始缓冲液平衡到 pH=9,洗脱液的 pH(相应为限制缓冲液)选定为 pH=6,其中含商品名为多缓冲剂(Polybuffer)的物质(如 Polybuffer96)。当洗脱液从顶部滴入 PBE94 色谱柱,大部分酸性成分与阴离子交换剂的碱性基团结合,最初从柱上流出的溶液的 pH 接近于起始缓冲液(图 2-22),洗脱过程中在柱上某点的 pH 随着更多的缓冲剂加入而逐渐下降,最后几乎整个层析柱被洗脱液所平衡,最后流出液的 pH 等于洗脱液的 pH(即 pH=6)。

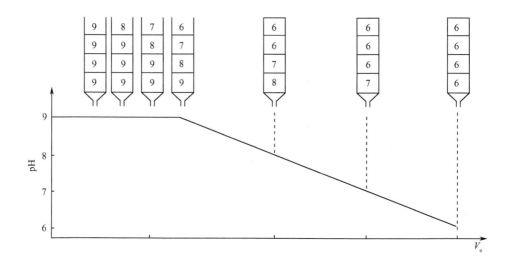

图 2-22　PBE94 柱聚焦层析的 pH 梯度

2. 蛋白质的层析聚焦行为

　　蛋白质所带的电荷取决于它们的等电点(pI)和层析介质的 pH。当层析介质的 pH 低于它的等电点时,蛋白质带正电荷,它不与阴离子交换剂结合,随洗脱液向下移动,然而,在蛋白质从柱顶向下移的过程中,其周围 pH 逐渐增高,当它移动到某一点,其环境的 pH 高于蛋白质等电点时,蛋白质由带正电荷变为负电荷,而与离子交换剂结合。随着洗脱过程进行,所形成的 pH 梯度也不断下移,当 pH 下降至蛋白质的等电点时,蛋白质又重新脱离交换剂而下降,移至 pH 大于等电点时又重新结合,这样不断重复,直至蛋白质从柱下流出。不同的蛋白质有不同的等电点,在它们被离子交换剂结合以前将移动不同的距离,按等电点顺序流出从而达到了分离的目的。

　　不同蛋白质具有不同的等电点,它们在被离子交换剂结合以前,移动的距离是不同的,洗脱出来的先后次序是按等电点排列的。这一过程见图 2-23。

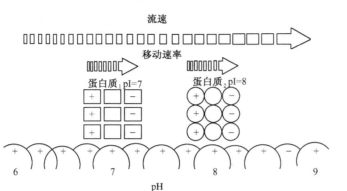

图 2-23 pH 梯度溶液形成的示意图

中方块代表 pI 为 7 的蛋白质;圆圈代表 pI 为 8 的蛋白质

3. 聚焦效应

蛋白质按其等电点在 pH 梯度环境中进行排列的过程叫聚焦效应。pH 梯度的形成是聚焦效应的先决条件。如果一种蛋白质是加到已形成 pH 梯度的层析柱上时,由于洗脱液的连续流动,它将迅速地迁移到与它等电点相同的 pH 处。从此位置开始,其蛋白质将以缓慢的速率进行吸附、解吸附,直到 pH<pI 时被洗出(图 2-24),若在此蛋白质样品被洗出前,再加入第二份同种蛋白质样品时,后者将在洗脱液的作用下快速向前移动,而不被固定相吸附,直到其迁移至近似本身等电点处(即第一个样品的缓慢迁移处)。

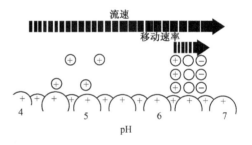

图 2-24 层析聚焦的聚焦效应

圆圈代表蛋白质

然后两份样品以同样的速率迁移,最后同时从柱底洗出。事实上,在聚焦层析过程中,一种样品分次加入时,只要先加入尚未洗出,并且有一定的聚焦时间,就还可将样品再加到柱上,其聚焦过程仍能顺利完成,也能得到满意的结果。

(二) 多缓冲剂和多缓冲交换剂

1. 多缓冲剂

多缓冲剂是一种两性电解质缓冲剂,性质与两性载体电解质相似,是相对分子质量大小不同的多种组分的多羧基多氨基化合物,瑞典的 Pharmacia-LKB 公司专

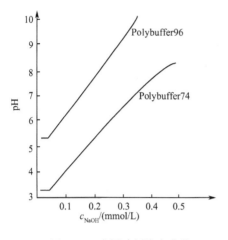

图 2-25 多缓冲剂滴定曲线

门设计生产的 Polybuffer96 和 Polybuffer74，它们分别适宜用于 pH＝6～9 和 pH＝4～7 范围的层析聚焦，这两种多缓冲剂相匹配的多缓冲交换剂是 PBE94。对于 pH＝9 以上的层析聚焦则选用 pH＝8～10.5 的两性载体电解质（Pharmalyte）并配以相应的 PBE118。

在使用的 pH 范围内，多缓冲剂 Polybuffer96 和 Polybuffer74 有很均衡的缓冲容量，当色谱聚焦时，能提供一个平滑的线性 pH 梯度，它们的滴定曲线见图 2-25。

多缓冲剂在 280nm 处吸收很低，但在 250nm 有较大的吸收，故洗脱液的监测应在 280nm 处进行（图 2-26）。

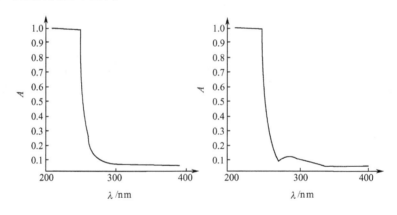

图 2-26 多缓冲剂的紫外吸收光谱

多缓冲剂通常以无菌的液体形式提供，用前稀释。3～8℃暗处储存。

2．多缓冲交换剂

PBE118 和 PBE94 是以交联琼脂糖 6B（Sepharose 6B）为载体，并在糖基上通过醚键偶合上配基制成的。它们在 pH＝3～12 的范围内对水、盐、有机溶剂都是稳定的。它们也能在 8mol/L 尿素中使用。多缓冲交换剂的交联性质使它有很好的物理稳定性和流速，并防止了由于不同 pH 静电相互作用所引起的床体积的变化，它的盐型在 pH＝7 时能耐受 110～120℃ 的高压灭菌处理。

偶联于 Sepharose 6B 的配基经特别选择，确保在很宽的 pH 范围内有均衡的缓冲容量。这两种缓冲交换剂的缓冲容量数据见表2-10。它们的滴定曲线见图2-27。它们的商品是以悬浮液形式提供(含24%乙醇)的。

表 2-10　多缓冲交换剂 PBE118 和 PBE94 的缓冲容量

多缓冲交换剂	总容量/(mmol/100mL)							
	pH=3~4	pH=4~5	pH=5~6	pH=6~7	pH=7~8	pH=8~9	pH=9~10	pH=10~11
PBE94	2.2	3.3	3.1	3.0	3.5	3.9	3.1	2.1
PBE118	0.6	0.3	0.9	1.7	2.8	3.7	4.6	4.9

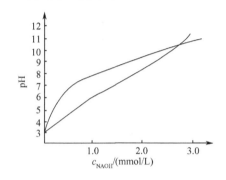

图 2-27　10mL PBE118 和 PBE94 在 1mol/L KCl 中的滴定曲线

二、层析聚焦技术操作步骤

离子交换层析聚焦技术和等电聚焦技术一样都适用于纯化任何水溶性的两性分子,如蛋白质、酶、多肽、核酸等。凝胶层析过程示意图如图2-28所示。

(一) 多缓冲剂的选择

每次使用的多缓冲剂和多缓冲交换剂的 pH 间隔为 3 个单位。为了提高分辨率,选择的实验 pH 范围应包含要分离样品各组分等电点,并使其有 2/3~1/2 柱长的吸附解吸时间,不同 pH 范围层析聚焦缓冲剂和凝胶的选择见表2-11。

(二) 多缓冲交换用量的选择

层析聚焦需要的凝胶量取决于样品的量、样品的性质、杂质情况以及实验分辨率要求,大多情况下,20~30mL 床体积已足够分离 1 个 pH 单位中 1~200mg 蛋白质。然而准确的用量还必须根据实验分辨率来确定。

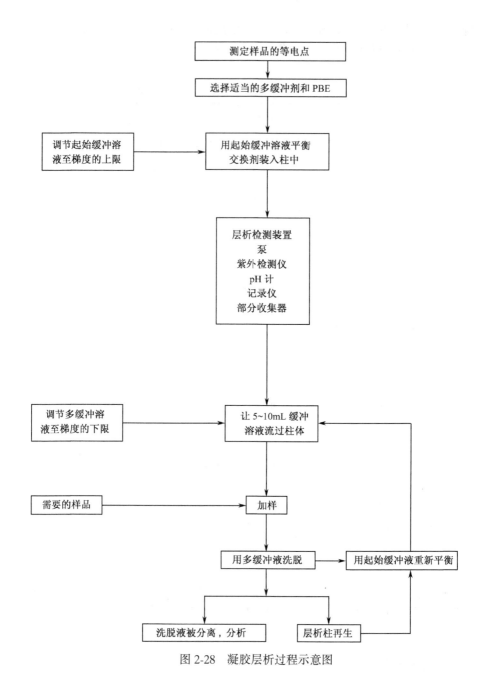

图 2-28　凝胶层析过程示意图

（三）多缓冲交换的预处理与装柱

装柱之前,凝胶必须用起始缓冲液平衡,每种 pH 范围相应的起始缓冲液见表 2-11。交换剂的反离子是 Cl⁻ 除 Cl 以外的单价阴离子也可作为反离子,但这些阴

表 2-11 不同 pH 范围层析聚焦所用凝胶和缓冲剂

凝胶的 pH 范围	起始缓冲液	洗脱液	稀释倍数	所用溶液近似体积（以柱体积为 1 计算）		
				梯度开始前	梯度体积	总体积
9~10.5 PBE118 8~10.5 PBE118	pH=11 0.025mol/L 三乙胺-盐酸	pH=8.0 Pharmalyte-盐酸 pH=8~10.5	1:45	1.5	11.5	13.0
7~10.5 PBE118	pH=11 0.025mol/L 三乙胺-盐酸	pH=7 Pharmalyte-盐酸 pH=8~10.5	1:45	2.0	11.5	13.5
8~9 PBE94	pH=9.4 0.025mol/L 乙醇胺-盐酸	pH=8.0 Pharmalyte-盐酸 pH=8~10.5	1:45	1.5	10.5	12.0
7~9 PBE94	pH=9.4 0.025mol/L 乙醇胺-盐酸	pH=7.0 Polybuffer96-盐酸	1:10	2.0	12.0	14.0
9~6 PBE94	pH=9.4 0.025mol/L 乙醇胺-乙酸	pH=6.0 Polybuffer96-乙酸	1:10	1.5	10.5	12.0
7~8 PBE94	pH=8.3 0.025mol/L Tris-盐酸	pH=7.0 Polybuffer96-盐酸	1:13	1.5	9.0	10.5
6~8 PBE94	pH=8.3 0.025mol/L Tris-乙酸	pH=6.0 Polybuffer96-乙酸	1:13	3.0	9.0	12.0
5~8 PBE94	pH=8.3 0.025mol/L Tris-CH$_3$COOH	pH=5.0 Polybuffer96(30%) + Polybuffer 74(70%)-乙酸	1:10	2.0	8.5	10.5
6~7 PBE94	pH=7.4 0.025mol/L 咪唑-乙酸	pH=6.0 Polybuffer96-乙酸	1:13	3.0	7.0	10.0
5~7 PBE94	pH=7.4 0.025mol/L 咪唑-盐酸	pH=5.0 Polybuffer74-盐酸	1:8	2.5	11.5	14.0
4~7 PBE94	pH=7.4 0.025mol/L 咪唑-盐酸	pH=4.0 Polybuffer74-盐酸	1:8	2.5	11.5	14.0
5~6 PBE94	pH=6.2 0.025mol/L 组氨酸-盐酸	pH=5.0 Polybuffer74-盐酸	1:10	2.0	8.0	10.0
4~6 PBE94	pH=6.2 0.025mol/L 组氨酸-盐酸	pH=4.0 Polybuffer74-盐酸	1:8	2.0	7.0	9.0
4~5 PBE94	pH=5.5 0.025mol/L 哌嗪-盐酸	pH=4.0 Polybuffer74-盐酸	1:10	3.0	9.0	12.0

离子的 pK_a 必须比梯度选择的最低点至少低 2 个 pH 单位。碳酸氢根离子（HCO_3^-）会引起 pH 梯度的变化，所以所有的缓冲液使用前必须除气。大气中的 CO_2 在 pH = 5.5～6.5 条件下会使梯度变平坦，乙酸根反离子可防止这一情况，但对多缓冲剂 74 则不能用乙酸根作为反离子。

柱装填的好坏直接影响分辨率，如操作得当，可达 0.02pH 带宽的分离效果。通常装柱过程如下：

1) 凝胶按 1:1（体积比）悬浮于起始缓冲液中，除去气泡；

2) 将柱调垂直并除尽底部尼龙网下的气泡，关闭柱下端出口；

3) 在柱中放 2～3mL 起始缓冲液，在搅拌下将凝胶缓缓倒入柱中；

4) 打开柱底部开关，待凝胶沉降后仔细将柱顶部接头装好，排除所有气泡；

5) 用 10～15 个柱床体积起始缓冲液平衡至流出液的 pH 和电导系数与起始缓冲液相同。

层析柱装填好坏可用有色的牛细胞色素 c 检查，因其等电点为 pH = 10.5，不被柱吸附，很快穿过柱流出。

（四）样品的准备

上样量取决于每个区带中蛋白质的量，通常每 10mL 床体积可加 100mg 的蛋白质样品，由于有聚焦效应，因此样品的体积是不重要的，只要在欲分离的物质从柱上流下之前加入样品，对分离结果均无影响，样品体积最好不超过 0.5 个床体积，样品不能含过量盐（$I < 0.05mol/L$）。

上样前样品要对洗脱液或起始缓冲液透析平衡，如果样品体积小于 10mL，最好先通过一个 Sephadex G-25 柱，用起始或洗脱缓冲液洗脱，以达到最好的平衡效果。如果缓冲液浓度很低，样品 pH 也不重要。

（五）上样与洗脱

上样最好通过一个加样器，为了确保样品均匀平整地加到床面上，可在床顶部小心铺一层 1～2cm 厚的 Sephadex G-25。上样前应先加 5mL 洗脱液以避免样品处于极端（过碱）的 pH 条件下。

实验 pH 范围应包含要分离样品各组分等电点，并使其有 2/3～1/2 柱长的吸附解吸时间。上样后，首先用洗脱缓冲液淋洗，pH 梯度自动形成。梯度的 pH 上限由起始缓冲溶液确定，其下限由淋洗缓冲液的 pH 决定。

推荐使用的缓冲液组成及所用洗脱液体积见表 2-11。pH 梯度的斜率（或梯度体积）是由洗脱的多缓冲剂浓度决定的。浓度高，所需的梯度体积小，pH 梯度斜率大，洗脱峰窄，但分辨率下降；反之，pH 梯度斜率小，洗脱峰宽，但分辨率高。采用通常推荐的多缓冲剂浓度，总洗脱体积需 12～13 个床体积，洗脱时流速一般选

择 $30 \sim 40 cm/h$。

（六）从分离的蛋白质中去除多缓冲剂的方法

1. 沉淀法

加入固体硫酸铵到 $80\% \sim 100\%$ 饱和度，放置 $1 \sim 2h$，使蛋白质沉淀。因为在等电点 pH 的蛋白质很容易沉淀。离心收集沉淀，用饱和$(NH_4)_2SO_4$ 洗两次，然后透析除$(NH_4)_2SO_4$。

2. 凝胶过滤法

用 Sephadex G-75 可以将相对分子质量大于 25 000 的蛋白质和多缓冲剂分开。

3. 亲和色谱法

应用一个亲和色谱柱，分离的蛋白质通过柱时为柱中的吸附剂所吸附，而多缓冲剂无阻留地流出柱外，然后，再将蛋白质洗下。

4. 疏水色谱法

利用载体与蛋白质组分疏水基团间的相互作用。在水相中提高中性盐的浓度或降低乙二醇的浓度，增强体系的亲水性可增强疏水基团的相互作用。

疏水色谱柱中装填苯基或酚基-Sepharose CL-4B，用 80% 饱和度$(NH_4)_2SO_4$ 平衡，每 10mg 蛋白质需 1mL 凝胶，用 $2 \sim 3$ 个床体积的 80% $(NH_4)_2SO_4$ 洗凝胶。蛋白质样品过柱时发生疏水吸附，然后再用低离子强度的缓冲液洗脱。

（七）多缓冲离子交换剂的再生处理

多缓冲交换剂的再生可以在柱上进行。凝胶用 $2 \sim 3$ 个床体积的 1mol/L NaCl 淋洗，以除去结合物质。用 0.1mol/L HCl 洗涤则可除去结合牢固的蛋白质。假如使用 HCl，当一洗完凝胶就要尽快平衡到较高的 pH。

第十四节　疏水层析技术

疏水层析也称疏水作用层析（hydrophobic interaction chromatography，HIC），从分离纯化生化产品的机理来看，它也属于吸附层析一类。"疏水作用"这一概念是 Kauzmann 于 1959 年首先在"蛋白质进展"杂志提出的。随后陆续有学者发表了利用疏水性固定相（如苯基琼脂糖、辛基琼脂糖等）成功地分离蛋白质如钙调蛋白、苯丙氨酸裂解酶和凝集素的报道。

疏水层析和反相层析(reversed phase chromatography)分离生化产品的依据是一致的,即视有效成分和固定相之间相互作用的疏水力差异性大小,进而设法将有效成分分离出来。但是,在反相层析中所用的基质结合的配体密度大,疏水性强,对蛋白质类物质具有较大的吸附力,欲将吸附物解析下来,需用含有机溶剂的流动相(降低极性)通过,方能见效。洗脱液的极性降低,常常会引起大分子活性物质变性,因此反相层析一般较适合分离纯化小相对分子质量的肽类和辅基等物质。疏水层析所用基质的性能与反相层析不同,即疏水层析中的基质结合的配体密度小,疏水性弱,对蛋白质及其复合物仅产生温和的吸附作用,吸附物容易被解析下来。因此,这类方法较适合分离纯化盐析后或高盐洗脱下来的物质。这不仅使有效成分的纯度得到提高,而且还保持了其原来的结构和生物活性。

一、原　　理

要了解疏水层析的基本原理,就应从被分离物的疏水作用和层析过程中所用的固定相或吸附剂组成谈起。

(一) 疏水作用

就球形蛋白质的结构而言,其分子中的疏水性残基数是从外向内逐步增加的,一般球形蛋白和膜蛋白的结构均较稳定,在很大程度上是取决于分子中的疏水性作用。在实际应用中,要使亲水性强的蛋白质与疏水性固定相有效地结合在一起,一是靠蛋白质表面的一些疏水补丁(hydrophobic patch);二是要蛋白质发生局部变性(可逆变性较理想),暴露出掩藏于分子内的疏水性残基;三是疏水层析的特性所致,即在高盐浓度下,暴露于分子表面的疏水性残基才能与疏水性固定相作用(这与普通吸附层析和离子交换层析的操作是截然不同的)。据此,亲水性较强的物质,在 $1mol/L(NH_4)_2SO_4$ 或 $2mol/L$ NaCl 高浓度盐溶液中,会发生局部可逆性变性,并能被迫与疏水层析的固定相结合在一起,然后通过降低流动相的离子强度,即可将结合于固定相的物质,按其结合能力大小,依次进行解吸附。也就是疏水作用弱的物质,用高浓度盐溶液洗脱时,会先被洗下来。当盐溶液浓度降低时,疏水作用强的物质才会随后被洗下来。对于疏水性很强的物质,则需要在流动相添加适量有机溶剂降低极性才能达到解吸附的目的。但在此过程中,必须注意流动相在极性降低时,要防止有效成分发生变性。

(二) 吸附剂

在疏水层析过程中,所使用的固定相一般是由基质和配体(疏水性基团)两部分构成,其配体对疏水性物质具有一定的吸附力,而基质则有亲水性和非亲水性之分。通常由亲水性或疏水性基质与吸附疏水性物质的配体构成的固定相又称亲水性或疏水性吸附剂。

1．亲水性吸附剂

现在这类吸附剂的基质主要是交联琼脂糖（Sepharose CL-4B），配体是苯基或辛基化合物，二者通过偶合方法构成稳定的苯基（或辛基）-Sepharose CL-4B 吸附剂（目前市场有售）。这类吸附剂基本不耐高压，一般仅适用于常压层析系统。

2．非亲水性吸附剂

在这类吸附剂中，所用的基质有硅胶、树脂（苯乙烯、二乙烯聚合物）等，配体为苯基、辛基、烷基（C_4、C_8、C_{18}）等，二者通过共价结合构成非亲水性吸附剂。这类吸附剂能耐压、机械性能好，不仅适用于常压层析，而且特别适用于高压层析。另外，需要指出的是，上面提到的二类基质（硅胶和树脂），当它们被置于不同 pH 溶液时，其稳定性是不一样的，以硅胶为基质的吸附剂，在高 pH 环境时，容易被水解，因此，该吸附剂经使用后，残留在吸附剂上的吸附性较强一些小分子物质是无法用 NaOH 溶液彻底清洗的，而以树脂为基质的吸附剂，就分离物质的性质来说，与前一吸附剂是相同的，二者不一样的地方是该吸附剂在 pH＝1～14 范围内稳定性较好。

二、操 作 步 骤

（一）层析柱的制备

1．层析柱规格

进行疏水层析时，所使用层析柱的规格包括柱体积大小、直径粗细、柱高度（h）与其直径（d）的比值等均与普通层析相似。在被分离物质与杂质间的疏水性差异较大或被分离样品量较大时，宜选用体积较大的层析柱，$h:d$ 的值应≤3。

2．固定相

在进行常压疏水层析时，大多数是选用苯基（或辛基）-Sepharose CL-4B 吸附剂作为固定相。这种固定相能够吸附与吩噻嗪和苯并二氮杂品（benzodiazapine）的衍生物、萘取代化合物，以及其他杂环或多环等化合物相互作用的物质（即有效成分），也就是说，该固定相适合于分离纯化与芳香族化合物具有亲和力的物质，而辛基-Sepharose CL-4B 则适用于分离纯化亲脂性较强的物质。

3．装柱

将选择的亲水性吸附剂如苯基-Sepharose CL-4B 悬浮于乙醇溶液中，浸泡一段时间后,采用离心(或过滤)方法,弃去上清液,收集沉淀物,并以 50%(质量浓度)浓度悬浮于样品缓冲液中,而后按常规方法装入层析柱,洗涤、平衡完毕,即可加样。

(二)加样与洗脱

加样前,在样品溶液中要补加适量的盐类。如上所述,加(NH_4)$_2SO_4$ 或 2mol/L NaCl,以使样品中的有效成分变性,并能与固定相很好地相互吸附。加盐的样品溶液要混匀,放置片刻后即可上柱,当把此样品溶液徐徐加入固定相(使有效成分与固定相之间作用 0.5～1h)后,先用平衡缓冲液洗涤,再用降低盐浓度的平衡缓冲溶液洗脱,与此同时,要用部分收集器分段收集洗脱下来的溶液,并对收集的每部分溶液进行检测。洗脱完的层析柱欲重复使用时,需对其固定相进行再生处理,即用 8mol/L 尿素溶液或含 8mol/L 尿素的缓冲溶液洗涤层析柱(以除去固定相吸附的杂质),接着用平衡缓冲液平衡。采用此程序处理过的疏水层析柱,即可重复使用。

第十五节 旋转薄层层析法

离心薄层层析仪(centrifugation chromatotron)又称离心液相层析(centrifugal liquid chromatography,CLC),是 1979 年由美国的 Harrison 首创的一种新型制备型分离纯化有机化合物的薄层仪,相继日本也设计了 CLC-5 型离心制备型液体色谱仪,由于分离过程是薄层处于旋转过程中获得被分离的纯品,因而又可称为旋转薄层层析。

一、原 理

离心薄层层析仪是在薄层层析的基础上引进了离心力的原理,进行吸附层析和分配层析。也就是使涂有吸附剂薄层的转子在旋转过程中,在离心力的作用下,使溶剂在洗脱过程中,将样品在吸附层被分离,形成同心谱带,使 R_f 值的差异加大,达到良好的分离效果,同时也加快了分离速率,依次将不同组分的化合物,从转子边缘分离而出。

二、旋转薄层层析法的特点

1)分离过程短,短时间内即可分离收集得到纯品。

2)所用溶剂量少,仅 250～500mL,所用硅胶量少(1mm 转子只需 20g 硅胶),这是制备高效液相层析仪无法相比的。

3）体积小，外形尺寸为 300mm×270 mm×340mm，可在实验室内任意移动，占地面积小。

4）仪器简单、操作方便，不需高压技术，也没有复杂的电子系统，维护方便。

5）分离性能好，分离效果高，重演性良好，分离制备范围大，可从毫克级到克级。

6）理想的转子(薄板)经洗脱，除去极性物质后，挥发干，再经活化，可供反复使用 10 次甚至更多次。

7）仪器顶部有一块光学玻璃，便于观察，并且可在分离过程中用紫外光观察。

8）特别适用于微量样品或对热不稳定化合物，如微生物代谢物的分离与纯化。

三、离心薄层层析仪结构及工作原理

（一）离心薄层层析仪主要结构

离心薄层层析仪主要结构由离心主机、双向微量注射泵体，及紫外灯三部分组成(图 2-29)。

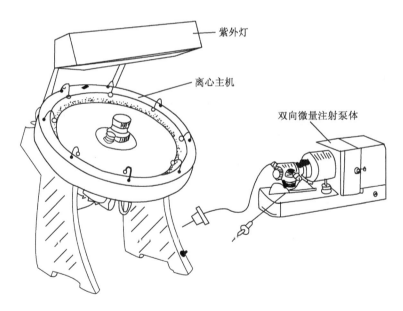

图 2-29　离心薄层层析仪外形图

（1）分离部分　离心分离主机在主机转子上起分离各化合物的作用，由玻璃盘转子、有良好光谱特性的石英光学玻璃盖以及主机机座所组成。

（2）输送部分　由双向微量注射泵组成。

（3）机械转动部分及紫外灯　在主机内起到启动、停机的作用，由电动机组成，在紫外光灯的照射下，可观察到一些可见光所不易察觉的分离物质。

（二）离心薄层层析仪工作原理

欲分离的样品由双向微量注射泵通过"注入系统"注入涂有吸附剂薄层的转子靠近中心部位，如图 2-29 所示。涂有吸附剂薄层的玻璃盘转子被固定在离心主机的法兰盘上，用紧固螺钉旋紧。当样品和溶剂依次送入，在溶剂的洗脱过程中，在离心力的作用下，样品即在吸附层上被分离形成同心谱带，并依次同洗脱剂一起从转子边缘分离而出，流向外围，被分离的样品要经过 82mm 吸附层不断分离，从而达到高效的分离目的（图 2-30）。

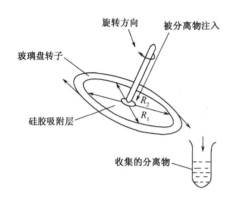

图 2-30　离心薄层层析仪工作原理示意图

离心力 $F = m \cdot a$

因为 $a = \dfrac{\omega^2}{R}$，　$\omega = n \cdot 2\pi R$，　$R_2 > R_1$

代入上式得　$a = 4\pi^2 \cdot n^2 \cdot mR$

所以　$F = 4\pi^2 \cdot n^2 \cdot mR$

式中：F 为离心力（N）；m 为质量（g）；a 为加速度（m/s）；ω 为切线速度（m/s）；R 为半径（m）；n 为转速（r/min）。

由上式推导可知半径越大，加速度越大，离心力也越大，分离效果也就越好。离心力大小也取决于转速的平方关系，增加转速比增大半径容易增加离心力。因此，直径小而转速大的转子所产生的离心力比直径虽然大但转速小的转子所产生的离心力为大。

Harrison 设计的离心薄层层析仪其转速固定为 760r/min。

双向微量注射泵的工作原理：泵芯和柱塞在泵体中既做旋转运动，又做直线运动，旋转运动起关闭门的作用，直线运动则起空间增大和缩小的作用。当空间体积增大，造成泵芯真空产生负压，形成吸力冲程，此时液体被吸进泵芯，继续转动时柱塞下降，就产生压力冲程，此时液体从中即可带出，达到输送液体的目的。

四、吸附剂与吸附层

（一）吸附剂的种类和配方

吸附剂大多采用硅胶 G、硅胶 GF、硅胶 HF 以及氧化铝 GF 等，黏合剂除了采用石膏，也有用 0.7％CM-C 或淀粉等。常用吸附剂配方列于表 2-12。

表 2-12　常用吸附剂配方

吸附层厚度/mm	1	2	3
1　硅胶 G-石膏			
硅胶 G/g	30	40	80
$CaSO_4 \cdot \frac{1}{2}H_2O$/g	1.2	1.6	3.2
H_2O/mL	70	90	180
烘干时间 70～90℃ /h	3	3	12
2　硅胶 GF-石膏			
硅胶 GF254/g	30	40	80
$CaSO_4 \cdot \frac{1}{2}H_2O$/g	1.2	1.6	3.2
H_2O/mL	70	90	180
烘干时间 70～90℃ /h	3	3	12
3　硅胶 G-CM-C			
硅胶 G/g	20	40	80
0.7％CM-C/mL	50	96	190
烘干时间 70～90℃ /h	2	3	12

(二) 吸附层的制备

分离效果的好坏与硅胶层的制作和存放有密切关系,因此制作硅胶板是很重要的。制作过程如图 2-31 所示。

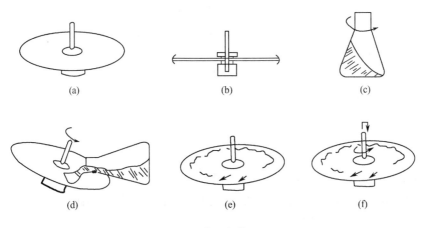

图 2-31　薄层制作过程

1）把转子固定在转轴上,如图2-31(a),然后水平放置,如图2-31(b)。

2）把所需要的吸附剂和需要的各种物质放在一个锥形烧瓶内,加水混合,进行搅拌,或在玻璃乳钵内研细研匀,如图2-31(c)。

3）转动转子连续倾倒出吸附剂,覆盖在轴的中心附近,如图2-31(d);当大部分转子被覆盖后吸附剂将向外流出直至平复为止,如图2-31(e);不时地振动转子,其目的是释放出气体使组织紧密,如图2-31(f)。此项操作须在5min内完成。

4）铺好后要慢慢干燥,可在转子四周放4个250mL三角瓶,上面架一块35cm方形玻璃板,以减少空气的流动,如果干燥太快,易产生裂纹。在空气中至少干燥24h,再放烘箱中70~90℃干燥活化2~3h。

5）刮制吸附层及存放。烘干后的转子,完全冷却后就可以刮制,刮制时使刮板以轻微的压力由浅入深,连续转动,直刮到玻璃处,然后用清除刮板除去边缘和中心部分的硅胶。经整形后的转子应具光滑平整的表面,一般应放在干燥器中密闭储藏。

五、溶剂的选择

离心薄层色谱分析是薄层型的,与通常的薄层色谱法相似,因此可以根据薄层条件找出能提供 R_f 值在 0.2~0.6 范围内的溶剂系统。

当采用极性强弱相差悬殊的混合溶剂如二氯甲烷-甲醇时,在离心薄层色谱分析中能获得分离的样品,有时在薄层色谱分析板上则不能获得或是相反,在这种情况下,如果先注入样品,然后再引进溶剂,这时薄层色谱法的结果就能得到重现。

样品混合物与硅胶的和互作用会使谱带拖尾,当溶剂只含有弱的或中等极性成分,如己烷和二氯甲烷时,大多数混合物将会出现这种效应,加入少量极性溶剂如0.1%甲醇,可使谱带清晰度显著提高。

有些试样,用己烷和极性溶剂配成的混合溶剂,如己烷-乙酸乙酯,往往难于溶解,为了提高溶解度,可以用二氯甲烷取代部分己烷和减小极性溶剂的比例以便保持适当的 R_f 值。

对于大多数的色层分离,一般采用梯度洗脱法具有较好的分离效果。梯度洗脱即分段地添加极性溶剂,使洗脱液的极性递增。必须注意的是,由于仪器空间的蒸气很快趋于平衡,梯度部分地变为平滑,此时只需改变二、三个梯度来提高极性,比柱色谱法提高极性速率快得多。梯度变化的时间不宜过长,否则分离效果反而更差。

如果采用紫外吸收原理进行检验,则可供选择的溶剂有己烷、石油醚、乙醚、乙醇、二氯甲烷、甲醇等,易吸收紫外的丙酮则不易采用。乙酸乙酯虽能吸收紫外光,但在有些情况仍可以使用。

第十六节　高压液相层析技术

高压液相层析(high pressure liquid chromatography,HPLC),又称高速液相层析(high speed liquid chromatography,HSLC)、高效液相层析(high performance liquid chromatography)、高分辨液相层析(high resolution liquid chromatography),是在20世纪70年代前后发展起来的新颖快速的分离分析技术,是在原有的液相柱层析基础上引入气相层析的理论并加以改进发展起来的。

HPLC法为一高效、快速的分离分析技术,具有灵敏度高、选择性好的特点,能解决医药分析领域中的诸多复杂问题。HPLC法具有同时分离和分析的功能,对于体内药物分析和内源性物质的分析尤其重要,色谱分离后排除了干扰,大大提高了分析测定的选择性和准确性。HPLC法的分离功能还广泛用于药物的纯化和制备,如用制备规模的色谱柱分离天然药物的有效成分,或制备手性药物的单一对映体。由于使用各种高灵敏度的检测器,再结合许多种生化技术及样品富集技术,HPLC法对许多药物的最低检测限都能达到皮克级或更低水平,非常适于一些微量成分甚至痕量成分(如杂质或代谢产物)的分析。HPLC法一般在数分钟至数十分钟内即可完成一个样品的分析,而且往往能够实现多组分的同时测定,这一快速的特点使HPLC法广泛应用于药物合成的各步反应的监控和临床治疗药物的监测。目前HPLC法技术发展迅速和日趋完善,在蛋白质等大分子物质的分离、纯化和分析中发挥着重要的作用。本节对HPLC法的原理、基本流程及应用进行概要介绍。

一、HPLC 的特点

(一) 高压

供液压力和进样压力都很高,一般是 $980\sim2940Pa$,甚至到 $490.5Pa$ 以上。

(二) 高速

载液在色谱柱内的流速较之经典液相色谱高得多,可达 $1\sim5mL/min$,个别可达 $100mL/min$ 以上。

(三) 高灵敏度

采用了基于光学原理的检测器,如紫外检测器灵敏度可达 $5\times10^{-10}\sim10\times10^{-10}mg/L$ 的数量级;荧光检测器的灵敏度可达 $1\times10^{-10}g$。高压液相色谱曲高灵敏度还表现在所需试样很少,微升数量级的样品就可以进行全分析。

（四）高效

由于新型固定相的出现,具有高的分离效率和高的分辨本领,每米柱子可达 5000 塔板数以上,有时一根柱子可以分离 100 个以上的组分。

二、高压液相层析分离方法的原理

高压液相的四种色谱分离方法原理见图 2-32 所示模型。图 2-32 中箭头画出了一个方向的传质过程,实际上在动态平衡状态下这个过程是可逆的。

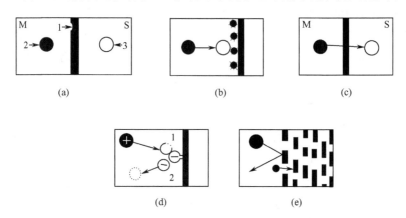

图 2-32　四种色谱分离方法原理模型

(a) 图示(M.流动相;S.固定相;1.两相分界面;2.分析样品的分子;3.分子经过传质过程后的位置);

(b) 液-固吸附色谱;(c) 液-液分配色谱;(d) 离子交换色谱(1.固定电荷;2.反离子);

(e) 排斥色谱(透析)(exclusion chromatography)

（一）液-固吸附色谱的分离机理

液-固色谱(LSC)是以液体作为流动相,活性吸附剂作为固定相。图2-32(b)中,被分析的样品分子在吸附剂表面的活性中心产生吸附与洗脱过程,被分析样品不进入吸附剂内。与薄层色谱在分离机理上有很大的类似性,主要按样品的性能因极性的大小顺序而分离,非极性溶质先流出层析柱,极性溶质在柱内停留时间长。

（二）液-液分配层析的分离机理

液-液色谱(LLC)是以液体作为流动相,把另一种液体涂渍在载体上作为固定相。图2-32(c)中,从理论上说流动相与固定相之间应互不相溶,两者之间有一个明显的分界面。样品溶于流动相后,在色谱柱内经过分界面进入到固定相中,这种分配现象与液-液萃取的机理相似,样品各组分借助于它们在两相间的分配系数的差异而获得分离。

（三）离子交换层析的分离机理

离子交换层析(IEC)以液体作为流动相,以人工合成的离子交换树脂作为固定相。图 2-32(d)中,用来分析那些能在溶液中离解成正或负的带电离子的样品,固定相是惰性网状结构,其上带固定电荷,溶剂中被溶解的样品如具有与反向缓冲离子相同的电荷便可完成分离。由于不同的物质在溶剂中离解后,对离子交换中心具有不同的亲和力,因此就产生了不同的分配系数,亲和力高的在柱中的保留时间也就越长。

（四）空间排斥层析的分离机理

空间排斥层析(EC)以液体作为流动相,以不同孔穴的凝胶作为固定相。图 2-32(e)中,固定相通常是化学惰性空间栅格网状结构,它近乎于分子筛效应。当样品进入时随流动相在凝胶外部间隙以及凝胶孔穴旁流过。大尺寸的分子没有渗透作用,较早地被冲洗出来,较小的分子由于渗透进凝胶孔穴内,因有一个平衡过程而较晚被冲洗出来。这样,样品分子基本上是按其分子大小排斥先后,由柱中流出,完成分离和纯化的任务。

三、分离方法选择的依据

分离方法一般视样品相对分子质量大小、极性及化学结构来选择。对于相对分子质量比 2000 大的高分子化合物,一般说来,凝胶色谱是首选的。样品如果是水溶液的,那么采用水溶性液体作为流动相进行凝胶色谱分离效果较好。

对于相对分子质量小于 2000 的样品,可按下列步骤选择分离方法,将样品溶解后,分水溶性与非水溶性两种情况。

（一）水溶性

1. 相对分子质量较大的

相对分子质量较大的用小孔度的 Sephadex Biogel 进行分离。

2. 相对分子质量较小的

（1）离子型。对碱性化合物用阳离子树脂 Dowex-50,对酸性化合物用阴离子树脂 Dowex-1、Aminex-4。

（2）非离子型。用 Permaphase ODS 等作为反相色谱。

（二）非水溶性

1. 相对分子质量较大的

相对分子质量较大的用小孔度的 Poragel、Porasil 作为凝胶透析。

2. 相对分子质量较小的

(1) 稳定化合物　异构体分离用 Zorbax、Corasil 作为液固吸附层析。

(2) 不稳定化合物　对极性化合物用正相分配；对非极性化合物用异卅烷作为固定相进行反相色谱。

各种分离方法归纳于图 2-33。

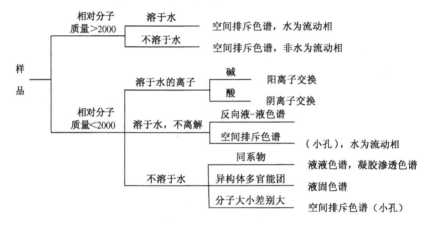

图 2-33　各种分离方法的选择

四、反相高效液相色谱

反相高效液相色谱(reversed phase HPLC, RP-HPLC)是用于纯化和制备肽类、生物碱、皂苷等化合物的一种有效方法。Hostettmann 等认为在分离天然化合物时，使用的 HPLC 中，约 95% 是 C_{18} 反相硅胶 HPLC。用 RP-HPLC 分离和定性肽类物质时，具有速率快、灵敏度高、分辨率好等优点。RP-HPLC 与普通 HPLC 相比，前者仅仅是流动相的极性比固定相的大。因此，通常把流动相的极性大于固定相的色谱称为反相色谱。

表 2-13　用中压液相色谱分离的天然产物

物质类别	色谱柱尺寸/(mm×mm)	担体	流动相
吲哚生物碱	713×18.5(Labomatic)	RP-18(40μm)	甲醇-乙腈-THF-水
生物碱苷	100×10	RP-18(40～63μm)	乙腈：水(24:76)
生物碱		硅胶	二氯甲烷:甲醇:三乙胺
			(1990:10:1)
酚苷	460×26(Büchi)	RP-8	甲醇:水(50:50→70:30)

物质类别	色谱柱尺寸/(mm×mm)	担体	流动相
苯丙素苷	460×50	纤维素	己烷:乙酸乙酯:甲醇:水 (5:90:15:11)
	460×16	Diol(15～25μm)	己烷:甲醇:异丙醇(18:5:2)
	713×18.5(Labomatic)	RP-18(40μm)	甲醇:水(8:2)
黄酮	C.I.C.	RP-18(2μm)	甲醇:水(3:1)
黄酮醇苷	460×26(Büchi)	RP-18(15～25μm)	甲醇:水(35:65)
二氢黄酮苷	460×26	聚酰胺 SC-6	甲苯-甲醇
	460×15	RP-18(20～40μm)	甲醇-水
萘醌	460×26(Büchi)	RP-18(15～25μm)	甲醇:水(60:40)
	460×26,460×16(Büchi)	RP-18(15～25μm)	甲醇:水(13:7,3:2, 11:9,1:1,9:11,14:11)
紫檀素类化合物	920×36(Büchi)	硅胶	氯仿:甲醇(25:2), 石油醚:乙酸乙酯(3:7)
呋喃香豆素	735×26(Labomatic)	硅胶(5～25μm)	己烷:乙酸乙酯:氯仿:乙醚 (40:0.6:58.5:0.9) (+0.04%水)
色酮	460×26(Büchi)	Diol	己烷:乙酸乙酯(4:1)
查尔酮	800×36	硅胶	己烷:叔丁基甲基醚:二氯甲烷-乙醇(99:0.4:0.3:0.3), 甲醇:水(1:1)
木脂体苷	100×22(C.I.G.)	RP-18(20μm)	甲醇:水(1:1)
单萜	460×36(Büchi)	RP-18(15～25μm)	甲醇:水(65:35)
裂环环烯醚萜苷	460×26(Büchi)	RP-18(25～40μm)	甲醇:水(1:3)
		RP-8(15～25μm)	甲醇:水(18:82→50:50)
倍半萜	460×49	硅胶(63～200μm)	石油醚:乙酸乙酯(65:35)
	460×26(Büchi)	硅胶(40～63μm)	己烷:乙醚(1:3)→乙醚, 氯仿:甲醚(20:1→5:1)
二帖	460×26(Büchi)	硅胶	氯仿:甲醇(19:1)
		硅胶(6～35μm)	二氯甲烷:甲醇(99:1→97:3)
	100×22(C.I.G.)	硅胶(10μm)	乙烷:乙酸乙酯:乙腈(7:2:1), 苯:乙酸乙酯(23:2)
苦木素	360×20	硅胶	二氯甲烷:甲醇(50:1,20:1)
三萜	240×20	RP-18(14～40μm)	甲醇:水(6:4→8:2)
	460×50	硅胶(35～70μm)	二氯甲烷:甲醇:乙酸 (110:8:3)

物质类别	色谱柱尺寸/(mm×mm)	担体	流动相
	200×16	硅胶	二氯甲烷:甲醇:乙酸 (110:16:3)
皂苷	230×36	RP-8	丙酮:水(1:1)→丙酮
	460×26(Büchi)	RP-8(15~25μm)	甲醇:水(7:3)
	460×36(Büchi)	硅胶(40~63μm)	氯仿:甲醇(9:1→8:2)
呋喃酮苷	460×70(Büchi)	RP-18(40~63μm)	甲醇:水梯度
多炔	500×50、100×22 (C.I.G.)	硅胶(50μm)	己烷:丙酮(6:1),氯仿, 苯:乙酸乙酯(10:1)

在应用 RP-HPLC 时,其溶质在柱中保留时间的长短,取决于它与非极性键合、固定相与极性流动相的互相作用,其成败与否,关键在于选择何种固定相、流动相和色谱柱。

1. 固定相

(1) 基质 目前作为 RP-HPLC 的基质首选是硅胶,其次是聚乙烯苯化合物,而硅胶苯质又可分成油壳型(pelicular)和全多孔微粒两类。薄壳型硅胶是由实心玻璃表面粘结一薄层硅胶粉制成的,而全多孔微粒硅胶是由球形(lichrospher)或不规则(μParasil)微粒硅胶,经加碱、加热和加压处理,使其产生规范孔径制成的。基质的孔径大小与分离物的相对分子质量关系密切。一般来说,基质孔径为 75~125Å 时,适用于分离小分子化合物(如数个氨基酸构成的肽);孔径为 300Å 时,则适用于分离较大分子的肽类化合物。

(2) 衍生物 在 RP-HPLC 中的固定相,往往是借助键合方式,将不同长度的碳链烷基化合物(C_2、C_4、C_6、C_8、C_{16} 和 C_{18}等)、苯基或多芳香烃类化合物结合到全多孔微粒硅胶表面构成的。其中使用较多的是 C_{18}烷基键合硅胶(称 ODS 固定相)。它是由硅胶表面的硅羟基与有机氯硅烷(R_3SiX、R_2SiX_2 或 $RSiX_3$)或烷氧基硅烷,经烷化反应而制成的硅胶衍生物。其反应如下

$$—\overset{|}{\underset{|}{Si}}—OH + R_3SiX \longrightarrow —\overset{|}{\underset{|}{Si}}—O—\overset{\overset{\displaystyle R}{|}}{\underset{\underset{\displaystyle R}{|}}{Si}}—R$$

式中:X 代表 Cl、OH、OCH_3、OC_2H_5等;R 代表 C_8H_{17}—、$C_{18}H_{37}$—、C_6H_5—$CN(CH_2)_n$—、$NH_2(CH_2)_n$—等,硅胶分别与 R_2SiX_2、$RSiX$ 反应会生成硅胶的衍生物,且常常含有部分硅羟基(呈酸性),导致其表面疏水性降低。为克服这一不足,该基质衍生物应采用三甲基氯硅烷或六甲基二硅胺等小分子硅烷试剂处理。这样还可提高固定相

的稳定性和色谱结果的重复性,结构式如下

```
        |                              |
     —Si—O      R                   —Si—O      R
                X                               X
      O    Si              或        O    Si
                X                               X
     —Si—O      R                   —Si—O      X
        |                              |
```

上述烷基链的长度也会影响分离效果。一般来说,烷基链越长($C_2 \rightarrow C_{18}$),越能有效地与肽类或蛋白质结合。但是,当烷基长链为 C_{18}、蛋白质的相对分子质量较大时,二者可能会结合得过紧,因而产生极困难的洗脱问题:即便是使用高浓度有机溶剂洗脱下来,被分离物也会变性失活。这时如将 C_{18} 改为 C_4、C_8 或苯基的硅胶衍生物进行,结果会好许多。通常用 C_{18} 分离小分子化合物(如辅基吡咯喹啉醌、寡糖类 β-D-呋喃糖片段的四糖化合物等),结果较理想。

键合硅胶中烷基链长度和键合量与固定相中样品容量、柱效和分离选择性也有关系。正常情况下,当键合相表面浓度相同($\mu mol/cm^2$)时,在烷基链长度增加的过程中,碳含量和溶质滞留值均会增加,固定相的稳定性将得到提高。这也就是,ODS 固定相比其他烷基链合应用普遍的主要原因。

在 RP-HPLC 中,虽然硅胶是一种较好的基质,但因它在碱性条件下欠稳定、易水解,故应用范围有限(在酸性 pH 下应用)。鉴于此情,有人曾选用苯乙烯-二乙烯苯的聚合物(树脂)作为基质,在衍生反应过程,其性质类似于键合硅胶,但在 pH=1~14 范围内却很稳定。反相多孔聚合物——大孔树脂(Diaon HP-20)用于分离极性化合物十分有效,若采用梯度的水-甲醇或水-丙酮溶液作为流动相时,还可用于分离皂苷类化合物。

2. 流动相

在 RP-HPLC 中,流动相为非缓冲的水和有机溶剂组成的混合溶液。一般通用的流动相系统,常以 0.1%(质量浓度)三氟乙酸(TFA)为含水溶剂,以乙腈、醇类(甲醇、异丙醇等均可最大比例与水混合)为有机溶剂。改变有机溶剂在流动相中的比例,可将 RP-HPLC 中水溶性样品成分洗下来,正常情况下,疏水性弱的物质先被洗下来,疏水性强(极性弱)的物质后被洗下来。TFA 是含有氟(F)的有机酸,可将流动相 pH 调节到 1~2,使 RP-HPLC 系统中的羧化物质子化并呈中性,这时呈阴离子的 TFA 根可与分离物肽类的电荷基团(如氨基、咪唑基、胍基)相互配成离子对,增加了分离物的疏水性,使碱性较强的肽类先被洗下来。由此看出,使用较强的离子配对试剂(ion pairing reagent),改变流动相的 pH 和极性,或选用不同的固定相都可以提高某些物质如碱性肽类、蛋白质等的分离度。

在流动相系统中,若需较高 pH 溶液时,可选用乙酸铵配制,或用挥发性试剂(如氢氧化铵)调节。采用这种溶液,可使被分离出的物质在浓缩时,容易与流动相

(以挥发形式逸出)分开,从而提高了分离物的纯度。例如,用甲醇:乙酸铵(60:40),pH=5.5,为流动相时,可将粗制品藜芦碱中的甾体生物碱藜芦定(veratridine)分离出来,经冷冻干燥,制品纯度达98.4%。又如,用半制备型C_{18}硅胶柱,以乙腈:0.01mol/L乙酸铵(40:60),pH=4.0,为流动相时,可从相关原材料中分离出大环内酯抗生素。

在流动相中,如何考虑各溶剂的配比?一般可将薄层层析或反向薄层层析的展层剂组合作为HPLC选择流动相的参考。但因薄层层析中,硅胶表面积是柱层析的两倍,所以应把$R_f<0.3$的流动相作为HPLC的选择对象。如果将分析型HPLC条件直接用于制备型,所使用的压力应仅是分析型的1/3。

3. 层析柱

层析柱的体积、长度和内径可直接影响分离效果及分离物的数量。但层析柱体积大小又是根据分离物数量及其有效成分与杂质之间理化性质差异性确定的(表2-14)。层析柱一般长度在5~70cm,内径1~50mm。用于分析型或微量制备柱的内径为2mm,甚至有时也用内径≤1mm的微径柱。用于制备较大规模样品(毫克级)的柱内径为4~20mm,用于制备大规模样品(克级)的柱内径为≥50mm。典型的层析柱长度为15~30cm,有时为分离疏水性较强、数量较大的样品时,可选择长度缩小、内径加大的层析柱操作;有时为分离吸附力弱、杂质多的样品时,则选用长度加大、内径缩小的层析柱进行。

表 2-14　制备型层析承载样品的能力

样品量/mg　　柱内径/mm　　　　分离状况	4.6	10	25
困难($\alpha<1.2$)	1.0	20	100
容易($\alpha>1.2$)	10	200	1000~5000

五、分析型 HPLC 的分析方法

HPLC层析在医药领域中应用非常广泛。能应用于化学合成药的含量测定和杂质限度检查、制剂分析、药物代谢和动力学研究,还能进行蛋白质成分的分离和制备、纯化。这些分析方法大致可分为定性分析和定量分析。

(一)定性分析

HPLC定性分析是利用层析定性参数保留时间对组分进行定性分析,其原理是同一物质在相同层析条件下保留时间相同。此法适用于已知范围的未知物,将样品中加入某一纯物质,混合进样,对比加入前后的层析图,看其峰形增多还是增大,峰形增多,则不是一种物质,峰形增大,则是一种物质。为了提高定性的可靠性,还应改变层析分离条件,进行进一步验证。

(二) 定量分析

HPLC定量分析是利用层析峰峰高和峰面积与样品组分的含量呈正比的原理。常用的定量方法有外标法和内标法。

1. 外标法

用与待测样品同样的标准品作对照,以对照品的量对比待测样品含量的分析方法称为外标法。只要待测样品组分出峰无干扰、保留时间适当,就可用此法进行定量分析。要求进样量必须准确,由于在 HPLC 中进样常用六通阀进样,误差较小,所以外标法是 HPLC 常用定量分析方法。外标法分为外标一点法及外标工作曲线法。

(1) 外标一点法　用一种浓度的对照品溶液对比求算样品含量的方法,称为外标一点法。外标一点法的计算公式如下

$$c_{样品} = c_{对照品} \times A_{样品} / A_{对照}$$

式中:$c_{样品}$与$A_{样品}$分别为样品的浓度与峰面积;$c_{对照品}$与$A_{对照}$分别为对照品的浓度与峰面积。

(2) 外标工作曲线法　用对照品配制系列浓度的对照品溶液,准确进样,测得峰面积(A)或峰高(h),对浓度 c 绘制工作曲线,计算回归方程,用回归方程计算样品溶液的含量,即

$$A = a + bc$$

式中:b 与 a 分别为直线的斜率与截距。

2. 内标法

选择适当的物质作为内标物,以待测样品组分和内标物的峰面积比计算样品含量的分析方法称为内标法。此法所选用的内标物应是样品中不含有的物质,其保留时间与待测样品组分靠近,并且不与其他峰相互干扰。使用内标法可以抵消仪器稳定性差、进样量不够准确等因素带来的定量分析误差。如果在样品预处理前加入内标物,可抵消方法全过程引起的误差。

(1) 工作曲线法　本法与外标工作曲线法相似,只是在各种浓度的对照品溶液中加入同量的内标物。分别测定组分 i 与内标物 s 的蜂面积 A,以峰面积 A_i / A_s 与 c_i 绘制工作曲线,计算回归方程。公式如下

$$A_i / A_s = a + bc_i$$

将与对照品溶液中相同的内标物加到样品溶液中,分别测定样品中组分 i 与内标物峰面积,以二者峰面积之比代入回归方程计算出样品中组分 i 的含量。

(2) 内标对比法　此法只配制一个浓度的对照品溶液,然后在样品与对照品溶液中加入同量的内标物,分别进样。按下式计算样品浓度

$$(c_i)_{样品} = \frac{(A_i/A_s)_{样品}}{(A_i/A_s)_{对照}} \times (c_i)_{对照}$$

与外标法相似,只有线性关系截距为零时才可用此法定量。

六、制备型 HPLC 的制备技术

制备型 HPLC 技术是利用大直径柱,分离制备大量物质(>0.1)。所以它采用的技术和仪器不同于分析型 HPLC 层析。

(一) 分离条件的选择

表 2-15 列出了分析型 HPLC 层析与制备型 HPLC 二者的操作参数。

表 2-15　分析与制备型 HPLC 典型操作参数的比较

参　　数	分　析　型	制　备　型
柱内径/mm	2~5	>10
柱填料	10μm 全多孔或	10μm 或 50μm
	30μm 薄壳型	全多孔
流动相流速/(mL/min)	≈1	>10
流动相线速度/(cm/s)	0.1~1	0.01~0.5
样品体积/μL	<200	>1000
要求的检测灵敏度	高	低
注射的样品量/mg	<0.5	>100

1. 柱的选择和装填

在制备型 HPLC 中,样品容量的增加通常需要加大柱子的内径。工厂大规模处理高纯物常使用更大内径的柱。

不锈钢管能承受 200kg 的压力,常作为制备柱。压力为 10~15kg,可以用玻璃柱。像分析型一样,制备型加工成直型,当需长柱时,可以将数柱串联起来。

制备型 HPLC 的填装技术和分析型相同。当粒度小于 20μm 时,用较大的匀浆罐湿法填装,粒度大于 30μm 时,利用轻敲柱外壁的干填法可获满意的结果,但

敲打时必须相应减少填料按大小分层的现象。

另外,欲获得重复的分离,柱填充后的柱效应能重复,这在医药生产中很重要。对于较小的柱子,塔板数应大于 1200。

2. 填料

制备型 HPLC 应使用全多孔的填料。表面多孔的或薄壳型的固定相很少用于制备层析,因为在键合类型相同时,二者的样品容量是全多孔填料的 1/5 甚至更小,用于分离大量物质,不但不方便,且价格昂贵。

只要可能的话,就应尽量使用液-固吸附层析(LSC),如硅胶。这种方法为制备分离提供了最大的灵活性和便利,分离度好,产量高,价格便宜。如果柱上有强保留的杂质时,该柱宜作一次性使用。通过选择合适的流动相,LSC 也能用于组分范围宽的样品的分离。LSC 允许使用的流动相对许多组分有较大的溶解度,因此,可以有较高的进样量和制备产量,而且 LSC 一般使用的溶剂有相当大的挥发性,易从收集部分中去除。当然,制备分离也可以用其他填料。目前,许多用复合、交联技术制备的适合生物样品的新型填料已有市售。如日本岛津公司的 Shim-pack BiO(T)系列柱,柱管为钛金属,其填料的基质有 3 种类性:Shim-pack PREP,通用型硅胶;Shim-pack PA,用于生物样品的高分子聚合物;Shim-pack HAc,用于生物样品的羟基磷灰石。

金属螯合亲和色谱(MCAC)能成功地纯化大量的蛋白质。因为几乎所有的蛋白质中都有三种氨基酸:组氨酸、胱氨酸和色氨酸。它们往往可与过渡金属离子形成复合物。正是由于蛋白质中上述三种氨基酸残基的暴露,带有合适金属离子如(Cu^{2+}、Zn^{2+})的螯合琼脂糖凝胶可选择性地吸附蛋白质,达到分离纯化的目的。

在制备型 HPLC 中,用小粒度柱子好,还是用大粒度柱子好,这取决于分离目的和实验室的实验条件。在样品负荷较大,压力降相同时,用大颗粒填装的长柱,柱效较高。在 α 很小的分离制备中,要求较高的 N 值,宜用小粒度的填装柱,进样量相对较小,对分离有利。当 α 很大时,用大颗粒填装柱,对过载进样是有好处的。表 2-16 列举了在不过载情况下,分离度相同时,分离型、半制备型、制备型 LSC 柱的一些参数。在柱过载情况下的直接比较无法进行,分离度的概念不再确切。

3. 洗脱溶剂

可利用相同填料的分析柱,选择最适合于分离目的和要求的流动相的组成(如溶剂的配比、离子强度、pH 等),将其直接或略加修改后用于制备分离。有一点必须特别注意,即要防止强保留的杂质缓慢洗脱下来,因为它会污染随后分离的样品。

表 2-16　分离度相同时的分析和制备参数

实验参数	分析型柱内径 0.46cm	制备型柱内径 2.3cm	半制备型柱内径 1.0cm	制备型柱内径 2.3cm
多孔颗粒大小/μm	10	10	10	30
柱长/cm	25	25	25	100
洗脱液流速/(cm/s)	0.5	0.5	0.5	≈0.08
理论塔板数	4000	4000	4000	4000
柱中硅胶的大约质量/g	3	78	14	250
每次分离的最大样品量/mg	3	78	14	250
典型的分离时间/min	5～10	5～10	5～10	50～200
产率相同纯度/(mg/min)	0.6	16	3	5
柱子价格	低	高	适中	适中

　　和使用分析型 LC（液相层析）一样，在进行一个新的分离以前，必须确保制备柱和流动相之间的平衡。当水或其他极性改性剂的多少引起吸附剂活性的变化时，平衡更是特别重要的。在制备型 CL 中利用梯度洗脱不太方便，因为柱子的再平衡需要花费大量的溶剂。

　　像在分析型层析中一样，制备型 HPLC 宜利用黏度相对低的流动相（保持高的柱效），且溶剂必须和检测器相匹配。高的柱温可以降低流动相的黏度、增加溶解度差的热稳定的浓度，但这样做在实验上不太方便。

　　为了能方便地从收集部分中去除流动相，流动相应相对易挥发。为减少峰形的拖尾，分离时往往在流动相中添加一些挥发性小的试剂，如乙酸、吗啉，但这可能增加操作麻烦。溶剂（流动相）必须是高纯度的，这一点特别重要。不挥发性的杂质在去除流动相时将被浓缩而引起污染，可以利用新鲜的蒸馏水或特别纯化的 HPLC 溶剂把它减至最小。

　　制备 LC 的目的往往是获取高的产量，为此希望提高样品的上柱量。选择合适的溶剂溶解样品是很重要的工作。若注射的样品的溶剂强度大于初始的流动相，往往会引起柱分离效果严重下降，所以，宁可将注射的样品溶在溶剂强度弱于初始流动相的溶剂中。有时在 LSC 中，样品在流动相里的溶解性受到低极性溶剂的限制。因为溶剂强度一般随极性的增加而增加，而样品的溶剂强度又不应大于流动相的溶剂强度，所以简单地增加溶剂的极性是不合适的。可以通过采用二元溶剂系统来调节溶剂强度和极性之间的关系。

4. 仪器设备

制备型 HPLC 对仪器的要求不像分析型 HPLC 那样苛刻。但为了使制备型 HPLC 分离最佳化，对泵、进样系统和检测器的要求有所不同。

在使用内径 2cm 以上的柱子时，泵的输液上限达 100mL/min，压力上限达 200kg/cm^2 即可，而对泵的精密度和准确度要求不高。为了适应生命科学的发展，新型泵的输液速率可调范围宽，如岛津公司的 LC-7A，输液可从 0.001mL/min 调到 20mL/min，既可进行分析也可用于半制备，且具有高惰性、耐腐蚀的流路泵系统，即泵、混合器、样品注射器、柱、检测器全部由钛或惰性聚合材料制成，以防止腐蚀和使样品失活。

在制备型 HPLC 系统中，因为溶质的浓度相当高，故不必使用高灵敏的检测器。样品浓度高会引起这样的问题，即记录仪上的重叠峰到底是由于柱子过载呢，还是由检测器的非线性响应造成的？一般制备型 UV 检测器都配备短光程的检测池，或在检测前先对洗脱液进行分流，以减弱信号，使利于检测。示差折射检测器 RI 似乎更适用于制备层析的检测。RI 和 UV 两种检测器的联件使用，对于准确检测出某一体系中的所有峰极为合适。若只利用 UV 检测器可能会引起偶然性的错误。在样品浓度高时改变波长来测定样品，可降低检测灵敏度，减少在制备工作中检测器过载的可能性。许多化合物在较长的波长下无法检测。可利用较短的波长（190～220nm）来检测。

柱外效应对于使用大内径的制备型 HPLC 来说影响较小，不像分析型 HPLC 那样苛求死体积小的管子和接头。值得注意的是检测器不应连接窄内径的管子，因为这会限制流动相的流速，造成高的反压。市售的 RI 和 UV 两种检测器可装配大内径的管子。另外，也可在大直径的柱出口进行分流。

在制备型 HPLC 中，样品通常是在不停流的情况下，用阀或蠕动泵导入的。样品环路和进样管可达几十毫升或更大。当然，也可在停流情况下导入样品，然后再启动泵。

手动部分收集器通常适合于收集已分离的一个或几个组分。若一次分离中收集的组分多或多次分离同一样品，使用自动部分收集器较方便。以上操作可以通过微处理器控制。检测器的信号可以驱动部分收集器或使泵进行流动相的再循环。

（二）操作量的确定

1. 样品的进样量

在制备 HPLC 中，样品的注射体积很重要，一般要在整个柱的横截面上进样，以充分利用整个柱填料，减小入口处的过载。为了减少柱入口处的过载，宜注射低浓度大体积的样品，不宜注射高浓度小体积的样品。

样品进样的体积与柱的内径、柱长、流动相和固定相的类型、样品的溶解性以及分离目的有关。为了获得最大的分离度，样品体积应不超过欲收集的最早洗脱峰的1/3，且不能过载。α（选择因子 $\alpha = K'_2/K'_1$）值较大时，进样体积可大些，以克服溶解度的限制。制备型 LSC 进样量与分离难易的关系（柱长 50cm，全多孔填料）如表 2-17 所示。

表 2-17　分离难易与进样量的关系

柱内径/mm	困难的分离（$\alpha<1.2$）/mg	容易的分离（$\alpha>1.2$）/mg
2	0.2～2	5～25
8	10～50	100～500
25	100～500	1000～5000

在 $\alpha<1.2$ 时，为了获得最大的分离度，应使柱不过载；当 $\alpha>1.2$ 时，即便注入过载体积的样品，仍可产生足够的分离度。柱子在不过载的情况下，分离有时似乎是由个别溶质的注射量而不是由样品的整个质量来决定的。

一根不过载的柱其样品容量随柱横截面积增大而呈线性增大。只要流动相的线速度保持不变，溶质的保留时间不会随柱内径的增加而变化。流动相线速度相同时，获取单位溶质所消耗的溶剂的量与柱的内径无关。

2．制备产率

提高样品产率的条件归纳如下：

1）产率随分离度的提高而增加，所以应选择合适的流动相，使柱的选择性 α 最佳化。仅利用增加柱压来增加柱的塔板数，只能稍微增加单位时间的产量。

2）不过载的柱子，K'（容量因子 K' = 固定相中溶质的量/流动相中溶质的量）值较小时，产率较高。K' 值对过载性产率影响的报道尚不多见。

3）以全多孔填料时产率高于用薄壳型的。

4）对于 α 值小的分离，宜利用小粒度（5～10μm）的柱子；在 α 较大时，使用较大颗粒。大内径的柱，将获得较高的产率，且价格便宜。

5）柱的样品容量和产率随柱横截面积的增加而增大。

6）产率随柱长、流动相的流速的增加而增加，特别在过载情况下尤其如此。

表 2-18 为各种类型柱的样品产率。表中数据证实了前面一些关于改进制备层析产率的准则，从方法 a 到方法 b，样品产率随相应的柱截面积的增加而增加。方法 a 和方法 b 处于容量极限状态；从方法 a 到方法 b 通过柱子进样量过载来增加产率的。以上产率提高 10 倍，分离度下降到原来的 50%，产量损失可达 10%～25%。具体损失情况取决于如何收集重叠峰。方法 c 到方法 d 的产率提高

是通过进一步增加柱内径来获得的。以上数据表明，柱过载可提高单位时间的产量，物质的纯度也可不下降。

表 2-18   各种类型柱的样品产量

方　法	薄壳型		全多孔		凝胶颗粒	
	颗粒/μm	产率/(mg/min)	颗粒/μm	产率/(mg/min)	颗粒/μm	产率/(mg/min)
a. 分析柱 50cm×0.2cm	30	0.01~0.02	10	0.1~0.2	10	1~2
b. 放大柱 50cm×2cm 在负载极限	30	1~2	30	5~20	50	100~200
c. 制备柱 50cm×2cm 过载			30	50~200	50	1000
d. 制备柱 50cm×5cm 过载			70	200~1000	50	2500

实际上，过载引起的柱效下降远远大于流速过快造成的后果。现已证明，通过超负荷可提高产率 2 倍。如果收集峰之间有较大的分离度，控制流速程序可以减少分离时间。

3. 回收率计算和纯度的鉴定

组分中的溶剂可用热的氯气流蒸发去除。大体积的溶剂可利用真空旋转蒸发器去除。冷冻干燥是一种温和的处理过程，能有效地去除一些溶剂，如水、二氧六环和苯。在浓缩过程中，应设法减少已纯化样品的污染和降解。

在所需要的部分被收集以后，应用高效分析型 LC、TLC（薄层层析）或其他合适的分析技术测定其纯度。如果分离的组分纯度不够，可以再用 LC 方法进一步纯化。

为了确定样品制备回收率即样品的所有组分是否都已从柱上洗脱下来，可对分离制备的物质进行称量，比较收集到的各个部分的总质量和注射样品的质量。纯化组分的产率也可以用这个方法来测定。

确定一个收集组分纯度的方法，是先对分离的峰进行很窄范围的中心切割，以得到所期望的最高纯度的对照用样品。然后用这个纯品作为下一个制备分离产物的 LC 分析标准样品。在要求高的情况下，中心切割获得的对照品的纯度可以通过改变分析方法或用其他 LC 技术来证实（例如用反相色谱代替 LSC）。

（三）制备型高效液相色谱的应用

1. 氨基酸的分离

氨基酸是蛋白质构成的基本单位，由于其参与肌体正常代谢和许多生理机能而受到重视。自 20 世纪 80 年代以来，氨基酸、多肽和蛋白质类药物在临床上的应用增多，HPLC 在分析这些物质方面也得到广泛的应用。

氨基酸是一类分子中同时具有氨基和羧基的化合物，为两性电解质。动物体内组成蛋白质的氨基酸均为 α-氨基酸，约 20 余种，分为脂肪族氨基酸、芳香族氨基酸及杂环氨基酸。通常多数氨基酸溶于极性溶剂，只有苯丙氨酸和酪氨酸难溶于水。由于氨基酸结构及性质既有相似性又有其各自特点，其混合物的分离测定有较大难度，HPLC 法在这一方面显示了特有的优越性。但大多数氨基酸无紫外吸收和荧光发射，所以，为提高分析的检测灵敏度，通常将氨基酸衍生化，衍生化方式有柱前衍生化和柱后衍生化。由于柱后衍生化所需色谱仪器复杂，操作繁琐，因而应用不广泛。近十年来，随着 RP-HPLC 及各种柱前衍生化试剂的出现，氨基酸分析的灵敏度有很大的提高，分析方法简便、快速（图 2-34）。

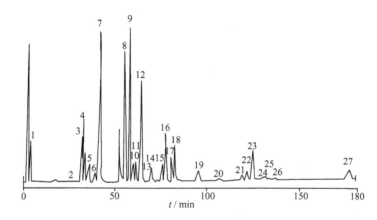

图 2-34　除蛋白人血浆中氨基酸的 OPA 柱后衍生化层析图

1. 牛磺酸；2. 天门冬氨酸；3. 苏氨酸；4. 丝氨酸；5. 天冬酰胺；6. 谷氨酸；7. 谷氨酰胺；8. 甘氨酸；9. 丙氨酸；10. 瓜氨酸；11. 氨基丁酸；12. 缬氨酸；13. 胱氨酸；14. 蛋氨酸；15. 异亮氨酸；16. 亮氨酸；17. 酪氨酸；18. 苯丙氨酸；19. 色氨酸；20. 氨基乙醇；21. 鸟氨酸；22. 赖氨酸；23. 组氨酸；24. 甲基赖氨酸；25. 3-甲基组氨酸；26. 甲基组氨酸；27. 精氨酸

2. 肽的分离

分离纯化肽的最常用和最成功的方法是反相高效液相层析（RP-HPLC）。这不仅是因为它对肽的分辨率很高，还因为它以水为主体的流动相与肽的生物学性质相适应。尽管有时添加酸或有机溶剂会使肽的构象发生改变，但这些因素除去后，肽通常能恢复原状，故活力回收比较高（＞80％）。此外，离子交换 HPLC 也是分离纯化肽的有效方法。如用反相层析不能很好地分离肽混合物，用离子交换层析往往能得到较好的结果。

在 RP-HPLC 中，肽的保留时间可用氨基酸及其残基的保留常数的和来预测。所谓保留常数是表示氨基酸疏水性质的经验常数，它们是在一定的层析条件下，由若干肽的保留时间与组成肽的氨基酸和残基对肽的保留时间的贡献之间进行统计处理后得到的。肽分子中各氨基酸保留常数的和愈大，层析中保留时间愈长。上述关系对大肽不适用，而对小于 20 个氨基酸残基的肽，保留常数计算值与实测保留时间具有良好的线性关系（相关系数为 0.994）。各种氨基酸及其残基的保留常数见表 2-19。

表 2-19　氨基酸及其残基的保留常数

种　类	符　号	I	II
色氨酸	Trp	16.3	17.8
苯丙氨酸	Phe	19.2	14.7
亮氨酸	Leu	20.0	15.0
异亮氨酸	Ile	6.6	11.0
酪氨酸	Tyr	5.9	3.8
缬氨酸	Val	3.5	2.1
胱氨酸	Cys-cys	—	—
甲硫氨酸	Met	5.6	4.1
脯氨酸	Pro	5.1	5.6
半胱氨酸	Cys	-9.2	-14.3
精氨酸	Arg	-3.6	3.2
丙氨酸	Ala	7.3	3.9
赖氨酸	Lys	-3.7	-2.5
甘氨酸	Gly	-1.2	-2.3
门冬氨酸	Asp	-2.9	-2.8
谷氨酸	Glu	-7.1	-7.5
组氨酸	His	-2.1	2.0
苏氨酸	Thr	0.8	1.1
丝氨酸	Ser	-4.1	-3.5
门冬酰胺	Asn	-5.7	-2.8
谷酰胺	Gln	-0.3	1.8
末端氨基	NH_2-	4.2	4.2
末端羧基	$-COOH$	2.4	2.4
酰氨基	$CONH_2-$	10.3	8.1
N-乙酰基	CH_3CO-	10.2	7.0

分离肽的 RP-HPLC 的固定相多为 $C_8 \sim C_{18}$ 烷基，苯烷基和氰基键合相硅胶（孔径>100Å）。根据流动相的不同，RP-HPLC 又可分成"缓冲液反相层析"和"离子对反相层析"。

（1）缓冲液反相层析　即在标准反相色谱流动相（有机溶剂-水）中加入缓冲液，以控制离子化合物的解离度，缓冲值常为 pH=4～5。这对肽的稳定性有利，但有时洗脱能力较差。

（2）离子对反相层析　通常控制流动相在 pH=2～3 范围内。此时肽有较好的溶解度，且分子中酸性基团极少电离，而带正电荷的碱性基团则与流动相中的负离子（又称反离子）形成所谓"离子对"化合物。常用的反离子有三氟乙酸、七氟丁酸、甲酸、乙酸和磷酸，其中三氟乙酸、七氟丁酸易挥发，便于从分离组分中除去。此外，还有不同链长烷基的硫酸或磺酸盐等。流动相中的烷基愈大或浓度愈高，肽的保留时间愈长。

分离肽的流动相中可使用的溶剂，依洗脱能力递减次序排列为：正丙醇>异丙醇>四氢呋喃≈二氧六环>乙腈>≈乙醇≫甲醇。其中乙腈最常用，因其在 UV 210nm 附近有好的透光度，洗脱能力也强。但当肽的疏水性很强时应当改用正丙醇。流动相中的有机溶剂含量一般不超过 60%。

肽的检测一般在 UV 200～230nm 处测量光吸收，因肽键和肽分子中多数发色团的吸收峰在此范围内，故有较高的灵敏度。如流动相有较大吸收时，可采用荧光检测。不过即使仪器有分流装置，仍要损失少量肽成为荧光衍生物后再行测量。含有色氨酸残基、酪氨基酸残基的肽本身有荧光，可直接测定。

3. 蛋白质的分离

与其他 HPLC 方法相比，人们普遍认为反相高效液相层析是分离纯化蛋白质的有效方法。虽然对肽的 RP-HPLC 已积累了许多可借鉴的成功经验，但是蛋白质的情况比肽复杂，因此需要某些特殊的考虑，须在填料、流动相、仪器三方面进行适当的选择。

（1）填料　用于分离蛋白质的 RP-HPLC 的主要填料基质为多孔硅胶微粒和有机多聚物（孔径 300～500Å）。硅胶微粒的强度好，键合化学清楚，但不耐碱，最好在 pH<7.5 的条件下使用。键合相同基团的多聚物填料与硅胶分辨率相似，但拖尾小，收率高，且耐高温（120℃以上）。

（2）流动相　流动相有水相缓冲液及不同浓度的有机溶剂组成。流动相对蛋白质分离的影响因素主要以下几个方面：

1）pH。蛋白质与反相固定相的作用主要取决于蛋白质的极性，极性愈小则与疏水固定相作用愈强，流动相的低 pH 使蛋白质羧基解离受到抑制，因而极性降低，加强了它与反相键合相的作用。对大多蛋白质而言，使用 pH=2.5～3.5

的流动相可以得到最好的分离，必须注意的是有些蛋白质或酶在低 pH 时不稳定或由于接近等电点而产生沉淀。

2) 离子强度和离子对试剂。增加离子强度也增加了蛋白质与键合相的疏水作用。在多数情况下，较高的高的离子强度（>0.2）可使蛋白质有较好的分辨率和回收率。但有些蛋白质如卵白蛋白及磷酸化酶 b，在低离子强度下收率反而高。缓冲溶液中的盐还能通过形成离子对改变蛋白质分子表面极性，从而影响它的保留性。如果离子是疏水的（如三氟乙酸根、七氟丁酸根），则复合离子对保留时间增长。如果反离子是亲水的（如磷酸根、甲酸根），则复合离子对保留时间减少。

3) 有机溶剂。通过疏水作用结合在反相柱上的蛋白质可用有机溶剂来洗脱，故有机溶剂的选择是改变蛋白质保留性的重要手段之一。较常用的有乙腈和丙醇，不常用的还有甲醇、乙醇、二氧六环、四氢呋喃等。对蛋白质而言，疏水性较大的丙醇是较好的溶剂，而使用复合溶剂（如异丙醇-乙醇、乙腈-异丙醇等）可降低有机溶剂总浓度并改善分辨率及回收率。

4) 表面活性剂。表面活性剂常常用来溶解蛋白质。一般说来，阳、阴离子表面活性剂对蛋白质分离不利，而非离子型表面活性剂对分离影响小。只有两性离子表面活性剂可以减少高相对分子质量、疏水性较强的蛋白质的拖尾，使分离得以改善。

5) 温度。蛋白质在 RP-HPLC 过程中构象可能改变，这与温度有关。为了防止蛋白质的不可逆变性和失活，分离一般在室温或低温下进行。

（3）仪器　由于蛋白质在反相柱上的保留性对流动相中有机溶剂的含量十分敏感，所以必须采用梯度洗脱，以保证分离效果良好。

蛋白质的检测与肽类相似，主要用紫外吸收和荧光法。蛋白质在 215nm、254nm 和 280nm 处有吸收，尤其是 215nm 处的肽键吸收很强，可以检出 5～10pmol 的肽或 50～500ng 的蛋白质，而 280nm 处的灵敏度仅为 215nm 处的 1/10。荧光检测灵敏度更高，理想情况下可达 10^{-15} mol，溶剂中只要不含胺类就可用该法检测。蛋白质样品（除含有色氨酸外）均须先与荧光试剂反应生成荧光检测试剂，主要是邻苯二甲醛和荧光胺。

4. 多糖的分离

分离多糖的 HPLC 多为高效体积排阻色谱（HPSEC）。它具有快速、高分辨和重现性好的特点。这种方法完全按分子筛原理分离，样品分子与固定相之间无相互作用，目前最常见的商品柱是 μBondagel 柱系和 TSK 柱系，如表 2-20、表 2-21 所示，常用水、缓冲液和含水有机溶剂如二甲亚砜为流动相。流动相上柱前必须经过过滤和除气。样品如含较多盐类、蛋白质也须预先除去。

表 2-20　μBondagel 商品柱（Water Assoc）

型　　号	分离范围（相对分子质量）
μPorasil GPC 6×10^{-3}μm	100～10 000
μBondagelE-125	2000～50 000
μBondagelE-500	5000～500 000
μBondagelE-1000	50 000～2 000 000
μBondagelE-linear	2 000～2 000 000
μBondagelE-highA	15 000～7 000 000

表 2-21　TSK 商品柱（Bio-Rad）

型　　号	分离范围（相对分子质量）
Bio-Gel TSK-30	～100 000
Bio-Gel TSK-40	1000～70 000
Bio-Gel TSK-50	10 000～2 000 000
Bio-Gel TSK-60	100 000～20 000 000

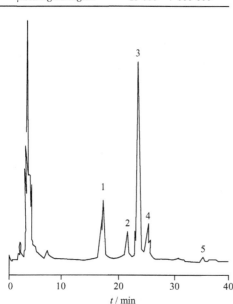

图 2-35　胃液中蛋白酶色谱图

5. 核酸与核苷酸的分离纯化

用 HPLC 分离核酸时多用反相色谱法，填料有 Super Pac 或 Mono RPC 等。分离核苷酸还可使用离子交换色谱的填料 Mono Q 等。

核酸、DNA 限制性片断（restriction）和质粒的分离可以在 1h 内完成，样品回收率一般为 80%～90%，且易自动化，只要用 260nm 光吸收来进行测定。胃液中蛋白酶色谱图如图 2-35 所示。

核苷酸的分离用得较多的是离子交换层析。样品必须用盐的浓度梯度加以洗脱，氯化钠浓度可达 1.2mol/L。层析系统须用高耐腐蚀的铱金属，泵须附一个装置，以连续冲洗积累于密封圈上的盐。若用 RP-HPLC 分离核苷酸，一般须在低温和的流动相中进行。常用的是二乙胺的乙酸缓冲液，有时也用甲酸溶剂系统。挥发性盐和溶剂可简化分离后的处理。组分复杂的样品在分离度要求高时，控制流速、流动相梯度和柱温显得比较重要。例如胸腺嘧啶核苷和鸟嘌呤核苷对温度高度敏感，在 26℃ 或 35℃ 时洗脱顺序不同。

6. 脂类的分离

分离脂类时，LSC 是首选的方法，特别适用于异构体的分离。图 2-36 为合成纤维素（V_A）时中间体的分离。峰 1 为 α-II-反式-C_{18}-酮，峰 2 为 9-顺式-C_{18}-酮，它们在不同 15min 内分离成相对纯的部分（阴影部分）。这证明制备型 LSC 对于解决有机合成中的迅速纯化问题能力很强。

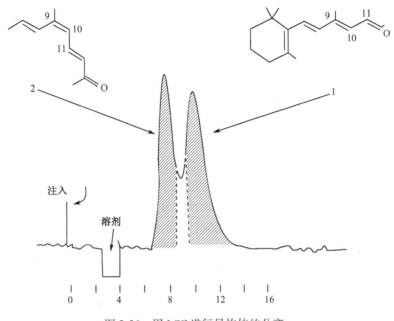

图 2-36　用 LSC 进行异构体的分离

七、快速蛋白液相色谱

在 HPLC 的基础上,Pharmacia 公司生产了快速蛋白液相色谱(fast protein liquid chromatography,FPLC),它是应生物分子的特性而设计的系统,它能有效、快速地纯化各种蛋白质、多肽和核酸等生化大分子产品。

FPLC 系统具有以下优点:

1) 快速的全惰性系统,可完全保留生物活性,整个系统的流路均采用惰性材料,包括肽合金、塑料及玻璃等,确保生物分子活性不受影响。分离速率快,一般在 20min 内可完成分离。

2) 系统采用双泵梯度高压动力混合,能确保梯度准确性。

3) 系统灵活性大,有手动及全自动等配套设备可供选择,系统的控制器、检测器、部分收集器、记录仪等有多种选择,可自动进样,选择缓冲液供不同应用,以快速建立最优化的纯化流程。

4) 专用 FPLC 预装柱应用广泛,分辨率高,重复性强和耐用。

5) 系统适合进行分析和制备工作,也可进行有效的纯化方法探索。它是一个积木式系统,可以根据工作需要进行组装。利用 FPLC 发展的纯化流程可从毫克量样品的纯化直接放大至中试 biopilot 系统,适合于千克量样品的纯化。

6）FPLC 系统内置积分功能，能将各层析峰积分资料自动打印。

7）系统控制器能储存 50 个不同层析方法。编程简易，能快速地调用不同方法进行多维纯化工作。

8）系统能进行单峰目标蛋白收集，也能提供各峰的管号位置等，确保纯化后的目标蛋白能有效地收集以供其他用途。FPLC 系统所用的分离介质材料包括合成聚合物、硅胶、琼脂糖及葡聚糖等，其层析方法包括凝胶过滤、亲和层析、反相层析、离子交换及层析聚焦、疏水层析等。

第十七节　膜分离技术

过滤技术是生化产品制备工艺中应用得最广泛、最频繁的分离技术之一。从原材料处理直至产品的提取、纯化、精制，都离不开过滤操作。最原始的也是目前最常见的过滤，是指利用多孔过滤介质阻留固体颗粒而让液体通过，使固-液两相悬液得以分离的过程。后来发展到固-气和液-气两相的过滤分离，但这些过滤都不是分子水平的。随着科学技术的进步，人们用人工制造的薄膜过滤介质实现了分子（离子）级水平的过滤分离。其中有透析法、超过滤、反渗透和电渗析等，另外还有微孔滤膜过滤，这些都被称为过滤技术（表 2-22）。

表 2-22　各种过滤技术的比较

项目	分离范围	分离动力	分离介质	用途
一般过滤	$>1\mu m$	压力差	天然介质	固-液相分离
微孔过滤	$0.01\sim1\mu m$	压力差	人工微孔滤膜	固-气、液-气、固-液相分离
透析	$5\sim100\mathring{A}$	分子扩散	天然或人工半透膜	分离相对分子质量悬殊的物质
超级过滤	$5\sim100\mathring{A}$	压力差	人工超滤膜	分离大分子、小分子
反渗透	$<5\mathring{A}$	压力差	人工反透析膜	分离水与小分子
电渗析	$<5\mathring{A}$	电能	离子交换膜	分离小分子、大分子、水

用人工合成的某种材料作为两相之间的不连续区间实现不同物质分离的技术叫膜分离。膜的作用是分隔两相界面，并以特定的形式限制和传递各种化学物质。它可以是均相的或非均相的、对称型的或非对称型的、中性的或荷电性的、固体的或液体的，其厚度可以从几微米到几毫米。膜分离操作简单、效率较高、没有相变、节省能耗，特别适合处理热敏性物质。

现代制膜技术是 20 世纪 70 年代开始的，各种新型人工膜和膜分离装置不断涌现。它们不但是生化产品分离、制备的有效手段，而且在废水处理、海水淡化、人工肾研究、医药生产等方面发挥了越来越大的作用。

一、膜 的 分 类

(一) 根据膜的物理结构和化学性质

(1) 对称膜　是结构与方向无关的膜,这类膜或者是具有不规则的孔结构,或者所有的孔具有确定的直径。厚度为 0.2mm。

(2) 非对称膜　有一个很薄的($0.2\mu m$)但比较致密的分离层和一个较厚的(0.2 mm)多孔支撑层。两层材质相同,所起作用不同。

(3) 复合膜　这种膜的选择性膜层(活性膜层)沉积于具有微孔的底膜(支撑层)表面上,但表层与底层的材质不同。复合膜的性能受上下两层材料的影响。

(4) 荷电膜　即离子交换膜,是一种对称膜,溶胀胶(膜质)带有固定的电荷,带有正电荷的膜称为阴离子交换膜,从周围流体中吸引阴离子。带有负电荷的膜称为阳离子交换膜,从周围流体中吸引阳离子。阳离子交换膜一般比阴离子交换膜稳定。

(5) 液膜

(6) 微孔膜　孔径为 $0.05\sim20\mu m$ 的膜。

(7) 动态膜　在多孔介质(如陶瓷管)上沉积一层颗粒物(如氧化锆)作为有选择作用的膜,此沉积层与溶液处于动态平衡,但很不稳定。

(二) 根据制膜材料的不同

(1) 改性天然物膜　醋酸纤维素、丙酮-丁酸纤维素、再生纤维素、硝酸纤维素等。

(2) 合成产物膜　聚胺(聚芳香胺、共聚胺、聚胺肼)、聚苯并咪唑、聚砜、乙烯基聚合物、聚脲、聚呋喃、聚碳酸酯、聚乙烯、聚丙烯。

(3) 特殊材料膜　聚电解络合物、多孔玻璃、氧化石墨、ZrO_2(氧化锆)-聚丙烯酸、ZrO_2-碳、油类。

在这些材料中,以改性纤维素和聚砜应用最广。

二、膜 的 特 性

由于造膜材料、造膜方法和膜结构的不同,膜的性能有很大的差异。通常用以下参数描述膜的性能。

(一) 孔道特征

孔道特征包括孔径、孔径分布和孔隙度,是膜的重要性质。膜的孔径有最大孔径和平均孔径。孔径分布是指膜中一定大小的孔的体积占整个孔体积的百分数,孔径分布窄的膜比孔径分布宽的膜要好。孔隙度是指整个膜中孔所占的体积百分数。

(二) 水通量

水通量为每单位时间内通过单位膜面积的水体积流量,也叫透水率。在实际使用中,水通量将很快降低,如处理蛋白质溶液时,水通量通常为纯水的10%。各种膜的水通量虽然有所区别,但由于溶质分子的沉积,这种区别会变得不明显。

(三) 截留率和截断分子量

截留率是指对一定相对分子质量的物质,膜能截留的程度,定义为

$$\delta = 1 - c_P/c_B$$

式中:c_P 为某一瞬间透过液浓度($kmol/m^3$);c_B 为截留液浓度($kmol/m^3$)。

如果 $\delta = 1$,则 $c_P = 0$,表示溶质全部被截留;如果 $\delta = 0$,则 $c_P = c_B$,表示溶质能自由通透。

用已知相对分子质量的各种物质进行试验,测定其截留率,得到的截留率与相对分子质量之间的关系称为截留曲线,如图2-37所示。

较好的膜应该有陡直的截留曲线,可使不同相对分子质量的溶质完全分离。

截留分子量(molecular weight cut-off, MWCO)定义为相当于一定截留率(通常为90%或95%)的相对分子质量,可随厂商而异。根据截留分子量可估计膜孔道的大小,如表2-23所示。显然,截留率越高,截留分子量的范围越窄的膜越好。

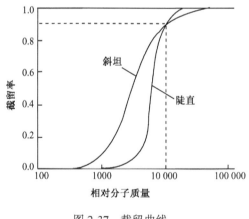

图2-37　截留曲线

表2-23　截留分子量与膜孔径的关系

截留分子量（MWCO）（球状蛋白质）	近似孔径/nm
1 000	2
10 000	5
100 000	12
1 000 000	28

影响截留率的因素很多,它不仅与溶质的分子大小有关,还取决于溶质的分子形状。一般来说,线性分子的截留率低于球形分子。膜对溶质的吸附对截留率影响很大,溶质分子被吸附在孔道上,会降低孔道的有效直径,因而使截留率增大。有时,膜表面上吸附的溶质形成一层动态膜,其截留率不同于超滤膜的截留率。如

果料液中同时存在两种高分子溶质,此时,膜的截留率不同于单个溶质存在时的情况,特别是对于较小相对分子质量的高分子溶质,这主要是由于高分子溶质形成的浓差极化层的影响。一般情况下,两种高分子溶质的相对分子质量只有相差 10 倍以上,它们才能获得较好的分离。溶液浓度降低、温度升高会使截留率降低,这主要是因为膜的吸附作用减小。同时,错流速率增大,浓差极化作用减小,截留率降低。pH、离子强度会影响蛋白质分子的构象和形状,它们对膜的截留率也有一定影响。

三、膜的使用寿命

膜的使用寿命受许多因素影响,除储存条件外,还有以下因素。

(一) 膜的压密作用

在压力作用下,膜的水通量随运行时间的延长而逐渐降低,这是由于膜体受压变密所致。引起压密的主要因素是操作压力和温度,压力、温度越高,压密作用越大。为了克服或减轻压密作用,可控制操作压力和进料温度(20℃左右)。当然最根本的措施是改进膜的结构,使其抗压密性增强。

(二) 膜的水解作用

醋酸纤维素是酯类化合物,比较容易水解。为延长膜的使用寿命,可控制进液 pH 和温度。

(三) 膜的浓差极化

浓差极化现象是随着运行时间的延长而产生的一种必然现象,虽然不能完全消除,但操作得当,可以有所减弱,如提高进液流速、采用湍流促进器或采用浅道流动系统等。

(四) 膜污染

膜面沉积附着层或固体堵塞膜孔,都能造成膜污染,它不仅使膜的渗透通量下降,而且使膜发生劣化或报废。最好对料液进行适当的预处理,并改变操作条件,以防止可能的膜污染。一旦发生了膜污染,常用物理或化学清洗方法进行处理。

四、膜的分离技术的分类及应用

膜分离技术也是纯化生物大分子的手段之一,广泛用于生物大分子的脱盐、脱小分子物质、浓缩以及按分子大小分级分离等。

在膜分离技术的应用中,根据所用膜的不同,是否需要外加压力,可分许多类型。

(一) 透析

透析是应用得最早的膜分离技术。1861 年,Thomas Graham 首次利用来源于动物的半透膜去除多糖、蛋白质溶液中的无机盐。

透析法的特点是用于分离两类相对分子质量差别较大的物质,即将相对分子质量 10^3 级以上的大分子物质与相对分子质量在 10^3 级以下的小分子物质分离。由于是分子水平的分离,故无相变。透析法都是在常压下依靠小分子物质的扩散运动来完成的,此点不同于超滤。

透析法多用于去除大分子溶液中的小分子物质,此称为脱盐。此外,常用来对溶液中小分子成分进行缓慢的改变,这就是所谓的透析平衡,如透析结晶等。

透析膜两边都是液体:一边是供试样品液,主要成分是生物大分子,是试验过程中需要留下的部分,被称为"保留液"(retentate);另一边是"纯净"溶剂,即水或缓冲液,是供经薄膜扩散出来的小分子物质逗留的空间场所,或是提供平衡小分子物质的"仓库",透析完成后往往是不要的,被称为"渗出液"(diffusate)。

在生化制备中,提取所得的生物大分子溶液中常有大量的杂质,如盐、小分子物质等,要去掉这些物质,常用的方法是透析。透析是利用膜两侧溶质浓度差,从溶液中分离出小分子物质而截留大分子物质的过程。一般来说,透析过程中同时存在着渗透作用,只是溶剂的运动方向与小分子运动的方向相反。渗透的结果使原溶液的浓度降低,即削弱了透析过程赖以进行的推动力。这是透析操作中需要集中考虑的关键问题。如果能不断除去扩散出来的小分子,就有可能彻底分离大小不同分子的混合物。透析还可添加盐和小分子物质,如将大分子溶液对生理盐水或缓冲液透析,可将大分子的溶剂换成生理盐水或缓冲液,当然要更换多次透析液(生理盐水或缓冲液)。

1. 透析膜

膜分离技术的发展与制膜工艺的发展有直接关系,早期的膜差不多都取自于动物体,资源有限,分离效果也差,不能大量应用,往往只能用于透析。20 世纪 30 年代初,Elford 制成硝化纤维素膜。后来 Graig 等对赛璐玢(玻璃纸)透析管进行了细致的研究,用各种理化方法改变赛璐玢膜的孔径,克服再生能力低、流速慢等缺点,并对透析装置进行了改进,使透析技术前进了一步,即使在超滤技术相当发达的今天,透析法仍有一定用途,尤其是在制备中处理小量试样时。

可以充当透析膜的材料很多,如禽的嗉囊、兽类的膀胱、羊皮纸、玻璃纸、硝化纤维等。人工制作透析膜多以纤维素的衍生物作为材料。目前最常用的是赛璐玢

透析膜,有平膜和管状膜两种,后者使用十分方便。用于制作透析膜的高聚物应具有以下特点:

1) 在使用的溶剂介质中能形成具有一定孔径的分子筛样薄膜。由于介质一般为水,膜材料应具有亲水性,它只允许小分子溶质通过,而阻止大分子溶质通过。

2) 在化学上呈惰性,不具有与溶质、溶剂起作用的基团,在分离介质中能抵抗盐、稀酸、某些有机溶剂,而不发生化学变化或溶解现象。

3) 有良好的物理性能,包括一定的强度和柔韧性,不易破裂,有良好的再生性能,便于多次重复使用。

2. 透析膜的处理

新购的透析膜因含有增塑剂(也是防干裂剂)甘油、硫化物以及重金属离子,使用前必须除去。方法是:分别用蒸馏水、0.01mol/L 乙酸或稀 EDTA 溶液浸泡,洗后再用。要求高时则应进行严格处理:先将玻璃纸放在 50% 的乙醇溶液中用水浴煮 1h,再依次换 50% 的乙醇溶液、10mmol/L 碳酸氢钠溶液、1mmol/L EDTA 溶液、蒸馏水各泡洗 2 次。最后在 4℃ 蒸馏水中保存备用。存放时间长的要放在 0.02% 氮化钠溶液或加适量氯仿的蒸馏水中防腐保存。

3. 改变透析袋孔径大小的处理方法

1) 用 64% 氯化锌溶液处理 15min,可使膜孔径增大,使大分子也能通过膜孔。

2) 纤维素膜用 27% 乙酸吡啶溶液处理,会使孔径减小。

3) 将透析袋内盛满水,在两端进行拉伸,会使透析袋变薄,加快透析速率;如果不向袋内注入水而充满空气在两端拉伸,膜的孔径会变小,使有些溶质不能透过膜。

用过或用溶液处理过的透析膜一定要湿保存,否则一经干燥便会开裂,不能再使用。

4. 透析膜的使用方法

(1) 检查膜有无小孔　将透析管一端扎紧,装入蒸馏水,轻轻挤压,检查膜有无水渗出。若有水渗出,说明有小孔,不能使用。

(2) 加样、排气　若无孔,即倒掉水,灌入待透析液但不能灌满,处理液含盐分越多,吸入的水分越多,袋胀得越大,越易涨破,留出空袋越长。空袋中的空气要排除再扎紧袋口。

(3) 透析　将透析袋置透析液面下数毫米处进行透析,装磁力搅拌器将由袋中透出的盐及小分子及时驱散,保持袋内外的浓度差,使小分子由高浓度向低浓度的扩散作用继续进行。

(4) 及时更换袋外透析液　当袋内外盐及小分子浓度相等或相近时,即袋内外浓度差很小或为零时,就要换上新的透析液,透析液可以是蒸馏水,去离子水或低浓度的盐及低浓度的缓冲液,根据需要选择。一般隔 5～6h 或过夜换一次透析液,透析液的体积要尽量大些,一般是被透析液的 20 倍以上。

(5) 透析结束的判断　可用电导仪检查,开始透析时,透析液的电导率会越来越大,当更换了几次透析液后,电导率变得越来越小。当新加透析液,透析几小时后,电导率几乎未变,表示袋内几乎无盐或无小分子出来时,透析可结束。若无电导仪可以凭经验判断,更换 4～5 次透析液基本可以。如果被透析液中的目的物是对温度敏感的物质、在室温下易失活,整个装置就要放在低温(1～3℃)下进行。如果待透析的液体体积大、含盐量又高时,除选用直径最大的透析袋外,还可先用流动的自来水透析(细菌、病毒等细胞和大分子不能进入袋内)一段时间,将大部分盐去掉后再改用去离子水、蒸馏水透析,可节省电或能源。

5. 透析装置

(1) 旋转透析器　在透析容器下安装电磁搅拌器只能消除膜外溶剂的浓度梯度,而不能消除膜内溶剂的浓度差。Feinstein 介绍的透析装置,可使膜内外两侧液体同时流动,使透析速率大大增加,如图 2-38 所示。这种简单装置可放多个透析袋,透析速率比图 2-39 透析装置快 2～3 倍。

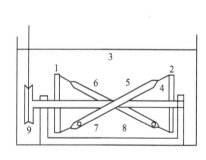

图 2-38　旋转透析器装置

1,2. 木轮;3. 盛水或缓冲液容器;4. 横轴;
5,6. 透析袋;7,8. 玻璃珠;9. 旋转轮

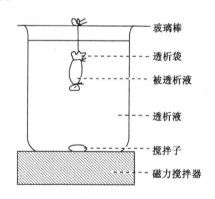

图 2-39　透析袋透析的简单装置

(2) 平面透析器　圆筒形透析管虽然使用较方便,孔径易控制,但透析面积较小。用塑料框把透析管张开,成为很薄的平面透析管,然后把它的两端连接到转动装置上,效率比管状旋转透析又有所提高。

(3) 连续透析器　上述各种装置在膜内外的透析物质达到平衡后必须更换新溶剂,比较麻烦。Hospethom 介绍的简单装置如图 2-40 所示,用一根很长的粗棉线绕在两端扎紧的长透析管上,棉线缠绕的螺距应适当,以保证透析液有一定流速,溶剂沿棉线至上而下流动把透析管中扩散出的小分子不断移去。使用这种装置可使50mL 0.9mol/L 硫酸铵溶液在 18/32 透析管内对蒸馏水透析 7h,除去 99% 的盐。

连续透析装置有多种,其原理都是使溶剂更新以加大膜内外的浓度差,提高透析速率。此种装置除用于分离、浓缩外,还可用于酶促连续反应。

(4)浅流透析器 这是近年来发展的新型透析装置,可兼用于透析和超滤。样液经小沟由中心沿螺旋形浅道流向外流,沟底为平面膜,样液边流动边透析。当样液流至末端,透析即告完成。

为了提高透析效率,增加样品容量,人们还设计了反流连续透析、减压透析器、中空纤维透析器等。

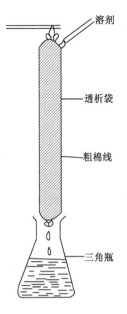

图 2-40 连续透析器

(二)反渗透和超滤、微过滤

分离纯化技术的发展对生化产品制备技术的工业化、实用化及其整个生化产品制备技术的发展都是至关重要的,因为生化产品制备的一个特点是对象复杂。需要分离纯化的产物来源,按生产方式有提取、发酵、酶反应、细胞培养等过程;产物种类有蛋白质、核酸、抗生素、维生素、激素等生物活性物质,并伴有大量有机和无机的杂质;所含物质的分子大小相差很大,有高分子物质和简单化合物。早在 20 世纪 70 年代初,超滤技术已用于酶发酵工业的纯化和浓缩,随着工业生化制备技术的发展,超滤和其他膜分离过程已广泛地用于生化产品制备技术上。

1.反渗透和超滤、微过滤的技术特点

1)操作过程不需要热处理,故对热敏感物质是安全的;
2)没有相变化,能耗低;
3)浓缩和纯化可以同时完成;
4)分离过程不需加入化学试剂;
5)设备和工艺较其他分离纯化方法简单,且生产效率高。

反渗透和超滤、微过滤均属加压膜分离技术,其区别是膜的孔径、膜两侧压力大小不同。如果在渗透装置的膜两侧造成一个压力差并使其大于溶液的渗透压(通常为 1~8 MPa),就会发生溶剂倒流,使得浓度较高的溶液进一步浓缩,这叫反渗透。膜的平均孔径<10nm,截留的是溶液中的溶质和悬浮物质,透过的是溶剂,因此反渗透可用于污水处理、海水淡化和纯水制造。

膜的平均孔径为 $10\sim100\mathrm{nm}$,压力差为 $0.1\sim0.6\ \mathrm{MPa}$ 时,它只截留大分子而允许水和盐类物质透过,这种操作叫超滤或透滤,可以脱盐并获得浓缩的大分子溶液。

当膜的平均孔径为 $500\mathrm{nm}\sim14\mu\mathrm{m}$,压力差为 $0.1\mathrm{MPa}$ 时,可以除去溶液中的较大颗粒、细菌菌体等而获得比较澄清的溶液,这叫微过滤或微孔过滤。

2．膜的性质

超滤是最常用的膜分离过程,它借助于超滤膜对溶质在分子水平上进行物理筛分。该过程是使溶液在一定压力下通过多孔膜,在常压和常温下收集透过液,溶液中一个或几个组分在截留液中富集,高浓度的溶液留在膜的高压端。膜分离过程是根据被分离物质的大小来进行分离的。由于超滤膜上的孔径在 $10^{-9}\sim$ $10^{-7}\mathrm{m}$ 之间,大于该范围的分子、微粒、胶团、细菌等均能被截留在高压侧;反之,则透过膜而存在于渗透液中。生化产品制备过程中某些常见的粒子大小及分子尺寸见表 2-24。超滤即是根据体系中组分相对分子质量的差别,选择孔径适当的膜,使不同组分的物质分开,以达到浓缩或精制的目的。

表 2-24　几种粒子或分子的大小

种　类	分子质量/Da	分子尺寸/10^{-9}m
悬浮固体		$1000\sim1\ 000\ 000$
最小可见微粒		$25\ 000\sim50\ 000$
酵母和真菌		$1\ 000\sim10\ 000$
细菌细胞		$300\sim10\ 000$
胶体		$100\sim1000$
乳化油滴		$100\sim10\ 000$
病毒		$30\sim300$
多糖、蛋白质	$10^4\sim10^6$	$2\sim10$
酶	$10^4\sim10^5$	$2\sim5$
抗生素	$300\sim10^4$	$0.6\sim1.2$
单糖,双糖	$200\sim400$	$0.8\sim1.0$
有机酸	$100\sim500$	$0.4\sim0.8$
无机离子	$10\sim100$	$0.2\sim0.4$

在工业规模生产中,膜过滤装置由膜组件构成。在各种膜组件中,膜的装填密度可达每立方米数百到上百万平方米。为了满足不同生产能力的要求,在生产中可使用几个至数百个膜组件。对流体提供压力与流量则必须用泵来完成。目前,国外在反渗透中所用的泵多为螺杆泵,也有用柱塞泵和隔膜泵,转子泵和齿轮泵对

低压反渗透比较适用,它们也可用在压力要求较高的超滤作业中。在超滤中更常用的是离心泵和漩涡泵,对某些具有生理活性的物质的超滤分离,为了防止叶轮高速旋转所造成的失活则常选用蠕动泵。

膜过滤组件大致可分为四种形式,即管式、中空纤维式、平板式和卷式(表2-25)。

表 2-25　各种超滤器性能的比较

形　式	优　点	缺　点
管　式	易清洗,无死角,适宜于处理含固体较多的料液,单根管子可以调换	保留体积大,单位体积中所含膜面积较小,压力降大
中空纤维式	保留体积小,单位体积中所含膜面积大,可以逆洗,操作压力较低($<2.53\times10^5$Pa)动力消耗较低	料液需要预处理,单根纤维损坏时,需调换整个模件
卷　式	单位体积中所含膜面积大,更换新膜容易	料液需要预处理,压力降大,易污染,清洗困难
平　板　式	保留体积小,能量消耗介于管式和螺旋卷式之间	死体积较大

3. 超滤器

(1) 搅拌式超滤器　搅拌式超滤器内装磁力搅拌器(图2-41),用以加速膜面大分子的扩散作用,保持流速。单位时间内透过液体量与有效膜面积成正比,工作压力为 303.9 ～5065 kPa。

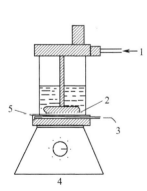

图 2-41　搅拌式超滤器
1. 进气口;2. 超滤膜;3. 超滤滤出液;4. 磁力搅拌器;5. 支架

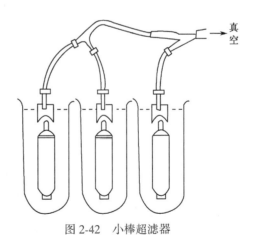

图 2-42　小棒超滤器

(2) 小棒超滤器　棒心为多孔高聚物支持物,外裹各种规格的超滤膜,使用时将其插入待分离液中,开动连接的真空系统即进行超滤,它适合于处理少量浓度稀的大分子样液,一次可以同时处理多个样品(图 2-42)。

(3) 浅道系统超滤装置　这类超滤器使液体通过螺旋形浅道,向与平行的方向流动。浅道底部有膜,由于液体在超滤膜表面高速流动,浓度极化不显著,而且液体与膜的接触面积也大于一般搅拌型装置,故有很好的滤速。浅道系统超滤原理见图 2-43,超滤后被截留的大分子溶液从浅道末端流出,通过蠕动泵再循环,最后浓度达 40%。该装置适合与大分子混合物的分离,以及细菌、病毒、热原的滤除,也用于大分子溶液的浓缩、脱盐。

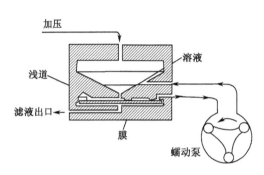

图 2-43　浅道系统超滤装置

(4) 中空纤维系统超滤器　该超滤器的过滤介质是具有与超滤膜类似结构的中空纤维丝,每根纤维丝即为一个微型管状超滤器,纤维丝横切面内壁的表面层细密,向外逐渐疏松,为各向异性微孔膜管结构。中空纤维的内径一般为 0.2mm,表面积与体积的比率极大,所以滤速很高,适用于大生产操作。

4. 超滤过程的操作方式

超滤系统可以采用间歇操作或连续操作。间歇操作和连续操作示意图见图 2-44(a)和(b)。连续操作的优点是产品在系统中停留时间短,这对热敏或剪切力

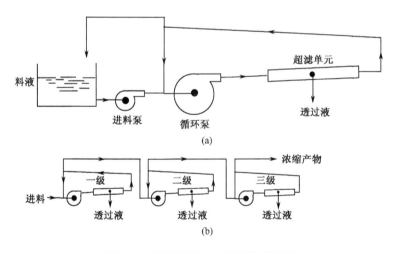

图 2-44　间歇操作和连续操作模式图

(a) 间歇操作模式;(b) 多次连续操作模式

敏感的产品是有利的。连续操作主要用于大规模生产,如乳制品工业中。它的主要缺点是在较高的浓度下操作,故通量较低。间歇操作平均通量较高,所需膜面积较小,装置简单,成本也较低,主要缺点是需要较大的储槽。在药物和生化产品的制备中,由于生产的规模和性质,故多采用间歇操作。生产中经常用超滤来除去体系中的溶剂(水)浓缩其中的大分子溶质,这称为超滤的浓缩模式,在浓缩模式中,通量随着浓缩的时间而降低,所以,要使小分子达到一定程度的分离,所需时间较长。如果超滤过程中不断加入水或缓冲液,则浓缩模式即成为透析过滤(diafiltration)模式,如图 2-45 所示。水或缓冲液的加入速率和通量相等,这样可保持较高的通量。一次简单的超滤过程,截留液中还残存一定量的欲分离的小分子物质,若要分离完全,就要不断向体系中加入溶剂,不断地超滤,即透析过滤,这样小分子物质继续随同溶剂滤出而进入到透过液中,使其在残留液中的含量逐渐减小,直至达到物质分离和纯化的目的。但是,这样会造成处理量增大,影响操作所需时间,而且会使透过液稀释。在实际操作中,常常将两种模式结合起来,即开始时采用浓缩模式,当达到一定浓度时,转变为透析过滤模式。

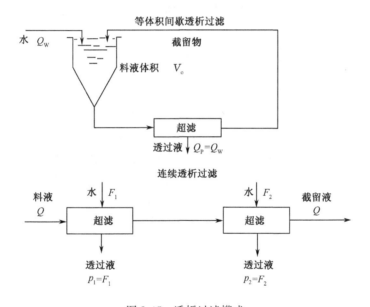

图 2-45 透析过滤模式

Q_W、Q_P 和 Q 分别为水、透过液和超滤操作的流量;V_0 为料液体积;p_1、p_2 分别为第 1 次、第 2 次超滤透过液的压力;F_1、F_2 分别为第 1 次、第 2 次超滤的操作压

5. 膜的污染与清洗

超滤器的使用性能除了与其工艺参数有关外,还与膜的污染程度有关。也就是说,膜在使用过程中,尽管操作条件保持不变,但其通量仍逐渐降低。膜污染的

主要原因是颗粒堵塞和膜表面的物理吸附。膜的污染(fouling)被认为是超滤过程中的最主要障碍。为了减轻膜的污染,可将料液经过一预过滤器,以除去较大的粒子,特别对中空纤维和卷式超滤器尤为重要。蛋白质吸附在膜表面上常是形成污染的原因,调节料液的 pH 远离等电点可使吸附作用减弱。但是,如果吸附是由于静电引力,则应将料液的 pH 调节至等电点。盐类对膜也有很大影响,pH 高,盐类易沉淀;pH 低,盐类沉积较少。加入络合剂 EDTA 等可防止钙离子沉淀。在处理乳清时,常采用加热与调 pH 相结合的方法进行预处理。另外,在膜制备时,改变膜的表面极性和电荷,常可减轻污染。也可以将膜先用吸附力较强的溶质吸附,则膜就不会再吸附蛋白质,如聚砜膜可用大豆卵磷脂的酒精溶液预先处理,醋酸纤维膜用阳离子表面活性剂处理,可防止污染。

超滤运转一段时间以后,必须对膜进行清洗,除去膜表面聚集物,以恢复其透过性。对膜清洗可分为物理法和化学法或两者结合起来。

物理清洗是借助于液体流动所产生的机械力将膜面上的污染物冲刷掉。一般是每运行一个短的周期(如运转 2h)以后,关闭超滤液出口,这时中空纤维膜内、外压力相等,压差的消失使得依附于膜面上的凝胶层变得松散,这时由于液流的冲刷作用,使胶层脱落,达到清洗的目的。这种方法一般称为等压清洗。但超滤运转周期不能太长,尤其是截留物成分复杂、含量较高时,运行时间长了会造成膜表面胶层由于压实而"老化",这时就不易洗脱了。另外,如加大超滤器内的液体流速,改变流动状态对膜面的浓差极化很有影响,当液体呈湍流时,不易形成凝胶层,也就难以形成严重的污染。同时,改变液体流动方向,反冲洗等也有积极的意义。

物理清洗往往不能把膜面彻底洗净,这时可根据体系的情况适当加一些化学药剂进行化学清洗。如对自来水净化时,每隔一定时间用稀草酸溶液清洗,以除掉表面积累的无机和有机杂质,又如当膜表面被油脂污染以后,其亲水性能下降,透水性恶化,这时可用一定量的表面活性剂的热水溶液进行等压清洗。常用的化学清洗剂有:酸、碱、酶(蛋白酶)、螯合剂、表面活性剂、过氧化氢、次氯酸盐、磷酸盐、聚磷酸盐等。膜清洗后,如暂时不用,应储存在清水中,并加少量甲醛以防止细菌生长。

(三) 离子交换膜电渗析

在电场中交替装配阴离子和阳离子交换膜,形成一个个隔室,使溶液中的离子有选择地分离或富集,这就是电渗析,它使离子与非离子化合物分离。此法可加快透析速率,而且可将正、负离子分开。装置是取一槽,用半透膜分成三室(图2-46)。电渗透所用的离子交换膜上带有相同的离子,如阳膜都带有磺酸基团,在电场中电离为 $R—SO_3^-$,它只让阳离子通过;阴膜都带有季铵基团,电离为 $R—N^+(NH_3)_3$,只让阴离子通过。此装置用于生产时可由多槽组成,处理量大。它可用于淡化海水,从发酵液中提取柠檬酸等产品。

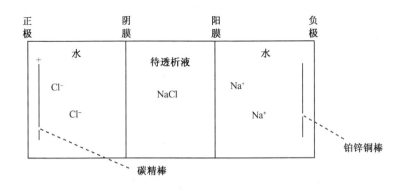

图 2-46　离子交换膜电渗析装置

（四）纳米过滤

纳米过滤介于超滤和反渗透之间,它也以压力差为推动力,但所需外加压力比反渗透低得多,能从溶液中分离出相对分子质量为 300～1000 的物质而允许盐类透出,是集浓缩与透析为一体的节能膜分离方法,已在许多工业中得到有效的应用。

第十八节　凝胶层析法

凝胶层析(gel chromatography)常出现多种名称,如凝胶过滤、分子筛层析、排阻层析、凝胶渗透层析等。它是 20 世纪 60 年代初发展起来的一种简便而有效的分离分析技术。

凝胶是一种具有多孔、网状结构的分子筛。利用这种凝胶分子筛对大小、形状不同的分子进行层析分离,称凝胶层析。凝胶层析法适用于分离和提纯蛋白质、酶、多肽、激素、多糖、核酸类等物质。分子大小彼此相差 25％ 的样品,只要通过单一凝胶床就可以完全将它们分开。利用凝胶的分子筛特性,可对这些物质的溶液进行脱盐、浓缩、去热原和脱色。凝胶层析具有设备简单、操作方便、分离迅速及不影响分子生物学活性等优点,目前已被广泛应用于各种生化产品的分离和纯化。

一、凝胶层析的基本原理

凝胶是一类多孔性高分子聚合物,每个颗粒犹如一个筛子。当样品溶液通过凝胶柱时,相对分子质量较大的物质由于直径大于凝胶网孔而只能沿着凝胶颗粒间的孔隙,随着溶剂流动,因此流程较短,向前移动速率快而首先流出层析柱;反之,相对分子质量较小的物质由于直径小于凝胶网孔,可自由地进出凝胶颗粒的网孔,在向下移动过程中,它们从凝胶内扩散到胶粒孔隙后再进入另一凝胶颗粒,如此不断地进入与逸出,使流量增长,移动速率慢而最后流出层析柱。中等大小的分子,它们也能在凝胶颗粒内外分布,部分进入颗粒,从而在大分子物质与小分子物质之间被洗脱。这样,经过层析柱,使混合物中的各物质按其分子大小不同而被分离(图 2-47)。

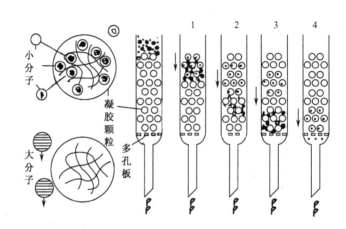

图 2-47　凝胶层析的原理
1. 分子大小不同混合物上柱;2. 洗脱开始,小分子扩散进入凝胶颗粒内,大分子被排阻于
颗粒之外;3. 大小分子分开;4. 大分子行程较短,已洗脱出层析柱,小分子尚在进行中

凝胶柱床总体积 V_t 是三种体积的总和,即凝胶颗粒外部水的体积 V_o、凝胶颗粒内部水的体积 V_i 和干凝胶颗粒体积 V_g 之和,即

$$V_t = V_o + V_i + V_g$$

V_t 可从柱的半径 R 和高度 h 计算,即 $V_t = \pi R^2 h$

V_o 简称为外水体积,V_o 等于被完全排阻的大分子的洗脱体积。可以用一个已知相对分子质量远超过凝胶排阻极限的有色分子,如常用的蓝色葡聚糖-2000溶液通过柱床,即可测出柱床的外水体积 V_o。

V_i 简称内水体积,可由 $g \cdot W_r$ 求得(g 为干凝胶质量,单位为 g;W_r 为凝胶吸水量,以 mL/g 表示)。V_i 也可以从洗脱一种完全不受凝胶微孔排阻的小分子溶质(如重铬酸钾)的洗脱体积 V_e 计算,即

$$V_e = V_o + V_i$$

对某物质在凝胶柱内洗脱体积 V_e、V_o 和 V_i 之间的关系可用下式表示

$$V_e = V_o + K_d \cdot V_i$$

式中:V_e 为洗脱体积,它包括自加入样品时算起,到组分最大浓度出现时所流出的

体积。K_d 为每个溶质分子在流动相和固定相之间的一个特定的分配系数,它只与被分离物质分子大小和凝胶颗粒内孔隙大小分布有关。K_d 可通过实验由 V_e、V_o 和 V_i 求得,公式为

$$K_d = \frac{(V_e - V_o)}{V_i}$$

当 $K_d = 0$ 时,$V_e = V_o$,说明这种溶质相对分子质量大,完全不能进入凝胶颗粒微孔内,被排阻于凝胶颗粒之外而最先洗脱下来;当 $K_d = 1$ 时,即 $V_{e小分子} = V_o + K_d V_i$,说明这种溶质的相对分子质量小,完全向凝胶颗粒内扩散,在洗脱过程中将最后流出柱外,但实际上,约有 1/5 的内水因溶剂化作用而呈水合状态,妨碍小分子的自由扩散,故实际上 $V_{e小分子} = V_o + 0.8V_i$;当 $0 < K_d < 1$ 时,意味着溶质分子只有部分向凝胶颗粒内扩散,K_d 愈大,进入凝胶颗粒内的程度愈大;$K_d = 0.5$ 时,其洗脱体积 $V_e = V_o + 0.5V_i$。不同型号葡聚糖凝胶(Sephadex)柱床参数见表 2-26。

表 2-26　不同型号葡聚糖凝胶柱床参数

型号	V_t	V_o	V_i
G-10	2	0.8	1
G-15	3	1.1	1.5
G-25	5	2	2.5
G-50	10	4	5
G-75	13	5	7
G-100	17	6	10
G-200	30	9	20

二、凝胶层析的特点

1) 凝胶层析操作简便,所需设备简单。有时只要有一根层析柱便可进行工作。分离介质——凝胶完全不需要像离子交换剂那样复杂的再生过程便可重复使用。

2) 分离效果较好,重复性高。最突出的是样品回收率高,接近 100%。

3) 分离条件缓和。凝胶骨架亲水,分离过程又不涉及化学键的变化,所以对分离物的活性没有不良影响。

4) 应用广泛。适用于各种生化物质,如肽类、激素、蛋白质、多糖、核酸的分离纯化、脱盐、浓缩以及分析测定等。分离的相对分子质量范围也很宽,如 G 类葡聚

糖凝胶为 $10^2 \sim 10^5 \mathrm{d}$;琼脂糖凝胶类为 $10^5 \sim 10^8 \mathrm{d}$。

5) 分辨率不高,分离操作较慢。由于凝胶层析是以物质分子质量的不同作为分离依据的,相对分子质量的差异仅表现在流速的差异上,所以分离时流速必须严格把握。因而分离操作一般较慢,而且对于相对分子质量相差不多的物质难以达到很好的分离。此外,凝胶层析要求样品黏度不宜太高。凝胶颗粒有时还有非特异吸附现象。

三、常用凝胶的结构和性质

凝胶层析法常用的凝胶有天然凝胶(如琼脂粉凝胶)和人工合成凝胶(如葡聚糖凝胶和聚丙烯酰胺凝胶)。

1. 葡聚糖凝胶

葡聚糖凝胶具有良好的化学稳定性,是目前生化产品生产中最常用的凝胶。G 类葡聚糖凝胶的最基本骨架是葡聚糖,它是一种以右旋葡萄糖为残基的多糖,分子间主要是 α-1,6-糖苷键(约占 95%),分支为 1,3-糖苷键(约占 5%),以 1-氯-2,3-环氧丙烷($\mathrm{Cl{-}CH_2{-}CH{-}CH_2}$)为交联剂将链状结构连接为三维空间的网状结构的高分子化合物(图 2-48)

葡聚糖凝胶网孔大小可通过调节交联剂和葡聚糖的配比及反应条件来控制。交联度越大,网孔越小,吸水膨胀就越小。交联度越小,网孔越大,吸水膨胀就越大。因此可以合成各种规格的交联葡聚糖。G 类葡聚糖凝胶常用 G-X 代表,X 既代表交联度,也代表持水量。X 越小,交联度越大,网孔越小,适用于分离低相对分子质量生化产品。X 越大,交联度越小,网孔越大,适用于分离高分子生化产品。X 也代表凝胶的持水量,如 G-25 表示 1g 干胶持水 2.5mL,G-100 表示 1g 干胶持水 10mL,依次类推。

2. 亲脂性葡聚糖凝胶

这种凝胶既亲脂又亲水,可在多种有机溶剂中膨胀。这种凝胶在 pH>2 的不含氧化剂的溶液中稳定。用低级醇为溶剂时,对芳香族、杂环族化合物仍有吸附作用。但用氯仿时则可去除对上述化合物的吸附作用,而对含羟基与羧基的化合物却有吸附作用。国产 Sephadex LH-20 可用于分子筛层析、吸附层析和分配层析。很适用于脂肪酸、甘油酯、类固醇、维生素、激素类生化产品的分离。洗脱剂可用单一有机溶剂如甲醇、氯仿等,也可用混合溶剂如氯仿与甲醇的混合液。

3. 葡聚糖凝胶离子交换剂

在 G 类凝胶上引入一些酸性或碱性基团后,则制得各种葡聚糖凝胶离子交换剂。如引入磺乙基（SE-Sephadex）、羧甲基（CM-Sephadex）及二乙胺基乙基（DEAE-Sephadex A）等。葡聚糖凝胶离子交换剂具有离子交换和分子筛双重作用。其结构多孔、疏松、非特异性吸附很少，层析时流速易控制，特别适用于蛋白质、酶、激素、多核苷酸等的分离纯化，以及生化制剂的除热原。

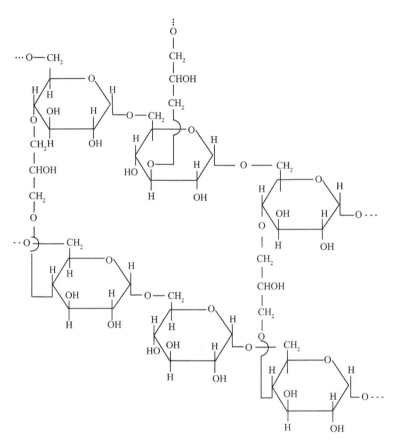

图 2-48　交联葡聚糖凝胶的化学结构

4. 聚丙烯酰胺凝胶

聚丙烯酰胺凝胶也是一种人工合成凝胶，其商品名为生物凝胶 P（Bio-Gel P），和交联葡聚糖一样，为颗粒状干粉，在溶剂中能自动吸水溶胀成凝胶。其由单体丙烯酰胺（ $CH_2{=}CH{-}\overset{O}{\overset{\|}{C}}NH_2$ ）和交联剂甲叉双丙烯酰胺（ $CH_2{=}CH{-}\overset{O}{\overset{\|}{C}}{-}NH{-}CH_2{-}NH{-}\overset{O}{\overset{\|}{C}}{-}CH{=}CH_2$ ）通过自由基引发聚会形成聚

丙烯酰胺凝胶（图 2-49）。只要控制单体用量和交联剂的比例，就能得到不同型号的凝胶。

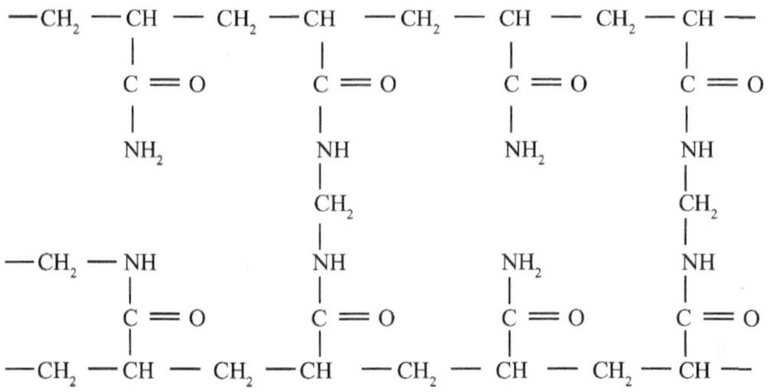

图 2-49　聚丙烯酰胺凝胶的结构

在聚丙烯酰胺凝胶的合成过程中，单体和交联剂的配比可以任意改变。以 T 代表 100 mL 凝胶溶液中含有的单体和交联剂总克数，称为凝胶浓度，而其中交联剂占单体和交联剂总量的百分比称为交联度，以 C 表示，交联度越大，网孔越小，交联度越小，则网孔越大。聚丙烯酰胺凝胶全是由碳-碳骨架构成，稳定性较好，适合于作为凝胶层析的载体。只有在极端 pH 条件下酰胺键才被水解为羧基，使凝胶带有一定的离子交换基团，故一般只在 pH＝2～11 的范围内使用。

像葡聚糖凝胶一样，商品聚丙烯酰胺为颗粒状的干粉，它有十分明显形成块状并黏附在一起的倾向，在溶剂中能自动溶胀成胶。根据聚丙烯酰胺凝胶的溶胀性质和分离范围的不同，可分成 10 种类型。各种类型均以英文字母 P 和阿拉伯数字表示，从 Bio-Gel P-2 至 Bio-Gel P-300。P 后面的阿拉伯数字乘以 1000 即相当于排阻限度（按球蛋白或肽计算）。目前，美国 Bio-Rad Laboratories 生产并出售多种规格的 Bio-Gel P。

5. 琼脂糖凝胶

琼脂糖凝胶（agarose gel）可以分离葡聚糖凝胶和生物胶所不能分离的大分子，使凝胶层析的分离区间扩大到大分子和病毒颗粒，其最大范围可达相对分子质量为 10^8，但是由于琼脂有强烈的吸附作用，给使用造成了困难，后来，从琼脂中分离出两个组分：一个组分为带负电荷的琼脂果胶，含有磺酸基和羧基；另一组分叫琼脂糖，它不含有带电基团，其结构是有 β-D-吡喃半乳糖和 3,6-脱水-L-吡喃半乳糖相结合的链状多糖。这种琼脂糖被用来进行凝胶层析，它既具有琼脂凝胶相同的分离区间，又没有吸附作用。但其稳定性远不如葡聚糖凝胶和生物胶 P，强酸强碱能引起结构破坏。最好使用条件控制在 pH＝4～9 之间，温度 0～40℃，超出此范围出，可能被破坏。

琼脂糖凝胶是由琼脂中分离出来的天然凝胶。它的商品名因生产厂家不同而异。瑞典的商品名称为Sepharose,有3种型号,即Sepharose 2B、4B和6B(同中国相同),阿拉伯数字表示凝胶中干胶的百分含量。美国的为Bio-GA,有6个型号,即Bio-G 0.5M、1.5M、5M、15M、50M和150M,阿拉伯数字乘以10^6表示排阻限度。英国的称为Sagavac,又分为Sagavac 2F、4F、6F、8F、10F和2C、4C、6C、8C、10C,前面的阿拉伯数字表示凝胶中干胶的百分数,F代表粉末状,C代表颗粒状。丹麦的称为Gelarose,有5种类型,即2%、4%、6%、8%和10%。Sepharose各种规格商品见附录。

琼脂糖凝胶做成珠状后不再脱水干燥,否则不能再溶胀恢复原有形状,因此商品大都以含水状态供应,并应在湿态保存。一般悬浮在10^{-3} mol/L EDTA和0.02%叠氮化钠溶液中。百分数表示干胶量。

四、凝胶层析技术

(一) 凝胶的选择与处理

选择适宜的凝胶是取得良好分离效果的最根本的保证。选取何种凝胶及其型号、粒度,一方面要考虑凝胶的性质,包括凝胶的分离范围(渗入限与排阻限),还有它的理化稳定性、强度、非特异吸附性质等;另一方面还要注意到分离目的和样品的性质。

凝胶粒度的大小对分离效果有直接的影响。一般来说,细粒凝胶柱流速低,但洗脱峰窄,分辨率高,多用于精制分离或分析等。粗粒凝胶柱流速高,但洗脱峰平坦,分辨率低,多用于粗制分离、脱盐等。图2-50表示在同一流速下不同粒度的Sephadex G-25柱的洗脱效果。

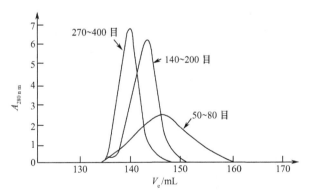

图2-50　凝胶粒度与洗脱效果的关系图

此外,凝胶颗粒必须均匀。大小不均的凝胶颗粒必将影响分离效果。将干胶过筛或湿胶浮选都是使凝胶颗粒趋于粒度均一化的手段。

对于悬浮颗粒凝胶商品,不需溶胀,但要去除原悬浮介质(如防腐剂等),再将凝胶颗粒悬浮于分离用介质中,充分平衡后备用。悬浮介质可用布氏漏斗抽干去除,也可用反复倾倒法,后者还可除掉极细颗粒,有利颗粒均一化。

对生物样品来说,经常遇到的是两种分离形式:一种是只将相对分子质量极为悬殊的两类物质分开,如蛋白质与盐类,称为类分离或组分离;另一类则是要将相对分子质量相差不很大的大分子物质加以分离,如分离血清球蛋白与白蛋白,这叫分级分离。后者对实验条件和操作要求都比较高。下面以最常用的葡聚糖凝胶类为例,分别加以讨论。

1. 类分离

目的是分开样品中相对分子质量悬殊的"较大分子组"和"较小分子组"两类物质,并不要求分离相对分子质量相近的组分。选择凝胶时,应使样品中大分子组的相对分子质量大于其排阻限,而小分子组的相对分子质量小于渗入限的。也就是说大分子的分配系数 $K_d = 0$,小分子的 $K_d = 1$。这样能取得最好的分离效果。例如从蛋白质溶液中除去无机盐。我们知道,蛋白质的分子质量都大于 5000Da,而无机盐的相对分子质量一般在几十到几百之间。所以常选用 Sephadex G-25 凝胶作为分离固定相,因为它的分离范围是 1000~5000Da。被分离的两组物质的分子质量正好落在分离范围的两侧。大分子组为全排阻,而小分子组为全渗入,其 K_d 值的差可达最大值 1。对于分子质量小于 5000Da 的肽类进行脱盐操作则常选用 Sephadex G-15 凝胶。

2. 分级分离

目的是分开相对分子质量不很悬殊的大分子物质。选择凝胶型号时必须使各种物质的 K_d 值尽可能相差大一些。为此,首先决不能使它们的相对分子质量都分布在凝胶分离范围的一侧,也就是 K_d 不要都接近于 0 或 1,而要使组分的相对分子质量尽可能分布在凝胶分离范围的两侧,或接近两侧的位置。如果样品中含有 3 个组分的话,最好一个接近全排阻,另一个接近全渗入,第三个为部分渗入,且相对分子质量大于渗入限的 3 倍,并小于排阻限的 1/3。因为相对分子质量如与渗入限比较靠近,该组分分子在凝胶颗粒中运动所受的约束很小,不易与低分子组分分开。如相对分子质量与排阻限比较靠近则不易与高分子组分分开。如用 Sephadex G-200 分离血清蛋白质的效果要比 Sephadex G-150 为好。但也有人选用 G-150,那是因为 G-200 强度太低不便操作的缘故(图 2-51)。

凝胶颗粒大小的选择也很重要,凝胶颗粒大小一般分为粗、中、细和超细四类。颗粒越细,分离效果越好,因为它容易达到平衡,但流速慢。颗粒越粗,流速越快,会使区带扩散,使洗脱峰变平变宽。在一般柱层析中,使用干颗粒直径在 $70\mu m$ 左右较合适。对于在水中保存的凝胶如琼脂粉凝胶颗粒直径应在 $150\mu m$ 左右。凝胶颗粒大小要均匀,这样流速稳定,效果较好。

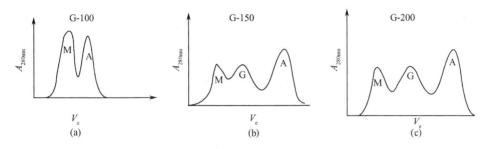

图 2-51　在不同分离范围的葡聚糖凝胶上的血清蛋白层析图

葡聚糖凝胶和生物胶多以干粉形式保存,使用前需用水或洗脱缓冲液充分溶胀。在室温下让其充分溶胀达到平衡,通常需要较长时间。较快的做法是将干胶往水里加,边加边搅,以防凝胶结块,然后放到沸水浴中加热接近 100℃ ,几个小时就可以使其溶胀,还可起到除去颗粒内部气泡和杀菌作用。

(二) 装柱

柱的长度是决定分离效果的重要因素。一般选用细长的柱进行凝胶过滤。进行脱盐时,柱高 50cm 比较合适;分级分离时,100cm 就足够了。

装柱是层析的重要环节,一般是在柱内先装入约 1/3 高度的水或缓冲液,然后将溶胀好的凝胶在搅拌成稀浆的情况下慢慢倒入柱内,使其自然沉降。如此连续操作,可以得到一个均匀的柱床。柱装得不好往往造成洗脱区带加宽,甚至使一些本来可以分开的区带重叠。如装柱时的操作压力太大,会使凝胶床压得太实,从而降低流速。

新柱装好后,要用洗脱缓冲液平衡,一般用 3~5 倍体积的缓冲液在恒压下流过柱床。

新装好的柱要检验其均匀性——可用带色的高分子物质如蓝色葡聚糖-2000配成 2mg/mL 的溶液过柱,观察色带是否均匀下降,也可以对光检查,看其是否均匀或有无气泡存在。

(三) 加样

由于凝胶层析的稀释作用,似乎样品浓度应尽可能大才好,但样品浓度过大往往导致黏度增大,而使层析分辨率下降(图 2-52)。一般要求样品黏度小于0.01Pa·s,这样才不致于对分离造成明显影响。对蛋白质类样品浓度以不大于4% 为宜。如果样品浑浊,应先过滤或离心除去颗粒后上柱。分析用量一般为每100mL 床体积加样品 1~2mL,制备用量一般为每 100 mL 床体积加样品20~30 mL,这样可使样品的洗脱体积小于样品各组分之间的分离体积,获得较满意的分离效果。

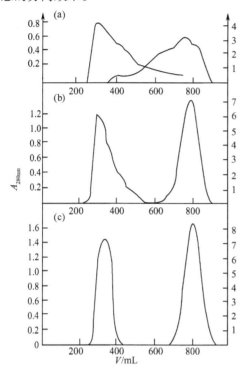

图 2-52　样品黏度对洗脱曲线的影响

(a)加葡聚糖-2000,使终浓度为 5%,相对黏度 11.8;(b)加葡聚糖-2000,使终浓度为 2.5%,相对黏度 4.2;(c)加葡聚糖-2000,使终浓度为 1%

样品与柱床体积比例悬殊时分离效果好,但过少的样品量不但会造成设备和器材的浪费,降低工作效率,还会造成样品稀释。

样品上柱是凝胶层析中最关键的一步。理想的样品色带应是狭窄且平直的巨型色谱带。为了做到这一点,应尽量减少加样时样品的稀释以及样品的非平流流经凝胶层析床体;反之,将造成色谱带扩散、紊乱,严重影响分离效果。

加样时应尽量减少样品的稀释,及凝胶床面的搅动。这一点在分级分离时尤为重要,应严格按一定的操作程序进行,通常有下列两种方法:

1) 直接将样品加到层析床表面。首先,操作要热练而仔细,绝对避免搅混床表面。将已平衡的层析床表面多余的洗脱液用吸管或针筒吸掉,但不能完全吸干,吸至层析床表面 2cm 处为止。在平衡时床表面常常会出现凹陷现象,因此必须检查床表面是否均匀,如果不符合要求,可用细玻璃棒轻轻搅动表面层,让凝胶粒自然沉降,使表面均匀。加样时不能用一般滴管,最好用带有一根适当粗细塑料管的针筒,或用下口较大的滴管,以免滴管头所产生的压力搅混床表面。一切准备就绪后,将出口打开,使床表面的洗脱液流至表面仅剩 1~2mm。关闭出口,将装有样品的滴管放于床表面 1mm 处,轻轻加入样品至床表面 1cm 左右,再打开出口,使样品渗入凝胶内,样品加完后,用小体积的洗脱液洗表面 1~2 次,尽可能少稀释样品。当样品将近流干时,像加样品那样仔细地加入洗脱液,待洗脱液渗入床表面以内时,即可接上恒压洗脱瓶开始层析。以上所有操作步骤,都必须时时注意层析床表面的均匀性。如果在表面加了尼龙布等保护层,在加样品时,必须严格防止样品先从管壁缝向下流而影响分离效果。因为滤纸或玻璃丝对样品可能会产生一定的吸附作用,所以有时不能作为床表面的保护层,为了防止洗脱液对凝胶床面的直接冲击,应在床面以上保留 3cm 左右的液层高度,作为缓冲层。

2) 利用两种液体相对密度不同而分层的原理,将高相对密度样品加入床表面低相对密度的洗脱液之中,样品就慢慢均匀地下沉于床表面,再打开出口,使样品渗入层析床。如果样品相对密度不够大时,由于糖不干扰层析效果,可在样品中加入1%的葡萄糖或蔗糖,当洗脱液流至床表面以上1cm左右时,关闭出口,然后将装有样品的滴管头插入洗脱液表层以下2~3mm处,慢慢滴入样品(切勿用力,以免搅混床表面),使样品和洗脱液分层,然后上层再加适量洗脱液,并连上恒压洗脱瓶,开始层析。吸管的插入或取出都有可能带入气泡,因此在加样品时必须十分注意。尤其是取出滴管时,更应特别注意,洗脱液有可能倒吸而使样品稀释。

除了人工加样品外,也可用微量泵控制。在使用泵前,必须检查各接头处是否有漏液现象,以防止因样品的流失而造成较大的实验误差。连接微量泵时,上行和下行层析都一样,在离进口端尽可能短的距离处接上一个三通阀门,并用聚四氟乙烯管相连。加样品时,将通洗脱液的一相关住,使层析床和另一相相通,然后用小型微量泵,恒压调节瓶或注射器加样品。

(四) 洗脱

为了防止柱床体积的变化,造成流速降低及重复性下降。整个洗脱过程中始终保持一定的操作压并不超限是很必要的。流速不宜过快且要稳定。洗脱液的成分也不应改变,以防凝胶颗粒的涨缩引起柱床体积变化或流速改变。在许多情况下可以用水作为洗脱剂,但为了防止非特异吸附,避免一些蛋白质在纯水中难以溶解(析出沉淀),以及蛋白质稳定性等问题的发生,常采用缓冲盐溶液进行洗脱。离子浓度至少0.02mol/L方可获得较好的结果,因为凝胶含有少量羧基,会吸附少量阳离子而排斥少量阴离子。洗脱用盐等介质应比较容易除去才好,通常,氨水、乙酸、甲酸铵等易发挥的物质用得较多。对一些吸附较强的物质也可采用水和有机溶剂(如水-甲醇、水-丙酮等)的混合物进行洗脱。

洗脱剂的流速对分离效果也有很大影响,图2-53显示了同一凝胶柱在不同流速下的洗脱曲线。可见较快的流速下得到的洗脱峰也宽。流速低,洗脱峰窄而高。也就是说,流速较低,分辨率较高,样品稀释较轻。

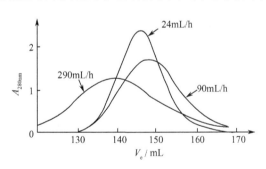

图2-53 流速对洗脱曲线的影响

洗脱液加在柱上的压力,即所为操作压,对于凝胶过滤是一个重要因素。一般操作压大,流速快。如操作压过大,会将凝胶压缩,流速会很快减慢,从而影响分离操作。每种凝胶都有适宜的操作压限制,特别是使用交联度小的葡聚糖凝胶时更要特别注意。Sephadex G-100的适宜液位差是2.4~9.4 kPa,而G-200凝胶则为

$0.4\sim0.6$ kPa。

洗脱时的流速与操作压有关,与凝胶的型号和粒度也有关,在同样的操作压下洗脱时往往编号小的葡聚糖凝胶,以及颗粒粗的凝胶流速大;编号大的、粒度细的流速慢。对于某种凝胶来说,在一定范围内,操作压加大,流速加快。对强度较大的凝胶,如 Sephadex G-10～50,在相当大的柱压范围内流速(v)与操作压(F)成正比,与柱长(L)成反比,即

$$v = K \, \Delta F / L$$

而对于强度差的凝胶,符合以上公式压力范围很小。进一步加大压力时,由于凝胶颗粒变形流速反而降低。常见的几种葡聚糖凝胶柱床承受压力与洗脱流速的关系见图 2-54。

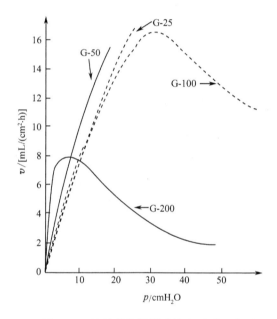

图 2-54　几种葡聚糖凝胶柱床承受压力图

cmH$_2$O 为非法定单位,1cmH$_2$O＝98.0665Pa,

本书为遵从读者阅读习惯,仍沿用这种用法

有些比较精细的分离分析工作须在恒温条件下操作,一方面是为了防止温度的变化干扰分离、降低分辨率;另一方面也是为了防止蛋白质的变性失活。恒温范围一般为 4～10℃。

洗脱液的收集多采用分部收集器。分部收集器有计时和计滴两种。计滴者能很好地控制每管的准确数量。计时者每管收集量随流速波动而变化。欲达到流速恒定的目的,可自制恒压加液装置(图 2-55),更可靠的是使用微量恒流泵。

洗脱液可分步收集,然后根据样品性质采用各种分析方法观察组分分离情况,

得到洗脱图谱。

（五）凝胶的再生和保养

在洗脱过程中，所有组分一般都可被洗脱下来，所以装好柱后，可反复使用，无需特殊的再生处理。但多次使用后，凝胶颗粒可能逐渐沉积压紧，流速变慢。这时只需将凝胶自柱内倒出，重新填装。或使用反冲法，使凝胶松散冲起，然后自然沉降，形成新的柱床，这样流速会有所改善。

葡聚糖凝胶和琼脂糖凝胶都是糖类，能被微生物（如细菌和霉菌）分解。聚丙烯酰胺凝胶本身不被微生物作用，但微生物还是能在此凝胶液中和凝胶床上生长，这样会破

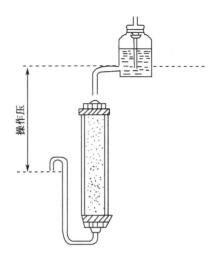

图 2-55　凝胶层析恒压加液装置

坏凝胶的特性，影响分离效果。为防止细菌生长和发酵，可用 0.02％叠氮化钠、0.05％三氯叔丁醇（仅在弱酸有效，也适用于其他离子交换剂）或 0.002％洗必泰、0.01％乙酸苯汞（在弱碱中有效，也适用于其他阴离子交换剂）以及 0.1mol/L 氢氧化钠溶液等作为防腐剂。层析前再用水或平衡液将防腐剂洗去。

凝胶用过后，有几种保存方法。湿态保存：在水相中加防腐剂，或水洗到中性，高压灭菌封存（或低温存放）。半收缩保存：水洗后滤干，加 70％乙醇使胶收缩，再浸泡于 70％乙醇中去乙醇，干燥后保存。干燥保存：水洗后滤干，依次用 50％、70％、90％、95％乙醇脱水，再用乙醚洗去乙醇，干燥后保存。加乙醇时，切忌一上来就用浓乙醇处理，以防结块。

（六）V_o 和 V_i 的测算

层析用凝胶柱在使用前一般都应了解其 V_o 和 V_i 的大小。对分析用柱尤其是这样。稳定的凝胶柱床，V_o 通常占柱床总体积 V_t 的 30％左右。V_o 太大则说明柱床没有达到稳定。对于相同型号凝胶所装的凝胶柱来说，粗颗粒者的 V_o 往往比细粒者为大。

1. V_o 及 V_i 的测算

V_o 和 V_i 的测算有两种方法。

（1）重量法　已知

$$V_t = V_o + V_i + V_g = \pi/4 \cdot d^2 h$$

$$V_i = g \cdot W_r$$

式中：g 为干胶质量；W_r 为"得水率"，即每克干胶的吸液量。

$$V_o = V_t - (V_i + V_g)$$

但这种算法不够准确,主要原因是 V_g 难以计算,它和凝胶的水化程度有关。一般粗略地将其估算(以干胶计)为 $1cm^3/g$。

(2) 过柱法　已知物质的洗脱体积

$$V_e = V_o + K_d V_i$$

如用全渗入($K_d = 1$)或全排阻($K_d = 0$)的物质过柱,测量其洗脱体积,便可计算出该凝胶柱的 V_o 值及 V_i 值。实验室中最常用的是蓝色葡聚糖($K_d = 0$)及重铬酸钾($K_d = 1$)、氧化氚($K_d = 1$)等。

2. K_d 及 K_{av} 的测算

当测得某物质的 V_e,并不知道该凝胶柱的柱床总体积 V_t,内水体积 V_i 及外水体积 V_o 时,根据以上公式不难算出分配系数 K_d 和 K_{av} 值。

K_d 与 K_{av},甚至 V_e 被认为是一种组分(物质)对于某一个凝胶柱的特征常数。在判断高组分的分离情况,测定分子量以及预测放大柱床后的洗脱体积方面是很有用的。

3. 分辨率

凝胶层析中,两物质(A 和 B)的分辨率(R)定义为

$$R = \frac{\Delta V_e}{\frac{1}{2}(W_A + W_B)}$$

式中:W_A、W_B 分别为两物质洗脱峰的体积。也就是说,分辨率与洗脱体积的差值成正比,而与两物质的洗脱峰宽度成反比(图 2-56)。

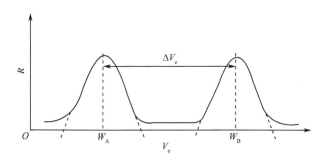

图 2-56　洗脱分辨率图

当 R 大于 1,两物质完全分开。小于 1 时则不能完全分离。提高分辨率的方法只有增大 ΔV_e 或减小两物质洗脱峰的体积。因为

$$V_{eA} = V_o + K_{dA} \cdot V_i$$

$$V_{eB} = V_o + K_{dB} \cdot V_i$$

$$\Delta V_e = V_i(K_{dB} - K_{dA}) = \Delta K_d V_i$$

由于 ΔK_d 是常数,只有增大 V_i 才能使 ΔV_e 增加。这就是为什么在进行组分分离时要求较大柱床体积的原因。

减少 $(W_A + W_B)$ 的方法有浓缩样品(但黏度不能太大)、选用小粒度凝胶、流速适当减慢等。

(七) 葡聚糖凝胶离子交换剂使用方法

新购进的阳离子交换剂(如 CM-Sephadex C-25)为钠离子型,阴离子凝胶交换剂(如 DEAE-Sephadex A-25)为氯离子型,使用前要按一般离子交换剂的使用方法进行转型处理。1g 阴离子交换剂约用 100mL 0.5mol/L 氢氧化钠溶液浸泡 20min 后减压过滤,充分洗涤,再用等量 0.5mol/L 盐酸处理,洗至中和备用。阳离子交换剂 1g 约用 100mL 0.5mol/L 盐酸浸泡 20min 后过滤,充分洗涤,再用等量 0.5mol/L 氢氯化钠溶液处理 20min,洗至中性备用。

将以上处理好的葡聚糖凝胶离子交换剂,用 20~30 倍量与层析时所用的同种缓冲液浸泡(但浓度要高,如 0.1~0.5mol/L),再用同种酸或碱调节至所需要 pH,放置 1h 后,待 pH 不变即可减压过滤。

凝胶离子交换剂保存时,需先转成盐型。其他使用方法均同 G 类葡聚糖凝胶。再次用缓冲溶液充分浸泡、洗涤,除去气泡后即可上柱。

五、葡聚糖凝胶在生化产品生产中的应用

(一) 用 G 类葡聚糖凝胶浓缩高分子生化产品

将高分子物质稀溶液装入透析袋,扎紧,埋入干凝胶(Sephadex G-25)中,袋内的水分可通过透析袋被凝胶所吸收,袋内物即获得浓缩。也可选择适当型号干凝胶(选用待浓缩液分子不进入粒子内的型号),投入高分子物质稀溶液中,搅拌适当时间,分离凝胶,直到获得满意浓度。湿胶再洗涤,干燥,回收,在生产球蛋白和白蛋白制品时,当蛋白浓度不足时,即可用此法浓缩。此法用于酶液的浓缩,效果也很理想。

(二) 用 Sephadex G-25 脱盐

去热原往往是制备生化产品的一个难题。如用 Sephadex G-25 凝胶柱层析去除氨基酸溶液中的热原性物质效果较好,对 Sephadex G-25 来说,各种氨基酸的 K_d 值几乎都是等于 1,而相对分子质量巨大的热原 K_d 值都等于 0。若上柱量不

超过柱床体积的 30%,分离效果较满意。另外,用 DEAE-Sephadex A-25 除热原也取得较好效果,如用 800g 凝胶装柱 20cm×13cm,流速 80L/h 处理无离子水,可得 5~8t 无热原去离子水。

用 G-25 脱盐比透析法快,生物活性不受损失,可以使产品达到含盐量极少。但应注意用凝胶脱盐时,当电解质浓度降到很低时,有些蛋白质溶解度显著减少,会在操作过程中析出。因此一般采用挥发性盐类如 0.2mol/L pH=6.7 的甲酸铵进行脱盐层析。最后再用冷冻干燥法除去挥发性盐类。用 G-25 柱脱盐,溶液体积应在 $0.8V_i$ 以下,如样品黏度不大,$0.7V_i$ 即可达到完全脱盐。但一般采用的是 $0.3V_i$。

(三) 测定相对分子质量

用凝胶过滤层析测定生物大分子的相对分子质量,操作简便,仪器简单,消耗样品也少,还可以回收。测定的依据是不同相对分子质量的物质,只要在凝胶的分离范围内(渗入限与排阻限之间),其洗脱体积 V_e 及分配系数 K_d 值随相对分子质量增加而下降。对于一个特定的测定体系(凝胶柱),待测物质的洗脱体积与相对分子质量的关系符合如下公式

$$V_e = - K \lg M + C$$

相对分子质量的测定方法有下面两种:

(1) 求解法 为了求得上述方程中的两个常数 K 和 C,先以两个已知相对分子质量的蛋白质过柱。设其相对分子质量分别为 M_1、M_2,洗脱体积分别为 V_1、V_2,解方程组

$$V_{e1} = C - K \lg M_1$$
$$V_{e2} = C - K \lg M_2$$

求得 C 和 K 以后,将任何一个待测物质的 V_e 值代入方程便可计算得出其相对分子质量。

(2) 标准曲线法 对于特定的测定系统,先以 3 个以上(最好更多些)的已知分子的标准蛋白(目前已有配套标准蛋白系列产品出售)过柱,测取各自的 V_e 值。以 V_e 作为纵坐标,$\lg M$ 作为横坐标制作标准曲线。在同一测定系统中测出未知物质的 V_e 值便可由标准曲线求得相对分子质量。相对分子质量在 10 000~150 000 之间的球形蛋白用此法测出的相对分子质量误差在 10% 左右。对于线性分子的误差还可大于此值。

如果以 V_e/V_o 对相对分子质量对数作图,同样也可以得到一个线性关系的标准曲线。V_e/V_o 与柱子大小无关,也不受吸附效应的影响,因此测定效果较好。蛋白质、酶、激素、多肽、多核苷酸、多糖类高相对分子质量生化产品都可以用凝胶过滤法测定相对分子质量。

（四）分离多组分混合物

在一个含有不同组成的混合物中,因各组分的相对分子质量不同,因而可以利用凝胶过滤法将其分开。当被分离后的物质的相对分子质量相差较大时,如进行蛋白质和氨基酸或核酸和核苷酸等分离时,对胶粒的选择原则和脱盐者相同。所选用胶粒的分离范围要比小分子的相对分子质量大,而比大分子的相对分子质量小。若分离物质的相对分子质量差别较小,则要选用一种胶粒能使被分离的成分均包括在此胶粒的分布范围内,因此也称为排阻层析。

用葡聚糖凝胶分离多组分混合物除利用分子筛效应外,还可以利用某些物质与凝胶具有程度不等的弱吸附作用。如用葡聚糖凝胶 G-25 分离催产素和加压素结合物。用葡聚糖凝胶 G-25 分离氨基酸混合物等。由于两性氨基酸受到胶粒部分排斥而先被洗出,而芳香族氨基酸有弱吸附作用,故较后排出,碱性氨基酸吸附最强,所以最后排出。

第十九节　离子交换层析法

离子交换层析(ion exchange chromatography)技术问世于 20 世纪 40 年代末。它是随着高分子化学的发展,采用不溶性高分子化合物作为离子交换剂(即离子交换树脂)的一种新的分离方法,它对分离纯化各种生化产品,特别是具有生物活性的生物大分子有良好的效果。此法具有收率高、质量好、周期短、成本低、设备简单、适宜工业化生产等一系列优点。目前,已在工业、制药、生物化学和分子生物学研究领域中广泛应用。

一、离子交换层析的基本原理

离子交换树脂是一种具有离子交换能力的高分子化合物。它不溶于水、酸和碱,也不溶于普通的有机溶剂,化学性质稳定。离子交换树脂作为固定相,本身具有正离子或负离子基团,和这些离子相结合的不同离子是可电离的交换基团或称功能基团。酸性电离基团可交换阳离子,称阳离子交换树脂;碱性电离基团可交换阴离子,称阴离子交换树脂。根据功能基团电离度的大小,又可分为强、弱两种。在离子交换过程中,溶液中的离子自溶液中扩散到交换树脂的表面,然后穿过表面,又扩散到交换树脂颗粒内,这些离子与交换树脂中的离子互相交换,交换出来的离子扩散到交换树脂表面外,最后再扩散到溶液中去。这样,当溶液和树脂分离后,其组成都发生了变化,从而达到分离纯化的目的。事实上,离子交换层析包括吸附、吸收、穿透、扩散、离子交换、离子亲和等物理化学过程,是综合作用的结果。无论是无机离子交换剂或有机离子交换剂,都必须具备疏松、多孔的网状结构,离子才能自由出入,并发生交联作用。离子交换树脂在水中能溶胀,溶胀后,其分子中的极性基团是一种可交换基团,能与溶液中的离子起交换作用;非极性基团作为树脂分子的骨架,使树脂不溶于水且具有网状结构,为离子交换的进行及溶液与树脂的分离创造了条件,这就是离子交换层析的基本原理。

有关离子交换树脂的交换反应分别叙如下:

强酸性阳离子交换树脂的功能基团为磺酸。它在所有 pH 范围内都能解离,进行下列反应时类似于硫酸

$$R\text{—}SO_3H + NaOH \Longrightarrow R\text{—}S_3ONa + H_2O$$

$$R\text{—}SO_3H + NaCl \Longrightarrow R\text{—}S_3ONa + HCl$$

$$2R\text{—}SO_3Na + CaCl \Longrightarrow (R\text{—}SO_3)_2Ca + 2NaCl$$

弱酸性阳离子交换树脂的功能基团一般为羧酸。通常其有效 pH 应用范围为 $5\sim14$。溶液碱性越强越有利于交换,进行下列反应时类似于乙酸

$$R\text{—}COOH + NaOH \Longrightarrow R\text{—}COONa + H_2O$$

$$2R\text{—}COONa + CaCl_2 \Longrightarrow (RCOO)_2Ca + 2NaCl$$

强碱性阴离子交换树脂的功能基团为季铵基,极易电离,在所有 pH 范围内都能起交换反应,进行下列反应时类似于氢氧化钠

$$R\text{—}CH_2N(CH_3)_3OH + HCl \Longrightarrow R\text{—}CH_2N(CH_3)_3Cl + H_2O$$

$$R\text{—}CH_2N(CH_3)_3OH + NaCl \Longrightarrow R\text{—}CH_2N(CH_3)_3Cl + NaOH$$

$$2R\text{—}CH_2N(CH_3)_3Cl + H_2SO_4 \Longrightarrow [R\text{—}CH_2N(CH_3)_3]_2SO_4 + 2HCl$$

弱碱性阴离子交换树脂的功能基团为伯胺基($\text{—}NH_2$)、仲胺基($\text{—}NHCH_3$)和叔胺基$[\text{—}N(CH_3)_2]$三种类型,其碱性依次增加。进行下列反应时类似于氢氧化铵

$$R\text{—}CH_2NH_2 + HCl \Longrightarrow R\text{—}CH_2NH_3Cl$$

或

$$R\text{—}CH_2NH_3OH + HCl \Longrightarrow R\text{—}CH_2NH_3Cl + H_2O$$

$$2R\text{—}CH_2NH_3Cl + H_2SO_4 \Longrightarrow (R\text{—}CH_2NH_3)_2SO_4 + 2HCl$$

无论是强酸、强碱或弱酸、弱碱性离子交换树脂都起着显著的中和反应和可逆的复分解反应。强酸、强碱性离子交换树脂容易进行中性盐分解反应,弱酸或弱碱性离子交换树脂则不易进行。相反,弱酸性离子交换树脂对氢离子的选择性强,弱碱性离子交换树脂对氢氧根离子的选择性强。这一性质给再生和洗脱带来了方便。

离子交换树脂对不同的离子交换选择性不同。通常,离子的价数越高,原子序数越大,水合离子半径越小,离子交换树脂的亲和力也就越大。

例如:强酸性阳离子交换树脂对阳离子的选择性顺序为

$Fe^3 > Al^{3+} > Ca^{2+} > Mg^{2+} > K^+ > NH_4^+ > Na^+ > H^+ > Li^+$

强碱性阴离子交换树脂对阴离子的选择顺序为

$$C_3H_5O(COO^-)_3 > SO_4^{2-} > C_2O_4^{2-} > I^- > NO_3^- > CrO_2^- > Br^- > Cl^- > HCOO^-$$
$$> OH^- > F^- > CH_3COO^-$$

以上反应规律只在稀溶液中成立。若增加某种离子的浓度,则遵循质量作用定律向着产物的方向进行。例如,强酸性钠离子型交换树脂,当通过含有钙离子的稀溶液时很容易变成钙离子型;反之,含钠离子的溶液不能使钙离子型交换树脂再生成钠离子型。这是因为在稀溶液中钠离子和交换树脂间亲和力小于钙离子。如果用浓的氯化钠溶液通过钙离子型交换树脂,钙离子可以被钠离子代替,这是因为质量作用定律的结果。总之,在稀溶液中,高价离子的交换能力比低价的高些。

二、离子交换树脂的类型和结构

目前使用的离子交换树脂都是人工合成的,种类繁多,主要根据其所含的交换基团的不同而分类。如带酸性基团的有:磺酸基($—SO_3H$)、羧基($—COOH$);碱性基团的有:季铵$[—N^+(CH_3)_2X^-]$、叔胺$[—N(CH_3)]$、仲胺($—NHCH_3$)、伯胺($—NH_3$)。根据交换基团的不同,可分成以下几类。

1. 强酸性阳离子交换树脂

苯乙烯型强酸树脂是最常用的强酸性阳离子交换树脂,以苯乙烯和二乙烯苯的共聚物为骨架,再引入磺酸基而成,结构式如下

其中苯乙烯是主要成分,形成网的直链,其上带有可解离的磺酸基,而二乙烯

苯把直链交联起来形成网状结构。

国产树脂中强酸 732(上海树脂厂),强酸性#1(南开大学化工厂)均属此类型。性质很稳定,如长时间浸在 5% 氢氧化钠、0.1% 高锰酸钾水溶液或 0.1 mol/L 硝酸中也不会改变性能。不溶于水和一般有机溶剂。耐热性也比其他树脂好,可以在 100℃ 左右处理。

2. 强碱性阴离子交换树脂

树脂的母体和苯乙烯型强酸树脂相同,但在母体上连接季铵,结构如下

国产树脂中,强碱#201(南开大学化工厂)、强碱#717(上海树脂厂)等均属于此类。这类树脂在酸、碱和有机溶剂中较稳定,浸在高锰酸钾溶液中也不会变性,但在浓硝酸中不稳定。游离碱型(—OH 型)耐热性较差,超过 40～45℃ 就不稳定。盐型(Cl⁻ 型)耐热性好,在 60～80℃ 左右交换量也不会变化。因此一般商品都是盐型。

3. 弱酸性阳离子交换树脂

弱酸性阳离子交换树脂的功能基团一般为—COOH,母体有芳香族和脂肪族两种。芳香族类型的用二羟基苯酸和甲醛聚合较多。脂肪族类型中用甲基丙烯酸和二乙烯苯聚合的较多,结构如下

国产树脂中弱酸#724(上海树脂厂)、弱酸#101(南开大学化工厂)都属于弱酸性阳离子交换树脂。

4. 弱碱性阴离子交换树脂

弱碱性阴离子交换树脂含有—NH₂、═NH、≡N 等功能基团。例如弱碱 $^{\#}320$其基本结构如下

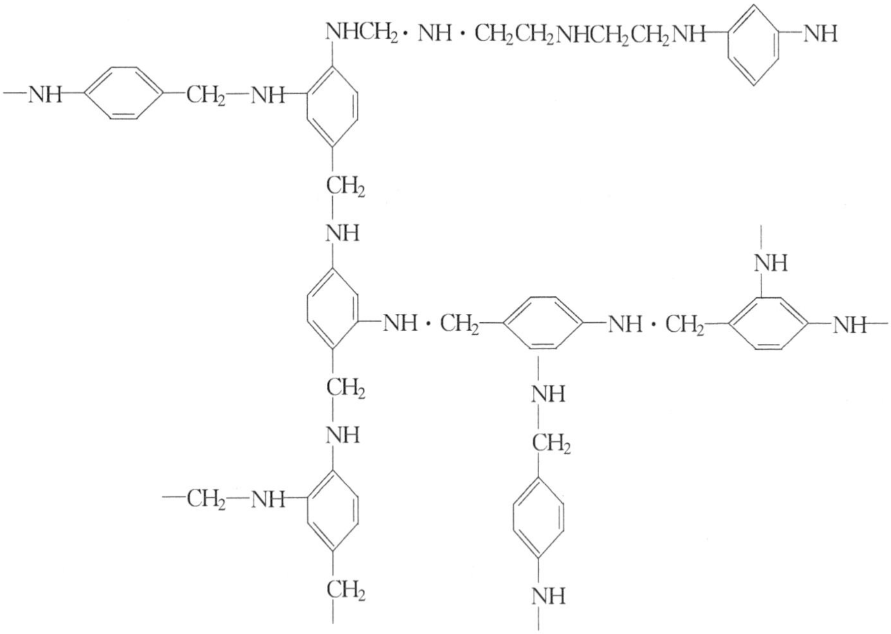

国产树脂中弱碱$^{\#}330$（上海树脂厂$^{\#}701$），弱碱 311×2（上海树脂厂$^{\#}704$），弱碱$^{\#}301$、$^{\#}330$（南开大学化工厂）都属于这种树脂。

5. 离子交换树脂的命名

根据 1958 年化工部拟定的离子交换树脂命名法草案，各类树脂命名编号如下：

强酸类　　1～100 号（如强酸 1×7）
弱酸类　　101～200 号（如弱酸 101×4、弱酸$^{\#}122$）
强碱类　　201～300 号（如强碱 201×7）
弱碱类　　301～400 号（如弱碱 301×4、弱碱$^{\#}330$）
中强酸类　401～500 号（磷酸树脂）

命名法还规定各种树脂除注明类别（如强酸、弱碱等）和编号外，还需标明载体的交联度。交联度是合成载体骨架时交联剂用量的质量分数。在书写交联度时将百分号除去，写在树脂编号后并用乘号"$\times$"隔开。如强酸 1×7 其交联度为 7%。

但在国内的树脂商品中命名并不规范。同种树脂可出现不同的编号，但数字往往在 600 以上。如弱酸 101×4 树脂也被称为"724"树脂；强酸 1×7 树脂也

被称为"732"树脂；强碱 201×7 树脂也被称为"717"树脂。

比较详细的商标名称常这样书写：×××型××性×离子交换树脂（编号×交联度）。此外还标明交换容量、相对密度、粒度、含水量等，国外离子交换树脂命名因出产国、生产公司而异。多冠以公司名，接着是编号。在编号前注明大孔树脂（MR），均孔树脂（IR）等缩写字母。在树脂使用之前最好查阅产品说明书，以求了解其结构（如骨架、活性基团、平衡离子）及性能和使用方面更多的细节。

三、离子交换树脂的基本性能

1. 溶胀性

离子交换树脂母体本身并不具有亲水性质，只有引入亲水的功能基团后才具有吸水性。树脂吸收水后，聚合物的链逐渐伸展，当这种溶胀力与聚合物链的弹力达到极限而相互平衡时，树脂的溶胀状态和水分就被稳定地保持着，同时树脂的网孔也因吸水而张开，有利于离子的扩散。高交联度树脂的链较短，因而弹力较差，难以溶胀，致使网孔较小，含水量也较低；低交联度树脂结构疏松，易于溶胀，因此网孔较大，含水量较高。一般 500g 阳离子树脂溶胀后为 1100～1200 mL，500g 阴离子树脂溶胀后为 1200～1300mL，溶胀树脂抽干后含水量仍可达 50％左右。使用溶胀树脂常按湿重计算用量。

2. 相对密度

树脂的相对密度有两种表示方法，即

$$湿真相对密度 = \frac{树脂质量}{树脂真实体积}$$

$$湿视相对密度 = \frac{树脂质量}{测出树脂体积}$$

树脂的真实体积是树脂排开水的容积；树脂测出体积是树脂与水混合后沉于量具底部的目视容积。一般阴树脂相对密度小，阳树脂相对密度大，利用这个性质，当阴阳两种树脂相混合时，将树脂浸于饱和氯化钠中即可分开。

3. 离子交换树脂的交换容量

离子交换树脂的交换容量是表示树脂交换能力大小的指标。通常指单位质量或单位体积树脂所含有可交换一价离子基团的量，用 mmol/g（干树脂）、mmoL/mL（湿树脂）表示。总交换容量是指树脂的交换基团中所有交换离子全部被交换的交换容量。一般商品树脂所指示的交换容量为总交换容量。如强酸性阳离子树脂的交换容量一般为 5mmol/g（干树脂）。强碱性阴离子树脂为 3～

3.5mmol/g（干树脂）。在实际使用时树脂所具有的交换容量称为实际交换容量，实际交换容量常低于总交换容量。交换容量的大小决定于树脂的交联度和所含有的可交换基团的数量。可交换基团数量愈多，交换容量愈高。但高交联度的树脂孔径小，不适合生物大分子进入树脂内部，因此即使有较高的总交换容量，但对生物大分子的实际交换容量却不高，因此分离相对分子质量较大的生化产品时常应用低交联度多孔型或大孔型树脂。

4. 离子交换树脂的稳定性

树脂的选择尽可能选用耐热、耐酸、耐碱、耐磨、不易破碎的离子交换树脂。通常，聚苯乙烯型比其他型的交换树脂稳定性好。阳离子交换树脂比其他型的离子交换树脂稳定性好。商品树脂均以较稳定型出售，强酸树脂为钠型，强碱树脂为氯型，弱酸、弱碱树脂分别为氢离子型和氢氧根离子型。交联度大的比交联度小的稳定性好。弱碱性阴离子树脂的稳定性与强碱性阴离子树脂基本相同。

四、离子交换树脂的处理、再生和转型

新购的离子交联树脂常残存有机溶剂、低分子聚合物及有机杂质，使用前必须通过漂洗、酸碱处理除去，否则将会影响树脂的使用效果和寿命。一般步骤如下：

1）将树脂放在大桶内，先用清水浸泡并用浮选法除去细小颗粒，漂洗干净，滤干。

2）用80%～90%工业乙醇浸泡24h，洗去树脂内的醇溶性有机物，然后抽干。

3）用40～50℃的热水浸泡2h，洗涤数次，洗去树脂内的水溶性杂质和乙醇，然后抽干。

4）用4倍树脂量的2mol/L盐酸溶液搅拌2h，洗去酸溶性杂质，水洗至中性，抽干，备用。

5）用4倍树脂量2mol/L氢氧化钠溶液搅拌2h，洗去碱溶性杂质，水洗至中性，抽干，备用。

6）根据需要用适当的试剂使树脂成为所需要的类型。如果是阳离子树脂用盐酸处理则转化为氢离子型，用氢氧化钠处理则为钠离子型，用氢氧化铵处理则为铵根离子型。如果是阴离子树脂，用盐酸处理则转为氯离子型，用氢氧化钠或氢氧化铵处理则为氢氧根离子型。

用过的树脂使其恢复原状的处理称为"再生"。再生不是每次都要用酸碱反复处理，有时只要"转型"即可达到目的。"转型"就是使树脂带上使用时所希望含有的离子。如希望阳离子树脂为氢离子型、钠离子型或铵根离子型，则可分别用盐酸、氢氧化钠或氢氧化铵处理；要使阴离子树脂为氯离子型、氢氧根离子型，则可用盐酸或氢氧化钠分别处理。强酸、强碱树脂除可用酸、碱进行再生、转型外，还可使用氯化钠处理，但弱酸、弱碱树脂只能用酸或碱处理。酸性树脂由氢离子型转为钠离子型时，由于离解度增大而增加了亲水性，加大了水合作用，故柱床体积也会增大。

树脂长期使用后会被杂质污染而影响交换容量，严重时可使交换容量完全丧失，此时称树脂为"毒化"。树脂"毒化"后应及时清洗"复活"。一般用 40～50℃强酸、强碱浸泡处理，也可用 10％氯化钠与 10％氢氧化钠混合液处理。如遇脂类污染"毒化"，可用热乙醇处理。

树脂宜保存于阴凉处，但不宜深冻，因深冻会破坏树脂内部结构。短期存放可置于 1 mol/L 盐酸或氢氧化钠溶液中。长期存放可加入适量防腐剂封存。遇到树脂长霉，可用 1％甲醛浸泡 1h 后，再漂洗干净，然后进行再生处理。

五、离子交换树脂的使用

在生化产品的制备中，使用离子交换树脂有静态吸附和动态吸附两种方法。静态吸附是将交换树脂置于待分离物质的溶液中进行搅拌吸附，然后用水洗至中性，此法适合大量成批生产。动态吸附是将树脂装入层析柱中，使交换势和吸附力不同的物质混合液通过交换柱经过层析将物质进行浓缩或分离。静态吸附简便，但效率差；动态吸附实用。一般交换势低、吸附力弱的物质要选用强酸、强碱树脂；交换势高、吸附力强的物质则应选用弱酸、弱碱性树脂。这是因为在交换时容易吸附的物质，在洗脱时较困难。如在溶菌酶、尿激酶的制备中都采用弱酸性树脂，若改用强酸性树脂，就会造成洗脱困难。

装柱时应使树脂层粗细分布均匀、没有气泡、无断层现象。装好柱后用水缓慢冲洗，冲洗时不要带入气泡。

柱上物质的洗脱，通常采用增加洗脱液的离子强度或改变洗脱液的 pH。一般采用两种洗脱方式。

1．阶段洗脱法

分段改变洗脱液中的 pH 或盐浓度，使吸附柱上的各组分被洗脱下来。

2．梯度洗脱法

连续改变洗脱液中的 pH 或盐浓度，使吸附柱上的各组分被洗脱下来。通常采用一种低浓度的盐溶液为起始溶液；另一种高浓度的盐溶液作为最终溶液。两者之间通过一根玻璃管接通，使高盐溶液向低盐溶液处流，起始溶液直接流入柱内，这样就使柱内的盐浓度梯度上升。在生化实验及生化产品制备中常用梯度洗脱法，它优于阶段洗脱法。

六、大孔型离子交换树脂

大孔型离子交换树脂（macroporous）又称大网格（macroticular）离子交换树脂（图 2-57）。制造该类树脂时先在聚合物原料中加进一些不参加反应的填充剂（致孔剂）。聚合物成形后再将其除去，这样在树脂颗粒内部形成了相当大的孔隙。常用的致孔剂是高级醇类有机物，成形后用有机溶媒溶出。

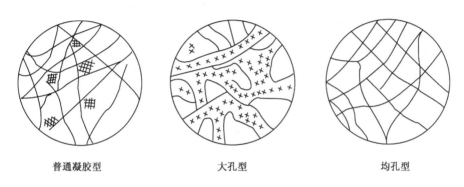

普通凝胶型　　　　　　大孔型　　　　　　均孔型

图 2-57　普通凝胶型和大孔型、均孔型树脂内部结构示意图

大孔型离子交换树脂的特征如下：

1）载体骨架交联度高，有较好的化学和物理稳定性及机械强度。

2）孔径大，且为不受环境条件影响的永久性孔隙，甚至可以在非水溶胀下使用。所以它的动力学性能好，抗污染能力强，交换速率快，尤其是对大分子物质的交换十分有利。

3）表面积大，表面吸附强，对大分子物质的交换容量大。

4）孔隙率大，相对密度小，对小离子的体积交换量比凝胶型树脂小。

肝素生产早期采用 D-254 低交联度凝胶型树脂。因强度差，操作时损耗较大。改用 1299×9 MP 型树脂后损耗减少。

七、均孔型离子交换树脂

均孔型离子交换树脂主要是阴离子交换树脂，也是凝胶型树脂。与普通凝胶型树脂相比，骨架的交联度比较均匀。该类树脂代号为 P 或 IR。普通凝胶型树脂在聚合时因二乙烯苯的聚合反应速率大于苯乙烯，故反应不易控制，往往造成凝胶不同部位的交联度相差很大，致使凝胶强度不好，抗污染能力差。

如果在聚合时不用二乙烯苯作为交联剂，而采用氯甲基化反应进行交联，将氯甲基化后的珠体，用不同的胺进行胺化，就可制成各种均孔型阴离子交换树脂。简称 IP 型树脂。这样制得的阴离子交换树脂，交联度均匀，孔径大小一致，质量和体积交换容量都较高，膨胀度、相对密度适中，机械强度好，抗污染和再生能力也强。按性能分析，Dowex 21K、Amberlite IRA-405、Amberlite IRA-452 等可能属于均孔型树脂。

另外，为了提高大孔型阴离子交换树脂的质量交换容量和容积交换容量，还研究了一类大孔-均孔型树脂。这种树脂的结构特点是具有大孔结构的比表面积，但其骨架实体部分的交联度却较均匀，因此其骨架内部的交换速率也较快，即具有大孔树脂与匀孔树脂的共同优点，如 Amberlite IRA-900，Amberlite IRA-910 等大概属于这类树脂。

均孔型离子交换树脂的质量交换容量和容积交换容量都较高。抗污染、交换及再生性能较好。机械强度及膨胀度等物理性能也较好。

八、大孔聚合物吸附剂

大孔聚合物吸附剂或大网格聚合物吸附剂，简称大孔或大网格吸附剂。它是在大孔型离子交换树脂的基础上发展起来的。

大孔吸附剂树脂结构上没有交换基团，仅有多孔骨架，其性质和活性炭或硅胶等吸附剂相似。它具有选择性好、解吸容易、机械强度好，可反复使用和流体阻力较小等优点，而且通过改变吸附剂孔架结构或极性，可适用于吸附多种有机化合物。树脂是由很多球体（平均直径 30Å 至几千埃）堆积起来的多孔结构，按其极性大小有非极性吸附剂、中等极性吸附剂和极性吸附剂三类。常见的大孔吸附剂如美国的 Amberlite-XAD, Duolite S、ES、DS 及日本的 Diaion HP 等树脂。

大孔吸附剂是借分子间引力吸附溶液中的有机物质，其吸附力大小不仅取决于树脂的化学结构及物理性能，而且与溶质及溶液的性能如 pH、离子强度及溶剂的介电常数有关。根据类似物吸附类似物或"硬亲硬，软亲软"的原则，一般非极性吸附剂适宜从极性溶剂中吸附极性小或非极性物质；相反，高极性吸附剂如 XAD-12（极性氮-氧基），特别适用于从非极性溶液中吸附极性物质；中等极性吸附剂不但能从非水解质中吸附极性物质，而且由于具有一定疏水性，也能从极性溶液中吸附非极性物质。

大孔吸附剂与离子交换树脂不同，一定浓度的无机盐的存在，反而能使吸附量有所增加。这类树脂对有机物的吸附力比活性炭弱，所以解吸较容易。最常用的方法是水溶性有机溶剂如低相对分子质量的醇、酮及其水溶液；另外，弱酸性物质可以用碱解吸，弱碱性物质可以用酸解吸；如果吸附是在高浓度的盐溶液中进行的，则用水洗就能解吸；对于易挥发性物质，则可以用热水或蒸气解吸。

大孔吸附剂常用于生化产品如蛋白质及酶制剂等的分离，如用国产 LD-601

大孔吸附剂精制辅酶 A 等。

九、液体离子交换树脂

液体离子交换树脂是一种有机胺(R_2N)和酸(HA)的复合体,溶于一有机稀释剂中,当有机相与含有阴离子产品(P^-)的水溶液相接触时产品的离子就被抽提进入有机相中与胺复合体进行阴离子交换,其交换反应如下

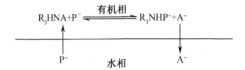

常用的液体有机胺交换剂的相对分子质量达 $250 \sim 600$。已供应工业用的液体离子交换树脂常见的阴离子交换剂有:TIOA(三异辛胺)、TLA(三月桂胺)、Amberlite LA-1(N-十二碳烯基⟨三烷基⟩胺)、Amine S-24[双(1-异丁基-3,5-二甲基-己基)胺]等;阳离子交换剂有 DIEHPA[二(2-乙己基)磷酸盐]、HOPA(庚癸基磷酸基)、DDPA(十二烷基磷酸盐)、DBBF[二(α-丁基)-n-丁基磷酸盐等]等。

十、多糖基离子

生物大分子的离子交换要求固相载体具有亲水性和较大的交换空间,还要求固相对其生物活性有稳定作用(至少没有变性作用),并便于洗脱。这些都是使用人工高聚物作为载体时难以满足的。只有采用生物来源稳定的高聚物——多糖作为载体时才能满足分离生物分子的全部要求。根据载体多糖种类的不同,多糖基离子交换剂可以分为离子交换纤维素和葡聚糖离子交换剂两大类。

(一) 离子交换纤维素

1. 离子交换纤维素的结构与特点

离子交换纤维素是以天然纤维素分子为母体,借酯化、醚化或氧化等化学反应,引入具有酸碱离子基因而仍保有纤维素结构的半合成离子交换剂。离子交换纤维素总的分为阳离子交换纤维素与阴离子交换纤维素。应用最广的阳离子交换纤维素是交联羧甲基纤维素(CM-C),阴离子交换纤维素是二乙氨基乙基纤维素(DEAE-C)和交联醇胺纤维素(ECTEOLA-C)。

常见离子交换纤维素的化学式如下:

纤维素—O—$CH_2CH_2N(C_2H_5)_2$:二乙氨基乙基纤维素

纤维素—O—CH_2COOH:羧甲基纤维素

纤维素—O—CH$_2$CH$_2$N$^+$(C$_2$H$_5$OH)$_3$:交联醇胺纤维素

纤维素—O—CH$_2$CH$_2$N$^+$(C$_2$H$_5$)$_3$:三乙氨基乙基纤维素

$$纤维素—O—\overset{O}{\overset{\|}{P}}(OH)_2:磷酸纤维素$$

$$纤维素—O—CH_2CH_2NH—\overset{NH}{\overset{\|}{C}}\underset{NH_2}{}:胍基乙基纤维素$$

纤维素—O—CH$_2$CH$_2$NH$_2$:氨乙基纤维素

纤维素—O—CH$_2$—⟨◯⟩—NH$_2$:对氨基苯甲基纤维素

纤维素—O—CH$_2$CH$_2$SO$_3$H:磺乙基纤维素

离子交换纤维素与离子交换树脂相比,它具有自己的一些特点:

1)有极大的表面积和多孔结构。由于纤维素的特殊构型,其有效交换基团间的空间地位较大,故易于吸附蛋白质等高分子物质,与离子交换树脂相比它的交换容量较低(一般为 0.2~0.9mmol/g),但对于分离蛋白质类的高分子物质已很适用。

2)有良好的化学、物理稳定性,使洗脱剂的选择范围很广,如用 DEAE-C 吸附胰岛素可以用 0.3mol/L 盐酸洗脱,也可以用 pH＝10.0 的碱液洗脱。

3)离子交换纤维素吸附生物高分子时的结合键比较松,吸附与解吸条件都较缓和,适于易变性的蛋白质、酶、激素等生化产品的纯化。

4)分离能力很强,能将一组复杂的混合物逐一分开,如用 DEAE-C 能分离垂体前叶各种激素。

5)能分离纯化毫克量至克量的纯品,适用于生化产品的工业生产。

2. 离子交换纤维素的制备

(1)羧甲基纤维素(CM-C)的制备　过程如下

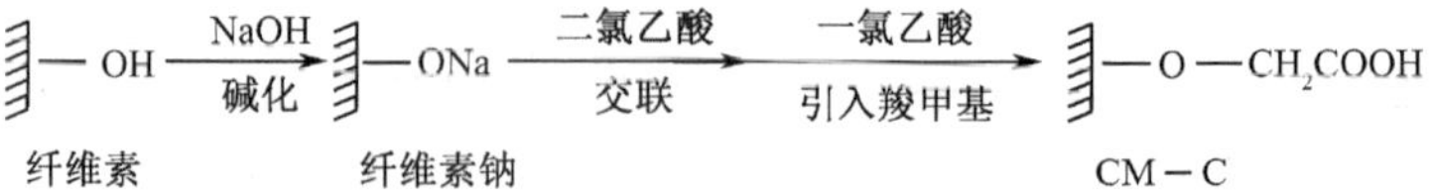

(2)二乙氨基乙基纤维素(DEAE-C)的制备　过程如下

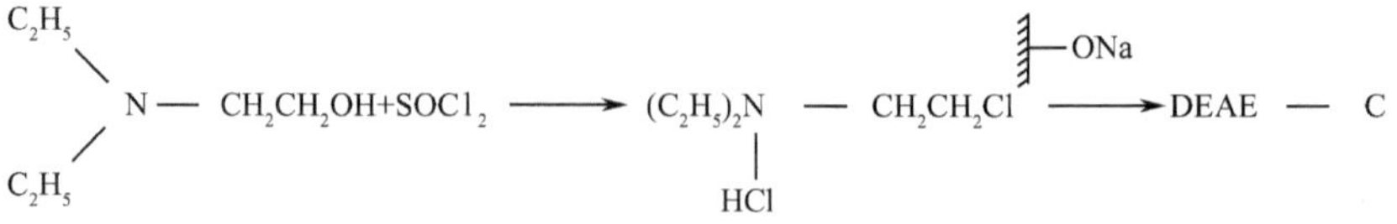

3．离子交换纤维素的选择

与离子交换树脂的选择相似，一般情况下，在介质中带正电的物质用阳离子交换剂，带负电的物质用阴离子交换剂。物质的带电性质可用电泳法确定。对于已知等电点的两性物质，可根据其等电点及介质的 pH 确定其带电状态，同时考虑该物质的稳定性和溶解度，选择合适的 pH 范围。

实验室中最常用的为 DEAE-C、CM-C 或 DEAE-Sephadex、CM-Sephadex，如需在低 pH 下操作时，可用 P-C、SM-C 或 SE-Sephadex，而需在 pH＝10 以上操作的可用 GE-C，对大分子两性物质（如蛋白质），其选择情况见图2-58。

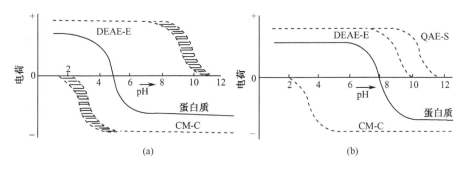

图 2-58　蛋白质离交层析中交换剂的选择
(a)酸性蛋白；(b)碱性蛋白

图 2-58(a)表示酸性蛋白质（等电点约为 pH＝5）的解离曲线和 DEAE-C 及 CM-C 的解离曲线。蛋白质作为一个阴离子，它的 DEAE-C 柱层析可在 pH＝5.5～9.0 范围内进行，在这个 pH 范围内，蛋白质和交换剂都是解离的，带相反的电荷。在 CM-C 上层析则须限于较窄的 pH 范围内(pH＝3.5～4.5)进行。

图 2-58(b)表示碱性蛋白质(pH＝8)和 CM-C、DEAE-C 及强碱离子交换剂 QAE-Sephadex 的解离曲线。蛋白质作为一个阳离子，用 CM-C 层析可在 pH＝3.5～7.5 之间进行，如作为阴离子用 DEAE-C，层析则仅限于 pH＝8.5～9.5 的范围内进行，而用 QAE-Sephadex 可在 pH＝8.5～11.0 之间进行。

4．离子交换纤维素的交换作用

离子交换纤维素与离子交换树脂相似，既可静态交换，也可动态交换，但因为离子交纤维素比较轻、细，操作时必须仔细一些。又因为它交换基团密度低、吸附力弱、总交换量低、交换体系中缓冲盐的浓度不宜高（一般控制在 0.001～0.02mol/L 之间），过高会大大减少蛋白质的吸附量。

离子交换纤维素对蛋白质类高分子的吸附作用是通过蛋白质分子与纤维素之间的静电引力的相互作用。在 pH 低于蛋白质的等电点时，带正电荷的蛋白质与阳离子交换纤维素相吸引;在 pH 高于蛋白质的等电点时,阴离子交换纤维素则可吸引带负电荷的蛋白质。显然,改变 pH 或离子强度也能够使蛋白质或离子交换纤维素改变或失去电荷,从而使蛋白质从交换剂上解吸下来,但操作应在蛋白质稳定的 pH 范围进行。交换过程如下:

(1) 从阳离子交换纤维素上解吸蛋白质

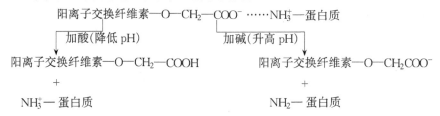

(2) 从阴离子交换纤维素上解吸蛋白质

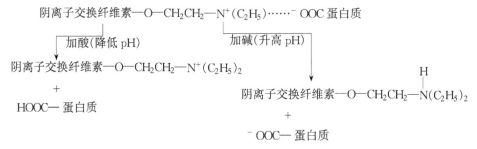

(3) 改变离子强度从阳离子交换纤维素上解吸蛋白质

阳离子交换纤维素—O—CH₂—COONH₃—蛋白质

$$\downarrow NaCl$$

阳离子交换纤维素 —O—CH₂—COO⁻ +⁺NH₃—蛋白质

5．离子交换纤维素的使用

阴离子交换纤维素 DEAE-C 等主要用于中性或酸性蛋白质的分离,阳离子交换纤维素 CM-C 等主要用于中性或碱性蛋白质的分离,ECTEOLA-C 常用于核苷酸和病毒等的分离。

商品离子交换纤维素常带有细粉和色素,应用前要先用 0.5～1mol/L 氢氧化钠调匀,浸泡短时间后,静置倾去细粉和色素。然后用 1mol/L 盐酸及 1mol/L 氢氧化钠依次处理,再用水洗至中性,最后以配制样品用的缓冲液充分平衡,则可使用。具体操作方法也有静态成批操作法与动态交换法(见离子交换树脂的使用操作)。用过的离子交换纤维素先经蒸馏水冲洗后,再用 1mol/L 氢氧化钠洗除残留蛋白质,然后用水洗至中性,必要时可重复上述操作处理。阳离子交换纤维素也可用 0.5mol/L 氯化钠和 0.5mol/L 氢氧化钠混合液再生,氯化钠的加入可以防止纤维素在碱性溶液中膨胀而难以过滤。还应当避免阴离子交换纤维素在 pH<4 的酸性溶液中放置过久，以防交换剂的纤维素结构受到破坏而失效。

(二)葡聚糖离子交换剂

葡聚糖离子交换剂包括葡聚糖凝胶离子交换剂及琼脂糖凝胶离子交换剂，前者又称离子交换交联葡聚糖，它是将活性交换基团连接于葡聚糖凝胶上制成的各种交换剂。由于交联葡聚糖具有一定孔隙的三维结构，所以兼有分子筛的作用。它与离子交换纤维素不同的地方还有电荷密度，交换容量较大，膨胀度受环境 pH 及离子强度的影响较大。这类离子交换剂命名时将交换活性基团写在前面，然后写骨架 Sephadex(或 Sepharose)，最后写原骨架的编号。为使阳离子交换剂与阴离子交换剂便于区别，在编号前添一字母"C"(阳离子)或"A"(阴离子)。该类交换剂的编号与其母体(载体)凝胶相同。如载体 Sephadex G-25 构成的离子交换剂有 CM-Sephadex C-25、DEAE-Sephadex A-25 及 QAE-Sephadex A-25 等。该类离子交换剂由于载体亲水，对生物大分子的变性作用小。又因为具有离子交换和分子筛的双重作用，对生物分子有很高的分辨率，多用于蛋白质、多肽类生化产品的分离。

离子交换交联葡聚糖在使用方法和处理上与离子交换纤维素相近。一般来说，其化学稳定性较母体有所下降。在不同溶液中的涨缩程度较母体大一些。

离子交换交联葡聚糖有很高的电荷密度，故比离子交换纤维素有更大的交换容量，但当洗脱介质的 pH 或离子强度变化时，会引起凝胶体积的较大变化，由此而影响流速，这是它的一个缺点。

第二十节　亲和层析法

在前面几节中分别介绍了各种分离纯化方法，如第七节利用溶解度不同的盐析法、第八节有机溶剂分级沉淀法、第四节利用在某些与水相溶的多聚物溶液中分配系数不同的液-液抽提技术、第十九节利用带电性质及荷电量不同的离子交换层析分离法，以及第十八节利用相对分子质量大小及形状差别的凝胶层析法等，都是基于生物大分子的理化性质的差异而设计的。尽管根据不同需要，或单独使用上述一种，或组合其中几种，已纯化了不少种蛋白质、酶或其他生物活性物质，但要提纯存在于相当大体积的组织匀浆或发酵液中的极少量目的物，尤其是当此目的物混于大量理化性质相仿的其他生物活性物质中时，简单组合不仅工艺繁琐，回收率低，提纯效果也不理想。加之随着生物科学的进展，对某些生物活性物质的纯度有更高的要求，因此，仅根据理化性质不同而设计的分离纯化技术已不能适应发展的需要。

生物大分子具有能和某些相对应的专一分子可逆结合的特性，如酶蛋白与辅酶、酶活性中心与专一性底物或抑制剂、抗原与抗体、激素与受体、核糖核酸与其互补的脱氧核糖核酸等。这种结合往往是专一的，而且是可逆的。生物分子间形成专一的可逆性结合的能力称为亲和力。当把可亲和的一对分子的一方固定在固定相时，另一方若随流动相流经固定相，双方即可专一地结合成复合物，然后利用亲和吸附剂的可逆性质，通过特定的洗脱剂洗脱，可以达到分离、纯化与固定相有特异亲和能力的某种物质。利用生物分子间亲和吸附和解离的层析方法称为亲和层析(affinity chromatography)。在亲和层析中起可逆结合的特异性物质称为配基(ligand)，与配基结合的层析介质称为载体(matrix)。由于亲和层析中大分子化合物与其结构相对的专一分子的可逆结合是互相的，任何一方均可被固定作为配基。因此既可把酶蛋白作为固定相亲和地吸附辅酶，也可把辅酶作为固定相亲和地吸附酶蛋白。亲和层析的设计原理和过程大致分为以下三步：

（1）配基固定化　选择合适的配基与不溶性的支撑载体偶联，或共价结合成具有特异亲和性的分离介质。

（2）吸附样品　亲和层析介质选择性吸附酶或其他生物活性物质，杂质与层析介质间没有亲和作用，故不能被吸附而被洗涤去除。

（3）样品解析　选择适宜的条件使被吸附的亲和介质上的酶或其他生物活性物质解析下柱。

一、原理与特点

亲和层析是利用生物分子间所具有的专一亲和力而设计的层析技术（图2-59）。首先将载体在碱性条件下用溴化氰(CNBr)活化，再用化学方法将能与生物分子进行可逆性结合的物质（称为配基）结合到某种活化固相载体上，此过程称为偶联反应。通过偶联反应制成亲和吸附剂，并装入层析柱中，然后将样品通过层析柱，使生物大分子和这些配基结合而被吸附在亲和吸附剂表面，而其他没有特异结合的杂蛋白可通过洗涤而流出。再用适当方法使这些生物大分子与配基分离而被洗脱下来，从而达到分离、纯化的目的。

亲和层析技术的最大优点在于，利用它从粗提液中经过一次简单的处理便可得到所需的高纯度活性物质。例如以胰岛素为配基，球状琼脂糖为载体制得亲和吸附剂，从肝脏匀浆中成功地提取胰岛素受体，该受体经过一步处理就被纯化了8000倍。这种技术不但能用来分离一些在生物材料中含量极微的物质，而且可以分离那些性质十分相似的生化物质。此外，亲和层析法还有对设备要求不高、操作简便、适用范围广、特异性强、分离速率快、分离效果好、分离条件温和等优点；其主要缺点是亲和吸附剂通用性较差，故要分离一种物质差不多都得重新制备专用的吸附剂。另外，由于洗脱条件较苛刻，须很好地控洗脱条件，以避免生物活性物质的变性失活。

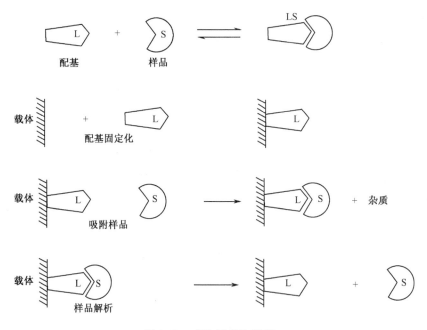

图 2-59　亲和层析的原理

二、载体的选择

用于亲和层析的理想载体(carrier)应具备下列特性：

1）载体非特异性吸附要尽可能小，对其他大分子物质的作用很微弱；

2）必须具有多孔的网状结构，能使大分子自由通过而增加配基的有效浓度；

3）必须具有相当量的化学基团可供活化，并在温和条件下能与大量的配基连接；

4）具有良好的机械性能，以利于控制层析速率，最好是均一的珠状颗粒；

5）在较宽的 pH、离子强度和变性剂浓度范围内，具有化学和机械稳定性；

6）高度亲水，使固相吸附容易与水溶液中的生物高分子接近。

亲和层析常用的载体有纤维素、琼脂糖凝胶、聚丙烯酰胺凝胶及聚乙烯凝胶等。

（一）纤维素

纤维素是制备固相酶和免疫吸附剂的常用载体，以纤维素作为载体与配基共价连接的主要方式有重氮法、叠氮法、缩合剂法和烷化法。

1. 重氮法

$$R-\!\!\!\!\bigcirc\!\!\!\!-NH_2 \xrightarrow[HCl]{HNO_2} [R-\!\!\!\!\bigcirc\!\!\!\!-\overset{+}{N}=N]Cl^- \xrightarrow{配基} R-\!\!\!\!\bigcirc\!\!\!\!-N=N-配基$$

氨基纤维素

2. 叠氮法

$$R-O-CH_2COOH \xrightarrow[HCl]{CH_3OH} R-O-CH_2COOCH_3 \xrightarrow[47\sim50℃]{NH_2NH_2} R-O-CH_2CONHNH_2$$

$$\xrightarrow[HCl,0℃]{HNO_2} R-O-CH_2CONH_2 \xrightarrow[pH=8.5\sim10.5]{配基} R-O-CH_2CONH-配基$$

3. 缩合剂法

$$R-O-CH_2COOH \xrightarrow{配基-NH_2} R-O-CH_2CONH-配基$$

羧甲基纤维素

$$R-O-CH_2CH_2NH_2 \xrightarrow{配基-COOH} R-O-CH_2CH_2NHCO-配基$$

氨乙基纤维素

4. 烷化法

$$R-X \xrightarrow{配基} R-配基$$

卤代纤维素

纤维素虽具有价廉和来源充足的优点,但由于它的纤维性和不均一性的缺点,蛋白质大分子难以渗入,非专一性吸附也较严重,因而用纤维素制备的吸附剂亲和层析倍数不高。

(二)琼脂糖凝胶

琼脂糖已制成珠状凝胶颗粒,商品名称为 Sepharose,内含 2%、4% 和 6% 的琼脂糖的珠状凝胶分别称为 Sepharose 2B、Sepharose 4B 和 Sepharose 6B。凝胶浓度越低,其构越松散,孔径越大。但机械强度随浓度的降低而减少。琼脂糖凝胶分离范围见表 2-27。

表 2-27　琼脂糖凝胶分离范围

琼脂糖凝胶的商品名称	分离范围（相当相对分子质量）
Sepharose 2B	4×10^7
Sepharose 4B	2×10^7
Sepharose 6B	4×10^6

珠状琼脂糖凝胶亲水能力弱,物理和化学性能稳定,在室温条件下用

0.1 mol/L 氢氧化钠或 1mol/L 盐酸处理 2～3h 都不致引起颗粒性质变化,用 6mol/L 盐酸胍或 7mol/L 尿素长期处理,只引起珠状凝胶略微缩小,而不引起吸附性能的减弱。因此用琼脂糖制成的吸附剂可反复使用。

(三) 聚丙烯酰胺凝胶

聚丙烯酰胺凝胶结构稳定。控制单体和交联剂的浓度便可得到不同交联度的产品,珠状聚丙烯酰胺凝胶的商品名为 Bio-Gel P。由于凝胶韧性强,易于过筛做成颗粒,也可做成微球。

聚丙烯酰胺凝胶的物理和化学性质稳定,抗微生物侵袭能力比琼脂糖强。它有很多的可供化学反应的酰胺基,使之能制得配基含量高的衍生物,因此特别适用于配基与蛋白质之间亲和力比较弱的系统中。

(四) 多孔玻璃珠(商品为 Bio-Glass)

它的化学与物理稳定性较好,机械强度高,不但能抵御酶及微生物的作用,还能耐受高温灭菌和剧烈的反应条件。弱点是亲水性不强,对蛋白质尤其是碱性蛋白质有非特异性吸附,而且可供连接的化学活性基团也少。为了克服这个缺点,作为载体用的市售多孔玻璃珠的商品都已事先连接了氨烷基(烷基胺)。用葡聚糖包被玻璃珠则可改善其亲水性,并增加化学活性基团。用抗原涂布的玻璃珠已成功地分离了免疫淋巴细胞,在 DNA 连接的玻璃珠上纯化了大肠杆菌的 DNA 和 RNA 聚合酶。

(五) 其他载体

由聚丙烯酰胺和琼脂糖混合组成的一种新载体已投入应用,商品名为 Ultrogels ACA。它的特点是载体上既有羟基又有酰胺基,并且都能单独与配基作用。但这类载体不能接触强碱,以免酰胺水解,使用温度不能超过 40℃。一种称为磁性胶(Magnogels ACA44)的载体是在聚丙烯酰胺与琼脂糖的混合胶中加入 7% 的四氧化三铁。因此,当悬浮液中含有不均匀粒子时,依靠磁性能将载体与其他粒子分离。磁性胶载体常用于酶的免疫测定、荧光免疫测定、放射免疫测定、免疫吸附剂和细胞分离等的微量测定和制备。

Spheron 或 Sepharon 是另一种新型载体,它是甲基丙烯酸羟乙酯与甲基丙烯酸乙二酯的非均相共聚物,通过充分交联,把具有微孔结构的微粒聚合成具有大孔结构的珠状粒子。这类载体在内部结构、孔径大小、孔径分布、比表面积、活性羟基的多少等方面可进行多种变化。其相对分子质量排斥范围为 2 万～2000 万。与一般亲和载体相反,Spheron 载体的大孔呈干燥状态,在有机溶剂和 pH 变化条件下,其体积不会发生变化。这类载体的甲基丙烯酸羟乙酯有较大的疏水性作用,产生明显的非专一性吸附,可作为疏水层析的载体。

三、配基的选择

按照亲和层析的原理，原则上亲和层析的任何一方都可作为配基，配基的选用主要取决于分离对象。如分离蛋白质时可选择小分子的底物，也可选择大分子的抑制剂。作为理想的配基应符合以下要求。

（一）配基与配体有足够大的亲和力

它是配基对互补分子间的作用力，是制备高效亲和柱的重要参数。亲和柱亲和力大小，可用层析时洗脱体积粗略地加以估计，即

$$E + L \Longrightarrow EL$$

式中：E 为被分离的酶；L 为配基；EL 为复合物。K_L 为 EL 复合物的解离常数。根据化学反应平衡方程式

$$K_L = \frac{[E][L]}{[EL]} = \frac{(E_0 - [EL])(L_0 - [EL])}{[EL]}$$

式中：E_0 和 L_0 分别为原始的酶浓度和配基浓度，当 $E_0 \gg L_0$ 时，$L_0 - [EL] \approx L_0$，则

$$K_L = \frac{[E_0] - [EL]}{[EL]} L_0$$

在亲和层析中，我们定义分配比 K 为

$$K = \frac{结合酶}{游离酶} = \frac{[EL]}{E_0 - [EL]} = \frac{L_0}{K_I}$$

一般凝胶柱层析公式为

$$V_e = V_o + K V_o$$

式中：V_e 为蛋白质洗脱体积；V_o 为凝胶外水体积。由此可导出亲和势与洗脱体积的关系式为

$$\frac{V_e}{V_o} = 1 + \frac{L_0}{K_L}$$

例如，洗脱体积为外水体积的 10 倍，配基浓度为 10^{-3} mol/L 时，配基与酶复合物的解离常数为

$$\frac{10 V_o}{V_o} = 1 + \frac{10^{-3}}{K_L}$$

$$K_L \approx 10^{-4} \text{mol/L}$$

作为理想的配基，它必须对被分离纯化的高分子具有很高的亲和力，一般要求亲和势在 $10^{-8} \sim 10^{-4}$ 之间。

(二) 配基与配体的结合应是专一的

配基与分离对象的结合应为专一性结合,这样才能保证分离与纯化的效果。如用牛胰蛋白酶抑制剂作为配基就不能保证得到单一的胰蛋白酶,因为它与胰凝乳蛋白酶、激肽释放酶都有亲和作用。

(三) 配基应具有化学活性

配基分子上需具有与载体偶联的化学基团,且使偶联反应尽可能简便、温和,以减少反应时配基亲和力的损失和载体结构改变。

1. 配基的浓度

亲和势比较低的时候($K_L \geqslant 10^{-4}$mol/L),增加配基浓度有利于吸附。例如将N^6-(6-氨基己烷)-AMP-Sepharose 用无配基的琼脂糖凝胶稀释 200 倍,使甘油激酶、乳酸脱氢酶的吸附能力降低;同样的 NAD^+ 亲和烛用无配基的琼脂糖凝胶稀释 21 倍,使乳酸脱氢随吸附能力下降。与此相反,如果将上柱的酶稀释 200 倍,则N^6-(6-氨基己烷)-AMP-Sepharose 亲和柱吸附甘油激酶和乳酸脱氢酶的能力不变;将上柱酶稀释 21 倍,则 NAD^+ 亲和柱对乳酸脱氢酶的吸附能力不变。

当增加配基浓度有困难,而亲和势又比较低时,可用增加亲和柱的长度来提高吸附率。配基浓度太高容易使大分子配基上的活性中心互相遮盖,反而使亲和性吸附力降低。这种现象在抗原、抗体、酶等大分子配基的亲和层析时更加明显。配基浓度太高又会使吸附力太强,造成洗脱上的困难;另外,随着配基浓度的增加,非专一性吸附也增加,而专一性吸附却降低。作为一个有效的吸附剂,理想的配基浓度为 $1 \sim 10\mu$mol/L,并以 3μmol/L 的凝胶为最好。

2. 配基偶联的位置

在一般情况下,亲和结合时配体分子与配基分子仅有一部分发生相互作用。为了保证亲和吸附剂有足够大的亲和能力,我们希望配基固定化时,其不参与亲和结合的部位与载体进行偶联。图 2-60 表示某一配基可通过 a、b、c、d、e 五个结合点偶联到载体上,但只有通过 e 结合的亲和柱才是有效的,因为它不参加与大分子的相互作用。例如 N^6(6-氨基己烷)-AMP-Sepharose 亲和柱,由于配基通过腺嘌呤N^6 – 氨基接到载体上,所以它对醇脱氢酶和甘油激酶有吸附力,但对甘油醛-3-磷酸脱氢酶无吸附力;如果配基通过磷酸基接到载体上,则对甘油醛-3-磷酸脱氢酶就有吸附力。然而,上述两种连接法对己糖激酶都无亲和吸附作用。这说明这几个酶与 AMP 之间的互相作用的位置是有区别的。

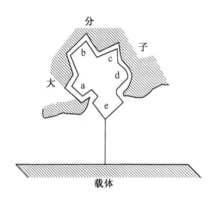

图 2-60　配基与载体结合位置重要性

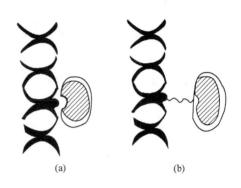

图 2-61　应用手臂的原理
（a）配基直接与琼脂糖连接；
（b）配基的"手臂"与琼脂糖连接

3．配基分子的大小

制备亲和柱时,应首先选用大分子配基,因为小分子配基可供识别、互补的特殊结构较少,一旦偶联到载体上后,这种识别的结构更少。例如,某些酶对甘氨酸的识别主要是根据其电荷情况和甲基碳链的长短,如以甘氨酸作为配基偶联到载体上,要不损害酶对它的识别,这种偶联点就难以找到;反之,用 AMP 作为配基,可供偶联点多,能制备具有各种亲和力的亲和柱。有时候用小分子物质(如酶的辅因子)作为配基直接偶联至琼脂糖凝胶珠粒上制备亲和层析介质时,尽管配基和酶间的亲和力在合适的范围内,但其吸附容量往往是低的。这是由于酶的活性中心常是埋藏在其结构的内部,它们与介质的空间障碍影响其与亲和配基的结合作用。为了改变这种情况可在载体和配基间插入一个"手臂"(图 2-61)以消除空间障碍,手臂的长度是有限的,不可太短也不可太长。太短不能起消除空间障碍的作用。太长往往使非特异性的作用如疏水作用增强。

4．配基的类型

可以作为配基的物质很多,可为较小的有机分子,也可是天然的生物活性物质。根据配基应用和性质,可将其分为两大类:特殊配基(表 2-28)和通用配基(表2-29)。

(1) 特殊配基(special ligand)　一般地说,某一抗原的抗体、某一激素的受体、某一酶的专一抑制剂均属特殊配基。以此类配基构成的亲和层析介质的选择特异性最高,分离效果也最好。缺点是此种配基多是不稳定的生物活性物质,在偶联时活性损失大、价格昂贵、成本较高。

表 2-28　亲和层析中常用的特殊配基

被亲和物	配基
酶	底物的类似物,抑制剂,辅因子
抗体	抗原,病毒,细胞
外源性凝激素	多糖,糖蛋白,细胞表面受体,细胞
核酸	互补的碱剂序列,组蛋白,核酸聚合酶
激素、维生素	受体
细胞	细胞表面特异性蛋白,外源性凝集素

表 2-29　通用配基亲和层析介质类型及应用范围

配 基 类 型	应 用 范 围
蛋白质 A-Sepharose CL-4B	IgG 及其有关的分子的部位 Fe 末端
ConA-Sepharose	α-D-呋喃葡萄糖、α-D-呋喃甘露糖
小扁豆外源性凝集素	与上相仿,但对单糖亲和力低
小麦芽外源性凝集素	N-乙酰基-D-葡糖胺
poly(A)-Sepharose 4B	核酸及含有 poly(U)顺序,RNA-特异性蛋白寡核苷酸
Lysine-Sepharose 4B	含有 NAD$^+$ 作为辅酶的和依赖 ATP 的激酶
2′,5′-ADP-Sepharose 4B	含有 NADP$^+$ 作为辅酶的酶类

(2) 通用配基(general ligand)　以此类配基制备的亲和层析介质可用于一类物质的分离提纯,如用 NADH 作为脱氢酶类的亲和层析通用配基,用 ATP 作为激酶类亲和层析的通用配基,用外源性凝集素作为糖蛋白类亲和层析时的通用配基等。实际上,染料配基、硼酸盐配基等也应属于亲和层析中通用配基范畴。用通用配基制成的亲和层析介质的选择性低于用特殊配基制成的亲和层析介质。但应用范围广泛,其中不少已商品化,故应用方便。

四、配基与载体的结合

配基要结合到载体上,首先要活化载体上的功能基团,再将配基连接到活化基团上。此偶联反应必须在温和条件下进行,不致使配基和载体遭到破坏,且偶联后要反复洗涤载体,以除去残存的未偶联的配基,还要测定偶联的配基的量。

最常用的载体是琼脂糖 4B(Sepharose 4B)。把琼脂糖与溴化氰在 pH=11 条件下进行处理,能使琼脂糖活化。此时,溴化氰与琼脂糖的羟基反应生成氨基甲酸酯基团。若有邻位羟基存在,则形成亚氨碳酸基团。经取代后的载体最后用有机合成法和配基结合。这种配基必须含有一种适合反应的基团,通常是氨基或羟基。

反应过程如下

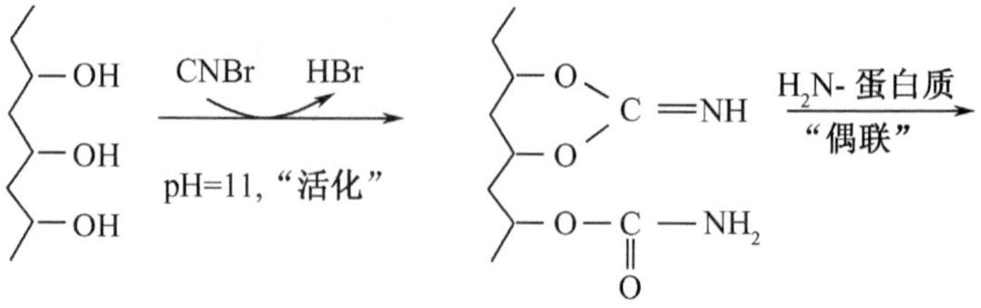

琼脂糖　　　　　　　　　　　　　活化琼脂糖

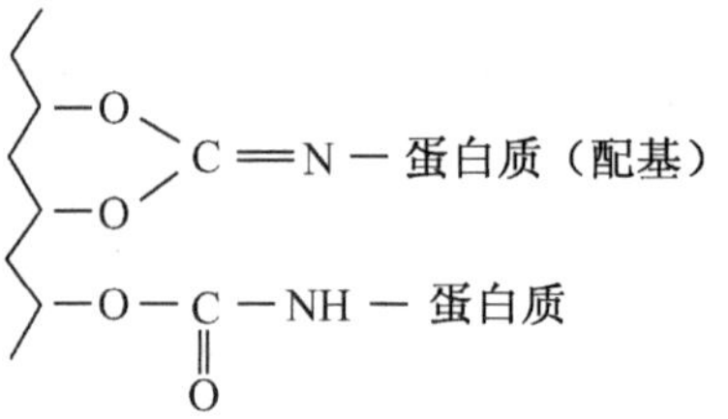

亲和吸附剂

为了防止由于配基和载体的连接而影响配基和大分子结合的亲和力,通常在配基和载体之间引入一个适当长度的手臂——烃链。此烃链可以先连接载体,再通过烃链连接配基。也可以先连接配基,再通过烃链连接载体。通常用于做"手臂"的烃链有己二胺[$H_2N(CH_2)_3NH_2$]和3,3′-二氨基二丙基胺[$H_2N(CH_2)_3NH$—$(CH_2)_3NH_2$]。接上一个适当长度的"手臂"的目的,是为了降低空间障碍效应,有效地提高特异性结合的能力。但"手臂"不是越长越好,太长了,亲和吸附效率反而降低。

五、层析条件的选择

亲和层析一般采用柱层析法。要达到好的分离效果,应选择最佳条件。

(一) 吸附

亲和柱所用的平衡缓冲液的组成、pH 和离子强度都应选择最有利于配基与生物大分子形成复合物。吸附时,一般在中性条件下,上柱样品液应和亲和柱平衡缓冲液一样,上柱前样品应对平衡缓冲液进行充分透析,这有利于络合物的形成。亲和吸附常在4℃下进行,以防止生物大分子因受热变性而失活。上柱流速尽可能缓慢,流速控制在 1.5mL/min。流出液要及时检测,以判断亲和吸附效率。

亲和吸附的强弱除与亲和吸附剂及配体的性质密切相关外,还与缓冲液的种类、离子强度、pH、温度和层析流速有关。亲和吸附的具体条件需要摸索,无特定规律可循。为了获得理想的层析分离和较集中的洗脱样品,层析柱用前必须充分平衡,流速尽可能慢,必要时关闭层析柱,静置 5~30min。用抑制剂或底物类似物作为配基亲和分离酶时,它的亲和势较低,所以流速应慢一些,而抗原-抗体的分离,由于亲和势高,流速可大些。流速虽无一定标准,但一般要求每小时低于 10mL/cm²,上柱样品用平衡亲和柱的缓冲液溶解,浓度不能太高(一般在 20mg 蛋白/mL 左右),以防止一些大分子占据载体的有效孔而使样品分子无法进入孔内与配基互补吸附。上样体积也取决于亲和势的高低,亲和势低则上样体积应少。一般为柱床体积的 5%,温度升高会使吸附作用减弱。例如利用 N^6-(6-氨基己烷)-AMP-Sepharose 吸附乳酸脱氢酶,洗脱时所需 NADH 的量随温度上升而相应减少(图 2-62)。因此,为了有利于亲和络合物的形成,亲和层析操作常在 4℃ 左右进行。

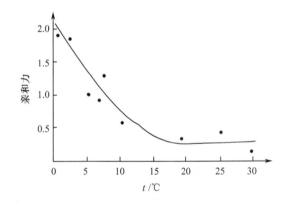

图 2-62　温度对亲和柱吸附效力的影响

样品:100μL(含乳酸脱氢酶 5 个单位,牛血清白蛋白 1.5mg)

柱:5mm×50mm,含 0.5gN^6-(6-氨基己烷)-AMP-Sepharose(每毫升 1.5μmol/L AMP)

亲和力以 NADH(0~5mmol/L,总体积 20mL)线性梯度洗脱酶活性峰所需浓度表示

亲和层析中的非专一性作用,常使亲和吸附力降低,所制备的样品纯度不高。亲和层析中非专一性吸附有以下几种情况。

1. 离子效应

任何具有离子基团的亲和吸附剂都会影响蛋白质等多聚电解质的洗脱行为。虽然这种相互作用对于许多离子交换色谱是重要的,但在亲和层析中却产生了非特异性结合。

配基与预先合成的基质-间隔臂组合物的不完全结合,能将一些无关的离子基团引入吸附剂中,这种情况在制备纯化胰蛋白酶和凝血酶的亲和吸附剂中已遇到。图 2-63 表明,苯甲脒基配基与胰蛋白酶活性部位的相互作用,推测是由带正电荷

的酶与间隔分子 ε-氨基己酸上残存的羧基负离子相互作用的结果,即使90%的间隔分子被取代,残存间隔分子的非特异性作用仍十分明显。

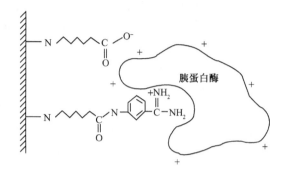

图 2-63　胰蛋白酶和亲和吸附剂的相互作用

用溴化氰活化的方法将间隔分子偶联到基质上时,也会将不需要的电荷引入吸附剂,滴定的数值表明它与烷基伯胺偶联时所生成异脲键的 pK_a 值为 10.4,在生理条件下即很快质子化。这种带正电荷的基团有时在层析中起主导作用。质子化过程如下

用溴化氰活化的方法将间隔分子偶联到基质上时,也会将不需要的电荷引入吸附剂,滴定的数值表明它与烷基伯胺偶联时所生成异脲键的 pK_a 值为 10.4,在生理条件下即很快质子化。这种带正电荷的基团有时在层析中起主导作用。质子化过程如下

表 2-30 比较了几种吸附剂对 β-半乳糖苷酶的吸附作用。有的吸附剂有配基苯基硫代半乳糖吡喃苷,有的没有,但是酶能否吸附并不决定于配基的有无,而决定于吸附剂上阳离子的数量。

2. 疏水基团

在亲和层析的吸附剂上,还会有些疏水性的基团,与蛋白质结构中的疏水区相互吸引,形成非专一性的吸附。吸附剂上的疏水基团是由以下两种情况产生的。

（1）长的烃链结构的"手臂"　O'carra 等在研究亲和层析纯化 β-半乳糖苷酶时,制备一种没有吡喃半乳糖配基的凝胶,在吸附酶的能力上与相似长度的有配基的吸附剂相同。由于在这种吸附剂上有阳离子基团,虽然可以吸附酶,但是即使用0.5mol/L 氯化钾将树脂洗脱,以减弱酶和配基之间的离子键亲和力,仍不能将酶洗下,推测这是由于吸附剂上的阳离子基团加强了苯环对酶的疏水作用。

（2）疏水性配基　配基上有芳香环则会出现非专一性吸附。Stevensen 等在纯化胰凝乳蛋白酶时选择 4-苯丁基胺作为配基,制成吸附剂。由于酶对苯环有专一性,这种配基应该是专一的,但是对其他许多酸性蛋白质如卵白蛋白、卵球蛋白

表 2-30　β-半乳糖苷酶的吸附作用

吸　附　剂	每一个活化位置上的阳离子数	酶能否吸附
$-O-\overset{\overset{+}{N}H_2}{\underset{H}{C}}-N-(CH_2)_6-NH_3^+$	＋＋	能
$-O-\overset{\overset{+}{N}H_2}{\underset{H}{C}}-\underset{H}{N}-(CH_2)_6-\underset{H}{N}-\overset{O}{C}-(CH_2)_2\overset{O}{C}-O^-$	0	否
$-O-\overset{\overset{+}{N}H_2}{\underset{H}{C}}-\underset{H}{N}-(CH_2)_6-\underset{H}{N}-\overset{O}{C}-(CH_2)_2-\overset{O}{C}-\underset{H}{N}-$ 苯环-[半乳糖]$_3$	＋	能
$-O-\overset{NH}{\underset{H}{C}}-\underset{H}{N}-\overset{O}{C}-(CH_2)_4-\overset{O}{C}-\underset{H}{N}-$ 苯环-[半乳糖]$_3$	0	否

也都能吸附。可见它对胰凝乳蛋白酶的吸附也可能属于这类非专一的吸附作用。为了降低这种疏水性的非专一吸附,有时可采用有机溶剂处理。例如以底物甘胆酸偶联在琼脂糖凝胶上作为吸附剂,分离睾丸酮假单胞菌抽提液中的 3-α-羟基类固醇脱氢酶,烟酰胺腺嘌呤二核苷酸的存在增强了酶与底物的结合,但分离总不完全,这是由于酶和配基间在没有烟酰胺腺嘌呤二核苷酸时也有吸附,即存在着疏水基团的相互作用,如在此分离酶的系统中加入 10％的二甲基甲酰胺就可获得高纯度产品。可见非专一的吸附是亲和层析中的一个干扰因素。

(3) 复合亲和力(compound affinity)　即吸附剂的亲和结合过程,既涉及离子效应的作用,又有疏水作用,且这两种弱的作用还彼此增强,其结果使亲和力大大增强。在与固定配基在较强的生物特异性相互作用系统中,若无复合亲和力便无亲和性,因而也不可能进行纯化,故复合亲和力的增强效应是值得注意的特性。在这一情况下,应当用尝试法来确定离子强度以获得良好的分离效果。对于亲和性高的系统,非特异性的相互作用是一种复杂的特性,建议除应用高浓度的盐和有机溶剂,为了获得最佳的纯化效果,还应对每一具体系统找出其最佳的配基浓度、pH、离子强度和温度。

（二）洗涤

样品上柱后,用大量平衡缓冲液连续洗去无亲和力的杂蛋白,层析图谱上出现第一个蛋白峰。除了用平衡缓冲液,还常用不同的缓冲液洗涤,这样可以进一步除去非专一性吸附的杂蛋白,在柱上只留下专一性亲和物。

（三）洗脱

洗脱所选取的条件应该能减弱亲和对象与吸附剂之间的相互作用,使复合物完全解离。由于亲和层析中亲和对象差异很大,洗脱剂很难统一标准。如果亲和双方吸附能力很强,大量的洗脱液往往只能获得平坦的亲和物洗脱峰。此时往往要改变洗脱缓冲溶液的 pH 和离子强度,但这种改变不能使亲和物失去活性,大多数用 0.1 mol/L 乙酸或 0.01 mol/L 盐酸,有时也可用 pH 为 10 左右的 0.1 mol/L 氢氧化钠溶液洗脱。

洗脱是指改变条件,使亲和络合物完全解离,从吸附剂上脱落下来并回收目的物的操作。洗脱方法主要有以下三种。

1. 非专一性洗脱

最常用的是通过改变洗脱剂的 pH 以影响电性基团的解离程度而洗脱。例如,利用 A 蛋白-Sepharose CL-4B 分离鼠 IgG 亚基时,从 pH=6.5 至 pH=3.0 可洗脱获得不同的组分。在实际使用中,除了分阶段改变 pH,也可以采用 pH 的梯度洗脱。

靠离子强度的分步和梯度变化而进行的洗脱也是一种常用的方法。例如,用赖氨酸-Sepharose 4B 分离 rRNA 时,氯化钠梯度变化(0.05~0.30mol/L)洗脱可获得不同 S 的 RNA。如果亲和势很高,则洗脱剂可用促溶离子,其洗脱能力的强弱顺序为 $Cl^- < I^- < ClO_4^- < CF_3COO^- < SCN^- < CCl_3COO^-$。一些蛋白质变性剂(如脲或盐酸胍)也可应用,但洗脱后必须迅速稀释或透析,以使蛋白质恢复原状。

有些抗原-抗体复合物的形成是由疏水作用引起的。因此用降低缓冲液极性的物质(如<10%的二氧杂环己烷溶液、<50%的乙二醇溶液等)能达到洗脱目的。合适的非专一性洗脱,往往有利于分离和纯化工作的进行。例如,亲和势相同的几个酶被吸附在亲和柱上,可通过变化洗脱条件(pH、离子强度、介电常数)洗脱分离。

2. 特殊洗脱

当一些蛋白质的吸附十分紧密,不能用非专一性吸附方法洗脱时,可用特殊的化学方法裂解配基与载体的连接键,获得的配基-蛋白质络合物,再用透析或凝胶过滤除去配基。一些特殊键的断裂方法有:硫酯键用 pH=11.5(或 1mol/L)羟胺处理 30min；偶氮键用含有 0.1mol/L 连二亚硫酸钠的 0.2mol/L 硼酸缓冲液处理；二硫键用巯基乙醇、半胱氨酸、二硫苏糖醇和二硫赤藓糖醇等处理。有人用亲和层析纯化大肠杆菌 β-半乳糖酶时选用 0.1mol/L 的硼酸缓冲液就能有很好的洗脱效果。这是由于硼酸盐同配基的相互作用，阻止用 pH 洗脱下来的酶重新同配基结合。如果用人血清来制取 α-半乳糖苷酶时，则可用非离子型去污剂进行洗脱。

3．专一性洗脱

以酶的亲和层析为例，说明这类洗脱的方法。例如，酶 E 吸附在亲和柱上，S 为固定化配基，洗脱剂中含有游离配基 I 并对酶的吸附产生影响，可能出现三种不同情况。

第一种是竞争性效应，即 ESI 三元络合物不如 EI 二元络合物稳定，因此增加洗脱剂中 I，会使 E 洗脱下来（柱上的固定化配基 S 与洗脱剂中游离配基 I 相一致时，S＝I）。这就是说，在洗脱剂中加入水溶性的竞争性配基，只洗脱与配基专一作用的酶，而不能洗脱吸附较牢固的酶类。常用的游离配基有浓度抑制剂、辅酶、底物或结构类似物等。例如：用低浓度 NADH 能将 NAD^+ 互补的脱氢酶从 N^6-(6-氨基己烷)-AMP-琼脂糖上定量洗脱下来；利用 0.5mmol/L 的 NAD^+ 和 5mmol/L 丙酮酸溶液与乳酸脱氢酶形成三元络合物，也可将酶洗脱，这种洗脱方法又可称为正洗脱。

第二种情况是当 ESI 络合物的稳定性与 EI 相同时，I 的存在并不影响 E 对 S 的结合，用 I 不能达到洗脱目的，这就是非竞争性效应。

第三种情况是反竞争性效应，即 ESI 三元络合物比 EI 二元络合物稳定，游离配基 I 的存在使酶与固定化配基 S 结合更紧密。反竞争性效应增加了酶与配基的结合力及亲和吸附的选择性，因此它能将专一吸附的蛋白与非专一吸附杂蛋白分开，例如，ε-氨基己烷-苯丙氨酸-CM-Sephadex 亲和柱上柱液中加入 20mmol/L 氨基己酸（赖氨酸类似物），可促使羧肽酶 B 紧紧地与 ε-氨基己烷-苯丙氨酸-CM-Sephadex 结合，如果将氨基己酸的浓度或指数减少，酶将在洗脱液中流出而达到洗脱。在有序的双底物反应中，与配基互补的酶的亲和吸附，如果取决于 A 物的存在与否，则洗脱液中除去 A 物时，吸附在配基上的互补分子也会洗脱下来。例如，用 100μmol/L NADH 使乳酸脱氢酶强烈地吸附在固定化丙酮酸类似物上，若 NADH 从洗脱液中去除，则脱氢酶被迅速洗脱下来，这种洗脱方法也称负洗脱。前面讨论的三种情况可用以下反应方程表示

$$ESI \xrightarrow{K_1} ES + I \qquad K_1 = \frac{[ES][I]}{[ESI]}$$

$$EI \xrightarrow{K_2} E + I \qquad K_2 = \frac{[E][I]}{[EI]}$$

因此，$K_2 < K_1$ 为竞争性的；$K_2 = K_1$ 为非竞争性的；$K_2 > K_1$ 为反竞争性的。

（四）再生

通常情况下亲和吸附剂经洗脱后,只需用亲和吸附缓冲液充分平衡后即可重复使用,无需再生处理。例如,木瓜蛋白酶的亲和吸附剂琼脂糖可反复使用 20 次,EMA-胰蛋白酶分离胰蛋白酶抑制剂可反复使用 100 次以上。不过有的吸附剂在使用数次后亲和力下降,非特异吸附增加,这大多由变性蛋白沉积造成,用 6mol/L 尿素洗柱除去沉积蛋白可恢复原来的吸附量和专一性。此外,二甲基甲酰胺、链霉蛋白也可作用"再生"。但当配基为肽或蛋白质时应慎用。表 2-31 列出了亲和层析中配基的选择和洗脱条件。

表 2-31 亲和层析中配基的选择和洗脱条件

亲和对象	配 基	洗 脱 液
乙酰胆碱脂酶	对氨基-三甲基氯化铵	1mol/L 氯化钠
醛缩酶	醛缩酶亚基	6mol/L 尿素
羧肽酶 A	L-Tyr-D-Trp	0.1mol/L 乙酸
核酸变位酶	L-Trp	0.001mol/L L-Trp
α-胰凝乳蛋白酶	D-色氨酸甲酯	0.1mol/L 乙酸
胶原酶	胶原	1mol/L 氯化钠,0.05mol/L Tris-盐酸
脱氧核糖核酸酶抑制剂	核糖核酸	0.7mol/L 盐酸胍
二氢叶酸还原酶	2,4-二氢-10-甲基蝶酰-L-谷氨酸	5-甲酰四氢叶酸
3-磷酸甘油脱氢酶脂蛋白脂酶	3-磷酸甘油	0.5mol/L 3-磷酸甘油
脂蛋白脂酶	肝素	0.16~1.5mol/L 氯化钠梯度洗脱
木瓜蛋白酶	对氨基苯-乙酸汞	0.0005mol/L 氯化镁
胃蛋白酶,胃蛋白酶原	聚赖氨酸	0.15~1.0mol/L 氯化钠梯度洗脱
蛋白酶	血红蛋白	0.1mol/L 乙酸
血纤维蛋白溶酶原	L-Lys	0.2mol/L 氨基乙酸
核糖核酸酶-S-肽	核糖核酸酶-S-蛋白	50% 乙酸
凝血酶	对氯苯胺	1mol/L 苯胺-盐酸
		0.25mol/L 底物,1mol/L 磷酸盐,pH = 4.5
酪氨酸羟化酶	3-吲哚酪氨酸	0.001mol/L 氢氧化钾
β-半乳糖苷酶	β-半乳糖苷酶	0.1mol/L 氯化钠,0.05mol/L Tris,0.01mol/L 氯化镁,pH = 7.4

亲和对象	配　基	洗　脱　液
DNP 蛋白质	DNP 卵清蛋白	0.1mol/L 乙酸
绒毛膜促性腺激素(人)	绒毛膜促性腺激素(人)	6mol/L 盐酸胍
免疫球蛋白 IgE	IgE	0.15mol/L 氯化钠, 0.1mol/L Gly-盐酸, pH=3.5
IgG	IgG	5mol/L 盐酸胍
IgM	IgM	5mol/L 盐酸胍
胰岛素	胰岛素	0.1mol/L 乙酸, pH=2.5

在正常的情况下当洗脱结束后,需要用大量洗脱剂彻底洗涤亲和柱,然后再用平衡缓冲液使亲和柱充分平衡,亲和柱上可以再次加入试样,反复进行亲和层析。暂不用的亲和柱可存放在防菌污染的冰箱或冷室(低于4℃)中,以备下次再用。

第二十一节　离心分离技术

在生化产品的分离纯化中,反应体系常为悬浮物,其中固体物质浓度在 0.1%～60% 之间,欲获得有效成分首先需进行固-液分离,有时甚至需对溶液中溶解状态的生物大分子产品进行分离和分析。悬液中物质由可溶性分子直至直径为 1mm 左右的不溶性颗粒组成,其颗粒大小范围较广。在进行固-液分离时,有些反应体系可采用沉降或过滤技术加以分离,有些需采用助滤剂辅助过滤。但对于固体颗粒小、溶液黏度大的发酵液、细胞培养液或生物材料的大分子抽提液,过滤很难奏效,必须采用离心技术方可达到分离的目的。过滤通常形成含水量较低的滤饼,而离心一般得到含水量较高的浓缩物或浆液。

悬浮液静置时,在重力作用下,密度大于周围溶液的固体颗粒逐渐下沉,称为沉降作用;相反,则称为漂浮作用。当颗粒较细,溶液黏度较大时,沉降速率很缓,如抗凝血需静置 1d 以上才能达到血球与血浆分离的目的。但若采用离心技术则可加速颗粒沉降过程,缩短沉降时间。在离心力场作用下,加速悬浮液中固体颗粒沉降(或漂浮)速率的方法称为离心技术,它是生化产品制备中物质分离纯化的重要手段之一。

一、离心力与沉降速率的关系

当假定沉降对象为理想球形颗粒,生物活性溶质基本接近于理想球形颗粒时,下述讨论基本适用。

设离心机转子以匀角速度 ω 进行等速度旋转运动,悬浮液中球形颗粒直径为 d,体积为 V,颗粒密度为 ρ,溶剂密度为 ρ_0,溶液黏度系数为 η,颗粒中心与离心机转轴中心距离为 r。根据牛顿第二定律及阿基米德原理,质量为 m 的球形颗粒受到的离心力(F)为

$$F = m\omega^2 r$$

若角速度 ω 用转速 $N(\text{r/min})$ 表示其线速度,则

$$F = \frac{4\pi^2 N^2 r}{3600} m$$

由上式可知,质量不同的颗粒在离心力场中所受离心力不同,因此离心机运转时其离心力实际上无从表达。目前通常用离心力与重力($w = mg$)的比值来表示离心机的离心能力,称为相对离心力(relative centrifugal force, RCF),也称为离心分离因素,用符号"$\times g$"或"g"表示。

$$\text{RCF} = \frac{4\pi^2 N^2 rm}{3600 mg} = \frac{4\pi^2 N^2 r}{3600 \times 980} = 11.18 \times 10^{-6} N^{-2} r (\times g)$$

离心力场中,颗粒在沉降方向上受到离心力($m\omega^2 r$)、浮力($-m_0\omega^2 r$)及摩擦力(f)3 个力的作用,m_0 为颗粒所排开溶剂的质量。根据 Stokes 流体力学定理,在溶液中以沉降速率 v 运动的颗粒受到流体的反向摩擦力为

$$f = 3\pi d\eta v$$

在离心力场中,若颗粒以均匀速度运动,则三力之和为零

$$m\omega^2 r - m_0\omega^2 r - 3\pi d\eta v = 0$$

因为

$$v\rho = m, \qquad v\rho_0 = m_0$$

所以

$$v(\rho - \rho_0)\omega^2 r = 3\pi d\eta v$$

则颗粒在离心力场中沉降速率 v 为

$$v = \frac{d^3(\rho - \rho_0)}{18\eta}\omega^2 r$$

由上式可以看出,当 $\rho > \rho_0$ 时,颗粒沿离心力方向移动;$\rho = \rho_0$ 时,颗粒处于某一位置,达到平衡状态;$\rho < \rho_0$ 时,颗粒沿逆离心力方向移动。

此外还可看出,在特定溶剂中,颗粒的密度越大,移动速率越大,密度不同的颗粒移动速率不同。故以上方程是离心分离的理论基础。

二、离心机的分类

离心机是在高速旋转的转子中,借离心力作用过滤和澄清悬浮液,分离分析生物大分子或两种相对密度不同而又互不相溶的液体分开的设备。目前离心机种类繁多,根据其处理样品方式分为定容型与连续型两类,定容型离心机每次处理量为 0.2mL 至 10L,连续离心机每小时处理样品数升至数吨。

以离心机容量及使用范围不同,可分为工业用及实验室用离心机。工业用离心机生产能力大,最高转速 16 000 r/min,最大分离因素 50 000g,主要用于生化产品的制备、食品、发酵及化学工业生产;实验室用离心机样品处理量小,最高转速可达 160 000 r/min,最大分离因素可达 1 000 000g 以上,其构造的复杂程度因用途不同而异,主要用于实验室、中试及生化产品小批量生产及样品的分离分析。

另外,根据离心机转速又可分为普通、高速及超速离心机。

普通离心机种类规格繁多,但其结构简单,主要由转子、驱动马达及速率调控装置构成,转速大都在 5000 r/min 以下,最大分离因素在 6000g 以下。样品处理量分工业规模及实验室规模不等,如国产 LXJ Ⅱ、LXJ-64-01、74B-400、74B -800 及 74B -801 等型号皆为实验室用普通离心机,也有带制冷设备的,如德国产 K-80 型离心机等。这类离心机主要用于收集细胞、蛋白质、核酸、酶及多糖等颗粒及大分子沉淀物。

高速离心机结构较复杂,除驱动马达及速率控制装置外,均具有制冷系统、温度自控装置,并配备有几种转子及各种不同离心管,用于分离溶酶体、高尔基体、线粒体和微粒体等细胞器、生物大分子盐析沉淀物及细胞等。这类离心机有美国 Dupont Sorvall RC5B、BeckmannJ_2-21、J_2-2IM;德国 Cryofuge20-3、K-70、K-80;日本 Hitachi 20PR-52D、SCR-20BA、20BB;国产 GL-20、FL-20、GL-18 及 TGL-18 等。

超速离心机是指相对离心力在 100 000g 以上的离心设备,通常转速在 60 000 r/min 以上,目前最高转速已达 160 000 r/min,相对离心力达 1 000 000g 以上。这类离心机又分为制备性离心机、分析性离心机及制备兼分析性离心机,其样品处理量一般在 10mL 至数十毫升,多用于蛋白质、酶、核酸、多糖、细胞器的分离纯化及其沉降系数、相对分子质量、扩散系数的分析和构象变化的观察。目前国外生产的制备性超速离心机有美国的 Beckmann L8 系列(80、70、55)、L5-B 系列(75、65、55)、Dupont 的 Sorvall、OTD B 系列(75、65、55),日本的 Hitachi SCP-H 系列(85、70、55)及 P-72 系列(85、70、55),德国 Heraeus Christ 的 Ultrafuge75 及瑞士的 Kontron TGA 系列(75、65、55)等。

三、各种制备离心机的使用

(一) 一般制备离心

一般制备离心是指在分离、浓缩、提纯样品中,不必制备密度梯度的一次完成的离心操作。

最简单的离心机由金属转头和驱动装置组成。转头带有盛放液体的离心管的孔洞,驱动常用马达或其他可调转速的装置。如台式或地面式普通离心机是最简单而价廉的离心机,常用于压紧或收集最快速沉降的物质。大多台式离心机的最大转速不超过 4000r/min,并在室温下运转,但有些机种也配有冷却装置。尽管这种离心机的运转速率和温度调节不够精确,但仍具有多种用途而无需动用庞大而精巧的仪器设备,是小量制备最多使用的,使用时应注意以下事项。

1. 检查

注意离心机的金属(或塑料)离心套管必须完整。管底应填好软垫,如果管底有固体碎屑或废液残留应予清除。用于离心的离心管(或小试管)管底不可有裂纹。加液量不可过满。

2. 平衡

离心前需将离心机上对称位置的一对套管连同离心管用粗天平称量,在对称位置套管中放盛水的离心管调节水量使之质量平衡(要求在 0.1g 以内),以免两侧质量不均造成事故。

3. 启动及停机

启动离心机前应检查其转子是否正常(能进行自由旋转),开关是否在零位,然后打开电源开关。启动离心机应逐渐缓慢增速,不可一开始就用高速挡启动离心机。所需转速应能使沉淀物完全沉淀,一般说明书中均有指明,不必用过高的转速离心,以免离心机损坏。停止离心时原则上可一次将电源切断,任其自行停转,但有的离心机转子部分质量很小,惯性很小,一次关断电源,转子可在数秒钟内即停转,此时因停转过快,可使离心管中液体发生漩涡,把沉淀物搅起,因此可考虑逐级减速的方法,最后把开关退至零位。

(二) 制备超速离心技术

制备超速离心技术是指在强大的离心力场下,依据物质的沉降系数、质量和形状不同,将混合物样品中各组分分离、提纯的一项技术。制备超离心机的结构装置较复杂,一般由转子转动、速率控制系统、温度控制系统和真空系统四个主要部分组成。有完善的冷却和真空系统,以消除摩擦热(转速大于 20 000r/min,摩擦生热严重),保护转子和离心样品;还有精确、严格的传动系统及速率、温度的监测控制系统;此外,还有防过速装置、润滑油自动循环系统、电子控制装置和操纵板等,以保证操作安全、自动化和获得最好的离心效果。

在离心技术的发展史上,制备超离心是制备离心发展的最高形式,它与其他离心形式的不同之处如表 2-32 所示。

表 2-32 3种不同级别的制备离心机的比较

类 型	普通离心机	高速离心机	超速离心机
最大转速/(r/min)	6 000	25 000	可达 75 000 以上
最大相对离心力 g	6 000	89 000	可达 510 000 以上
分离形式	固液沉淀	固液沉淀分离	密度梯度区带分离或差速沉降分离
转子	角式和外摆式转子	角式、外摆式转子等	角式、外摆式、区带转子等
仪器结构性能和特点	速率不能严格控制,多数室温下操作	有消除空气和转子间摩擦热的制冷装置,速率和温度控制较准确、严格	备有消除转子与空气摩擦热的真空和冷却系统,有更为精确的温度和速率控制、监测系统,有保证转子正常运转的传动和制动装置等
应用	收集易沉降的大颗粒（如RBC、酵母细胞等）	收集微生物、细胞碎片、大细胞器、硫酸铵沉淀物和免疫沉淀物等,但不能有效沉淀病毒、小细胞器(如核糖体)、蛋白质等大分子	主要分离细胞器、病毒、核酸、蛋白质、多糖等甚至能分开分子大小相近的同位素标记物^{15}N-DNA 和未标记的DNA

制备超离心法可分为两大类型:差速离心法与密度梯度区带离心法。

1. 差速离心法

采用逐渐增加离心速率或低速与高速交替进行离心,使沉降速率不同的颗粒,在不同离心速率及不同离心时间下分批离心的方法,称为差速离心法。差速离心一般用于分离沉降系数相差较大的颗粒。

进行差速离心时,首先要选择好颗粒沉降所需的离心力和离心时间。离心力过大或离心时间过长,容易导致大部分或全部颗粒沉降及颗粒被挤压损伤。当以一定离心力在一定的离心时间内进行离心时,在离心管底部就会得到最大和最重颗粒的沉淀,进一步加大转速对分出的上清液再次进行离心,又得到第二部分较大、较重颗粒的沉淀及含更小而轻颗粒的上清液。如此多次离心处理,即能把液体中的不同颗粒较好地分离开。此法所得沉淀是不均一的,仍混杂其他成分,需经再悬浮和再离心(2～3次),才能得到较纯的颗粒。

差速离心法主要用于分离细胞器和病毒。其优点是:操作简单,离心后用倾倒法即可将上清液与沉淀分开,并可使用容量较大的角式转子。

缺点是:①分离效果差,不能一次得到纯颗粒;②壁效应严重,特别是当颗粒很大或浓度很高时,在离心管一侧会出现沉淀;③颗粒被挤压,离心力过大,离心时间过长会使颗粒变形、聚集而失活。

2. 密度梯度区带离心法

密度梯度区带离心法(简称区带离心法)是样品在一惰性梯度介质中进行离心

沉降或沉降平衡,在一定离心力下把颗粒分配到梯度中某些特定位置上,形成不同区带的分离方法。

该法的优点是:①分离效果好,能一次获得较纯颗粒;②适应范围广,既能分离具有沉降系数差的颗粒,又能分离有一定浮力密度差的颗粒;③颗粒不会挤压变形,能保持颗粒活性,并防止已形成的区带由于对流而引起混合。

缺点是:①离心时间较长;②需要制备梯度;③操作严格,不易掌握。

区带离心法又可分为差速-区带离心法(动态法或沉降速率法)和等密度离心法(平衡法或沉降平衡法)。

(1) 差速-区带离心法 当不同的颗粒间存在沉降速率差时,在一定离心力作用下,颗粒各自以一定速率沉降,在密度梯度的不同区域上形成区带的方法称为差速-区带离心法。差速-区带离心法仅用于分离有一定沉降系数差的颗粒,与其密度无关。大小相同、密度不同的颗粒(如线粒体、溶酶体和过氧化物酶体)不能用本法分离。

离心时,由于离心力的作用,颗粒离开原样品层,按不同沉降速率沿管底沉降。离心一定时间后,沉降的颗粒逐渐分开,最后形成一系列界面清楚的不连续区带。沉降系数越大,往下沉降得越快,所呈现的区带也越低。沉降系数较小的颗粒,则在较上部分依次出现。从颗粒的沉降情况来看,离心必须在沉降最快的颗粒(大颗粒)到达管底前或刚到达管底时结束,使颗粒处于不完全的沉降状态而出现在某一特定区带内。

在离心过程中,区带的位置和形状(或宽度)随时间而改变,因此,区带的宽度不仅取决样品组分的数量、梯度的斜率、颗粒的扩散作用和均一性,也与离心时间有关。时间越长,区节越宽。适当增加离心力可缩短离心时间,并可减少扩散导致的区带加宽现象,增加区带界面的稳定性。

差速-区带离心的分辨率受颗粒的沉降速率和扩散系数、实验设计的离心条件、离心操作的熟练程度的影响。

(2) 等密度离心法 当不同颗粒存在浮力密度差时,在离心力场下,颗粒或向下沉降,或向上浮起,一直沿梯度移动到它们密度恰好相等的位置上(即等密度点)形成区带,称为等密度离心法。

等密度离心的有效分离取决于颗粒的浮力密度差,密度越大,分离效果越好,与颗粒的大小和形状无关。但后两者决定着达到平衡的速率、时间和区带的宽度。颗粒的浮力密度不是恒定不变的,还与其原来密度、水化程度及梯度溶质的通透性或溶质与颗粒的结合等因素有关。例如某些颗粒容易发生水化使密度降低。

等密度离心的分辨率受颗粒性质(密度、均一性、含量)、梯度性质(形状、斜率、黏度)、转子类型、离心速率和时间的影响。颗粒区带宽度与梯度斜率、离心力、颗粒相对分子质量成反比。

根据梯度产生的方式可分为预形成梯度和离心形成梯度的等密度离心(后者

称平衡等密度离心)。前者需要事先制备密度梯度,常用的梯度介质主要是非离子型的化合物(如蔗糖、Ficoll);离心时把样品铺放在梯度的液面上,或导入离心管的底部。平衡等密度离心常用的梯度介质有离子型的盐类、三碘化苯衍生物及硅溶胶等;离心时是把密度均一的介质液和样品混合后装入离心管,通过离心形成梯度,让颗粒在梯度中进行再分配,离心达到平衡后,不同密度颗粒各自分配到其等密度点的特定梯度位置上,形成不同的区带,大颗粒的平衡时间可能比梯度本身的平衡时间短,而小颗粒则较长,因此,离心所需时间应以最小颗粒到达平衡点的时间为准。

(三) 分析超离心

不同于制备超离心,分析超离心主要是为了研究生物大分子的沉降特征和结构,而不是实际收集一些特殊的部分。因此,它使用了特殊设计的转头和检测系统,以便连续地监测物质在一个离心场中的沉降过程。

分析超速离心机可以在约 70 000r/min 的速率下进行操作,产生高达 500 000g 的离心场。分析超速离心机主要有一个椭圆形的转头组成,该转头通过一个有柔性的轴连接到一个高速的驱动装置上,这种轴可使转头在旋转时形成它自己的轴。转头在一个冷冻的和真空的腔中旋转,转头能容纳两个小室:一个分析室和一个配衡室。这些小室在转头中始终保持着垂直的位置。配衡室是一个经过精密车工的金属块,作分析室的平衡用。在配衡室上钻通两个孔,它们离开旋转中心的距离是经过标定的。这些定标是用来确定分析室中的距离。分析室(通常容量为 1mL)是扇形的,当正确地排列在转头中时,尽管处于垂直位置,其原理和水平转子相同,产生一个十分理想的沉淀条件。

分析室有上下两个平面的石英窗。离心机中装有一个光学系统,在整个离心期间都能观察小室中沉降着的物质,在预定的时间可以拍摄沉降物质的照片。可以通过紫外光的吸收(如对蛋白质和 DNA)或者折射率的改变对沉降物进行监测,即当光线通过一个具有不同密度区的透明液体时,在这些区带的界面上使光发生折射,就在检测系统的照相底板上产生一个"峰"。由于沉降不断进行,界面向前推进,因此峰也移动了。从峰移动的速率可以得到物质沉降速率数据。

分析超离心在生化产品的制备中的应用包括测定生物大分子的相对分子质量、估价样品的纯度和检测大分子构象的变化。

四、离心机转数与相对离心力的换算法

相对离心力:RCF 为相对离心力,以地心引力即重力加速度的倍数来表示,一般用 g 表示,有计算分式

$$RCF = 1.119 \times 10^{-5} \times r \times v^2$$

式中：r 为离心半径，即在离心时从离心管中轴底部内壁到离心机转轴中心的距离（cm）；v 为离心机每分钟转速（r/min）。

查列线图（图 2-64）：离心半径 25cm，转速 1200r/min，相对离心力为多少？

查列线图方法：只要找到半径为 25cm 位置，转速为 1200 的位置，用直尺将两点连接，与 RCF 线交叉处即为相对离心力的位置。注意，转速位置读左边，RCF 也读左边；相反，转速读右边，RCF 也读右边。此法快速简便。

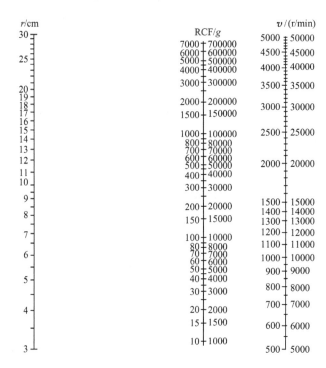

图 2-64　离心机转速与离心力的列线图

第二十二节　结晶和重结晶作用

结晶是溶质呈晶态从溶液中析出的过程。由于初析出的结晶多少总会带一些杂质，因此需要反复结晶才能得到较纯的产品。从比较不纯的结晶再通过结晶作用精制得到较纯的结晶，这一过程叫重结晶（或称再结晶、复结晶）。结晶是分离纯化蛋白质、酶等生化产品的一种有效手段，变性蛋白质不能结晶，所以凡结晶状态的蛋白质都能保持天然状态。晶体内部有规律的结构，规定了晶体的形成必须是相同的离子或分子，才可能按一定距离周期性地定向排列而成，所以能形成晶体的物质是比较纯的。在生化制备中，许多小分子物质如各种有机酸、单糖、核苷酸、氨基酸、维生素、辅酶等，由于其结构比较简单，分离至一定纯度后，绝大部分都可以定向聚合形成分子型或离子型的晶体。但有的生化产品如核酸，由于分子高度不对称,呈麻花形螺旋结构,虽已达到很高的纯度,也只能得到絮状或雪花状的固体。

为了得到更好的晶体,生产中应掌握以下条件。

1. 纯度

所谓纯度是指所需要的组分在样品总量中所占的比例(一般为质量分数)。杂质占比例越低,则所制备物质的纯度越高。各种物质在溶液中均需达到一定的纯度才能析出结晶,这样就可使结晶和母液分开,以达到进一步分离纯化的目的。生化产品也不例外,一般说来纯度愈高愈易结晶。就蛋白质和酶而言,结晶所需纯度不低于50%,总的趋势是越纯越易结晶。结晶的制品并不表示达到了绝对的纯化,只能说达到了相当纯的程度。但有时纯度虽不高,若加入有机溶剂和制成盐时,也能得到结晶。

2. 浓度

结晶液一定要有合适的浓度,溶液中的溶质分子或离子间便有足够的相碰机会,并按一定速率进行定向排列聚合才能形成晶体。但浓度太高达到饱和状态时,溶质分子在溶液中聚集析出的速率太快,超过这些分子形成晶体的速率,相应溶液黏度增大,共沉物增加,反而不利于结晶析出,只获得一些无定形固体微粒,或生成纯度较差的粉末状结晶。结晶液浓度太低,样品溶液处于不饱和状态,结晶形成的速率远低于晶体溶解时速率,也得不到结晶。因此只有在稍过饱和状态下,即形成结晶速率稍大于结晶溶解速率的情况下才能获得晶体。结晶的大小、均匀度和结晶的饱和度有很大关系。如在味精(谷氨酸钠)的结晶过程中,只有溶液保持适当的浓度,形成的结晶才最佳,浓度过高时,结晶液发生混浊现象,表示新的晶核大量形成,此时须用热的蒸馏水调节到合适浓度才能消除混浊现象,获得整齐的较大结晶。

3. pH

pH的变化,可以改变溶质分子的带电性质,是影响溶质分子溶解度的一个重要因素。在一般情况下,结晶液所选用的pH与沉淀大致相同。蛋白质酶等生物大分子结晶的pH多选在该分子的等电点附近。如溶菌酶的等电点为$11.0 \sim 11.2$。5%的溶菌酶溶液,pH为$9.5 \sim 10$,在4℃放置过夜便析出结晶。如果结晶时间较长并希望得到较大的结晶时,pH可选择离等电点远一些,但必须保证这些分子的生物活性不受到损害。细胞色素c的等电点为$9.8 \sim 10.1$,其质量分数为1%,pH=6.0左右生成的结晶最佳。细胞色素c(氧化型)对pH范围要求很窄,pH超过6.6或不到5.0,虽然增大细胞色素c的质量分数,也得不到结晶。当然对不同蛋白质及生化产品所要求的pH范围宽窄不一,要视具体情况而定。

4. 温度

冷却的速率及冷却的温度直接影响结晶效果,冷却太快引起溶液突然过饱和,易形成大量结晶微粒,甚至形成无定形沉淀。冷却的温度太低,溶液黏度增加,也会干扰分子定向排列,不利于结晶的形成。生物大分子整个分离纯化过程,包括结晶在内,通常要求在低温或不太高的温度下进行。低温不仅溶解度低,而且不易变性,并可避免细菌繁殖。在中性盐溶液中结晶时,温度可在0℃至室温的范围内选择。

5. 时间

结晶的形成和生长需要一定时间,不同的化合物,结晶时间长短不同。蛋白质、酶等生物大分子结晶时,由于分子内有许多功能团和活性部位,其结晶的形成过程也复杂得多。简单的无机或有机分子形成晶核时需要几十甚至几百个离子或分子组成。但蛋白质分子形成晶核时,只需很少几个分子即可,不过这几个分子整齐排列成晶核时比几十个、几百个分子、离子所费时间多得多,所以蛋白质、酶、核酸等生物大分子形成结晶常需要较长时间,因此经常需要放置。在生化产品制备中,时间不宜太长,通常要求在几小时之内完成,以缩短生产周期,提高生产效率。

6. 晶种

不易结晶的生化产品常需加晶种。有时用玻璃棒摩擦容器壁也能促进晶体析出。需要晶种形成结晶的产品,大多数收率不高。

第二十三节　电泳分离技术

一、概　　述

蛋白质是一种两性电解质,在一定 pH 条件下可解离成带电离子,在电场作用下可向与其本身所带电荷相反的电极移动,这种现象称为电泳(electrophoresis)。由于不同蛋白质的等电点不同,在同一 pH 缓冲液中所带电荷性质及电荷量不同,加上各种蛋白质分子的黏度和相对分子质量不同,在同一电场作用下移动的方向和速率不同,因此,利用电泳技术可对蛋白质进行分离、纯化。电泳技术由 Tiselius 于 1937 年首先建立,1948 年由于电泳方法的改进而被广泛接受和重视。随着科学技术的迅猛发展,电泳技术也不断被完善和发展,特别是电脑和网络技术的发展,使电泳的控制及电泳结果的分析更为精确和深入,因而其应用也就更广泛,已成为蛋白质研究领域不可缺少的技术。

电泳的种类很多,根据电泳的方法、支持物、方向等的不同,电泳的分类也不一样。根据有无支持物分为自由界面电泳和区带电泳。自由界面电泳是利用胶体溶液的溶质颗粒经过电泳后,在溶液和溶剂之间形成界面,从而达到分离的目的。区带电泳也称为支持电泳,是样品在惰性支持物上进行电泳的过程,因为有支持物的存在减少了界面之间的扩散程度和干扰的发生,而且多数支持物还具有分子筛的作用,更增加了电泳的分辨率,加上区带电泳简单易行,成为目前应用的主要电泳技术。

根据电泳使用的技术可分为显微电泳、免疫电泳、密度梯度电泳、等电聚焦电泳等;根据电泳的方向又分为水平电泳和垂直电泳;根据所用支持物的不同又分为纸电泳、醋酸纤维素膜电泳、琼脂糖凝胶电泳及聚丙烯酰胺凝胶电泳等;根据电泳系统的连续性还可分为连续性电泳和不连续性电泳等。

二、电泳方法的分类

(一) 按支持物的物理性状不同

(1) 滤纸及其他纤维薄膜电泳　如醋酸纤维、玻璃纤维、聚氯乙烯纤维电泳。
(2) 粉末电泳　如纤维素粉、淀粉、玻璃粉电泳。
(3) 凝胶电泳　如琼脂、琼脂糖、硅胶、淀粉胶、聚丙烯酰胺凝胶电泳。
(4) 丝线电泳　如尼龙丝、人造丝电泳。

(二) 按支持物的装置形式不同

(1) 平板式电泳　支持物水平放置,是最常用的电泳方式。
(2) 垂直板式电泳　聚丙烯酰胺凝胶常做成垂直板式电泳。
(3) 垂直柱式电泳　聚丙烯酰胺凝胶盘状电泳即属于此类。
(4) 连续液动电泳　首先应用于纸电泳,将滤纸垂直竖立,两边各放一电极,溶液自顶端向下流,与电泳方向垂直。后来有用淀粉、纤维素粉、玻璃粉等代替滤纸来分离血清蛋白质,分离量较大。

(三) 按 pH 的连续性不同

(1) 连续 pH 电泳　在整个电泳过程中 pH 保持不变,常用的纸电泳、醋酸纤维薄膜电泳等属于此类。
(2) 非连续 pH 电泳　缓冲液和电泳支持物间有不同的 pH,如聚丙烯酰胺凝胶盘状电泳分离血清蛋白质时常用这种形式。它的优点是易在不同 pH 区之间形成高的电位梯度区,使蛋白质移动加速并压缩为一极狭窄的区带而达到浓缩的作用。

近年来发展的等电聚焦电泳(electrofocusing),也属于非连续 pH 电泳。它利用人工合成的两性电解质(商品名为 Ampholin,是一类脂肪族多胺基多羧基化合物),在通电后形成一定的 pH 梯度,被分离的蛋白质停留在各自的等电点而形成分离的区带。电极两端一端是酸,另一端是碱。

等速电泳(isotachophoresis)也属于非连续 pH 电泳。它的原理是将分离物质夹在先行离子和随后离子之间,通电后被分离物质的电泳速率相同,所以叫等速电泳。近年发明的塑料细管等速电泳仪,可以进行毫微克量物质的分离,该仪器采用数千伏的高电压,几分钟内即完成分离,用自动记录仪进行检测。它的出现是电泳技术革新的成果。

三、电泳的基本原理

电泳是带电粒子在电场中移动的现象。当把一个带电荷(q)的颗粒放入电场时,便有一个力($F_{引}$)作用于其上。$F_{引}$ 的大小取决于颗粒静电荷及其所处的电场强度(X),它们的关系是

$$F_{引} = Eq$$

由于 $F_{引}$ 的作用,使带电颗粒在电场中向一定方向泳动。此颗粒在泳动过程中还受到一个相反方向的摩擦力(f)阻挡,当这两种力相等时,颗粒则以相等速率(v)向前移动,即

$$v = F_{引}/f = Eq/f$$

式中:f 为摩擦系数。根据 Stoice 公式,阻力大小取决于带电颗粒的大小、形状及所用介质的黏度,即

$$f_{阻} = 6\pi r\eta$$

式中:r 为颗粒半径;η 为介质黏度。该公式系指球形颗粒所受的阻力。把 $f_{阻} = 6\pi r\eta$ 代入 $v = F_{引}/f = E \cdot q/f$,则

$$v = Eq/(6\pi r\eta)$$

从上式可以看出,带电颗粒在电场中泳动的速率与电场强度(E)和带电颗粒的净电荷量(q)成正比,与颗粒半径和介质黏度成反比。蛋白质是两性电解质,在一定 pH 下,可解离成带电荷的离子,在电场作用下可以向与其电荷相反的电极泳动,泳动速率主要取决于蛋白质分子所带电荷的性质、数量及颗粒的大小和形状。由于各种蛋白的等电点(pI)不同,相对分子质量不同,在同一 pH 缓冲溶液中所带电荷不同,故在电场中的泳动速率也不同。利用此性质,可将混合液中不同的蛋白质分离开,也可用其对样品的纯度进行鉴定。

由 $v = Eq/(6\pi r\eta)$ 式可知,相同带电粒子在不同强度的电场里泳动速率是不同的。为了便于比较,常用迁移率(或称泳动度)代替泳动速率表示粒子的泳动情况。迁移率为带电粒子在单位电场强度下的泳动速率。若以 m 表示迁移率,在此式两边同时除以电场强度 E,则得

$$m = \frac{q}{6\pi r\eta}$$

由于蛋白质、氨基酸等的电离度 α 受溶液 pH 影响，所以常用迁移率 m 和当时条件下电离度 α 的乘积即有效迁移率 U 表示泳动情况

$$U = m \cdot \alpha$$

将 $m = \dfrac{q}{6\pi r\eta}$ 代入 $U = m\alpha$，得

$$U = \frac{q\alpha}{6\pi r\eta}$$

由上式可以看出，影响分子带电量 q 及电离度 α 的因素如溶液的 pH，影响溶液黏度系数的因素如温度、分子的半径 r 等，都会影响有效迁移率。因此，电泳应尽可能在恒温条件下进行，并选用一定 pH 的缓冲液。所选用的 pH 以能扩大各种被分离组分所带电荷量的差异为好，以利于各种成分的分离。

四、影响电泳速率的因素

(1) 电场强度　电场强度是指每厘米的电位降（V/cm），也称电势梯度（电位梯度）。电场强度对电泳速率起着决定作用。电场强度愈高，带电颗粒泳动速率愈快。根据电场强度大小，又将电泳分为常压电泳和高压电泳，用高压电泳分离样品需要的时间比常压电泳短。

(2) 缓冲溶液的 pH　缓冲溶液的 pH 决定带电颗粒解离的程度，即决定其净电荷的量。对于蛋白质而言，缓冲溶液的 pH 离等电点越远，所带净电荷的量越多，泳动速率越快，反之则越慢。因此，当要分离某一蛋白质混合物时，应选择一个合适的 pH，使各种蛋白质所带电荷的量差异大，有利于彼此分开。

(3) 缓冲溶液的离子强度　溶液的离子强度也能影响电泳的速率。溶液的离子强度增高，缓冲液负载的电流增强，样品所负载的电流则降低，使带电颗粒的泳动速率降低；若离子强度过低，则缓冲能力差，往往会因溶液 pH 的变化，影响颗粒的泳动速率。

(4) 电渗　在电场中液体对于固体支持物的相对移动称为电渗。电渗是由于支持介质中某些基团解离并吸附溶液的正离子或负离子，使靠近支持物的溶液相对带电而造成的。例如滤纸的纤维间具有大量孔隙，其中的一些基团可能解离成正离子，能吸附溶液中的负离子，而与纸相接触的水溶液带正电荷，液体便向负极移动。在电场作用下，液体向负极移动时，可携带颗粒同时移动。例如在 pH 为 8.6 时，血清蛋白进行纸电泳时，γ-球蛋白与其他蛋白质一样带负电荷，应该向正极移动，然而它却向负极方向移动，这就是电渗作用的结果。所以电泳时颗粒泳动的表观速率是颗粒本身的泳动速率与由于电渗影响而携带的移动速率两者的加

和。若电泳方向与电渗方向相同,则其表观速率将比泳动速率快;若二者方向相反,则其表观速率将比泳动速率慢。

(5) 焦耳热　在电场中根据热量 $Q = A^2 \Omega$,电泳时会产生热量,使电泳系统的温度升高,并且电阻随温度升高而下降,因此如果电压保持不变,那么温度升高会引起电流的升高,并且促使支持介质上溶剂的蒸发,为了消除这些不利影响,使电泳的可重复性增高,可使用经过稳定的电源装置,进行稳压或稳流电泳;还可用一个密闭的电泳槽以减少缓冲液的蒸发;在电泳槽中加设一个冷却系统,起到外加冷却的作用。

五、聚丙烯酰胺凝胶电泳

聚丙烯酰胺凝胶电泳(polyacrylamide gel electrophoresis,PAGE)是在 1959 年由 Ornstei 和 Darvis 创造的,至 1964 年他们从理论上进一步阐述,在技术上也进行了改进,该方法操作简单,分辨率高。如用醋酸纤维素薄膜电泳只能将血清蛋白分离成为 5～8 个组分,而聚丙烯酰胺凝胶电泳则能使之分离成为 30 个以上的组分,因此这个方法被迅速推广,成为生物学研究的常规技术。

根据凝胶的形状,PAGE 可以分为圆盘状电泳(disc page electrophoresis)和垂直或水平板状电泳(slad page electrophoresis)。垂直电泳或水平电泳的同一块胶板上可以同时分离数个样品,重复性较圆盘电泳好,同时平板型电泳结合等电聚焦、免疫电泳等进行两相分析,还利于进行显影等显示已分离的各个组分,故近年来板状电泳的应用更为广泛。

(一) 基本原理

PAGE 是一种以聚丙烯酰胺凝胶为支持介质的区带电泳。聚丙烯酰胺凝胶由单体(monomer)丙烯酰胺(acrylamide,Acr)和交联剂(crosslinker)N,N-甲叉双丙烯酰胺(N,N-methylene-bis acrylamide,Bis)聚合交联而成。聚丙烯酰胺凝胶具有三维网状结构,电泳颗粒通过网状结构的空隙时受到摩擦力的作用,摩擦力的大小与样品颗粒的大小呈正相关。可见,样品生化物质在电场作用下受到两种作用力,即静电引力和摩擦产生的阻力,因而大大提高了电泳的分辨能力。

1. 凝胶的聚合

Acr 和 Bis 在有自由基存在时,即可聚合成凝胶。引发产生自由基的方法有化学法和光学法。

(1) 化学聚合　化学聚合的催化剂一般采用过硫酸铵(ammonium persulfate,AP),加速剂是脂肪族的叔胺,如四甲基乙二胺(tetramethyl ethylenediamine,TEMED)、三乙醇胺和二甲基氯丙腈等,其中以 TEMED 为最好。当过硫酸铵被加入 Acr、Bis 和 TEMED 的水溶液时,立即产生过硫酸自由基,该自由基再激活 TEMED,随后 TEMED 作为一个电子载体提供一个未配对电子,将丙烯酰胺单体活化。活化的丙烯酰胺彼此连接,聚合成含有酰胺基侧链的脂肪族多聚链。相邻的两条多聚链之间,随机地通过 Bis 交联起来,形成三维网状结构的凝胶物质。

(2) 光聚合   通常以核黄素为催化剂,不加 TEMED 即能聚合,但加入它可加速聚合。光聚合通常需要痕量氧的存在,核黄素经光解形成无色基,再被氧化成自由基,从而引发聚合作用。一般光聚合用于制备大孔胶,化学聚合用来制备小孔胶。

2. 凝胶用量计算

聚丙烯酰胺凝胶孔径的大小取决于反应体系中凝胶总浓度和交联度。总浓度通常用 $T\%$ 表示,即 100mL 凝胶溶液中含的 Arc 和 Bis 的总克数;交联度通常用 $C\%$ 表示,即交联剂(Bis)占单体和交联剂总量的百分数。凝胶浓度和交联度的计算公式如下

$$T\% = \frac{(a+b)}{V} \times 100\%$$

$$C\% = \frac{b}{(a+b)} \times 100\%$$

式中:a 为单体 Acr 的质量(g),b 为交联剂 Bis 的质量(g),V 为溶液的体积(mL)。

通常凝胶的孔径、透明度和弹性随着凝胶浓度的增加而降低。分离不同相对分子质量生化物质的混合物时,只有选择适宜浓度的凝胶才能奏效。常用于分离血清蛋白的标准凝胶是指浓度为 75% 的凝胶。用此胶分离大多数生物体内的蛋白质,电泳结果一般都满意。当分析一个未知样品时,常常先用 7.5% 的标准凝胶或用 4%～10% 的梯度凝胶试验,以便选择到理想浓度的凝胶。当分离物的相对分子质量已知时,可参考表 2-33 选择适宜的凝胶浓度。

表 2-33　选择聚丙烯酰胺凝胶浓度参考值

样品	相对分子质量范围	适宜凝胶浓度/%
蛋	$<10^4$	20～30
白	$1 \times 10^4 \sim 4 \times 10^4$	15～20
质	$4 \times 10^4 \sim 1 \times 10^5$	10～15
	$10^5 \sim 5 \times 10^5$	5～10
	$>5 \times 10^5$	2～5
核	$<10^4$	15～20
酸	$10^4 \sim 10^5$	5～10
	$10^5 \sim 2 \times 10^5$	2～2.6

3. 分离效应

聚丙烯酰胺凝胶电泳分为连续性电泳和不连续性电泳两个系统。连续性电泳系统的凝胶浓度一致,凝胶中的 pH 及离子强度与电泳槽液的相同。不连续电泳系统存在 4 个不连续性:①凝胶层的不连续性,通常含有 3 种性质不同的凝胶(表 2-34);②缓冲液离子成分的不连续性;③ pH 的不连续性;④电位梯度的不连续性。

由于上述 4 种不连续性,电泳时会产生 3 种物理效应,即样品的浓缩效应,以及电荷效应分子筛效应。因此,聚丙烯酰胺凝胶电泳具有很高的分辨能力。

表 2-34 不连续电泳三层凝胶的性质

类型	Tris-盐酸	凝胶浓度/%	凝胶孔径
样品胶	pH=6.7	3	大(大孔凝胶)
浓缩胶	pH=6.7	3	大(大孔凝胶)
分离胶	pH=8.9	7.5	小(小孔凝胶)

(1) 浓缩效应 由于不连续电泳系统的凝胶层不连续,缓冲液离子成分的不连续性以及由此造成的电位梯度的不连续性,样品在电泳开始时得以浓缩。在浓缩胶中其缓冲液的 pH 为 6.7,在该 pH 下,盐酸几乎全部解离;甘氨酸的等电点为 6,故甘氨酸的解离度很小;血清蛋白质的等电点多数为 5 左右,其解离度在盐酸和甘氨酸之间,在这个系统中含有氯离子、Pr^-(蛋白质离子)和 $NH_2—CH_2—COO^-$(甘氨酸离子 g)三种带负电荷的离子,在电场中这三种离子在大孔胶内的有效迁移率的大小顺序依次为

$$m_{Cl} \cdot \alpha_{Cl} > m_{Pr} \cdot \alpha_{Pr} > m_g \cdot \alpha_g \quad (m:迁移率;\alpha:解离度;m \cdot \alpha \ 有效迁移率)$$

氯离子称为快离子或前导离子(leading ion),甘氨酸称为慢离子或尾随离子(trailing ion)。当电泳刚开始时,由于三种胶中都含有 Tris-盐酸缓冲液,都含有快离子氯离子,电泳槽中只含有慢离子。电泳开始后,因快离子有最大的有效迁移率,很快超过蛋白质和甘氨酸离子,而使其后面形成一个低电导即高电势梯度的区域。这种高电势梯度使蛋白质和慢离子在快离子后面加速移动,致使高、低电势梯度区之间形成一个快速移动的界面,由于蛋白质的有效迁移率介于快、慢离子之间,蛋白质离子后有甘氨酸离子向前推,前有氯离子阻挡,蛋白质就聚集在氯离子和甘氨酸离子之间,浓缩成薄薄的一层。

另外,蛋白质分子在大孔胶中受到的阻力小,移动速率快,进入小孔胶时遇到的阻力大,速率减慢。由于凝胶层的不连续性,在大孔胶与小孔胶的界面处就会使样品浓缩,区带变窄。

(2) 电荷效应 在一定的 pH 环境中,各种离子所带电荷不同,其迁移率也不

同,不同蛋白质分子的等电点不同,其所带的表面电荷也各不相同,因此它们的迁移率不同,经电泳后,各种蛋白质根据其迁移率的大小依次排列成一条条的区带。浓缩胶和分离胶中均存在这种电荷效应。但是经过十二烷基硫酸钠处理后的蛋白质,由于十二烷基硫酸钠的电荷掩盖了蛋白质本身所带的电荷,因而在 SDS-PAGE 中蛋白质的分离不依赖电荷的差别。

(3) 分子筛效应 蛋白质在电场作用下泳动,受到两种作用力,即静电的引力和介质的阻力。在聚丙烯酰胺凝胶电泳中静电的引力与其他电泳一样,主要取决于蛋白质颗粒的自身带电性状,但所受到的介质的阻力则取决于凝胶孔径的大小,凝胶具有三维结构,凝胶的浓度不同,其网孔的孔径大小不同,根据分离的对象可以调节凝胶浓度,使网孔孔径与分离对象的分子大小处于相匹配的状态,蛋白质分子通过凝胶时,受到的阻力与分子大小成正相关,所以分子大小不同的蛋白质即使所带电荷相同,自由迁移率相等,但在电泳一段时间后,也能彼此分开,这就是分子筛效应。

(二)聚丙烯酰胺凝胶电泳的优点

以聚丙烯酰胺凝胶为支持介质进行蛋白电泳,可根据被分离物质分子大小及电荷多少来分离蛋白质,具有以下优点:

1) 丙烯酰胺凝胶是由丙烯酰胺和 N,N'-甲叉双丙烯酰胺聚合而成的大分子。凝胶是带有酰胺侧链的碳-碳聚合物,没有或很少带有离子的侧基,因而电渗作用比较小,不易和样品相互作用。

2) 丙烯酰胺凝胶是一种人工合成的物质,在聚合前可调节单体的浓度比,形成不同程度网孔结构,其空隙度可在一个较广的范围内变化,可以根据要分离物质分子的大小,选择合适的凝胶成分,使之既有适宜的网孔,又有比较好的机械性质。一般说来,含丙烯酰胺 7%～7.5% 的凝胶,机械性能适用于分离相对分子质量范围在 1 万～100 万的物质,1 万以下的蛋白质则采用含丙烯酰胺 15%～30% 的凝胶,而相对分子质量特别大的可采用含丙烯酰胺 4% 的凝胶,大孔胶易碎,小孔胶则难从管中取出,因此当丙烯酰胺的浓度增加时可以减少双丙烯酰胺,以改进凝胶的机械性能。

3) 在一定浓度范围内聚丙烯酰胺对热稳定,凝胶无色透明,易观察,可用检测仪直接测定。

4) 丙烯酰胺是比较纯的化合物,可以精制,减少污染。

(三)影响凝胶聚合的因素

聚丙烯酰胺凝胶是电泳支持介质,其质量直接影响分离效果,对影响凝胶聚合的因素应特别注意。

(1) 形成凝胶试剂的纯度 丙烯酰胺是形成凝胶溶液中的最主要成分,其纯度的好坏直接影响凝胶的质量。此外,丙烯酰胺和 Bis 中可能混杂有能影响凝胶形成的杂质,如丙烯酸、线性高聚丙烯酰胺、金属离子等,这些物质也能影响凝胶的聚合质量,影响电泳的结果,应予以充分注意。对丙烯酰胺,最好是选择质量好,达到电泳纯级的产品。过硫酸铵容易吸潮,而潮解后的过硫酸铵会渐渐失去催化活性,故过硫酸铵溶液须新鲜配制。

(2) 凝胶浓度 每 100mL 凝胶溶液中含有单体和胶联剂的总克数称凝胶浓度,常用 $T\%$ 表示。可供选择的凝胶浓度范围为 3%~30%,凝胶浓度增加后聚合速率将加快,因此可适当减少催化剂的用量。凝胶浓度的大小,还会影响凝胶的质量和网孔的大小。凝胶网孔的大小与总浓度相关,总浓度越大,孔径相对变小,故在用聚丙烯酰胺凝胶电泳分离生化物质时,应根据需要选择凝胶浓度,在一般情况下,大多数生物体内的生化物质采用 7.5%浓度的凝胶,所得电泳效果往往是满意的,故称由此浓度组成的凝胶为"标准凝胶"。凝胶浓度过大,凝胶透明度差,而且因其硬度及脆度较大,容易破碎;凝胶浓度太低时,形成的凝胶稀软,不易操作。

(3) 温度和氧气的影响 聚丙烯酰胺凝胶聚合的过程也受温度的影响。温度高,聚合快;温度低,聚合慢,一般以 23~25℃ 为宜。大气中的氧能猝灭自由基,使聚合反应终止,所以在聚合过程中要使反应液与空气隔绝,最好能在加激活剂前对凝胶溶液脱气。

六、十二烷基硫酸钠-聚丙烯酰胺凝胶电泳

生化物质在聚丙烯酰胺凝胶中电泳时,它的迁移率取决于它所带净电荷以及分子的大小和形状等因素。如果加入一种试剂消除电荷、形状等因素的影响,使电泳迁移率只取决于分子的大小,就可以用电泳技术测定蛋白质的相对分子质量。1967 年,Shapiro 等发现阴离子去污剂十二烷基硫酸钠具有这种作用并建立了十二烷基硫酸钠-聚丙烯酰胺凝胶电泳(SDS-PAGE)。其原理是当向蛋白质溶液中加入足够量十二烷基硫酸钠和巯基乙醇,十二烷基硫酸钠能破坏蛋白质分子间共价键,使蛋白质变性而改变原有的构象,特别是强还原剂巯基乙醇的存在,使蛋白质分子内的二硫键还原,从而保证蛋白质与十二烷基硫酸钠结合形成带负电荷的蛋白质-十二烷基硫酸钠复合物。蛋白质-十二烷基硫酸钠复合物所带的十二烷基硫酸钠负电荷的量大大超过了蛋白质分子原有的电荷量,因而掩盖了不同种蛋白质间原有的电荷差别。另外,蛋白质-十二烷基硫酸钠复合物的形状是类似于"雪茄烟"形的长椭圆棒,不同蛋白质的十二烷基硫酸钠复合物的短轴长度是恒定的,约为 1.8nm,而长轴的长度则与蛋白质相对分子质量大小成比例,这样的蛋白质-十二烷基硫酸钠复合物,在凝胶中的迁移率,不再受蛋白质原有的电荷和形状的影响,而取决于相对分子质量的大小。因此,SDS-PAGE 可以按蛋白质的分子大小的不同将其分开。大多数肽链迁移率与其相对分子质量呈对数线性关系,若用

已知相对分子质量的一组蛋白质作图绘制标准曲线,在同样条件下检测未知样品,就可从标准曲线推算出未知样品的分子质量(图 2-65)。

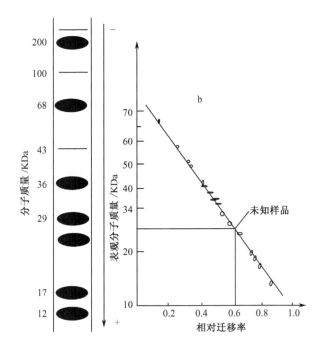

图 2-65　SDS-PAGE 测定蛋白质分子质量

　　SDS-PAGE 主要用于蛋白质相对分子质量的测定、蛋白质混合组分的分离和蛋白质亚基组分的分析等方面。当蛋白质经 SDS-PAGE 分离后,如果把各种蛋白质组分从凝胶上洗脱下来并且把十二烷基硫酸钠除去,还可用于氨基酸测序、酶解图谱以及抗原特性等方面的研究。SDS-PAGE 后的凝胶还可直接用于转移印迹分析。

七、等电聚焦电泳

　　等电聚焦(isoelectric focusing, IEF)是 1966 年由瑞典科学家 Rible 和 Vestcrberg 建立的一种高分辨率的蛋白质分离分析技术。它利用蛋白质分子或其他两性分子等电点的不同,在一个稳定、连续的线性梯度中进行蛋白质的分离。

(一)基本原理

　　生化物质如蛋白质是由不同种类的 L-α-氨基酸按不同的比例以肽键相连而构成的,构成蛋白质的一些氨基酸在一定 pH 的溶液中是可解离的,从而可带有一定的电荷。构成蛋白质的所有氨基酸残基上所带正负电荷的总和便是蛋白质的净电荷。在低 pH 时,蛋白质的静电荷是正的;在高 pH 时,其净电荷是负的。若在某一 pH 的溶液中,某蛋白质的净电荷为零,则此 pH 即为该蛋白质的等电点(pI)。由于不同蛋白质有着不同的氨基酸组成,所以蛋白质的等电点值取决于其氨基酸的组成,是一个物理化学常数。每一种蛋白质都有其特定的氨基酸组成,所以各种蛋白质的等电点不同,因此可以利用电泳技术,根据蛋白质等电点的差异对其进行分离分析。

(二) 等电聚焦的特点与缺点

等电聚焦就是在电泳槽中放入载体两性电解质,当通以直流电时,两性电解质即形成一个由阳极到阴极逐步增加的 pH 梯度。当蛋白质放进此体系时,靠近阳极侧的蛋白质处于酸性环境中,带正电荷向负极移动;靠近阴极的蛋白质处于碱性环境中,带负电荷向正极移动,最终都聚焦于与其等电点相当的 pH 位置上,形成不同的蛋白质区带。

1. 等电聚焦的优点

1) 有很高的分辨率,可将等电点相差 0.01～0.02 个 pH 单位的蛋白质分开。

2) 一般电泳由于受扩散作用的影响,随着时间和泳动距离加长,区带越走越宽,而电聚焦能抵消扩散作用,使区带越走越窄。

3) 由于这种电聚焦作用,不管样品加在什么部位,都可聚焦到其等电点位置,很稀的样品也可进行分离。

4) 可直接测出蛋白质的等电点,其精确度可达 0.01 个 pH 单位。

2. 电聚焦技术的缺点

1) 要求用无盐溶液,而在无盐溶液中蛋白质可能发生沉淀。

2) 样品中的成分必须停留于其等电点,不适用在等电点不溶或发生变性的蛋白质。

(三) pH 梯度的建立

1. 载体两性电解质产生 pH 梯度的方法

1) 用两种不同 pH 的缓冲液互相扩散,在混合区形成 pH 梯度,这是人工 pH 梯度。

2) 利用载体两性电解质(carrier ampholyte)在电场作用下自然形成 pH 梯度,称为天然 pH 梯度,该方法是常用的方法。

天然 pH 梯度的原理是 Svensson 于 20 世纪 60 年代初期提出的。其形成过程是,当电解硫酸钠的稀溶液时,在阳极聚焦硫酸而在阴极聚焦氢氧化钠。若将一些两性电解质放入电泳槽中,则它们在阳极的酸性介质中就会得到质子而带正电,在阴极的碱性介质中则失掉质子而带负电,这样就会受其附近的电极所排斥而向相反方向移动。设其中有一个酸性最强的两性电解质甲,当它由阴极逐渐接近阳极的硫酸时,就会失去电荷而停止运动,甲所在的位置就是它的等电点。另有一个等电点稍高于甲的物质乙,当向阳极运动靠近甲时,它不能超过甲,因为那里低于它的等电点。于是乙将带正电荷而向阴极移动,它只能排在甲的阴极侧。假如有很多两性电解质,它们就会按照等电点由低到高的顺序依次排列,形成一个由阳极向阴极逐步升高的平稳的 pH 梯度,此梯度的进程取决于两性电解质的 pH、浓度和缓冲性质。防止对流的情况下,只要电流稳定,这个 pH 梯度将保持不变。

2. 为保证等电聚焦分离分析生化物质的效果,载体两性电解质应具备的条件

1) 在等电点处必须有足够的缓冲能力,以便能控制 pH 梯度,而不致被样品生化物质或其他两性物质的缓冲能力改变 pH 梯度的进程。

2) 在等电点必须有足够高的电导,以便使一定的电流通过,而且要求具备不同 pH 的载体有相同的电导系数,使整个体系中的电导均匀。如果有局部电导过小,就会产生极大的电位降,从而其他部分电压就会太小,以致不能保持梯度,也不能使应聚焦的成分进行电迁移达到聚焦。

3) 相对分子质量要小,便于与被分离的高分子物质用透析或凝胶过滤法分开。

4) 化学组成应不同于被分离物质,不干扰测定。

5) 应不与分离物质反应或使之变性。

总起来说,当一个两性电解质的等电点介于两个很近的 pH 之间时,它在等电点的解离度大,缓冲能力强,而且电导系数高。

3. 等电聚焦的支持介质

目前常用的支持介质有聚丙烯酰胺凝胶、琼脂糖凝胶和葡聚糖凝胶。其中聚丙烯酰胺凝胶是等电聚焦电泳分析中最广泛采用的支持介质。凝胶在等电聚焦电泳中除了起支持介质作用外,还能防止已聚焦分子的扩散、对流,从而使蛋白质样品在凝胶上可分离出更多致密的区带。

等电聚焦电泳的方式有多种,大致可分为垂直管式、毛细管式、水平板式及超薄水平板式。这些方式各具特点。目前在样品分析中趋向于选用超薄水平板式,它具有分析样品多、两性电解质用量少、结果重复性好等优点。

(四)等电聚焦中应注意的事项

1) 可先在宽 pH 范围内载体两性电解质中进行等电聚焦。当了解到目的蛋白质的 pI 后,再用窄 pH 范围的载体两性电解质进行分析或制备。

2）等电聚焦如在宽 pH 范围载体两性电解质内进行,为了克服在中性区域形成纯水区带,可适当添加中性载体两性电解质。

3）为防止电泳过程中 pH 梯度的衰变,一般电流降低达最小而恒定时尽快结束等电聚焦。

4）pH 梯度(pI)测定:①Rotofer 制备电泳可分管测定收集液的 pH;②凝胶等电聚焦后,可分段切割凝胶,用 3～5 倍体积的蒸馏水或 10mmol/L 氯化钾浸泡该凝胶,从凝胶浸出液中测定 pH,或用微电极直接测定凝胶表面 pH;③薄层等电聚焦后,可用微电极检测凝胶表面 pH,根据蛋白质分布的 pH 即能确定该蛋白质的pI。

5）等电聚焦过程中由于蛋白质泳动到某一区段,而该区段刚好是该蛋白质的pI,造成蛋白质的沉淀出现絮凝现象,为了解决此问题,可在样品中添加脲、Triton X-100、NP-40 或其他一些非离子型表面活性剂。

八、双向凝胶电泳

双向凝胶电泳是一种由任意两个单向凝胶电泳组合而成的,即在第一向电泳后再在与第一向垂直的方向上进行第二向电泳。其基本原理一般与组成它的两个单向电泳的基本原理相同。早在 1975 年 O'Farrell 首先建立了等电聚焦/十二烷基硫酸钠-聚丙烯酰胺双向凝胶电泳(IEF/SDS-PAGE),至今仍不失为双向凝胶电泳首选的组合方式。在这项组合中,等电聚焦为第一向电泳,是基于蛋白质的等电点不同用等电聚焦法分离;第二向则按相对分子质量不同用 SDS-PAGE 分离,把复杂的蛋白混合物中的蛋白质在二维平面上分开。近年来经过多方面改进,该方法已成为研究蛋白质组的最有价值的核心方法。

虽然双向凝胶电泳的基本原理与单向电泳基本相同,但在操作上却有所差别。第一向等电聚焦通常为盘状电泳,等电聚焦系统内含有高浓度的尿素和非离子型去污剂 NP-40,而且溶解蛋白质样品的溶液除含有尿素和 NP-40 外,还含有二硫苏糖醇(dithiothreitol)。这些试剂本身并不带电荷,不影响各蛋白质组分原有的电荷量和等电点,但能破坏蛋白质分子内的二硫键,使蛋白质充分变性和肽链舒展,从而有利于蛋白质分子在温和条件下与十二烷基硫酸钠充分结合,以提高第二向电泳的效果。为提高分辨率,20 世纪 80 年代开始采用固定化 pH 梯度胶,克服了载体两性电解质阴极漂移等许多缺点,而得以建立非常稳定的、可以随意精确设定的pH 梯度。由于可以建立很窄的 pH 范围(如 0.05U/cm),对特别感兴趣的区域可在较窄的 pH 范围内进行第二轮分析,从而大大提高了分辨率。此种胶条已有商品生产,因此基本上解决了双向凝胶电泳重复性的问题。这是双向凝胶电泳技术上的一个非常重要的突破。

第一向电泳后蛋白质得到了初步分离,凝胶条中所含的蛋白质区带,是第二向电泳的样品,因此,进行第二向电泳前,要将第一向电泳后的凝胶条包埋在第二向电泳的凝胶板中。因为两向电泳的分离系统不同,需将第一向电泳后的凝胶预先在第一向电泳分离系统中振荡平衡,然后再包埋于第二向电泳凝胶板的电泳起始端,然后按照 SDS-PAGE 的方法进行电泳。

第二向 SDS-PAGE 有垂直板电泳和水平超薄胶电泳两种做法,可分离分子质量为 $10\sim100$kDa 的蛋白质。其中灵敏度较高的银染色法可检测到 4ng 蛋白,最灵敏的还是用同位素标记,20ppm 的标记蛋白就可通过其荧光或磷光的强度而测定。用图像扫描仪、莱赛密度仪、电荷组合装置可把用上述方法得到的蛋白图谱数字化,再经过计算机处理,去除纵向和横向的曳尾以及背景底色,就可以给出所有蛋白斑点的准确位置和强度,得到布满蛋白斑点的图像,即所谓"参考胶图谱"。蛋白质组研究的主要困难是对用双向凝胶电泳分离出来的蛋白,进行定性和定量的分析。最常用的方法是先把胶上的蛋白印迹到 PVDF(polyvinylidene difluoride)膜上再进行分析,确定它们是已知还是未知蛋白。现在的分级分析法是先进行快速的氨基酸组成分析,也可先进行 $4\sim5$ 个循环的 N 末端微量测序,再进行氨基酸组成分析;结合在电泳胶板上估计的等电点和相对分子质量,查对数据库中已知蛋白的数据,即可做出判断。有文献报道,N 末端 4 个残基序列的数据就可以给出很多的信息而得到相当准确的结果。如再结合 C 末端序列,判断结果的准确性会更高。对分离得到的蛋白质进行进一步的确切鉴定需要有足够数量的纯蛋白,电泳时蛋白质已经过了高度纯化。现在一块胶板可允许上到高达毫克数量级的样品,因此每个分离的蛋白斑点可有微克数量的蛋白,这样使本来是微量的蛋白也可被鉴定。

蛋白质的翻译后修饰和加工,是指在肽链合成完成后进行的化学反应,如磷酸化、羟基化、糖基化、二硫键形成,以及最近发现的蛋白质自剪接等,可能有 100 种以上。翻译后修饰和加工对蛋白质的正常生理功能是必需的,它们的变化往往和疾病的发生有关。用双向凝胶电泳可以进行翻译后修饰的研究,如用 ^{32}P 标记可以研究磷酸化蛋白的变化。双向凝胶电泳中常可发现的蛋白质拖尾现象,很可能是一个蛋白的不同翻译后修饰产物所造成的。拖曳图像变化在疾病诊断上可能提供重要的信息。

双向凝胶电泳技术当前面临的挑战是:

1)鉴定低拷贝蛋白,人体的微量蛋白往往还是重要的调节蛋白。除增加双向凝胶电泳灵敏度的方法外,最有希望的还是把介质辅助的激光解吸/离子化质谱用到 PVDF 膜上,但当前的技术还不足以检出拷贝数低于 1000 的蛋白质。

2)分离极酸或极碱蛋白。

3)分离极大(分子质量$>$200kDa)或极小(分子质量$<$10kDa)蛋白。

4)检测难溶蛋白,这类蛋白中包括一些重要的膜蛋白。

5) 得到高质量的双向凝胶电泳需要精湛的技术,因此迫切需要自动二维电泳仪的出现。

九、毛细管电泳

20 世纪 80 年代很多科学家致力于发展微量的、没有支撑介质的液相毛细管电泳,自 1989 年有商品化仪器供应后,毛细管电泳的应用研究更是日新月异,开始主要用于蛋白质和多肽方面,以后应用在核酸、糖、维生素、药品检验、无机离子、环保等各个领域,和 HPLC 相应成为分析方法中互补的技术。

(一)基本原理

(1)毛细管电泳　所谓毛细管电泳是在内径为 $25 \sim 100 \mu m$ 的石英毛细管中进行电泳,毛细管中填充了缓冲液或凝胶。与平板凝胶电泳相比,毛细管电泳可以减少焦耳热的产生,这主要是由于毛细管内径细,因此表面积与体积比大,易于扩散热量;另外,电泳时电阻相对大,即使选用较高电压(可高至 30kV)仍可维持较小的电流。毛细管电泳通常在高电场下进行,可以缩短分析时间并且提高分辨率。

(2)毛细管电泳仪　目前生产毛细管电泳仪的厂商不下数十家,其基本结构都是由毛细管、高压电源、电极及电极液、在线检测器、恒温装置、样品盘、数据收集和处理系统等组成(图 2-66),毛细管是由熔融石英(fused silica)制成的,内径通常为 $25 \sim 75 \mu m$,外径为 $350 \sim 400 \mu m$,在其外层涂有一层聚亚胺保护层,使得毛细管有一定柔性,不易折断。在检测窗口需将这层保护材料去除(可用小火灼烧几毫米,再用乙醇将黑灰抹去)。去除了保护层的毛细管非常脆弱容易折断,操作时要格外小心。

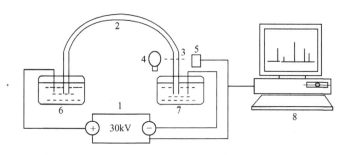

图 2-66　毛细管电泳仪示意图

1. 高压电源;2. 毛细管;3. 检测窗口的光源;4. 光源;5. 光电倍增管;6. 进口缓冲溶液/样品;
7. 出口缓冲溶液;8. 用于仪器控制和数据收集与处理的计算机

毛细管电泳仪的高压装置一般可允许电压高至 30kV,最大电流为 $200 \sim 300 mA$,并且可改变其正、负极方向。在电泳过程中,毛细管两端及电极插至电极液,电极液通常与管中的缓冲液一致。正、负两电极连接至高电压装置。进样时样品盘移动,使毛细管的进样端及此端的电极(通常是正极)准确插入样品管中,给予一定电场或压力后,样品被吸入毛细管内。然后再将毛细管移至电极液中开始电泳。

常用的检测方式是紫外-可见光吸收。检测器位于距样品盘约为毛细管总长的 2/3～4/5 处,对毛细管壁内部分进行光聚焦。此外,荧光、激光诱导荧光、质谱等检测方法也被应用于毛细管电泳。

虽然毛细管的内径很细,有助于散热,但是由于 1℃ 的温度变化会引起缓冲液黏度出现 2%～3% 的差异,因此仍需借助有效的散热装置,如简单的风扇以及含有循环液体的冷却系统,理论上讲液体冷却的效果更好,但如果空气流动速率达到 10m/s 时,也足以将电泳产生的热量散去。

(3)电渗 在水性条件下大多数固体表面都带有多余(额外)的负电荷,这可能是由于酸碱平衡造成的离子化和(或)固体表面吸附了离子基团所致。构成毛细管的熔融石英由硅醇(—SiOH)组成,它在水溶液中以—SiO—形式存在,为了维持电荷平衡,溶液中的正离子吸附至石英表面形成双电子层。当在毛细管两端施加了电压后,这一层正离子趋向负极移动,并带动毛细管中的溶液以液流(bulk solution)的形式移向负极(图 2-67),这一现象称为电渗(electroosmosis)或电渗流(electroendosmotic flow,EOF)。由于毛细管的表面积与体积的比大,且电泳时使用了高电压,电渗流在毛细管电泳中常常起着不可忽视的作用。

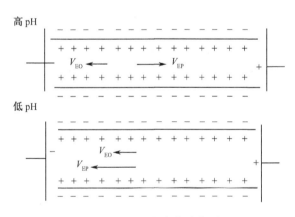

图 2-67　电渗流示意图

V_{EO}为电渗流方向,V_{EP}为样品分子泳动方向

电渗流的大小可由下面两个公式表示

$$V_{EOF} = (\varepsilon \xi / \eta)E$$

$$\mu_{EOF} = (\varepsilon \xi / \eta)$$

式中:V_{EOF}为电渗流速率;μ_{EOF}为电渗流泳动力;ξ为电势能;ε为双电子常数;η

为溶液的黏度。ξ势能是由毛细管壁的表面电荷决定的,而表面电荷依赖于溶液的 pH,因此电渗流和电泳缓冲液的 pH 密切相关。在高 pH 环境中硅醇基团易于去质子化,电渗流大于低 pH 溶液时的电渗流。ξ势能和缓冲液的离子强度也有关,增大溶液的离子强度即减少 ξ势能,也就降低了电渗作用。

电渗作用的一个特点是液体沿着毛细管壁均匀流动,因而其前沿是平头的,不同于高效液相色谱中泵推动的液体流动呈圆弧状;另一特点是电渗使得携带不同电荷的分子朝一个方向移动。不带电荷的中性分子也能随着电渗流一起移动。

电渗的上述两个优点在毛细管电泳分离中起着有益的作用,但是在实验中有时能够发现选择过高 pH 缓冲液进行电泳时电渗流太快,以至不能将被分析物分开;选择过低 pH 缓冲液时,毛细管内壁的负电荷也能吸附被分析物中带正电荷的分子。测定电渗流的大小可采用中性标准物质,如二甲亚砜(DMSO)、氧化甲基硅以及丙酮。

(二) 毛细管电泳分离模式

与 HPLC 相似,毛细管电泳根据不同的分离机制,有多种分离模式。

(1) 自由溶液毛细管电泳(free solution capillary electrophoresis,FSCE)或称毛细管区带电泳(capillary zone electrophoresis,CZE) 毛细管中充满了电泳缓冲液后,由于电渗的作用,分析物中带正、负电荷及中性的分子均能向一个方向移动,但是不同的中性分子没有自身的泳动力,都和电渗流共同迁移,它们之间不能分开。

由于 FSCE 具有与反相 HPLC 不同的分离机理,且其理论塔板系数不亚于后者,可成为后者的一项互补技术,尤其对于亲水多肽的分离分析具有一定的优越性。在某种程度上,FSCE 较 HPLC 更方便、有更多的选择性。只需改变电泳缓冲液的条件,如 pH、离子强度等,不必更换毛细管。在合适的电泳条件下,毛细管电泳可以分辨多肽的细微结构差异,如 C 端的酰胺化与去酰胺化、单个氨基酸残基的替换,氨基酸组成相同而序列不同的多肽也能区别开,甚至表面电荷不同而一级结构相同的多肽也有可能区分开。还有报道用 FSCE 帮助确定多肽是否存在二硫键。

(2) 微团电动毛细管色谱(micellar electrokinectic capillary chromatography,MECC) MECC 在某种程度上与反相 HPLC 类似,通常在电泳缓冲液中添加一定浓度的表面活性剂,这类分子一端为亲水基团,其余部分为疏水结构。当表面活性剂的浓度高于其临界微团浓度时,表面活性剂分子就会发生聚集,形成微团或胶束。其中疏水部分在内部,亲水基团在表面,被称为假固相。根据假固相和溶液相中的分配不同各种分子得到分离。在应用 MECC 模式时常可加入有机修饰剂,如甲醇、乙腈、异丙醇等。可降低溶质和微团间的疏水吸附,也可减少形成微团的疏水作用。由于 MECC 可以同时分离带电荷与不带电荷的分子,目前被较多地应用于氨基酸衍生物、肽谱分析及合成多肽纯度鉴定等。

（3）毛细管筛分电泳（capillary sieving electrophoresis，CSE）　此种电泳模式的特点是毛细管内填充了多聚物作为分离介质，对分子的泳动起着阻碍作用。其作用机理类似于凝胶的筛网作用，大分子较小分子所受的阻力大，泳动速率减慢。这种分离模式尤其适于荷质比差异很小而大小不同的分子的分离，这类分子应用FSCE无法分析。CSE在DNA研究中有着广泛的应用，在蛋白质研究中主要用来代替传统的平板SDS-PAGE电泳。其优点在于：①缩短分析时间，CSE只需15min即可达到与凝胶电泳同样的分离效果；②CSE可以在线检测并进行定量；③自动化程度高，省却手工电泳操作的麻烦。但是CSE每次只能分析一个样品，另外，目前CSE只能用于相对分子质量在1万～20万范围内蛋白质的分离，还不能进行多肽的分析。

（4）毛细管等电聚焦（capillary isoelectric focusing，CIEF）　与普通的凝胶等电聚焦一样，毛细管内的pH梯度也是由两性电解质形成。在实验中需选用内壁中性共价涂层的毛细管，阳极端至检测器有效分离部分（离检测窗口差几厘米）充满两性电解质溶液，样品溶液夹在其中以避免直接接触阳极液。毛细管其余部分（检测器至阴极）为阴极液。毛细管两端分别插入阳极和阴极液中，其中毛细管中的溶液和溶液中均含一定浓度的可溶性甲基纤维素作为支持介质。两性电解质载体和样品在电场中聚焦至电流趋于零。此时可采用真空抽吸、压力推动或者在电极液中加入盐，以改变已经形成的pH梯度等方式驱使蛋白质条带移动，并逐一经过检测窗口。CIEF不仅可以取代常规的凝胶等电聚焦，还具有前述的诸多优点。CIEF可以在线分析多肽的等电点。CIEF分辨率高，可用于分析差异较小的异构体。对于较稀的蛋白溶液（低至0.001g/μL）也可以分析。

十、琼脂糖凝胶电泳

琼脂糖凝胶电泳通常只能分离分子大小在50kDa以下的DNA片段、病毒和质粒。为了分离数百万碱基的核酸大分子，1984年Carle和Olsen设计了正交交变电场凝胶电泳（orthogonal field alternation gel electrophoresis，OFAGE），见图2-68。在凝胶的对角线上安置了互相垂直的两组电极，交替改变电场的方向，点在凝胶上的DNA样品大分子随着脉冲电场方向的改变，周期性地改变分子构象和迁移方向，但总的迁移方向是直线前进的。在这种正交变脉冲电场里，DNA分子松弛、变

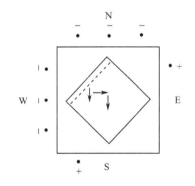

图2-68　正交交变电场凝胶电泳示意图

黑点分别表示水平和垂直的电极，凝胶板以45°角放电泳槽，中央箭头表示DNA从点样孔移动的方向

形所需时间与其相对分子质量成正比。

在相同的电泳时间里,小分子 DNA 比大分子 DNA 有更多的有效迁移时间,迁移距离大,跑在大分子 DNA 前边。当经过足够长的时间电泳,大、小不同的 DNA 分子就会得到有效的分离。

1986 年,Carle 等又进一步报道,用周期反转电场凝胶电泳(field-inversion gel electrophoresis, FIGE)也能将 DNA 大分子分开。将普通电泳仪稍加改装,只要周期改变电泳仪电源的正负电极,就能进行 FIGE,但正向电泳时间必须大于反向电泳时间,或正向电泳电压要高于反向电泳电压,才能保证样品中各 DNA 分子单方向前进。

后来,用 OFAGE 和 FIGE 双向电泳,把酵母 17 条染色体 DNA 在同一块凝胶板上完全分离,这是染色体 DNA 分子研究的一大突破。

十一、电泳相关技术

(一)凝胶干燥技术

电泳之后,经染色、脱色的聚丙烯酰胺凝胶胶片,需进行干燥处理,才便于保存或进一步扫描。现在有专用的凝胶干燥仪,在减压的条件下快速脱去湿胶中的水分。如果一次处理的胶片数量有限,手工干燥处理也是很实用的。准备两块面积稍大于凝胶板的玻璃,冲洗干净。把预先裁好的玻璃纸在水中浸透后平铺在第一块玻璃板上(玻璃纸面积要大于玻璃板),用玻璃棒赶掉玻璃纸与玻璃板之间可能存在的气泡。把脱过色的电泳凝胶片平铺在这张玻璃纸上。再将另一张在水中浸透的玻璃纸盖在凝胶表面,用玻璃棒赶掉夹层中可能存在的气泡。然后把多余的玻璃纸四边趁湿反贴到玻璃板背面,顺手把它放置到另一块玻璃板上,胶面朝上,借助玻璃和胶片的自重,把玻璃纸四边压实密封起来。置室内阴干(2～3d),勿受阳光直射,也不要放在窗口等空气过于对流的地方。待凝胶充分干燥后,取下胶片,用刀片或剪刀切除多余的玻璃纸边,做好标记,夹在厚书中可以长期保存。其平整透明程度,往往比凝胶干燥仪处理的效果还好。

(二)凝胶扫描技术

电泳结果除了用照相记录以外,现在可借助薄层扫描仪对电泳图谱进行扫描处理,更便于定性、定量分析。在一个坐标系里,以迁移距离为横坐标,以吸光度为纵坐标,通过扫描仪处理原来的电泳条带图谱并转换成峰图。根据各峰与迁移距离的对应关系,极易比较出各个样品间的差异,完成定性分析。比较相同迁移距离的峰面积或比较不同峰的积分面积,可以进行定量分析,并找出许多内在的联系。这种方法在遗传分析、杂交优势预测、抗性分析等许多领域,都得到很好的应用。

（三）凝胶成像技术

随着计算机技术的迅猛发展,利用计算机采集、存储和分析实验数据是近几年仪器设备发展的总趋势。数码成像技术已应用于生物学研究的各个方面,典型的如凝胶成像系统、显微数码摄像系统、菌落计数系统、细胞图像处理系统、基因芯片数据分析系统等。这些数码成像系统在原理上是类似的,都是将实验结果通过一定方式转化成计算机图像,然后对这些图像进行处理、识别、分析。

凝胶成像系统是生物化学和分子生物学实验中最常用的数码成像系统之一,广泛应用于蛋白和核酸电泳结果的分析。有助于我们正确、迅速地得到电泳结果照片和分析结果,使我们摆脱采用传统照相机方式记录电泳结果的繁琐操作过程。其原理如图 2-69 所示。基本操作过程可分为三个步骤;第一步,数据采集、存储;第二步,图像处理、分析;第三步,结果输出。

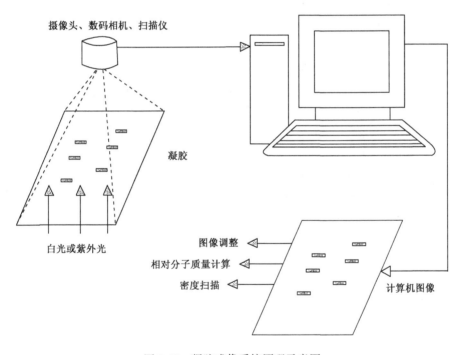

图 2-69　凝胶成像系统原理示意图

凝胶成像系统的关键过程包括如下 3 步。

1. 数据采集

数据采集过程实际上是将光信号转变为数字信号的过程,该过程是通过摄像头、数码相机或扫描仪来完成的。对于蛋白电泳结果,通常用白光透射或反射,然后通过数码设备采集数据;在采集核酸电泳结果时,通常用紫外光透射,并在镜头前加滤光片,然后通过数码设备采集数据。摄像头具有反应速度快的特点,但分辨率较低,一般只有 570 线。数码相机数据采集速度较慢,但获得的图像分辨率较高;扫描仪可获得更高分辨率的图像,但其采集速度最慢。数据采集是凝胶成像的关键步骤,数据采集的质量直接影响到后续的图像处理和分析。采集到的数据可以存储成不同格式的图像文件,常用的文件格式有 BMP、TIF、JPG 等。JPG 是一种有损图像质量的图像压缩格式,使用此格式时应注意设置图像的质量。当电泳的结果保存为计算机图像后,就可以利用计算机程序对其进行处理、分析、发掘。

2. 图像处理、分析和标注

(1) 图像处理　对图像进行分析是我们的目的,为了达到分析的目的,一般先对图像进行适当的处理以利于分析。图像有彩色图和灰度图之分,对于凝胶成像系统来说,首先要将彩色图像转变成灰度图像,灰度图有利于对图像进行分析比较;其次是对图形进行旋转、尺寸改变、亮度对比度调节等。这些过程和通用的图像处理软件是完全一致的(如 Photoshop)。

(2) 图像分析　对于电泳结果的分析,首先是利用计算机程序自动识别图像中所有的可能的条带。然而这种识别并不是一个完全自动的过程,需要人工的干预,且结果会受到一些因素的影响。图像的质量会严重影响识别的结果,因而一般要对图像进行预处理。首先要进行倾斜校正,有一些软件可自动完成此过程。为了提高识别的正确率,通常要首先进行泳道定义。条带识别的域值是影响识别结果的重要因素,域值越高,识别的条带越少;域值越低,识别的条带越多。

1) 相对分子质量分析。目的条带分子质量的计算依赖于标准样品。在电泳点样时,一般要在样品泳道旁侧的泳道加上标准样品,当电泳结果采集到计算机时,标准样品条带会和样品条带一起形成计算机图像。设置标准样品所在泳道,并定义标准样品泳道各个条带对应的相对分子质量大小(核酸电泳结果可定义为核酸链的长度)。然后计算机会自动计算出样品泳道中各个条带的相对分子质量大小。分析的基本流程如下

　　图像校正→泳道定义→条带识别→指定标准样品泳道→计算相对分子质量

2) 密度扫描。对电泳结果中各种不同条带进行相对定量时,会用到密度扫描功能。当图像处理成灰度图像时,图像中各个条带颜色的深浅和条带的密度在一定范围内成正比。当泳道指定后,计算机会自动扫描出泳道中各个条带的密度,结果以峰值图给出。根据峰值图进行积分,可计算出各个条带的相对量。在进行条带扫描时,图像的倾斜校正非常关键。

(3) 图像标注　凝胶成像系统一般都会提供图像标注和图像管理功能。图像标注功能的作用主要是为了方便研究者将实验的一些信息直接标注在图像上,如实验的日期、各个泳道的样品特征、关键条带相对的分子质量以及一些重要的分析

结果等。图像管理功能主要是为了方便用户对实验结果进行管理和查询。

3. 结果输出

结果的输出包括两个方面:一是图像的输出;二是分析结果的输出。图像的输出效果依赖于图像本身质量和输出设备的质量。一般来说,摄像头数据采集获得的图像分辨率较低,输出结果不理想,数码相机和扫描仪采集的图像的分辨率较高,可获得较高质量的输出结果。输出时打印机的质量也会严重影响输出质量,要获得高质量的输出图像一般需要专门的照片级的喷墨打印机或激光打印机,而且需要专门的照片输出打印纸。分析结果的输出主要涉及凝胶成像系统和其他数据分析和编辑软件之间数据的交换,通常凝胶成像系统可将分析结果保存为 Excel或 Word 格式,以便对结果进行进一步的分析和编辑。

十二、聚丙烯酰胺凝胶印渍转移电泳

在 1975 年苏格兰爱丁堡大学的 Southern 创立了印渍转移电泳,又称电转移印渍(electrotransfer blotting),它是以凝胶电泳为基础检测蛋白质的一项重要生化技术。其基本原理是利用低压电泳的直流电使凝胶电泳的分离区带转移到有一定韧性并有化学惰性的分子支持物上,然后再利用各种检测方法对这些印渍进行分析鉴定,从而从众多的分离区带中检验出所需的某一组分或某一片段。印渍转移电泳是在 Southern 印渍技术的基础上发展起来的。Southern 于 1975 年首先创立了 DNA 印渍技术,即将经限制性核酸内切酶降解后的各种 DNA 片段进行琼脂糖凝胶电泳分离,然后经毛细管虹吸作用将凝胶上的 DNA 区带转移到硝酸纤维素膜上,最后与标记探针杂交,即可检测出所需 DNA 片段。该技术被命名为 southern blotting(southern 印渍)。此后将此法应用于 RNA,称为 northern blotting。1979 年 Towbin 等开始研究蛋白质分离区带转移,他们设计了一种电转移印渍装置,在凝胶电泳后,将带有蛋白质分离区带的凝胶与硝酸纤维素膜紧贴在有孔转移框架内,组成"夹心饼",然后置于低压高电流的直流电场中。以电驱动为转移方法的蛋白质印渍法称为 western blotting,又称为蛋白质印渍。1982 年,Reihart 等将等电聚焦电泳后的蛋白质分离区带也以电驱动为转移方式进行了印渍。这一方法称为 eastern blotting,也属于蛋白质印渍范畴。由于电转移印渍与凝胶电泳都是在直流电场下进行,所使用的装置也很相似,因此,人们通常把电转移印渍称为转移电泳或印渍转移电泳。

印渍转移电泳是当代分析和鉴别生物大分子最有意义的技术之一,具有如下优点:

1) 与毛细管作用方式的 southern blotting、northern blotting 相比,电转移速率快,印渍效果好;

2) 利用该技术可以从同一凝胶上获得多张相同的印渍转移复本,在同一张固相纸膜上可进行多次分析鉴定;

3) 该技术灵敏度高、试剂用量少、操作简单,所需仪器设备也比较简单。因此,聚丙烯酰胺凝胶印渍转移电泳,在生物化学、分子生物学、分子遗传学、免疫学以及临床医学等各个领域的应用均非常广泛。

十三、电泳染色方法

生物高分子经电泳分离后需经染色使其在支持物(如琼脂糖、聚丙烯酰胺凝胶等)相应位置上显示出谱带,从而检测其纯度、含量及生物活性。以下是多种染色方法,可供选择使用。

(一) 核酸染色

核酸经电泳分离后,将凝胶先用三氯乙酸、甲酸-乙酸混合液、氨化高汞、乙酸、乙酸镧等固定,或者将有关染料与上述固定液配在一起,同时固定与染色。有的染色液可同时染 DNA 及 RNA,也有 RNA、DNA 各自特殊的染色法。

1. RNA 染色法

(1) 焦宁 Y(pyronine Y) 此染料对 RNA 染色效果好、灵敏度高,可检出 $0.01\mu g$ 的 RNA。脱色后凝胶本底色浅而 RNA 色带稳定,抗光,不易褪色。此染料最适浓度为 0.5%。方法:0.5% 焦宁 Y 溶于乙酸-甲醇-水(1:1:8,体积比)和 1% 乙酸镧的混合液中染 16h(室温),用乙酸-甲醇-水(0.5:1:8.5,体积比)脱色。

(2) 次甲基蓝(methylene blue) 染色效果不如焦宁 Y 和甲苯胺蓝 O,检出灵敏度较差,一般在 $5\mu g$ 以上。染色后 RNA 条带宽,且不稳定,时间长了易褪色。但次甲基蓝易得,溶解性能好,所以较常用。方法:1mol/L 乙酸中固定 10～15min,2% 次甲基蓝溶于 1mol/L 乙酸中,室温下染 2～4h。用 1mol/L 乙酸脱色。

(3) 吖啶橙(acridine orange) 染色效果不太理想,本底颜色深,不易脱掉。与焦宁 Y 相比,RNA 色带较浅,甚至有些带检不出。但却是常用的染料,因为它能区别单链或双链核酸(RNA、DNA),对单链核酸显红色荧光(640nm),对双链核酸显绿色荧光(530nm)。方法:1% 吖啶橙溶于 15% 乙酸和 2% 乙酸镧混合液中染 4h(室温)。用 7% 乙酸脱色。

(4) 甲苯胺蓝 O(toluidine blue O) 其最适浓度为 0.7%,染色效果较焦宁 Y 稍差些,因凝胶本底脱色不完全,较浅的 RNA 色带不易检出。方法:0.7% 甲苯胺蓝溶于 15% 乙酸中,染 1～2h,用 7.5% 乙酸脱色。

2. DNA 染色法

（1）甲基绿（methyl green） 一般将 0.25％ 甲基绿溶于 0.2mol/L pH＝4.1 的乙酸缓冲液中，用氯仿反复抽提至无紫色，室温下染 1h。此法适用于检测天然 DNA。

（2）二苯胺（diphenylamine） DNA 中的 α-脱氧核糖在酸性环境中与二苯胺试剂染色 1h，再在沸水浴中加热 10min 即可显示蓝色区带。此法可区分 DNA 和 RNA。

（3）Feulgen 染色 用此法染色前，应将凝胶用 1mol/L 冷盐酸固定 30min，60℃1mol/L 盐酸中浸 12min，然后在 Schiff 试剂中染 1h（室温）。Schiff 试剂配制方法：用 6％ 亚硫酸溶液配制 0.1％ 品红溶液（无色）。

3. RNA、DNA 共用染色法——荧光染料溴乙啶

RNA、DNA 共用染色法可用于观察琼脂糖电泳中的 RNA、DNA 带。荧光染料溴乙啶（ethidium bromide，EB）能插入核酸分子中碱基对之间，导致 EB 与核酸结合。可在紫外分析灯（253nm）下观察荧光。如将已染色的凝胶浸泡在 1mol/L 硫酸镁溶液中 1h，可以降低未结合的 EB 引起的背景荧光，有利于检测极少量的 DNA。

EB 染料的优点：操作简单。凝胶可用 1～0.5mg/mL 的 EB 染色，染色时间取决于凝胶浓度，低于 1％ 的琼脂糖凝胶染 15min 即可。多余的 EB 不干扰在紫外灯下检测荧光。染色后不会使核酸断裂，而其他染料做不到这点，因此可将染料直接加到核酸样品中，这样可以随时用紫外灯追踪检查。灵敏度高，对 1ng RNA、DNA 均可显色。

注意：EB 染料是一种强烈的诱变剂，操作时应戴上聚乙烯手套，加强防护。

（二）蛋白质染色

1. 氨基黑 10B

将凝胶于 12.5％ 三氯乙酸中固定 30min，然后用 0.05％ 氨基黑 10B（1.25％ 三氯乙酸配制）染色 3h，再经 1.25％ 三氯乙酸脱色，直至背景清晰为止。蛋白质条带呈蓝绿色或蓝色。

2. 考马斯亮蓝 R250

将凝胶浸入固定液（乙醇：冰醋酸：水＝5：1：4，体积比）固定 1h，然后用 0.25％ 考马斯 R250 亮蓝（用脱色液配制）染色 3～4h 或过夜。染色后的胶片用水冲去表面染料，用脱色液（乙醇：冰醋酸：水＝5：1：5，体积比）脱色至条带清晰为止。该方

法的灵敏度比氨基黑高 5 倍。

3. 考马斯亮蓝 G250

将凝胶浸入 12.5% 三氯乙酸中固定 30min，然后浸入 0.1% 考马斯亮蓝 G250 溶液(用 12.5% 三氯乙酸配制)中染色 30min，一般无需脱色，染色灵敏度为氨基黑的 3 倍。

4. 荧光染料染色

(1) 蛋白质样品的荧光标记　将蛋白质溶液与等体积用 1mol/L 碳酸氢钠配制的 2mg/mL 异硫氰酸荧光素(FITC)混合，置室温下反应 2h(或在 4℃ 冰箱中过夜最佳)，然后于上样前加入等体积的样品缓冲液，即可用于上样。

(2) 结果观察　电泳结束后，剥取凝胶，在紫外灯下观察即可看到蛋白条带，未与蛋白质结合的荧光素在前沿线形成一条荧光带。凝胶可放在 30% 甲醇中固定，蛋白质荧光带至少在 4d 内保持稳定。

5. 银染色法

1) 电泳后立即将凝胶浸泡在固定液(乙醇∶冰醋酸∶水 = 5∶1∶4，体积比)中至少 30min。

2) 将凝胶置浸泡液(乙醇 75 mL、乙酸钠 17.00g、25% 戊二醛 1.25mL、五水合硫代硫酸钠 0.50g，用蒸馏水溶解后定至 250mL)中 30min。

3) 用蒸馏水冲洗 3 次，每次 5min。

4) 将凝胶在银溶液(硝酸银 0.25g、甲醛 25μL，用蒸馏水溶解并定容至 250mL)中放置 20 min。

5) 接着在显色液(无水碳酸钠 6.25g、甲醛 25mL，用蒸馏水溶解并定容至 250mL)中放置 2~10min，视蛋白带显示深棕色为止。

6) 将凝胶放在终止液(二水合四乙酸乙二胺化二钠 3.65g，用蒸馏水加至 250mL)中 10min 终止反应。

7) 用蒸馏水冲洗 3 次，每次 5~10min。

8) 凝胶于 1% 甘油溶液中浸 30min，用玻璃纸包胶，室温下晾干。

(三) 糖蛋白染色

1. 过碘酸-Schiff 试剂

将凝胶放在 2.5g 过碘酸钠、86mL 水、10mL 冰醋酸、2.5mL 浓盐酸、1g 三氯乙酸的混合液中，振荡过夜。接着用 10mL 冰醋酸、1g 三氯乙酸、90 mL 水的混合液漂洗 8h，其目的是使蛋白质固定。再用 Schiff 试剂染色 16h，最后用 1g 硫酸氢钾、20mL 浓盐酸、980mL 水的混合液漂洗 2 次,共 2h,操作是在 4℃进行。

2. DNS-Gly-NHNH$_2$ 荧光酰肼

糖蛋白经 SDS-PAGE 分离后,将凝胶用 pH 为 7.2、10mmol/L 磷酸缓冲液漂洗两次,用 4mmol/L 高碘酸钠于磷酸缓冲液(pH 为 7.2,10mmol/L)中遮光氧化 1h,用蒸馏水多次漂洗凝胶,再用磷酸缓冲液(pH 为 7.2,10mmol/L)洗涤除去过量的高碘酸钠,然后用 0.06% DNS- Gly-NHNH$_2$(溶于 63% 的乙醇中)于 23～25℃下避光标记过夜,标记后倒出 DNS-Gly-NHNH$_2$ 溶液(4℃保存备用),依次用 30%、20% 的丙酮漂洗凝胶数次,以除去残存的 DNS-Gly-NHNH$_2$。荧光标记的糖蛋白在紫外灯下呈现明亮的条带。

用荧光酰肼 DNS-Gly-NHNH$_2$ 在凝胶上显示糖蛋白灵敏度高(可检测 10～25ng 的糖蛋白)、专一性强,可区分糖蛋白和非糖蛋白。

3. 阿尔山蓝染色

凝胶在 12.5% 三氯乙酸中固定 30 min,用蒸馏水漂洗,放入 1% 过碘酸溶液(用 3% 乙酸配制)中氧化 50min,用蒸馏水反复洗涤数次以除去多余的过碘酸盐,再放入 0.5% 偏重亚硫酸钾中,还原剩余的过碘酸盐 30min,接着用蒸馏水洗涤,最后浸泡在 0.5% 阿尔山蓝(用 3% 乙酸配制)中染 4h。

(四)脂蛋白染色

1. 油红 O 染色

将凝胶置于平皿中,用 5% 乙酸固定 20min,用水漂洗吹干后,再用油红 O 应用液染色 18h,在乙醇水溶液(乙醇:水 = 5:3)中洗涤 5min,最后用蒸馏水洗去底色。必要时可用氨基黑复染,以证明脂蛋白区带。

2. 苏丹黑 B

将 2g 苏丹黑加 60mL 吡啶和 400mL 乙酸酐混合,放置过夜。再加 300mL 蒸馏水,乙酰苏丹黑即析出。抽滤后再溶于丙酮中,将丙酮蒸发,剩下粉状物即乙酰苏丹黑。将乙酰苏丹黑溶于无水乙醇中,使呈饱和溶液。用前过滤,按样品总体积 1/10 量加入乙酰苏丹黑饱和液,将脂蛋白预染后进行电泳。

(五)同工酶染色

1. 过氢化物酶

染色液组成:抗坏血酸 70.4mg、联苯胺贮液(2g 联苯胺溶于 18mL 冰醋酸中,再加水 72mL)20mL、0.6% 过氧化氢 20mL、水 60mL。

染色方法:电泳完毕,剥取凝胶,用蒸馏水漂洗数次后,放入染色液,1~5min出现清晰的过氧化物酶区带,迅速倾出染色液,用蒸馏水洗涤数次,于7%乙酸中保存。

2.酯酶同工酶

染色液组成:坚牢蓝RR盐39mg溶于30mL pH为6.4的0.1mol/L磷酸缓冲液中,1%α-乙酸萘酯(少许丙酮溶解,用80%乙醇配)2mL、2%β-乙酸萘酯(配制同α-乙酸萘酯)1mL,混匀即可。

染色方法:电泳完毕,剥取凝胶,立即转移至上述染色液中,37℃保温数分钟,当呈现棕红色的酯酶同工酶谱带时,迅速倾出染色液,用蒸馏水漂洗,于7%乙酸中保存。

3.细胞色素氧化酶同工酶

染色液组成:1%二甲基对苯二胺3mL、1%α-萘酚(溶于40%乙醇)3mL、0.1mol/L pH为7.4磷酸缓冲液70mL,混匀后即可。

染色方法:剥取凝胶,放入上述染色液中,37℃保温数分钟,直至条带清晰时,立即倒掉染色液,用无离子水冲洗数次,立即照相或记录结果,否则天蓝色的酶带会褪去,在水中只能做短期保存。

4.淀粉酶同工酶

(1)电泳凝胶中加可溶性淀粉的负染色方法 剥取凝胶置于200mL 0.15mol/L pH为5.0的乙酸缓冲液中,37℃保温1.5h,倾去保温液,用0.15mol/L pH为5.0的乙酸缓冲液冲洗数次以除去多余的淀粉,然后加入显色碘液(0.5g碘用95%乙醇溶解,0.80g碘化钾,用蒸馏水定容至1L),胶板逐渐变成蓝色,在蓝色背景上出现各种透明条带,即淀粉酶带。

(2)凝胶中未加可溶性淀粉的染色方法 电泳完毕,吸取适量1%可溶性淀粉(沸水中煮沸至无色透明无沉淀才可使用)均匀地倒在胶板面上,静置1h,待淀粉溶液被胶板吸收后,用0.15mol/L pH为5.0的乙酸缓冲液洗去胶板表面的剩余淀粉,然后加200mL 0.15mol/L pH为5.0的乙酸缓冲液,37℃保温1.5h。倾去保温液,加显色碘液200mL(显色碘液配法同上),在蓝色背景上出现白色透明、粉红、红或褐色条带,即为淀粉酶带。

5.乙醇脱氢酶同工酶

染色液组成:NAD 20mg、NBT 15mg、PMS(吩嗪二甲酯硫酸盐)1mg、0.2mL/L Tris-盐酸(pH为8.0)缓冲液7mL和重蒸水41mL。染色前加2mL 95%乙醇作为底物。

染色方法：电泳后剥下的凝胶板放在染色液中，37℃保温至显现深蓝色的条带时，停止染色，用7%乙酸固定保存。

6．苹果酸脱氢酶同工酶

染色液组成：NAD 25mg、NBT 15mg、PMS 1mg、0.2mol/L Tris-盐酸（pH 为8.0）10mL、水 35mL、底物溶液 5mL（13.4g L-苹果酸溶于 50mL 预冷的 24.3%的一水合碳酸钠溶液中，定容至 100mL）。

染色方法：用上述染色液浸没凝胶，37℃黑暗中保温，酶活性区带呈蓝色，染色后的凝胶用水漂洗数次，于固定液（乙醇：乙酸：甘油：H_2O＝5：2：1：4）中保存。

7．酸性磷酸酯酶同工酶

染色液组成：α-磷酸萘酯钠盐 100mg、坚牢蓝 RR 盐 100mg、0.2mol/L 乙酸缓冲液（pH 为 5.0）100mL。

染色方法：取蒸馏水漂洗数次的凝胶浸入染色液，37℃保温至出现玫瑰红区带为止，用 7%乙酸终止反应及保存。

8．碱性磷酸酯酶同工酶

染色液组成：α-萘酚酸性磷酸钠盐 100mg、坚牢蓝 RR 盐 100mg、0.1mol/L Tris-盐酸缓冲液（pH 为 8.5）100mL、10%氯化镁 10 滴、1% 氯化锰 10 滴。

染色方法：凝胶置于混合液中 25℃保温 2～8h，待出现橘红色的酶带后，用水冲洗，拍照。

9．乳酸脱氢酶同工酶

染色液组成：NAD 50mg、NBT 30mg、PMS 2mg、1mol/L D，L-乳酸钠 10mL、0.1mol/L 氯化钠 5.2mL、0.5mol/L Tris-盐酸缓冲液（pH 为 7.4）15.2mL，加水至 100mL。该溶液应避免低温保存，一周内有效，如溶液呈绿色，即失效。

染色方法：将凝胶浸入上述染色液 1h 左右，凝胶片上可显示出蓝紫色的乳酸脱氢酶同工酶区带图谱，染色后的凝胶用重蒸水冲洗两次，放入 50%～70%乙醇中保存。

1mol/L D，L-乳酸钠溶液（pH 为 7.0）的配制：称取 6.07g 一水合碳酸钠溶解于 50mL 水中，置冰浴中并在搅拌时慢慢加入（一滴滴地加）85% 的 D，L-乳酸 10.6mL，加水至 100mL。

10．异柠檬酸脱氢酶同工酶

染色液组成：0.1mol/L（异柠檬酸钠盐 pH 为 7.0，三钠盐 25.8g 溶于 100mL 水中，用 1 mol/L 盐酸调 pH 至 7.0）8mL、NADP 15mg、NBT 15mg、PMS 1mg、氯

化镁 50mg、0.2mol/L Tris-盐酸(pH 为 8.0)缓冲液 10mL、水 32mL。

染色方法:凝胶浸入染色液中在黑暗中 37℃ 保温,直至出现深蓝色的酶活性区带,停止染色,用水漂洗凝胶,浸入固定液中保存(乙醇∶乙酸∶甘油∶水 = 5∶2∶1∶4,体积比)。

11. 过氧化氢酶同工酶

染色液组成:3% 过氧化氢 25mL、0.1mol/L 磷酸缓冲液(pH 为 7.0)5mL、0.1mol/L 五水合硫代硫酸钠 3.5mL,配制成染色 A 液。另取 0.09mol/L 碘化钾 25mL,加水 25mL,配成 B 液。

染色方法:凝胶浸泡在 A 液中,室温下放置 15min 后,倾出 A 液,用蒸馏水彻底冲洗干净残液,加入 B 液,酶活性区带为蓝色背景上的白色带。水洗后,可在甘油溶液中保存(甘油∶水 = 1∶1,体积比)。

12. ATP 酶同工酶

染色液组成:0.1mol/L Tris-甘氨酸缓冲液(pH 为 8.0)100mL、ATP 0.3116g、氯化钙 0.555g,摇匀溶解。

染色方法:凝胶溶于染液中 30℃ 保温 4h 以上,即显现出乳白色的条带。

13. 6-磷酸葡萄糖酸脱氢酶同工酶

染色液组成:6-磷酸葡萄糖酸(三钠盐)100mg、NADP 15mg、NBT 15mg、PMS 1mg、氯化镁 50mg、0.2mol/L Tris-盐酸缓冲液(pH 为 8.0)10mL、水 40mL,溶解摇匀即为染液。

染色方法:凝胶于染色液中 37℃ 黑暗中保温,酶活性区带为深蓝色。凝胶用水冲洗,固定液中保存(乙醇∶乙酸∶甘油∶水 = 5∶2∶1∶4,体积比)。

14. 谷氨酸草酰乙酸转氨酶同工酶

染色液:室温下,依次加入以下组分(在加下一种组分之前,每种组分必须溶解):0.2 mol/L Tris-盐酸(pH 为 8.0)50mL、吡哆醛-5′-磷酸盐 1mL、L-天冬氨酸 200mg、α-酮戊二酸 100mg、坚牢蓝 BB 盐 300mg,用 1mol/L 氢氧化钠调 pH 在 7.0~8.0 之间。

染色:凝胶于染液中 37℃ 黑暗保温,酶活性区带呈深蓝色。染色后凝胶用水漂洗数次,用甘油水溶液(甘油∶水 = 1∶1,体积比)固定。

15. 谷氨酸丙酮酸转氨酶同工酶

染色液组成:NADH 15mg、L-丙氨酸 20mg、α-酮戊二酸 10mg、0.2mol/L Tris-盐酸(pH 为 9.0)1mL、水 4mL、乳酸脱氢酶 150U。

染色方法:用滴管吸取染色液然后一滴一滴地加在凝胶上,让染色液渗入凝胶中,在紫外光(375nm)下观察并注意单个胶面上的荧光。出现荧光的暗带即为酶活性区带,立即通过一个黄色滤光镜拍照。

16．超氧化物歧化酶同工酶

（1）正染色法　其组成为 10mmol/L pH 为 7.2 磷酸缓冲液中含 2mmol/L 茴香胺、0.1mmol/L 核黄素。方法是凝胶在室温下于上述缓冲液中浸泡 1h,快速水洗两次,光照 5～15min 显示棕色 SOD 活性谱带。染色后的凝胶经蒸馏水漂洗数次用于照相或制成干胶片。

（2）负染色法　其组成为 0.05mol/L pH 为 7.8 的磷酸缓冲液中含有 0.028mol/L 四甲基乙二胺、2.8×10^{-5}mol/L 核黄素、10×10^{-2}mol/L EDTA。

17．肽酶同工酶

染色液组成:0.2mol/L pH 为 8.0 Tris-盐酸缓冲液 25mL、水 25mL、氯化镁 50mg、邻联大茴香胺(二盐酸盐)50mg、过氯化物酶 1500U、蛇毒 10mg,待完全溶解后,加入 80mg 2 肽或 3 肽作为底物(如甘氨酰-L-亮氨酸、L-亮氨酰-L-丙氨酸、L-亮氨酰-甘氨酰-甘氨酸)。

染色方法:将凝胶置于上述溶液中,室温过夜(或至少 6h),酶活性区带为褐色。水洗后,在甘油溶液中保存(甘油:水 = 1:1,体积比)。

18．α-半乳糖苷酶同工酶

染色液组成:4-甲基伞形酮-α-D-吡喃半乳糖 10mg、0.5mol/L 柠檬酸盐-磷酸盐缓冲液(pH 为 4.0)2.5mL、水 2.5mL。

染色方法:将凝胶浸入上述混合液中 37℃ 保温 45min。水洗后,在凝胶面上喷洒 7.4mol/L 的氨水,在 375nm 紫外光下观察,显荧光处即为酶活区带,立即通过一个黄色滤光镜拍照。

19．葡萄糖磷酸异构酶同工酶

染色液组成:果糖-6-磷酸(钠盐)80mg、NADP 10mg、PMS 1mg、MTT(甲基噻唑基四唑)10mg、氯化镁 40mg、0.2mol/L Tris-盐酸缓冲液(pH 为 8.0)25mL、水 25mL、葡萄糖-6-磷酸脱氢酶 80U。

染色方法:将凝胶浸入上述溶液中,4℃ 黑暗中保温,深蓝色条带为酶活区带。水洗后,于甘油水溶液(甘油:水 = 1:1,体积比)中保存。

20．6-磷酸葡萄糖脱氢酶同工酶

染色液组成:葡萄糖-6-磷酸(二钠盐)200mg、NADP 15mg、NBT 15mg、PMS

1mg、氯化镁 50 mg、0.2mol/L Tris-盐酸缓冲液(pH 为 8.0)10mL、水 40mL。

染色方法:用水漂洗凝胶后,浸入上述溶液中,37℃黑暗中保温,酶活性区带为深蓝色。水洗后,用固定液(乙醇:乙酸:甘油:水＝5:2:1:4,体积比)保存。

21. 醛缩酶同工酶

染色液组成:果糖-1,6-二磷酸(四钠盐)275mg、NAD 25mg、NBT 15mg、PMS 1mg、砷酸钠 75mg、0.2mol/L Tris-盐酸缓冲液(pH 为 8.0)10mL、水 40mL、甘油醛-3-磷酸脱氢酶100U。

染色方法:凝胶浸入上述溶液中,37℃黑暗保温,酶活性区带为深蓝色。水洗后,用固定液(乙醇:乙酸:甘油:水＝5:2:1:4,体积比)保存。

22. 腺苷脱氢酶同工酶

染色液组成:腺苷 40mg、NBT 15mg、PMS 5mg、砷酸钠 50mg、0.2mol/L Tris-盐酸缓冲液(pH 为 8.0)1mL、水 4mL、黄嘌呤氧化酶 1.6U、腺苷磷酸化酶 5 U。

染色方法:用滴管吸取上述染色液滴在凝胶上并漫没凝胶,让染色液渗入胶内,37℃黑暗中保温,酶活性区带呈深蓝色。

23. 延胡索酸酶同工酶

染色液组成:延胡索酸钠盐 385mg、NAD 40mg、NBT 15mg、PMS 1mg、0.2mol/L Tris-盐酸缓冲液(pH 为 8.0)10mL、水 40mL、苹果酸脱氢酶600U。

染色方法:将凝胶浸入上述染液中,37℃黑暗保温,酶活性区带呈深蓝色。

24. α-磷酸甘油脱氢酶同工酶

染色液组成:1.0mol/L α-甘油磷酸钠(即 21.6g α-甘油磷酸钠溶于适量水中,用 1mol/L 盐酸调 pH 至 7.0,定容至 100mL)5mL、NAD 25mg、NBT 15mg、PMS 1mg、0.2mol/L Tris-盐酸缓冲液(pH 为 8.0)10mL、水 35mL。

染色方法:凝胶浸入染液中,37℃黑暗保温,酶活性区带呈深蓝色,用蒸馏水冲洗数次,置于固定液(乙醇:乙酸:甘油:水＝5:2:1:4,体积比)中保存。

25. 核苷磷酸化酶同工酶

染色液组成:肌苷 100mg、NBT 15mg、PMS 5mg、砷酸钠 100mg、0.2mol/L Tris-盐酸缓冲液(pH 为 8.0)10mL、水 40mL、黄嘌呤氧化酶 1.6U。

染色方法:凝胶浸入上述溶液中,37℃黑暗中保温,酶活性区带为深蓝色。蒸馏水冲洗数次,于固定液(乙醇:乙酸:甘油:水＝5:2:1:4,体积比)中保存。

26. 亮氨酸氨肽酶同工酶

染色液组成:L-亮氨酸-β-萘酰胺盐酸 40mg、氨基黑钾盐 50mg、0.2mol/L

Tris-顺丁烯二酸盐缓冲液(pH 为 6.0)100mL。

染色方法:凝胶在上述溶液中染色 1h。其余同前。

27. γ-谷氨酰移换酶同工酶

染色液组成:5mg 固酱 GBC 溶于 5mL 0.1mol/L 乙酸缓冲液(pH 为 4.7)中即为染液。

染色方法:凝胶浸入上述染液中约 15min 即显示出酶谱带,置 5% 乙酸中固定。

28. 磷酸甘油酸激酶

染色液组成:3-磷酸甘油酸钠盐 10mg、NADH 15mg、ATP 10mg、氯化镁 5mg、EDTA 1mg、0.2mol/L Tris-盐酸缓冲液(pH 为 8.0)1mL、水 4mL、甘油醛-3-磷酸脱氢酶 100U。

染色方法:凝胶浸入上述染色液中,在 375nm 紫外光下观察,并注意整个胶面均匀的荧光,酶活性区带为荧光的区带。

29. 磷酸葡萄糖变位酶同工酶

染色液组成:葡萄糖-1-磷酸(二钠盐)300mg、NADP 15mg、MTT 20mg、PMS 1mg、氯化镁 50mg、0.2mol/L Tris-盐酸缓冲液(pH 为 7.0)10mL、水 40mL、葡萄糖-6-磷酸脱氢酶 80U。

染色方法:凝胶浸入上述染色液中,37℃ 黑暗中保温,酶活性区带呈深蓝色。

30. RNA 酶同工酶

染色液组成:酵母 RNA 250mg、黑钾盐 100mg、0.05mol/L 乙酸缓冲液(pH 为 5.0)100mL、磷酸酶 10mg。

染色方法:凝胶在上述染液中 37℃ 保温,酶活性区带呈蓝色。凝胶显色后用水冲洗,于 5% 乙酸中保存。

第二十四节 浓缩与干燥

一、浓 缩

浓缩(concentration)是从低浓度的溶液除去水或溶剂变为高浓度的溶液的过程。生化产品制备工艺中往往在提取后和结晶前进行浓缩。加热和减压蒸发是最常用的方法,一些分离提纯方法也能起浓缩作用。例如,离子交换法与吸附法使稀溶液通过离子交换柱或吸附柱,溶质被吸附以后,再用少量洗脱液洗脱、分部收集,能够使所需物质的浓度提高几倍以至几十倍。超滤法利用半透膜能够截留大分子的性质,很适于浓缩生物大分子。此外,加沉淀剂、溶剂萃取、亲和层析等方法也能达到浓缩目的。下面重点介绍蒸发浓缩。

1. 蒸发

蒸发是溶液表面的水或溶剂分子获得的动能超过溶液内分子间的吸引力以后,脱离液面进入空间的过程。可以借助蒸发从溶液中除去水或溶剂使溶液被浓缩。下列因素会影响蒸发:① 加热使溶液温度升高,分子动能增加,蒸发加快;② 加大蒸发面积可以增加蒸发量;③ 压力与蒸发量成反比,减压蒸发是比较理想的浓缩方法,减压能够在温度不高的条件下使蒸发量增加,从而减小加热对物质的损害。

2. 常压蒸发

在常压下加热使溶剂蒸发,最后溶液被浓缩。常压蒸发方法简单,但仅适于浓缩耐热物质及回收溶剂。

装液容器与接受器之间要安装冷凝管使溶剂的蒸气冷凝。装液容器需用圆底蒸馏瓶,装液量不宜超过蒸馏瓶的1/2容积,以免沸腾时溶液雾滴被蒸气带走或溶液冲出蒸馏瓶。加热前需加少量玻璃珠或碎磁片,使溶液不致过热而暴沸。暴沸易使液体冲出,或使蒸馏瓶压力陡增而致破裂。操作时,先接通冷却水,避免直接加热,要选用适当的热浴。热浴温度较溶剂沸点高 20~30℃ 为宜,温度过高使蒸发速率太快,蒸馏瓶内的蒸气压超过大气压后易将瓶塞冲开,逸出大量蒸气,甚至使蒸馏瓶炸裂。

3. 减压蒸发

减压蒸发通常要在常温或低温下进行,不给被浓缩液体加热,而通过降低浓缩液液面的压力,从而沸点也就降低,使蒸发加快。此法适于浓缩遇热易变性的物质,特别是蛋白质、酶、核酸等生物大分子。当盛液的容器与真空泵相连而减压时,溶液表面的蒸发速率将随真空度的增高而增大,从而达到加速液体蒸发浓缩的目的。

普通减压的加温蒸发器常用圆底烧瓶,先将液体加入容器,接通冷却水,再打开真空泵。开始时减压要缓慢,加热至一定温度后,溶剂即大量蒸发。如气泡过多,应立即打开阀门,降低真空度。

二、干　燥

干燥(drying)是将潮湿的固体、膏状物、浓缩液及液体中的水或溶剂除尽的过程。生化产品含水容易引起分解变性,影响质量。通过干燥可以提高产品的稳定性,使它符合规定的标准,便于分析、研究、应用和保存。

1. 影响干燥的因素

(1) 蒸发面积　蒸发面积大,有利于干燥,干燥效率与蒸发面积成正比。如果物料厚度增加,蒸发面积减小,难于干燥,由此会引起温度升高使部分物料结块、发霉变质。

(2) 干燥速率　干燥速率应适当控制。干燥时,首先是表面蒸发,然后内部的水分子扩散至表面,继续蒸发。如果干燥速率过快,表面水分很快蒸发,就使得表面形成的固体微粒互相紧密粘结,甚至成壳,妨碍内部水分扩散至表面。

(3) 温度　升温能使蒸发速率加快,蒸发量加大,有利于干燥。对不耐热的生化产品,干燥温度不宜高,冷冻干燥最适宜。

(4) 湿度　物料所处空间的相对湿度越低,越有利于干燥。相对湿度如果达到饱和,则蒸发停止,无法进行干燥。

(5) 压力　蒸发速率与压力成反比,减压能有效地加快蒸发速率。减压蒸发是生化产品干燥的最好方法之一。

2. 常压吸收干燥

常压吸收干燥是在密闭空间内用干燥剂吸收水或溶剂。此法的关键是选用合适的干燥剂。按照脱水方式,干燥剂可分为三类:

1) 能与水可逆地结合为水合物。例如无水氯化钙、无水硫酸钠、无水硫酸钙、固体氢氧化钾(或钠)等。

无水硫酸钠(Na_2SO_4):中性、吸水量大,但作用慢、效力差。硫酸钠在32℃以下吸水后形成十水合硫酸钠。

无水硫酸镁($MgSO_4$):中性、效力中等、作用快、吸水量较大,吸水后形成七水合硫酸镁。

无水硫酸钙($CaSO_4$):作用快,效率高。与有机物不发生反应,而且不溶于有机溶剂。与水形成稳定的水合物($2CaSO_4 \cdot H_2O$)。

固体氢氧化钾(或钠):可吸收水、氨等。氢氧化钾吸收水能力比氢氧化钠大60~80倍。

2) 能与水作用生成新的化合物,如五氧化二磷、氧化钙等。

五氧化二磷(P_2O_5):吸水效力最高,作用非常快。

氧化钙(CaO):碱性,吸水后成为不溶性氢氧化物。

3) 能吸收微量的水和溶剂。例如分子筛,常用的是沸石分子筛。如果样品水分过多应先用其他干燥剂吸水,再用分子筛进行干燥。

三、真空干燥

真空干燥即减压干燥。装置包括真空干燥器、冷凝管及真空泵。干燥器顶部经活塞接通冷凝管。冷凝管的另一端顺序连接吸滤瓶、干燥塔和真空泵。蒸气在冷凝管中凝聚后滴入吸滤瓶中。干燥器内放有干燥剂,可以干燥和保存样品。样品量少可用真空干燥器,样品量大可用真空干燥箱。但被干燥物的量应适当,以免液体起泡溢出容器,造成损失和污染真空干燥箱。

四、喷雾干燥

喷雾干燥是将料液(含水 50% 以上的溶液、悬浮液、浆状液等)喷成雾滴分散于热气流中,使水分迅速蒸发而成为粉粒干燥制品。

喷雾干燥的效果取决于雾滴大小。雾滴直径为 $10\mu m$ 左右时,液体形成的液滴总面积可达 $600m^2/L$,表面积大,蒸发极快,干燥时间短(数秒至数十秒)。水分蒸发带走热量还能使液滴与周围的气温迅速降低。在常压下能干燥热敏物料,因此广泛用于制备粗酶制剂、抗菌素、活性干酵母、奶粉等。

按液滴雾化的方式,喷雾干燥可分为以下三种。

1. 机械喷雾

用 $5\times10^6\sim2\times10^7$ Pa 的高压泵将物料送进喷嘴,由喷嘴高速喷出均匀雾滴。喷嘴直径约 $0.5\sim1.5mm$,不适用于悬浮液。

2. 气流喷雾

利用压强 $1.5\times10^5\sim5\times10^5$Pa 的压缩空气经气流喷雾器使液体喷成雾滴(图 2-70),适用于各种料液。

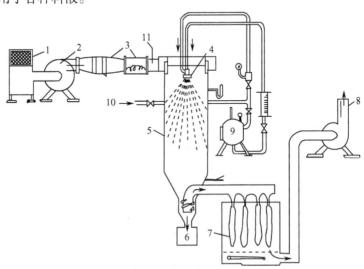

图 2-70　喷雾干燥装置

1. 空气过滤器;2. 鼓风机;3. 空气预热器;4. 喷头;5. 干燥室;6. 收集器;
7. 袋滤器;8. 排风口;9. 储料缸;10. 压缩空气;11. 风压表

3．离心喷雾

将料液注入急速的水平旋转的喷洒盘上，借离心力使料液沿喷洒盘的沟道散布到盘的边缘，分散成雾滴。离心喷洒盘转速为 4000～20 000r/min。此法适用于各种料液。

五、冷 冻 干 燥

将待干燥的制品冷冻成固态，然后将冻结的制品经真空升华逐渐脱水而留下干物的过程称为冷冻干燥(lyophilization)。冷冻干燥的过程由冷冻干燥机来完成（如图 2-71 所示的 LZG-40 型冷冻干燥机装置）。冷冻干燥的制品是在低温高真空中制成的，微小冰晶体的升华呈现多孔结构，并保持原先冻结的体积，加水易溶，并能恢复原有的新鲜状态，生物活性不变。由于冷冻干燥有上述优点，所以广泛应用于科研和生产。冷冻干燥适合于对热敏感、易吸湿、易氧化、易变性的制品（蛋白

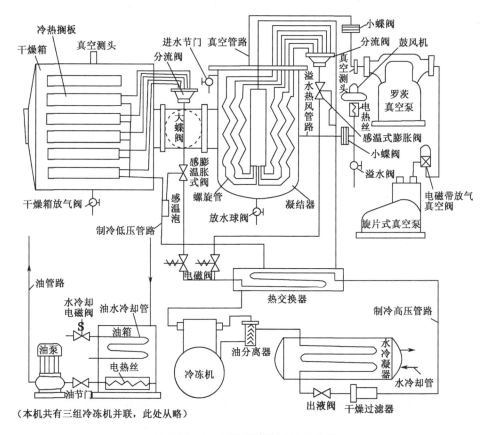

图 2-71　LZG-40 型冷冻干燥机装置

质、酶、核酸、抗菌素、激素等）。冷冻干燥的程序包括冻结、升华和再干燥。

在预冻结过程中，制品热量的转移可通过传导、对流、辐射三种方式进行。制品的预冻有两种方式：一种是制品与干燥箱同时降温；另一种是待干燥箱搁板降温至于－40℃左右，再将制品放入。前者相当于慢冻，后者则介于慢冻与速冻之间。

1．冻结

冻结是将制品的温度降到共晶点以下，使溶液成分全部结晶固化。冻结有两种方式：先将干燥箱搁板温度冷却到－40℃左右，再将制品放入，或将制品放入箱后再开始降低温度。前者冷却速率较快，结晶较细；后者冷却速率较慢，形成粗的结晶。不管采用哪一种方式，冻结后的制品温度都必须低于共晶点。一般制品的共晶点在－20℃左右，通常将制品冻结在－40～－35℃，再维持1～2h，以保证整箱制品冻结完全。一般粗品或精品溶液可置不锈钢盘或搪瓷盘中冻干，制品厚度1cm左右，薄一点冻干速率会快一点。将测量制品温度的铂热电阻安放在1～2瓶有代表性的样品溶液中，并将瓶放在对着观察孔的位置，便于观察制品。待样品达到－35℃左右，再恒温1～2h，以保证全部制品冻结。在冻结前，凝结器先降温至－50℃以下，以免水分污染真空泵。

2．升华

待真空度达到10Torr（1Torr = 133Pa）以下，再启动增压泵，使真空度达到0.1Torr左右，便可对搁板进行加热，冻结的制品随之开始大量升华，随着制品自上而下层层干燥，冰层升华阻力逐渐增大，制品温度会有小幅度上升，直至用肉眼已见不到冰晶的存在，此时90%以上的水分已经除去。在升华过程中供给制品热量，促使冰晶汽化。冰晶汽化与温度和饱和蒸汽压有关，冰的蒸汽压随温度的下降而降低（表2-35）。

表 2-35　冰的饱和蒸汽压

温度/℃	0	－5	－10	－15	－20	－30	－40	－50	－60
饱和蒸汽压/Pa	610.4	401.0	258.7	165.0	103.4	38.1	12.9	4.0	1.1

操作时，通常先将待干燥的制品冷冻到冰点以下，然后在低温（－30～－10℃）、高真空13.3～30 Pa时，将溶剂变成气体直接用真空泵抽走。

3．再干燥

在游离的冰晶升华完毕后，继续对制品加热，以驱除残余的物理吸附和化学吸附的水分，此过程称为再干燥。升华过程可驱除90%以上的游离水分，再干燥是驱除残余的水分。随着制品残余水分的逐渐消失，制品温度也逐渐升高，直至制品的温度与隔板的温度一致时,表示制品的残余水分已蒸发完毕。

制品在升华过程中温度保持在最低共熔点以下(约为 - 25℃),因而冷冻干燥对于耐热的生物药物,如糖、激素、核酸、血液和免疫制品等的干燥尤为适宜,干燥结果能排出 95% ~99% 以上水分,有利于长期保存。冻干在真空条件下进行,故不易氧化,是制备生化产品的一种有效手段。

冻干机主要由制冷系统、真空系统、加热系统、电器仪表控制系统所组成,主要器件为干燥箱、凝结器、冷冻机组、真空泵组和加热装置等。冻干小体积样品时,可以将其置玻璃真空干燥器中进行,将样品置培养皿内(厚度不超过 1cm),在冰箱内冻成硬块后,放入装有五氧化二磷或硅胶吸水剂的真空干燥器中,连续抽真空使其达到浓缩、干燥状态。

第二十五节　生化产品的分析与鉴定方法

在生化产品的制备过程中,要经常测定生化产品中某类或某种产品的含量或活性。由于生物材料的组成非常复杂,各类生化产品含量有很大变化,稳定性各不相同,某种成分的存在可能对其他成分的测定工作构成干扰,因此,生化产品分析与鉴定本身就是一件难度很大的事情。对于同一种生化产品,同时有多种分析方法可供选择。但任何分析与鉴定方法,都有各自的优缺点和一定的适用条件。虽然生化产品的分析与鉴定方法多种多样,但至今没有一个十分完善、满意的。各方法均有它的可用性,又有它的局限性。因此,要根据我们的条件及制备的要求进行选择。如用重量法只能分析脂类物质;用物理法如紫外分光光度,快速检测生化产品分离情况,要求及时、连续、不丢失,但不一定十分准确;用化学法如双缩脲法线性关系好,但灵敏度差、测量范围窄,因此应用受到限制,而 Lowery 法弥补了它的缺点,因而被广泛采用,但它的干扰因素多,从而出现了考马斯亮蓝 R250。现在看来 BCA 法似乎又有它的特点,干扰因素少,试剂稳定。

一、紫外-可见吸收光谱的定量分析

紫外-可见分光光度法进行定量分析不仅可以测定常量组分,而且也可以测定超微量组分,既可以测定单组分化合物的含量,也可以对多组分混合物同时进行测定。它和比色法一样,定量分析的依据是 Lambert-Beer(朗伯-比尔)定律:物质的吸光度(A)和它的浓度(c)呈线性关系。

分光光度法是利用物质特有的吸收光谱来测定其含量的一项技术。Lambert-Beer 定律是利用分光光度计进行比色分析的基本依据,其数学表达式为

$$A = \varepsilon c L$$

由于比色皿中液层厚度(L)是不变的,因此只要选择适宜的波长,测定溶液的

A,就可求出溶液浓度和物质的含量。

(一)单组分定量分析

常用的单组分定量分析方法有绝对法、标准对照法、标准曲线法、吸光系数法及标准加入法。

1. 吸光系数法

先测出标准品和样品在 λ_{max} 下的 A 值,根据公式 $A = \varepsilon cL$,求出吸光系数,或从有关手册上查出 ε 值,再按下式计算百分含量

$$c = \frac{A}{\varepsilon L} \times 稀释倍数$$

吸光系数(或称吸收系数、消光系数)是反映物质对光吸收强度的一个物理常数,吸光系数大,表示该物质对光吸收强度大;反之则小。吸光系数通常采用两种方法表示:

(1)摩尔吸光系数(ε)　是指在 1L 溶液中含有 1mol 溶质,且液层厚度为 1cm 时,在 λ_{max} 和一定条件下测得的 A。

(2)百分吸光系数($E_{1cm}^{1\%}$)　是指在 100mL 溶液中含有 1g 溶质,且液层厚度为 1cm 时,在 λ_{max} 和一定条件下测得的 A,$E_{1cm}^{1\%}$ 与 ε 之间可按下式换算

$$\varepsilon = E_{1cm}^{1\%} \times 相对分子质量/10$$

有些物质的 ε 值很大,为表示方便,常用 $g\varepsilon$ 表示。

2. 标准对照法

在相同条件下,配制标准品溶液和样品溶液,在 λ_{max} 处分别测得 $A_{标}$ 及 $A_{样}$,然后根据下式计算出样品浓度

$$c_{样} = \frac{A_{样}}{A_{标}} \times c_{标}$$

因为所测的是同一物质,且用同一波长,故 ε 值相等,也即吸光度与浓度成正比。

3. 标准曲线法

将标准品配制成一系列适当浓度的溶液,在 λ_{max} 处测定,得出一系列与不同浓度相对应的 A 值。将 c 作为横坐标,A 作为纵坐标,绘制成标准曲线。再以同样条件测得样品的 A 值,从标准曲线中找出相对应的浓度。

(二)多组分定量分析

解决多组分混合物中各组分测定的基础是吸光度的加和性。对于一个含有多

种吸光组分的溶液,在某一测定波长下,其总吸光度应为各个组分的吸光度之和。这样即便各个组分的吸收光谱互相重叠,只要服从 Lambert-Beer 定律,也可测定混合物中各个组分的浓度。

(三) 紫外-可见吸收光谱分析应注意的问题

由于分光光度法具有灵敏度高、操作简便、精确、快速,对于复杂的组分系统,勿需分离即可检测出其中所含的微量组分的特点,因此分光光度法早已成为生化产品研究中广泛使用的分析方法。许多生化产品本身不显颜色,但通过一些灵敏的显色反应,可以方便地对该物质进行定量测定。利用某些物质如蛋白质、核酸等在紫外光区域的吸收也符合 Lambert-Beer 定律,不需显色便可进行比色测定或流动比色测定,因此更受生化工作者欢迎。

为了保证紫外-可见吸收光谱分析结果的准确性,在具体分析操作时,除了对仪器的重要性能指标,如波长的准确度、吸光度的精度以及吸收池的光学性能等进行检查或校正外,还需考虑以下诸方面的问题。

1. 样品处理

分析样品都是溶解在一定的溶剂中进行定性或定量分析测定的,所以要求选用的溶剂应对样品有高的溶解性,在紫外波长区没有吸收,溶剂与样品不应发生化学反应或相互作用。在可见光区最常用的溶剂是水,在紫外光区最常用的是环己烷、95%乙醇及 1,4-二氯六环,这些溶剂在 $210 \sim 220$ nm 以上波长区无吸收作用。

2. 分析条件的选择

(1) 分光光度计应有很好的分光或滤光性能　这是因为 Lambert-Beer 定律只适用于单色光。

(2) 测量波长　一般选择最强吸收带的 λ_{max} 为测量波长。当最强吸收带的 λ_{max} 受到共存杂质干扰,待测组分的浓度太高或吸收峰过于尖锐而测量波长难以重复时,则往往选用灵敏度稍低的不受干扰的次强峰。

(3) 狭缝宽度　狭缝宽度过大,在一定范围内会使灵敏度下降,校正曲线的线性关系不佳。狭缝宽度太小,则入射光强度太弱。一般以不减少吸光度的最大狭缝宽度为宜。

(4) 吸光度范围　吸光度在 $0.2 \sim 0.8$ 之间时,测量精确度最好。被测量样品溶液浓度过大时,应进行适当稀释,再进行吸光度测定。

(5) 正确选用参比溶液　当显色剂及其他试剂均无色,而被测溶液中又无其他离子时,可用蒸馏水作为参比溶液。如显色剂本身具有颜色,则用显色剂进行对照。如显色剂本身无色,而被测溶液中有其他有色离子时,则用不加显色剂的被测溶液进行对照。

3. 影响吸收光谱分析的因素

供紫外-可见吸收光谱分析的样品都溶解在某一种溶剂中,以溶液状态进行,溶液的物理化学性质会对吸收光谱产生明显的影响。首先是溶剂化可限制分析物质的自由转动,溶剂的强极性又可限制分子的振动,从而影响该物质的吸收光谱性质。有些物质在酸、碱性溶液中有不同的解离特性,甚至发生结构的改变,因此,改变样品溶液的 pH 将直接影响它们的吸收光谱,被测物质在浓度太大时,可因发生分子间的缔合而引起吸收光谱的变化,所以控制分析样品的浓度范围是十分必要的。如前所述,供紫外-可见吸收光谱分析的合适浓度,其吸光度应在 0.2~0.8 之间。

还原糖的测定是生化产品分析中经常做的项目,最方便的方法就是分光光度法。在碱性条件下,显色剂 3,5-二硝基水杨酸与还原糖共热后被还原成棕红色氨基化合物,在一定范围($50\sim100\mu g$)内还原糖的量与显色后溶液的颜色强度呈比例关系,因此利用分光光度法可测定样品中还原糖的含量。

二、化 学 法

一种物质如果能和另一种物质发生化学反应,原则上讲就可以根据这个化学反应建立一个相应的化学分析方法,在此等物质的量规则起着根本的指导作用。等物质的量规则是指在化学反应中,消耗的两反应物物质的量相等。用公式表示,即

$$n_B = n_T$$

或

$$c_B V_B = c_T V_T$$

式中:n_B、n_T 分别表示相互反应的物质 B、物质 T 的物质的量,它们可由下式求出或表示

$$n = \frac{m}{M} = cV$$

式中:m 为该物质的质量;M 为该物质的摩尔质量;c 为该物质的量浓度;V 为该物质的耗用体积。

根据上述 3 个公式,就可以很容易地对酸碱滴定、氧化还原滴定、络合滴定和沉淀滴定进行计算。下面以蛋白质凯氏定氮法测定为例,说明化学分析在生化产品分析中的应用。

每一种蛋白质都有其恒定的含氮量。各种蛋白质含氮量变幅在 14%~18% 之间,平均为 16%。当样品在浓硫酸中加热时,样品中蛋白质的氮变成铵盐状态。在强碱条件下将氨蒸出,用加有混合指示剂的硼酸吸收蒸出的氨。以标准盐酸滴

定硼酸吸收的氨,恢复硼酸吸收氨之前原有的氢离子浓度。根据标准酸消耗量,即可求出蛋白质的含氮量,再乘以 16% 的倒数 6.25,可求出样品中蛋白质的含量。凯氏法中有关反应如下

$$有机物样品 + 浓\ H_2SO_4 \xrightarrow[催化剂]{\triangle} (NH_4)_2SO_4 + H_3PO_4 + CO_2\uparrow + SO_2\uparrow + SO_3\uparrow$$

$$(NH_4)_2SO_4 + 2NaOH \longrightarrow 2NH_4OH + Na_2SO_4$$

$$NH_4OH \xrightarrow{OH^-} H_2O + NH_3\uparrow$$

$$NH_3 + H_3BO_3 \longrightarrow (HN_4)H_2BO_3$$

$$2(NH_4)H_2BO_3 + H_2SO_4 \longrightarrow (NH_4)_2SO_4 + 2H_3BO_3$$

结果计算

$$样品的蛋白质含量\% = \frac{(V_s - V_{ck}) \times c_{1/2H_2SO_4} \times 14 \times 6.25}{W \times 1000}$$

式中:V_s 为滴定样品用去标准盐酸的体积(mL);V_{ck} 为滴定空白用去标准盐酸的体积(mL);$c_{1/2H_2SO_4}$ 为 1/2 硫酸的量浓度(mol/L);W 为样品重(g)。

三、重 量 法

重量法是一种经典的分析方法,但在生化产品分析中,它又有不同的特点。原则上讲,通过一定的方法和程序,从供试样品中提取、纯化出某一类或某一种成分,求出其在样品中所占比例,就属于重量分析。由于细胞中生化产品种类很多,性质各异,有的可以用重量法分析如脂类物质,而有的就不能用重量法分析如含量甚微、性质易变的成分。就是含量较多的蛋白质,一般也不宜用重量法测定,其原因有两方面:一是蛋白质的绝对纯化难以做到,纯化过程中的损失不容忽略;二是蛋白质所含结合水数量不易确定。下面以粗脂肪的定量测定为例,说明一下重量法的应用。

脂质是不溶于水而溶于脂溶性溶剂的一大类物质,包括中性脂肪(油和脂肪)、类脂(磷脂、固醇和蜡)以及它们的水解产物(脂肪酸、高级脂肪醇)。利用脂溶性溶剂从样品中把脂类物质抽提出来,蒸去溶剂,根据制得的油的质量就可计算出样品的含油量。由于制备物是各种脂质的混合物,故称粗脂肪。

油料作物种子粗脂肪含量测定方法:选取有代表性的种子,拣出杂质,按四分法缩减取样。试样选出和制备完毕立即混合均匀,装入磨口瓶中备用。小粒种子如芝麻、油菜籽等,取样量不少于 25g。大粒种子如大豆、花生仁等,取样量不少于 30g。大豆经 105℃ ±2℃ 烘干 1h 后粉碎,并过 40 目筛。花生仁用切片机或刀片切碎。带壳油料如花生果、蓖麻籽、向日葵籽等,取样量不少于 50g,通籽剥壳,分别称量,计算出仁率,再将籽仁切碎。

称取备用试样 2~4g 两份(含油 0.7~1g),精确至 0.001g,置于 105℃±2℃ 烘箱中干燥 1h 取出,放入干燥器内冷却至室温。同时另测试样的水分。将试样放入研钵内研细,必要时可加石英砂助研。用角勺将研细的试样移入干燥的滤纸筒内,取少量脱脂棉蘸乙醚抹净研钵、研锤和角勺上的试样、油迹,一并投入滤纸筒内(大豆已预先烘烤粉碎,可直接称样装筒),在试样表层覆以脱脂棉,然后将滤纸筒放入索氏抽提器的抽提管内(无滤纸筒时也可使用滤纸包)。

在装有 2~3 粒沸石并已烘至恒重的洁净的抽提瓶内,加入瓶体约 1/2 的无水乙醚(或正己烷,或 30~60℃ 沸腾的石油醚),把抽提器各部分连接起来,通入冷却水,在水浴上进行抽提。调节水浴温度,使冷凝下滴的乙醚为 180 滴/min,即每秒 3 滴。抽提时间一般需 8~10h,含油量高的作物种子应延长抽提时间,至抽提管内的乙醚用滤纸试验无油迹时停止。

抽提完毕后从抽提管中取出滤纸筒。将承接烧瓶与蒸馏装置连接好,在水浴上蒸馏回收抽提瓶中的乙醚。取下抽提瓶,在沸水浴上蒸去残余的乙醚。然后将盛有粗脂肪的抽提瓶放入 105℃±2℃ 烘箱中,烘 1h,取出存放于干燥器中冷却至室温(约 1h)后称量,精确至 0.001g。再烘 30min,冷却后称重,直至恒重。抽提瓶增加的质量即为粗脂肪质量。抽出的油应是清亮的,否则应重做。结果计算为

$$粗脂肪(\%干基) = \frac{粗脂肪质量}{试样质量(1-水分百分率)} \times 100$$

$$带壳油料种子粗脂肪(\%) = 种仁粗脂肪(\%) \times 出仁率$$

平行测定的结果用算术平均值表示,保留小数后 2 位。平行测定结果的相对误差,大豆不得大于 2%,油料作物种子不得大于 1%。

除了脂类可用重量法测定外,棉花、麻类、饲料、食品中的纤维素,通常也用重量法测定。现在有了半自动的纤维分析仪,同时可处理 6 个样品,分析效率可以大幅度提高。

四、酶 法

酶是生物细胞产生的以蛋白质为主要成分的生物催化剂。酶促反应具有高度的专一性,包括底物专一性(即酶只作用于某一种或某一类物质)和反应专一性(即酶只能催化一定的反应)。酶的这种选择性及其在很低的浓度下都有很高催化效率的能力,使得酶法分析大有用途,早已用来对底物、激活剂、抑制剂以及酶本身进行测定。

酶法分析最主要的优点在于选择性强,不受体系中共存物质干扰;灵敏度高,可测定到 10^{-10}g 这样微量的物质。随着多种酶试剂的商品化和固相酶的出现,以及快速而准确的酶法分析自动化系统的进展,酶法分析日益得到广泛应用。

酶的种类及酶反应类型很多,其具体反应过程各不相同,但酶法分析的测定方

法概括起来有两大类,即化学方法和仪器方法。

(一) 化学方法

为了跟踪一个酶反应的进程,必须检测其中某一反应物或反应产物的浓度随时间而变化的程度。在化学方法中,反应的跟踪是通过定时地从反应混合物中取出一定样品,测定其中某一反应物或产物的变化值。取样后可用下列方法之一来终止酶反应:

1) 加入一种能与底物结合的化合物或酶的抑制剂;
2) 使样品突然冷却,钝化酶的活性;
3) 将样品迅速置入沸水浴中使酶失活;
4) 凡对 pH 敏感的酶,可利用突然加入酸或碱来改变 pH,终止酶活性。

(二)仪器方法

如果不取样就能连续地检测化学反应,那当然是很理想的。应运而生的各种仪器方法,就具有这种特点。仪器方法大致有两类:一类是跟踪某些反应物的消失或反应产物的出现,直接利用它的理化性质加以检测;另一类是使用偶联反应体系,进行间接检测。常用的仪器方法有测压法、分光光度法、旋光测定法、电化学法、荧光法和放射化学法。

五、析 层 法

析层法是用来分离混合物中各种组分的方法。析层系统包括两相:固定相和流动相。当以流动相流过加有样品的固定相时,由于各组分在两相之间的浓度比例不同,就会以不同速率移动而互相分离开来。固定相可以是固体,也可以是被固体或凝胶所支持的液体。固定相可以装入柱中,展成薄层或涂成薄膜,称为“色谱床”。流动相可以是气体,也可以是液体。前者称为气相色谱,后者称为液相色谱。

析层法的基本作用是实现混合物中各组分的有效分离,完成定性分析。纸色谱法、薄层色谱法、薄膜色谱法都能胜任定性分析,但要实现高分辨率的分离或准确进行各组分的定量分析,它们就不能满足需要了。尽管可以采用洗脱比色或用薄层扫描仪处理显色后的图谱,但最多能做到半定量。随着离子交换色谱仪(如氨基酸自动分析仪)、高效液相色谱仪、气相色谱仪和毛细管电泳仪的出现及逐渐完善,生化产品的分离和定量分析可以在很短时间内准确完成。

离子交换色谱法主要用来分离极性较强、电离度大的混合物。氨基酸分析仪是用离子交换色谱法分析氨基酸组分及含量的专用液相色谱仪。在酸性条件下,氨基酸多元混合物首先与离子交换树脂上的钠离子发生交换而被结合。然后用不同 pH 的洗脱液分段洗脱,酸性、中性和碱性氨基酸顺次流出,而且每种氨基酸在固定条件下洗脱时间是固定的。流出的氨基酸在混合室内与茚三酮混合,流经加热的反应螺旋管时充分反应显色,再流经专用分光光度计比色,在记录仪上绘出各种氨基酸出峰图谱,积分仪打印出分析结果,可以同时做出定性定量分析。

六、生化产品的分析方法

(一) 核酸类生化产品的分析

核酸类生化产品分 DNA 和 RNA 两类,由于结构和组成不同,产生了性质上的部分差异。这种差异在核酸的定量分析中是非常有用的。

核酸类生化产品的定量分析有两种情况:一种是测定一定量生物材料中 DNA、RNA 的含量;另一种是对核酸制备物中 DNA、RNA 的含量和纯度进行测定。

在生物材料中,各种有机成分混合存在,核酸类生化产品往往还和蛋白质等结合成复合物。当破碎了细胞之后,必须要通过多步程序,去除干扰核酸类生化产品分析的杂质,再根据 RNA 和 DNA 对碱、酸稳定性的差异,分别抽提出 RNA 和 DNA 的水解产物(单核苷酸),最后利用紫外吸收法、定磷法或定糖法分别进行定量测定。

对不同的生物材料,可选用适当的方法对细胞进行破碎。破碎工作应尽可能在低温条件下进行,防止核酸酶对核酸的水解,所有试剂一般需预冷。

样品的处理过程主要是去除杂质。在此期间,要用多种试剂悬浮沉淀、离心。除了在低温条件下操作之外,每次悬浮沉淀要充分,避免沉淀的损失。每次离心时间不少于 10min。

首先用乙醇洗去糖类物质,再用稀的高氯酸洗去无机磷酸。对含脂类酸多的样品,接下来要用醇醚混合液脱脂。对低脂样品,此步可以省略,或在最后采用抗干扰力强的测定方法。脱过脂的样品沉淀(含 RNA + DNA),可选择两种不同的水解方法处理。

第一种是用 5% 的高氯酸在 90℃ 水解 15min,抽出总核酸;或先用 0.3mol/L 的氢氧化钾水解 RNA,剩余沉淀再用酸水解 DNA。

第二种方法分别获得 RNA 和 DNA 两种水解液。最后再利用核酸的碱基部分、磷酸部分或糖的特异性质,对两类核酸进行定量。

核酸类生化产品的定量方法有下面 3 种。

1. 紫外吸收法

天然核酸分子中,由于各种碱基中存在共轭双键,在 $240 \sim 280$nm 段有极大吸收。纯核酸的紫外吸收高峰在 260nm,吸收低谷在 230nm。在一定限度内($10 \sim 20\mu g/mL$),A_{260nm} 值与核酸浓度成正比,但 RNA 和 DNA 的比消光系数不同,分别为

RNA$(1\mu g/mL)$的 $A_{260nm}=0.022$

DNA$(1\mu g/mL)$的 $A_{260nm}=0.020$

因此,根据样品的 A_{260nm},可以定量测定核酸(天然大分子)。

在上述核酸分离程序中,实际上制得的是单核苷酸溶液,对于 RNA 来说,A_{260nm}增加 $1.1\sim1.5$ 倍,DNA A_{260nm}增加 $13\sim14$ 倍。所以,在分析计算时不能简单地利用高分子核酸的比消光系数,应该在做样品的同时,做 RNA 和 DNA 标准样品的水解,分别测定各自的比消光系数,再进行计算。

紫外吸收法不但能测定核酸的浓度,还可以通过测定 A_{260nm}/A_{280nm}值估计核酸的纯度。DNA 的比值为 1.8,RNA 的比值为 2.0。酶、蛋白质的存在会导致 A_{260nm}/A_{280nm}值降低。若 DNA 的 $A_{260nm}/A_{280nm}>1.8$,说明制剂中存在 RNA,需要考虑用 RNA 酶处理样品,提高 DNA 纯度。

2. 定糖法

(1) RNA 的测定　RNA 含有核糖,可选用以下任一方法。

a. 地衣酚法。核酸中糖的颜色反应是利用苔黑酚(3,5-二羟甲苯)法,将含有核糖的 RNA 与浓盐酸及 3,5-二羟甲苯一起于沸水浴中加热 $20\sim40$ min 左右,产生蓝绿色化合物。这是由于 RNA 脱嘌呤后的核糖与酸作用生成糠醛,再与 3,5-二羟甲苯作用而显蓝绿色。反应如下

根据 RNA 样品产生的绿色深浅,在 670nm 比色得到的光密度值,从标准曲线中查得的相当于此核糖量的 RNA 含量,即可计算出样品中 RNA 含量。本方法特异性强,DNA 的显色度为 RNA 的十分之一,蛋白质影响较小。适用于 RNA 碱解液。

此法线性关系好,但灵敏度较低,可鉴别到每毫升 $5\mu g$ 的 RNA,当样品中有少量 DNA 时不受干扰,但蛋白质和黏多糖等物对测定有干扰作用,故在比色测定之前,应尽可能去掉这些杂质。

b. 对溴苯肼法。在核酸酸解液中加入氯化钠、盐酸、二甲苯,煮沸 3h,冷却后再加入二甲苯振荡萃取,取出一部分二甲苯层(内含糠醛),加入对溴苯肼,37℃下反应 1h,生成黄色的苯腙,测 A_{450nm}。本方法抗干扰力强,几乎不受 DNA(至 1mg)的影响。适于全核酸抽提液中 RNA 的定量。

(2)DNA 的测定(定脱氧核糖) DNA 中含有 $2'$-脱氧核糖,可选用以下任一方法。

a. 孚尔根染色法。孚尔根染色法是一种对 DNA 的专一染色法,基本原理是 DNA 的部分水解产物能使已被亚硫酸钠褪色的无色品红碱(Schiff 试剂)重新恢复颜色。用显微分光光度法可定量测定颜色强度,反应式为

品红碱 - 亚硫酶试剂 ⟷ 品红碱 + 亚硫酸钠
   无色(浅黄)   紫红色

b. 二苯胺法。脱氧核糖用二苯胺法测定。DNA 在酸性条件下与二苯胺一起水浴加热 5min,产生蓝色,这是脱氧核糖遇酸生成 ω-羟基-γ-酮基戊醛,再与二苯胺作用而显现的蓝色反应,即

$$\text{DNA} + \begin{matrix}\text{冰醋酸}\\\text{少量浓硫酸}\end{matrix} + \text{(二苯胺)} \xrightarrow{100℃} \text{蓝色物}$$

根据样品产生蓝色的深浅,在 595nm 比色测得光密度,再从标准曲线上查得相当于 DNA 的含量。

此法灵敏度更低,可鉴别的最低量为 $50\mu g/mL$ DNA,测定时易受多种糖类及其衍生物、蛋白质等的干扰。

c. 吲哚法。在 DNA 抽出液中加入 0.04% 吲哚溶液、浓盐酸,振荡后煮沸 10min,冷却后用氯仿萃取 3 次。离心后取上层黄色水层,测 A_{490nm}。本方法比二苯胺法灵敏,而且不受 RNA 共存的影响。

d. 对硝基苯肼法。在核酸酸解液中,加入 5% 三氯乙酸,对硝基苯肼,煮沸 20min,冷却后加乙酸乙酯,振荡,离心,弃去上层有机相,取水层溶液 30mL,加 2mol/L 氢氧化钠 1.0mL 显色,定容至 5.0mL,测 A_{560nm}。此法专一性强,各 1mg 的核糖、RNA 水解物及蛋白质共存时均无干扰,并且不经脱脂程序,对 DNA 定量也无影响。

对于纯的核酸制备物,存在如下数量关系:$50\mu g/mL$ 的双链 DNA、$37\mu g/mL$ 的单链 DNA、$40\mu g/mL$ 的单链 RNA、$20\mu g/mL$ 的单链寡聚核苷酸,其 $A_{260nm}=1$,据此用紫外吸收法来计算核酸样品的浓度($>0.25\mu g/mL$)。

当核酸溶液浓度 $<0.25\mu g/mL$ 时,核酸的定量需要使用灵敏度更高的荧光光度法(灵敏度可达 $1\sim5ng$)。DNA 本身并不产生荧光,但在荧光染料溴乙啶(ethidium bromide,EB)嵌入碱基平面之间后,DNA 样品在紫外线(254nm)照射下激发,可以发出红色荧光,其荧光强度与核酸含量成正比。使用一系列已知的不同 DNA 溶液进行标准对照,可以比较出被测 DNA 溶液的浓度。RNA 也可用荧光光度法测定浓度,但应使用 RNA 或单链 DNA 进行标准对照,RNA 的最低检出量为 $0.5\mu g$ 左右,比 DNA 检出下限低得多。

3. 核酸类生化产品含磷量的测定

DNA 和 RNA 都含有一定量的磷酸,根据元素分析知道,纯的 RNA 及其核苷

酸一般含磷量为9%;DNA及其核苷酸含磷量为9.2%,即每100g核酸中含有9～9.2g磷,也就是核酸量为磷量的11倍左右,故核酸测定时,每测得1g磷相当于有11g的核酸。此方法准确性强,灵敏度高,最低可测到5μg/mL的核酸,可作为紫外法和定糖法的基准方法。

由于核酸和核苷酸中的磷是有机磷,常用的测定磷的方法是测定无机磷的方法。因此测定时先要用浓硫酸将核酸、核苷酸消化,使有机磷氧化成无机磷,然后与钼酸铵定磷试剂作用,使其产生蓝色的钼蓝,在一定范围内,其颜色深浅与磷酸含量成正比关系,根据样品产生的蓝色深浅,在660nm比色测得光密度,从磷的标准曲线可得到样品中磷的含量,从而求出核酸的含量。

核酸样品中有时含有无机磷杂质,因此用定磷法来测定核酸含量时,一般样品材料也要进行预处理,或者样品分别测定总磷量(样品经消化后测得的总磷量)和无机磷(样品不经消化直接测得的磷量)的含量,将总磷量减去无机磷量即为核酸的含磷量。

由于DNA和RNA中都含有磷,当样品中RNA和DNA含量都较高时,用定磷法来测定DNA或RNA时,必须先把二者分开。

(二) 糖类及黏多糖类生化产品的分析

糖类物质是多羟基醛、多羟基酮及其缩聚物和某些衍生物的总称。在人类食物或动物饲料成分中,糖类的量通常以总糖类来表示

总糖类(%)=100-(水分+粗蛋白+粗脂肪+粗灰分)(%)

现代营养学将总糖类分为两类,即有效糖类和无效糖类(又称膳食纤维)。前者包括单糖、低聚糖、糊精、淀粉和糖原等,后者包括果胶、半纤维素、纤维素和木质素等。对生物材料的糖类的分析,可以做总糖类的测定,但更多的研究需要明确测定各类糖类的含量,如淀粉、纤维素等。

根据糖的组成,可将糖类分为三类,即单糖、双糖和多糖。根据糖在水或乙醇溶液中的溶解度大小,糖类可分为两类,即可溶性糖(包括还原性单糖、双糖和非还原性双糖、寡糖)和不溶性糖(包括半纤维素、纤维素、淀粉、果胶、多缩戊糖等)。

经典的组分分析是将具有同一作用机能的物质一起进行定量的方法,如还原糖、可溶性糖等。其分析结果虽然难以赋予明确的含义(如可溶性糖总量中到底含有哪些糖),但在实践上较为实用,仍是目前使用较多的分析方法。

糖类的测定有物理方法和化学方法,但以化学分析法更为常用。在化学分析法中,还原糖的测定是最基本的,因为非还原糖及多糖等的分析,是经过水解将其转化为还原糖来测定并以还原糖来表示其含量的。

1. 可溶性糖的测定

(1)可溶性糖的提取与澄清　可溶性糖易溶于水和乙醇溶液。水果、蔬菜等样

品可用水直接提取,含淀粉和葡萄糖较多的样品需用 80％乙醇溶液提取。

用水提取可溶性糖时,先将样品研成糊状或粉状,加一定量蒸馏水,在 70～80℃水浴上加热 1h。为防止多糖被酶解,可加入少量氯化汞($HgCl_2$)。样品含有机酸较多时,应先调节 pH 至中性再加热提取,可避免低聚糖被有机酸部分水解。最后用水定容至一定体积,过滤,取滤液测糖。

当用 80％乙醇提取可溶性糖时,回流提取 3 次,每次 30min。合并提取液,蒸去乙醇,以水定容至一定体积,测糖。

为了除去蛋白质等干扰物质,可用 10％的中性酸铅处理可溶性糖提取液,冷却后过滤。用饱和硫酸钠沉淀滤液中多余的铅,过滤后定容至一定体积,再进行糖的测定。

(2) 还原糖的测定 有以下两种方法。

a. 3,5-二硝基水杨酸(DNS)比色法。原理是在碱性溶液中,3,5-二硝基水杨酸与还原糖共热后被还原成棕红色氨基化合物,在一定范围内还原糖的量与反应液的颜色强度呈正比,利用比色法可测定样品中还原糖含量。

b. Somogyi-Nelson 比色法。原理是还原糖将铜试剂还原生成氧化亚铜,在浓硫酸存在下与砷钼酸生成蓝色溶液,在 560nm 下的消光值与还原糖浓度呈比例关系,故可用比色法测定样品中还原糖含量。

还原糖的测定还有 Lane-Eynon(即斐林试剂热滴定)法、Shaffer-Somogyi 碘量法等多种方法。非还原糖经酸水解后,也可用上述方法测定。但在水解过程中有水分子渗入,应从测定总量中扣除掺入的水量,蔗糖乘以 0.95,其他多糖乘以 0.9。

(3) 可溶性糖总量的测定 有以下两种方法。

a. 蒽酮比色法。原理是糖类遇浓硫酸脱水生成糠醛及其衍生物,能与蒽酮试剂缩合产生蓝绿色物质,于 620nm 处有最大吸收,显色深浅与糖含量呈线性关系。

b. 地衣酚-硫酸比色法。原理是糖经无机酸处理脱水产生糠醛或其衍生物,能与地衣酚缩合生成有色物质,溶液颜色深浅与糖含量成正比,在 505nm 比色可测定样品中的糖含量。

2. 淀粉的测定

淀粉是植物种子中最重要的储藏性多糖。玉米、小米、大米约含淀粉 70％,干燥的豆类为 36％～47％。蔬菜的淀粉含量悬殊较大,马铃薯约为 14.7％,叶菜类少于 0.2％。成熟的香蕉约含淀粉 8.8％,而其他水果几乎不含淀粉。

淀粉是由葡萄糖聚合成的高分子化合物,有直链淀粉和支链淀粉两类。它们的性质因结构差异而有所不同。

直链淀粉不溶于冷水,能溶于热水。直链淀粉分子在溶液中经缓慢冷却后,容易发生凝沉现象。直链淀粉可与碘生成络合物,呈现深蓝色。

支链淀粉只能在加热及加压的条件下才能溶解于水。静置冷却后,不易出现凝沉现象。支链淀粉与碘不能形成稳定的络合物,遇碘呈现较浅的蓝紫色。

淀粉可直接被酸水解生成葡萄糖;或被酶水解生成麦芽糖和糊精,再经酸水解生成葡萄糖。这是淀粉经酶或酸水解后测定还原糖计算淀粉含量的理论基础。另外,淀粉经分散和酸解后具有一定的旋光性,是旋光法测定淀粉含量的基础。由于半纤维素也容易被酸水解产生还原糖,所以用直接水解法测定淀粉,会使测定结果偏高。

a. 氯化钙-HACO 浸提-旋光法。原理是淀粉可用氯化钙-HACO(相对密度为1.3,pH 为2.3)为分散和液化剂,在一定的酸度和加热条件下,使淀粉溶解和部分酸解,生成具有一定旋光性的水解产物,用旋光计测定。用此法时,各种淀粉的水解产物的比旋指定为203,计算公式为

$$\text{淀粉} \% = \frac{\alpha \times 100}{m \times L \times 203} \times 100$$

式中:α 为旋光角度的读数;L 为旋光管长(dm);m 为样品质量(g);203 为淀粉的比旋。

b. 淀粉糖化酶-酸水解法。原理是样品经脱脂、脱(可溶性)糖后,加入淀粉酶糖化,冷却后用中性乙酸铅除蛋白,糖化液(含糊精和麦芽糖)再用盐酸水解,淀粉最终转化为葡萄糖,测定还原糖的量,结果有两种表示方法

$$\text{还原糖} \% = \frac{\text{还原糖}(\text{mg}) \times \text{样品液总体积}}{\text{样品质量}(\text{mg}) \times \text{测定取用体积}} \times 100$$

或

$$\text{淀粉} \% = \text{还原糖}(\%) \times 0.9$$

以上两种方法测得的是样品中淀粉的总量。如果要了解样品中直链淀粉和支链淀粉各自的含量,可用双波长比色法测定。

3. 粗纤维的测定

粗纤维的概念是比较粗放的。对于植物性饲料或食品,粗纤维包括纤维素、半纤维素、木质素、果胶物质等多种化学成分。其含量高低有助于饲料或食品的营养价值评定。粗纤维的测定传统上多用酸碱洗涤法,由于其流程较长、测定结果偏低(木质素溶解所致),现在已被 van Soest 的酸洗涤剂法(ADF)取代。

原理:植物样品用2%的 CTAB(十六烷基三甲基溴化铵)的 0.5mol/L 硫酸溶液(酸洗涤剂)煮沸 1h,除去易水解的蛋白质、多糖、核酸等组分,过滤,洗净酸液后烘干(含纤维素及木质素),由残渣重计算酸性洗涤剂纤维(%),本法适用于谷物及其加工品、饲料、牧草、果蔬等植物茎秆、叶、果实以及测定根脂肪后的任何样品中粗纤维的测定。

4. 果胶物质的测定

果胶物质是一群复杂的胶态的糖类衍生物。在未成熟果实中,呈不溶于水的

原果胶存在。随着果实的成热,原果胶转化为水溶性的果胶酸和果胶酯酸,二者的区别是多聚半乳糖醛酸的羧基甲基化程度不同。

a) 重量法

原理:将果胶质从样品中提取出来(分总果胶物质和水溶性果胶物质两个部分),加入氧化钙生成不溶于水的果胶酸钙,测其质量后换算成果胶质的质量。有两种表示方法

$$果胶酸钙(\%) = \frac{(m_1 - m_2) \times V}{m \times V_1} \times 100$$

$$果胶酸(\%) = \frac{0.9233 \times (m_1 - m_2) \times V}{m \times V_1} \times 100$$

式中:m_1 为果胶酸钙和玻璃砂芯漏斗质量(g);m_2 为玻璃砂芯漏斗质量(g);V_1 为用去提取液体积(mL);V 为提取液总体积(mL);m 为样品质量(g);0.9233 为由果胶酸钙($C_{17}H_{22}O_{16}Ca$)换算成果胶酸的系数。

b) 比色法

原理:果胶物质水解后生成半乳糖醛酸,在强酸中与咔唑产生缩合反应,对其紫红色溶液进行比色定量。样品中的果胶物质以半乳糖醛酸表示。

5. 黏多糖类生化产品的含量测定

测定多糖常用的方法有:菲林试剂法、蒽酮法、旋光法等。

(1) 理化分析 黏多糖的理化测定指标是由其化学组成所决定的,已知黏多糖的组成单位有己糖醛酸和氨基己糖等,基团有乙酰基和硫酸基(O-硫酸基和 N-硫酸基)。

a. 氨基己糖的测定(Elson-Morgan 法)。氨基己糖在碱性条件下加热,可与乙酰丙酮缩合成吡咯衍生物,该衍生物与 Ehrlich 试剂(对二甲氨基苯甲醛的酸醇试剂)呈红色反应,可进行定量分析。1951 年 Schlose 对反应后的色原质进行分离,至少可得到四种,氨基葡糖生成的色原质最大吸收峰为 512nm,而氨基半乳糖则为 535nm,这提示不同的氨基己糖有可能进行分别测定。

b. 己糖醛酸的测定(咔唑法)。1947 年,Dische 提出用咔唑法测定己糖醛酸。在浓硫酸中,己糖醛酸生成的反应物可与咔唑溶液呈红色,1962 年 Bitter 和 Muir 对该法进行改进,提高了显色的速度和稳定性,灵敏度可提高一倍,但葡糖醛酸和艾杜糖醛酸两者的光吸收系数有较大差异。1979 年,Kosakai 又对 Bitter-Muir 法进行了改进,减少试剂中水的含量,使葡糖醛酸和艾杜糖醛酸的光吸收值接近。这适于含艾杜糖醛酸较多的酸性黏多糖中己糖醛酸的测定。

c. 总硫酸基测定(联苯胺法)。将黏多糖进行酸水解,使硫酸基游离,加入过量的联苯胺,生成联苯胺硫酸盐沉淀,沉淀溶解后加入亚硝酸盐,使联苯胺重氮化,重氮盐与碱性百里酚生成红色化合物,依此可进行定量分析。

（2）生物测定　黏多糖具有多方面的生物效应。主要的生物测定法有以下几种。

a. 抗凝血活性。黏多糖大多具有不同程度的抗凝血性，以肝素的抗凝性最强。我国药典规定肝素抗凝效价采用兔血法测定；美国药典采用羊血浆法；英国和日本药典采用硫酸钠牛全血法。基本原理是肝素对凝血过程的多个环节都有抑制作用，最终使纤维蛋白原不能转变为纤维蛋白而产生抗凝血作用。以羊血浆法为例，取柠檬酸羊血浆，加入标准品和供试品，重钙化后一定时间观察标准品和供试品肝素管的凝固程度，比较测定供试样品的效价。

b. 延长凝血酶原时间。凝血的第二阶段在凝血活素 Ⅴ 、Ⅶ、Ⅹ 及 Ca^{2+} 等因子作用下，使凝血酶原转变成凝血酶。此测定是在血浆中加入组织凝血活素，用生理盐水或去凝血酶原血浆稀释正常血浆，作凝血酶原时间曲线，用以对比被检血浆的活度。当在两组血浆中加入标准品和供试品肝素后，肝素和一些凝血因子结合，可使凝血酶原时间延长，按标准品和供试品凝血酶原时间延长的程度确定待测品的效价。

c. 降脂活性。给动物灌肠喂猪油或腹腔注射，以增加动物血中脂肪和胆固醇含量，黏多糖能促使脂蛋白脂酶释放，从而降低血中脂肪和胆固醇的增长。利用这个方法可测定黏多糖类物质的降脂效应。

d. 脂血澄清作用。将黏多糖静脉或胃内给药，澄清作用由血浆的脂肪酶活性显示。将注射了黏多糖的血浆与脂肪乳剂混合，血浆内的脂蛋白脂酶可作用于底物，使吸收度改变。不同测定时间，酶活性表现不同。

降脂活性测定中脂肪和胆固醇的测定可用酶法进行。试剂中含有多种酶类，可使血浆中的脂肪或胆固醇氧化产生过氧化氢，与显色剂反应呈红色。黏多糖类有降脂作用，可使吸收度明显下降。酶法测定具有操作简便、显色稳定、重现性好等优点。

e. 其他。核糖核酸酶抑制试验：肝素可抑制核糖核酸酶对核糖核酸的分解作用。在不同浓度肝素溶液中加入核糖核酸钠和核糖核酸酶，测定消光系数，核糖核酸酶的抑制作用与肝素浓度呈线性关系。

血小板聚集试验：黏多糖具有抗凝血作用，这与抑制血小板聚集也有一定关系。用于研究黏多糖抑制血小板的方法有转盘法、滤过压力法、比浊法和比率法。

一些研究者曾用 Winder 大鼠足跖肿胀、Meier 大鼠棉球肉芽增生法和巨噬细胞吞噬法等对肝素和类肝素进行抗炎试验。

黏多糖不但有抗凝血和降血脂作用，还有抗炎、抗过敏、抑制血小板聚集和抑制癌细胞转移等多种生物效应，所以用一种简单的试验方法确定黏多糖的标准是不妥当的，应根据药理效应、理化性质及临床需要来确定不同组分的特异的生物测定方法和理化指标。

(三) 蛋白质类生化产品的分析

蛋白质的定量分析是研究蛋白质的基础。各种蛋白质的含氮量是相当恒定的,平均为16%。测定蛋白质的含氮量是蛋白质定量的经典方法,但操作繁琐。目前应用较广泛的是双缩脲法、福林-酚试剂法(Lowry法)、紫外吸收法、考马斯亮蓝染色法和氨基酸分析法等。双缩脲法是基于蛋白质分子中的肽键,凡具两个以上肽键的物质均有此反应,它受蛋白质特异氨基酸组成的影响较小,适用于毫克级蛋白质的测定;福林-酚试剂法灵敏度高,主要基于蛋白质在碱性溶液中与铜形成复合物,此复合物的芳香族氨基酸残基同还原酚试剂作用而产生蓝色,与标准蛋白质(通常采用牛血清白蛋白)比色定量,如果样品和标准蛋白质的芳香族氨基酸差异较大时,会有较大的系统误差;紫外吸收法是利用蛋白质中含有芳香族氨基酸(色氨酸和酪氨酸等)在280nm左右有吸收峰,通过与标准蛋白质比较而定量,但也同样存在不同蛋白质的芳香族氨基酸含量不同而有较大差异的问题。最准确的方法是用蛋白质的摩尔消光系数计算,方法是将纯化的蛋白质对水透析、冻干并干燥至恒重后精确称量,定量溶解于一定体积的溶剂中,通常为1g/L,280nm测量光吸收,从而得出该蛋白质的摩尔消光系数。紫外吸收法的优点是迅速简便而且不消耗样品;考马斯亮蓝G250法操作简单,灵敏度高;通过蛋白质的氨基酸组成分析的结果计算来定量,所得数值最接近真实值,但是由于蛋白质酸水解时部分氨基酸被破坏而可能导致结果偏低。

七、生化产品纯度的鉴定

纯净的生化产品一般是指不含有其他杂质。用于生化产品纯度鉴定的方法有各种分析电泳和层析,如聚丙烯酰胺凝胶电泳(PAGE)、十二烷基硫酸钠-聚丙烯酰胺凝胶电泳(SDS-PAGE)、等电聚焦(IEF)、毛细管电泳(CE)、离子交换层析、凝胶过滤和基于生化产品疏水性质的反相层析等。

此外,如分析生化产品N端和C端的均一性也是有效评价生化产品纯度的方法,其鉴别能力有时较电泳、层析等方法更为灵敏。如能同时测定N端或C端的若干个序列,则在很大程度上可以排除杂质存在的可能性。一些新的方法如质谱等,也被引入生化产品纯度的检测中。用电泳法检查生化产品的纯度时,应取分布在生化产品等电点两侧的两个不同的pH分别进行检测,这样得出的结论才较为可靠。一般检测生化产品的纯度必须应用两种不同机理的分析方法才能做出判断,例如,一个用凝胶过滤和SDS-PAGE证明是纯的类生化产品样品,由于这两种方法的机理是相同的,因而此判断还是不够充分的。

经上述检测方法确定的生化产品是否就一定是一个有活性的目标生化产品呢? 要解决这个问题还要进行一系列理化性质的分析,如相对分子质量(M)、等电点、溶解度、氨基酸分析、光谱、肽谱以及生物活性的检测等。关于相对分子质量的测定，早期采用的超离心分析法和光散射法目前已很少应用，一般常规方法是SDS-PAGE，其基本原理是在 SDS 存在下，生化产品 SDS 复合物表面带了大量负电荷，呈长椭圆棒状分子，此时，不同生化产品 SDS 复合物的短轴长度相同，但长轴为相对分子质量的函数，上样量约 0.1～1μg，方法误差 5%～10%，所测为生化产品亚基的相对分子质量，如同时用凝胶过滤法测定完整蛋白质的相对分子质量，则可准确地判断该蛋白质是否为寡聚体。毛细管电泳的分辨率较 SDS-PAGE 好，用极微量(ng 级)蛋白质样品即可测定蛋白质的相对分子质量。近年来高分辨率的磁质谱可精确测定相对分子质量<2000 的多肽，电喷雾质谱可在皮摩尔水平测定相对分子质量，精确度达到 0.02%。一种生化产品只有一个等电点，所以用等电聚焦电泳既能测定生化产品的等电点，又能鉴定生化产品的纯度。目前进行IEF 凝胶电泳时，同时进行 IEF 标样电泳，可以直接求得样品的近似等电点，方法简便，样品量<1μg。毛细管等电聚焦电泳(CIEF)进一步使测定微量化，而且更为精确。与标准生化产品比较，肽谱可以方便地获知纯化生化产品的结构与标准生化产品的结构有无差异;肽谱最初称为指纹图(fingerprinting)，用于镰刀形贫血的研究，即将血红蛋白 A(HbA)和血红蛋白 S(HbS)分别用胰蛋白酶酶解为小肽，然后一向进行纸电泳，另一向进行纸层析，得到肽谱，观察到两者间仅一个肽斑有差别。进一步序列分析此肽斑，发现仅一个氨基酸之差，即 β6 由谷氨酸突变为缬氨酸。目前主要采用以下方法进行化学裂解或酶解后的肽谱分析:SDS-PAGE，存在小分子肽段在电泳和染色过程中易丢失的缺点;RP-HPLC，根据肽的长短和疏水性质分离，但如肽的亲水性强则不能滞留在柱上，而疏水性强者则不易洗脱;CE 则不存在上述缺点。最后，纯化的生化产品尚需进行活性测定。

思 考 题

1. 解释浸提、浸煮、H.L.B、分离纯化、等电点沉淀、盐析沉淀、结晶、FPLC、HPLC、冷冻干燥的含义。
2. 一般从生物材料制作生化产品的过程大体应分哪几个阶段? 同时还应该注意哪几个方面的问题?
3. 在制备生化产品前应如何选择原料?
4. 原料的粉碎有哪几种方法? 原料的粉碎的作用是什么?
5. 影响提取的因素有哪几种? 目前有哪些提取方法?
6. 层析分离技术包括哪些技术? 分别叙述凝胶层析、离子交换层析、亲和层析、高压液相层析、疏水层析、旋转薄层层析、聚焦层析的分离纯化原理。
7. 一般在粗品制备阶段和精品纯化阶段分别应采用哪些层析分离技术?
8. 膜分离技术的原理是什么? 它同一般的透析方法相比有何特点?
9. 电泳分离技术包括哪几种? 它们分别适用于哪些分离步骤?

10. 在何种条件下才能得到好的结晶体？一般结晶应在制备过程的哪一步进行？

11. 生化产品的干燥有哪些方法？冷冻干燥有何特点？

12. 测定蛋白质含量的方法有哪些？比较它们的优缺点及应用范围。

第三章　氨基酸的提取分离

第一节　概　述

　　氨基酸是蛋白质的基本组成单位。在生物体内,蛋白质和氨基酸之间不断地分解与合成,形成了一个动态平衡体系。氨基酸参与生物体内的新陈代谢和各种生理功能。作为生物大分子的各种蛋白质,所以能在机体的生命活动过程中表现出各种各样的生物学功能,主要是取决于其组成中各个氨基酸的特异性质和排列顺序以及以此为基础的分子构象。作为生命存在的必要条件,即生物体内蛋白质的动态平衡,是受氨基酸来支持的。任何一种必需氨基酸的缺少,都会使这种平衡遭到破坏,从而导致整个机体的代谢紊乱。人类的疾病状态和氨基酸的存在情况,显示直接关联,所以氨基酸类生化产品,也越来越多地受到重视。

　　氨基酸是英国化学家 Wollaston 于 1810 年首先从膀胱结石里分离出来一种物质,当时根据"膀胱"这个词,把它命名为胱氨酸。在 1819 年法国化学家 Braconnot 从加酸加热的肌肉中,分离出一种白色结晶,起名叫亮氨酸。用同样的方法处理明胶,得到一种有甜味的晶体,当时以为是糖,后来发现不是糖,而是可以用来制氨的含氮化合物,命名为甘氨酸,是最简单的氨基酸。随后,人类经过 150 年的努力,在自然界中先后发现了很多种氨基酸,其中最常见的有 20 种,游离存在的很少,绝大多数都以结合状态存在于生命物质——蛋白质中。如果把蛋白质水解,最终产物就是各种氨基酸,它是组成蛋白质的最基本单位。若用 100 个 20 种不同的氨基酸,组成相对分子质量为 10 000 左右的蛋白质的话,那么不同的排列顺序,就可提供 20^{100} 种不同的蛋白质,这就是蛋白质构成如此巨大的、丰富多彩的生命世界的原因。在生物体内,氨基酸与蛋白质之间是处于一个动态平衡体系中,它们都对维持生物体内的新陈代谢和各种生物功能起很大作用。作为生命存在的必要条件,即生物体内蛋白质的动态平衡,是受氨基酸支持的。只要缺少一种氨基酸,就会破坏这种平衡关系,进而产生代谢紊乱症状,因此提取分离一些氨基酸,以补偿生物体内氨基酸的不足,对促进机体代谢正常运转有重要的意义。

　　自 20 世纪 50 年代开始,氨基酸应用范围不断扩大,形成了一个朝气蓬勃的新兴工业体系,被称为氨基酸工业,生产技术日新月异,品种和产量逐年增加。1969 年世界氨基酸总产量约 25 万 t,1979 年 40 万 t,10 年间增加约 1.7 倍,至 1981 年调查统计总产量达 55 万多吨,以日本最多。由于氨基酸在医疗上具有特殊的应用价值,其品种已由构成蛋白质的二十几种,发展到 100 多种氨基酸衍生物,在生化产品制备中,占有重要的地位,市场需求量日益增加。日本氨基酸工业生产在世界上居领先地位,产量约占 35%,品种主要有 26 种,几乎都作为医药原料。

第二节　氨基酸的分类

自然界存在的氨基酸大约有 300 多种,依据氨基酸的存在方式和在人体中能否合成,可大致分为以下 3 种。

(一) 蛋白氨基酸

自然界中,有一类氨基酸存在于动物、植物和微生物的蛋白质里,是构成天然蛋白质的组成成分,大约有 20 种,通常讲的氨基酸指的是这一类,被称为蛋白氨基酸。其游离存在的很少,绝大多数都以结合状态存在。在基因 DNA 分子中,含有它们的特异遗传密码且能为其编码的氨基酸,称为编码氨基酸(coding amino acid)。

蛋白氨基酸都是 α-氨基酸,—NH_2 在 α-碳原子上,除甘氨酸外,α-碳原子都是不对称的,属于 L-α-氨基酸。

根据蛋白氨基酸的化学结构又可分为脂肪族氨基酸、芳香族氨基酸、杂环族氨基酸等。

根据氨基酸分子中氨基和羧基的数目不同,可分为酸性氨基酸,如天冬氨酸、谷氨酸;碱性氨基酸,如精氨酸、赖氨酸;中性氨基酸,如丝氨酸、苏氨酸等。

所谓酸性氨基酸、碱性氨基酸都是相对其分子中性而言,不是以水分子中性的 pH＝7 为根据的。1 个氨基和 1 个羧基的氨基酸,由于羧基的游离度大于氨基,在 pH＝7 的纯水中,多数略小于 7 而呈酸性。

(二) 非蛋白氨基酸

自然界中,还存在一些特殊的氨基酸,它们不是蛋白质的组成成分,多以游离形式存在,故称非蛋白氨基酸。过去,曾被认为不是构成机体的结构物质,没有什么用处。近 20 年研究发现,非蛋白氨基酸不仅是自然界存在的天然产物,还显示出独特的生物学功能和药用价值。在动植物体内,经常以游离或低分子化合物的状态存在,多具有脂肪酸结构,一般链长不超过 6 个碳原子,有 D 型氨基酸、β-氨基酸、γ-氨基酸等。在生物体内的变化多种多样,十分复杂。有的参加生物体内含氮物质的吸收、储存和运转,如高丝氨酸、刀豆氨酸;有的是神经递质,在神经细胞接触传递中起传递作用,如 γ-氨基丁酸等,已知的不少于 20 种;有的是生物体内次生物质的前体,含量虽很低,可生理反应功能却很强烈,如多巴胺、5-羟色胺等。至今已发现有 450 种以上非蛋白氨基酸,其中存在于植物中的约有 240 种,存在于动物中的有 50 种,其他多存在于微生物中,还不断有新的发现问世。有药用价值的约 100 种。

（三）衍生氨基酸

蛋白质分子中,掺入了多肽链的氨基酸,经酶催化修饰后,其活性基团如 α-COOH 可酰胺化、α-NH$_2$ 可甲基化或乙酰化、—OH 可磷酸化等,由此形成的衍生物称为衍生或修饰氨基酸。如谷氨酰胺、乙酰谷酰胺铝、甘氨酸铝、硫酸甘氨酸铁等用于消化道疾病;精氨酸盐酸盐、磷葡精氨酸、鸟天氨酸、乙酰甲硫氨酸等用于肝脏疾病;谷氨酸钙盐及镁盐、氢溴酸谷氨酸钠、5-羟色氨酸、酪氨酸亚硫酸盐、左旋多巴等用于脑及神经系统疾病;氮丝氨酸、氯苯丙氨酸、磷乙天冬氨酸、重氮氧代正亮氨酸等用于肿瘤疾病。还有高半胱氨酸硫内酯用于治疗肝炎,乙酰半胱氨酸用于咳痰困难,乙酰羟脯氨酸用于治疗皮肤病,赖乳清酸用于肝炎、肝硬化等。

依据人体能否合成,氨基酸可分为必需氨基酸和非必需氨基酸。不同的生物,要求的必需氨基酸也不同。人类必需氨基酸有亮氨酸、异亮氨酸、赖氨酸、苯丙氨酸、甲硫氨酸、苏氨酸、色氨酸和缬氨酸 8 种。鸡只有甘氨酸一种。老鼠则能合成全部需要的氨基酸。精氨酸、组氨酸在人体内合成速率很低,特别是新生儿或患病时,要给予补充,故又称半必需氨基酸。其余的人体都能合成,为非必需氨基酸。

第三节　氨基酸的理化性质

蛋白质水解后所得到的 20 种氨基酸,它们的结构可以用下面通式表示

从通式可以看出,这些氨基酸都是一个含 α-氨基(—NH$_2$)的有机酸,在自然界中的氨基酸都是 L 型的,人体不能利用 D 型氨基酸。

一、氨基酸的一般性质

氨基酸一般呈白色结晶体,熔点很高,并多在熔融时分解。可溶于强酸和强碱中。水中溶解度差别很大,精氨酸、赖氨酸最大,胱氨酸、酪氨酸最小。脯氨酸能溶于乙醇中。在乙醚中氨基酸多不溶解。

二、氨基酸的两性解离和等电点

氨基酸是典型的两性电解质,它们兼有酸性和碱性两种性质。这是因为氨基酸分子既含有氨基又含羧基,在溶液中既能以酸的形式解离,也能以碱的形式解离,所以它在水溶液中是以两性离子存在的。当在某一 pH 条件下,氨基酸分子所带负电荷与正电荷相等,此时介质中的 pH 即称为这个氨基酸的等电点,以 pI 表示,即

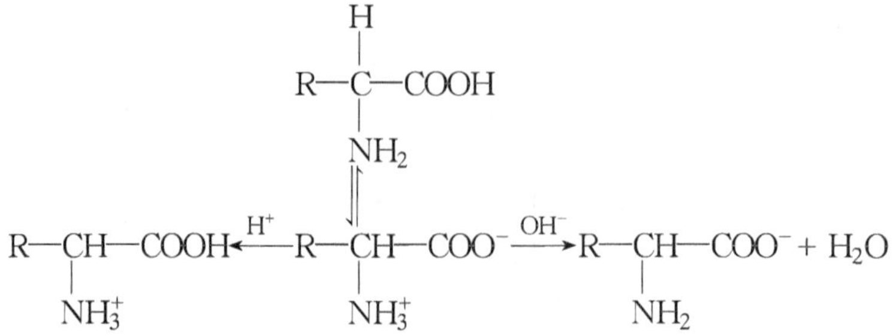

$$\text{R—CH—COOH} \xleftarrow{\text{H}^+} \text{R—CH—COO}^- \xrightarrow{\text{OH}^-} \text{R—CH—COO}^- + H_2O$$

阳离子　　　　　pI 时　　　　　阴离子

　　氨基酸的两性解离和等电点,对于提取分离氨基酸具有很重要的意义。氨基酸在等电点时溶解度最小,最稳定。在酸、碱条件下,溶解度增加。不同的氨基酸的等电点不同,在同一 pH 溶液中,某些氨基酸的溶解度各不相同,可利用这一性质进行分离。应用离子交换树脂分离氨基酸,就是对氨基酸两性性质的具体应用。

三、氨基酸的成盐反应

　　氨基酸与酸、碱都可形成盐,并可溶于水。与 Cu^{2+}、Ag^+、Hg^{2+} 形成的盐,多数不溶于水。在提取分离中可利用氨基酸的成盐性质,进行分离、精制。

四、氨基酸与茚三酮的反应

　　α-氨基酸与茚三酮水合物共热,被氧化产生醛、氨、二氧化碳,而茚三酮水合物被还原。在碱性溶液中还原茚三酮与茚三酮和氨进一步缩合,生成一种蓝紫色化合物。反应中产生的二氧化碳以及颜色可用来定性定量氨基酸。脯氨酸和羟脯氨酸与茚三酮反应产生黄色,反应式为

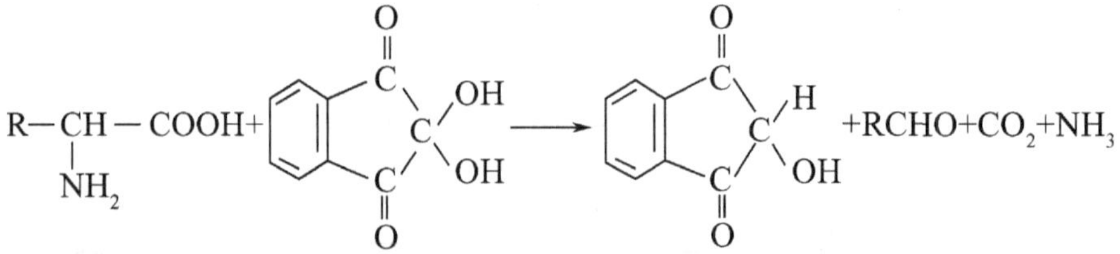

α- 氨基酸　　　　　水合茚三酮　　　　　还原茚三酮

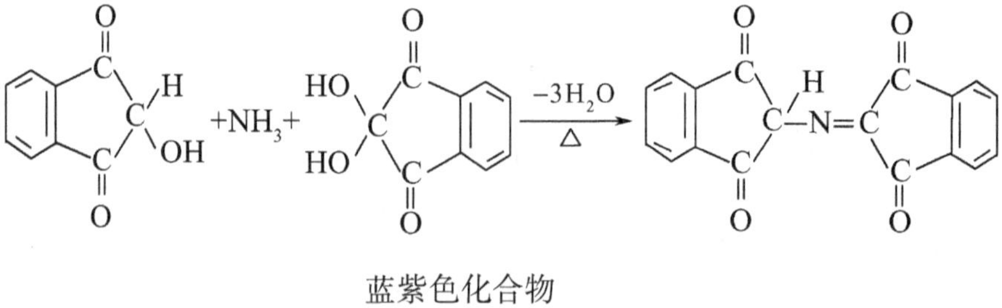

蓝紫色化合物

五、氨基酸特殊基团的反应

1．米伦反应

酪氨酸与米伦(Millon)试剂(硝酸汞溶于含有少量亚硝酸的硝酸中)反应即生成白色沉淀,加热后变成红色。含有酪氨酸的蛋白质可有此反应。

2．坂口反应

在碱性溶液中,胍基与含有 α-萘酚及次溴酸盐的试剂反应,生成红色物质。这是对精氨酸专一性较强、灵敏度较高的一个反应。

3．Pauly 反应

组氨酸的咪唑基在碱性条件下,可与重氮化的对氨基苯磺酸偶联产生红色物质。酪氨酸也有此反应。

4．醛类反应

在硫酸存在下,色氨酸与对二甲氨基苯甲醛反应产生紫红色化合物,此反应用于鉴定色氨酸。

5．铅黑反应

胱氨酸和半胱氨酸被强碱破坏后,能放出硫化氢,与乙酸铅反应生成黑色的硫化铅沉淀。

第四节　氨基酸的主要用途

氨基酸是构成蛋白质的基本组成单位,故生物体中众多蛋白质的生物功能,无不与构成蛋白质的氨基酸种类、数量、排列顺序及由其形成的空间构象有密切的关系。因此氨基酸对维持机体蛋白质的动态平衡有极其重要的意义。生命活动中人及动物通过消化道吸收氨基酸并通过体内转化而维持其动态平衡,若其动态平衡失调,则机体代谢紊乱,甚至引起病变,何况许多氨基酸尚有其特定的药理效应。氨基酸主要有以下几个方面的用途。

一、食 品 工 业

氨基酸为构成天然蛋白质的基本单位,故蛋白质营养价值实际是氨基酸作用的反映。健康人靠膳食中的蛋白质获取各种氨基酸满足机体需求。缺乏蛋白质则影响机体生长及正常生理功能,抗病力减弱,引起病变。消化道功能严重障碍者及手术后病人常因禁食无法获得足够蛋白质,自身蛋白质过量消耗,致使营养不良而导致病情恶化或愈后不良。不同氨基酸营养重要性不同,其中赖氨酸、色氨酸、苯丙氨酸、蛋氨酸、苏氨酸、亮氨酸、异亮氨酸及缬氨酸8种氨基酸,人及哺乳动物自身不能合成,需由食物供应,称为必需氨基酸。其他氨基酸均称为非必需氨基酸,其中胱氨酸及酪氨酸可分别由蛋氨酸和苯丙氯酸产生,若食物中提供了足够的胱氨酸及酪氨酸,可减少蛋氨酸及苯丙氯酸的需求量,故胱氨酸与酪氨酸也称为半必需氨基酸。此外,体内精氨酸及组氨酸合成速率较低,通常难以满足需求,需有外界补充一部分,故二者也称为半必需氨基酸。必须强调指出,在机体代谢活动中非必需氨基酸及必需氨基酸是同等重要的。

对婴幼儿而言,赖氨酸具有特殊的重要意义,它能促进钙的吸收,加速骨骼生长,有助于婴幼儿的生长发育,而食物中赖氨酸含量甚低,加工过程中易被破坏,引起赖氨酸缺乏,导致蛋白质代谢平衡失调,胃液分泌减少,消化力下降,引起厌食,影响发育。因此,在儿科营养学上,赖氨酸是促进婴幼儿生长发育不可缺少的营养素。故在婴幼儿食品中添加足够量的赖氨酸是必要的。

此外一般在主要食物如小麦中缺少赖氨酸、苏氨酸和色氨酸,适量添加这些氨基酸可强化食品,提高食品的营养价值。对具有鲜味的氨基酸如谷氨酸单钠和天冬氨酸钠,具有甜味的氨基酸如甘氨酸、DL-丙氨酸、L-天冬氨酰苯丙氨酸甲酯等,都常作为调味剂(如甜味剂)。

二、饲 料 工 业

一般饲料中缺乏赖氨酸和蛋氨酸,如适量添加这两种氨基酸可提高饲料的营养价值,促进鸡多产蛋与猪的生长。

三、医 药 工 业

氨基酸参与体内代谢和各种生理机能活动,因此可用来治疗各种疾病。氨基酸类药物有个别氨基酸制剂和复方氨基酸制剂两类。

(一) 个别氨基酸类生化产品

1) 治疗消化道疾病的氨基酸及其衍生物有谷氨酸及其盐酸盐、谷氨酰胺、乙酰谷酰胺铝、甘氨酸及其铝盐、硫酸甘氨酸铁、维生素 U 及组氨酸盐酸盐等,其中谷氨酸、谷氨酰胺、乙酰谷酰胺铝、维生素 U 及组氨酸盐酸盐等。主要通过保护消化道黏膜或促进黏膜增生而达到防治胃及十二指肠溃疡的作用。甘氨酸及其铝盐及谷氨酸盐酸盐,主要是通过调节胃液酸碱度实现治疗作用。谷氨酸盐酸盐可提供盐酸及促进胃液分泌,用于治疗胃液缺乏症、消化不良及食欲不振;甘氨酸及其铝盐可中和过多胃酸,保护黏膜,用于治疗胃酸过多症及胃溃疡。

2) 治疗肝病的氨基酸药物有精氨酸盐酸盐、磷葡精氨酸、鸟天氨酸、谷氨酸钠、蛋氨酸、乙酰蛋氨酸、爪氨酸、赖氨酸盐酸盐及天冬氨酸等。其中 L-精氨酸、L-乌氨酸及 L-爪氨酸是机体尿素循环中间体或重要成分。可加速肝脏解氨毒作用,用于治疗外科、灼伤及肝功能不全所致高血氨症,精氨酸还为肝性昏迷忌钠病人的急救用药。L-谷氨酸可激活三羧酸循环,促进血氨下降,在 ATP 参与下,氨与谷氨酸结合为谷氨酰胺,是脑组织解氨毒的重要途径,临床上用于治疗肝性昏迷及肝性脑病等高血氨症。蛋氨酸和乙酰蛋氨酸是机体内胆碱合成的甲基供体,促进磷脂酰胆碱的合成,临床上用于治疗慢性肝炎、肝硬化、脂肪肝、由药物及其他原因引起的肝障碍。L-天冬氨酸有助于鸟氨酸循环,促进氨和 CO_2 形成尿素,降低血氨和 CO_2,增强肝功能,消除疲劳,临床上用于治疗慢性肝炎、肝硬化及高血氨症。此外,S-甲基半胱氨酸能降血脂。

3) 治疗脑及神经系统疾病的氨基酸及其衍生物有谷氨酸钙盐及镁盐、氢溴酸谷氨酸钠、γ-酪氨酸、色氨酸、5-羟色氨酸、酪氨酸亚硫酸盐及左旋多巴等。L-谷氨酸的钙盐及镁盐均有维持神经肌肉正常兴奋的作用,临床上用于治疗神经衰弱及其官能症、脑外伤、脑功能衰竭以及癫痫小发作。γ-酪氨酸是中枢神经突触的抑制性递质,能激活脑内的葡萄糖代谢,促进乙酰胆碱合成,恢复脑细胞功能并有中枢性降血压作用,用于治疗记忆障碍、语言障碍、脑外伤后遗症、癫痫、肝昏迷抽搐及躁动等。L-色氨酸及 5-羟色氨酸在体内可转变为 5-羟色氨,前者尚可转变为烟酸、黑色素紧张素、松果体激素及黄尿酸等生理活性物质。临床上 L-色氨酸用于治疗精神分裂症和酒精中毒,改善抑郁症,防治糙皮病;5-羟色氨酸及 5-羟色氨用于治疗内因性抑郁症、失眠及偏头痛。左旋多巴(L-二羟苯丙氨酸)在体内可转变为多巴胺,目前用于治疗帕金森病及控制锰中毒的神经症状,是治疗帕金森病的最有效药物。酪氨酸亚硫酸盐用于治疗脊髓灰质炎、结核性脑膜炎的急性期、神经分裂症、无力综合征及早老年性精神病等中枢神经系统疾病。

4) 用于肿瘤治疗的有偶氮丝氨酸、氯苯丙氨酸、磷乙天冬氨酸及重氮氧代正亮氨酸等。其中偶氮丝氨酸是谷氨酰胺的抗代谢物,用于治疗急性白血病及柯杰金氏病。氯苯丙氨酸为 5-羟色氨的生物合成抑制剂,有止泻及降温作用,用于治疗癌瘤综合征,减轻症状。磷乙天冬氨酸是天冬氨酸转化为氨甲酰天冬氨酸的过渡态化合物的类似物,抑制嘧啶合成,用治疗 B_{16} 黑色素瘤及 Lewis 肺癌。重氮氧代正亮氨酸也是谷氨酰胺抗代谢物,用于治疗急性白血病。此外 S-氨基甲酰半胱氨酸还有抗癌作用。

5) 除上述氨基酸的临床应用外,其他许多氨基酸在临床上也有重要应用。如胱氨酸及半胱酸有抗辐射损伤作用,并能促进造血机能、增加白细胞和促进皮肤损伤的修复,临床上用于治疗辐射损伤、重金属中毒、肝炎及牛皮癣等。高半胱氨酸硫内酯能促进核酸代谢及肝细胞再生,预防药物中毒,有保肝作用,用于治疗急性及慢性肝炎、肝性昏迷及脂肪肝等。乙酰半胱氨酸为呼吸道黏液溶解剂,适用于黏痰阻塞引起的呼吸困难及多种呼吸道疾病引起的咳痰困难,促进排痰。乙酰羟脯氨酸参与关节和腱的某些机能,用于治疗皮肤病,促进伤口愈合,治疗风湿性关节炎和结缔组织疾患。赖乳清酸对四氯化碳引起的肝损害有解毒作用,也有防止氯化铵引起的氨中毒的作用,适用于各种肝炎、肝硬化及高血氨症。

(二)复方氨基酸制剂

复方氨基酸制剂主要为重症患者提供合成蛋白质的原料,以补充消化道摄取的不足。复方氨基酸制剂有三类。

(1)水解蛋白注射液 由天然蛋白经酸解或酶解制成的复方制剂,因成分中含有小肽物质,不能长期大量应用,以防不良反应,已逐渐为复方氨基酸注射液替代。

(2)复方氨基酸注射液 由多种结晶氨基酸根据需要按比例配置而成,有时还添加高能物质、维生素、糖类和电解质。如用氨基酸与右旋糖酐或乙烯吡咯酮配制而成的复方氨基酸注射液,已成为较好的血浆代用品。

(3)要素膳 由多种氨基酸、糖类、脂类、维生素、微量元素等各种成分组成的经口或鼻饲为病人提供营养的代餐制剂。在医药上用途最大的是氨基酸输液。手术后或烧伤等病人需大量补充蛋白质营养,可注射各种氨基酸混合液,即氨基酸输液。复合氨基酸注射液含氨基酸浓度高、体积小、无热原与过敏物质,比水解蛋白好。

第五节　氨基酸的提取分离方法

提取分离氨基酸首先要进行蛋白质水解,然后将水解出的氨基酸分离出来,进行精制,即可获得有用的制品。

一、蛋白质水解

水解提取法是最早建立起来的生产氨基酸的方法。它是以蛋白质为原料,经酸、碱或蛋白水解酶水解后,再分离纯化各种氨基酸的工艺过程,简称水解法。水解法有酸水解法、碱水解法和酶水解法三种。

1. 酸水解法

用酸水解蛋白质时,通常加 $6\sim10mol/L$ 盐酸(4mol/L 硫酸或 $1.8\sim2$ 倍30%

的工业盐酸),在 110～120℃ 条件下,水解 12～24h,然后除去酸,得到各种氨基酸的混合物。此法的最大优点是水解完全,不引起氨基酸的消旋作用,所得氨基酸全是 L 型。缺点是色氨酸全被破坏,丝氨酸和酪氨酸部分被破坏,腐蚀设备,劳动条件差,产生大量废物,但仍是工业生产常用的方法。

2. 碱水解法

在生产中,常采用 6mol/L 氢氧化钠或 2mol/L 氢氧化钡,在 100℃ 条件下,水解 6h。此法最大优点是水解完全,色氨酸不被破坏,不腐蚀设备。但缺点是氨基酸可发生消旋作用,丝氨酸、苏氨酸、精氨酸、胱氨酸等大部分被破坏,因此很少用此法去提取氨基酸。

3. 酶水解法

在生产中,常用胰酶或胰浆、微生物蛋白酶等,在适当的 pH、温度、一定的时间和酶浓度下水解蛋白质。此法的优点是反应条件温和,氨基酸不被破坏,不发生消旋作用,设备简单,劳动条件较好。但缺点是水解不完全,中间产物如肽类较多,一般时间较长,易污染菌。此法常用于制备蛋白胨,水解蛋白,在氨基酸生产中应用较少。

二、氨基酸的分离

1. 利用氨基酸的溶解度或等电点分离

在生产中常利用各种氨基酸在水和乙醇等溶剂中溶解度的差异,将氨基酸彼此分离。如胱氨酸和酪氨酸在水中极难溶解,而其他氨基酸则比较易溶;酪氨酸在热水中溶解度大,而胱氨酸则无大差别。根据此性质,即可把它们分离出来,并且互相分开。另外,由于氨基酸在等电点时溶解度最小,最容易析出沉淀,所以利用溶解度法分离氨基酸时,也常结合等电点沉淀法。

2. 利用沉淀法分离

氨基酸可同一些有机化合物或无机化合物结合,生成具有特殊性质的结晶性衍生物。利用此性质可分离纯化某些氨基酸。如组氨酸与氯化汞作用生成组氨酸汞盐的沉淀,再经处理就可得到组氨酸。

3. 利用离子交换法分离

离子交换树脂是一种不溶于水、有机溶剂和酸碱的高分子物质,上面带有阴离子或阳离子基团,这些基团能和周围溶液中的其他离子或离子化合物进行交换,而树脂的物理性能不发生改变。应用这种物质进行分离和测定的方法称离子交换法。在生产中,在适当的 pH 条件下,如在 pH=5～6 的蛋白质水解液中,碱性氨基酸解离成阳离子,酸性氨基酸就解离成阴离子,而中性氨基酸基本上呈电中性。选择适当的交换树脂,就能实现单一的或者分组的选择性吸附。然后用不同 pH 的洗脱液,可把各种氨基酸分别洗脱下来。

离子交换法也可用于定量分析蛋白质的氨基酸组成。一般是把蛋白质水解液调节至 pH=2 左右,使其通过钠型的阳离子交换柱,氨基酸全部交换上柱。然后分别用不同 pH 和离子强度的缓冲液(pH=3～5.28 柠檬酸缓冲液)洗脱,氨基酸随着从柱上部向下移动,一般酸性和极性极大的氨基酸先被洗脱下来,接着是中性和碱性氨基酸,而小分子的氨基酸则较分子大的先下来。分别收集洗脱液,经茚三酮显色进行定量测定,即可计算出该蛋白质中各种氨基酸组分的含量。目前,用此法定量测定蛋白质的氨基酸组成已全面自动化,整个过程只需几小时。

三、氨基酸的精制

为了提纯分离的氨基酸,常采用结晶的方法来提高纯度。在实际操作中,要根据氨基酸的溶解度和等电点性质选择条件,为了使结晶进行顺利,还常使被分离的氨基酸溶液的 pH 保持在等电点附近。

第六节　胱氨酸的提取分离技术

胱氨酸(cystine)是由两个 β-巯基-α-氨基丙酸组成的含硫氨基酸,其结构式如下

$$\underset{NH_2}{\overset{\overset{\displaystyle H}{|}}{HOOC-C-CH_2-S-S-CH_2-C-COOH}}$$

胱氨酸呈六角形片状白色结晶或结晶粉末,无味,微溶于水,不溶于乙醇及其他有机溶剂,易溶于稀酸和碱液中,在热碱液中易分解。胱氨酸的等电点为 4.6,熔点 260～261℃。胱氨酸比半胱氨酸稳定,在体内转变成半胱氨酸后参与蛋白质合成和各种代谢过程,有促进毛发生长和防止皮肤老化等作用。临床上用于治疗膀胱炎、各种秃发症、肝炎、神经痛、中毒性病症、放射损伤以及各种原因引起的巨细胞减少症,还是治疗一些药物中毒等的特效药。在食品工业,生化及营养学研究领域也有广泛的应用。胱氨酸存在于人发、猪毛、羊毛、马毛、羽毛及动物角等的蛋白质中,其中人发中含量最高,达 17.6%。胱氨酸是氨基酸中最难溶于水的一种。因此可利用这种特性,通过酸性水解,从废杂猪毛、人发、鸡毛、羊毛等角蛋白中,分

离提取胱氨酸。目前随着养殖业的发展,我国废旧杂毛资源很广,但利用率极低、从这些废旧杂毛中提取胱氨酸具有重要的现实意义。

一、试剂与器材

1. 原料

选用人或动物的废杂毛为原料,目前国内主要用人发和猪毛提取胱氨酸,原料要干净。

2. 试剂及配制

（1）盐酸　这里用于调节 pH,选用化学纯试剂(CP)。

（2）氢氧化钠　这里用于调节 pH,选用化学纯试剂(CP)。

（3）乙酸　这里用于调节 pH,选用化学纯试剂(CP)。

（4）乙酸钠　这里用于调节 pH,选用化学纯试剂(CP)。

（5）氨水　这里作为洗脱剂,选用化学纯试剂(CP)。

（6）硫酸铜　这里用于配制试剂,选用化学纯试剂(CP)。

（7）硝酸　这里作为溶剂,选用化学纯试剂(CP)。

（8）硝酸银　这里用于配制试剂,选用化学纯试剂(CP)。

（9）硫化氢　这里用于配制试剂,选用化学纯试剂(CP)。

（10）硫氰酸铵　这里用于配制试剂,选用化学纯试剂(CP)。

（11）亚硫酸钠　这里作为还原剂,选用化学纯试剂(CP)。

（12）碘化钾　这里用于配制试剂,选用化学纯试剂(CP)。

（13）活性炭　这里用于吸附杂质,选用糖用活性炭(CP)。

（14）骨炭粉　这里作为脱色剂,选用医用级骨炭粉。

（15）硫酸甲醛溶液　用甲醛作为溶剂,将硫酸溶解在甲醛中,配成所需的浓度,本工艺是配成每升甲醛液中含 1mol 硫酸的溶液。所用甲醛和硫酸选用化学纯试剂(CP)。

（16）溴液　用溴配制的溶液。本工艺是用水配制成 0.1mol/L,选用化学纯试剂(CP)配制。

3. 器材

玻璃钢水解罐,耐酸锅,搪瓷缸,不锈钢桶,搪瓷桶,离心机,玻璃布,白纱布,温度计(0~100℃),酸度计,布氏漏斗,3 号重溶漏斗,2 号砂心漏斗,恒温水浴,碘量瓶,滴管,试管,移液管,量筒,烧杯,pH 试纸,酸度计。

二、提取工艺1

1. 工艺流程

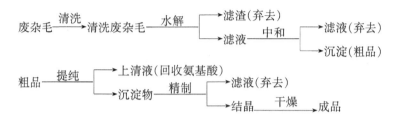

2. 操作步骤

(1) 清洗　除去废杂毛内混杂的泥沙、石块、草木、铁杂物等,用60℃左右的热水,加少量洗涤剂,搅拌洗涤4~6min,洗去吸附在杂毛上的油脂,然后捞出,再用清水冲洗干净,滤干,放在通风处晒干或烘干备用。

(2) 水解　按废杂毛的量,先量取2倍30%工业盐酸,加入到玻璃钢或搪瓷水解罐中,通蒸汽加热到70~80℃,立即投入已清洗晒干的废杂毛适量,继续加热,间隙搅拌,使温度均匀,升温到100℃时开始记温,每隔0.5h记温1次,在1~1.5h内升温至110℃左右(即罐温),以后继续维持罐压14.7 kPa(气压490 kPa),水解13h左右(用玻璃钢盘管加热,水解时间可缩短为6~7h),水解期间要有回流装置,保证水解酸度,使水解更完全,水解时间可从水解罐内溶液温度达100℃时起计算。

水解完后,停止回流(回收的盐酸可重用),立即趁热过滤,这时过滤很困难,应先用玻璃布抽滤除去大的黑腐质,然后再用双层纱布抽滤,将滤液移到中和锅或缸中,滤液用1:10盐酸冲洗2~3次,冲洗液一并倒入中和锅或缸内,准备中和。

(3) 中和　将过滤好的滤液趁热在搅拌下加入浓度为30%~40%的氢氧化钠(工业烧碱)溶液,当中和到pH达4.0时,停止加碱液,然后改用乙酸钠饱和溶液中和到pH为4.8左右,停止搅拌,静置10~12h。用涤纶布过滤沉淀物,甩干或吊干(滤液可供回收谷氨酸或制备化学酱油),即得粗品。中和时温度应保持在50℃左右,而且要在0.5h内完成。

(4) 提纯　称取适量的胱氨酸粗品,加入粗品量13%~14%的工业盐酸(质量分数为30%),搅拌30min左右,等粗品全部溶解后,再加入糖用活性炭粉(按每100 kg粗品加4~5kg活性炭粉投料),加热到90~98℃,在此温度下恒温搅拌2~3h,然后过滤脱色液(回收活性炭粉,再生后可重用),滤液加热到80~85℃,在搅拌下加入30%氢氧化钠溶液,调节pH至4.8时,停止加碱液,静置,使结晶沉淀完全。虹吸上清液(可供回收胱氨酸和酪氨酸),底部沉淀滤干后可离心甩干或直接用吊包吊干,即得灰白色的提纯胱氨酸粗品。

(5) 精制、干燥　称取适量胱氨酸提纯后的粗品,加入 5 倍量的 1∶12 的盐酸,加热到 40℃时,加入 5% 骨炭粉(按粗品量加),升温到 60℃,保温搅拌 1h。然后用布氏漏斗过滤,滤液再经 3 号垂熔漏斗过滤,滤液应无色透明,如仍带色,再进行脱色处理。

将溶液移入搪瓷缸中,搅拌下加入 10% 氨水调节溶液 pH 至 4.8,静置 5~6d,即有胱氨酸精品析出,过滤出结晶,用无离子水洗至无氯离子,用吊布吊干后放入搪瓷盘中在烘箱内烘干(保持温度在 60℃ 左右)或真空干燥,即得产品。

三、提取工艺 2

1. 工艺流程

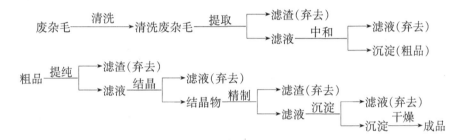

2. 操作步骤

(1) 清洗　除去废杂毛内混杂的泥沙、石块、草木、铁杂物等,用 60℃ 左右的热水,加少量洗涤剂,搅拌洗涤 4~6min,洗去吸附在杂毛上的油脂,然后捞出,再用清水冲洗干净,滤干,放在通风处晒干或烘干备用。

(2) 水解　按废杂毛的量,先量取 2 倍 30% 工业盐酸,加入到玻璃钢或搪瓷水解罐中,通蒸汽加热到 70~80℃,立即投入已清洗晒干的废杂毛适量,继续加热,间隙搅拌,使温度均匀,升温到 100℃ 时开始记温,每隔 0.5h 记温 1 次,在 1~1.5h 内升温至 110℃ 左右(即罐温),以后继续维持罐压 14.7 kPa(气压 490 kPa),水解 10h 左右,然后加入 3% 的活性炭,搅拌 2h 左右,趁热用玻璃布过滤,收集滤液。

(3) 中和　将以上溶液加热到 50℃ 左右,搅拌下用 30% 左右的氢氧化钠溶液中和滤液至 pH 为 4.8,然后静置过夜,过滤除去滤液,收集沉淀物(粗品)。

(4) 提纯　将以上沉淀的粗品用 13%~14% 的盐酸溶液溶解,在搅拌下,加热到 85℃,加入粗品量 10% 的活性炭,搅拌脱色 1~2h,然后趁热过滤,收集滤液。

(5) 结晶　将滤液加热到 80~90℃,用氨水中和 pH 为 4.8,搅拌均匀,静置过夜,然后过滤,滤液可供制备酪氨酸,收集结晶物以备下步用。

(6) 精制　将结晶物用 1∶12 的盐酸溶液溶解,搅拌均匀,加热到 80~90℃,加入晶体量5%的活性炭,搅拌脱色1h左右,趁热过滤,在滤液中加入2%的乙二胺四乙酸进行脱铁,搅拌30min后,再过滤,收集无色透明滤液。

(7)沉淀 将滤液用2号砂芯滤球过滤,滤液用2~3倍体积的蒸馏水稀释,然后加热到80℃,搅拌均匀。用氨水调pH为4~4.1,冷却至室温静置过夜,过滤出结晶物。

(8)干燥 将结晶沉淀物,用无离子水洗涤至无氯离子,然后滤干,于60~70℃下烘干,粉碎过筛,即为产品。

四、工 艺 说 明

1.水解终点的判定

毛发角蛋白是由胱氨酸、精氨酸等十几种氨基酸构成的,经酸水解后利用等电点沉淀法提取胱氨酸,收率基本稳定在3%~4%,最高平均收率7%~8%。要提高从毛发中提取胱氨酸的产率,主要取决于毛发的水解程度,如果酸浓度高,水解速率也加快,反之则水解速率慢。另外,水解时间也很关键,时间短,水解不彻底;时间长,则氨基酸被破坏。因此正确判断水解终点,控制水解时间很重要。本工艺终点检查采用以下方法:取水解进行10h以上的水解液2mL放在一支试管中,然后加入10%氢氧化钠溶液2mL。再滴加硫酸铜溶液3~4滴,摇匀后,如仍有明显天蓝色即表明水解已完全,如颜色变化则表明水解不完全,应继续水解。

2.酸度的控制

在操作过程中,调节pH至4.8左右时(胱氨酸等电点为5.05),一定要调节好,不然会出现结晶不易析出的现象。

3.温度的控制

温度对于水解很重要,温度低,反应时间长;温度高,虽可加快水解,但对胱氨酸有破坏作用。生产中,水解温度多控制在110℃左右,中和脱色温度控制在70~80℃,以防其他氨基酸析出。

4.如何提高产率

目前从废杂毛中提取胱氨酸,提取率多在4%~8%,一般人发的提取率较其他毛发高。造成这种差别的一个原因是原料含量不同,另一个原因是生产中提取不完全、损失大。最关键的步骤是水解、中和及过滤,应细心操作,掌握规律。另外,水解时,水解罐应装有回流装置。

五、产品的规格和含量测定

1．规格

（1）外观　产品为白色有光泽的六角形片状结晶粉末,在水中微溶,不溶于酸和有机溶剂,能溶于无机酸中。

（2）熔点　产品的熔点为258～261℃。

（3）比旋光度　产品在25℃的比旋光度应为－195°～213°,小心将样品放在105℃恒温烘箱中干燥2h以上,然后精确称样2g,加1mol/L盐酸,将其溶解成50mL的溶液,按中国药典附录所载方法测定。

（4）干燥失重　将样品放入105℃恒温箱中干燥至恒重,失重不得超过0.5%。

（5）澄明度　精确称取0.5g样品,加1∶3盐酸溶液10mL振荡溶解,溶液应无色透明或几乎透明。

（6）氯化物测定　精确称取0.25g样品,加1mol/L硝酸10mL,使其溶解,再加水稀释至50mL。用10mL移液管吸取10mL该溶液于一烧杯中,再加蒸馏水40mL、1mol/L硝酸1mL、1mol/L硝酸银溶液1mL,摇匀。另外取氯化物标准液（1mL含0.01mg氯离子）7.5mL,按上法同样处理,前者的浑浊度不应大于后者。

（7）残渣测定　分别精确称取样品4g、2g,各置于恒重的白磁坩埚或白金坩埚中,在600～800℃高温电炉中炭化,冷却后即可测出残渣重量。

（8）重金属检测　取上述4g样品灼烧后的残渣置于烧杯中,加12mL的2mol/L盐酸和0.5mL的1mol/L硝酸,在水浴上蒸干,再加1mol/L稀乙酸2mL、蒸馏水8mL,然后移入50mL纳氏比色管中,加1mol/L硫化氢溶液,加水至刻度,摇匀,在暗处放置10min以上,与标准铅溶液比较,铅含量不应高于0.1%。

（9）铁盐检验　取上述2g样品灼烧遗留的残渣于烧杯中,加2mol/L盐酸12mL、1mol/L硝酸0.5mL,在水浴中蒸干,再加1∶2盐酸5mL、蒸馏水10mL,然后移入50mL纳氏比色管中,加10%硫氰酸铵溶液2mL,如显色,即与同样处理后的6mL标准液比较,不得更深。

（10）酪氨酸检测　精确称取干燥的样品0.1g置于试管中,加1mol/L硫酸甲醛溶液1mL,煮沸0.5min,溶液应显竹黄色（含量约为0.5%）,不得显竹绿色。

2．含量测定

准确称取样品0.3g置于100mL容量瓶中,加入10mL1%氢氧化钠溶液,使其溶解,然后稀释至刻度。用移液管取25mL稀释液置于250mL碘量瓶中,再准确加入0.1mol/L溴液40mL及10mL0.1mol/L盐酸,放置10min以上。然后置于冰水浴中冷却 3min 左右,加 1：2 碘化钾溶液 5mL,用 0.1mol/L 亚硫酸钠滴定至淡黄色,加 2mL 淀粉指示剂,继续滴定至蓝色消失,然后进行空白试验校正。

按干燥好的样品计算,合格产品中 L-胱氨酸的含量在 98.5% 以上,出口产品在 99% 以上。

第七节　精氨酸、赖氨酸和组氨酸的制备

血粉的水解液和提取胱氨酸的母液中,都含有精氨酸(arginine)、赖氨酸(lysine)和组氨酸(histidine)。其中赖氨酸和组氨酸是人体必需的氨基酸,精氨酸为半必需氨基酸。它们在临床及医药上具有重要的价值。赖氨酸可用以治疗营养缺乏症、发育不全及氮平衡失调症,同时还是重要的食品及饲料强化剂,特别适合儿童食品的制造;精氨酸与脱氧胆酸制成复合制剂(明诺芬)是主治梅毒、病毒性黄疸等病的有效药物;组氨酸可用于生产治疗心脏病、贫血、风湿性关节炎和消化道溃疡等的重要药物,临床上应用越来越广。

一、试剂及器材

1. 原料

(1) 血粉　选用新鲜干净的血粉为原料。

(2) 提取胱氨酸母液　提取胱氨酸时过滤出的滤液。

2. 试剂

(1) 活性炭　这里用于脱色,选用医用活性炭。

(2) 盐酸　这里用于调节 pH,选用化学纯试剂(CP)。

(3) 氨水　这里用于配制洗脱剂,选用化学纯试剂(CP)。

(4) 732 树脂　732 苯乙烯型强酸型阳离子交换树脂,这里用于吸附氨基酸。

(5) 高岭土　这里作为脱色剂。

(6) 乙醇　这里作为沉淀剂,选用化学纯试剂(CP)。

(7) 溴液　这里用于配制溶液,选用化学纯试剂(CP)。

(8) 对氨基苯磺酸　这里用于配制 Pauly 试剂,选用化学纯试剂(CP)。

(9) 亚硝酸钠　这里用于配制溶液,选用化学纯试剂(CP)。

(10) 硝酸钠　俗称智利硝石,这里用于配制溶液,选用化学纯试剂(CP)。

3. 器材

不锈钢水解罐,浓缩锅,不锈钢锅,不锈钢桶,玻璃柱(3cm×10cm),减压浓缩装置,离心机,搅拌器,玻璃布,温度计(0～100℃),酸度计,过滤漏斗,容量瓶,分析

天平,滴管,试管,移液管,量筒,烧杯,精密 pH 试纸。

二、制 备 工 艺

1. 工艺流程

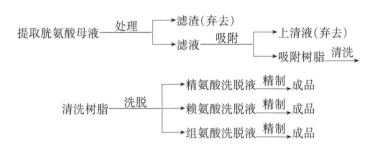

2. 操作步骤

(1) 处理　将提取胱氨酸的母液移入反应锅中,加热至 80℃,真空浓缩至膏状。加 2 倍左右的蒸馏水,在搅拌下再加入 3% 的活性炭,加热到 90℃ 左右,保温脱色 3～4h。待冷至室温,滤除活性炭,收集澄清的滤液于搪瓷缸中,加入 4 倍左右的水稀释。

(2) 吸附　将稀释滤液用 1:10 的盐酸调 pH 为 2.5,然后在 732 树脂交换柱中进行吸附,用 Pauly 试验检查流出液,直到组氨酸出现(这里已被氨基酸饱和),停止上柱。

(3) 清洗　用蒸馏水冲洗树脂柱,待流出液 pH 达 5～6 时,停止洗涤。

(4) 洗脱　将以上清洗干净的柱用 0.1mol/L 的氨水洗脱,用 Pauly 试验检查柱下端流出液呈橘红色时,收集组氨酸洗脱液。当洗至组氨酸明显减少,而茚三酮反应呈阳性时,收集赖氨酸洗脱液,直至洗脱液无茚三酮反应为止。

换用 2mol/L 氨水洗脱,用坂口试剂检查洗脱液,待有精氨酸出现时,开始收集,至无茚三酮反应和坂口反应时,停止收集。

(5) 精制　包括组氨酸、赖氨酸或精氨酸的精制。

1) 组氨酸的精制。将组氨酸洗脱液减压浓缩至无氨味,蒸干后用 100 倍蒸馏水溶解,用 1:1 的盐酸调节 pH 为 3.0～3.2,加入 1% 左右的活性炭,于 90℃ 左右搅拌脱色 40min,冷却后滤掉活性炭。滤液中再加入 1% 的活性白土,加热到 60～70℃,保温 30min,过滤,将滤液减压浓缩至结晶析出,在 4℃ 冰箱中放置 2d,然后滤出结晶,用乙醇洗涤 3 次,抽滤至干,干燥即得产品。

2) 赖氨酸或精氨酸的精制。将洗脱液减压浓缩至无氨气味,浓缩至干。用 50 倍左右蒸馏水溶解,以 1:1 的盐酸调 pH 至 3.8～4.2。加入 1% 活性炭,于 90℃ 左右脱色 40min,冷至室温后滤去活性炭。滤液再减压浓缩至黏稠状,冷至室温,待有结晶析出时,搅拌 30 min 左右。静置后,分出结晶,分别用 75％和 95％乙醇洗一次,抽滤、干燥,即得赖氨酸盐结晶或精氨酸盐结晶。

三、血粉水解制备精氨酸、赖氨酸和组氨酸

1. 工艺流程

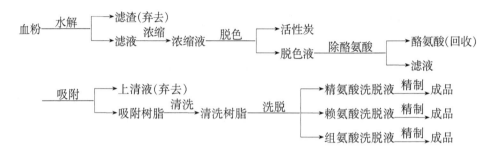

2. 操作步骤

(1) 水解　将血粉倾入不锈钢反应罐中,在搅拌的条件下,按血粉量加入 4 倍的盐酸,然后在 100～120℃水解 24h。

(2) 浓缩　将以上水解液倾入浓缩罐中,然后减压浓缩,至水解液成糊状。加蒸馏水溶解,再赶净盐酸,如此反复三次,最后浓缩至近干。

(3) 脱色　将以上浓缩液倾入不锈钢锅中,加 2～3 倍蒸馏水溶解,用氨水调 pH 至 3～4,再加 3～4 倍的水,然后加入 3％～5％的活性炭,加热至 85～90℃脱色,静置过夜。

(4) 除酪氨酸　次日,吸取上层过滤液,合并两次滤液,室温静置 20～24h,以析出酪氨酸。过滤,滤液即为氨基酸混合液。

(5) 吸附　将上述氨基酸混合液用水稀释至约 2000L,用盐酸调 pH 至 2.5,加入 732 阳离子交换树脂柱(ϕ 30cm×150cm),流速为树脂床体积的 0.45％,随时用 Pauly 试剂检查流出液,直到组氨酸出现,说明树脂接近被碱性氨基酸饱和,停止上柱。

(6) 洗脱　用蒸馏水冲洗树脂,流速为床体积的 ±2％,直到流出液的 pH 为 5～6为止。用 0.1mol/L 氨水洗脱,流速为树脂床体积 0.45％～0.5％,至组氨酸出现时,按 20L/min 分步接收。

当洗脱至赖氨酸出现时(组氨酸明显减少,而茚三酮反应仍为阴性),继续分步收集,直至赖氨酸洗脱完全。此后出现空白区,即洗涤液中不含氨基酸。

此时,改用 0.2mol/L 氨水洗脱,流速为床体积的 0.6％～0.8％(分),用坂口试剂检查洗涤液,待有氨基酸出现时,开始收集,直到茚三酮反应和坂口反应消失。

(7) 结晶、精制　包括精氨酸盐酸盐、赖氨酸盐酸盐、组氨酸盐酸盐的结晶。

1) 精氨酸盐酸盐的结晶。将纯精氨酸组反复减压浓缩至无氨味,最后浓缩至近干。用 50 倍的蒸馏水溶解,以 6mol/L 盐酸调 pH 至 3.8~4.2,加入 1% 活性炭,于 85~90℃ 脱色 30min。冷却后过滤除去活性炭,并以少量水洗涤滤饼。将洗液并入滤液中,减压浓缩至糊状。冷却至室温,待有结晶析出时,搅拌 30min,再静置 4h。取出结晶分别用 75% 和 95% 冷乙醇洗一次,抽干。于 80℃ 干燥,即得精氨酸盐酸盐。结晶洗涤液并入母液中,再浓缩至黏稠状,如上法再结晶一次。

2) 赖氨酸盐酸盐的结晶。将赖氨酸洗脱液合并,减压浓缩,除氨等与精氨酸盐酸盐结晶方法相同。如制备赖氨酸,可省略用盐酸调 pH 至 3.8~4.2 的操作,其他与赖氨酸盐酸盐相同。

3) 组氨酸盐酸盐的结晶。将组氨酸洗脱液合并,反复减压浓缩至无氨味,蒸发干后用 100 倍蒸馏水溶解,用 6mol/L 盐酸调 pH 至 3.0~3.2,加入 1% 活性炭脱色(方法同上),过滤。滤液中再加入白陶土,加热至 60~70℃,搅拌保温 30min,室温过滤。滤液浓缩至大量结晶析出,置冷处 48h,使结晶完全。分离结晶,分别用 75% 和 95% 乙醇洗涤。抽干后,于 80℃ 干燥。然后用上法再结晶一次。

四、检 测 方 法

(一) Pauly 试剂反应(供检测组氨酸及酪氨酸)

1. 试剂配制

(1)甲液　准确称取 0.09g 对氨基苯磺酸,加 12mol/L 盐酸 0.9mL,加热溶解后,加水至 10mL。冷却至 30℃,再与等量的 5% 亚硝酸钠水溶液相混,置棕色瓶中,在冰箱中保存。

(2)乙液　10% 硝酸钠溶液。

2. 呈色反应

在凹型白磁盘中,加入待检样品 1 滴。加甲液 1 滴混匀,再加乙液 1 滴,组氨酸显橘红色,酪氨酸显浅红色。

(二) 茚三酮反应

取少量检测液滴与滤纸上吹干,用 0.1% 茚三酮-无水丙酮溶液喷雾,一般氨基酸显紫色。

(三) 坂口试剂反应(用于检测精氨酸)

1. 试剂配制

(1)甲液　0.1% 8-羟基喹啉丙酮液。

（2）乙液　1mL溴溶于500mL 0.5mol/L氢氧化钠溶液中。

2．呈色反应

在凹形白瓷盘中,加待检样品1滴,加5%氢氧化钠溶液1滴,加甲液及乙液各1滴,显红色即证明有精氨酸存在。

第八节　亮氨酸的制备

亮氨酸(L-leucine),又称L-2氨基-4-甲基戊酸;L-白氨酸、L-α-氨基异丁基乙酸、L-α-氨基异己酸、Leu L-2-amino -4-methylvaleric acid、L-2-aminoisobutylacetic acid。

它的结构式为$(CH_3)_2CHCH_2CH(NH_2)COOH$,分子式为$C_6H_{13}NO_2$,相对分子质量为131.11。

亮氨酸为白色结晶或结晶性粉末,无嗅,味苦,熔点293℃,在337℃分解,145~148℃升华。水中溶解度约为2.3%,较易溶于乙酸(溶解度10.9%),极难溶于乙醇和乙醚。等电点为5.98。

亮氨酸是氨基酸类药。在临床上作为氨基酸输液及综合氨基酸制剂。用于幼儿特发性高血糖的诊断和治疗以及糖代谢失调、伴有胆汁分泌减少的肝病、贫血、中毒、肌肉萎缩症、脊髓灰质炎后遗症、神经炎及精神病等。糖尿病、脑血管硬化及伴有蛋白尿及血尿的肾脏病患者忌用。胃及十二指肠溃疡患者不宜口服。

一、试剂及器材

1．原料

（1）血粉　选用新鲜干净的血粉为原料。

（2）玉米麸质　选用新鲜干净的玉米麸质为原料。

（3）马面鱼屯鱼片下脚料　选用新鲜干净的马面鱼屯鱼片下脚料为原料。

2．试剂

（1）盐酸(HCl)　这里作为pH调节剂,可选用工业品。

（2）活性炭　这里作为脱色剂,选用糖用活性炭。

（3）邻二甲苯-4-磺酸　这里作为沉淀剂,选用化学纯试剂(CP)。

（4）乙醇(CH_3CH_2OH)　这里作为沉淀剂,可以选用工业乙醇。

（5）氢氧化钠　这里作为pH调节剂,可选用工业品。

（6）氨水　这里作为洗脱剂,选用化学纯试剂(CP)。

3．器材

不锈钢提取罐,不锈钢减压浓缩罐,不锈钢反应锅,不锈钢水解罐,不锈钢桶,搪瓷缸,温度计(1～100℃),酸度计,滴管,试管,移液管,量筒,烧杯,精密 pH 试纸。

二、血粉制备工艺

1．工艺路线

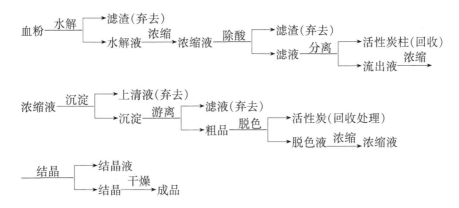

2．操作步骤

(1) 水解　将血粉置于不锈钢水解罐中,在搅拌的条件下加入一半体积 6mol/L的盐酸,加热保温 110～120℃,回流水解 14h 以上,然后过滤收集水解液,在 70～80℃解压浓缩糊状。

(2) 除酸　加入清水(加量为浓缩液的 1/2 左右)浓缩至糊状,如此反复 2 次,冷却至室温,过滤收集滤液。

(3) 分离　将以上水滤液移入不锈钢桶中,在搅拌的条件下加 1 倍的水稀释,然后以 0.5L/min 的流速流进颗粒活性炭柱(30cm × 180cm),直至流出液出现苯丙氨酸为止,用去离子水以同样的流速洗至洗出液的 pH 为 4.0 为止,并将流出液和洗涤液合并,得流出液。

(4) 浓缩　将流出液移入不锈钢浓缩罐中,然后液减压浓缩成原体积的 1/3。

(5) 沉淀　在搅拌的条件下,在以上浓缩液搅拌下加入 1/10(体积比)的邻二甲苯-4-磺酸,静置后出现亮氨酸磺酸盐沉淀,然后过滤收集沉淀。

(6) 游离　将以上沉淀物置于不锈钢桶中,用 2 倍体积的去离子水洗涤 2 次,抽滤压干得亮氨酸磺酸盐。再先用 2 倍体积的去离子水搅匀,再加入 6mol/L 的氨水中和至 pH 为 6～8,于 70～80℃保温搅拌 1h,使亮氨酸从其磺酸盐中游离出来。在冷库中冷却结晶,然后过滤收集结晶,再用 2 倍体积的去离子水洗涤 2 次,抽滤压干得亮氨酸粗品。

(7) 脱色　将以上亮氨酸粗品置于不锈钢反应锅中,在搅拌的条件下加入 40 倍体积的去离子水加热溶解,再加 0.5% 活性炭(5g/L)保温 70℃,搅拌脱色 1h,过滤收集滤液。

(8) 浓缩　将以上滤液置于浓缩罐中,浓缩至原体积的 1/4。

(9) 结晶与干燥　将以上浓缩液置于冷库中冷却结晶,然后过滤收集结晶,并用少量水洗涤,抽干 70~80℃烘干,得 L-亮氨酸成品。

三、玉米麸质制备工艺

1. 工艺路线

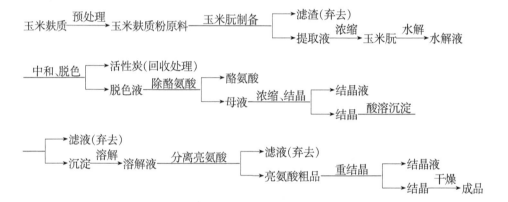

2. 操作步骤

(1) 预处理　因为玉米麸质含有大量水分,固形物占 20%~30%,需经干燥机脱水、干燥制得玉米麸质粉原料。

(2) 玉米朊制备　将经干燥的玉米麸质粉至于不锈钢提取罐中,加入 2~3 倍量 90%~95% 的乙醇溶液抽提 3~4h,过滤收集提取液,然后将抽提液蒸发浓缩回收乙醇,加水沉淀即得玉米朊。

(3) 水解　将以上沉淀的玉米朊置于不锈钢水解罐中,在搅拌的条件下加入 3 倍量的工业盐酸和 1 倍量的水,106~110℃保温 20h,至水解液显红棕色。

(4) 中和、脱色　然后停止加热,搅拌水解液使其冷却,缓慢用 7mol/L 的 NaOH 调 pH 至 3,再加入约 5% 的活性炭,在 70~80℃的条件下继续搅拌 30min 进行脱色,然后过滤收集滤液得脱色液,使脱色液为浅黄色透明溶液。

(5) 除酪氨酸　将脱色液移入搪瓷缸中,待冷却后并不停搅拌,加入少量酪氨酸晶体,静置 24h,使酪氨酸结晶。然后抽滤收集结晶,洗涤结晶即得酪氨酸粗品。

精制后得成品,保留母液。

(6)浓缩、结晶　将上述母液置于不锈钢浓缩罐中,在搅拌的条件下用稀盐酸调 pH 至 2.5,然后减压浓缩,当大量氯化钠结晶析出后,抽滤,滤液再浓缩,直至体积 1/6 为止。然后抽滤,合并滤饼(氯化钠和亮氨酸混合结晶)。滤液用碱液调 pH 至 3.3,在搅拌的条件下加少量谷氨酸作为晶种,待谷氨酸析出结晶后,抽滤得谷氨酸粗品,精制后得成品。

(7)酸溶沉淀　将上步的合并滤饼(氯化钠和亮氨酸混合结晶)置于不锈钢反应锅中,在搅拌的条件下加入 1～2 倍量 3mol/L 的盐酸溶液,在 70～80℃ 的条件下保温 0.5h,然后抽滤除去氯化钠结晶,滤液为亮氨酸盐酸盐溶液,然后按其体积的 10% 往滤液中加入邻二甲苯-4-磺酸,使完全形成亮氨酸磺酸盐析出,过滤收集滤饼,滤液按同样方式操作,使滤液加入邻二甲苯-4-磺酸后再无沉淀析出为止。合并滤饼,用少量蒸馏水搅匀,抽滤,如此洗涤 2 次,得亮氨酸磺酸盐结晶。

(8)分离亮氨酸　将亮氨酸磺酸盐结晶移入不相干反应锅中,在搅拌的条件下用 7mol/L 的氨水调节 pH 至 6～8,在 70～80℃ 的条件下继续搅拌 1h,然后静置冷却结晶,抽滤收集结晶,并用少许蒸馏水洗涤结晶 2～3 次,即得亮氨酸粗品。

(9)重结晶　将以上亮氨酸粗品置于不锈钢减压浓缩罐中,在搅拌的条件下加入 40 倍量的蒸馏水,加热使亮氨酸粗品溶解,再加入 3% 的活性炭,在 70～80℃ 的条件下脱色 0.5h。脱色液的色度和澄明度经检查合格后,进行减压浓缩,直至为原体积的 1/4 为止,搅拌、冷却。结晶,抽滤得亮氨酸结晶。母液再脱色,再浓缩结晶,合并结晶,干燥后得亮氨酸成品。

四、马面鱼屯鱼片下脚料制备工艺

1. 工艺路线

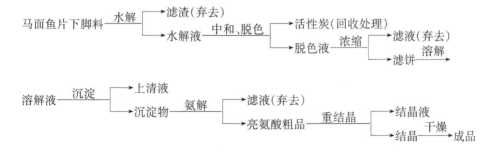

2. 操纵步骤

(1)水解　将马面鱼片下脚料置于不锈钢水解罐中,在搅拌的条件下加入 3 倍量 3mol/L 的工业盐酸和 1 倍量的水,加热 106～110℃ 保温,水解 20h 至水解液呈红棕色,然后过滤收集水解液。

(2) 中和、脱色 待水解完备后,将水解液搅拌冷却,用 7mol/L 的 NaOH 溶液调节 pH 至 5,再加入水解液约 2% 的活性炭,保温 70~80℃ 搅拌脱色 0.5h,然后过滤收集滤液,即得黄色透明液。

(3) 浓缩 将上述黄色透明液移入不锈钢浓缩锅中,在搅拌的条件下用稀盐酸(1:1)调 pH 至 2.5,然后减压浓缩,待有大量食盐结晶析出时,过滤,滤液再浓缩至总体积约为 1/8 为止,过滤,合并滤饼(氯化钠和亮氨酸混合结晶)。

(4) 沉淀 将上述合并滤饼置于不锈钢反应锅中,在搅拌的条件下加入 1~2 倍量 3mol/L 的盐酸溶液,在 70~80℃ 的条件下保温 0.5h,然后过滤弃去氯化钠结晶,滤液为亮氨酸盐酸盐溶液。按溶液体积逐步加入 10% 的邻二甲苯-4-萘磺酸沉淀剂并不断搅拌,使亮氨酸磺酸盐结晶从其盐酸盐溶液中沉淀析出。过滤所得滤液按同样操作,当加入沉淀剂后不再有结晶析出为止。过滤,合并滤饼,用少量水洗结晶两次得白色亮氨酸磺酸盐结晶。

(5) 氨解 将亮氨酸磺酸盐结晶移入不锈钢罐中,在搅拌的条件下用 7mol/L 的氨水调节使 pH 至 6~8,在 70~80℃ 的条件下保温 1h,然后静置冷却亮氨酸结晶从其磺酸盐中游离析出,过滤取收集结晶,用少量水洗结晶两次得白色亮氨酸粗品。

(6) 重结晶 将以上亮氨酸粗品置于不锈钢减压浓缩罐中,在搅拌的条件下加入 40 倍量的蒸馏水,加热使亮氨酸粗品溶解,再加入 3% 的活性炭,在 70~80℃ 的条件下脱色 0.5h。脱色液的色度和澄明度经检查合格后,进行减压浓缩,直至为原体积的 1/4 为止,搅拌、冷却、结晶,抽滤得亮氨酸结晶。母液再脱色,再浓缩结晶,合并结晶,干燥后得亮氨酸成品。

五、质 量 标 准

参照中国药典 2000 年版 525 页原料药标准:

$C_6H_{13}NO_2$ 含量/%	≥98.5
铵盐/%	≤0.02
比旋度[40mg/mL 盐酸(1→2)]	+14.5°~+16.0°
其他氨基酸/%	≤0.5
pH(0.5g/50mL 水)	5.5~6.5
干燥失重/%	≤0.3
溶液透光率/%	≥98.0(0.5g/50mL 水,430nm)/%
铁盐/%	≤0.003
炽灼残渣/%	≤0.1
氯化物/%	≤0.02

硫酸盐/%	≤0.03
重金属	≤百万分之十
砷盐	≤0.002
热原	符合规定

思 考 题

1. 解释必需氨基酸、非必需氨基酸、编码氨基酸、复方氨基酸制剂、衍生氨基酸的含义。
2. 蛋白氨基酸与非蛋白氨基酸有何区别?
3. 氨基酸在实际生活中有何用途? 在氨基酸的制备中,通常采用哪些分离方法?
4. 在胱氨酸的生产中,判定水解终点用何种方法? 说出它的作用原理和胱氨酸的用途。

第四章　多肽及蛋白质的提取分离

第一节　概　述

蛋白质是生命舞台上的主要生化物质,它存在于一切细胞和细胞的各个部分,在一个细胞中会有数千乃至上万种不同的蛋白质。可以说,蛋白质参与一切生命活动的过程:它是生物体的主要结构物质;作为生物催化剂——酶,它参与生物体的新陈代谢;作为激素,它调节生物体的代谢过程;作为抗体,它是生物有机体防御体系的效应分子。蛋白质又是动物体肌肉收缩和运动的执行者,是氧气和许多重要物质的载体,它还作为膜上的受体参与细胞间的通信和交流……总之,蛋白质是生物体中最重要的一类生物大分子物质。恩格斯关于"生命是蛋白质存在的方式"的论述也充分地阐明了蛋白质的重要性。

多肽(polypeptide)和蛋白质(protein)是特有基因的表达产物,都是含氮的生物大分子,其基本组成单位是氨基酸。组成蛋白质的氨基酸按照一定的顺序通过肽键连接成多肽链,并在此基础上形成特定的立体构象。有些蛋白质分子由两条以上具特定立体构象的肽链组成。蛋白质的立体构象决定蛋白质的物理化学性质和生物学功能。构象破坏使蛋白质理化性质改变并丧失生物学活性,称为蛋白质的变性。不同的蛋白质的氨基酸组成及其在多肽链内的排列顺序不同,立体构象及生物学功能也就不相同。蛋白质分子结构和功能的多样性是一切生物生命活动的物质基础。

蛋白质也是生物大分子中研究得最为透彻的一类生物物质,无论是它的化学组成、结构以及结构与功能的关系,都有了较深入的了解。目前已经搞清有数百种蛋白质的结构,从已经得到的事实看出,每一种蛋白质都有特殊的生物学功能及与其功能密切相关的结构,从这一点讲,蛋白质分子都有其"个性"。我们要了解每一种蛋白质分子的"个性",揭示蛋白质结构与功能的关系。另外,蛋白质分子间也有"共性",所有蛋白质最主要的"共性"是它们都由氨基酸组成。这些氨基酸相互以肽键相连形成氨基酸的多聚体,这类多聚体简称为"多肽"。

自然界存在的多肽,除了有些是蛋白质降解产生的活性肽段外,生物体内已知的活性多肽主要是下丘脑、垂体、胃肠道等产生的多种具有特殊生理作用的激素。从1953年人工合成了第一个有生物活性的多肽催产素后,整个20世纪50年代主要精力集中于脑垂体所分泌的各种多肽激素的研究,并取得了很大的进展。到60年代,研究的重点转移到由下丘脑所形成的激素释放因子和激素释放抑制因子,这是一类典型的神经细胞所分泌的活性肽,也称神经肽。70年代,脑啡肽及脑中其他阿片样肽的相继发现,使神经肽的研究进入高潮,在研究脑活性肽(脑肽)的同时,胃肠激素的研究也十分活跃,是发展较快的一个领域。胃肠道已不仅是体内重要的消化器官,也是体内最大的内分泌器官,胃肠激素已成为机体调节系统中的一个重要成分。近几年来,由于发现了很多肽类激素既存在于神经系统中,也存在于胃肠道黏膜内,因而称之为脑-肠肽(brain-gut peptide),这种活性肽的双重分布现象引起了神经学家、内分泌学家、生化学家和临床工作者的极大兴趣。随着各学科在脑-肠肽这个领域中的通力协作和研究,可以预料,人们对体内重要神经-内分泌调节机制的认识将会更加深入。在实际应用上,希望能够获得一些活性多肽用于治疗至今无法或很难治疗的疾病,这将为脑-肠肽一类新型的多肽产品的应用开辟广阔的前景。

现在知道,活性多肽都是从无活性的蛋白质前体,经过酶的"加工裁剪"转化而来的,它们中间有许多具有共同来源,具有相似的结构,甚至有些活性多肽就是由另一些具有不同的生理活性的多肽转化而来的。

从寻找新的生化物质角度看,研究活性多肽结构与功能的关系,有助于了解多肽中哪些氨基酸系列是活性所必需的,以便以更短的多肽来代替。用不同的氨基酸去置换活性多肽中的有关氨基酸,可以提高其生理活性,也可以通过置换某些氨基酸,改变或获得单一生理活性物质,减少临床不良反应。同时,对氨基酸排列形式——立体结构的研究,有助于设计新的活性多肽类药物。

蛋白质是构成生物体的一类最重要的有机含氮化合物,是塑造一切细胞和组织的基本材料,是生命的物质基础。荷兰化学家马尔德(Mulder)在1939年首先使用"protein"这个词,它是由希腊文转化而来的,意思是"最原始的"、"第一的"和"最重要的",中文译为蛋白质,根据原义曾建议用新字"朊"表示,因蛋白质一词沿用已久,朊字未被广泛采用。蛋白质是由20种氨基酸结合而成的生物高分子,一般均由100个以上氨基酸组成。氨基酸按照不同的比例和排列顺序连接在一起,构成了十分繁多的蛋白质种类。各种不同的蛋白质,不仅成分不同,其分子的立体结构、理化特性和生理生化功能等也各不相同。作为蛋白质类生化物质应用于临床的,至今已有60多种,主要是从动物脏器或组织包括人的血液中分离制得的。近年来,随着科学技术的进步,采用各种分离纯化新技术新方法,对植物活性蛋白质进行的研究和临床应用,均取得了较大的成绩。如自豆科植物相思豆(*Abrus precatorius*)中提取的相思豆毒蛋白(abrine);从大戟科植物蓖麻的成熟种子中分离出的蓖麻毒蛋白(是迄今为止天然界中最毒的蛋白之一,比氢氰酸的毒性大20倍,具有抗肿瘤作用);从欧槲寄生叶(*Viscum album*)中获得的一种具有抗癌活性的槲寄生蛋白(viscotoxin);从刀豆、扁豆等豆科种子中分离制备的一种称为植物血球凝集素(PHA)的糖蛋白;从刀豆中所得的称刀豆球蛋白(concanavalin A)的PHA;从中药天花粉中分离得到的结晶性天花粉蛋白(trichosalthin)等。在高等植物蓖麻、棉籽、银杏、南瓜荞麦及芝麻中均含有细胞色素c,来源不同,但基本结构大体一致,其生物活性并无差异。因此,从植物中获得具有治疗作用的活性蛋白质,应予以足够的注意。

近年来,应用基因工程技术研究、开发与制造了一类新的多肽及蛋白质类生化物质,它们不是细胞的营养成分,但由细胞分泌,仅有微量,且具有很强的生理活性,在体内和体外,对效应细胞的生长、增殖和分化起调节作用,常称为细胞生长因子,实际上细胞生长因子还应包括对细胞生长的抑制作用,因此广义上称为细胞生长调节因子,其分泌与作用的特点是,有些以自分泌方式作用于该分泌细胞,或以旁分泌(paracrine)方式作用于邻近细胞,这种生成细胞与靶细胞相距很近的生长因子称为近程激素;作用于自身分泌细胞,反馈调节其生长增生者称为自身激素。有些生长因子的分泌细胞与其靶细胞相距很远,被大量释放进入循环系统,通过血液循环达到靶细胞,则称为远程激素。

蛋白质类生化物质的应用,促进了对其自身的广泛研究和改进,使人们探索用不同的方法、途径改进这类产品的性质。首先是结构改造,有人对人生长激素加以化学修饰,疗效显著提高。引进计算机及计算图像技术研究蛋白质与受体及药物的相互作用,有可能设计出简单的小分子来代替某些大分子蛋白质类生化物质,甚至有人认为胰岛素和干扰素有可能被淘汰。对一些无直接药物效果的蛋白质,可作为药物载体,起到增效或增加专一性的作用,如把脑啡肽接到载体蛋白上使用,镇痛效果增强。有的科学家预言,对蛋白质类生化物质的研究、制造和应用,有可能在今后 10 年内使生物化学出现革命性的变化和转折。

第二节　多肽及蛋白质的性质

一、多肽和蛋白质的理化性质

多肽是小分子,化学性质与氨基酸相似,由于组成多肽的氨基酸残基的种类和数量不同,化学性质和生物功能有很大差别。当氨基酸增加到一定数量时,因其相对相对分子质量的增加而使化学性质倾向于蛋白质。

多肽的显色反应与氨基酸相似,双缩脲反应是多肽键的特征反应,凡具有两个直接连接的肽键结构或通过一个中间碳原子相连的肽键结构的化合物,均有此反应。

一般讲肽由 2～50 个氨基酸残基组成,含有多于 50 个氨基酸残基的多肽就称为蛋白质。含 20 个以上氨基酸的多肽与蛋白质没有明显界限,无严格定义,有的以相对分子质量为界,有的以热稳定性分界,有的以有无空间结构为依据来区分。通常综合多种性质而以胰岛素作为最小的蛋白质。以下着重介绍蛋白质的性质。

因为蛋白质是由氨基酸组成的,所以它有许多与氨基酸相类似的化学性质,如等电点、两性离子、双缩脲反应等，但它与氨基酸有着质的区别，如有空间构型，相对分子质量大，有胶体性质，有沉淀、凝固、变性等现象。

二、蛋白质的带电性质及等电点

蛋白质分子除了肽链两端有自由 α-NH_2 和 α-COOH 外，在侧链上还有许多解离基团，如 ε-NH_2、γ-COOH、β-COOH、咪唑基、胍基等，在一定的 pH 条件下都能解离为带电基团而使蛋白质带电。因此，蛋白质和氨基酸一样也是两性电离质，在水溶液中能解离，解离程度和生成的离子情况是由各种蛋白质分子中可解离的基团数和溶液的 pH 所决定的。在不同 pH 条件下分别成为阳离子、阴离子和两性离子。一般在酸性溶液中带正电荷，在碱性溶液中带负电荷。当某一 pH 时蛋白质颗粒上所带的正负电荷正好相等，在电场中既不向阴极也不向阳极移动，这时溶液的 pH 即为该蛋白质的等电点，当溶液的 pH 小于等电点时，蛋白质成阳离子并向阴极移动；溶液的 pH 大于等电点，则蛋白质成阴离子面向阳极移动。

各种蛋白质具有特定的等电点，这是和它所含氨基酸的种类和数量有关的，也就是和蛋白质所含的酸性和碱性氨基酸的比例有关。含酸性和碱性氨基酸数目相近的蛋白质属中性蛋白，等电点大多为中性偏酸。如胰岛素等电点为 5.35，每个胰岛素分子含 4 个酸性氨基酸残基和 4 个碱性氨基酸残基。含碱性氨基酸较多的碱性蛋白，等电点偏碱，如细胞色素 c 的等电点为 9.8～10.8，每分子细胞色素 c 含酸性氨基酸残基 12 个，碱性氨基酸残基 25 个。含酸性氨基酸较多的胃蛋白酶的等电点为 1.0 左右，它含有 37 个酸性氨基酸和 6 个碱性氨基酸。对大多数蛋白质来讲，它们的等电点都接近 5.0 左右。

由于等电点时蛋白质颗粒上所带总的正负电荷数目相等，即总净电荷为零，蛋白质失去胶体的稳定条件，颗粒之间互相易碰撞而形成较大的颗粒，发生浑浊或出现沉淀。故等电点时蛋白质的溶解度最小，同时黏度、渗透压和导电能力也都变小。在实际工作中，我们通常采用这些性质去测定蛋白质的等电点和分离提取蛋白质。如可根据蛋白质在等电点时容易产生混浊和出现沉淀的特性，可以用配制一系列不同 pH 的缓冲液的方法测定蛋白质的等电点。此外，我们也可利用蛋白质在等电点时在电场条件下不移动的特性来准确测定等电点。

利用蛋白质在等电点状态容易产生沉淀的性质，在提取蛋白质时，通常调节蛋白质溶液的 pH 到该蛋白质的等电点，可以使该蛋白质从溶液中析出；或者在等电点状态的蛋白质溶液中加入有机溶剂，如乙醇或丙酮，它们与蛋白质争夺水分，使蛋白质更易沉淀。

在生化产品制备中，常采用改变等电点的方法来延长某些蛋白质药物的疗效。例如胰岛素在体内的作用时间仅为 6～8h，当把等电点为 5.3 的胰岛素与等电点为 12.4 的鱼精蛋白，在同一 pH 条件下，结合为鱼精蛋白-胰岛素络合物时，这个络合物的等电点变为7.3,同人体体液的 pH 接近,所以降解度降低,使人体对胰岛素吸收变慢,从而可延长胰岛素的疗效时间达 24~48h。临床把这种类型的胰岛素称为长效胰岛素。

带电的胶体颗粒在电场中可以向电荷相反的电极移动,这种性质称为电泳现象。蛋白质颗粒上也带电荷,故可在电场中泳动。移动的速率和方向主要取决于蛋白质分子上所带电的正负性、电荷数目及颗粒大小和形状等。由于各种蛋白质的等电点不同和颗粒大小有差异,在同一个 pH 条件下各具不同的带电性质,在电场中移动的方向和速率也各不相同,这样就可以把蛋白质混合液中各种蛋白质组分分离开来。在分离纯化工作中,我们多用此来鉴定某一蛋白质制剂的纯度,判断是否还有其他杂蛋白存在。

三、蛋白质的胶体性质

蛋白质是高分子化合物,相对分子质量一般在 $1×10^4$~$1×10^6$ 之间。由于蛋白质相对分子质量大,分散在溶液中所形成的颗粒直径为 1~100nm,在水中容易形成胶体溶液,呈现出布朗运动、光散射现象、电泳现象、不能透过半渗透性膜以及具有吸附能力等特征。

在科研及生产中,常利用蛋白质不能透过半透膜的性质,选用一定孔径的半透膜,如羊皮纸、火棉胶、玻璃纸和肠衣等,可去掉蛋白质溶液中的小分子杂质,如氯化钠、硫酸铵等盐类和核苷酸、氨基酸、辅酶等小分子有机物,以达到纯化目的。具体操作时,先把待透析的样品装入透析袋中,然后将透析袋放在流水中,小分子化合物就可不断地从半透膜袋中渗出,而大分子的蛋白质仍留在袋内,经过一定时间的处理,即可达到纯化目的,我们把这种方法称为透析法。

蛋白质颗粒大,在溶液中具有大的表面积,而且表面上分布着各种极性和非极性基团,因此对许多物质都有吸附能力。一般极性基团易与水溶性物质结合,非极性基团易与脂溶性物质结合。蛋白质颗粒表面带有许多极性基团,如—NH_3^+、—COO^-、—$COONH_2$、—OH、—SH 等,它们和水有高度亲和性,当蛋白质与水相遇时,就很容易被蛋白质吸住,在蛋白质颗粒外面形成水化层。水化层使蛋白质颗粒之间相互隔开,颗粒之间不会碰撞而聚成大颗粒。因此蛋白质在水溶液中是比较稳定的。此外,在非等电点状态时蛋白质颗粒上带有同种电荷,使蛋白质颗粒之间相互排斥,保持一定距离,不致互相凝集、沉淀出来。

四、蛋白质的沉淀作用

蛋白质颗粒由于带有电荷和在它的表面有水化层,在水溶液中以稳定的胶体状态存在。但要保持这种稳定性是有条件的、相对的,当改变条件除去这些稳定因素时就使相对稳定的蛋白质胶体转化为不稳定状态。如在蛋白质溶液中加入适当的试剂,破坏它的水化层或者中和它的电荷,就很容易使蛋白质溶液变得不稳定而沉淀出来。在日常生活中,蛋白质沉淀的例子很多,如在豆浆中加入少量盐卤而析出豆腐花,热牛乳中加入稀乙酸后有蛋白质结絮而析出沉淀。引起蛋白质沉淀的方法很多。盐析法和加脱水剂法是分离制备蛋白质制剂、酶制剂常用的方法。此外也可调节溶液的 pH,使溶液达到该蛋白质的等电点而失去电荷,蛋白质即可沉淀出来。在科研和生产中,为了获得具有生物活性的蛋白质,常采用盐析方法,而要除去杂蛋白,常采用加热使杂蛋白凝固,用重金属盐(如汞、银、铜盐)或磷钨酸、三氯乙酸和生物碱等沉淀剂使蛋白质沉淀。但这些方法不仅可使蛋白质沉淀,而且往往使蛋白质丧失生物活性,且不能重新溶解,所以不宜制备有活性的蛋白质,但可用于分析测定样品中的非蛋白质成分,制备核酸等物质,以及中止酶的反应。

第三节 多肽及蛋白质的作用与用途

多肽类激素和活性肽都是细胞自制的,含有调节生理和代谢效能的微量有机物质。某些多肽类激素有前体(激素原)存在,这种前体在机体内以中间形式存在,不表现出激素的生物活性,需要时就在专一酶的作用下,使伸展部分断开,生成具有活性的多肽激素,然后通过血液到达靶细胞发挥作用。目前认为多肽激素的分子较大,不直接进入靶细胞里,而是首先与分布在细胞表面的特异性受体结合,这样,激化了与受体相连接的效应器。受体和效应器都在细胞表面的质膜上,通过某种方式相连接。有一些激素的受体,它的效应器就是腺苷酸环化酶,另一些激素受体的效应器,可能不是腺苷酸环化,目前还不清楚是什么。活化的效应器起作用后产生"第二信使"而传递激素的信息,在细胞内激化一些酶系,从而促进中间代谢或膜的通透性,或通过控制 DNA 转录或翻译而影响特异的蛋白质合成,最终导致特定的生理效应或发挥其药理作用。

一、多肽类激素生化产品

多肽类激素产品的作用是多方面的,如加压素又称抗利尿激素,具有抗利尿和升高血压两种作用。它能促进肾小管对水分的重吸收,使尿量减少,尿液浓缩,口渴减轻,适用于抗利尿激素缺乏所致尿崩症的诊断和治疗,近来发现还有增强记忆的新用途;胸腺素参与机体的细胞免疫反应,促使淋巴干细胞分化为成熟的、有免疫活性的 T 淋巴细胞,从而增强和调整机体的免疫功能。国内外均已用于治疗自身免疫性疾病、病毒性感染、儿童原发性免疫缺陷等与免疫有关的疾病,以及肿瘤的免疫治疗,还有望试用于治疗瘤型活动的系统性红斑狼疮、严重烧伤、乙型肝炎等。

舒缓激肽是由激肽释放酶作用于激肽原而产生的一类具有舒张血管、降低血压和收缩平滑肌作用的多肽,其还与炎症和疼痛有关。血管紧张肽主要有三种:血管紧张肽Ⅰ(10肽)、Ⅱ(8肽)及Ⅲ(7肽),具有收缩血管,升高血压作用,用于急性低血压或休克抢救。

抑肽酶为广谱蛋白酶抑制剂,是治疗急性胰腺炎的有效药物。脑啡肽、内啡肽、睡眠肽、记忆肽有镇痛、催眠和增强记忆的功能。松果肽(3肽)有抑制促性腺激素的作用。

某些天然蛋白质在体内具有激素的某些生物化学功能。如胰岛素是目前治疗糖尿病的特效药,绒膜促性激素、血清促性激素、垂体促性激素均是天然糖蛋白性激素,适用于治疗性功能不全引起的各种病症。

蛋白质类药物有单纯蛋白质与结合蛋白类(包括糖蛋白、脂蛋白、色蛋白等)。蛋白类药物有人白蛋白、丙种球蛋白、血纤维蛋白、抗血友病球蛋白、鱼精蛋白、胰岛素、生长素、催乳素、明胶、胃膜素、促黄体激素、促卵泡激素、促甲状腺激素、人绒毛膜促性腺激素、干扰素等均为糖蛋白。

二、免疫球蛋白生化产品

特异免疫球蛋白制剂的发展十分引人注目,如丙种球蛋白A、丙种球蛋白M、抗淋巴细胞球蛋白、人抗RHO(D)球蛋白,以及从人血中分离纯化的对麻疹、水痘、破伤风、百日咳、带状疱疹、腮腺炎等病毒有强烈抵抗作用的特异免疫球蛋白制剂。

三、蛋白质类生化产品

某些蛋白质是天然抗感染物质,如已基本肯定干扰素具有广谱抗病毒作用,可干扰病毒在细胞内繁殖,用于治疗人类病毒性疾病;天花粉蛋白是我国独创的中期引产药物,也用于治疗绒膜上皮癌;植物凝集素属于糖蛋白类,是一类非特异免疫刺激剂,如PHA和ConA。其他药用植物蛋白还有蓖麻毒蛋白;人血液制品如人血浆、白蛋白、丙种球蛋白等都是重要的生化药物等。

第四节　多肽及蛋白质的提取分离方法

一、原料的选择

蛋白质类生化产品的原料来源有动植物组织和微生物等,原则是要选择富含所需蛋白质多肽成分的、易于获得和易于提取的无害生物材料。

对天然蛋白质生化产品,为提高其质量、产量和降低生产成本,对原料的种属、发育阶段、生物状态、来源、解剖部位、生物技术产品的宿主菌或细胞都有一定的要求,了解这些,可使分离纯化工作事半功倍,反之则收效甚微。

1. 种属

牛胰含胰岛素单位比猪胰高,牛为 4000 IU/kg 胰脏,猪为 3000 IU/kg 胰脏。抗原性则猪胰岛素比牛胰岛素低,前者与人胰岛素相比,只有 1 个氨基酸的差异,而牛有 3 个氨基酸的差异。

由于种属特异性的关系,用猪垂体制造的生长素对人体无效,不能用于人体。

由动物细胞产生的干扰素与人干扰素抗原有交叉反应,而对一些非同源性动物的某些细胞抗病毒活性作用并不下降。

2. 发育生长阶段

幼年动物的胸腺比较发达,老龄后逐渐萎缩,因此胸腺原料必须采自幼龄动物。

HCG 在妊娠妇女 60~70d 的尿中达到高峰,到妊娠 18 周已降到最低水平。然而 HMG 必须从绝经期的妇女尿中获取,错过这个时机,原料中有效成分的含量就很低了。

肝细胞生长因子是从肝细胞分化最旺盛阶段的胎儿、胎猪或胎牛肝中获得的。若用成年动物,必须经过肝脏部分切除手术后,才能获得富含肝细胞生长因子的原料。

3. 生物状态

动物饱食后宰杀,胰脏中的胰岛素含量增加,对提取胰岛素有利,但胆囊收缩素的分泌使胆汁排空,对胆汁的收集不利。严重再生障碍性贫血症患者尿中的EPO 含量增加。

4. 原料来源

血管舒缓素可分别从猪胰脏和猪颌下腺中提取,两者生物学功能并无二致,而稳定性以颌下腺来源为好,因其不含蛋白水解酶。

5. 原料解剖学部位

猪胰脏中,胰尾部分含激素较多,而胰头部分含消化酶较多。如分别摘取则可提高各产品的收率。

胃膜素以采取全胃黏膜为好,胃蛋白酶则以采取胃底部黏膜为好,因胃底部黏膜富含消化酶。

6. 对生物技术产品宿主菌或细胞的要求

选择生物技术产品的宿主受体菌或细胞也应考虑到后处理的问题。如用大肠杆菌表达,由于其不能将所表达的蛋白质分泌到体外,故提取时必须破壁,增加了提取的困难,而且还可能含有毒素类有害因子;用枯草杆菌或酵母菌作宿主菌,虽可解决这一矛盾,但表达的蛋白质成分仍有缺乏糖基化等翻译及修饰的缺陷;用动物细胞和昆虫细胞表达则能比较好地解决后处理及完整表达的问题。

用肿瘤细胞作为宿主细胞制成的生化产品还应考虑到其安全性,制造体外诊断用试剂则是很好的高产方法。

二、蛋白质的纯化方法

蛋白质结构十分复杂,要从生物材料中分离某种蛋白质,首先要保证蛋白质具有生物活性,这就要求提取、分离过程中必须十分小心,保持低温下操作,提取中防止剧烈搅拌,以避免破坏蛋白质的结构。提取蛋白质,首先要选择适宜的生物材料、组织和器官为原料,粉碎组织、破坏细胞、脱去脂肪,供提取用。其次是选择合适的溶剂,使有效成分最大限度地提取出来。提取的溶剂随蛋白质的性质而异,如一般常用水来提取,为做到重复性较强,以较稀的缓冲液为宜;胰岛素则用50%的乙醇提取。一般都在0℃左右提取,个别的需要适当提高温度,但千万注意温度过高会引起变性。

1. 利用溶剂的差异分离纯化

提取的蛋白质溶液除含有所要的某种蛋白质外,还含有其他杂质,因此必须进一步分离纯化,方能得到有用的制剂。分离纯化蛋白质常利用分子形状与相对分子质量大小、电离性质、溶解度及生物功能的专一性差别等特性,使被分离的蛋白质达到一定的质量标准。利用有机溶剂浓度下的沉淀,分相的混合溶剂两相间分配系数的差异,不同 pH 下溶解度的大小不一等特性,达到分离纯化的目的。

1) 盐析是最常用的方法。一般粗提取物常用它进行粗分离。其基本原理就是:当一定浓度的盐加到蛋白质溶液后,一方面与蛋白质争夺水分,破坏蛋白质颗粒表面的水化层;另一方面,由于某些盐的离子浓度相对比较高,可以大量中和蛋白质颗粒上的电荷,这样就使蛋白质成了既不含水化层又不带电荷的不稳定颗粒而容易沉淀。常用的盐析剂是硫酸铵,它具有盐析能力强、较高的溶解度、较低的溶解温度系数、价格低廉和不产生副作用等优点,但缓冲能力较差,pH 较难控制。

此外,还可用硫酸钠、氯化钠作为盐析剂,由于它们不含氮,所以制得的蛋白质可直接用定氮法进行含量测定。但硫酸钠在30℃以下溶解度低,必须在30℃以上条件操作。用盐析法分离蛋白质,简便安全,而且所得的蛋白质并不丧失活性,是分离纯化中最佳的一种方法。在实际操作时,可先把蛋白质溶液调至等电点,使其溶解度达到最低,然后加入固体硫酸铵粉末,并达到一定浓度。这时蛋白质即从溶液中析出,经过滤或离心,透析去盐,即可获得产品。

2) 由于各种蛋白质所带电荷不同,相对分子质量不同,在高浓度的盐溶液中溶解度不同,因此一个含有几种蛋白质的混合液,就可用不同浓度的硫酸铵来使其中各种蛋白质先后分别沉淀下来,达到分离纯化的目的,这种方法称为分级沉淀。采用有机溶剂分级沉淀,主要选用乙醇、丙酮等,一般都在低温下进行。用有机溶剂沉淀蛋白质的主要原理是:当在蛋白质溶液中加入较多量与水相溶的有机溶剂时,由于这些溶剂与水亲和力大,能夺取蛋白质颗粒上的水化层,使蛋白质的溶解度降低而沉淀。由于有机溶剂可使蛋白质变性失活,因此通常选用稀浓度的有机溶剂并在低温下操作。加入有机溶剂要搅拌均匀,防止局部浓度过高而引起蛋白质失活。用有机溶剂得到的蛋白质不宜放置过久,要立即加水溶解。由于使不同蛋白质沉淀所需的有机溶剂浓度不同,因此通过调节溶剂的浓度也可使几种蛋白质混合液达到分级沉淀的目的。

3) 疏水层析是一种比较新的分离纯化蛋白质的方法,它是利用蛋白质表面某一部分具有疏水性,与带有疏水性的载体在高盐浓度时结合,洗脱时,将盐浓度逐渐降低,因其疏水性不同而逐个地先后被洗脱而纯化,可用于分离其他方法不易纯化的蛋白质。

4) 在分离纯化蛋白质中也常用结晶法。结晶法是使蛋白质溶液处于过饱和状态,静置后逐渐产生晶核,晶核长大,出现结晶。如要形成饱和状态,可在蛋白质溶液中加盐,出现混浊时停止加盐,放置,出现结晶。调节 pH 接近等电点,加入有机溶剂也可产生过饱和状态,促使晶体生成。

2. 利用分子大小和形状的差异进行分离纯化

蛋白质分子有细长如纤维状,有密实如团球状,相对分子质量从 6000 左右到几百万不等,因此可利用蛋白质这些性质的差异来分离纯化蛋白质。在生化物质的分离纯化中,分子筛是最常用的方法。分子筛一般称为分子筛层析法、分子排阻层析法或者凝胶过滤法。它适用于水溶性高分子物质的分离,如蛋白质、酶、核酸、激素及多糖等。它主要是根据被分离物的相对分子质量不同,通过一固定相(即凝胶)构成的柱进行层析来达到分离纯化的目的。由于凝胶颗粒具有细微孔的结构,像只筛子,故称分子筛。分子筛就是利用这些有细微孔的细珠作为支持物,这些微孔大小不一,允许半径在一定范围内的分子透进。在能透进这种微孔的蛋白质中,某一大小的蛋白质只能透进孔径比分子大的微孔,而不能透进小的微孔。不同大小的蛋白质即使进入支持物的微孔,但因分子大小不同,进入微孔的体积是不同的,大的分子能进入的那一部分孔的总体积小,小的分子能进入的孔的总体积大。将这种多孔的支持物装成一个层析柱,从柱顶上装入蛋白质样品,然后用缓冲液洗脱,大分子蛋白质完全不能进入支持物的微孔,只流过支持物间的空隙而先从柱底部流出;能进入微孔的蛋白质因为流过的体积是支持物物间的空隙加上部分微孔的体积,流程长,故后从柱底部流出。利用分子筛支持物装柱,洗脱时,相对分子质量大的先流出,其次的后流出,最小的最后流出。凝胶过滤除在柱内进行外,也可在薄板上进行,适用于分析工作及少量物质的分离。

此外,在分离生化物质中,也采用超滤法。此法是一种根据溶液中分子的大小和形状,在 10^{-8} 数量级进行选择性过滤的技术。超滤是在一定压力下,使溶剂和较小分子的溶质能通过一定孔径的薄膜,大分子的溶质则不透过,从而使高分子物质脱盐、脱水和浓缩。在一定条件下,还利用不同型号超滤膜的液相分子筛作用,在相对分子质量 5000~100 000 之间对不同大小的物质进行筛分,从而起到分离、纯化物质的作用。

3. 利用电荷性质的差异分离纯化

蛋白质、多肽及氨基酸都是两性电解质,在一定 pH 环境中,某一种蛋白质解离成正、负离子的趋势相等,或解离成两性离子,其净电荷为零,此时环境的 pH 即为该蛋白质的等电点。在等电点时蛋白质性质比较稳定,其物理性质如导电性、溶解度、黏度、渗透压等皆最小,因此可利用蛋白质等电点时溶解度最小的特性来制备或沉淀蛋白质。

两性物质的等电点会因条件不同(如在不同离子强度的不同缓冲溶液中,或含有一定的有机溶媒的溶液中)而改变。当盐存在时,蛋白质若结合了较多的阳离子(如钙离子、锌离子等),则等电点向较高的 pH 偏移。因为结合阳离子后相对地正电荷增多了,只有 pH 升高才能达到等电状态。例如胰岛素在水中的等电点为5.3,在含有一定锌盐的水-丙酮溶液中等电点约为 6.0。反之,蛋白质若结合较多的阴离子(如氯离子、硫酸根离子等),则等电点移向较低的 pH。蛋白质在介质中的等电点是和介质中其他成分的存在有关系的,应根据具体情况,确定操作中的pH。

用等电点沉淀法可以将所需要的蛋白质从溶液中沉淀出来,还可以将提取液中不需要的杂蛋白通过改变 pH 而沉淀除去,一般是将 pH 分别调到需提纯物质等电点的两侧。具体还要考虑到两侧的 pH 是否会使所提纯的蛋白质变性,以及不需要的主要杂蛋白的等电点范围等。

一些蛋白质多肽的等电点见表 4-1。

表 4-1 一些蛋白质、多肽的等电点(pI)

蛋 白 质	pI	蛋 白 质	pI
HCG	3.2~3.3	ACTH	6.6
白蛋白	4.7	血红蛋白	6.8~7.0
生长素	4.9	IL-2	6.8~7.1
胰解痉多肽	4.9~5.7	γ-球蛋白	7.3
胰岛素	5.3	催产素	7.7
α-干扰素	5~7	胰高血糖素	7.5~8.5
β-干扰素	6.5	胰蛋白酶抑制剂	10~10.5
γ-干扰素	8.0	鱼精蛋白	12.0

此外,在蛋白质分子中有许多带电基团,如羧基、氨基、咪唑基、胍基、酚基和吲哚基。由于这些带电基团的组成及它们在分子中暴露的程度的差异,就使得蛋白质之间的带电状态发生变化,从而可用离子交换法加以分离、纯化。通常用的离子交换剂的基本结构是大分子载体上带有离子交换基团,如离子交换基团为羧基、磺酸基等为阳离子交换基团;离子交换基团为氨基或季铵基等为阴离子交换基团。它们与蛋白质(P^+)可产生如下反应

$$RCOOH + P^+ \longrightarrow RCOO^- P^+ + H^+$$
$$RCOO^- P^+ + Na^+ \longrightarrow RCOO^- Na^+ + P^+$$

首先带正电荷的蛋白质同树脂结合,然后改变条件,用钠离子将蛋白质置换下来。不同的蛋白质与树脂的交换基团间的亲和力不同。它们与 $RCOO^-$ 之间的亲和力决定着钠离子要多大浓度,才能把蛋白质置换下来。蛋白质和离子交换树脂之间的亲和力决定于交换基团的性质,也决定于蛋白质的带电状态。两个带电状态不同的蛋白质是在不同的钠离子浓度下进行置换反应的,因此控制钠离子浓度的连续变化,可先后分别将带电状况不同的蛋白质置换下来,达到分离目的。$R-N^+(C_2H_5)_4Cl^-$ 与 P^+ 的反应同上述反应式相同,控制反应逆转的关键因子是氯离子。

第五节 蛋白胨的制备

蛋白胨是微生物培养基的主要成分,在抗生素、医药工业、发酵工业、生化制品及微生物学科研等领域中的用量都很大;在国际市场上,蛋白胨也属于货紧价昂的短线品种之一。市售的蛋白胨是一种外观呈淡黄色的粉剂,相对密度较小,具有肉香的特殊气息,吸潮性强。

目前国内外制备蛋白胨的原理都是基于蛋白质在强酸、强碱、高温或利用胃蛋白酶、胰蛋白酶为水解剂的催化作用下,使其分子中的长肽链打开,从而生成不同长度的肽键的蛋白质分子的"碎片"。蛋白胨主要以猪肉、鱼粉、肉骨作为生产的原

料,因而生产成本较高。实践证明,运用胰蛋白酶来分解动物血液(例如:猪血、牛血、羊血、马血等)中所富含的胶原性蛋白质生产蛋白胨的方法,具有工艺简便、操作容易掌握、设备可土可洋、生产成本低廉、经济效益显著等优点,适合中小企业规模生产,而更为有意义的是我国是食肉大国,并且随着人们生活水平的提高,肉食需求量逐年递增,随之而来的就是大量动物血液被白白扔掉了,这样既浪费了原料,又污染了环境,故利用废弃的动物血液生产有用的蛋白胨,既为市场提供了有用的原料,大量减少进口国外产品,为国家节省外汇,同时又为净化环境做出贡献。

一、试剂及器材

1. 原料

(1) 猪血　取鲜血猪血或冷冻血块(一些废血液如不可马上处理,可置于冷库中保存)

(2) 猪胰脏　取新鲜或冷冻的猪胰脏为原料。

2. 试剂

(1) 氢氧化钠　这里用于调节 pH,选用化学纯试剂(CP)。

(2) 盐酸　这里用于调节 pH,选用化学纯试剂(CP)。

(3) 氯仿　这里作为防腐剂,选用化学纯试剂(CP)。

(4) 氯化钠　本工艺中作为溶剂,选用分析纯试剂(AP)。

3. 器材

反应罐,反应锅,陶瓷罐,浓缩锅,喷雾干燥机,酸度计,尼龙布(100 目),温度计(1～100℃)。

二、制 备 工 艺

1. 工艺流程

$$猪血 \xrightarrow{水解} 水解液 \xrightarrow{分离} \begin{cases} 沉淀 \\ 过滤液 \xrightarrow{浓缩} 浓缩液 \xrightarrow{干燥} 产品 \end{cases}$$

2. 操作步骤

(1) 水解　将猪血倾入反应罐中,加入 0.8 倍的自来水,在搅拌下加热至煮沸,然后将煮沸液倾入保温缸内,当其降温至 42℃ 左右时,在充分搅拌下,缓缓地加入浓度为 15% 的少许稀碱液(氢氧化钠水溶液),调节其 pH 为 8.5 左右,使呈弱碱性。然后,经适当冷却后,一边搅拌,一边加入猪胰腺浆(按原猪血量的 11% ～ 12% 加入胰腺浆),同时加入占料液总质量 0.2% 的氯仿(三氯甲烷)防腐,使缸内料液于 40～42℃ 下恒温碱性酶解 5～6h(注意:酶解过程中,液温不可低于 37℃)。

酶解液取样用硫酸锌法或进行双缩脲反应检验合格后,即可用少许浓度为 5% 的稀盐酸精细调节料液的 pH 达 5.5 左右,待用。

(2)分离　将上述水解液倾入反应锅中,加热煮沸 15min,再按料液质量的 1%,加入精制食盐(钙镁盐<0.8%),充分搅拌 15min;然后,用浓度 15% 的稀碱精细调节其 pH 至 7.5,静置分层后,虹吸出上层清液放入双层布袋进行过滤;下部沉淀物可加入 70% 热水再煮沸一次,并趁热用 100 目尼龙布过滤,收集滤液。

(3)浓缩　将以上所收集到的二次滤液进行合并,然后送入浓缩罐(一般常压浓缩锅也行)进行浓缩。当其浓缩至外观呈黏稠膏状时,立即可取出。

(4)干燥　将浓缩好的蛋白胨分装于洁净的不锈钢盘中,于 60℃ 下低温烘干(最好采用远红外线干燥器)后,再经磨粉、筛分、化验、称量、分装,即得合格的蛋白胨成品。

3. 工艺说明

1) 猪血水解的好坏主要取决于水解程度。如果酸浓度高,水解速率也加快,反之则水解速率慢。另外,水解时间也很关键,时间短,水解不彻底;时间长,则蛋白胨被破坏。因此正确判断水解终点,控制水解时间很重要。本工艺终点检查采用以下方法:取水解进行 5h 以上的水解液 2mL 放在一支试管中,然后加入 10% 氢氧化钠溶液 2mL,再滴加 2% 硫酸铜溶液 3～4 滴,摇匀后,如有明显天蓝色即表明水解不完全,如颜色变化成很深的紫红色则表明水解完全。

2) 烘干设备可选用低温干燥箱,又可用远红外干燥器,如有条件使用喷雾干燥设备,有关工艺参数为:进料液温 58～60℃,热风温度 110～120℃,塔顶温度 75～78℃,物料停留时间 10s 进行干燥,则可获得成品外观呈浅淡黄色的均匀性粉剂,尤其受到外商客户的青睐,且价格可上浮 15% 以上。

3) 浓缩也可用真空浓缩,大规模生产最好用此法。

第六节　人丙种球蛋白的制备

免疫球蛋白(Ig)是人体接受抗原刺激后,由浆细胞所产生的一类具有免疫功能的球状蛋白质,是直接参与免疫反应的抗体蛋白的总称。各种免疫球蛋白能特异地与相应的抗原结合形成抗原-抗体复合物(免疫复合物),从而阻断抗原对人体的有害作用,对细菌等抗原的杀伤最后由补体去完成。

电泳时 Ig 主要出现在 γ-球蛋白部分,γ-球蛋白几乎全是 Ig。过去曾将 γ-球蛋白作为 Ig 的同义语,其实有小部分 Ig 也出现在 β-球蛋白部分。国内称 γ-球蛋白为丙种球蛋白,实际上丙种球蛋白是一组在结构和功能上有密切关系的蛋白质。根据 Ig 的免疫化学特性,可分成五大类:IgG、IgA、IgM、IgD、IgE,其分子的基本结构,不论是哪一类,都由四链单位组成,每一四链单位都由两条相同的长多肽链(称 H 链,又称重链)及两条相同的短多肽链(称 L 链,又称轻链)组成,通常 H 链(约由450 个氨基酸残基组成)的长链约为 L 链(由 210～230 个氨基酸残基组成)的 2倍,所不同的是 Ig 的分子只由一个四链单位组成,有的则由多个四链单位组成。由于 Ig 分子中含有糖基(有己糖、乙酰氨基己糖和唾液酸等),故属糖蛋白,IgG 含糖量可达 2.9%。机体的大部分免疫能力都依赖于 IgG 类免疫球蛋白,它约占免疫球蛋白总量的 70%～90%。

γ-球蛋白几乎都是具有抗体性质的免疫球蛋白,其制剂在医学界应用广泛。在兽医领域应用 γ-球蛋白制剂防治畜禽疾病的工作也在推广。例如它可用于提高马、新生犊牛、新生羔羊、新生仔猪和家禽的抵抗力,有效地防止了多种传染病的发生。此外对新生犊牛消化紊乱、新生羔羊腹泻、低 γ-球蛋白血症等疾病均有良好的防治效果。

在临床上人丙种球蛋白具有被动免疫、被动-自动免疫以及非特异性即负反馈作用,故可用于预防流行性疾病如病毒性肝炎、脊髓灰质炎、风疹、水痘及治疗丙种球蛋白缺乏症等。

制备丙种球蛋白的原料通常有动物血液、动物胎盘和初乳乳清,制备方法有低温乙醇法、利凡诺法、盐析法离子交换法等。

一、试剂及器材

1. 原料

(1) 胎盘原料及产后血　应取自健康产妇,并按卫生要求采取,立即放入灭菌的容器内,10℃冷藏。自娩出到投料不超过 36h,储存和运输均应保持在低温状态。

胎盘编号后进行肝炎相关抗原 PIAA 和转氨酶检查,合格后使用。投料前目检有污物、异嗅者均应剔出。

(2) 动物血液　应取自健康动物新鲜的血液为原料。

2. 试剂

(1) 盐酸　这里用于调节 pH,选用化学纯试剂(CP)。

(2) 氢氧化钠　这里用于调节 pH,选用化学纯试剂(CP)。

(3) 硫酸铵　这里作为沉淀剂,选用化学纯试剂(CP)。

(4) 碳酸钠　这里用于调节溶液的 pH,选用化学纯试剂(CP)。

（5）利凡诺　又称雷凡诺(2-乙氧基-6,9-二氨基吖啶乳酸盐,2-ethoxy-6,9-di-aminoacidinelactate),是一种吖啶染料。这里作为沉淀剂,选用化学纯试剂(CP)。

（6）氯化钠　这里用于调盐析用,选用化学纯试剂(CP)。

（7）苯酚　俗名石炭酸,这里作为防腐剂,选用化学纯试剂(CP)。

（8）硫柳汞钠　简称硫柳汞,这里作为防腐剂,选用化学纯试剂(CP)。

（9）活性炭　这里用于调节 pH,选用药用活性炭。

（10）DEAE-纤维素(DE-52)　是一种阴离子交换纤维素,主要用于中型或酸性蛋白的分离。在高于人丙种球蛋白的等电点时,DEAE-纤维素即可吸附带负电荷的人丙种球蛋白。

（11）氨水　这里作为洗脱剂,选用化学纯试剂(CP)。

（12）硫酸铝钾　称明矾、钾矾、钾铝矾、钾明矾,这里作为沉淀剂,选用化学纯试剂(CP)。

（13）柠檬酸三钠　这里作为抗凝剂,选用化学纯试剂(CP)。

（14）EDTA(二乙胺四乙酸)　这里作为稳定剂,选用化学纯试剂(CP)。

3．器材

不锈钢夹层反应罐,反应锅,搪瓷缸,超滤机,不锈钢桶（50L）,冷冻干燥机,酸度计,尼龙布,温度计(1～100℃),高压灭菌锅,移液管,量筒,烧杯,精密 pH 试纸,橡皮管,帆布,恒温水浴。

二、以人胎盘血的制备工艺

1．工艺路线

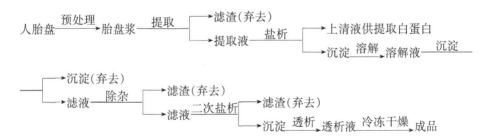

2．工艺过程

（1）预处理　取冷藏的健康产妇胎盘,用无菌的剪刀剪去羊膜和脐带(挤出脐带血)后,将胎盘剪成适当碎块,置灭菌的绞肉机中绞碎,制成胎盘浆。

（2）提取　将胎盘浆倾入不锈钢反应锅中,加入氯化钠溶液[按 1000mL 无热原的 40g/L(4%)氯化钠溶液(内含 0.5%苯酚)计算用量],在搅拌的条件下,提取

1h,然后用尼龙布过滤收集滤液,滤渣再按上述方法提取 2 次(氯化钠的用量第二次是第一次的一半,第三次是第二次的一半),合并 3 次滤液,然后以 2000r/min 离心,除去红细胞沉淀,收集上清液。

(3)盐析　将上清液倾入不锈钢桶中,加入等体积饱和硫酸铵溶液,搅拌均匀,放置 1h 以上,使球蛋白沉淀析出,用帆布自然过滤,刮取沉淀(母液可供生产白蛋白使用)。若沉淀颜色较深,可进行 2 次沉淀,即将沉淀用少量蒸馏水混合均匀后,加蒸馏水稀释至原上清液的半量,再加等体积的饱和硫酸铵液,使球蛋白再次沉淀析出,除去部分血红蛋白。放置 1h 后用帆布自然过滤,收集取沉淀。

(4)沉淀　将上述沉淀置于不锈钢桶中,然后加入无热原蒸馏水(按每个胎盘加水 480mL 计算),在不断搅拌的条件下,使之充分溶解。准确量得溶液体积,按每 100mL 溶液加入 100g/L(10%)硫酸铝钾溶液 10mL 加料,边加边搅,充分搅匀。此时生成大量灰褐色沉淀,调 pH＝4.2～4.4,放置 1h 以上,用尼龙布自然过滤,收集滤液。

(5)除杂　将上述滤液置于另一不锈钢桶中,在搅拌下用 2mol/L 氢氧化钠溶液,调 pH 至 7.8±0.1,继续拌 15min,然后静置 1.5h,用尼龙布自然过滤,弃去沉淀,收集滤液。

(6)透析　将沉淀先用少量蒸馏水溶解,然后置于透析袋中,留适当容积,驱去空气,扎口,对流水进行透析,至硫酸铵含量低于 1g/L(0.1%)时为止。应尽量缩短透析时间。

(7)冷冻干燥　将以上透析液经冷冻干燥机干燥,即得产品。

三、以人血浆的制备工艺

1. 工艺路线

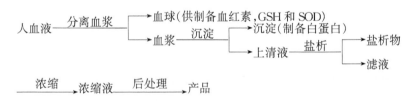

2. 工艺过程

(1)分离血浆　取新鲜血液,事先加入血液体积 1/7 的 3.8% 的柠檬酸三钠搅拌均匀,静置,使红细胞自然沉降,离心收集血浆。血球用于制备血红素、SOD 和 GSH。

(2)沉淀　将人血浆倾入不锈钢夹层反应罐内,开启搅拌器,用碳酸钠液调节 pH 至 8.6,再加等体积的 2% 利凡诺溶液,充分搅拌后静置 2～4h,分离收集上清液。

（3）盐析　将上清液置于不锈钢反应罐中，用1mol/L的盐酸调pH至7.0，加入结晶硫酸铵，充分搅拌，沉淀静置4h以上，虹吸去上清液，下部混悬液泵入篮式离心机中离心，得沉淀物。

（4）浓缩　将上述沉淀物置于不锈钢桶中，加适量无热原蒸馏水稀释溶解，不锈钢压滤机中过滤、澄清，然后经超滤器浓缩、除盐，得浓缩液。

（5）后处理　浓缩液除菌后，静置于2～10℃冷库中存放30d以上。然后以不锈钢压滤器澄清过滤，再通过除菌，经全项检查合格后，拉丝灌封机分装即得人血丙种球蛋白成品。

四、以动物血液制备工艺

1．工艺路线

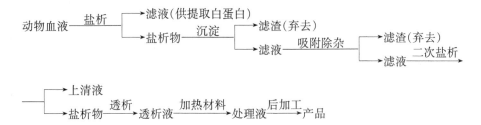

2．操作步骤

（1）盐析　将取得的动物血清置于不锈钢反应罐中，加等体积的饱和硫酸铵溶液，搅拌均匀。放置1h以上，使球蛋白沉淀析出，用尼龙布自然过滤，刮取沉淀（硫酸铵母液可供生产白蛋白使用）。若沉淀颜色较深可进行二次沉淀，即用少量蒸馏水混合均匀后，再加蒸馏水稀释到原血清的半量，然后加等体积的饱和硫酸铵溶液，使球蛋白再次沉淀析出，除去部分血红蛋白。放置1h后用帆布自然过滤，收集沉淀。

（2）沉淀　将上述沉淀终置于不锈钢桶中，按1∶20的比例加入无热原蒸馏水，不断搅拌，使其充分溶解。准确量得溶液的总体积，每100mL溶液加入10%硫酸铝钾溶液10mL，边加边搅，充分搅匀。此时生成大量灰褐色沉淀，然后调pH至4.2～4.4，放置1h以上，用尼龙布自然过滤，弃去沉淀，收集滤液。

（3）吸附除杂　取上述滤液置于不锈钢桶中，在搅拌下用2mol/L氢氧化钠，调pH至7.8±0.1，然后搅拌15min，放置1.5h左右。用尼龙布自然过滤，弃去沉淀，收集滤液。

（4）二次沉淀　将滤液置于搪瓷缸中，按38%（质量分数）加入固体硫酸铵，充分搅拌,使其全溶。调 pH 至 6.8~7.2,放置 1h 以上。用尼龙布自然过滤,弃去滤液,收集沉淀。

(5) 透析　将沉淀先用少量蒸馏水溶解,然后置于透析袋中,留适当容积的空隙,驱去空气。对流水进行透析,透析至硫酸铵含量低于 0.1% 为止。应尽量缩短透析时间。

(6) 加热处理　将透析液合并于无菌瓶内,透析袋用少量无热原水洗净并入瓶内。按顺序在搅拌下缓慢加入以下药用试剂:氯化钠(固体)、苯酚(预先配制成 5% 溶液)、硫柳汞(预先配制成 1% 溶液),使含氯化钠 0.85%、苯酚 0.2%、硫柳汞 0.005%。加入试剂的量按下列方法计算

氯化钠体积 = 0.85% × (透析液体积 + 应加 5% 苯酚溶液量 + 应加 1% 硫柳汞溶液量)

5% 苯酚溶液 = 1/24 × 透析液体积

1% 硫柳汞溶液 = 1/199 × (透析液体积 + 应加 5% 苯酚溶液量)

装入瓶后,于热水浴中加温至 42~45℃,保持 30~60min 后,置 2~10℃ 冷室放置 1~3 个月。

(7) 后加工　沉淀后的 γ-球蛋白液用赛氏滤器进行澄清过滤,滤液取样测定蛋白质含量。按每批蛋白质含量,用生理盐水稀释至 5.5% 浓度。补加防腐剂,使最后含苯酚量为 0.2%,硫柳汞量为 0.005%。调 pH 至 8.8~7.2,用赛氏滤器除菌过滤,取样测定全项,合格后按要求量灌封于安瓿中。

五、从初乳制备 IgG₁ 和 IgG₂ 工艺

本工艺是基于以下原理进行的:盐析法是蛋白质分离常用的方法之一,具有易操作、成本低、分离效果好等特点。本研究用 35% 饱和度硫铵一次盐析,从初乳(2d 内初乳混合物)乳清中得到免疫球蛋白纯度为 80% 以上的分离物,其中 IgG 达 70% 以上,利用盐析法分离蛋白质,除盐浓度外,还有许多因素影响分离效果,其中比较主要的是溶液中蛋白质的浓度。本研究的初乳乳清中,Ig 含量为 15~20 g/L,总蛋白质为 35~40g/L,最后得到的分离物中总蛋白质占 80% 以上,其中 IgC 占 70% 以上。

乳中各种乳清蛋白的等电点分别为:α-乳清蛋白为 4.2~4.5,β-乳球蛋白为 5.3,牛血清白蛋白为 5.1;IgG₁ 为 5.5~6.8;IgG₂ 为 7.5~8.3。在 DE-52 离子交换层析过程中,由于第一段所用的洗脱液 pH 为 7.4,在此条件下,IgG₂ 不带电荷或带微量电荷,因而不被吸附,首先被洗脱下来,其余的乳清蛋白在此条件下带有负电荷,被带有正电荷的 DEAE 所吸附;在第二段洗脱过程中,由于所用的洗脱液 pH 为 5.4,这时 IgG₁ 不带电荷或带微量电荷,洗脱时先被洗脱下来,同时部分 β-乳球蛋白等也会被洗脱下来;第三段洗脱时,由于加大了洗脱液的离子强度,可

将吸附于 DEAE 上的所有蛋白质全部被洗脱下来,包括 α-乳白蛋白、β-乳球蛋白、牛血清白蛋白及 IgG 和 IgA 等。

1. 工艺路线

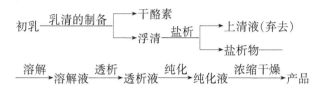

2. 操作步骤

(1) 乳清的制备　将初乳置于反应锅内升温至 35℃,然后加入 0.02% 凝乳酶(效价 5 万以上)恒温反应至凝乳块生成,然后将凝块搅碎,在 6000 r/min 的条件下,离心 30min,收集离心液。

(2) 盐析　将乳清置于搪瓷缸中,加入固体硫酸铵,使其硫酸铵饱和度大35%,在 4℃ 的条件下静置 5～6h,然后在 5000r/min 的条件下,离心 30min,收集盐析物。

(3) 溶解透析　将盐析物置于不锈钢桶中,用原乳清 5% 的 pH=6.8,0.01mol/L 的磷酸盐氯化钠缓冲溶液溶解,然后置于超滤机中超滤,至超滤液无 NH_4^+ 存在。然后冷冻干燥,得 IgG 粗品。

(4) 纯化　将处理好的 DEAE-52 装入柱内,用 0.01mol/L pH=7.4 的磷酸盐氯化钠缓冲溶液平衡。然后取 IgG 粗品,用 10～15 倍的 0.01mol/L pH=7.4 的磷酸盐氯化钠缓冲溶液溶解后透析 24h,然后上柱。上样后分段洗脱,首先用0.01mol/L pH=7.4 的磷酸盐氯化钠缓冲溶液洗脱,等第一个峰出现后,改用0.02mol/L pH=5.4 的磷酸盐氯化钠缓冲溶液洗脱;等第二个峰出现后,改用0.08mol/L pH=7.4 的磷酸盐氯化钠缓冲溶液洗脱。

(5) 浓缩干燥　分别收集三个峰的洗脱液,然后分别浓缩干燥,即得产品。

六、测 定 方 法

本品采用健康人胎盘血或血浆提取制成,内含适宜的防腐剂。蛋白浓度分为5% 与 10% 两种。

本品为无色或淡褐色的澄明液体,微带乳光,但不应含有异物或摇不散的沉淀。

下列标准可供参考:pH=6.6～7.4;制品中丙种球蛋白含量应占蛋白含量的95% 以上;稳定性在 57℃ 加热 4h 不得出现结胨现象或絮状物;酚含量不超过

0.25%（g/mL）；硫柳汞含量不超过 0.005%（g/mL）；制品中固体总量百分数与蛋白质含量百分数之差不得大于 2%；残留（NPL）不得超过 0.1%；其他如无菌试验、防腐剂试验、安全试验、热原试验应符合规定。

1．含量测定

IgG 含量测定采用单向免疫扩散法。用 pH＝6.8 的 0.01mol/L 磷酸盐氯化钠缓冲溶液将琼脂配成 1%的溶液，加热融化后至 55℃并在 55℃水浴中保温，之后加入适量抗血清（每 10mL 溶液加 0.2mL 抗血清），混合后倾注于平板上，厚度为 2.5mm，待冷却凝固后，用孔径为 2.0mm 打孔器打孔并上样，上样量为 5μL，之后置于湿盒中在 37℃下扩散 24h，量取扩散环直径，根据标准曲线计算上样样品中 IgG 的含量，以 Sigma bovine IgG 为标准品。

2．乳抗体凝集价的测定

分别以 *E.coli* 44815 和 Salmonella 50602 及 24 种混合菌作为抗原测定乳抗体的凝集价，采用试管凝集法测定，将预先处理试样用 pH＝6.8 的 0.01mol/L 磷酸盐氯化钠缓冲溶液稀释，取不同稀释度的乳清 0.5mL 加入试管，之后加入待测抗原菌体悬浮液（10^9/mL）0.5mL，充分混匀后置于 37℃下反应 12h，之后观察菌体凝集情况，以 505 菌体凝集测定为阳性反应（＋＋）。以出现阳性反应的最高稀释倍数作为乳抗体的凝集价。

3．蛋白质含量的测定

采用双缩脲法，用 UV-190 双波长分光光度计在 310nm 处测定，以 BSA 为标准。

七、注 意 事 项

1）整个操作过程应按无菌操作要求进行，所用器材用过后要及时洗净、灭菌（$9.807×10^4$Pa 热压 30min 或在 180℃干烤 2h）。除热原的方法是用 20g/L（2%）碳酸钠煮沸 15～30min，如橡皮管、帆布等；或用清洁液浸泡玻璃器具；或以 300 g/L（30%）氢氧化钠浸泡滤槽、搅拌用具等。大面积的金属物件如金属容器、绞肉机、台面等可用火焰烧灼灭菌和除热原。

2）在明矾沉淀时，蛋白质含量以为 1%左右为宜，既能达到除去血色素和热原的效果，又能使球蛋白不致损失太多。若热原不合格，可采用离子交换剂、活性炭、明矾沉淀和碱性吸附等方法处理，除去热原。防滑剂可用 0.5%氯仿。丙种球蛋白的稳定性 1960 年以来报道的用各种方法制备的丙种球蛋白，经存放后都发生"自然裂解"，使制品抗体效价降低，以胎盘为原料比以静脉血为原料的制品"裂解"更甚。一般认为是制品含有纤溶酶原所致。制品保存温度对裂解影响较大，4℃保存可使裂解速率减慢,－20℃保存可多年不变,冻干制剂比水针剂稳定,故制品应于低温储藏并尽量缩短储存时间。以人胎盘血或血浆提取制成品,蛋白质的质量分为 50g/L 与 100g/L 两种。无色或淡褐色的澄明液体,微带乳光但不应含有异物或摇不散的沉淀。其参考标准:pH＝6.6～7.4;丙种球蛋白含量应占蛋白质含量 95％以上;稳定性在 57℃加热 4h 不得出现结块现象或絮状物;防腐剂酚含量不得超过 0.25％(g/100mL)、硫柳汞含量不超过 0.005％(g/100mL);固体总量的质量分数与蛋白质的质量浓度之差不得大于 2％;残留(NPL)不得超过 0.1％;其他如无菌试验、防腐剂试验、安全试验、热原试验应符合规定。

3) 人血丙种球蛋白和人胎盘血丙种球蛋白中含有 IgG 及少量 IgA 和 IgM,它们各有不同程度的抗菌、抗病毒和抗毒素的活性,用于机体后,能增加机体的抗体,与相应的抗原结合形成抗原-抗体复合物,阻断抗原对机体的损害作用,又通过激活补体杀伤或消灭外来的抗原。如此增加机体的体液性免疫反应。

第七节　白蛋白的制备

白蛋白又称清蛋白(albumin),是血浆中含量最多的蛋白质,约占总蛋白的55％,相对分子质量较小。白蛋白为单链,由 584 个氨基酸残基组成,N 末端是天冬氨酸,相对分子质量为 66 300,pI 为 4.7,沉降系数(S_{20w})为 4.6,电泳迁移率为5.92。可溶于水、稀酸、稀碱、稀盐和半饱和的硫酸铵溶液中,一般当硫酸铵的饱和度为 60％以上时,可析出沉淀。对酸较稳定,受热后可聚合变性,但仍较其他血浆蛋白质耐热,蛋白质的浓度大时热稳定性小。在白蛋白溶液中加入氯化钠或脂肪酸的盐,能提高白蛋白的热稳定性,可利用这种性质,使白蛋白与其他蛋白质分离。

同种白蛋白制品无抗原性。主要功能是维持血浆胶体渗透压。白蛋白损失太多会引起血量减少,是早产出血性休克的主要原因。

血浆白蛋白在临床上用于失血休克以及由脑水肿或大脑损伤所致的脑颅压增高,严重烧伤,低蛋白血症的治疗;尿白蛋白可作为临床诊断用酶的保护剂、尿激酶标准品中的保护剂、测定蛋白质相对分子质量用的标准蛋白等,是一种廉价而易得的人血白蛋白的代用品。

目前制备白蛋白的方法有从健康人血浆中分离白蛋白的技术、从健康产妇胎盘血中分离白蛋白的技术、从动物血浆制备白蛋白的技术和从尿液制备白蛋白技术。制剂为淡黄色略黏稠的澄明液体或白色疏松状(冻干)固体。

一、试剂及器材

1. 原料

选用新鲜干净的人胎盘、血液和人尿液为原料。

2．试剂

（1）盐酸　这里用于调节 pH，选用化学纯试剂（CP）。

（2）氢氧化钠　这里用于调节 pH，选用化学纯试剂（CP）。

（3）硫酸铵　这里作为沉淀剂，选用化学纯试剂（CP）。

（4）碳酸钠　这里用于调节溶液的 pH，选用化学纯试剂（CP）。

（5）利凡诺　这里作为沉淀剂，选用化学纯试剂（CP）。

（6）氯化钠　这里用于盐析用，选用化学纯试剂（CP）。

（7）硝酸银　这里作为鉴定试剂，选用分析纯试剂（CP）。

（8）氢氧化铝　这里作为吸附剂，选用分析纯试剂（CP）。

（9）活性炭　这里用于调节 pH，选用药用活性炭。

（10）D-160 树脂　一种大孔径阳离子交换树脂，用于吸附白蛋白。

（11）DEAE-纤维素　是一种阴离子交换纤维素，主要用于中型或酸性蛋白的分离。白蛋白的等电点为 4.7，因此在高于白蛋白的等电点时，DEAE-纤维素即可吸附带负电荷的白蛋白。这里用于分离纯化白蛋白。

（12）氨水　这里作为洗脱剂，选用化学纯试剂（CP）。

（13）磷酸（KH_2PO_4）　这里作为溶剂，选用化学纯试剂。

（14）EDTA（二乙胺四乙酸）　这里作为稳定剂，选用化学纯试剂（CP）。

（15）0.05mol/L pH＝5.2 的乙酸-乙酸钠缓冲溶液。

（16）柠檬酸三钠　这里作为抗凝剂，选用化学纯试剂（CP）。

（17）聚乙二醇　这里选用化学纯试剂（CP）。

3．器材

不锈钢夹层反应罐，反应锅，搪瓷缸，超滤机，不锈钢桶（50L），冷冻干燥机，酸度计，尼龙布，温度计（1～100℃）。

二、以人胎盘血为原料的制备工艺

1．工艺路线

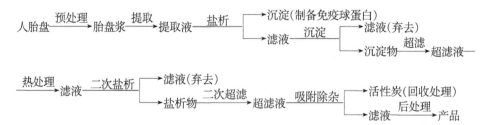

2. 操作步骤

(1) 预处理　将冷冻的健康产妇胎盘,用无菌的剪刀剪去羊膜和脐带(挤出脐带血)后,将胎盘剪成适当碎块,置灭菌的绞肉机中绞碎,制成胎盘浆。

(2) 提取　将胎盘放入不锈钢锅中,按每个胎盘加 1000mL 无热原的 40g/L(4%)氯化钠溶液(内含 0.5%苯酚),浸渍提取 1h,然后用纱布过滤,收集滤液。固体物再按同样方法处理 2 次[用无热原的 40g/L(4%)氯化钠溶液,第二次 500mL,第三次 250mL],合并 3 次滤液,以 2000r/min 离心,除去红细胞,得浸渍提取液。

(3) 盐析　将以上经离心后的胎盘提取液倾入搪瓷缸中,在搅拌下加入等体积饱和硫酸铵溶液,然后放置 1h 以上,使球蛋白沉淀析出,用尼龙布自然过滤,收集过滤液(沉淀可供生产免疫球蛋白使用)。

(4) 沉淀　将以上过滤液倾入不锈钢桶中,用 1mol/L 盐酸调节 pH 至 4.3～4.4,放置 1h 后,然后用尼龙布自然过滤,收集沉淀物。

(5) 超滤　将沉淀物溶于 5～10 倍蒸馏水中,然后用截留分子量为 30 000 的超滤膜超滤,直至硫酸铵含量低于 2g/L(0.2%)时为止,得超滤液。

(6) 热处理　将超滤液合并倾入不锈钢桶中,量取体积,加入氯化钠搅拌溶解,使氯化钠浓度达 8.5g/L(0.85%),用尼龙布自然过滤,取滤液测定蛋白质含量,再加入无热原水稀释蛋白质浓度至 12～20g/L(1.2%～2%)。然后按 2g/L(0.2%)的量加入固体辛酸钠,用 1mol/L 盐酸调节 pH 至 5～5.2,搅拌溶解后,在 0～5℃的条件下放置过夜。次日将溶液倾入反应锅中,重调 pH 至 5～5.2,然后加热至 67℃时,加入 2g/L(0.2%)活性炭,搅拌 15min,升温到 69℃,保温 1h,冷却至 45℃以下(也可 60℃保温 10h),用帆布自然过滤,收集滤液。

(7) 二次盐析　将以上滤液,按 1g 质量 40 倍体积加入氯化钠(CP)或加硫酸铵质量浓度达 178g/L,以 1mol/L 盐酸调节 pH 至 3.75～3.85,放置 1h 后,帆布自然过滤,压干,收集沉淀物。

(8) 二次超滤　取沉淀先后加入适量的 0.5mol/L、1mol/L、2mol/L 氢氧化钠,充分搅拌调成浆糊状,然后再加 5～10 倍的无热原水,调节 pH 至 7.8～8,用截留分子量为 30 000 的超滤膜超滤透,直至用硝酸银试剂检查氯离子不高于自来水的空白对照时为止,得超滤液。

(9) 吸附除杂　合并透析液倾入不锈钢桶中,加入吸附剂,即 2～4g/L(0.2%～0.4%)氢氧化铝或 20～30g/L(2%～3%)活性炭,进行搅拌吸附 1h,然后过滤,收集滤液。

(10) 后处理　将上述滤液,调节 pH 至 6.6～7,将蛋白质稀释至 100g/L(10%)或 250g/L(25%),除菌过滤,取样全检,合格后制成冻干制品。

三、以动物血浆为原料的制备工艺(利凡诺法)

1. 工艺流程

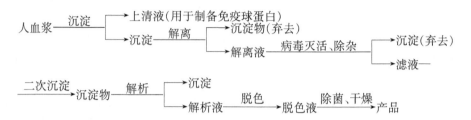

2. 操作步骤

(1) 沉淀　将人血浆倾入不锈钢夹层反应罐内,开启搅拌器,用碳酸钠溶液调节 pH 至 8.6,再加等体积的 2% 利凡诺溶液,充分搅拌后静置 2~4h,分离,上清液供制备人丙种球蛋白,收集黏稠状沉淀物。

(2) 解离　将黏稠状沉淀物在不锈钢桶中用 0.5 倍量的灭菌生理盐水稀释,用 0.5mol/L 盐酸调节 pH 至 5.5,加 1.5~2g/L(0.15%~0.2%)氯化钠或辛酸钠,放置过夜,收集上清液。

(3) 病毒灭活、除杂　将上清液倾入不锈钢夹层反应罐内于 60℃ 恒温 10h,灭活肝炎病毒立即用自来水夹层循环冷却,解离液然后用离心机以 5000~6000 r/min 离心 20min,除去不耐热杂蛋白,分离得解离液。

(4) 二次沉淀　上述液体再加 2% 利凡诺,调 pH 至 8.6,即得利凡诺-白蛋白络合沉淀物。

(5) 解析　将上述沉淀物用 0.5 倍量的灭菌生理盐水稀释,用 0.5mol/L 盐酸调节 pH 至 5.5,加 1.5~2g/L(0.15%~0.2%)的氯化钠溶液解析过夜,收集上清液。

(6) 脱色　将上清液倾入反应锅中,加入 2g/L(0.2%)活性炭,搅拌 15min,升温到 69℃,保温 1h,冷却至 45℃ 以下(也可 60℃ 保温 10h),用帆布自然过滤,收集滤液(用活性炭吸附溶液中残留的利凡诺,使颜色变浅)。

(7) 除菌、干燥　EKS 石棉滤板除菌过滤,分装冷冻干燥得成品。

四、以动物血浆为原料的制备工艺(盐析法)

1. 工艺流程

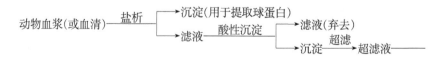

2. 操作步骤

（1）盐析　将动物血清倾入反应锅内,加入等体积的饱和硫酸铵溶液,搅拌均匀。放置 1h 以上,使球蛋白沉淀析出,用尼龙布过滤,收集滤液(沉淀可以提取球蛋白)。

（2）酸性沉淀　将以上收集的硫酸铵母液倾入不锈钢桶中,用 1mol/L 盐酸调 pH 至 4.3~4.4,放置 1h 后用尼龙布自然过滤,收集沉淀,弃去滤液。

（3）超滤　将沉淀物溶于 5~10 倍蒸馏水中,然后用截留分子量为 30 000 的超滤膜超滤透,直至硫酸铵含量低于 2g/L(0.2%)时为止,得超滤液。

（4）热处理　合并超滤液量取其体积后倾入反应锅中,加入 0.85%氯化钠,搅拌溶解后,用尼龙布自然过滤。取滤液测蛋白质含量,根据测定结果加无热原水稀释蛋白质浓度至 1.2%~2.0%,加固体辛酸钠 2%,用 1mol/L 盐酸调 pH 至 5.1 左右,搅拌溶解后, 0~5℃ 放置过夜。次日重调 pH 至 5.1 左右,然后加热至 67℃,加入活性炭 0.2%,搅拌 15min,升温至 69℃,保温 1h,冷却到 45℃ 以下(也可 60℃ 保温 10h),用尼龙布自然过滤,收集滤液,弃去沉淀。

（5）二次沉淀　将以上滤液倾入不锈钢桶中,加入 10%化学纯氯化钠或 17.8%硫酸氨,用 1mol/L 盐酸调 pH 至 3.75~3.85,放置 1h 后,用尼龙布自然过滤,压干,收集沉淀,弃去沉淀。

（6）二次超滤　将沉淀先后加入适量的 0.5mol/L、1mol/L 氢氧化钠,充分搅拌将沉淀调成浆糊状,调 pH 至 7.8~8.0,用截留分子量为 30 000 的超滤膜超滤,直至用硝酸银试剂检查氯离子不高于自来水的空白对照时为止,得超滤液。超滤液蛋白质含量以不低于 13%为宜。

（7）吸附除杂　将超滤液合并后倾入不锈钢桶中,加吸附剂(0.2%~0.4%氢氧化铝或 2%~3%活性炭),搅拌吸附 1h,然后过滤,收集滤液。

（8）后处理　取上述滤液,调 pH 至 6.6~7.0,将蛋白质稀释至规定浓度,除菌过滤,灌封于安瓿中或制成冷冻干燥制品。

五、以动物血浆为原料的制备工艺(低温乙醇法)

1. 工艺路线

2．操作步骤

（1）制备血清　取健康动物的血液,在常温下凝固,在 4000r/min 条件下离心分离出血清,冷冻保存备用(-30℃)。

（2）低温沉淀　将以上动物血清倾入不锈钢桶中,在搅拌条件下,用碳酸氢钠溶液调节 pH 至 6.8～7.0。然后加入低温乙醇(-20℃),使乙醇浓度达 25%,搅拌均匀,放置过夜,最后在-5℃条件下以 5000～6000r/min 离心 15min,收集上清液,沉淀可以提取免疫球蛋白。

（3）二次沉淀　将上清液倾入另一不锈钢桶中,在-5℃条件下调 pH 至 5.9～6.0,然后加入低温乙醇,使液体中的乙醇浓度达到 40%。加乙醇时,边加边搅拌,加完后继续搅拌 1h,静置过夜后以 5000～6000r/min 离心 15min,收集上清液。

（4）三次沉淀　将上述分离的清液倾入不锈钢桶中,在低温条件下用 2mol/L 乙酸调 pH 至 5.3～5.4,然后按加入乙酸的量,每升补加乙醇 27mL,继续搅拌 1h,静置过夜后以 5000～6000r/min 离心 15min,收集沉淀。

（5）溶解　将上述沉淀放入不锈钢桶中,加 1/2 倍量的低温蒸馏水搅拌溶解,调 pH 至 4.6,加入 55% 的低温乙醇,使液体最终乙醇浓度为 12%,并在低温条件下继续搅拌 2h。

（6）四次沉淀　取上述悬浊的溶解液,用 K_5 滤板澄清过滤。滤液用 1mol/L 碳酸氢钠调 pH 至 5.0～5.2,然后加入低温乙醇,使之达到 40% 的乙醇浓度,搅拌 2h,静置过夜后以 5000～6000r/min 离心 15min,收集沉淀。

（7）后处理　将上述沉淀倾入不锈钢桶中,加入 3 倍量蒸馏水搅拌溶解,调 pH 至 5.6～6.0。取样测定蛋白质浓度及白蛋白纯度,分装于白蛋白试剂瓶中,冷冻干燥出成品。

六、从男性尿液中制备白蛋白

可综合利用人尿液中的有效成分,从分离尿激酶的尿液中,提取人尿白蛋白。人尿白蛋白的结构及生物活性与人血白蛋白完全相同,可作为临床诊断用酶的保护剂、尿激酶标准品中的保护剂、测定蛋白质相对分子质量用的标准蛋白等,是一种廉价而易得的人血白蛋白的代用品。

人尿白蛋白是一种酸性蛋白质,尿激酶是一种碱性蛋白质,二者的等电点差异较大,从用 D-160 树脂分离尿激酶后的母液中可提取人尿白蛋白。

1. 工艺路线

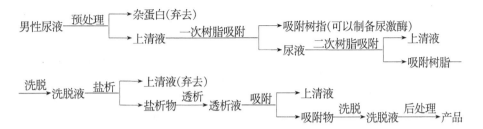

2. 操作步骤

（1）预处理　取新鲜男性尿放搪瓷桶中,用5mol/L氢氧化钠调pH至9,静置1h,虹吸上层清液,弃去灰色沉淀。

（2）一次树脂吸附　将上清液倾入不锈钢桶中,用5mol/L盐酸调pH达5.8~6,加入10g/L（1%）量的D-160树脂,搅拌吸附1.5h,停止搅拌后,树脂自然下沉,滤出树脂（可以制备尿激）,虹吸尿液备用。

（3）二次树脂吸附　将上清液倾入另一不锈钢桶中,用5mol/L盐酸调pH至4,加入20g/L（2%）的D-160树脂搅拌吸附1.5h,去掉残尿液,收集吸附有白蛋白的树脂。

（4）洗脱　将吸附的树脂放入不锈钢桶中,用无离子水洗涤2次。然后将树脂用2倍量的2%氨水（内含1mg/L氯化钠）搅拌洗脱1.5h,再用等量氨水搅拌洗脱1h,合并两次洗脱液。

（5）盐析　将洗脱液放入搪瓷缸中,在搅拌的条件下,逐渐加入固体硫酸铵,使其溶解,使硫酸铵浓度达43%。用5mol/L盐酸调pH至3,于0~2℃沉淀10h,用纸浆过滤收集沉淀,得人尿白蛋白粗品。

（6）透析　将粗品用磷酸盐-氢氧化铵液溶解（$K_2HPO_4 \cdot 3H_2O$ 1.7g、KH_2PO_4 1.78g $NH_3 \cdot H_2O$ 24mL、EDTA 1g,用蒸馏水配制成1L溶液）,pH应为9,若pH较低,可用氨水调整。流水透析18h后,离心（3000r/min,10min）,弃去不溶物,得透析液。

（7）吸附洗脱　将DEAE-纤维素柱用pH=8的氢氧化钠液平衡,调节透析液pH为8、电导为2.2m/Ω后进入层析柱进行吸附。用pH=8的氢氧化钠液洗涤。然后用0.05mol/L pH=5.8的乙酸-乙酸钠缓冲液进行第一次洗脱,得一蛋白峰,其洗脱液体积为850mL,含有的蛋白质均为杂蛋白,弃去。第二次用0.05mol/L pH=5.2的乙酸-乙酸钠缓冲液洗脱,收集洗脱液。

（8）后处理　将洗脱液冻干,得人尿白蛋白,收率为71.26%。经醋酸纤维素薄膜电泳,薄层扫描仪测定,其纯度为96.30%。

七、检验方法

蛋白浓度分为 10% 与 25% 两种。本品为淡黄色略带黏稠状的澄明液体或白色疏松物体(冻干品)。按药典白蛋白制造及检定规程的各项规定进行试检,均应符合规定。下列标准供参考:本品冻干制剂配成 10% 蛋白浓度时,其溶解时间不得超过 15min;冻干制剂水分含量不超过 1%;pH 在 6.6~7.0;白蛋白含量应不低于本品规格;白蛋白含量应占蛋白含量的 95% 以上;残余硫酸铵含量应不超过 0.01%(g/mL);无菌试验、安全试验、毒性试验、热原试验应符合规定。

八、工艺说明

1) 某些阴离子,尤其是一系列脂肪酸的阴离子,在白蛋白等电点的偏酸侧时,能提高白蛋白的耐热力。脂肪酸可与白蛋白结合生成复合物,成为保护剂。所以可利用加入的辛酸钠作为白蛋白的保护剂,通过加热处理的方法使其他蛋白质变性,提高白蛋白的纯度和收率。

2) 末次盐析沉淀后的透析,主要是除去降压物质,这种降压物质可能是一种小肽,在药理试验中可使豚鼠离体回肠收缩,通过透析可以除去。

3) 利用聚乙二醇除去血液型物质及降压物质,从人或血清等除去球蛋白、血红蛋白和碱性磷酸酯酶,制取含白蛋白 500~800g/L(50%~80%)的人白蛋白制剂。聚乙二醇平均相对分子质量为 2000~10 000,添加量为 130~200g/L,pH 为 6.6~8.0,或 150~300g/L,pH 为 8.0~9.6。

4) 将白蛋白水溶液的蛋白质质量浓度调整为 5~40g/L,盐质量浓度调整为 50g/L,于 2~30℃添加聚乙二醇,沉淀血液型物质及降压物质,过滤除去,可得输液用白蛋白。

第八节　胸腺肽的制备

胸腺肽是胸腺分泌的具有高活力混合多肽类激素,它主要是有相对分子质量为 9600 和 7000 左右的两类蛋白质组成,含 15 种氨基酸,其中必需氨基酸含量甚高,对热稳定,加热到 80℃ 生物活性不受影响。被水解成氨基酸后,生物活性消失。

胸腺肽是一种免疫调节剂,能诱导前 T 淋巴细胞转化为有细胞免疫功能的 T 淋巴细胞。还可使胸腺和脾脏等免疫器官增大、巨噬细胞吞噬功能增强、活性能力增加。用以防治电离辐射造成的损伤,并使免疫功能机体胸腺淋巴细胞 cAMP 和 cGMP 含量升高,而对正常机体无明显作用,是治疗原发性和继发性免疫缺陷病、急慢性病毒性肝炎、难治性肺结核、银屑病、支气管哮喘、类风湿性关节炎和系统性红斑狼疮以及辅助治疗白血病和恶性肿瘤等的有效生化药物,还用于抗衰老。近年来在国内外引起人们的极大关注,是一种很有发展前途的药物。

利用不同动物来源的胸腺,如人胚、牛、猪、羊、兔等,提取出高活力的胸腺肽。国内现主要以小牛胸腺和猪胸腺为原料,生产胸腺肽提取工艺也较多。本节也重点介绍这两种原料生产胸腺肽的方法。

常用的有酸性提取法、中性提取法、中性匀浆液冻融提取法、酸性匀浆液冻融提取法等。这些方法各有其特点。

一、试剂及器材

1. 原料

(1) 小牛胸腺　要采集健康小牛的胸腺,并立即在 -20℃ 条件下冷冻保存,保证原料不变质。

(2) 猪胸腺肽　位于猪胸腔前部,分为胸、颈两部分,其中颈部发达,几乎全部位于颈部气管两侧,向前可延伸到喉部,而胸部发育则较弱,仅在纵隔中有一小部分,左侧胸部腺体比右侧的大。幼猪腺体发达,大猪则逐步退化。初生猪胸腺为体重的 0.3%,5 岁半时为体重的 0.0099%,9 月龄时重 93g,基本退化时期为 2 岁半,国内屠宰猪一般为 10～12 月龄,此时胸腺相当发达。实际上每头猪的胸腺是 20～65g,有部分损失。

猪胸腺柔软呈灰黄色或淡红色,外部结缔组织被膜具有明显的小叶结构,与胰脏很相似。采集胸腺应确保新鲜,并立即在 -20℃ 条件下冷冻保存,方可保证产品质量。

2. 试剂

(1) 盐酸　这里作为水解剂,选用化学纯试剂(CP)。

(2) 碳酸钠　这里用于调节溶液的 pH,选用化学纯试剂(CP)。

(3) 氢氧化钠　这里用于配置碱性铜试剂,选用化学纯试剂(CP)。

(4) 酒石酸钾钠　这里用于配制试剂,选用化学纯试剂(CP)。

(5) Na_2MnO_4　这里用于配制试剂,选用化学纯试剂(CP)。

(6) 磷酸(H_2PO_4)　这里是用于制备酚试剂,选用化学纯试剂(CP)配制。

(7) 碳酸氢钠　这里用于配制溶剂,选用化学纯试剂(CP)。

(8) 溴水　用溴配制的溶液,这里是用于制备酚试剂,选用化学纯试剂(CP)配制。

(9) 氯化镁　这里用于配置试剂,选用化学纯试剂(CP)。

（10）氯化钠　这里作为溶剂，选用分析纯试剂（AR）。

（11）氯化钾　这里用于配制试剂，选用化学纯试剂（CP）。

（12）氯仿　这里作为防腐剂，选用化学纯试剂（CP）。

（13）葡萄糖。这里用于配制试剂，选用分析纯试剂（AR）。

（14）柠檬酸三钠　防止血液凝固，选用化学纯试剂（CP）。

（15）柠檬酸　这里主要作为抗凝血剂，防止血液凝固，选用化学纯试剂（CP）。

（16）甘油　这里用于配制试剂，选用化学纯试剂（CP）。

（17）甲醇　这里作为溶剂，选用化学纯试剂（CP）。

（18）戊二醛　这里用于配制试剂，选用化学纯试剂（CP）。

（19）$CaCl_2$　这里用于配制试剂，选用化学纯试剂（CP）。

（20）磷酸盐缓冲液　配制方法如下：

1）2.5μmol/L 磷酸氢二钾溶液的配制。一般市售的化学试剂其分子式为 $K_2HPO_4 \cdot 3H_2O$，称取 0.569g 溶解在 1000g 蒸馏水中，搅拌均匀。

2）2.5μmol/L 磷酸二氢钾溶液的配制。如市售的化学试剂分子式为 KH_2PO_4，则在 1000 克蒸馏水中加入 0.3g，搅拌均匀。如分子式为 $KH_2PO_4 \cdot 2H_2O$，则在 1000g 蒸馏水中加入 0.43g，搅拌均匀。

3）缓冲溶液的配制。按上述方法配好 2.5μmol/L K_2HPO_4 溶液和 2.5μmol/L KH_2PO_4 溶液后，将 K_2HPO_4 溶液缓慢地倒入 KH_2PO_4 溶液中，直至调整溶液的 pH 到 7.6 为止。此时配好的溶液即为 2.5μmol/L K_2HPO_4-KH_2PO_4 缓冲液，若将 $K_2HPO_4 \cdot KH_2PO_4$ 的量各加大 20 倍，配成的即为 50μmol/L K_2HPO_4-KH_2PO_4 缓冲液。

（21）磷酸氢二钠　这里用于配制磷酸盐缓冲溶液，选用化学纯试剂（CP）。

（22）磷酸二氢钠　这里用于配制磷酸盐缓冲液，选用化学纯试剂（CP）。

3．器材

绞肉机，组织捣碎机，超滤器，布氏漏斗，水浴锅，低温冰箱，搪瓷罐，灭菌锅，冷冻机，干燥装置，温度计（1～100℃），酸度计，移液管，量筒，烧杯，精密 pH 试纸，恒温水浴，定氮仪。

二、小牛胸腺肽生产工艺（酸性匀浆液冻融提取法）

1．工艺路线

小牛胸腺 —原料处理→ 胸腺碎块 —匀浆→ 匀浆 —提取→ 提取液 —冻融→ 冻融液 —热变性除杂质→

————┬→ 滤渣（弃去）

　　　└→ 滤液 —超滤→ 超滤液 —冷冻、干燥→ 产品

2. 操作步骤

（1）原料处理　采集的小牛胸腺应先在 -20℃ 条件下冷冻保存，用时取出，用无菌剪刀剪去脂肪、筋膜等非胸腺组织，再用冷无菌蒸馏水冲洗干净，置于无菌绞肉机中绞碎。

（2）匀浆、提取、冻融　将绞碎的小牛胸腺与等量的无菌蒸馏水混合，置于 10 000r/min 的高速组织捣碎机捣碎 1min，制成胸腺匀浆，调 pH 至 3.5，放在 -20℃ 冰箱中冷冻 48h 左右，取出融化再置同样条件下冷冻，反复冻融 3 次。

（3）热变性除杂质　把 -20℃ 经反复冻融的匀浆，加热到 80℃，恒温 5～10 min，迅速降温，在 -20℃ 条件下放置 3d。然后取出融化液调 pH 至中性，在 2℃ 条件下，以 5 000r/min 离心 30～40min，收集上清液，弃去沉淀，用布氏漏斗或微孔滤膜（0.22μm）减压抽滤，得澄清滤液。

（4）超滤　将上述滤液用超滤器超滤，膜相对分子质量为 1×10^4 以下，收集得滤液，得精制液，置于 -20℃ 冰箱保存。

（5）冷冻干燥　超滤所得精制液，经检验合格后，加入 3% 甘露醇作为赋形剂，用微孔滤膜除菌过滤、分装、冷冻干燥即为成品。

3. 工艺说明

1）采集的小牛胸腺应来自健康小牛，并立即在 -20℃ 条件下冷冻保存，以保证原料质量。

2）全部操作过程和所用器具应洁净、无菌、无热原、防止污染。

3）在整个工艺中，反复冻融操作是至关重要的步骤，一定要按步骤认真操作。因反复冻融可使细胞结构破坏，有利于活性成分的提高和脂肪等杂质的去除，并且还可提高成品的澄明度，增强产品的稳定性和活性。

4）无菌蒸馏水的制备，取蒸馏水适量，装入耐高压玻璃瓶，用 6 层纱布或医用硅胶塞封口，经高压灭菌 30min 即可使用。

三、猪胸腺肽生产工艺（酸牲匀浆冻融二次提取法）

1. 工艺路线

猪胸腺 —原料处理→ 胸腺碎块 —匀浆→ 匀浆 —提取→ 提取液 —冻融→ 冻融液 —热变性除杂质→

┌→ 滤渣（弃去）
└→ 滤液 —超滤，除菌→ 超滤液 —冷冻干燥→ 制剂

2．操作步骤

（1）原料处理　将新鲜或冷冻的猪胸腺用绞肉机绞碎，置于冰箱24h以上融化后再捣碎。

（2）匀浆　将所得猪胸腺移入组织捣碎机中，匀浆1~2min得猪胸腺匀浆。

（3）提取、冻融　将所得猪胸腺匀浆，置冻箱冻结24h以上，取出，融化后再粉碎，再置于冰箱冻结24h以上，共重复3次。

（4）热变性除杂质　将冻结的猪胸腺匀浆融化后，加入2倍量的无菌蒸馏水，混合后置于90℃水浴。恒温20min，迅速降至室温，抽滤，以5000r/min离心30min，收集上清液。沉渣可二次提取，即在沉渣中加入等量体积的无菌蒸馏水，混合后，操作步骤同第一次提取。

（5）超滤　上清液经超滤器超滤（膜相对分子质量为1×10^4）或者将上清液调pH至7.0。布氏漏斗滤板抽滤，滤液也可经透析膜透析。

（6）除菌、冷冻干燥　经检验合格，加入3%甘露醇，用微孔滤膜过滤除菌，分装，冷冻干燥即得产品。

四、含量及活性测定

（一）含量测定

目前胸腺肽制剂中蛋白含量测定方法国内没有统一标准，根据各省药品标准，常用测定方法有三种，即半微量凯氏定氮法、Folin法和紫外法。

1．Folin法原理

蛋白质（或多肽）分子中含有酪氨酸或色氨酸，能与Folin-酚试剂起氧化还原反应，生成蓝色化合物，蓝色的深浅与蛋白浓度成正比，可用比色法测定。

（1）试剂　试剂有碱性铜试剂和酚试剂。

碱性铜试剂

A液：碳酸钠20g、氢氧化钠4g、酒石酸钾（钠）0.2g，加水至1000mL。

B液：五水合硫酸铜5g，加水至1000mL。

用时取A液50mL，B液1mL混合使用。

酚试剂

二水合钨酸钠100g、二水合钼酸钠25g、水700mL，加50mL 85%磷酸、100mL浓盐酸，加热回流10h，再加150g硫酸锂，溶后，加水50mL和数滴溴水，煮沸15min冷却后加水至1000mL，即得。

（2）标准牛血清白蛋白溶液　精密称取结晶牛血清白蛋白 25mg,溶于 25mL 容量瓶中,临用时取出 10mL 进行 100 倍稀释,制成标准蛋白溶液(100μg/mL)。

（3）标准曲线图制作　取 10 支试管分成两组编号,按标准曲线制备表 4-2 依次加入各管中,再按照空白标准操作法操作。在 600nm 的波长处测定吸收度,取两组的平均值,以蛋白含量为横坐标,光吸收度为纵坐标,绘制标准曲线作为定量的依据。

表 4-2　标准曲线的制备

名　称 ＼ 管　号	0	1	2	3	4
标准溶液/mL	0	0.5	1	1.5	2
蒸馏水/mL	2	1.5	1	0.5	0
含量/mg	0	50	100	150	200
光吸收值 A					

（4）样品测定　取供试品,用蒸馏水溶解至按标示计量计算为 100μg/mL,精密量取供试液 1mL,加蒸馏水 1mL,再加入碱性铜试剂 5mL,混匀;放置 10min 迅速精密加酚试剂 0.5mL,立即混匀,45min 后在 660nm 的波长处测定吸收度。空白与标准均同样操作。根据标准液与样品液的吸收度与标准的浓度,计算含量,即得。

2. 半微量凯氏定氮法

（1）原理　样品与浓硫酸共热,含氮有机物即分解产生氨(消化),氨又与硫酸作用,变成硫酸铵,然后经强碱碱化使硫酸铵分解放出氨,借蒸气将氨蒸至酸液中,根据此酸液被中和的程度,即可计算得样品的含氨量。

（2）测定　包括总氮量和无机氮量的测定。

总氮量的测定:精密量取供试液 2mL,按中国药典附录氮测定法操作,并以空白校正得样品总氮量。

无机氮量的测定:取样方法和取样量与总氮量测定时相同,每份加 1g 氧化镁,80mL 水,依总氮量测定的操作步骤完成,得无机氮量。

（3）计算　按下面公式计算即得。

$$蛋白含量 = (总氮 - 无机氮) \times 6.25$$

（二）活力测定

胸腺肽的活力测定,目前国内多以对外周血淋巴细胞 E-玫瑰花结形成率来表示和控制。由于该法不是直接且可靠的测定方法,受许多因素影响,难以标准化,至今胸腺肽的活力测定仍无统一标准。各省市的质量标准大同小异。现介绍一种测试方法，供参考。

1. 原理

本方法是用绵羊红细胞(SRBC)免疫后的动物脾脏淋巴细胞在体外与绵羊红细胞一起孵育，使 B 淋巴细胞表面特异地结合绵羊红细胞，形成玫瑰花结。这种能与绵羊红细胞或其他细胞结合而形成玫瑰花结的细胞，称为玫瑰花形细胞(rosette forming cell,RFC)。根据玫瑰花的数量可测定药物对免疫反应前期阶段抗体形成细胞的作用。用药后出现的玫瑰花结越多，则说明体液免疫功能提高越多。因为 B 淋巴细胞是抗体形细胞，表面又具有 Ig 受体与 C_3b 补体受体，SRBC 免疫后的 B 淋巴细胞表面就带有抗 SRBC 的 Ig，所以它能结合绵羊红细胞而形成玫瑰花结。

2. 材料及试剂

(1) Hank's 液　包括储存液和应用液两种。

1) 储存液。有甲液和乙液两种。

甲液：

a) 氯化钠 80g、氯化钾 4g、七水合硫酸镁 1g、六水合氯化镁 1g，用双蒸馏水定容至 450mL。

b) 氯化钙 1.4g(或二水合四氯化钙 1.85g)，用双蒸水定容至 50mL。

将 a)、b) 液混合，加氯仿 1mL。

乙液：十二水合磷酸氢二钠 1.52g、磷酸二氢钾 0.6g、酚红 0.2g、葡萄糖 10g，用双蒸水定容至 500mL，然后再加氯仿 1mL。

2) 应用液。取储存液甲液 25mL、乙液 25rnL，加双蒸馏水至 450mL，0.05MPa 20min 灭菌，4℃保存。使用前用无菌的 3% 碳酸氢钠调至所需的 pH。

(2) 阿氏液(Alscver's)　用于保存绵羊红细胞。成分为：葡萄糖 2.05g、柠檬酸三钠 0.89g(或无水品 0.8g)、柠檬酸 0.055g、氯化钠 0.42g，加双蒸馏水至 100mL。经 0.05MPa 灭菌 10min 后，置 4℃冰箱保存备用(全部用 AR 试剂，按配方顺序溶解)。

(3) 姬姆萨(Giemsa)染液　包括储存液和 1:20 姬姆萨应用液。

1) 储存液。称取姬姆萨染粉 0.5g，甘油(CP)33mL，甲醇(CP)33mL。先将姬姆萨染粉研细，再将甘油逐滴加入，继续研磨，然后将甲醇加入，在 56℃ 放置 1~25min 后即可使用。

2) 1:20 姬姆萨应用液(临用时配)。取 1mL 储存液加 19mL pH 为 7.4 的磷酸缓冲液，即得。

(4) 固定液　25% 戊二醛 0.1mL，加磷酸盐缓冲液(pH 为 7.2)3mL，混匀，即得。临用前配制。

(5) 绵羊红细胞(SRBC)悬液 从健康绵羊的颈静脉采血,加等量阿氏液混合后,离心 3～5min,1500r/min 弃上清液,再用生理盐水洗沉 3 次,每次 3～5min (1500r/min),最后用 Hank's 液将 SRBC 稀释成约含细胞 $1×10^8$ 个/mL。

(6) 人脐带血(或人静脉血)淋巴细胞悬液 取健康人血或脐带血(肝素抗凝) 1mL 于 3mL 3% 明胶溶液中,轻轻混匀,于 37℃ 水浴中保温 45min,取上清液离心 5min(1500r/min),用 Hank's 液离心洗涤 3 次,每次 5min(1500r/min),最后再用 Hank's 液将淋巴细胞稀释成约含 $1×10^8$ 个/mL。

3. 样品测定(玫瑰花结形成率)

(1) 供试样品制备 将待测样品用 Hank's 液稀释成含蛋白量 $800μg/mL$,即得。

(2) 操作 取小试管 4 支,各加淋巴细胞悬液 0.2mL,其中 2 支各加胸腺肽 Hank's 液 25mL,另 2 支各加 Hank's 液 0.25mL 进行对照;摇匀,置 37℃ 水浴中 10min,取出各加绵羊红细胞悬液一滴,摇匀离心(1500r/min)3～4min,置冰箱过夜;次日吸去上清液,留沉淀残液一滴,轻轻悬起细胞,摇匀,加固定液一滴,固定 10min;加姬姆萨染色液一滴,摇匀,染色 15min;滴入载玻片上,于高倍镜下查数,200 个淋巴细胞中粘有 3 个以上(含 3 个)绵羊红细胞的淋巴细胞数,求得玫瑰花结百分率。

4. 注意事项

绵羊红细胞应新鲜。如经常取血不方便,应将脱纤维或抗凝的绵羊血用 Hank's 液洗 3 次,然后加入 Hank's 液于 4℃ 冰箱无菌储存,但不能超过 1 周,时间长红细胞发生变形,影响试验。在配制绵羊红细胞 $1×10^8$ 个/mL 应用液时,应再用 Hank's 液洗 1 次再行配制,以去掉溶血产生的红细胞碎片。

空白管与试验管的操作应同时,在活性测定的每一步都要掌握这一原则,特别是在旋起细胞压积物时,要注意,将试验管和对照管同时握在手中进行轻轻旋摇,否则将由于旋摇程度的不同造成花结形成率的差异,使试验管与对照管不具可比性。

滴到载玻片上后,应立即加盖玻片,如不及时盖上盖玻片,细胞会很快沉在载玻片上,造成加盖盖玻片后细胞分布不均匀,引起计数误差。

计数的视野应有代表性。因淋巴细胞、绵羊红细胞和花结的分布在盖玻片上不同部位的密度和比例仍有不同,以单个淋巴细胞居加样部位较多。因此,为计数有代表性,在计数时寻找视野应走"Z"字形或"X"字形。

思 考 题

1. 解释肽、多肽、蛋白胨、IgG、细胞生长因子、白蛋白、近激素和远程激素的含义。

2. 现在区分多肽与蛋白质的依据是什么？最小的蛋白质是哪一个？

3. 解释"动物饱食屠宰后,胰脏中胰岛素的含量增加,这样对提取胰岛素有利"这名话的含义。

4. "胰岛素是有51个氨基酸组成的多肽分子,在临床上它可以被制成片剂或胶囊,供糖尿病患者服用"你认为以上提法对吗？并说明你的理由。

5. 对于大多数蛋白质来讲,它们的等电点通常是多少？

6. 总结各种蛋白质浓度测定方法的应用范围及其优缺点。

7. 说出胸腺体在猪体内的分布情况以及最佳采集时间。

第五章 核酸的提取分离

第一节 概 述

核酸是生物体的基本组成物质,从高等的动、植物到简单的病毒都含有核酸。它在生物的个体发育、生长、繁殖、遗传和变异等生命过程中起着极为重要的作用。恩格斯关于生命定义中所指的"蛋白体",从现代生物学观点看来,就是蛋白质和核酸的复合体。

核酸最早是在 1868 年由瑞士青年生化学家米歇尔(Miescher)发现的,在他用胃蛋白酶分解细胞蛋白质的时候,发现酶不能分解细胞核。经过化学分析,细胞核主要是由含磷的物质构成的,它的性质又不同于蛋白质,起名叫核素,20 年以后,人们发现这种物质是强酸,改称为核酸。德国生化学家科赛尔(Kossel)第一个系统地研究了核酸的分子结构,从核酸的水解物中,分离出一些含氮的化合物,命名为腺嘌呤、鸟嘌呤、胞嘧啶、胸腺嘧啶,科赛尔因此获得了 1910 年的诺贝尔医学与生理学奖。他的学生、美国生化学家莱文(Levine)进一步证明了核酸里含有五个碳原子组成的糖分子,又继续证明了 2 种五碳糖的性质不同,酵母核酸含有核糖,胸腺核酸里的糖很类似核糖,只是分子中少了 1 个氧原子,称为脱氧核糖,含磷化合物是磷酸。经过约半个世纪,生化学家托德(Todd)把这 3 个"元件"比较简单的碎片,相互连接组合起来,称核苷酸,再小心地把各种核苷酸连接起来,从而获得了 1957 年的诺贝尔化学奖。英国物理学家克里克(Crick)和美国生化学家华特生(Watson)则划时代地提出核酸分子模型,揭开了研究核酸的崭新序幕。此外,21 世纪人类基因组的创建,也将预示着核酸研究与应用的新的里程碑的到来。

核酸是生命的最基本物质,存在于一切生物细胞里。脱氧核糖核酸(DNA)主要存在于细胞核的染色体中,核糖核酸(RNA)主要在细胞的微粒体中。细胞核和细胞质中,都含有构成核酸而自由存在的单核酸和二核苷酸。各种生物含有核酸的多少不同,如谷氨酸菌体含 7% ~ 10%,面包酵母含 4%,啤酒酵母含 6%,大肠杆菌含 9% ~ 10%。

我国已能合成核糖八核苷酸和脱氧核糖十三核苷酸,在此基础上又开展了核糖十六核苷酸的合成研究工作。日本合成了核糖十二核苷酸,这方面的工作,我国是领先的。核酸的合成比胰岛素的合成要复杂得多,分两步进行:第一步把核苷酸不用的功能团保护起来,将 2 个带保护基的核苷酸用一种缩合剂脱掉 1 个分子水,再把一个个保护基脱掉,即按照设计顺序进行脱水缩合反应,再去掉保护基,分离提纯,得到核酸的短片;第二步用酶催化把 4 种不同的短片连接成长链,经过八核苷酸、十二核苷酸等阶段,达到十六核苷酸。

世界各国对核酸的研究和应用是非常活跃的,新的发现一个接一个地涌现出来,应用于临床的核酸及其衍生物类生化产品愈来愈多,并初步形成了核酸生产工业。1979 年,我国召开了核酸科研生产会议,有力地推动了核酸的应用与生产的发展。我国每年生产核酸约 10t,仅是日本的百分之一,随着对核酸秘密的揭示,对生命现象认识的不断深入,利用核酸战胜危害人类健康的各种疾病,将会有新的飞跃。我国人工合成丙氨酸转移核糖核酸获得成功,共含 76 个核苷酸,与天然的酵母丙氨酸转移核糖核酸具有相同的化学结构,有接受丙氨酸和将所携带的丙氨酸掺入到蛋白质中去的生物活力,此研究成果居于世界领先地位,有着十分重要的科学价值。对生化产品制备来说,可以利用合成核糖核酸的方法来研究、设计、制备治疗多种严重疾病的新生化产品。

第二节　核酸的理化性质

一、核酸的一般性质

DNA 和 RNA 都是大分子化合物,其相对分子质量很大,特别是 DNA,天然 DNA 分子的长度可达数厘米,最小的天然 DNA 分子也包含了几千个碱基对,其相对分子质量在 10^6 以上。RNA 分子比 DNA 短得多,其相对分子质量也较小,约为几万到几百万。

DNA 为白色纤维状固体,RNA 为白色粉末,都微溶于水,它们在稀碱溶液中生成盐,核酸的钠盐比核酸更易溶于水。不溶于一般有机溶剂,但能溶解于乙醇的水溶液,当乙醇质量分数达到 50% 时,DNA 便沉淀析出,增高至 75% 时,RNA 也沉淀出来。常利用二者在有机溶剂中的溶解度的差别,从样品中将 DNA 与 RNA 分离。

大分子化合物溶液一般具有较大的黏度,天然 DNA 是既有一定的刚性,也有一定柔性的无规则线形分子。这种结构上的特点,使 DNA 即使在极稀的溶液里也有极大的黏度,当 DNA 溶液受热或在其他因素作用下发生变性时,其黏度降低。溶液的 pH 对 DNA 的黏度有显著影响,经测定发现当 pH 介于 5.6~10.9 时,溶液的相对黏度几乎不变,如果超出这个范围,不论稀酸或稀碱,相对黏度都会突然降低。

核酸可被酸、碱或酶水解成为各种组分,用层析、电泳等方法分离,其水解程度因水解条件而异。RNA 能在室温条件下被稀碱水解成核苷酸,而 DNA 对碱稳定,常利用此性质测定 RNA 的碱基组成或除去溶液中的 RNA 杂质。

二、核酸的紫外吸收性质

核酸中的嘌呤和嘧啶环都具有共轭双键，因此具有独特的紫外吸收光谱，核酸紫外吸收光谱的最大吸收峰接近 260nm（图 5-1），常用来进行核酸的定量测定，而在 230nm 波长处有一个吸收最低值。

待测样品是否纯品可用紫外分光光度计读出 260 nm 与 280 nm 的 A 值，从 A_{280nm}/A_{260nm} 的值即可判断样品的纯度。纯 DNA 的 $A_{280nm}/A_{260nm} \geqslant 1.80$，纯 RNA 的 $A_{280nm}/A_{260nm} \geqslant 2.00$。样品中如含有蛋白质和苯酚，$A_{280nm}/A_{260nm}$ 的值即明显降低。不纯的样品不能用紫外吸收值进行定量测定。对于纯的样品，只要读出 260nm 的 A 即可算出样品中 DNA 的含量。通常 A 值 1.00 相当于 50 $\mu g/mL$ 双螺旋 DNA 或 $40\mu g/mL$ 单螺旋 DNA（或 RNA）或 $20\mu g/mL$ 寡核苷酸。这种方法既快速，又相当准确，而且不会浪费样品。

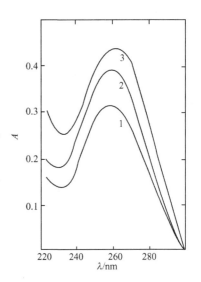

图 5-1　DNA 的紫外吸收光谱
1. 天然 DNA；2. 变性 DNA；
3. 核苷酸总吸收值

核酸的消光系数（即吸收系数）通常用 $\varepsilon(P)$ 或 E_P 来表示，RNA 的 $\varepsilon(P) = 7000 \sim 10\ 000$，DNA 的 $\varepsilon(P) = 6000 \sim 8000$。当核酸变性降解时，其紫外吸收强度显著增高，称为增色效应（hyperchromic effect）。核酸在 260 nm 处光 A 值常比其各核苷酸成分的光 A 值之和少 $30\% \sim 40\%$，这是由于在有规律的双螺旋结构中，碱基紧密地堆积在一起造成的。

三、核酸的变性和复性

1. 变性

高温、酸、碱以及某些变性剂能破坏核酸中的氢键，使有规律的双螺旋结构变成单链的、无规律的"线团"，此作用称为核酸的变性（denatureation）。核酸变性并没有破坏分子中的共价键，相对分子质量也不改变。引起核酸变性的因素很多，由温度升高而引起的变性称热变性。由酸碱度改变引起的变性称酸碱变性。常用的变性剂有尿素、盐、盐酸胍、水杨酸等。

将 DNA 的稀盐溶液在 $80 \sim 100℃$ 下加热数分钟，双螺旋结构即发生解体，两条链分开,形成无规则线团。核酸变性后,紫外吸收值升高,黏度降低,生物活性部分或全部丧失。DNA 的变性特点是爆发式的,变性作用发生在一个很窄的温度范围内,通常熔解温度的中点叫"熔点"或解链温度(melting temperation),用 T_m 表示。DNA 的 T_m 值一般在 70~85℃ 之间(图 5-2),G-C 含量越高;T_m 值越高;反之,则越低。这是因为 G-C 对中有 3 个氢键较 A-T 对中只有 2 个氢键更为稳定的缘故。DNA 均一性愈高的样品,熔解愈是发生在一个很小的温度范围内。DNA 在离子强度较低的介质中,熔解温度较低,熔解温度的范围也较窄,而在较高的离子强度的介质中,情况相反。

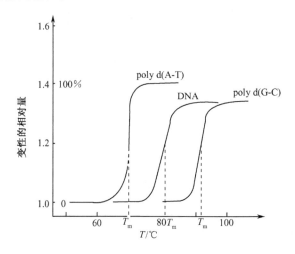

图 5-2 某些 DNA 的 T_m 值

RNA 分子中只有部分双螺旋结构,所以 RNA 也可发生变性,但 T_m 值较低,变性曲线也不那么陡。

2. 复性

DNA 热变性后缓慢冷却,则分开的链又可恢复成为双螺旋结构,这一过程称为复性(renaturation)。DNA 复性后,一系列理化性质也随之恢复,出现减色效应(hypochromic effect),黏度增大,浮力密度下降,生物活性也可以得到部分恢复。

四、核酸的颜色反应及其在测定上的应用

DNA 和 RNA 经酸水解后,嘌呤易脱下形成无嘌呤的醛基化合物,或水解得到核糖和脱氧核糖,这些物质与某些酚类、苯胺类化合物结合成有色物质,可用来进行定性分析或根据颜色的深浅进行定量测定。

1. 孚尔根染色法

孚尔根染色法是一种对 DNA 的专一染色法,基本原理是 DNA 的部分水解产物能使已被亚硫酸钠褪色的无色品红碱(Schiff 试剂)重新恢复颜色。用显微分光光度法可定量测定颜色强度,反应式为

$$\text{品红碱-亚硫酸试剂} \longleftrightarrow \text{品红碱 + 亚硫酸钠}$$

$$\text{无色(浅黄)} \qquad\qquad \text{紫红色}$$

2. 核酸中糖的测定

核酸中糖的颜色反应是利用苔黑酚(3,5-二羟甲苯)法,将含有核糖的 RNA 与浓盐酸及 3,5-二羟甲苯一起于沸水浴中加热 20～40min,产生绿色化合物。这是由于 RNA 脱嘌呤后的核糖与酸作用生成糠醛,再与 3,5-二羟甲苯作用而显蓝绿色,反应式为

根据 RNA 样品产生的绿色深浅,在 670nm 比色得到的光密度值,从标准曲线中查得的相当于此核糖量的 RNA 含量,即可计算出样品中 RNA 含量。

此法线性关系好,但灵敏度较低,可鉴别到 $5\mu g/mL$ 的 RNA,当样品中有少量 DNA 时不受干扰,但蛋白质和黏多糖等物对测定有干扰作用,故在比色测定之前,应尽可能去掉这些杂质。

3. 脱氧核糖的测定

脱氧核糖用二苯胺法测定。DNA 在酸性条件下与二苯胺一起水浴加热 5min,产生蓝色,这是脱氧核糖遇酸生成 ω-羟基-γ-酮基戊醛,再与二苯胺作用而显现的蓝色反应,反应式为

根据样品产生蓝色的深浅,在 595nm 比色测得光密度,再从标准曲线上查得相当于 DNA 的含量。

此法灵敏度更低,可鉴别的最低量为 $50\mu g/mL$ DNA,测定时易受多种糖类及其衍生物、蛋白质等的干扰。

由于上述三种方法测得的糖量只是与嘌呤连接的糖,故不能用测得的糖量直接换算出核酸的量。又因为不同来源的 RNA 所含嘌呤、嘧啶的比例不同,因此作

标准曲线时,应当选用与被测样品相同来源的或嘌呤、嘧啶比例相近的并经纯化的核酸作标准曲线,通过标准曲线,查出被测样品的核酸含量。

定糖法虽准确性差、灵敏度低、干扰物多,但方法快速简便,不要特殊的仪器就能鉴别 DNA 与 RNA,所以也是定性鉴别和定量测定核酸、核苷酸的常用方法。

五、核酸含磷量的测定

DNA 和 RNA 都含有一定量的磷酸,根据元素分析知道,纯的 RNA 及其核苷酸一般含磷量为 9%;DNA 及其核苷酸含磷虽为 9.2%,即每 100g 核酸中含有 9~9.2g 磷,也就是核酸量为磷量的 11 倍左右,故核酸测定时,每测得 1g 磷相当于有 11g 的核酸。此方法准确性强,灵敏度高,最低可测到 $5\mu g/mL$ 的核酸,可作为紫外法和定糖法的基准方法。

由于核酸和核苷酸中的磷是有机磷,常用的测定磷的方法是测定无机磷的方法。因此测定时先要用浓硫酸将核酸、核苷酸消化,使有机磷氧化成无机磷,然后与钼酸铵定磷试剂作用,使其产生蓝色的钼蓝,在一定范围内,其颜色深浅与磷酸含量成正比关系,根据样品产生的蓝色深浅,在 660nm 比色测得光密度,从磷的标准曲线可得到样品中磷的含量,从而求出核酸的含量。

核酸样品中有时含有无机磷杂质,因此用定磷法来测定核酸含量时,一般样品材料也要进行预处理,或者样品分别测定总磷量(样品经消化后测得的总磷量)和无机磷(样品不经消化直接测得的磷量)的含量,将总磷量减去无机磷量即为核酸的含磷量。

由于 DNA 和 RNA 中都含有磷,当样品中 RNA 和 DNA 含量都较高时,用定磷法来测定 DNA 或 RNA 时,必须先把二者分开。

六、核酸分析测定时样品的预处理

用上述定磷、定糖或紫外吸收的方法测定某一生物材料中核酸或其水解物含量时,一般要先经预处理。因为在一些生物材料(如动物组织、微生物)中除含核酸外,还有许多如磷蛋白、糖类、磷酸、核苷酸类辅酶和游离核苷酸等杂质,如果不去掉,所测得结果就不正确。因此,要正确地定量测定某一材料中的核酸含量时,必须进行预处理,去掉杂质,避免干扰,如酒精酵母培养液干重的 98% 以上是杂质,经处理后,就能将其中含量仅 1% 的核酸准确测出来。

一般要先经过两步预处理:①将生物组织细胞在低温下磨碎成匀浆,然后用冰冷的稀三氯乙酸或 1% 的高氯酸在低温下抽提几次,离心去上清液,这样可去掉酸溶性小分子的物质,如含磷化合物、糖、氨基酸、核苷酸、辅酶等,留下沉淀为蛋白质、核酸、脂类、多糖等;②再用有机溶剂如乙醇、乙醚、氯仿等抽提去掉脂溶性的磷脂等物质,残余物为不溶于酸的非脂化合物,主要成分是 DNA、RNA、蛋白质、磷蛋白和少量磷化合物等,然后可用下面两种方法进一步去测定 DNA 和 RNA。

1. 酸处理法

酸处理法又称 Schneider 法。经预处理后的核酸样品用 5% 三氯乙酸或 6% 高氯酸在 90℃ 下抽提 15min,DNA 和 RNA 都成为酸溶性物而抽提出来。此抽提液就能用定糖法去分别测定 DNA 和 RNA 的含量。此法的优点是简便快速,但没有把 DNA 和 RNA 分开,干扰因素很多,不十分准确。

2. 碱处理法

碱处理法又称 Schmidt 和 Thannhauser 法,经预处理后的核酸样品,用温热 (37℃)的稀碱液(1~0.3mol/L 的氢氧化钾或氢氧化钠溶液)保温 18h,使 RNA 降解为酸溶性的单核苷酸,而 DNA 则不发生降解,然后用酸中和,再用三氯乙酸或高氯酸进行酸化,这样来自 RNA 的核苷酸则存在于上清液中,而 DNA 却随着大量蛋白质一起沉淀下来,离心分离后就可分别用定磷法来测定 RNA 及 DNA 含量。如上清液中存有无机磷和其他磷化合物,则可将无机磷酸盐加以沉淀后测定,或者测定酸溶性上清液的总磷量和无机磷量,以总磷量减去无机磷量即为 RNA 的磷量。此法优点是能把 RNA 和 DNA 分开,可分别用定磷、定糖以及紫外法来测定它们的含量。

第三节　核酸的作用与用途

核酸是由数十个到数十万个核苷酸连接而成的高分子化合物。它是生物遗传的物质基础,与生物的生长、发育、繁殖、遗传和变异有密切关系,又是蛋白质合成不可缺少的物质。核酸的改变可引起一系列性状和功能的变化,如恶性肿瘤、放射病、遗传性疾病等都与核酸生物功能改变有关。从 20 世纪 50 年代开始,大量的研究表明,核酸及其降解物、衍生物具有良好的治疗作用,如它们具有以下用途(仅以下述几点说明它的作用)。

1. 嘌呤和嘧啶类生化产品

核酸组成中的碱基嘌呤化合物和嘧啶化合物都有较好的抗肿瘤作用,阻断蛋白质、核酸的生物合成,抑制癌细胞的增殖。由于干扰或作用于核酸的代谢过程,故被称为核酸抗代谢药物。如 5-氟尿嘧啶为尿嘧啶抗代谢物,在体内转变成 5-氟-2′-脱氧尿嘧啶核苷酸,抑制胸腺嘧啶脱氧核苷酸合成酶,阻断脱氧尿嘧啶核苷酸转变成胸腺嘧啶脱氧核苷酸,从而影响 DNA 的生物合成,抑制肿瘤细胞的生长增殖等。

2. 核苷类生化产品

辅酶 A 是体内乙酰化反应的辅酶,是调节糖、脂肪及蛋白质代谢的重要因子,特别是对促进乙酰胆碱的合成,降低血中的胆固醇,增加肝糖原的积存有着重要作用。用于治疗动脉硬化、脂肪肝、各种肝炎等,与腺三磷、烟酰胺腺嘌呤二核苷酸、烟酰胺腺嘌呤二核苷酸磷酸、细胞色素 c 合用,临床效果更好。胞二磷胆碱是卵磷脂生物合成前体,当脑功能下降时,脑组织内卵磷脂含量显著减少,给予胞二磷胆碱能促进卵磷脂的生物合成,兴奋脑干网状结构,提高觉醒反应,降低"肌放电"阈值,恢复神经组织机能,增加脑血流量和脑耗氧量,改善脑代谢和脑循环,提高患者的意识水平,用于脑外伤、脑手术伴随的意识障碍、抑郁症等精神疾病。腺三磷、鸟三磷、胞三磷都参与机体的能量代谢,是"能源库"。腺三磷应用最广泛,对于生物体的组织生长、修补、再生、能源供给等起着密切作用,可改善各种器官的功能状态,提高细胞的活动能力,增强机体抗病能力,临床主要用于心脏疾病、肌肉萎缩性疾病、脑出血后遗症等。

3. 核苷酸类生化产品

从猪、牛所提取的 RNA 制品对治疗慢性肝炎、肝硬化和改善肝癌症状有一定疗效。免疫核糖核酸(iRNA)是一种高度特异性的免疫触发剂,存在于免疫动物的淋巴细胞和巨噬细胞中,如把人肿瘤细胞免疫于动物,再从动物的淋巴细胞中提取 iRNA,可用于肿瘤的免疫治疗。从小牛胸腺或鱼精中提取的 DNA 制剂用于治疗精神迟缓、虚弱和抗辐射。

多核苷酸类药物的治疗效果正引起人们的重视。实验证实,肿瘤细胞摄取完整的正常细胞大分子 RNA 后,可使肿瘤细胞的功能形态向正常细胞分化转化。提高机体对病毒和肿瘤的免疫能力,临床治疗肿瘤、病毒感染等疾病均取得较好疗效。

转移因子是致敏 T 细胞中提取的一种不耐热、可透性物质,含有双螺旋 RNA 或多核苷酸、多肽复合物,相对分子质量小于 10 000,也称免疫反应可溶性因子。对多种抗原的细胞免疫,是从一个机体传递给另一机体,为一种继承性免疫。它只传递细胞免疫,无体液免疫作用,不致促进肿瘤的生长,治疗恶性肿瘤比较安全。

聚肌胞苷酸为双链多聚肌苷酸、多聚胞苷酸的简称,是一种迄今最有效的、人工合成的高效干扰素诱导剂、广谱抗病毒生化药物。它可调整机体的免疫能力,具有抗病毒、抗肿瘤、增强淋巴细胞免疫功能、抑制核酸代谢等作用。注入人体后诱导产生干扰素,使正常细胞产生抗病毒蛋白(AVF),干扰病毒繁殖,保护未受感染细胞免受感染。临床试用于肿瘤、血液病、病毒性肝炎等多种病毒感染性疾病。

第四节　动物脏器核酸的提取分离方法

核酸及其衍生物类药物,属天然大分子,结构复杂,多采用生物材料为原料的提取法制造,而其衍生物,属小分子,结构简单,多采用化学合成法制造。以下介绍RNA、DNA和核苷酸的通常制备方法。

一、RNA 的提取分离

一般是先把动物组织捣碎,制成组织匀浆,用 0.14mol/L 氯化钠溶液提取,把细胞质中的核糖核蛋白提取出来,留下含有 DNA 的细胞核物质,调节 pH 至 4.5,沉淀核糖核蛋白,再将 RNA 与蛋白质分开。

1. 乙醇沉淀法

将核糖核蛋白溶于碳酸氢钠溶液中,用含少量乙醇的氯仿长时间连续地振荡多次,除去蛋白质,RNA 留在水溶液中,加入乙醇使 RNA 以钠盐的形式沉淀下来,或用乙醇变性核糖核蛋白,以 100g/L 氯化钠溶液提取 RNA,再用 2 倍量的乙醇沉淀 RNA。

2. 盐酸胍和去污剂分离法

在 2mol/L 盐酸胍溶液中 38℃ 时,大部分蛋白质溶解,再冷至 0℃ 左右,RNA便从溶液中沉淀出来,将 RNA 与蛋白质分离。但是,蛋白质常除不净,要用氯仿法进一步提纯。用去污剂如十二烷基硫酸钠,除蛋白质是一种最好的方法。

3. 酚法

利用含水的酚溶液沉淀蛋白质和 DNA,经离心得到含有 RNA 和多糖的水相,再将水相加入乙醇,沉淀出 RNA 和多糖,沉淀溶于磷酸缓冲液中,然后用 2-甲氧基乙醇提取 RNA,透析,再用乙醇沉淀 RNA。这是制取未降解 RNA 的最常用而且效果最好的方法。后来改进的酚法,加入皂土吸附蛋白质、核酸酶等杂质,即皂土酚法,此法所制备的 RNA 活力比酚法高,稳定性也增加了。

在生产上,主要采用啤酒酵母、面包酵母、酒精酵母、白地霉和青霉菌等为原料制备 RNA。由于酵母和白地霉含丰富的 RNA,含 DNA 则很少,不需特意去分离,RNA 又容易提取,故是制备 RNA 的好材料。从酵母和白地霉中制备 RNA 的方法有稀碱法、浓盐法、自溶法和氨法,即先使 RNA 从细胞中释放出来,再进行提取、沉淀和纯化。例如,以酵母为原料,先用 10g/L 氢氧化钠在 25℃ 左右处理坚韧的胞壁,使之变性,RNA 从胞内释放出来,然后用 6mol/L 盐酸中和到 pH = 7,

RNA溶于水中,再加热到90~100℃,破坏分解核酸的酶,迅速冷却到10℃以下,除去蛋白质和菌体残渣沉淀,RNA留在清液中。利用核酸在等电点时的溶解度最小的性质,调节pH至2~2.5,低温放置,使RNA从溶液中沉淀下来,离心收集即得RNA。提取时间短,成本低,收率4%~5%(以干酵母质量计算)。

采用浓盐液的方法是由于高浓度的盐溶液既能改变酵母胞壁的通透性,又能有效地解离核蛋白成为核酸和蛋白质,使RNA释放出来,因此在含100g/L(10%)干酵母的水溶液中,加入氯化钠,使其质量浓度达到80~120g/L(8%~12%),加热90℃提取3~4h,离心去菌渣,上清液冷却到6℃以下,调节pH至2~2.5,静止3~4h充分沉淀RNA,再用乙醇洗涤,去掉脂溶性杂质和色素,即得白色RNA,收率3%以上。此法所得为变性RNA及部分降解的RNA。

所用碱或盐的浓度,随菌的种类和综合利用的要求而不同。提取时,应避免在30~70℃停留较长时间,防止磷酸单酯酶和磷酸二酯酶降解大分子RNA,变成小分子片段而无法沉淀,影响收率;加热到90℃保持3~4h,除了可使核蛋白中蛋白质解离外,同时也能把酶破坏,有助于大分子RNA的提取。

二、DNA 的提取分离

DNA在生物体内与蛋白质结合成核蛋白,因此提取出脱氧核糖核蛋白(DNP)后,必须将其中蛋白质除去。虽然小牛胸腺、鱼类精子和植物种子的胚等含有丰富的DNA,是提取DNA的良好材料,但这些材料量少,有些材料难于得到。猪脾、肝、肾等脏器量大,易得到,脾脏DNA含量较高,得率为组织质量的0.6%,比肝脏、肾脏高3~4倍。动、植物组织的脱氧核糖核蛋白可溶于水或高浓度的氯化钠溶液,常用1mol/L氯化钠溶液溶解DNA核蛋白,但在0.14mol/L氯化钠溶液中溶解度很低,而核糖核蛋白则溶于0.14mol/L氯化钠溶液中,利用这些性质可将脱氧核糖核蛋白与核糖核蛋白和其他杂蛋白分开。分离得到核蛋白后,再进一步将蛋白质除去。

通常在组织捣碎后用0.14mol/L氯化钠液,反复洗涤除去RNA,再进行DNA·蛋白质的提取。也可采用0.1mol/L氯化钠和0.05mol/L枸橼酸钠混合液代替0.14mol/L氯化钠液,这样的盐液浓度不变,而枸橼酸根离子可以抑制DNase对DNA的降解破坏作用。DNA·蛋白质在0.14mol/L的氯化钠溶液中溶解度最低,RNA·蛋白质溶解度较大,可从沉淀物中洗去RNA·蛋白质等杂质,DNA·蛋白质仍留在沉淀物中。将沉淀物溶于生理盐水,加入去污剂十二烷基硫酸钠溶液,其溶液由稀变黏稠,DNA与蛋白质解离开来,蛋白质变性,冷藏过夜。再加入氯化钠使溶液浓度达到1mol/L,溶液黏稠度下降,这时DNA溶解,蛋白质等杂质沉淀,离心除去,得乳白状清液,过滤后加入等体积95%冷乙醇,有白色纤维状DNA析出,即DNA粗制品。再用去污剂精制,进一步去掉蛋白质等杂质,以95%乙醇沉淀

DNA,如此反复数次,可得较纯的 DNA。

经常采用的去蛋白方法有三种:

1) 用含有辛醇或异戊醇的氯仿振荡核蛋白溶液,使之乳化,然后离心除去变性蛋白质,此时蛋白凝胶停留在水相及氯仿相中间,而 DNA 溶于上层水相。用 2 倍体积 95% 冷乙醇可将 DNA 钠盐沉淀出来。

2) 用十二烷基硫酸钠等去污剂使蛋白质变性,可以直接从生物材料中提取 DNA。

3) 用苯酚法处理,然后离心分层,DNA 溶于上层水相中,或留在中间残留物中,变性蛋白则留在酚层内。用十二烷基硫酸钠和苯酚作为蛋白质变性剂来分离核酸,它们同时可以破坏 RNA 酶和 DNA 酶。

提取、纯化核酸要注意保持核酸的完整性,如果所得到的核酸已经降解,则结构与功能的研究就难以得到正确的结果。由于核酸相当不稳定,在剧烈的化学、物理因素和酶的作用下很容易降解,因此在制备核酸时,应防止过酸过碱和酶的降解作用。在提取过程中为了防止酶的降解,全部过程最好在 0~4℃ 下操作。必要时加入酶抑制剂,抑制酶的降解作用。柠檬酸盐、氟化物、砷酸盐、乙二胺四乙酸盐等可抑制 RNA 酶的活性,皂土可抑制 DNA 酶的活性。十二烷基硫酸钠和苯酚作为蛋白质变性剂时,可以破坏 RNA 酶和 DNA 酶。提取分离纯化核酸时必须尽量注意和克服上述困难,以便得到完整的核酸。

第五节　转移因子的制备

转移因子(transfer factor,TF)是一种致敏 T 淋巴细胞中提取的、与迟发型超敏反应有关的一种不耐热、可透析的小分子因子。这种因子可将供体的细胞免疫性转移给受体正常的淋巴细胞,使其具有供体的细胞免疫性,为一种安全可靠的生化药物。

转移因子在临床上已用于治疗某些免疫疾病,如乙型肝炎、气管炎、带状疱疹、流脑、恶性肿瘤的辅助治疗等。转移因子是从猪脾脏中提取的一类转移因子,由于其原料来源广泛,特别适合于生产。

早在 1942 年,Landstciner 和 Chase 把结核菌素反应呈阳性的豚鼠血液,注射到结核菌素反应呈阴性的豚鼠中,使该豚鼠迅速出现阳性反应,表明结核菌素反应可从豚鼠血液中传递。1949 年,Lawrence 将结核菌素反应阳性的人体白细胞,注射到阴性反应的人体中,同样出现了阳性反应,表明结核菌素反应也可以通过人的血液进行传递。直到 1969 年 Levin 首次用转移因子治疗 1 例细胞免疫缺陷病患者获得成功之后,才引起人们的重视。国内外的医药学家不断地将转移因子实验性地用于治疗病毒性传染病、真菌感染病、细胞免疫减弱或缺陷疾病以及恶性肿瘤辅助治疗等,均有显著疗效。其作用特点是只选择性地转移细胞免疫能力,不转移体液免疫反应,它的作用原理尚不十分清楚。

转移因子是可溶性、可透析和超滤的小分子物质,相对分子质量小于 10 000,为多核苷酸、多肽组成的一种复合物。蛋白质反应呈阴性,双缩脲反应呈阳性,核糖反应呈阳性。不被 RNase、DNase、胰蛋白酶、溶菌酶破坏。不耐热,56℃ 下 30min 失活,耐低温, $-20℃$ 保存 2 年以上不失活,免疫生物学记载,冷冻保存 45 年以上仍不失去活性。目前,尚无一个好的定量方法,剂量单位也比较"原始",现将 4×10^8、6×10^9 或 1×10^9 个白细胞的提取物规定为一个单位。如按每只安瓿 2mL 为一个单位,相当于湿重 $0.5\sim1g$($3\times10^8\sim5\times10^8$ 个白细胞)的提取物。紫外光吸收最大值在 $250\sim260$nm 之间,紫外吸光 $E=7\sim8$, $A_{280nm}/A_{260nm}\geqslant1.8$, $c_{多肽}\geqslant600\mu g/mL$, $c_{核糖}\geqslant60\mu g/mL$。

制备转移因子的原料除特异性供体白细胞外,一般采用正常人血液、脾和扁桃体等原料。近年来研究证明转移因子的作用无种属特异性,于是逐渐开发利用牛、羊、猪、鸭等动物的细胞和组织代替人体的细胞和组织,为生化产品的制备提供了丰富的原料资源。

目前国内在制备转移因子过程中,多采用 Laurence 方法,即利用两次透析法回收转移因子。此法操作简单,但制备周期长、操作费用高,难以进行工业化大规模生产,经多年实验,我国科学家已经攻克了动物高分子蛋白质凝聚的难关,找到了合适的絮凝剂——甲壳素和助滤剂——珍珠岩,摸索出一条操作简单、生产周期短、操作费用低、产量高、可以作为大规模工业化制备的新工艺。

一、试剂及器材

1. 原料

选用健康的、未经免疫的新鲜或冷冻的猪脾脏。

2. 试剂

(1)氯化钠　这里用于配制生理盐水,选用化学纯试剂(CP)。

(2)乙醇　这里作为沉淀剂,选用化学纯试剂(CP)。

(3)盐酸　这里用于调节 pH,选用化学纯试剂(CP)。

3. 器材

高速组织捣碎机(10 000 r/min),离心机,超滤机,锈钢桶,搪瓷缸,酸度计,酒精比重计,温度计($1\sim100℃$)。

二、生产新工艺

1. 工艺路线

猪脾脏 —预处理→ 处理后的脾脏 —研磨→ 脾脏浆 —提取→ ┌ 滤渣(弃去)
└ 滤液 —除杂→ ┌ 滤渣(弃去)
└ 滤液 —超滤→ 转移因子液体

2. 操作步骤

(1) 预处理　以健康的未经免疫的猪脾脏为原料,先切去脂肪,然后用清水反复清洗,去杂质。

(2) 研磨　将清洗后猪脾脏切细,然后加入 1 倍量经灭菌的生理盐水,用胶体磨研磨,使细胞破裂。

(3) 提取　将研磨后的浆液装入灭菌的生理盐水瓶中,置于 $-20℃$ 的冷库里冷冻。冻透后,在常温下用流动的自来水解触。如此反复 3 次。

(4) 除杂　将解融的料浆置于不锈钢桶中,在无菌的条件下,加入等体积的生理盐水,搅拌均匀后,再加助滤剂用微空过滤器过滤,所得滤液再加入絮乳凝剂和助滤剂,第二次用微孔过滤器过滤。

(5) 超滤　将以上所得滤液通过 $0.8\mu L$ 滤膜以后,再用截留分子量为 10 000 的超滤器超滤,得转移因子液体。

三、透析工艺

1. 工艺路线

猪脾脏 —预处理→ 处理后的脾脏 —捣碎→ 脾脏浆 —提取→ ┌ 滤渣(弃去)
└ 滤液 —透析→ 转移因子液体

2. 操作步骤

(1) 预处理　将取新鲜或冷冻的脾,用冷蒸馏水洗净,去膜、筋及脂肪组织,再用冷重蒸馏水洗涤干净。

(2) 捣碎　将以上洗干净的猪脾脏剪碎,按脾质量(1:1)加入蒸馏水,置于高速组织捣碎机(8000~10 000r/min)中捣碎,3~5min 1 次,反复 3 次。

(3) 提取　经镜检大部分淋巴细胞已破碎后,将以上捣碎猪脾脏液置于不锈钢桶中,放置 30℃ 冷库中或液氮中冷冻,然后再于 37℃ 水浴上融化。每日 1 次,如此反复冻融6~8次,再以4000r/min冷冻离心20min,收集上清液。

(4) 透析 将上清液按1:2的体积比例加去离子水,在4℃的条件下透析48h,得转移因子液体。

四、柱层析法工艺

1. 工艺路线

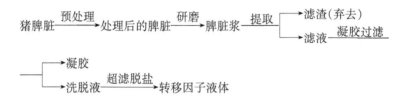

2. 操作步骤

(1) 预处理 将新鲜或冷冻的脾或扁桃体,用冷蒸馏水洗净,去膜、筋及脂肪组织,再用冷重蒸馏水洗涤干净。

(2) 研磨、提取 将以上清洗干净的脾或扁桃体剪碎,于80~100目铜筛研磨。边研边加生理盐水至仅留白色纤维为止,收集滤液,冻融4次,以3000 r/min离心30min,收集上清液。

(3) 凝胶过滤 将上清液上葡聚糖凝胶G-25层析柱,收集活性组分。20%磺基水杨酸试验阴性为指示。

(4) 超滤脱盐 将上清液按1:2的体积比例加去离子水,在4℃的条件下用截留分子量为10 000的超滤器超滤,得转移因子液体。

五、超滤法工艺

1. 工艺路线

猪脾脏 --预处理--> 处理后的脾脏 --捣碎--> 脾脏浆 --提取--> 滤渣(弃去) / 滤液 --干燥--> 粗品 --溶解--> 溶解液 --超滤--> 转移因子产品

2. 操作步骤

(1) 预处理 将取新鲜或冷冻的脾,用冷蒸馏水洗净,去膜、筋及脂肪组织,再用冷重蒸馏水洗涤干净。

(2) 捣碎 将以上洗干净的猪脾脏剪碎,加入2倍原料质量的去离子水,在冰冻的条件下用高速组织捣碎机(10 000 r/min)捣碎3次,每次3min,制得匀浆液。

(3) 提取　将匀浆液置于不锈钢桶中,置于 -30℃ 冷库中至结冰,然后于 37℃ 水中融化,交替冻、融 2~3 次,再在液氮及 37℃ 水浴中融化,交替冻、融 1 次。然后加入 3 倍体积的 80% 冷乙醇,静置 3~4h,过滤除去蛋白质沉淀,再以 0.1mol/L 盐酸调 pH 至 5.2 左右,3000 r/min 离心 30min,去沉渣。

(4) 干燥　将上清液经真空冷冻干燥,除去乙醇和水分,得淡黄色浓缩固体物(粗品)。

(5) 溶解、超滤　用重蒸馏水稀释黄色浓缩固体物(按 1g 组织加水 2mL),用超滤膜(相对分子质量 12 500 以上的不能通过)加压过滤,压力控制在 294.3~392.4kPa(3~4kgf/cm^{2}①),滤液为淡黄色,即得转移因子。

六、工 艺 说 明

1) 转移因子存在于细胞里,并不游离在细胞外面,提高转移因子收率的关键是细胞破坏是否彻底,其反复冻融就是为此目的。

2) 转移因子制剂有针剂和冻干剂两种。冻干制剂中加入的赋形剂以甘露醇及甘氨酸为最佳,成形效果良好,而且多肽、核苷酸含量不受影响,溶解时间短,1min 内全部溶解,残余水分、安全试验及热原试验均符合规定,而明胶、右旋糖酐为赋形剂,其效果较差。

3) 原料用人体材料,来源有限,价格较贵,又有带肝炎病毒的危险。用来源丰富的猪脾为原料,用超滤装置,制成猪脾转移因子注射液。经实验证明,其生化指标、生物活性及临床效果等均与人转移因子相似,无毒性,不引起过敏反应,而且没有携带乙型肝炎病毒表面抗原的危险。

4) 目前国内在生产转移因子过程中,多是采用 Laurence 方法,即利用两次透析法回收转移因子。此法操作简单,但生产周期长、操作费用高,难以进行工业化大规模生产,而加入絮凝剂——甲壳素和助滤剂——珍珠岩,使得操作简单、生产周期短、操作费用低,产量提高 10% 左右。

第六节　辅酶 A 的提取

辅酶 A(coenzyme A,CoA)简写为 HSCoA,是由等分子的泛酸、腺嘌呤、核糖、氨基乙硫醇和三分子磷酸组成的,是 ADP 的衍生物或类似物,相对分子质量为 767.54。

辅酶 A 主要起传递酰基的作用,来回接受和放出酰基。它也与酰化作用密切相关,是各种酰化反应的辅酶,携带酰基的部位在—SH 基上,故常以 HSCoA 表

① kgf/cm^2 为非法定单位,1kgf/cm^2 = 9.806 65Pa。为遵从读者阅读习惯,本书仍沿用这种用法。

示。如携带乙酰基时形成 $CH_3CO\sim SCoA$,称为乙酰辅酶A,交出乙酰基后,又恢复为 HSCoA。

辅酶 A 对糖、脂类和蛋白质的代谢具有非常重要的影响。例如糖代谢中,丙酮酸氧化脱羧后,必须形成乙酰辅酶 A 才能进入三羧酸循环;脂类代谢中,脂肪酸必须酰化成脂酰辅酶 A 才能进行 β-氧化;蛋白质代谢中,有不少氨基酸变成相应的酮酸后,必须有辅酶 A 参与其后的代谢过程。在这里,含有泛酸的辅酶 A 具有关键作用。此外,辅酶 A 还参与体内一些重要物质如乙酰胆碱、胆固醇、卟啉、甾类激素和肝糖原等的合成,并能调节血浆脂蛋白和胆固醇的含量。

辅酶 A 对厌食、乏力等症状有明显的改善效果,故被广泛作为各种疾病的重要辅助药物,如白细胞减少症、原发性血小板减少性紫癜、功能性低热、脂肪肝、各种肝炎、冠状动脉硬化、心肌梗死等症。

高纯度 CoA(95%)为白色无定形粉末,具有典型的硫醇味,有吸湿性,易溶于丙酮、乙醚和乙醇。CoA 兼有核苷酸和硫醇的通性,与其他硫醇一样,易被空气(特别是在痕量金属存在时)、过氧化氢、碘或高锰酸盐等氧化成无活性的二硫化物,故制剂中宜加稳定剂(如半胱氨酸盐酸盐等),并最好充氮保存。

CoA 的稳定性随制品纯度的增加而降低,纯度为 1.5% ~ 4% CoA 丙酮粉,在室温条件下干燥储存 3 年尚不失活;其水溶液若 pH 低于7,低温甚至室温保存数天仍稳定。高纯度 CoA(95%)的冻干粉,干燥保存虽有历时 2 年不损失活性的报道,但也有每过 1 月损失 1% ~ 2% 的报道。这可能与保存情况有关,因为冻干粉暴露于空气中会很快吸水失活。

CoA 对热比较稳定。CoA 水溶液在弱酸性时颇稳定,但在碱性时则易被破坏失活,如 pH = 8.0、40℃下,24h 失活 42.0%。pH = 7.0 时,在热压温度 120℃下,30min CoA 水溶液失活 23%;CoA 水溶液在波长 280nm 有最大吸收,在 230nm 有最小吸收。

一、试剂及器材

1. 原料

选用新鲜或冷冻的猪肝为原料。

2. 试剂

(1) 三氯乙酸　这里作为沉淀剂,选用化学纯试剂(CP)。
(2) 盐酸　这里用于调节 pH,选用化学纯试剂(CP)。
(3) 氯化钠　这里用于配制溶剂,选用化学纯试剂(CP)。
(4) 乙醇　这里作为溶剂,选用化学纯试剂(CP)。

（5）氨水　这里用于调节 pH，选用化学纯试剂（CP）。

（6）硝酸　这里用于调节 pH，选用化学纯试剂（CP）。

（7）GMA 树脂　GMA 树脂是由单体甲基丙烯酸环氧丙酯和交联剂二乙烯苯，进行悬浮聚合，先得到在结构中带有环氧基的透明球体，然后将其用二乙胺的甲醇溶液开环胺化，经后处理而得。这是一种低交联度的弱碱阴离子交换树脂。据红外光谱测定，具有类似于 DEAE-纤维素的特殊结构，具有合适的孔隙度，能成功地分离不同相对分子质量的蛋白质，在近中性偏酸条件下对 CoA 有优良的吸附性能，以盐酸-氯化钠液进行阶段解吸又有良好的层离和解吸性能，可使 CoA 与其他核苷酸衍生物相分离。

（8）LD-601 大孔吸附剂　大孔吸附剂树脂结构上没有交换基团，仅有多孔骨架，其性质和活性炭或硅胶等吸附剂相似。它具有选择性好、解吸容易、机械强度好、可反复使用和流体阻力较小等优点，而且通过改变吸附剂孔架结构或极性，可适用于吸附多种有机化合物。树脂是由很多球体（平均直径 30Å 至几千埃）堆积起来的多孔结构。这里用于精制 CoA。

3. 器材

不锈钢反应锅，不锈钢浓缩罐，搪瓷缸，真空干燥机，酸度计，温度计（1～100℃），树脂柱［柱比（1:7）～（1:10）］。

二、提 取 工 艺

1. 工艺路线

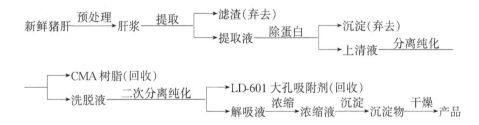

2. 操作步骤

（1）预处理　将新鲜猪肝去结缔组织，用绞肉机绞碎成浆。

（2）提取　将肝浆投入盛有 5 倍体积沸水的不锈钢反应锅中，在搅拌的条件下立即煮沸 15min，然后迅速用 10 目尼龙布过滤、冷却至 30℃ 以下，收集提取液。

（3）除蛋白　将以上提取液倾入搪瓷缸中，在搅拌下加入提取液体积 2% 的 5%（质量浓度）三氯乙酸。静置 30min 左右，然后虹吸上清液，沉淀过滤。滤液并入上清液。

(4) 分离纯化　将以上清液(pH 约为 5)直接通过经处理过的 CMA 树脂柱 [柱比(1:7)~(1:10)],树脂量为清液量的 1/50~1/60,流速为每分钟流出树脂体积的 10%~15%。吸附完毕,树脂用去离子水洗至清。用 3~4 倍树脂体积的 0.01mol/L 盐酸和 1.0mol/L 氯化钠溶液以每分钟 2%(树脂体积)流速洗树脂。最后以树脂体积 5 倍量左右的 0.01mol/L 盐酸和 1.0mol/L 氯化钠溶液洗脱 CoA (每分钟 2% 树脂体积),收集洗脱液至无色、pH 下降至 2~3 时为止。洗脱液用盐酸调节 pH 至 2~3,过滤除沉淀。

(5) 二次分离纯化　在交换柱中装入 GMA 树脂量 1/2 的 LD-601 大孔吸附剂(体积比),洗脱液以每分钟 5%(树脂体积)流速过柱、吸附 CoA。用 1 倍体积左右 pH=3(用硝酸调节)的水洗柱,流速为每分钟 2%~4%(树脂体积),洗去 LD-601 表面的氯化钠,至洗液无氯离子反应。再用 3~4 倍体积的乙醇氨(乙醇:水:氨 = 40:60:0.1,体积比),以每分钟 1%~2%(树脂体积)流速解吸。弃去少量无色液,收集解吸液。

(6) 浓缩　将解吸液置于薄膜浓缩罐中,然后浓缩到原体积的 1/20,用稀乙醇酸化 pH 至 2.5,放置冷室过夜。次日离心,去不溶物。

(7) 沉淀　上清液在搅拌下逐滴加入 10 倍体积 pH 为 2.5~3.0 的酸性丙酮中,静置沉淀。离心得沉淀。

(8) 干燥　以丙酮洗涤沉淀 2 次,然后置真空干燥器中干燥,即得 CoA 丙酮粉。

三、工 艺 说 明

由于猪肝沸水提取液中残留一些耐热的蛋白质,影响树脂的吸附性能,故采用 2% 三氯乙酸沉淀耐热蛋白。按工艺条件 GMA 对 CoA 的吸附率为 97%,吸附量为 500~600u/mL 树脂,洗脱率为 81.3%,洗脱相当集中。其他 714、290、330 和 717 树脂,对 CoA 都有较好的分离能力。用 717 树脂分离 CoA,以 LD-601 脱盐,所得产品纯度可达 50%,收率达 52%。GMA-LD 601 组合工艺总收率为 30%,每千克猪肝得 CoA 丙酮粉 $2 \times 104u$,纯度为 120u/mg,色泽较黄,黄色杂质可能为 FAD。

四、检 测 方 法

工艺过程中 CoA 的定性跟踪方法,常用紫外光(254nm)激发荧光斑点法和硝基盐巯基显色法,后者是利用游离 CoA 分子上的巯基能与亚硝基铁氰化物产生不稳定的强烈红色($\lambda_{max} = 540nm$),施行纸上显色以跟踪反应,具有试剂稳定、反应灵敏和方便易行等优点,其方法如下。

试剂1：取亚硝基铁氰化铁1.5g，溶于5mL 0.1mol/L硫酸液中，加入95mL甲醇和10mL浓氨水（28%），摇匀，滤除沉淀，放冰箱中稳定数天。

试剂2：取氰化钠2g，溶于5mL水中加入95mL甲醇。

操作：将供试液以毛细管在普通滤纸上点上直径为5～8mm的斑点，热风吹干，在斑点处喷以试剂1，热风吹干。若为游离CoA或其他巯基化合物，斑点即显红色；若为氧化型CoA，则应再喷以试剂2，氰化物可将二硫化物裂解为硫醇和硫氰酸盐，反应式为

$$R—S—S—R + HCN \longrightarrow R—SH + R—SCN$$

将显色滤纸条置于乙醚中漂摇后反应会加强。含CoA50u/mL已能显示其反应。

第七节　复合辅酶的提取

复合辅酶（Complex enzyme）的主要成分是CoA、还原型CoAI、ATP和还原型谷胱甘肽等，这些辅酶的存在，可提高CoA的疗效。性状呈白色或微黄色粉末，有吸湿性，易溶于水。

CoA是乙酰基的载体，对脂类代谢、糖代谢、蛋白质代谢、甾醇的生物合成和乙酰化解毒等都起重要作用。临床上作为提高机体抗病能力的一种积极措施而采用此药，主要用于白细胞减少症、原发性血小板减少性紫癜、功能性低热等；用于脂肪肝、肝昏迷、各种肝炎、冠状动脉硬化及慢性肾功能不全引起的急性无尿、肾病综合征、尿毒症等时则作为辅助药物使用；配合ATP、胰岛素和细胞色素c使用时，对心肌梗死、新生儿缺氧、糖尿病引起的酸中毒等症也有一定效果。一般可以增进食欲、增强体质、阻止疾病恶化和缩短病程。

以猪心为原料生产细胞色素c时，其下脚料可作为提取复合辅酶的原料，综合利用能最大限度地挖掘资源潜力、降低生产成本，具有一定程度的环保意义。

一、试剂及器材

1．原料

选用沸石吸附细胞色素c后的流出液为原料。

2．试剂

(1) 乙醇　这里作为洗脱液，选用化学纯试剂（CP）。

(2) 盐酸　这里用于调节pH，选用化学纯试剂（CP）。

(3) 硝酸　这里用于调节pH，选用化学纯试剂（CP）。

(4) 丙酮　这里作为沉淀剂,选用化学纯试剂(CP)。

(5) 活性炭　这里作为吸附剂,选用糖用活性炭。

(6) 氢氧化钾　也称"苛性钾",这里用于调节 pH,选用化学纯试剂(CP)。

3. 器材

不锈钢反应锅,不锈钢桶,冷冻干燥机,层析柱(3cm×80cm),温度计(1～100℃),酸度计,试管,移液管,量筒,恒温水浴。

二、提 取 工 艺

1. 工艺路线

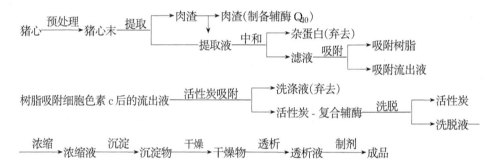

2. 操作步骤

(1) 活性炭吸附　沸石吸附细胞色素 c 后的流出液用用 1mol/L 盐酸调 pH 至6,然后上糖用活性炭柱,吸附完毕后用蒸馏水洗柱,再用 40% 乙醇洗至流出液加10 倍丙酮不呈白色浑浊为止。

(2) 洗脱　用含 3.2% 氨的 40% 乙醇溶液洗脱,当流出液呈微黄色(当洗脱液加 10 倍量丙酮有白色沉淀时)即开始收集,至 pH 为 10 左右(当洗脱液加 10 倍量丙酮无白色沉淀时),停止收集。

(3) 浓缩　将洗脱液置于不锈钢反应锅中,于 45～50℃ 的条件下减压浓缩,减压浓缩至原体积 1/10(外温不超过 60℃),除去氨和乙醇,得浓缩液。然后用4mol/L 硝酸酸化至 pH 为 2.5～3.0,置 4℃ 冷库过夜。次日离心,上清液继续浓缩至原体积 1/20 左右。

(4) 沉淀　将浓缩液倾入不锈钢桶中,用硝酸调 pH 至 2.5～3.0,在剧烈搅拌下加 10 倍丙酮沉淀,置冷库过夜。次日离心,收集沉淀。

(5) 干燥　将沉淀置于不锈钢桶中,用冷丙酮洗 3 次,然后冷冻干燥,测定效价。

(6) 透析　将丙酮 CoA 干粉溶于 1.5 倍新鲜冷蒸馏水中,装入透析袋,于 4℃

以下对无热原水透析 48h。

(7) 制剂　准确测定透析外液 CoA 效价,加注射用水稀释至 120u/mL,加甘露醇(15mg/支)和 L-半胱氨酸盐酸盐(0.5mg/支),用 1mol/L 氢氧化钾调 pH 至5.5~6.0,无菌过滤、灌装(0.5mL/支),冻干,封口。

三、工 艺 说 明

1) 以猪心为原料生产细胞色素 c 时,其下脚料可作为提取复合辅酶的原料,其含 CoA 5~8 单位/mL,含量远低于心肌的含量,但在生产细胞色素 c 的同时,仍可制得 15 支/kg 猪心,在综合利用方面具有重要的意义。

2) 利用生产细胞色素 c 的废液提取复合辅酶时,因废液中杂质较多,所以用硝酸酸化后立即迅速加热至 95℃,然后立即冷却除去杂蛋白,便于吸附,如细胞色素 c 吸附液在活性炭吸附前以经过过滤处理,则不必加热,以减少复合辅酶的失活。

四、检 测 方 法

CoA 的效价有化学、微生物和酶学三种测定法。前两种方法因灵敏度不高或手续繁琐等问题而较少采用,而专用的酶学法则有磺胺乙酰化法和磷酸转乙酰化酶(PTA)紫外分光光度法。

1. 磺胺乙酰化法

以乙酸盐作为乙酰基的供体,以磺胺作为受体,在乙酰化酶的催化下(CoA 作为乙酰基的传递体),ATP 供给能量,生成乙酰磺胺。在乙酰化酶、ATP、乙酸盐及磺胺过量存在下,CoA 的量与反应的进行程度有一对应关系。如果反应前磺胺精确定量,则未被乙酰化的磺胺的量也是确定的。将其重氮化,并与萘乙胺反应,则生成的淡红色溶液可在 454nm 波长下定量测定。从测定结果可推算出已被乙酰化的磺胺量,当以已知单位的 CoA 标准品作对照时,即可计算出未知样品的 CoA 的单位。

2. 磷酸转乙酰化酶法

(1)测定原理

$$CoA—SH + CH_3CO—OPO_3H_2 \xrightarrow{PTA} CoA—S—COCH_3 + H_3PO_4$$

以过量乙酰磷酸二锂盐作为乙酰基的供体,CoA 作为受体,在 PTA 的催化下使 CoA 变成乙酰辅酶 A。乙酰辅酶 A 在 233nm 处的吸收度比 CoA 强得多,其微

摩尔消光系数之差 $\Delta E_{nm}=4.44\mathrm{cm}^2/\mu\mathrm{mol}$，可直接算出 CoA 的单位量。

（2）测定法　取 Tris-盐酸缓冲液（pH=7.6,0.1mol/L）3.0mL，置 1cm 石英池中，加乙酰磷酸二锂盐液（0.1mol/L）0.1mL，再精密加入供试品溶液（1mg/mL）0.1mL，混匀，在 233nm 的波长处测定吸收度为 E_0；然后用微量注射器精密加入磷酸转乙酰化酶（PTA）溶液（用 pH=8.0、0.1mol/L 的 Tris-盐酸缓冲液制成每毫升含 30～40u 的溶液）0.01mL，立即计时，混匀，在 5min 时测定最高的吸收度为 E_1；再加入磷酸转乙酰化酶溶液 0.01mL，混匀，测定吸收度为 E_2。另取 Tris-盐酸缓冲液（pH=7.6、0.1mol/L）3.0mL、乙酰磷酸二锂盐液（0.1mol/L）0.1mL 及供试品溶液 0.1mL，置 1cm 石英池中，混匀后，作为空白。按下式计算

$$\text{每毫克含 CoA 的单位数}=\Delta E\times 5.55\times 413$$
$$\Delta E=2E_1-E_0-E_2$$

一般生产工艺制得的 CoA 制剂，均有氧化型和还原型两种成分。磺胺乙酰化法测得的是制剂中 CoA 的总效价，PTA 法测得的仅为其中还原型 CoA 的效价，所以两种方法得到的结果相差较远。由于 PTA 法操作简便、结果准确，故有代替磺胺乙酰化法的趋势。

PTA 法测定时，反应温度宜控制室温在 20℃ 以上测定。但配制酶液和乙酰磷酸二锂盐溶液后须放置冰浴，以免分解。

按干燥品计算，CoA 原料药每毫克效价不得小于 170u。

第八节　从啤酒酵母中提取 RNA

目前国内外工业上制取 RNA 主要利用啤酒酵母、面包酵母、酒精酵母、白地霉和青霉菌等。

酵母和白地霉中的核酸大部分是 RNA，而 DNA 的量很少，不需特意去分离，且菌体分离和 RNA 抽提都很容易，因此是制取 RNA 的好材料。RNA 在医药、食品、化妆品以及农业等行业都有重要的用途。随着我国啤酒业的日益发展，啤酒厂淘汰的废弃啤酒酵母泥不断增多。综合利用大量的废弃啤酒酵母泥提取核酸，不仅可以增加经济效益，还能解决饲料酵母存在高核的问题。RNA 的提取方法多有报道，但国内用氨法破壁提取核酸的方法较为罕见。目前工业上常用的方法是：稀碱法、浓盐法和自溶法，先使 RNA 从细胞中释放出来，再进行提取、沉淀和纯化。

一、试剂及器材

1. 原料

（1）啤酒酵母泥　用啤酒厂使用了 8～15 代淘汰的啤酒酵母。

（2）标准啤酒酵母 RNA　这里作为标准品,用于测定 RNA 的生化试剂,上海生化试剂厂等厂家生产。

2. 试剂

（1）氨水　这里作为氨法破壁溶剂,选用化学纯试剂（CP）。
（2）氢氧化钠　这里用于调节 pH,选用化学纯试剂（CP）。
（3）盐酸　这里用于调节 pH,选用化学纯试剂（CP）。
（4）乙醇　这里作为沉淀剂,选用化学纯试剂（CP）。
（5）氯化钠　这里作为溶剂,选用化学纯试剂（CP）。

3. 器材

离心机,不锈钢真空浓缩罐,夹层反应釜,不锈钢桶,分析天平,722 型分光光度计,恒温水浴,移液管（1mL×2、0.5mL×2）,凯氏烧瓶,烧杯,容量瓶,试管。

二、稀碱法工艺

1. 工艺路线

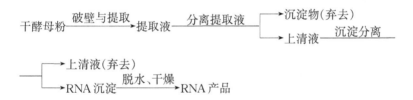

2. 操作步骤

（1）破壁与提取　称取一定量的干酵母粉置于夹层反应釜中,加入 1 倍量 1% 氢氧化钠溶液,在 25℃左右搅拌反应 30min,使 RNA 才能从细胞内释放出来。然后用 6mol/L 盐酸中和 pH 到 7,使 RNA 溶于水中,再加热到 90～100℃,破坏分解核酸的酶,并使菌体残渣和蛋白凝固沉淀。

（2）分离提取液　以上反应液迅速冷却到 10℃以下,然后离心（3600r/min）10min 除去蛋白及菌体渣沉淀,收集上清液（RNA 在上清液中）。

（3）沉淀分离　利用核酸在等电点溶解度最小的性质,调节上清液 pH 到 2～2.5,并低温放置 2～3 h,使 RNA 从溶液中沉淀下来,离心（3600r/min）10min 收集,即得 RNA。

（4）脱水、干燥　用 2 倍体积的 95% 乙醇洗涤以上沉淀 2 遍,然后置于 60℃烘干至恒重,计算 RNA 提取率。

三、浓盐法工艺

1. 工艺路线

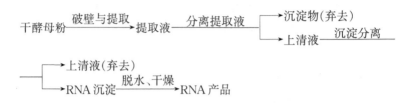

2. 操作步骤

（1）破壁与提取　在含 10% 干酵母夹层反应釜的水溶液中加入氯化钠,使盐浓度达到 8%～12%,加热到 90℃,搅拌抽提 3～4h,高浓度的盐溶液既能改变白地霉、酵母细胞壁的通透性,又能有效地解离核蛋白成为核酸和蛋白质,使 RNA 从菌体内释放出来。

（2）分离提取液　离心(3600r/min)10min 去菌渣后,收集上清液(RNA 提取液)。

（3）沉淀分离　将上清液倾入不锈钢桶中,待上清液冷却到 60℃ 以下时,并调节 pH 到 2～2.5,然后静止 3～4h,使 RNA 充分沉淀,离心分离收集沉淀物。

（4）脱水、干燥　所得 RNA 沉淀再用乙醇洗涤去掉脂溶性杂质和色素,得白色 RNA 产品,得率一般在 3% 以上。此法所得为变性 RNA 及部分降解的 RNA,可进一步制取各种核苷和核苷酸。

上述两方法所用碱或盐的浓度,随菌的种类、综合利用的要求而不同而异。提取时,应避免在 30～70℃ 停留较长时间,因在此温度范围时,磷酸单酯酶和磷酸二酯酶作用活跃,会使大分子的 RNA 降解成小分子的片段而无法沉淀,影响得率。提取时加热到 90℃ 保持 3～4h,除了可以使核蛋白中蛋白质解离外,同时也能破坏这两类酶,有助于大分子 RNA 的提取。

四、氨法破壁生产工艺

近年来,由于榨糖业不景气,糖蜜数量减少,价格上涨,使得传统核酸制备中培养高核假丝酵母的成本大幅度提高,导致核酸生产不景气。加上啤酒业的日益发展,大量被淘汰的啤酒酵母直接烘干作为饲料酵母,导致饲料酵母中存在高核问题。因此开展综合利用被淘汰的啤酒酵母泥提取核酸,有望获得良好的经济效益。

由于被淘汰的啤酒酵母菌龄较老,蛋白含量较高而核酸含量较低,因此采用工业上常用的一次沉淀提取工艺,难以获得高纯度的优质核酸(RNA 企业质量:经定磷法测定 RNA 含量≥80%,水分≤8% 为优质品;RNA 含量≥70%,水分≤8% 为一级品)。氨法破壁生产用淘汰的啤酒酵母进行氨法的提取工艺,可获得高纯度的优质核酸。

采用胺法破壁提取废弃的酵母 RNA,所需氨的用量不大,仅为 1.0%,最佳破壁温度和时间为 60℃和 25min,与盐法破壁工艺(盐 10%,100℃,4.5h)相比较,氨的用量少、温度低、时间短。

1. 工艺流程

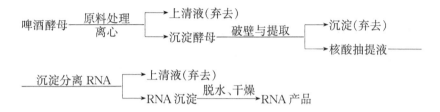

2. 操作步骤

(1)原料处理　把啤酒酵母通过离心机离心(3600r/min)10min 后,弃去上清液,收集沉淀酵母(含水量为 75%~78% 左右)。

(2)破壁与提取　称取一定量的酵母泥放入夹层反应釜中,加入 1.0% 的氨水和 1~2 倍水,加热保温至 60℃,搅拌破壁提取 25min,然后离心(3600r/min)10min,弃去沉淀,收集其上清液即为核酸抽提液。

(3)沉淀分离 RNA　将核酸抽提液真空低温浓缩(真空度 0.015MPa,温度65℃),冷却后采用调蛋白质等电点法(pH=4.2)去除杂蛋白,离心 10min(3600r/min)后,取上清液调核酸等电点 pH 至 2 左右,离心(3600r/min)10min 后,收集RNA 沉淀。

(4)脱水、干燥　用 2 倍体积的 95% 乙醇洗涤以上沉淀 2 遍,然后置于 60℃烘干至恒重,计算 RNA 提取率。公式为

$$RNA 提取率(\%)=\frac{提取狄得 RNA 干重}{干酵母质量}\times 100\%$$

五、测 定 方 法

1. 啤酒酵母 RNA 含量的测定

(1)高氯酸法　称取一定量的酵母泥,用 5% 高氯酸在 100℃条件下水解破壁15min,3600r/min 离心 15min,取其上清液,用 752-G 紫外分光光度计测定,波长

260nm、280nm,石英比色皿,光程1cm。

(2)研磨破碎法 称取一定量的酵母泥,加入适量石英砂置于研钵中,研磨数十分钟,3600 r/min 离心 15min,取其上清液,用 752-G 紫外分光光度计测定,波长260nm、280nm,石英比色皿,光程1cm。

2. 核酸纯度测定

核酸纯度测定采用定磷法。

在酸性环境中,定磷试剂中的钼酸铵以钼酸形式与样品中无机磷酸生成磷钼酸,当有还原剂[抗坏血酸(维生素 C)以及二氯化锡最灵敏]存在时、磷钼酸立即被还原生成蓝色的还原产物——钼蓝,其最大吸收在 660nm 波长处。当无机磷含量在每毫升 $1\sim5\mu g$ 范围内,光吸收与含磷量成正比。

测定样品核酸的总磷量,需先将它用硫酸或高氯酸消化成无机磷再行测定。总磷量减去未消化样品中测得的无机磷量,即得含磷量,由此计算出核酸含量。

化学反应式为

$$(NH_4)_2MoO_4 + H_2SO_4 \longrightarrow H_2MoO_4 + (NH_4)_2SO_4$$

$$H_3PO_4 + 12H_2MoO_4 \longrightarrow H_3P(Mo_3O_{10})_4 + 12H_2O$$

$$H_3P(Mo_3O_{10})_4 \xrightarrow{\text{维生素 C}} Mo_2O_3 \cdot MoO_3$$

(1)试剂 包括标准磷溶液、定磷试剂、沉淀剂。

标准磷溶液 将磷酸二氢钾(KH_2PO_4,AR)预先置于 105℃ 烘箱烘至恒重,然后放在干燥器内使温度降至室温,精确称取已恒重的磷酸二氢钾 0.2195 g(含磷50mg),用重蒸水溶解,定容至 50mL(含磷量为 1mg/ mL 10μg)作为原液,冰箱储存,备用。测定时取储存液 1mL 定容至 100mL(含磷量为 10μg)为稀释液。

定磷试剂 3mol/L 硫酸:水:2.5% 钼酸铵:10% 维生素 C=1:2:1:1(体积比)。定磷试剂均为分析纯,水需重蒸水或两次离子交换水,维生素 C 可以在冰箱中放置 1 个月。配制时按上述顺序加入,定磷试剂当天配制当天使用。正常颜色呈浅黄色,如果呈棕黄色或深绿色,则不能使用。

沉淀剂 称取 1g 钼酸铵(AR),溶于 14mL 高氯酸中,加 386mL 水。此外,还有 5mol/L H_2SO_4,30% H_2O_2。

(2)操作方法 定磷标准曲线的制定。取 12 支洗净烘干的硬质玻璃试管,按表 5-1 加入标准磷溶液和水以及定磷试剂,平行做两份,以 1mim 的时间间隔加入定磷试剂,将试管内溶液摇匀,于 45℃ 恒温水浴保温 25mim。取出冷至室温,722型分光光度计在波长 660nm 处测定光吸收 A 值。

表 5-1　定磷标准曲线

试　剂　＼　管　号	1	2	3	4	5	6
标准磷溶液/mL	—	0.2	0.4	0.6	0.8	1.0
H_2O/mL	3	2.8	2.6	2.4	2.2	2.0
磷量/mL	—	2	4	6	8	10
定磷试剂/mL	3	3	3	3	3	3
45℃恒温水浴保温25min						
$A_{660nm(1)}$						
$A_{660nm(2)}$						
$A_{660nm平均}$						
$A_{660nm} - A_{660nm平均}$(空白)						

以各管的含磷量(μg)为横坐标,660nm 处的 A 值为纵坐标,绘制标准曲线。

3．测定总磷量

(1)配制 RNA 样品溶液　精确称取已恒重的 RNA 200mg 左右,以 0.05～0.5mol/L 氢氧化钠溶液湿透,用玻璃棒研磨至似糨糊状的浊液后,用重蒸水定容至 100mL,配得溶液含 RNA 约为 2000μg/mL。

(2)样品的消化,总磷量和回收率测定　取 5 支凯氏烧瓶,按表 5-2 操作,定容至 50mL 后取 5 支试管继续操作。

表 5-2　总磷量的测定

试　剂　＼　管　号	0	1	2	3	4
RNA/mL	—	1	1	—	—
标准磷溶液/mL	—	—	—	1	1
H_2O/mL	1	—	—	0	0
10mol/L H_2SO_4/mL	2	2	2	2	2
168～200℃消化 60min,溶液呈黄褐色,冷却					
30% H_2O_2(滴)					
168～200℃继续消化至溶液透明,冷却					
沸水浴中加热 10min(分解焦磷酸),冷却					
用水定容/mL	50	50	50	50	50
取定容液/mL	3	3	3	0.3	0.3
H_2O/mL	—	—	—	2.7	2.7
定磷试剂/mL	3	3	3	3	3
45℃水浴保温 25min,冷却至室温,测 A_{660nm}					
A_{660nm}					
A_{660nm}					
$A_{660nm} - A_{660nm}$(空白)					
计算总磷量/μg					

注:样品管(1,2)和标准管(3,4)均以 0 管为空白对照。

按测得样品的光吸收值从标准曲线上查出磷的微克数,再乘以稀释倍数即得样品的含量(以每毫升溶液中磷的微克数计算较为方便),照同样的方法可求得标准原液中磷的微克数,再除以原液中磷的微克数,即得回收率,总磷量除以回收率就是样品中实际总磷量。

4. 无机磷的测定

取 4 支离心试管编号,按表 5-3 操作。由标准曲线查出无机磷的微克数,再乘以稀释倍数,得样品的无机磷量。即

$$RNA 样品液总磷量(\mu g/mL) = \frac{样品管查出的磷量}{3} \times 50 \div 回收率$$

表 5-3 无机磷的测定

管 号 \ 试 剂	1	2	3	4
RNA/mL	—	—	1	1
H$_2$O/mL	2	2	—	—
沉淀剂/mL	4	4	4	4
以 3500r/min 离心 15min				
取上清液/mL	3	3	3	3
定磷试剂/mL	3	3	3	3
45℃恒温水浴保温 25min,冷却至室温,测 A_{660nm}				
A_{660nm}				
$A_{660nm平均}$				
$A_{660nm} - A_{660nm}(空白)$				
计算无机磷量/μg				

5. 核酸含量计算

RNA 的含磷量为 9.5%,由此可以根据 RNA 的含磷量计算出核酸量,即 1μg RNA 磷量,(有机磷)相当于 10.5μg RNA。将测得的总磷量减去无机磷量即得核酸磷量。若样品中含有 DNA 时,则核酸磷量还需减去 DNA 的含磷量,才得到 RNA 磷量,DNA 的含磷量平均为 9.9%。

$$RNA 量(\mu g/mL) = (总磷量 - 无机磷量 - DNA 量 \times 99\%) \times 10.5$$

$$样品 RNA 含量(\%) = \frac{RNA 量(\mu g/mL)}{2000(\mu g/mL)} \times 100\%$$

思 考 题

1. 解释解链温度、"蛋白体"、核苷酸、核酸、转移因子、减色效应和增色效应的

含义。

2. 在核酸的分离纯化中,通常用哪些方法去除蛋白质?

3. 目前国内外工业上制取 RNA 主要利用哪些原料? 氨法破壁提取废弃的酵母 RNA 有何意义?

4. 辅酶 A 与复合辅酶在组成成分与作用机理上有何不同?

第六章　酶类生化产品制备技术

第一节　概　　述

　　酶是由生物细胞所产生的,具有生物催化功能的蛋白质。生物体内一切化学反应,几乎都是在酶的催化下进行的。在酶催化下一切反应都是在比较温和的条件下进行的,而同样一个反应用化学的方法则需要高温或高压、强酸或强碱条件才能进行。

　　早在几千年以前,我国人民就用微生物酿酒制酱。周朝时期制饴造酱,用麹治疗腹泻症。诗经上记载"若作酒醴,尔惟曲蘖",曲就是发霉的谷子,蘖就是发芽的谷粒,它们中都含有丰富的酶。中药的神曲,就是用面粉、杏仁、赤小豆、苍耳等调和,经发酵而制成。还有半夏曲、沉香曲等,均具有消食行气、健脾养胃的功效,用于治疗食积、胀满和泻痢等疾病。这些都是古代人在实际生活中对酶的利用,只是由于科学水平的局限,不知道是生物催化剂——酶罢了。

　　1878 年,德国生理学家屈内(Wilhelm Kuhne)建议把胃液中的酵素叫做"酶"。1897 年,德国化学家布希纳(Eduard Buchner)用沙子把酵母细胞磨碎,提取出滤液,它和酵母一样能完成糖类的发酵,当时称为酵素,现代称为酶。从那时起就建立了酶的物质概念,进入了近代酶学的研究,包括对酶的产生、存在、化学本质、作用机制、制造方法以及用途等的研究,并取得了许多卓越的成就。

　　酶在自然界中只存在于生物体内。地球上现有的动物、植物、微生物,多达200 多万种,是取之不尽、用之不竭的酶资源宝库。酶类生化产品主要是从动物的腺体、组织和体液中制取。植物中分离的酶较少,如菠萝蛋白酶、木瓜蛋白酶等。微生物产生的酶非常丰富,有人推测有 1300 多种,它们繁殖快、产量高、成本低,又不受自然条件限制,是非常有前途的资源。已从微生物中制得的酶有 50 多种。有的酶始终保存在菌体细胞内,叫胞内酶,在提取时,应先破坏细胞,使酶从细胞中释放出来。有的酶在生长过程中,不断地分泌到培养基中,叫胞外酶,它比胞内酶容易提取,一般采用离子交换、凝胶过滤、超速离心等方法进行分离。

　　目前,世界上已知酶 2000 多种,结晶出来的酶差不多 100 种,已经应用的有120 多种,新开发的、正在实验研究中的酶有 100 多种。酶和辅酶是我国生化产品中发展比较快的一类,已正式投入生产的约有 20 多种,载入药典的有 10 种,比英、美药典多 6～7 种。20 世纪 60 年代中期以前,一般动植物来源的酶已陆续投入生产,随后,又向着生产各种微生物来源的酶和辅酶的方向发展。

第二节　酶的组成及分类

按酶的组成,可分单纯蛋白质和结合蛋白质两大类。酶是结合蛋白质的,其蛋白部分叫酶蛋白。非蛋白部分若与酶蛋白结合较松、极易脱落、可以透析分离的叫辅酶,而与酶蛋白部分结合较紧、不能分开的小分子部分则叫辅基。

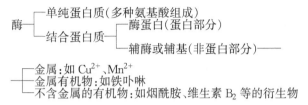

在生物化学上,依据各种酶所催化反应的类型,国际酶学委员会把酶分为六大类,即氧化还原酶类、转移酶类、水解酶类、解合酶类、异构酶类、合成酶类。每一大类中,再分若干亚类,每一亚类再分为若干亚亚类,每一亚亚类直接包括若干种具体的酶。每一种酶在分类系统中的位置,用特定的四个数字组成的编号表示,如胰蛋白酶为 E.C,3.4.4.4,其中 E.C 代表国际酶学委员会,编号中第一个数字表示酶所属的大类(1 代表氧化还原酶类,2 代表转移酶类,3 代表水解酶类,4 代表解合酶类,5 代表异构酶类,6 代表合成酶类),编号中第二个数字表示酶属于哪个亚类,编号中第三个数字表示酶属于哪一亚亚类,编号中第四个数字是表示酶在亚亚类中的位置。由于每一种酶都有特定的编号,可从编号中了解每种酶的类型和性质。

依据其功效和临床应用分为:消化酶,主要有胰酶、胰脂酶、胃蛋白酶、β-半乳糖苷酶、淀粉酶、纤维素酶和消食素(gastropylore)等;抗炎、黏痰溶解酶,主要有胰蛋白酶、糜蛋白酶、糜胰蛋白酶、胶原酶、超氧化物歧化酶、菠萝蛋白酶、木瓜蛋白酶、核糖核酸酶(RNase)等;抗凝酶,主要有链激酶(streptokinase)、尿激酶、纤溶酶、米曲溶纤酶、蛇毒抗凝酶(ancrod)等;止血酶,有凝血酶、人凝血酶、促凝血酶原激酶、蛇毒凝血酶(hemocoagulase)等;血管活性酶,有激肽释放酶、弹性蛋白酶等;抗癌酶,主要有天冬酰胺酶、癌停三合酶(neoblastine)、谷氨酰胺酶等;其他酶,主要有青霉素酶、尿酸酶、尿酶、细胞色素 c 等。

第三节　酶 的 应 用

酶是生物催化剂,利用它的专一性和催化作用,能够巧妙地完成许多复杂的化学反应,实现酶合成、酶分解、酶拆分、酶转化等工艺过程,是近代生化产品制备上的先进技术。例如淀粉转化生产葡萄糖,应用淀粉酶转化率可达 97% 以上;酶转化法制造 L-型氨基酸;酶法实现甾体化合物的脱氢和羟化反应,可在常温下进行,十分成功。

近20年来,人们创造了酶的固定化技术,并把固定了的酶称为固相酶,又根据固相酶技术原理,把作为多酶源的细菌固定化,制成固相菌。固相酶(菌)与游离酶相比,具有酶的性能稳定、可以反复使用、有利于产品提纯、可以装柱进行反应、使设备小型化、节约能源和劳力以及副产物少等许多优点。固定化酶(菌)技术已成为生化产品生产和研究最乐于应用的新技术之一。

在临床上酶类生化产品有很多的用途。

1．助消化酶类生化产品

消化酶可以用于补充内源消化酶的不足,促进食物中蛋白质、脂肪、糖类的消化吸收,治疗消化器官疾病和由其他各种原因所致的食欲不振、消化不良,如胃蛋白酶、胰酶、凝乳酶、纤维素酶和麦芽淀粉酶等。如果把各种消化酶适量混合,制成既能在胃内又能在肠中起消化作用的复方消化酶制剂,如多酶片,对食物进行综合消化作用,临床效果更好。

2．消炎酶类生化产品

蛋白酶作为抗炎剂已有多年的历史,至今作用机制尚未完全弄清:有的认为是直接作用于炎症时产生纤维蛋白原、活性多肽;有的认为是提高内源性抗蛋白酶的活性,促使抗炎多肽的生成。溶解黏痰作用的酶,有脱氧核糖核酸酶,可分解急性呼吸道感染脓痰中的主要黏性成分——脱氧核糖核酸,迅速降低脓痰黏度,特别适用于呼吸系统感染有大量脓痰的患者,是良好的酶类祛痰药;链道酶又名链球菌脱氧核糖核酸酶,可使脓液和黏痰液中含有的30%～70%的脱氧核糖核酸及核蛋白溶解,变成稀薄脓液,易于引流和排除。一般说来,分解黏蛋白的酶类,都有明显的减轻支气管喘息的功效;作用于血液循环系统的酶,具有抗凝、止血、扩张血管等功能,临床上有独特的效果;溶菌酶(主要用于五官科)、胰蛋白酶、糜蛋白酶、菠萝蛋白酶、无花果蛋白酶等,用于消炎、消肿、清疮、排脓和促进伤口愈合。胶原蛋白酶用于治疗褥疮和溃疡,木瓜凝乳蛋白酶用于治疗椎间盘突出症,胰蛋白酶还用于治疗毒蛇咬伤。

3．心血管疾病治疗酶类生化产品

弹性蛋白酶能降低血脂,用于防治动脉粥样硬化。激肽释放酶有扩张血管、降低血压作用。某些酶制剂对溶解血栓有独特效果,如尿激酶、链激酶、纤溶酶及蛇毒溶栓酶。凝血酶可用于止血。

4．抗肿瘤酶类生化产品

L-门冬酰胺酶用于治疗淋巴肉瘤和白血病,谷氨酰胺酶、蛋氨酸酶、组氨酸酶、酪氨酸氧化酶也有不同程度的抗癌作用。

5. 其他酶类生化产品

超氧化物歧化酶(SOD)用于治疗类风湿性关节炎和放射病。PEG-腺苷脱氢酶(PEG-adenase bovine)用于治疗严重的联合免疫缺陷症。DNA 酶和 RNA 酶可降低痰液黏度,用于治疗慢性气管炎。细胞色素 c 用于组织缺氧急救,透明质酸酶用于药物扩散剂,青霉素酶可治疗青霉素过敏。

6. 辅酶类生化产品

辅酶或辅基在酶促反应中起着递氢、递电子或基团转移作用,对酶的催化作用的化学反应方式起着关键性决定作用。多种酶的辅酶或辅基成分具有医疗价值。如烟酰胺腺腺嘌呤二核苷酸(NAD)、烟酰胺腺嘌呤核苷酸磷酸(NADP)、黄素单核苷酸(FMN)、黄素腺嘌呤二核苷酸(FAD)、泛醌、辅酶 A 等已广泛用于肝病和冠心病的治疗。辅酶 A 常与 ATP、GSH 或与 ATP、细胞色素 c、胰岛素等组成复方制剂以增强疗效。

7. 临床诊断酶类生化产品

此外,酶还可作为临床诊断试剂,如用它测定体液内各种组分如葡萄糖、胆固醇、三酰甘油等,具有方便、正确、快速、灵敏等优点。临床诊断的检测方法很多,酶试剂由于上述许多优点而逐步发展,取代了部分化学分析方法。自动分析仪器问世后,酶试剂配合了自动分析,更显示出它的优越性,引人注目。

现在已使用的诊断用酶有数十种,分为氧化酶、脱氢酶、激酶、水解酶、荧光酶等,用于测定 20 多个化验项目。由于在测定某一项目时需要一个或几个酶的配合,组成一个酶反应系统,然后可借助一个最终反应产物,在测试仪表上读出所需的数字信息,因此,常把需要的酶配制在一起,制成一种酶盒,这类酶盒又称酶试剂(盒)。由于在设计这类酶盒时对于一个测试项目可以采取不同的反应系统,因而酶盒的组成也不相同,已有 20 余种。

研究诊断用酶试剂时,首先要确定一个测试项目,选择好一个酶反应系统,然后再解决酶的来源问题。酶可从微生物、动植物中提取、纯化和标定。杂酶含有量的检查,以不干扰测试时的反应为主。需要注意参加偶联反应的试剂和酶在按一定比例混合后,酶活力是否受到抑制或失活,以保证稳定性。

诊断用酶作为我国急需开发的一个新领域,受到了各方面的重视,也是生化产品制备的重要内容。如对胆固醇氧化酶制备方法的研究,已能够从链霉菌发酵液中进行提取和分离,同时研究成功了从猪胰中提取胆固醇酯酶的工艺。用这两种酶配制的测定血清总胆固醇的酶试剂盒,稳定性及效果均良好。其他测定三酰甘油的酶试剂、测定肌酸激酶用的酶试剂的研究工作正在积极开展,已取得了一些进展。

第四节　酶类生化产品的提取分离方法

酶的提取分离一般包括酶五个基本步骤,即原料的选择、酶生物原料的预处理、提取、纯化、结晶或制剂。首先要将所需的酶从原料中引入溶液,此时不可避免地夹带着一些杂质,然后再将此酶从溶液中选择性地分离出来,去除杂质特别是杂蛋白,进行纯化,再精制,得到符合标准的酶制剂。

酶是蛋白质,所以用于提取和分离纯化蛋白质的方法都适用于酶,各种预防变性的措施也同样适用于酶。但在酶的提取分离纯化过程中,应注意工艺的特殊要求。在总的纯化要求上,蛋白质分离始终在温和条件下进行,而酶的分离,在不破坏酶的活力的限度内,可以采用"猛烈"手段,尽可能除去一切杂质。当有酶的作用底物、抑制剂等物质存在时,酶的理化性质及稳定性会有所变化,如有底物蔗糖存在时,蔗糖转化酶能经受更高的温度。这是底物对酶起保护作用,使活性中心不被破坏的主要原因。

酶具有催化活性,这是选择提纯方法和操作条件的指标,在整个酶的提取和纯化过程中,应随时测定总活力和比活力,了解每一步的收率和纯度,分析和决定下步工艺的取舍步骤。

一、酶的原料选择

生物材料和体液中虽然普遍含有酶,但在数量和种类上差别很大。组织中酶的总量不少,但每一种含量非常小,从已获得的资料看,个别酶的含量常在0.0001%~1%(表6-1)。

表 6-1　某些酶在组织中的含量

酶	来源	含量/(g/100g 组织湿重)
胰蛋白酶	牛胰	0.55
甘油醛-3 磷酸脱氢酶	兔骨骼肌	0.40
过氧化氢酶	辣根	0.02
细胞色素 c	猪心肌	0.015
柠檬酸酶	肝	0.07
脱氧核糖核酸酶	胰	0.0005

选用原料应注意以下几点:

1) 不同酶的用料选择,如乙酰化酶在鸽肝中含量高,凝血酶选用动物血液,透明质选用羊睾丸,溶菌酶选用鸡蛋清和鸡蛋壳,尿激酶选用男性尿液,超氧化物歧化酶选用血和肝等。

2）注意不同生长发育情况及营养状况,用微生物制酶,往往菌体产量高时不一定酶量高,故需测其活力来决定取酶阶段。用动物器官提取酶,则与动物年龄及饲养有关。

3）从原料来源是否丰富考虑。

4）从简化提纯步骤着手,如从鸽肝中提取乙酰化酶,需将动物饥饿后取材,可减少肝糖原,以简化纯化步骤。

5）如用动物组织作为原料,则此动物宰杀后应立即取材,如胰脏。

从动物或植物中提取酶受到原料的限制,随着酶应用日益广泛和需求量的增加,工业生产的重点已逐渐转向微生物。用微生物发酵法生产药用酶,不受季节、气候和地域的限制,生产周期短、产量高、成本低,能大规模生产。

二、酶生物原料的预处理

酶生物原料一般应避免剧烈处理,但如是结合酶,则必须进行剧烈处理。

（一）动物酶原料的预处理

1．机械处理

用绞肉机将事先切成小块的组织绞碎。当绞成组织糜后,许多酶都能从粒子较粗的组织糜中提取出来,但组织糜粒子不能太粗,这就要选择好绞肉机板的孔径,若使用不当,会对产率有很大的影响,通常可先用粗孔径的绞,再用细孔径的绞,有时甚至要反复多绞几次。如是速冻的组织也可在冰冻状态下直接切块绞。

用绞肉机绞,一般细胞并不破碎,而有的酶必须细胞破碎后才能有效地提取,因此须采用特殊的匀浆才行。在实验室常用的是玻璃匀浆器和组织捣碎器。生化产品制备上可用高压匀浆泵。不少酶用机械处理仍不能有效提取,可用下述方法处理。

2．反复冻融

冷到 -10℃左右,再缓慢融解至室温,如此反复多次。由于细胞中冰晶的形成,及剩下液体中盐浓度的增高,能使细胞中颗粒及整个细胞破碎,从而使某些酶释放出来。

3．丙酮粉

组织经丙酮迅速脱水干燥制成丙酮粉(如胰酶粉),不仅可减少酶的变性,同时因细胞结构成分的破碎使蛋白质与脂质结合的某些化学键打开,促使某些结合酶释放到溶液中,如鸽肝乙酰化酶就用此法。常用的方法是将组织糜或匀浆悬浮于 0.01mol/L pH 为 6.5 的磷酸缓冲液中,在 0℃ 的条件下一边搅拌,一边徐徐倒入 10 倍体积的 -15℃ 无水丙酮内,10min 后,离心过滤取其沉淀物,反复用冷丙酮处理几次,真空干燥即得丙酮粉。丙酮粉在低温下可保存数年。

(二) 微生物的预处理

若是酶是胞外酶,则可除去菌体后再直接从发酵液中吸附提取酶。但对胞内酶则需将菌体细胞破壁,制成无细胞的悬液后再行提取。通常用离心或压滤方法取得菌体,用生理盐水洗涤除去培养基后,应深冻保存。有时为了大量保存或有利于提取,可采用干燥法,因为干燥常能导致细胞自溶,增加酶的释放,从而在后处理中破壁不必太剧烈就能达到预期目的。

1. 干燥法

干燥方法很多,常见有空气干燥、真空干燥和冷冻干燥三种。

(1) 空气干燥 此类方法特别适用干酵母,用 10 目过筛后在 25～30℃ 吹风干燥,干燥后酵母已部分自溶,用水将其悬浮,在搅拌下提取 2～3h。但其中喷雾干燥法由于温度较高,对热稳定性较差的酶不适用。

(2) 真空干燥 此法对细菌特别适用。菌体经 P_2O_5 真空干燥过夜后已产生自溶,干菌成硬块,需磨碎再用水提取。对敏感性的酶,例如巯基酶,有时需加少量还原剂,如谷胱甘肽、巯基乙醇、半胱氨酸、亚硫酸钠等进行保护,用羊精囊来提取前列腺素合成酶时,是加谷胱甘肽作保护剂的。

(3) 冷冻干燥 对较敏感的酶宜用此法。一般用 10%～40% 悬液进行冷冻干燥,得到的冻干粉可较长时间保存。

2. 机械法

常用的方法有研磨法、组织匀浆法、超声波法、高压匀浆法等。

(1) 研磨法 在冷却情况下,加一定的磨料用细菌磨研磨破碎,一般磨数小时,磨料常用玻璃粉,对它的要求是细(500 目以上)、均一、不吸附蛋白。

(2) 组织匀浆法 磨料用粒度 50～500μm 的玻璃粉。

(3) 超声波法 微生物浓度可取 50～100mg/mL,容量与操作功率有关,功率很重要,频率不重要。对革兰氏阴性菌如大肠杆菌操作 10min 即可。

(4) 高压匀浆法 国内已有高压匀浆泵,大规模生产可选用。

3. 酶法处理

用得最多的是溶菌酶,酶量为微生物细胞压积重的 1/1000。如在 37℃,pH 为 8.0 下对小球菌进行破壁处理,历时 15min,即可提取核酸酶。也有用脱氧核糖核酸酶处理,操作与溶菌酶同。

三、酶 的 提 取

对于细胞外酶只要用水或缓冲液浸泡,滤去不溶物,就可得到粗提取液。对于细胞内酶,则首先必须设法使细胞破裂。对于动植物组织可用绞肉机或高速组织捣碎器,或者石英砂研磨破碎细胞,然后将材料做成丙酮粉或进行冰冻融解。当少量材料时,也可用玻璃匀浆器。对微生物材料,通常采用自溶法,就是将浓的菌体悬液加入少量甲苯、氯仿或乙酸乙酯,在适宜的 pH 和温度下保温一定时间,使菌体自溶液化。酵母细胞壁厚,常用此法。对于细菌,可加砂或加氧化铝研磨,超声波振荡处理。此外,还有丙酮粉法、冰冻融解法、溶菌酶溶解法以及加研磨剂高速振荡法等。

因为大多数酶属于清蛋白或球蛋白类,所以一般都可用稀盐、稀酸或稀碱的水溶液提取。提取液的 pH 一般以 $4\sim6$ 为好,为了达到好的提取效果,选择的 pH 应该在酶的 pH 稳定范围内。同时提取的 pH 最好要远离等电点,即酸性酶蛋白用碱性溶液提取,碱性酶蛋白用酸性溶液提取。有关盐的选择,由于大多数蛋白质在低浓度的盐溶液中较易溶解,所以提取时一般用等渗的盐溶液,最常用的有 $0.02\sim0.05mol/L$ 磷酸缓冲液,$0.5mol/L$ 氯化钠、焦磷酸钠缓冲液和柠檬酸钠缓冲液等。提取温度通常都控制在 $0\sim4℃$。提取液用量通常是原料的 $1\sim5$ 倍。为了提取效果最佳,可反复提取。

以上配的提取液浓度都很低,为了获得酶蛋白,必须将提取液再浓缩。常用的浓缩方法有盐或冷乙醇沉淀后再溶解、薄膜浓缩、冰冻浓缩、聚乙二醇浓缩、凝胶过滤浓缩,以及超过滤浓缩法等。

四、酶 的 纯 化

提取液中除了含有所需要的酶以外,还含有许多其他小分子和大分子物质。小分子物质在纯化过程中会自然地除去,大分子物质包括糖、核酸和杂蛋白等往往会干扰纯化,因此纯化的主要工作就是要将酶从杂蛋白中分离出来。分离纯化的方法很多,根据酶和杂蛋白在一定条件下溶解度的不同来进行酶纯化的方法有盐析法、有机溶剂沉淀法、等电点沉淀法。另外,还有吸附分离法以及凝胶过滤法、离子交换法、电泳法和亲和层析法等。

(1)盐析　在纯化酶的过程中,通常采用硫酸铵作为盐析剂,有时也用硫酸镁、氯化钠、硫酸钠等作为盐析剂。盐析法的优点是简便安全,大多数酶在高浓度盐溶液中相当稳定,重复性好。但分辨率低,纯度提高不明显,还需进行脱盐。

(2)有机溶剂沉淀　在纯化酶的过程中,也常用有机溶剂沉淀法。用有机溶剂沉淀酶,最重要的是严格控制温度在0℃下进行。所用溶剂的质量分数应根据酶的性质而定。常用的质量分数(指最后质量分数)一般在30%～60%。溶剂质量分数高时,易使酶失活,应少量多次加入,加入时速率要慢,以免产生大量的热而使酶变性失活。

(3)等电点沉淀　在纯化酶的过程中,也常利用等电点沉淀法去除杂蛋白。虽然蛋白质在等电点时溶解度最小,但仍有一定的溶解度,沉淀不完全,因此很少单独使用等电点法进行酶的纯化,多数情况是在纯化的前面步骤中用来除去大量杂蛋白,使酶液澄清。调节 pH 一般可用乙酸钠、氨水或缓冲液。

(4)吸附分离　在纯化酶的过程中,吸附分离法也是常用的方法之一。常用的吸附剂有白土、氧化铝和磷酸钙凝胶。在弱酸或中性以及低盐浓度时吸附力较好。近年应用最多的是羟基磷灰石吸附剂。吸附时,先在酶液中加入适量的吸附剂,搅拌均匀,然后静置,酶被吸附与吸附剂一起沉淀下来,与杂蛋白分开。过滤后,吸附了酶的吸附剂可直接烘干制成酶制剂,也可用适当的溶剂如 pH 为 7.0 的磷酸缓冲液把此酶从吸附剂上洗脱下来,然后再进一步纯化。用吸附剂也可去掉酶液中其他杂质和色素。

(5)离子交换和电泳　在纯化酶的过程中,根据蛋白质带电性质进行分离纯化的最佳手段是离子交换法和电泳法,前者用于大体积的制备,应用广,分辨率很高。电泳法主要作为分析鉴定的工具或用于少量分离。

为了达到比较理想的纯化结果,往往需要几种方法配合使用,应根据酶本身的性质选择纯化方法,方法的好坏应以酶活力测定为准则。一个好的方法应比活力提高大、总活力回收高、重复性好。通常整个纯化过程不宜重复同一步骤或同一方法,因为这样会使酶的总活力下降,而且不能去掉不同种类的杂质。要严格控制操作条件,特别是酶在逐渐纯化的过程中,随着杂质的除去,蛋白质总浓度下降,蛋白质间的相互稳定作用随之减弱,酶的稳定性也减小,这时应更精心地控制操作条件。

五、纯度和产量

提纯的目的,不仅在于得到一定量的酶,而且要求得到不含或尽量少含其他杂蛋白的酶制品。在纯化过程中,除了要测定一定体积或一定质量的酶制剂中含有多少活力单位外,还需要测定酶制剂的纯度。酶的纯度用比活力表示,比活力即每毫克蛋白(或每毫克蛋白氮)所含的酶活力单位,计算公式如下

比活力(纯度)= 活力单位数/毫克蛋白(氮)= 总活力单位数/总蛋白(氮)

怎样来理解比活力? 比如今有一酶的粗提取液,除了该酶分子外,往往还含有许多其他杂蛋白,经四个纯化步骤,分别在每一步骤中取样得到下列甲、乙、丙、丁四种样品,测定活力和蛋白,计算出总活力、总蛋白和比活力(表6-2)。

表 6-2　酶的粗提取液纯化结果

项　目	甲	乙	丙	丁
总活力	6	4	3	2
总蛋白	20	10	5	2
比活力	6/20	4/10	3/5	2/2

从表 6-2 可看出经过四个纯化步骤后,总的蛋白大大减少,其中也包括损失了一些酶,因此总活力也减少。但因杂蛋白去得多,所需的酶相应去掉少些,故酶制品的纯度就提高了。如果纯化过程中只求其总活力,无法了解其纯度是否提高了。一定要了解其总活力与总蛋白的比,才能看出其纯化程度在一步步提高。总之,在提纯的过程中,总活力在减少,总蛋白量也在减少,但比活力却在增高。比活力愈高,表示酶纯度愈高。

此外在酶的纯化工作中还要计算两个具有实际意义的项目,即纯化倍数和产量(%)(即回收率),公式为

$$纯化倍数 = \frac{每次比活力}{第一次比活力}$$

$$产量(\%) = \frac{每次总活力}{第一次总活力}$$

酶的纯度鉴定一般采用电泳法或 HPL 方法等。

第五节　木瓜蛋白酶的提取

木瓜蛋白酶(papain,又称 papayotin、vegetable pepsin)是由植物番木瓜叶精制而得的蛋白酶混合物。木瓜蛋白酶是一种巯基蛋白酶,其专一性较差,能分解比胰脏蛋白酶更多的蛋白质。木瓜蛋白酶是单条肽链,有 211 个氨基残基组成,相对分子质量为 23 000。木瓜凝乳蛋白酶,相对分子质量为 36 000,约占可溶性蛋白质的45%。溶菌酶,相对分子质量为 2500,约占可溶性蛋白质的 20%。

木瓜蛋白酶为白色、淡褐色无定形粉末或颗粒。略溶于水、甘油,不溶于乙醚、乙醇和氯仿。水溶液无色至淡黄色,有时呈乳白色。最适 pH 为 5.0～8.0,微吸湿,有硫化氢嗅。最适温度 65℃,易变性失活。木瓜蛋白酶等电点 pI = 9.6。半胱氨酸、硫化物、亚硫酸盐和 EDTA 是木瓜蛋白酶激活剂,巯基试剂和过氧化氢是木瓜蛋白酶的抑制剂。

木瓜蛋白酶能够将纤维蛋白酶原激活成为纤维蛋白溶酶。它只作用于坏死组织,溶解病灶内的纤维蛋白、血凝块和坏死物质。清洁创面,助长新生肉芽,促进排胀排液,加速伤口愈合。木瓜蛋白酶常用于治疗水肿,炎症以及驱虫(线虫)等疾病。但是用药后有轻度皮肤炎和局部出血、疼痛感。反复使用可引过敏反应。严

重肝肾病患者慎用,血凝机能不全及全身感染病人忌用,忌同抗凝剂配伍。在临床上口服,每次 1～2u。

一、试剂及器材

1. 原料

用锋利刀片在未成热的青果表面纵割若干条线,因乳管在果皮下 1～2mm 深处,所以下刀深度也应在 2mm 深以内,环绕茎干装一倒伞形收集盘,接收流下的乳汁。每个果一次割 3 条线,4 天割一次,每次采割时间在清晨或中午下雨后。选择 2.5～3 月龄已充分长大的青果采割产量最高。割后 30～60s 乳汁停止流出,把粘在果上的乳汁赶入收集盘混合收集。用浸过硫酸钙或杀菌剂溶液的洁净布擦果,防切口感染。

2. 试剂

(1) EDTA 这里用于保持酶活性,选用化学纯试剂(CP)。
(2) 氢氧化钠 这里用于调节 pH,选用化学纯试剂(CP)。
(3) 盐酸 这里用于调节 pH,选用化学纯试剂(CP)。
(4) 硫代硫酸钠 这里用于保持酶活性,选用化学纯试剂(CP)。
(5) 氯化钠 这里用于保持酶活性,选用化学纯试剂(CP)。
(6) 半胱氨酸 这里用于保持酶活性,选用化学纯试剂(CP)。
(7) 硫酸铵 这里用于盐析,选用化学纯试剂(CP)。
(8) 酪蛋白 这里作为标准蛋白,选用生化试剂。
(9) 磷酸氢二钠 这里用于配制测定液,选用化学纯试剂(CP)。
(10) 酪氨酸 这里作为标准品,选用生化试剂。
(11) 乙酸钠 这里用于配制 TCA 液,选用生化试剂。
(12) 冰醋酸 这里用于配制 TCA 液,选用生化试剂。
(13) 石英砂 这里用于研磨样品,选用化学纯试剂(CP)。
(14) TCA 这里作为变性剂,选用生化试剂。
(15) 硫酸钙 这里作为杀菌剂,选用化学纯试剂(CP)。

3. 器材

搪瓷缸,不锈钢锅,干燥机,水浴,温度计(1～100℃),酸度计,具塞试管,移液管,量筒,烧杯,恒温水浴,容量瓶。

二、粗制提取工艺

1. 工艺路线

2. 操作步骤

（1）粗制　将木瓜乳汁倾入不锈钢锅中，在搅拌的条件下加入含0.1%四乙酸乙二胺化二钠和0.3%氯化钠溶液，并加入还原剂0.06mmol/L硫代硫酸钠和0.08mmol/L半胱氨酸的混合液，混匀后过滤，收集滤液。

（2）干燥　将以上滤液置于干燥机中干燥，即得粗品。

三、精制提取工艺 1

1. 工艺路线

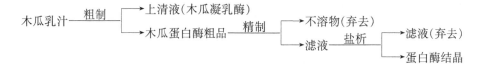

2. 操作步骤

（1）粗制　将木瓜乳汁倾入搪瓷缸中，在搅拌的条件下加入硫酸铵使其达到45%饱和度时，木瓜蛋白酶即沉淀，然后静置过夜，离心，收集沉淀，得木瓜蛋白酶粗品，木瓜凝乳酶在上清液中。一步将两个酶分离。

（2）精制　将沉淀置于搪瓷缸中，在搅拌的条件加入1倍体积的0.1%四乙酸乙二胺化二钠和0.3%氯化钠溶液，并加入还原剂0.06mmol/L硫代硫酸钠和0.08mmol/L半胱氨酸的混合液，然后用0.1 mol/L氢氧化钠或0.1mol/L盐酸pH至9.0，搅匀溶解，离心或过滤除不溶物。清液取100mL作硫酸铵盐析曲线，得出盐析范围，先向溶液中加硫酸铵至盐析曲线的下限，拌匀，离心除不溶物，清液中补加硫酸铵至上限，静置，析出结晶，为木瓜蛋白酶结晶。

（3）盐析　先向溶液中加硫酸铵至盐析曲线的下限，拌匀，离心除不溶物，清液中补加硫酸铵至上限，静置，析出结晶，为木瓜蛋白酶结晶。

四、精制提取工艺 2

1. 工艺路线

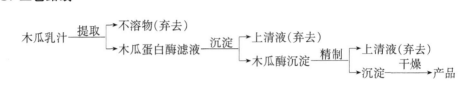

2. 操作步骤

（1）提取　将木瓜乳汁倾入不锈钢反应锅中,在搅拌的条件下加入 0.08 mol/L pH 为 7.0 的半胱氨酸稀溶液,搅拌提取 30min,过滤除渣,收集滤液。

（2）沉淀　将清液倾入搪瓷缸中。在搅拌的条件下用 0.1mol/L 盐酸或 0.1mol/L 氢氧化钠溶液调 pH 至 8.0,然后取 100mL 作此条件下硫酸铵的盐析曲线,用下限去杂,上限沉淀木瓜酶,离心收集木瓜酶沉淀,

（3）精制　将沉淀溶于 0.03mol/L pH 为 6.5 的半胱氨酸稀溶液,取 100mL 作氯化钠的盐析曲线,获木瓜蛋白酶的盐析范围,与上法相似,用下限除杂,补加氯化钠至上限,温度调至 40℃静置,可析出木瓜酶结晶,过滤收集的晶体。

（4）干燥　将以上收集的晶体,洗涤,干燥得精品。

五、木瓜蛋白酶活力测定（氯化钠蛋白法）

1. 试剂配制

（1）酶稀释液　半胱酸 0.03mol/L（0.1537g）、四乙酸乙二胺化二钠 0.006mol/L（0.0935g）,两者分别用适量蒸馏水溶解,再将四乙酸乙二胺化二钠溶液倒入半胱氨酸溶液中,使其溶解,定容至 25mL,pH 为 4.5。

（2）酪蛋白溶液（底物）　称磷酸氢二钠 1.447g 加蒸馏水约 80mL 溶解后,加入 0.80g 酪蛋白,水浴上加热搅拌溶解,待完全溶解后,冷至室温,定容至 100mL,摇匀,达到 pH 至 7.0。

（3）TCA 溶液（变性剂）　称三氯乙酸（TCA）2.247g、乙酸钠 1.824g、冰醋酸 2g,定容至 100mL。

（4）酪氨酸标准液（50μg/mL）　称 105℃烘至恒重的酪氨酸 5.0mg,用 0.1mol/L 盐酸定容至 100mL。

2. 活性测定

（1）样品处理　精确称取 0.1～0.2g 的木瓜蛋白酶干粉于研体中,加入少量

石英砂和几滴配酶稀释液连续研磨 15min,用蒸馏水少量多次洗入 500mL 容量瓶 (石英砂不要洗入,反复把研钵、石英砂上的酶洗入)定容,摇匀。取样液 5mL,加入酶溶解液 10mL,混匀盖严,将酶激活 15min 以上(激活时半胱氨酸的浓度要高于 0.03mol/L,而且要当天配制,当年生产的。激活的酶最好在 2h 内测完,活力下降不明显)备用。

(2) 木瓜酶活力测定　取 1.0mL 已激活的酶液于具塞试管中,置 37℃水浴保温 10min,吸取预热 37℃酪蛋白液 5.0mL 加入此管,在 37℃反应 10min 立即加 5.0mL TCA 液摇匀,过滤;另取样液(已激活)1.0mL 置另一具塞试管中,加入 5.0mL TCA 液,37℃保温 10min 后立即加入预热 37℃酪蛋白液 5.0mL,摇匀过滤。以后管为对照,测前管滤液的 OD_{275} 值(A)。另取酪氨酸标准样(105℃烘 3h) 用 0.1mol/L 盐酸配成每毫升含 50.0μg 溶液,以蒸馏水作为空白对照,测 OD_{275} 值 (A_s 值)。

(3) 计算

$$木瓜蛋白酶活力(u/g) = \frac{A}{A_s} \times 50 \times \frac{500 \times 3}{样重(g)} \times \frac{1}{10} \times 11$$

式中:A_s 为 50μg/mL 酪氨酸的光吸收值;A 为 1mL 激活酶作用于底物所得产物 的光吸收值;50 为每毫升标准酪氨酸的微克数;10 为反应时间(min);500 为酶第 一次稀释倍数(定容体积);3 为激活时酶液的稀释倍数;11 为测定时酶液的稀释 倍数。

六、说　　明

1) 干燥的方法主要有两种:鼓风干燥、真空干燥。这两种方法可加热至 55℃ ±1℃。有条件的可进行喷雾干燥,处理量大。乳汁再滤一次,除杂,并进行真空浓 缩才进行喷雾干燥,因酶受到的是瞬间高温处理,活性损失较小、质量较好,得到的 是白色细颗粒状物。

2) 木瓜蛋白酶活力测定结果往往偏低,主要应注意:①细胞破碎一定要充分, 研磨时间必须 15min 以上;②激活剂半胱氨酸激活酶时,浓度必须达到 0.03 mol/L,激活时间必须 15min 以上。激活后放置时间不宜太长,最好激活后马上测 定。半胱氨酸要当天配的,当年生产的。

木瓜蛋白酶活力单位定义为:在测定条件下,37℃,pH 为 7.0,反应 1min,酪蛋 白的酶水解产物在 275nm 处的光吸收值相当于 50μg/mL 酪氨酸在 275nm 光吸收 值时下个酶活力单位。

第六节　凝血酶的制备

正常血浆中存在无活性的凝血酶原,是一种糖蛋白。凝血酶(thrombin,E.C,

3.4.21.5)是由二条肽链组成的,多肽链之间以二硫键相连接,为蛋白水解酶,相对分子质量为 335 800。性状呈无定形粉末,易溶于水,难溶于乙醇、丙酮、乙醚等有机溶剂,但储存于 2~8℃很稳定,水溶液室温 8h 失活。遇热稀酸、碱、金属等活力降低。

凝血酶是机体凝血系统的天然组分,由前体凝血酶原激活剂激化而转化成具有活性的凝血酶。凝血酶可直接作用于血浆纤维蛋白原,加速不溶性纤维蛋白凝块的生成,促进血液凝固。常以干粉或溶液局部应用于伤口或手术处,以控制毛细血管渗血。较多用于骨出血、扁桃体摘除和拔牙等。也可口服,用于胃和十二指肠出血。目前凝血酶的应用范围正日渐扩大,有单纯的局部外敷到外科手术、鼻、喉、口腔、妇产、泌尿及消化道等部位出血的止血,也可作为多种外用止血药物的重要原料,其止血效果优于“对氨基苯甲酸”、“止血坏酸”、“止血敏”等通过注射后需经血管收缩而起止血作用的药物,故深受广大用户欢迎。据悉,国际新型高效局部止血药物——凝血酶将广泛应用于临床,使目前十分紧俏的凝血酶身价倍增,更趋紧缺。目前我国进口的凝血酶是从牛血中提取的。

凝血酶是机体凝血系统中的天然成分,国外主要在低温条件下从人或牛血液中提取凝血酶原,再经激活物激活而成凝血酶。凝血酶可催化血纤维蛋白原中的血纤维肽 A 和 B 断裂,转变成不溶性的纤维蛋白凝块。凝血酶在临床上应用广泛,产品供不应求。但因生产条件及其他因素制约,产量很小,其产品主要用于生化制品的鉴定,很少直接应用于临床,故其价格十分昂贵。我国主要从猪血液中提取凝血酶,由于技术原因,在产品质量和生物活性方面存在一些问题。

一、试剂与器材

1. 原料

要保证猪血新鲜,防止混入其他杂物,盛血液的器具一定用干净。

2. 试剂

(1) 柠檬酸二钠　这里用于配制抗凝剂,选用化学纯试剂(CP)。

(2) 乙酸　这里用于调节 pH,选用化学纯试剂(CP)。

(3) 氯化钠　这里用于配制生理盐水,选用分析纯试剂(AR)。

(4) 氯化钙　这里作为激活剂,选用分析纯试剂(AR)。

(5) 丙酮　这里作为沉淀剂,选用化学纯试剂(CP)。

(6) 95% 乙醇　这里作为沉淀剂,选用化学纯试剂(CP)。

(7) 无水乙醚　这里作为脱水剂,选用化学纯试剂(CP)。

(8) 草酸钾　这里用于测定,选用分析纯试剂 (AR)。

（9）标准纤维蛋白原　这里用于测定。

3. 器材

离心机,搅拌机,布氏漏斗,搪瓷桶,干燥器,精密天平,温度计,量筒,烧杯,酸度计。

二、提 取 工 艺

1. 工艺流程

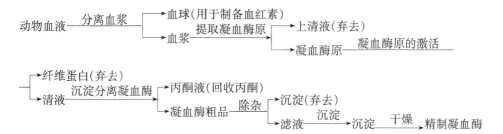

2. 操作步骤

（1）分离血浆、提取凝血酶原　取动物血液,按 1kg 动物血液加 3.8g 柠檬酸三钠投料,搅拌均匀,装入离心管中,以 3000r/min 的速率离心 15min,分出血球(可供制备血红素),收集血浆。把血浆溶于 10 倍的蒸馏水中,用 1% 的乙酸调节 pH 至 5.3,在离心机上以 3000r/min 的速率离心 15min,弃去上清液,收集的沉淀物即为凝血酶原。

（2）凝血酶原的激活　在 30℃ 条件下,将凝血酶原溶于 1~2 倍的 0.9% 氯化钠溶液中,搅拌均匀,加入占凝血酶原质量 1.5% 的氯化钙,搅拌 15min。在 4℃ 下放置 1.5h 左右,保证凝血酶原转化为凝血酶。

（3）沉淀分离凝血酶　将激活的凝血酶溶液用离心机以 3000r/min 的速率离心 15 min,弃去沉淀。上清液移入搪瓷缸中,加入等量的预冷至 4℃ 的丙酮,搅拌均匀,在冷处静置过夜。然后用离心机分离,收集沉淀,上清液可供回收丙酮。沉淀用丙酮洗涤并研细,在冷处静置 3d 左右,然后过滤,沉淀分别用乙醇和乙醚洗涤 1 次,放置在干燥器或石灰缸中干燥,即得凝血酶粗品。

（4）除杂、沉淀、干燥　把粗品溶于适量(1 倍左右)的 0.9% 氯化钠溶液中,在 0℃ 放置 6h 以上,然后用滤纸过滤,滤出的沉淀再用 0.9% 氯化钠溶液溶解,在 0℃ 放置 6h 以上,过滤,合并两次滤液,用 1% 乙酸溶液调节 pH 为 5.5,然后离心,弃去沉淀,收集上层清液。在清液中加入 2 倍量预冷至 4℃ 的丙酮,静置 3h,离心 30min,收集沉淀。沉淀再浸泡于冷丙酮中,静置过夜,然后过滤,沉淀分别用无水乙醇、乙醚各洗涤一次,干燥即得产品。

三、效价测定

1. 标准纤维蛋白测定法

凝血酶的单位定义为活度量,即 1mL 标准纤维蛋白原溶液在 28℃、15s 内产生凝集的量为一个单位(U)。具体做法是:将凝血酶样品配成适当浓度,取 6.2 mL 加入 0.8mL 0.125% 纤维蛋白原溶液,于 28℃ 测定其凝结时间(先将凝血酶配成一定浓度,测得的凝结时间去除 15,再乘以溶液浓度),得到 1mg 样品所含单位的估算值。再按估算值配成 0.2mL 含 1 个单位的凝血酶溶液,取 0.2mL 加入 0.8mL 0.125% 纤维蛋白原溶液中,凝结时间需 15s。

2. 草酸盐牛血清测定法

1mL 草酸盐牛血清在 28℃、15s 内产生凝集,则含凝血酶 2.25U。具体做法是:7 份牛血清与 1 份等渗草酸钾溶液(1.85%)混合,离心分离得草酸盐牛血清(−40℃ 只能保存两个星期)。取几支试管,各加 0.9mL 草酸盐牛血清,依次加入不同稀释度的凝血配样品溶液 0.1mL,通过反复试验,确定适宜的稀释度,使之在 15s 内产生凝集。同前面的定义一样,在 15s 出现凝集的试管合 2.25 凝血酶。估量稀释度后,很快就可确定凝血酶原液的滴定度及凝血酶的单位。

四、注意事项及说明

1) 国外已有报道以牛血浆为原料制备凝血酶,也可用猪血浆为原料分离制备凝血酶,以达到充分利用我国丰富的猪血资源的目的,猪血中,血浆与血球之体积比为 55:45,通常 1000mL 全血用离心机分离只能得到 500mL 血浆。新鲜猪血不能立即进行分离,需尽快冷至 15℃ 以下(时间太长猪血会发生腐败),再进行分离。温度愈低,血浆、血球愈容易分离。用以上工艺,每 1000mL 血浆可制得凝血酶粗品约 10g,凝血酶精品约 0.4g,即粗品收率约 1%,精品收率约 0.04%。

2) 原有的凝血酶制备方法,获得的凝血酶效价最高约 950U/mg 干重,即(以氮计)约 6600U/mg。沃尔特等报道,经过改进的凝血酶制备方法,其分离获得效价(以氮计)为 12 000U/mg,并由溶解度曲线表明制剂含有两个明显不同溶解度的活性组分,它们的效价(以氮计)分别是 10 086U/mg 及 13 365U/mg,从而推断凝血酶有两个活性组分,即存在两个天然凝血酶分子。

3) 采用一般方法制备的凝血酶通常为灰白色粉末,将其溶于生理盐水中通常得到的是半透明胶状悬浊液,这是因为含有杂质的缘故,若制备过程中采取了透析及硫酸铵分级分离等步骤处理,凝血酶的纯度将大大提高,其精品色雪白,极易溶于水,水溶液澄清透明,医疗价值更高。因此根据需要,可制备凝血酶制剂和高纯度凝血酶无菌冻干剂。

我国猪血资源十分丰富,血浆原料充足(平均每头猪可回收血浆 1L),血球可作为制备超氧化物歧化酶及血卟啉类等的原料,且凝血酶局部止血效果良好,具有医用价值。

第七节　尿激酶的提取

尿激酶(urokinase, E.C, 3.4.99.26)缩写 UK(其他名称:尿活素、abbokinase win-kinase uronase),是一种碱性蛋白,由肾脏细胞产生,主要存在于人及哺乳动物尿中。人尿平均含量 5~6U/mL。据分析,有多种尿激酶存在,主要有相对分子质量为 54 700 和 31 300 两种。尿中的尿胃蛋白酶原在酸性条件下被激活生成尿胃蛋白酶,尿胃蛋白酶可把相对分子质量 54 700 的天然尿激酶降解成相对分子质量 31 300 的尿激酶。相对分子质量为 54 700 的天然尿激酶由两条肽链通过二硫键连接而成。尿激酶是丝氨酸蛋白酶,丝氨酸和组氨酸是酶活性中心的必需氨基酸。

尿激酶是专一性很强的蛋白水解酶,血纤维蛋白溶酶原是惟一的天然蛋白底物,在生物体内,它作用于精氨酸-缬氨酸键,使纤溶酶原转化为有活性的纤溶酶。对合成底物的活性与胰蛋白酶和纤溶酶近似,也具有酯酶的活力,可作用于 N-乙酰甘氨酰-L-赖氨酸甲酯;对血纤维蛋白、血纤维蛋白原、凝血因子Ⅴ、Ⅶ、Ⅸ等都有溶解作用,从而达到溶血栓、抗凝血作用,所以是一种十分有效的溶血剂。实验证明,尿激酶还有明显的降血压作用。

在临床上,尿激酶已广泛用于治疗各种新血栓的形成或血栓梗塞性疾病,如缺血性脑卒中(脑血栓)、中央视网膜血管闭塞症、急性心肌梗死、肺梗死、四肢及周围动脉血栓症以及人工肾、肾移植、动静脉交支血栓的形成、风湿性关节炎等。此外,它与抗癌药物合用有良好的协同治癌作用。尿激酶无抗原性、无毒副作用小,可多次较长时间使用。

20 世纪 50 年代初,美国发现了人体溶蛋白活性物质,于 1952 年命名为尿激酶,到 60 年代已提出一些分离提纯方法,70 年代后更有大量文献报道提取尿激酶的种种方法,但都用吸附法。其吸附剂从无机物到有机物,种类繁多,始终未找到一种较理想的对尿激酶吸附率高、专一性强、纯度高的吸附剂。

日本用亲和层析,收率很高。美国开发新的资源,用人胎儿肾细胞培养,即组织培养法,在空间人造卫星上分离出专门产生尿激酶的细胞并进行尿激酶的结晶工作,含量比一般方法提高 100 倍,专利已被日本买去,每年可生产 10g。近年来国内外又利用遗传工程,将产生尿激酶的基因成功地转移到细菌细胞上,再培养产生尿激酶。我国人口众多,尿源十分丰富,因此以尿为提取尿激酶的原料,比较适合我国国情。

由于尿激酶在尿中含量很低,从尿中提取尿激酶的关键是选择恰当的吸附剂。目前,我国主要从男性尿液中提取尿激酶,有三种方法:浸泡法、沉淀法和吸附法。生产上多采用吸附法,根据选用吸附剂的类型又分为树脂吸附和硅藻土吸附两种工艺。

尿激酶的等电点为 8.4～8.7,主要部分在 8.6 左右。冻干状态可稳定数年,1mg/mL 的无菌溶液可在冰箱中保存数日。在盐浓度低于 0.03mol/L 时稳定性下降,在极低的盐浓度时,随着酶的失活产生沉淀。0.1% 四乙酸乙二胺、人血白蛋白或明胶可防止酶的表面变性作用,0.005% 鱼精蛋白及其盐对酶有良好的稳定作用。在制备时,加入上述试剂可明显提高收率。二硫代苏糖醇、ε-氨基乙酸、二异丙基氟代磷酸等对酶有抑制作用。

药用尿激酶为白色冻干制品,易溶于水,干燥粉末于 4℃ 较稳定,水溶液在 4℃ 稳定 3d。

一、试剂与器材

1．原料

收集男性新鲜尿液,置 10℃ 保存。

2．试剂及配制

(1) 氢氧化钠　这里作调节 pH 用,选用化学纯试剂(CP)。

(2) 盐酸　这里作调节 pH 用,选用化学纯试剂(CP)。

(3) 硫酸铵　这里作盐析用,选用化学纯试剂(CP)。

(4) 氨水　这里作调节 pH 用,选用化学纯试剂(CP)。

(5) 乙酸钡　这里作检测用,选用分析纯试剂(AR)。

(6) 丙酮　这里作沉淀用,选用化学纯试剂(CP)。

(7) 氯化钠　这里作配制洗脱剂用,选用化学纯试剂(CP)。

(8) 四乙酸二乙胺　这里作为稳定剂,选用化学纯试剂(CP)。

(9) 甘氨酸　这里作配制洗溶液用,选用化学纯试剂(CP)。

(10) 苯酚　这里作为防腐剂,选用化学纯试剂(CP)。

(11) 硝酸　这里作检测用,选用化学纯试剂(CP)。

(12) 硫酸铜　这里作配制测定液用,选用化学纯试剂(CP)。

(13) 琼脂糖　这里用于测定,选用生化试剂。

(14) 牛纤维蛋白原　这里用于测定,选用药检部门生产的标准品。

(15) 卵清蛋白　这里用于测定,选用生化试剂。

（16）牛凝血酶　这里用于测定,选用医用制品。

（17）硅藻土　这里用于吸附,选用化学纯试剂(CP)。

（18）CM-C　这里用于吸附用。

（19）724-阳离子树脂　这里用于吸附。

（20）D-160 阳离子树脂　这里用于吸附。

（21）DEAE-C　这里用于吸附。

（22）磷酸钾缓冲液　一般市售的磷酸氢二钾其化学式为 $K_2HPO_4 \cdot 3H_2O$,称取 11.38g 溶于 1000mL 蒸馏水中,搅拌均匀;如市售的磷酸二氢钾化学式为 KH_2PO_4,则在 1000mL 蒸馏水中加入 6.8g,搅拌均匀;如化学式为 $KH_2PO_4 \cdot 2H_2O$,则在 1000mL 水中加入 8.6g,搅拌均匀。将磷酸二氢钾(KH_2PO_4 或 $KH_2PO_4 \cdot 2H_2O$)溶液倒入磷酸氢二钾($K_2HPO_4 \cdot 3H_2O$)溶液中,直至调整溶液的 pH 至 6.5 为止,此溶液的浓度为 0.05mol/L。

（23）磷酸钠缓冲液(0.1mol/L,pH 为 6.0)　量取 61mL 浓度为 0.1mol/L 的磷酸氢二钠溶液加入 39mL 浓度为 0.1mol/L 的磷酸二氢钠溶液,混匀后用 pH 计校正 pH。

3.器材

搪瓷缸,搪瓷桶,玻璃柱(5cm×50cm),离心机,干燥器,搅拌机,721 型分光光度计,比重计,试管,移液管,玻璃烧杯,玻璃量筒,酸度计,蛋白质检测仪(紫外检测仪),透析袋,分析天平。

二、硅藻土吸附法

(一) 工艺流程

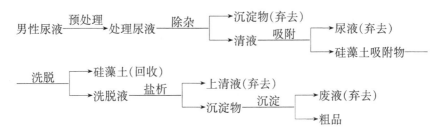

(二) 操作步骤

（1）预处理　用特制的塑料桶收集男性尿液,在 8h 内处理,放置在 10℃ 以下阴凉处,用工业盐酸调 pH 至 6.5 以下,电导相当于 20～30mS,细菌数 1000mL 以下,气温高时,可加 0.8%～1% 苯酚防腐。

（2）除杂　把在阴凉处放置的尿液,用 20%～30% 的工业氢氧化钠溶液调 pH

至 8.5 左右,搅拌均匀,静置 2h 左右,然后虹吸出上层清液,用 1∶1 的盐酸酸化至 pH 为 5.3 左右。

(3) 吸附　将上述酸化液移入吸附缸中(或搪瓷桶中),按酸化尿液量加入 1% 预先处理成中性的硅藻土,搅拌吸附 1h 以上,然后过滤收集硅藻土。

(4) 洗脱　将吸附尿激酶的硅藻土放置于搪瓷桶中,用 5℃ 的凉水反复冲洗数次,然后装入柱中(柱比 1∶1),先用 0.02% 的氨水洗涤,当柱出口处流出液由浑变清时,立即用 0.02% 的氨水和 6% 氯化钠洗脱,当硅藻土柱下流出的洗脱液由清变浑时,开始收集尿激酶。

(5) 盐析　把洗脱液保持在 10℃ 左右,用 1∶1 的盐酸调 pH 至 2.0∼2.5,然后补加洗脱液量 15% 的固体氯化钠,搅匀置 5℃ 下过夜,用离心机分离,收集沉淀物。

(6) 沉淀　把上述盐析物用 5℃ 的凉水溶解,用氨水调 pH 至 8.0 左右,搅拌均匀过滤,滤液加入固体硫酸铵粉末至 65% 饱和度(相对密度为 1.26 左右),搅拌使硫酸铵完全溶解,放入冰箱或冷库中过夜,然后过滤收集沉淀物,即为粗品。

(7) 存放　把包装好的粗品置冰箱中保存。

(三)尿激酶的精制

1. 工艺流程

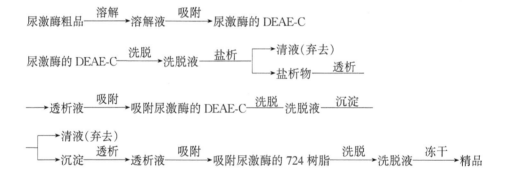

2. 操作步骤

(1) 溶解、吸附　先用 2 份 0.05mol/L pH 为 6.5 的磷酸钾缓冲液与 3 份 1% 氨水混合均匀,将尿激酶粗品溶在其中,搅匀后,用 1∶1 的盐酸调节 pH 达 6.4 左右,搅拌均匀,然后加入到 DEAE-C 层析柱中(5cm×50cm),装好柱后,先用含 0.01mol/L DEAE 和 0.05mol/L pH 为 6.4 的磷酸盐缓冲液平衡。

(2) 洗脱　用 2 倍于 DEAE-C 体积的平衡液(含 0.01mol/L DEAE 和 0.05mol/L pH 为 6.4 的磷酸盐缓冲液)洗脱,流速控制在 2mL/min 以下,收集洗脱液。

(3) 盐析　把洗脱液放在 0∼5℃ 处,搅拌下按洗脱液总量的 45% 缓慢加入固体硫酸铵粉末,然后置于 0~4℃冰箱中放 15h 左右,过滤收集沉淀物。

(4)透析 把沉淀物移入搪瓷桶中,用约等量的 0.01mol/L pH 为 9.2 的甘氨酸缓冲液溶解,然后装入透析袋内,对水透析,使溶液 pH 至 8.7 左右,电导为 1.2mS。

(5)吸附 把透析液再经 DEAE-C 柱(5cm×50cm),先用 0.01mol/L pH 为 9.2 的甘氨酸缓冲液平衡,使其电导达 0.6mS。流速控制在 5mL/min。

(6)洗脱 透析液全部上柱后,用 pH 为 9.2、电导为 1.0mS 的甘氨酸缓冲液洗脱,然后再用 pH 为 8.8、电导为 6~7mS(用氯化钠调节电导)的甘氨酸缓冲液洗脱,洗脱速率为 2mL/min,收集洗脱液。

(7)沉淀 在上述洗脱液中,按洗脱液的总体积加入 45% 的固体硫酸铵粉末,搅拌均匀,于 0~2℃下静置 7h 左右,过滤收集沉淀物。

(8)透析 把沉淀物移入搪瓷桶中,用 0.01mol/L 磷酸氢二钠溶液溶解,然后装入透析袋中,对水透析,平衡几次。

(9)吸附 把透析液经装 724 弱酸性阳离子树脂的柱(3cm×50cm,先用 0.01mol/L pH 为 8.7 的磷酸氢二钠反复洗涤,至无蛋白流出为止)吸附,控制流速在 3mL/min 左右。

(10)洗脱 等透析液全部上柱后,用含 3% 氯化钠的 0.01mol/L 磷酸氢二钠溶液洗脱,收集有活力(在 280nm 处有最大吸引值)的洗脱液。

(11)冻干 在上述洗脱液中,加入 2% 氯化钠,超滤膜过滤,加入血清蛋白或人尿蛋白分装冻干,即得精品其活力为 40 000~50 000U/mg,收率 40% 左右。

(12)超滤膜的制备 将 4g 醋酸纤维素放入棕色瓶中,置于 70℃ 水浴中,加入 25mL 丙酮,摇匀后静置 12h 左右,等纤维素全部溶化后,加入 20mg 二甲基甲酰胺,摇匀静置,待瓶中气泡消失,即可制膜。

三、724 树脂吸附法

1. 工艺流程

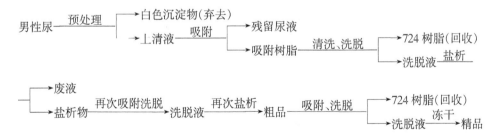

2. 操作步骤

(1)预处理 用塑料桶或搪瓷桶收集男性尿,尿液要新鲜,防止别的杂物混入,最好在 2～3h 内冷却至 10℃ 以下,用 30% 的氢氧化钠溶液调 pH 至 9.0,静置 2h 左右,过滤除去灰白色沉淀,收集清液。

(2) 吸附 把上述滤液用 1:1 的盐酸调 pH 达 5.4 左右,然后按尿液量加入 30% 724 树脂,搅拌 30～40min,并在搅拌过程中,用 20% 的氢氧化钠溶液调 pH 达 5.4 左右,继续搅拌 1～2h,然后用尼龙布过滤除去残留尿液,收集树脂(处理后可再用)。

(3) 清洗 把收集的树脂放入搪瓷桶中,用自来水冲洗 3～4 遍,再用蒸馏水洗 2～3 遍,洗至无尿色为止。然后用 0.1mol/L 磷酸盐缓冲液(用量为原尿液体积的 10%～15%),搅拌 15min,过滤除去液体,收集树脂。

(4) 洗脱 树脂用含有 2% 氨水的 6% 氯化钠洗脱液洗 2 次,每次洗脱液用量以超过树脂面为好,搅拌洗脱 30～40min,然后用尼龙布过滤,收集二次洗脱液,树脂经处理后可再用。

(5) 盐析 将洗脱液移入盐析缸中,一边搅拌,一边加入固体硫酸铵粉末,要充分搅拌均匀,用比重计测相对密度达 1.1 左右(0.5 饱和度)时,用 1:1 盐酸调 pH 至 3.0,然后继续加硫酸铵粉末,使溶液相对密度达 1.24 左右(0.6 饱和度),搅拌均匀,在 0～2℃ 以下静置 6～8h,过滤收集沉淀,用 0.3%～0.4% 的溶解液 [0.05 mol/L pH 为 6.6 磷酸钾缓冲液:1% 氨水＝2:3(体积比)]溶解。

(6) 再次吸附洗脱、盐析 将以上溶解液用 10 倍体积的去离子水透析 2h,再用 4 倍体积的 0.05mol/L pH 为 6.4 的磷酸钠缓冲液(含 0.01mol/L 四乙酸乙二胺)平衡 3h,纸浆过滤除去不溶物。然后加到用缓冲液平衡的 DEAE-C 柱中,控制流速 10～15mL/min。收集流出液和洗柱液,合并。按体积加入固体硫酸铵粉末达 0.65 饱和度,于 0℃ 左右放置 5～6h,过滤,沉淀用 0.05 mol/L pH 为 7.5 磷酸钠缓冲液溶解,以 10 倍体积去离子水透析 2～3h,再用 0.05 mol/L pH 为 7.5 磷酸钠缓冲液平衡 4h,过滤除去不溶物。滤液上 DEAE-C 柱(经 0.05 mol/L pH 为 7.5 磷酸钠缓冲液平衡),流速 10mL/min,收集、合并流出液和洗脱液,按体积加入固体硫酸铵粉末达 0.65 饱和度,搅拌均匀,于 0℃ 左右放置 6h,用离心机分离,除去上清液,收集沉淀物即为粗品,比活约 5000U/mg。

(7) 吸附 将粗品用 0.1mol/L pH 为 6.4 的磷酸钠缓冲液(含 0.1% 四乙酸乙二胺)溶解,然后上 724 阳离子交换树脂柱(4cm×50cm),控制流速为 1.5mL/min,全部上完后,用无热原水洗柱,流速为 3mL/min,洗至无蛋白为止(用浓硝酸法检查)。

(8) 洗脱 用 0.01mol/L 磷酸氢二钠(含 3% 氯化钠,0.1mol/L 四乙酸乙二胺)溶胺洗脱尿激酶,流速为 3mL/min,直至查不出蛋白为止,比活可达 20 000U/mg 左右。

(9) 干燥 将上述尿激酶液体,冷冻干燥即得产品,产品置冰箱中保存。

四、D-160 树脂吸附法

1. 工艺流程

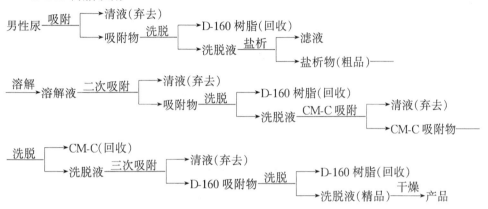

2. 操作步骤

（1）吸附　用搪瓷缸收集新鲜男性尿,在搅拌下加入 5% 左右的已处理好的 D-160 离子树脂,搅拌吸附 2h 左右,用尼龙布过滤,弃去尿液,收集树脂。

（2）洗脱　将树脂用清水反复洗涤除去残尿和杂质,直至澄清为止,然后用氨水洗脱,收集洗脱液,回收树脂。

（3）盐析　将洗脱液移入搪瓷桶中,在搅拌下加入固体硫酸铵粉末至 0.65 饱和度,待全部溶解后,在 0℃ 放置 6~8h,然后过夜,收集盐析物,即得到粗品。

（4）溶解、二次吸附　把以上粗品用 0.05mol/L 磷酸盐缓冲液溶解,过滤除去不溶物,上 D-160 树脂柱吸附,用水洗至流出液变清时,用氨水洗脱,收集活性部分（在 280 nm 波长处有吸收值的部分）。

（5）洗脱、CM-C 吸附　把以上洗脱的活性部分上 CM-C 柱,用氨水洗脱,收集洗脱液。

（6）洗脱、三次吸附、洗脱　将从 CM-C 洗脱下的洗脱液再上 D-160 树脂柱吸附,用磷酸盐缓冲液洗涤,氯化钠溶液洗脱,收集活性部分洗脱液,得精品酶液。每吨尿可得 100~200 mL,收率为 34.4%。

（7）干燥　将以上尿激酶液冷冻干燥即得产品。

五、尿激酶比活力的测定

尿激酶的效价测定方法有气泡上升法、小球下落法、纤维素平板法、底物合成法和 HPLC 法等,其蛋白含量测定采用凯氏定氮法、紫外分光法、Folin 微量蛋白测定法等。现行部颁标准采用气泡上升法和凯氏定氮法检测比活力。为了选用一种快速、简便测定粗品的方法,经多次实验,目前认为琼脂糖-平板法结合双缩脲比色法比较适用,现介绍如下。

(一) 效价测定

1. 试剂配制

(1) 磷酸盐缓冲液 0.1mol/L,pH 为 7.4。

(2) 牛纤维蛋白原溶液 取牛纤维蛋白原,加磷酸盐缓冲液(pH 为 7.4)配成浓度为 2.0 mg/mL 的溶液。

(3) 牛凝血酶溶液 取牛凝血酶,加磷酸盐缓冲液(pH 为 7.4)配成浓度为 10U/mL 的溶液。

(4) 琼脂糖溶液 取琼脂糖适量,加磷酸盐缓冲液(pH 为 7.4)配成 0.50% 的溶液。

(5) 标准品溶液的制备 取尿激酶标准品,加磷酸盐缓冲液(pH 为 7.4)配成 5~20U/mL 4~5 个不同浓度的溶液。

(6) 供试品溶液的制备 取本品适量,精密称定,用 2% 氨水溶解并稀释成 100U/mL 的溶液;再取此液,用磷酸盐缓冲液(pH 为 7.4)配成与标准品溶液相同的浓度。

2. 测定方法

取琼脂糖 10mL,纤维蛋白原溶液 5.0mL,在 40~60℃混匀。迅速加入凝血酶溶液 0.5 mL,立即混匀,倒入平皿(直径 9cm),制成厚度约 0.2cm 的纤维膜。分别加入不同浓度的标准液及供试品液各 10mL 于膜上,盖上盖,于 37℃ 培养箱保温 18h 后取出,分别量出每个溶圈垂直的两直径。以溶圈直径乘积为纵坐标,标准品浓度为横坐标,在双对数纸上作图,从标准曲线上查出供试品的单位数,供试品和对照品应进行平行测定。

3. 计算

$$供试品的效价 = \frac{供试品的单位数 \times 稀释倍数}{供试品取样量}$$

(二) 蛋白含量(双缩脲比色法)

1. 试剂配制

(1) 双缩脲试剂 将 0.175g 硫酸铜($CuSO_4 \cdot 5H_2O$)溶于约 15mL 蒸馏水,置

于100mL 容量瓶中,加入 30mL 浓氨水、30mL 冰冷的蒸馏水和 20mL 饱和氢氧化钠溶液,摇匀,室温放置 1～2h,再加蒸馏水至刻度,摇匀备用。

(2)卵清蛋白液 约1g 卵清蛋白溶于 100mL 0.9%氯化钠溶液,置离心机中分离,取上清液,用凯氏定氮法测定其蛋白含量。根据测定结果,用 0.9%氯化钠溶液稀释卵清蛋白溶液,使其蛋白含量为 2mg/mL。

2.测定方法

(1)标准曲线制作 见表6-3。

表 6-3 标准曲线制作数据

编号	2mg/mL 卵清蛋白/mL	蒸馏水/mL	蛋白含量/(mg/mL)
0		10	0
1	1.0	9	0.2
2	2.0	8	0.4
3	3.0	7	0.6
4	4.0	6	0.8
5	5.0	5	1.0
6	6.0	4	1.2

取干净试管 7 支按 0、1、2、3、4、5、6 编号,1～6 号管分别加入上述不同浓度的蛋白溶液 3.0mL。0 号为对照管,加入 3.0mL 蒸馏水。各管加入双缩脲试剂 20mL,充分混匀,即有紫红色出现,在 540nm 处测定各管光吸收值,绘制浓度-光吸收曲线。

(2)供试品测定 精确称取供试品,用 2%氨水溶液溶解并制成约含蛋白 100mg/mL 的溶液,取此液于一透析袋中,在 10℃以下水中透析至溶液无无机离子为止(约 40h,中间换几次水)。精确量取透析上清液(离心机分出)3.0mL,加碱性铜试剂 2mL,混匀,在 540nm 波长处测定吸收值,从标准曲线上查得供试品相应蛋白浓度,计算即得。

(二)比活力计算

$$比活力 = \frac{效价}{蛋白质含量}$$

式中:效价的单位为 U;蛋白质含量的单位为 mg。

六、注意事项

1)人尿中尿激酶的含量昼夜变化不大,但季节变化很大,冬季小于 5U/mL,夏季大于10U/mL,一般平均含量按5U/mL计算,原尿要加防腐剂,恶臭则不能用。尿液必须在10℃以下尽快处理,防止产生热原和破坏酶。血尿及女性尿中常含有红细胞成分,影响收率和质量,不要收集。

2)高相对分子质量尿激酶溶解血栓的临床效果比低相对分子质量的产品约高1倍,国际上把尿激酶的相对分子质量作为质量标准的检验项目之一。要减少低相对分子质量尿激酶的产生,在生产过程中pH就不宜太低,以防酶的降解,在低蛋白浓度、低离子强度、无稳定剂及环境温度较高时,均易引起酶的失活。

3)尿中含有的盐及其酸性、碱性和中性蛋白质,会影响尿激酶的吸附,特别是黏蛋白影响更大。尿中的某些蛋白酶能水解尿激酶,这是提取过程中失活的主要原因之一。

4)在提取中,操作温度应控制在10℃左右,产品应在冰箱中保存,以防变质。

第八节　人尿激肽释放酶的提取

激肽释放酶(kallikrein,E.C,3.4.4.21)是血浆水解酶的一种,它催化从血浆球蛋白生成激肽。哺乳动物的激肽释放酶有血液激肽释放酶和组织激肽释放酶两大类,组织激肽释放酶主要分布在动物的胰、颌下腺、唾液、尿中,以胰中含量最丰富。药用激肽释放酶又称血管舒缓素,国外商品名帕杜丁(Padutin),主要来自颌下腺或胰。

激肽释放酶有舒展毛细血管和小动脉的作用,使冠状动脉、脑、视网膜等处的血流供应量增加,适用于高血压、冠状血管及动脉血管硬化等症;对心绞痛、血管痉挛、肢端感觉异常、冻疮等症,有减轻症状作用。

猪胰激肽释放酶是一种糖蛋白,含有唾液酸,在腺体中以酶原形式存在。随着唾液酸含量的不同,可以得到1~5个组分,除去唾液酸并不影响酶的活性。其中常见的有A、B两种形式,相对分子质量分别为26 800、28 600,均有2条肽链,N末端是异亮氨酸和丙氨酸,C末端是丝氨酸和脯氨酸。两者的氨基酸组成相同,都含229个氨基酸残基,但含糖量不同,A含糖55%,B含糖11.5%。猪胰激肽释放酶的活性中心为丝氨酸和组氨酸,猪颌下腺激肽释放酶的相对分子质量为32 000。等电点为3.9~4.37,人尿激肽释放酶的等电点是5.5~6.5。

激肽释放酶作用于激肽原后释放出激素物质激肽,组织激肽释放酶水解激肽原释放出胰激肽(10肽),血液激肽释放酶则水解激肽原释放出舒缓激肽(9肽)。天然激肽原一旦变性,作用显著下降,对酪蛋白、血红蛋白等几乎不起作用,与一般蛋白酶有截然不同的特性。对分子较小的底物表现出酯解活力,如可水解苯甲酰精氨酸乙酯(BAEE)或甲酯(BAME)、苯甲磺酰精氨酸甲酯(TAME)等,胰激肽释放酶水解BAEE的速率比对TAME高10~30倍。

一般地说,纯度越高稳定性越差。干燥粉末在-20℃保存数月活力不变,在水溶液中不稳定,但在 pH 为 8 的水或缓冲液中,可在冷冻状态下保存相当时间不失活。在 pH 为 4.5 以上,25℃保温 1h 并不失活,pH 为 4 或 pH 低于 4 时活性损失相当大。易被强酸、强碱和氧化剂破坏,在胰蛋白酶作用下不失活,根据对猪颌下腺激肽释放酶 20～50U/mg 样品试验,在 37℃ 以下,pH 为 5～7.8 较为稳定,55℃,5min 失活 20%;100℃,5min 失活 80%,猪胰激肽释放酶在 40～50℃稳定;58℃开始失活,90℃失活 50%,98℃还保留 30% 活力。pH 为 4～10 范围内稳定,在尿素中 48h 活力丧失 50%,8mol/L 盐酸胍中活性全部丧失,用硼氢化钠降解二硫键未见有严重的活性丧失。

重金属离子汞离子、铜离子、锰离子、镍离子等对激肽释放酶有不同程度的抑制作用。巯基化合物及螯合剂,如 EDTA 等可逆转金属离子对酶的抑制。钙离子、锰离子对酶活性无影响;相反,高浓度钙离子(1mol/L)可使酶活性增加 15%～20%。某些胰蛋白酶抑制剂,如抑肽酶、二异丙基氟磷酸等对胰和颌下腺激肽释放酶均有抑制作用。

人尿激肽释放酶(human urinary kallikrein,HUK)是激肽释放酶的一种,都具有内切水解蛋白酶的作用,可作用于蛋白质底物激肽原后,释放出激素物质激肽。有舒张冠状动脉、脑、视网膜小动脉和毛细血管的作用,适用于治疗高血压、心绞痛、冠状动脉硬化及其他心血管疾病,有很高的药用价值。目前,国内外激肽释放酶主要来源于猪的胰腺或颌下腺,这种激肽释放酶对人体极易产生抗原抗体反应,而由人尿提取的激肽释放酶则无此副作用。国外人尿激肽释放酶分离与纯化的方法已有报道,这些方法因步骤繁琐,材料价格昂贵,制备成本过高,因而经济效益受到限制,应用于工业化生产还有一定困难,而本工艺简单易行,可以大大降低成本,有利于更好地开发人尿资源,达到变废为宝的目的。我国是人尿资源大国,基本上无艾滋病污染,所以,我国尿生化制品在国际市场上备受青睐。合理开发利用人尿资源是生化制药领域里一个值得重视的课题。

以下就分别介绍不同来源的激肽释放酶的提取工艺。

一、试剂及器材

1. 原料

新鲜或低温保存的健康男性尿。

2. 试剂

(1) 脱乙酰几丁　甲壳质或称壳多糖(chitin,译音几丁),甲壳质是聚 2-乙酰胺基-2-脱氧-D 吡喃葡萄糖,以 $\beta(1\rightarrow4)$ 糖苷键连接而成,是一种线形的高分子多糖,即天然的中性黏多糖。若经浓碱处理,进行化学修饰去掉乙酰基,即脱乙酰壳多糖(chitosa)或称脱乙酰几丁。这里作为吸附剂。

(2) 盐酸　这里用于调节 pH,选用化学纯试剂(CP)。

(3)氯化钠　这里用于配制溶剂,选用化学纯试剂(CP)。

(4)丙酮　这里作为沉淀剂,选用化学纯试剂(CP)。

(5)乙酸　俗称醋酸。这里用于调节 pH,选用化学纯试剂(CP)。

(6)二甲苯　这里作为防腐剂,选用化学纯试剂(CP)。

(7)氢氧化铝　这里作为吸附剂,选用化学纯试剂(CP)。

(8)乙酸铵　乙酸的铵盐(NH_4Ac),这里用于调节 pH,选用化学纯试剂(CP)。

(9)乙醇　这里作为沉淀剂,选用化学纯试剂(CP)。

(10)乙醚　这里作为溶剂,选用化学纯试剂(CP)。

(11)氨水　这里用于调节 pH,选用化学纯试剂(CP)。

3. 器材

不锈钢反应锅,搪瓷缸,不锈钢桶,离心机,真空干燥机,冷冻干燥机,绞肉机,酸度计,酒精比重计,温度计(0～100℃),紫外分光光度计(UV-240 型)。

二、人尿激肽释放酶的提取工艺

1. 工艺路线

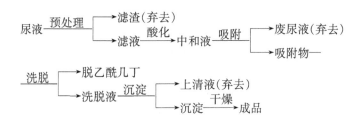

2. 操作步骤

(1) 预处理　将新鲜或冷藏的男性尿,用双层尼龙布过滤。收集滤液。

(2) 酸化　将滤液倾入搪瓷缸中,在搅拌下缓慢滴加 6mol/L 盐酸,调 pH 至 5.8～6.5,继续搅拌 1h。

(3) 吸附　将以上酸化尿液置于不锈钢桶内,然后加入 0.5% 的脱乙酰几丁,充分搅拌 2h,然后真空抽滤,除去废尿液。沉淀经自来水冲洗,抽滤,压干成滤饼。

(4) 洗脱　将压干的滤饼(沉淀)置于不锈钢桶中,加入约其 3 倍体积的 1.0mol/L 乙酸铵-0.3mol/L 氯化钠溶液内,搅拌洗脱 30min,然后经抽滤得洗脱液,沉淀再用适量的 1.0mol/L 乙酸铵-0.3mol/L 氯化钠溶液洗涤 1～2 次,合并洗脱液。

(5) 沉淀　将洗脱液倾入搪瓷缸中,在搅拌的条件下加入 2 倍量预冷丙酮,继续搅拌 5min,然后低温下(4℃)静置 10min,再搅拌 5min,低温下静置 1h,析出絮状沉淀。离心(4000 r/min),收集沉淀。

(6)干燥 将沉淀用冷丙酮洗两次,冷乙醚洗一次,真空干燥,得人尿激肽释放酶干粉。

人尿激肽释放酶比活为 $28\sim31U/mg$,活力回收率为 $68\%\sim73\%$。

3. 工艺说明

1)脱乙酰几丁对尿液中的激素和酶均有较高的选择性吸附力。脱乙酰几丁在人尿激肽释放酶等电点 $5.5\sim6.5$ 范围内对其吸附能力最强。

2)脱乙酰几丁吸附工艺所得产品纯度好,收率高。脱乙酰几丁价廉,易于生产,再生处理简便。本工艺操作简单、生产周期短、成本低,因而适合于大规模工业化生产。

三、以猪颌下腺为原料的提取工艺

1. 工艺路线

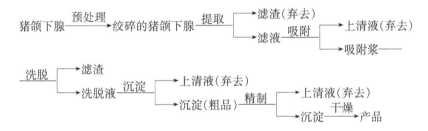

2. 工艺过程

(1)预处理 取新鲜或冷冻的猪颌下腺,去尽脂肪,绞碎。

(2)提取 将绞碎的猪颌下腺置于不锈钢反应锅中,加 5 倍水搅拌提取,然后用乙酸调 pH 至 4.5,加入二甲苯防腐(600mL/100kg)。提取 12h 后补加二甲苯(600mL/100kg),调整 pH 为 4.5,再提取 12h,去掉上层悬浮脂肪,尼龙布过滤,再用尼龙布滤清,得提取液。

(3)吸附 将上述提取液倾入搪瓷缸中,在不断搅拌下加入 3.4%(3.4kg/100kg 原料)药用氢氧化铝干凝胶(事先用提取液调成浆),搅拌 1h,再加 1.6%氢氧化铝干凝胶,搅拌 2h,静止过夜。虹吸弃去上层液,加浆重 5 倍的水搅拌洗涤,静止 30min,虹吸弃去上层液。如此反复洗涤 5~6 次至上层洗涤液基本澄清为止,即得吸附浆。

(4)洗脱 将吸附浆置于不锈钢桶中,按 1.32%(即 100mL 加入 1.32g)的量加入磷酸氢二铵,用 8.6%氨水调 pH 为 8.4,搅拌洗脱 2h,在洗脱初期 pH 会有下降,可用氨水随时调整 pH 至 8.4。按含水量再加入 10g/L(1%)氯化钠,继续搅拌

10min,然后加入 92% 以上的乙醇,使醇的浓度达 45%,静止过夜。次日经纸浆过滤,滤液再加入乙醇使醇的浓度达 49%～50%(以酒精比重计为准),静止过夜,次日经纸浆过滤,收集滤液。

(5)沉淀 将滤液倾入搪瓷缸中,用 2mol/L 乙酸调 pH 至 6.7,在搅拌下加入 92% 以上的乙醇,使醇的浓度为 80%。静置过夜,然后虹吸去清液,沉淀离心,收集沉淀。沉淀用丙酮洗涤脱水,真空干燥,得粗品。

(6)精制 将粗品置于不锈钢桶中,用 25 倍量 10% 乙酸铵液溶解,调 pH 至 6.5～6.7,加等量 95% 乙醇搅匀,冷藏,静置过夜。次日过滤,滤液中加入粗品量 80g/L(8%)的药用活性炭,搅拌 15min,过滤,滤液加 3 倍量 95% 的乙醇,冷藏静置,离心收集沉淀。

(7)干燥 沉淀物用丙酮洗涤、脱水、真空干燥,得精制品。总收率是 4500 U/kg(以新鲜颌下腺计)。

四、以猪胰为原料的提取工艺

1. 工艺路线

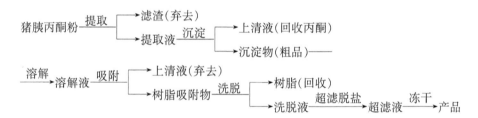

2. 操作步骤

(1)提取 将猪胰丙酮粉置于不锈钢反应锅中,加 20 倍量 0.02mol/L 乙酸,于 10℃ 搅拌提取 12h,离心,滤渣加 10 倍量 0.02mol/L 乙酸提取 6h,合并滤液。

(2)沉淀 将滤液倾入搪瓷缸中,加冷丙酮至浓度达 33%,过滤。滤液补加冷丙酮至 70%,静置 4h,离心,收集沉淀物,用丙酮、乙醚脱脂脱水,真空干燥,得沉淀物。

(3)溶解 沉淀物加 50 倍量 2g/L(0.2%)冷氯化钠,用氨水调 pH 为 8,搅拌溶解,纸浆过滤,滤液应澄清,清液冷至 2～3℃,加冷丙酮使体积分数达 40%,冷室静置过夜。离心,清液补加丙酮至体积分数为 60%,静置 4h,离心,沉淀用丙酮、乙醚洗涤,真空干燥,即得粗制品。

(4)吸附 取粗制品溶于 0.001mol/L pH 为 4.5 乙酸缓冲液中,离心,清液倾入不锈钢桶中,按树脂∶粗制品 50∶1(质量比)加弱酸性阳离子交换树脂 Amberlite CG-50,搅拌吸附 2h,收集树脂。

(5)洗脱 将树脂吸附物置于不锈钢桶中,用 0.001mol/L pH 为 4.5 乙酸缓冲液漂洗树脂至无泡沫。树脂用 2 倍量 1mol/L pH 为 5 的氯化钠搅拌洗脱 1h,分离树脂,收集洗脱液。

(6)超滤脱盐 将洗脱液超滤脱盐,脱盐至无氯离子(用硝酸银检查,无白色沉淀产生),然后收集脱盐液。

(7)冻干 将脱盐液冻干,即得精制品胰激肽释放酶。

五、检 验 方 法

国内现行质量标准是根据猪颌下腺激肽释放酶制定的。

(一)质量标准简介

本品为白色或灰尘白色粉末,溶于水或生理盐水中成微黄色透明液。注射用血管舒缓素效价每毫克不得少于 10 个单位,口服用每毫克不得少于 5 个单位。

(1)酸度 本品 1.5mL 含 10 个单位的水溶液 pH 应为 4.5~7.0。

(2)热原 取本品适量,加无热原蒸馏水溶解,使成每毫升 2 个单位的溶液,按热原检查法检查,剂量按家兔体重每千克静脉注射 1mL,应符合规定。

(二)活力测定

激肽释放酶的效价测定,过去采用释放激肽使狗(或猫)血压下降生物活力测定法,后改用分光光度法测定酶对合成底物的酯解活力。其方法如下。

1.试剂配制

(1)三乙醇胺缓冲液(0.067mol/L,pH 为 8.0) 取三乙醇胺盐 1.24mg,加蒸馏水 70mL 使溶解,用 0.2mol/L 氢氧化钠调 pH 至 8.0,并用蒸馏水稀释至 100mL,放冷处保存。

(2)苯甲酰-L-精氨酸乙酯(BAEE,3×10^3 mol/L):取 BAEE 12.9mg 或 BAEE 盐酸盐 14.14mg,加三乙醇胺缓冲液 12.5mL 使其溶解,即得。在 0~4℃保存,可使用 1~2d。血管舒缓素标准品适量,用蒸馏水溶解成 2U/mL 的溶液。

2.测定方法

取试管 5 支,2 支为标准管,2 支为样品管,1 支为空白管,每支均加入 BAEE 0.5mL、三乙醇胺缓冲液 2.2mL,分别将上述标准管、样品管、空白管、标准溶液及供试溶液于 25℃水浴中保温数分钟。空白管中加入 0.1mL 蒸馏水,然后分别量取 0.1mL 标准溶液和供试液,加入标准管及样品管中,混匀,同时立刻计时,在整 1min 时于 253nm 波长处测定吸收度 E_1,将溶液倒回原试管中继续于 25℃水浴中保温 15min,于 253nm 波长处测定吸收度 E_2。从吸收度的变化($\Delta E = E_2 - E_1$)计算血管舒缓素的效价。

计算

$$效价(U/mg) = \cfrac{\cfrac{\Delta E_s \times \overline{V_1}}{\Delta E_{st} \times \overline{V_2}} \times 稀释倍数}{取样毫升数}$$

式中：ΔE_s 为样品吸收度变化；ΔE_{st} 为标准品吸收度变化；$\overline{V_1}$ 为测定时所取标准品毫升数；$\overline{V_2}$ 为测定时所取样品毫升数；稀释倍数为样品溶液的总毫升数。

注射用血管舒缓素成品是血管舒缓素加适宜的赋形剂，经无菌灌封、冷冻干燥而得。其效价应为标示量的 80.0% 以上。在 60℃ 真空干燥至恒重，减失质量不得超过 7%。

六、工 艺 说 明

1) 用新鲜颌下腺原料去尽脂肪后直接投料，粗品效价往往较高，未经脱脂的颌下腺投料，效价明显降低，杂质可能是脂蛋白。冷藏过久的原料则比活力降低。粗品收率为每千克颌下腺约 10 000kU，效价 10kU/mg 左右。

2) 除蒸馏水、无离子水以外，常用水的成分、pH 和离子强度随地区的不同有很大差别。曾发现用离子强度和碱度较高的水去洗涤氢氧化铝，粗品收率明显下降，说明在洗涤过程中激肽释放酶已被洗脱。因此，若水质不好应全部使用蒸馏水，若水质较好可考虑用常水投料，前 2～3 次的洗涤可用常水，后 3 次必须用蒸馏水。在工艺中使用常水之前应对照蒸馏水进行实验，证实是否可行。

3) 氢氧化铝干凝胶吸附激肽释放酶不是专一性的，不同批号的氢氧化铝其吸附特性、密度及比表面积也有所区别，可能影响生产工艺的稳定。氢氧化铝浆中含水的比例对洗脱后的固-液相平衡也会产生影响。水的比例过少，会使洗脱不尽，过大则不利于以后的乙醇分步沉淀。一般认为，氢氧化铝浆中的水质量应为氢氧化铝固体质量的 10～14 倍。

4) 猪颌下腺激肽释放酶在 pH 为 7.0、282nm 处有最大吸收值，最小吸收值在 251nm 处。在 pH 为 7.0 时，$E_{280nm/260nm} = 1.78$。猪颌下腺激肽释放酶的 pI 为 3.92～4.37，在 pH 为 4.5 时，用氢氧化铝吸附是合适的，而 pH 为 8.4 并具有一定离子强度时，则有利于洗脱，洗脱初期 pH 会有下降，应随时调整 pH 至 8.4，以免影响洗脱。

洗脱液经 2 次乙醇沉淀得到除去杂蛋白的溶液。用乙醇沉淀激肽释放酶时，不调整 pH，得到的粗品加水溶解后 pH 在 7.5～8。在 50% 乙醇沉淀过滤以后，滤液用 2mol/L 乙酸调 pH 至 6.7，再加乙醇至 80% 沉淀，粗品效价可有显著提高。曾有人在精制 pH 低于 5 时用乙醇沉淀，希望提高比活力，结果适得其反。pH 为 4.5 时沉淀，成品较难溶于水，活性丧失。

5) 50%的乙醇可使部分杂蛋白沉淀,提高效价。用45%乙醇沉淀过滤后直接用80%乙醇沉淀,粗品效价明显降低,收率却有提高,对口服制品的制备可能有价值。45%乙醇沉淀的目的是使蛋白质和氢氧化铝部分凝聚沉淀,而有利于过滤。在此pH及乙醇的体积分数下,激肽释放酶并不至于沉淀而被氢氧化铝吸附损失,过滤后的溶液再加入乙醇至50%时,酶损失则较少。

激肽释放酶的沉淀与其他物质的沉淀有关,如果失去了与激肽释放酶共沉淀的物质,会严重地影响激肽释放酶的收率。50%乙醇沉淀杂蛋白工序掌握不好时,会较多地吸附激肽释放酶而导致损失,更重要的是失去了与酶共沉的物质,导致后工序激肽释放酶不易沉出。所以,50%的乙醇体积分数在实际上不宜偏高,温度也不能过低,一般在10～12℃较好。

高浓度乙醇对杂蛋白与激肽释放酶的沉淀是有利的,低浓度则沉淀不完全。80%乙醇沉淀时,将滤液直接倾入计算量的乙醇中,有利于激肽释放酶的沉淀。滤液与乙醇要预冷至5℃左右,不仅能避免酶的变性,也能有效地促进激肽释放酶的沉淀。粗制与精制都是必要的。有人试验发现在−5℃、pH为5.5、蛋白质的质量浓度为30～40mg/mL时,52%乙醇可将酶大部分沉淀出来;在pH为7.5、蛋白质的质量浓度为10～12 mg/mL时,52%乙醇仅可沉淀酶量的4.3%;当乙醇浓度达72%时方可将酶大部分沉淀。可见,乙醇浓度、pH及蛋白质的质量浓度等对沉淀激肽释放酶有较大影响。

6) 离子交换树脂法精制激肽释放酶纯度达100kU/mg以上。除用Amberlite CG-50外,还可用Amberlite IRX-68、Diaion WA-10、Amberlite IRA-938(强碱性大孔径阴树脂)等。

7) 国外报道自肺、腮腺或胰提取的激肽释放酶精制方法,取10%鞣酸溶液10mL与1mol/L氢氧化钠1mL加于50mL激肽释放酶溶液中(pH调至6.5),沉淀用水洗3次,每次25mL,然后混悬于100mL水中,经1mol/L盐酸水解后,加丙酮沉淀,所得沉淀物的活性为95%。另外,取10%鞣酸溶液2mL与1mol/L氢氧化钠2.5mL混合,加于含有激肽释放酶100万U的溶液中,沉淀用水洗2次,每次25mL,含活性为94%,然后溶于47mL 8.5g/L(0.85%)的氯化钠溶液中,此溶液可供制备注射液,含20 000kU/mL。

第九节　糜蛋白酶的提取

糜蛋白酶(chymotrypsin,E.C,3.4.4.5)又称胰凝乳蛋白酶,是从牛、猪胰分离出来的一种蛋白水解酶。1963年我国科学家首先从猪胰中获得了糜蛋白酶和胰蛋白酶的混合晶体,命名为糜胰蛋白酶。不同专一性的两种酶蛋白,在不同条件下如此紧密地结合在一起的现象,在结晶酶中还是少见的。1976年研制成功注射用结晶糜胰蛋白酶,是我国独创的酶制剂。

结晶糜胰蛋白酶含糜蛋白酶和胰蛋白酶的比例为 3:2,经重结晶 8 次,其两种酶的相对含量始终保持不变。

猪胰蛋白酶相对分子质量为 23 400,氨基酸组成与牛、羊的胰蛋白酶有很大相似性。一级结构与牛胰蛋白酶很近似,N 末端均为异亮氨酸,但分子构型有很大区别。猪糜蛋白酶原有相对分子质量 A 为 24 000、B 为 26 000、C 为 29 000 三种,A 和 B 在氨基酸组成上非常相似。

糜胰蛋白酶是两种酶的共晶体,具有两种酶的性质。水解酪蛋白的活力与牛 α-糜蛋白酶相当,但其中所含糜蛋白酶水解苯甲酰酪氨酸乙酯(BTEE)的活力却相当于牛、羊糜蛋白酶活力的 3 倍。猪胰蛋白酶水解酯键的活力也与牛、羊胰蛋白酶的活力相似。结晶糜胰蛋白酶可溶于生理盐水或蒸馏水中,在干燥情况下比较稳定,水溶液状态下易失活,在 pH 为 7~8 时活性最强。

糜蛋白酶有多种,糜蛋白酶除 α 型外,还有 β、γ、δ、ε、π 型以及新糜蛋白酶原激活产生的。α-糜蛋白酶(牛)由 245 个氨基酸残基组成,性状呈白色或类白色结晶性粉末,易溶于水。pI 为 8.1~8.6,相对分子质量 42 000,最适 pH 为 8~9。干态稳定,在水溶液中会迅速失活,10% 水溶液 pH 为 3,以 pH 为 3~4 的水溶液最为稳定。

α-糜蛋白酶原不被肠激酶激活,胃蛋白酶、氯化钙及其本身也不能使它激活,但胰蛋白酶可激活糜蛋白酶原成 α-糜蛋白酶。经激活后失去两个二肽 Se_{14}·Arg_{15}、Thr_{147}·Asn_{148},形成由三条肽链组成的 α-糜蛋白酶。

结晶糜胰蛋白酶具有两种酶协同水解蛋白质肽链的作用。因此,比单独使用一种酶的效果更好。其药理作用与从牛胰中制得的胰蛋白酶和 α-糜蛋白酶基本相同。

1)糜胰蛋白酶具有很好的抗炎消肿作用,它能使纤维蛋白原转变成纤维蛋白溶酶,从而促进局部血液凝块的溶解,使血液和体液流畅。由于本品具有两种蛋白水解酶的协同作用,更有利于蛋白质的水解,因此,液化脓液及分解坏死组织的能力更强,从而使正常组织分泌血清,去除异物,助长新生肉芽的生长。糜胰蛋白酶似有激肽样物质的作用,能使微循环毛细血管壁扩张,可减少从动脉端向组织间的水分渗运,增加组织向静脉端的水分回收,因而消除水肿。

2)糜胰蛋白酶能分解黏稠的黏液和黏蛋白,有助于痰液液化,易于咳出。

3)糜胰蛋白酶能使细胞通透性增加,因此与抗癌药及抗菌素合用时,可以增加药效。

在临床上糜胰蛋白酶比单用 α-糜蛋白酶或胰蛋白酶更为有效,适应范围也更广。如对各种炎症、炎性水肿、粘连、溃疡、血栓等均有很好的疗效。它主要用于:

外科:手术或外伤后的炎症、炎性水肿、血肿、粘连、溃疡等。胸科:脓胸、血胸、术后咳痰困难、肺不张等。内科:慢性支气管炎、支气管哮喘等。妇产科:宫颈炎、输卵管炎、盆腔炎等。眼及五官科:角膜炎、化脓性中耳炎等。

一、试剂及器材

1．原料

选取新鲜胰脏为原料。

2．试剂

（1）硫酸　这里用于调节酸度，选取化学纯试剂(CP)。

（2）硫酸铵　这里用于盐析，选用化学纯试剂(CP)。

（3）氢氧化钠　这里用于调节 pH，选用化学纯试剂(CP)。

（4）滑石粉　这里作为助滤剂，选用化学纯试剂(CP)。

（5）磷酸盐缓冲液　这里作为缓冲溶液，选用化学纯试剂(CP)。

3．器材

不锈钢桶，绞肉机，不锈钢锅，酸度计，温度计(1～100℃)，布氏漏斗减压装置。

二、生产工艺

1．工艺路线

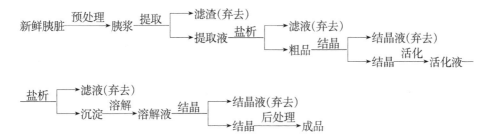

2．操作步骤

（1）预处理　将新鲜胰脏，去脂肪、结缔组织等后，浸入预冷的 0.125mol/L 硫酸液中，接着取胰脏用绞肉机绞成胰浆。

（2）提取　将胰浆置于不锈钢桶中，用 2 倍量 1.25mol/L 硫酸液浸泡。浸渍物用粗滤袋过滤，收集滤液倾入不锈钢桶中，然后加固体硫酸铵使浓度达 40％饱和度，放置 -10～-5℃冷室过夜，虹吸上清液，底层沉淀加入适量硅藻土作为助滤剂减压过滤，上清液和滤液合并，即得提取液。

（3）盐析　将以上提取液置于不锈钢桶中，然后加硫酸铵使浓度达 70％饱和度，放置 -10～-5℃冷室过夜，次日吸取上清液弃去，底层沉淀用布氏漏斗减压过滤,滤饼用 3 倍量冷水溶解,重复上述硫酸铵 40% 和 70% 饱和度分级沉淀。取第 2 次 70% 饱和度沉淀滤饼,用 1.5 倍量水溶解,加入滤饼重 0.5 倍量饱和硫酸铵溶液,用 5mol/L 氢氧化钠调 pH 至 6 为止,在 25℃ 保温 48h,减压抽滤,即得糜蛋白酶原粗品。

(4)结晶 取一定量的粗制酶原置于不锈钢锅中,在搅拌的条件下加 7 倍量水,使其溶解,然后滴加硫酸调溶液 pH 至 2 左右,使之溶解,接着加 2 倍量饱和硫酸铵溶液,用氢氧化钠调 pH 至 5,在 20~25℃ 保温 4h 以上即有白色沉淀析出,如此反复 3 次,即得糜蛋白酶原结晶。

(5)活化 称取一定量的酶原结晶置于不锈钢桶中,加入 3 倍量冷蒸馏水,滴加少量硫酸。然后加入 1 倍 0.5mol/L pH 为 7.6 的磷酸盐缓冲液及 2.5mol/L 硫酸相当量的氢氧化钠,pH 稳定在 7.6,再加少量胰蛋白酶,5℃ 活化 48h。

(6)盐析 将以上活化液用 0.5mol/L 硫酸调 pH 至 4,加入固体硫酸铵盐析,放置 2h 后过滤,弃滤液,收集沉淀。

(7)溶解、结晶 将一定量的沉淀置于不锈钢桶中,在搅拌的条件下,然后加 1 倍量 0.005mol/L 硫酸使其溶解,加酸洗,滑石粉滤清,加入少量晶种然后在 20~25℃ 放置 24h,即有大量结晶生成,过滤,即得糜蛋白酶结晶。

(8)后处理 将上述酶结晶置于不锈钢桶中,在搅拌的条件下加入 25 倍量蒸馏水,滴加 0.005mol/L 硫酸使之溶解,超滤透析,超滤液用酸洗滑石粉过滤,再进行灭菌过滤,分装,冷冻干燥即为成品。

三、检 验 方 法

1. 质量标准

本品效价按干燥品计算,每毫克不低于 800U。

性状:白色或类白色晶状粉末

澄明度:本品 0.2% 水溶液呈泡沫状澄清液。

酸度:加新煮沸过的蒸馏水,配成 0.2% 的溶液,pH 应为 5.5~6.5。

干燥失重:以五氧化二磷为干燥剂,在 60℃ 减压至恒重,减少质量不得超过 5.0%。

2. 方法

取盐酸液(0.2mL,0.0012mol/L)与底物 ATEE(N-乙酰-酪氨酸乙酯)溶液 3.0mL 按分光光度法,在 25℃ ± 0.5℃,于 237nm 的波长处调节其吸收度为 0.200,再取供试品溶液 0.2mL 与底物溶液 3.0mL,立即计时盖紧并摇匀,每隔 30s 读取吸收度,共 5min,吸收度的变化率应恒定,恒定时间不得少于 3min。若变化率不能保持恒定,可用较低浓度另行测定,取 30s 的吸收度变化率应控制在

$0.008\sim0.012$，以吸收度为纵坐标、时间为横坐标作图，取在 3min 内呈直线部分，按下式计算

$$P = \frac{A_2 - A_1}{0.0075TW}$$

式中：P 为每 1mg 糜蛋白酶的单位数；A_2 为直线上开始的吸收度；A_1 为直线上终止的吸收度；T 为 A_2 至 A_1 读数的时间，min；W 为样品质量，mg；0.0075 为上述条件下，吸收度每分钟改变 0.0075 相当于 1 个糜蛋白酶单位。

四、工 艺 说 明

1）原料要新鲜，深冻胰取出后要立即处理，整个提取过程应在 5℃ 以下操作。

2）在 pH 为 3 左右进行提取，不会引起酶失活，其他杂蛋白变性除去。第 1 次 40% 饱和度硫酸铵盐析可去除杂蛋白，主要有脱氧核糖核酸酶等；70% 硫酸铵饱和度盐析，使糜胰蛋白酶沉淀下来，而其余杂蛋白留于上清液中除去。

3）因 40% 饱和度的硫酸铵结晶，先量取所需体积的饱和硫酸铵液，轻轻搅拌，慢慢加入，开始稍快一些，越到后来越要慢而小心，快要加完以前尤其要当心，刚出现混浊，就不要再加硫酸铵了。然后调整好 pH，再看一下溶液是否混浊，如看不出混浊，可补加一点饱和硫酸铵，使微微混浊，这样，再置于 25℃ 处进行结晶。在结晶过程中，酶原进一步激活，全部以酶的形式结晶析出。结晶后的酶在显微镜下观察时，大多数为菱形正八面体，也掺杂有很少量的纺锤形晶体，经再结晶后，晶体中不再出现纺锤形。再结晶时也可将酶溶液装入透析袋中，对 pH 为 6 的 24% 饱和度的硫酸铵溶液透析，开始时，盐浓度可稍低一些，然后再提高到 40% 饱和度，造成一个梯度。采用这种方法进行结晶，效果更好，且晶体更大，可长达 0.1mm 左右。

4）透析除盐后，可用乙醇沉淀、丙酮脱水、真空干燥，也可以直接除菌过滤，分装后冷冻干燥，制成注射用结晶糜胰蛋白酶。

第十节　细胞色素 c 的提取

细胞色素(cytochrome)是包括多种能够传递电子或能够激活氧的含铁蛋白质的总称，广泛存在于自然界，在各种动物、植物组织和微生物中都能找到。在生物氧化过程中，细胞色素是重要的呼吸传递体。细胞色素 c(cytochrome c)又称细胞色素丙，简称细丙。主要存在于线粒体中，需氧多的组织含细胞色素 c 最多，如心肌及酵母细胞的细胞色素 c 含量比一般组织细胞高。所以制备中多采用心肌和酵母作为提取分离细胞色素 c 的原料。

细胞色素 c 是含铁卟啉的结合蛋白质。铁卟啉和蛋白质部分的比例为 1:1。

由碳、氢、氧、氮、硫、铁 6 种元素组成。牛、马、猪、人心的细胞色素 c 蛋白质部分均由 104 个氨基酸组成，其中只有几个氨基酸不同，氨基酸中含有较多的精氨酸，故呈盐基性。猪心肌的细胞色素 c 含铁量为 0.38%～0.43%，相对分子质量 12 200，等电点 pI 为 10.2～10.8。细胞色素 c 的结构中的辅基通过卟啉环上乙烯基的 α-碳和酶蛋白的—SH 基按 1:1 连接成硫醚键，其连接方式见图 6-1。

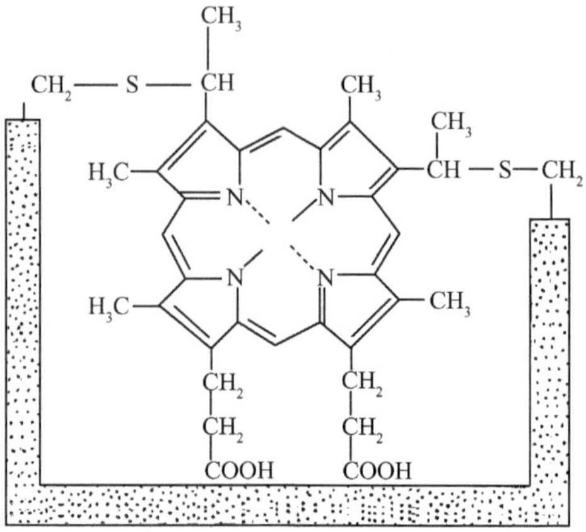

图 6-1　细胞色素 c 的结构式

细胞色素 c 溶于水，易溶于酸性溶液，故可自酸水中提取。它可分为氧化型和还原型两种。细胞色素 c 的传递电子作用是由于细胞色素 c 中的铁原子可以进行可逆的氧化和还原反应，即

$$R—Fe^{3+} \rightleftharpoons R—Fe^{2+}$$

氧化型细胞色素 c　还原型细胞色素 c

这里 R 代表细胞色素 c 分子中铁原子以外的卟啉蛋白部分。从以上反应式可见，当细胞色素 c 分子中的铁原子为三价时（Fe^{3+}），是氧化型的，但接受一个电子后变成二价铁（Fe^{2+}），成了还原型的细胞色素 c 分子，电子一旦给出后又成了氧化型的。两者在水溶液中的颜色明显不同：其氧化型水溶液呈深红色，还原型水溶液呈桃红色。细胞色素 c 对热较稳定，不易变性，在 pH 为 7.2～10.2 时，加热至 100℃ 达 3min，才变性 18%～28%。对酸碱比较稳定，可抵抗 0.3mol/L 盐酸和 0.1mol/L 氢氧化钾的长时间处理。但三氯乙酸和乙酸可使之变性，引起某些失活。其还原型较氧化型稳定，不易与一氧化碳（CO）、氰化钾（KCN）结合，故一般都制成还原型，比较稳定，易保存。

细胞色素 c 溶液容易染菌，故需加少量氯仿和低温保存，也可保存于硫酸铵溶液中或加 4 倍量冷丙酮沉淀制成冻干粉末，可保持活性数年。

细胞色素 c 是一种细胞呼吸激活剂。在临床上细胞呼吸障碍引起的一系列缺氧状态，在使用细胞色素 c 后就可以纠正其物质的代谢，使细胞恢复正常呼吸，病

情得到缓解或痊愈。细胞色素 c 目前在临床上虽非特效药物,但可用于缺氧急救、解毒及其辅助治疗,是治疗组织缺氧及由缺氧所引起的一系列症状的重要生物药品。如用细胞色素 c 治疗脑血管障碍、脑软化、脑出血、脑卒中后遗症、脑动脉硬化症、脑外伤、婴幼儿百日咳、脑病、不可逆休克期缺氧、脑栓塞、脑震荡后遗症、乙型脑炎的神经精神症状、心代偿不全、心肌炎、狭心症、白喉心肌炎、肺心病、心绞痛、心肌梗死、肺炎、肺癌、硅沉着病、喘息、肺气肿及支气管扩张引起的呼吸困难、一氧化碳中毒、安眠药中毒、麻醉前处理、新生儿假死、神经麻痹症等。对抗癌药物引起的白细胞降低、四肢血行障碍、肝疾患、肾炎等也有一定疗效。

一、试剂及器材

1. 原料

猪心要保证新鲜,不腐烂变质。

2. 试剂

(1) 硫酸　这里用于调节酸度,选取化学纯试剂(CP)。

(2) 氢氧化铵　这里用于调节 pH,选用化学纯试剂(CP)。

(3) 氯化钠　这里用于配制缓冲溶液,选用化学纯试剂(CP)。

(4) 氢氧化钠　这里用于调节 pH,选用化学纯试剂(CP)。

(5) 氯化氢　这里用于调节 pH,选用化学纯试剂(CP)。

(6) 硫酸铵　这里用于盐析,选用化学纯试剂(CP)。

(7) 碳酸铵　这里用于盐析,选用化学纯试剂(CP)。

(8) 三氯乙酸　是一种有机溶剂,这里作为沉淀剂,选用化学纯试剂(CP)。

(9) 氯化钡　这里作为检测试剂,选用分析纯试剂(AR)。

(10) 硝酸银　这里作为检测试剂,选用分析纯试剂(AR)。

(11) 铁氰化钾　这里作为分析试剂,选用分析纯试剂(AR)。

(12) 联二亚硫酸钠　是一种还原剂,这里作为分析试剂,选用分析纯试剂(AR)。

(13) 乙酸　这里用于调节 pH,选用化学纯试剂(CP)。

(14) D-160 树脂　这里用于吸附。

(15) 60mmol/L 磷酸氢二钠-0.4 mol/L 氯化钠溶液　称固体磷酸氢二钠 2.149g。氯化钠 2.34g,加水到 100mL 即可。

(16) 0.2mol/L 磷酸缓冲液(pH = 7.3)　称取 71.64g 磷酸氢二钠溶解于 1000mL 蒸馏水中为甲液;称取 27.60g 磷酸二氢钠溶解于 1000mL 蒸馏水中为乙液。取甲液 81mL、乙液 19mL 按比例配成,调 pH 至 7.3。

(17) 0.1mol/L 磷酸缓冲液(pH = 7.3)　将上述溶液稀释 1 倍,调 pH 至 7.3 即可。

(18) 0.4mol/L 琥珀酸溶液　称取琥珀酸 4.32g,加 4.72g 氢氧化钾溶于 100mL 蒸馏水中,用 10%氢氧化钾调 pH 至 7.3。

(19) 0.1mol/L 氰化钾(KCN)溶液　称取 0.65g 氰化钾溶于 100mL 蒸馏水中,小心地用稀硫酸调 pH 至 7.3。

(20) 0.01mol/L 铁氰化钾[$Fe_3(CN)_6$]溶液　称取铁氰化钾 3.29g,溶于 100mL 蒸馏水。临用时稀释 10 倍。

3. 器材

绞肉机,提取缸,离心机,不锈钢桶(50L),玻璃柱(1.5cm×20cm),721 型分光光度计,酸度计,比重计,温度计(1～100℃),试管,移液管,烧杯,量筒。

二、人造沸石提取工艺

1. 工艺路线

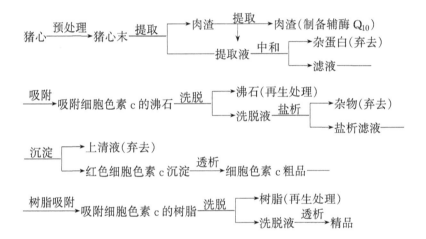

2. 操作步骤

(1) 预处理　必须选取新鲜或冷冻猪心,腐烂猪心会影响细胞色素 c 的产量和质量。冰冻猪心用自来水浸泡,使其解冻(千万不可用热水解冻),然后除去猪心上的脂肪、肌腱和淤血等,用清水洗净,切成小块绞碎。

(2) 提取　因细胞色素 c 易溶于酸性溶液,故采用酸化水提取(即先在纯水中加入适量的酸,使呈酸性)。在提取前,于提取缸中加入心肌肉末量 1.5 倍的酸化水(有条件加入蒸馏水最好),搅拌下缓缓滴加 1mol/L 硫酸,调 pH 到 3.8～4.0,在 30～35℃下搅拌提取 2h。搅拌的作用是使肉末与酸水充分接触,同时也有机械作用,使提取完全。提取完毕后,用 2mol/L 的氨水调 pH 至 6.0,静置 30min 左右。调 pH 至 6.0 的目的,是使一部分杂蛋白和肉渣等杂质易于沉淀,便于过滤分离。等提取液分层后,虹吸分取上清液,下层心渣离心甩干或用 4 层纱布过滤挤干。滤

362

渣加等量自来水,用 2mol/L 硫酸调 pH 至 4.0,搅拌提取 1h。合并两次提取清液,滤渣可作为提取辅酶 Q_{10} 原料及饲料。

(3) 中和　将提取液移入中和缸中,用 2mol/L 氨水缓缓调 pH 至 7.5～8.0,调 pH 时要不时搅动,使中和完全。当 pH 在 7.5～8.0 时,一些杂蛋白可以很快沉淀下来。调到指定 pH 后,让其静置分层,虹吸分出上层澄清液,底部稠状物可用滤纸过滤,收集滤液与上层清液合并用于吸附。

(4) 吸附　将以上澄清液移入吸附缸中,加入 8%～10% 再生沸石,搅拌吸附 1h 左右,静置后,虹吸出上层母液。把吸附细胞色素 c 的树脂滤干后,先用清水洗净,再用蒸馏水洗 4 次,每次搅拌 20min,最后用 0.2% 氯化钠溶液洗 4 次,每次搅拌 15 min(每次用水和 0.2% 氯化钠溶液的量为沸石的 2 倍)。

人造沸石为铝酸钠,它是一种阳离子交换剂,细胞色素 c 分子刚好进入它的表面空隙。在 pH 为 7.5 时,细胞色素 c 呈正电荷,它可与沸石分子上的阳离子发生交换,从而被沸石吸附。用 25% 硫酸铵洗脱,又可将细胞色素 c 交换下来。硫酸铵主要是降低沸石对细胞色素 c 的亲和力。

(5) 洗脱　将吸附细胞色素 c 的树脂装入柱内,具体步骤如下:把玻璃柱或有机玻璃柱洗净,剪大小合适的一块圆形泡沫塑料安装于柱底部(也可用玻璃纤维),将柱固定至垂直,柱下端连接乳胶管,用夹子夹好。向柱内加蒸馏水至 2/3 体积,然后将吸附细胞色素 c 的沸石加少量水,在搅拌下,连同水一起装入柱内,避免产生气泡及条带。装完后,打开柱下端夹子,使柱内沸石面上剩下一薄层水。把 25%～35% 的硫酸铵溶液缓慢加入柱内,流速控制在 2mL/min 下,收集红色的洗脱液(洗脱液一变白即停止收集),尾部的洗脱液可供下次洗脱用。大约 100 kg 猪心用 12～15L 硫酸铵溶液,流速不易太快,以便充分洗脱。沸石可经充分清洗后供下次用。

(6) 盐析　用各种盐类使蛋白质从溶液中沉淀析出的方法称盐析。如中性盐硫酸铵、硫酸钠、氯化钠等浓溶液,都可使蛋白质从溶液中沉淀出来。由于硫酸铵便宜、溶解度大、效果好,所以使用得最为广泛。为了进一步提纯细胞色素 c,在洗脱液中加入固体硫酸铵,至相对密度达到 1.24,置 5℃ 下过夜,然后用滤纸过滤(滤液应澄清),收集滤液。

(7) 沉淀　因为细胞色素 c 的等电点为 10.4,当加入三氯乙酸后 pH < pI,细胞色素 c 带正电荷,可与三氯乙酸生成沉淀物。这种沉淀物可发生可逆变化,经离心加水又可溶解。利用这一性质,往盐析过滤液中滴加三氯乙酸(20%),边滴边搅拌,三氯乙酸用量为 0.05mL/mL,加时要快,要防止局部蛋白质变性,加完后立即离心(3000r/min,约 12min)。离心后,倒去上层清液,下层清液可加少量蒸馏水溶解。蒸馏水的量应刚好使沉淀完全溶解,避免加水过多,使细胞色素 c 浓度变低(如离心后,发现上清液仍带红色,可加过量三氯乙酸,再次离心分离,使细胞色素 c 沉淀完全)。

（8）透析　把上述溶解后的细胞色素 c 装入透析袋中(装量为袋体积的 2/3)，用去离子水透析数小时，直到用硝酸银检查无白色沉淀为止，收集透析液，即为细胞色素 c 粗品。

去盐的道理很简单，因为透析袋中溶液浓度较高，而袋外的去离子水基本上是无离子的，所以溶液将从高浓度向低浓度的方向流动，通过透析袋的半透膜纸袋流出来，而细胞色素 c 分子较大，不能通过半透膜，不断更换去离子水就可将硫酸根除去(用氯化钡或乙酸钡溶液检查至无白色沉淀为止)。

粗品存放时，pH 应在 3.8～4.0 之间，同时加适量氯仿作为防腐剂，置冰箱中保存。氯仿需经预处理，方可使用。因氯仿一般含有 1% 的乙醇，这是为了防止氯仿分解为有毒的光气，作为稳定剂加进去的。为了除去乙醇，防止乙醇使细胞色素 c 蛋白变性，可以将氯仿用一半体积的水在分液漏斗中振荡数次，然后分出下层氯仿，即可使用。

细胞色素 c 粗品可直接出售给各地生化药厂精制成品，灌封成针剂供临床使用。一般粗品要求含量达到 15 mg/mL 以上。

（9）树脂吸附　将预处理好的 Amberlite IRC-50 铵型树脂按需要量装入吸附柱，将粗品液缓慢流入吸附柱，树脂呈酱红色，吸附完毕后，再用少量蒸馏水洗涤。吸附完毕将树脂上部较多杂蛋白部分的浅色层取出单独处理。其余树脂倾出，用水洗涤 3 次，将水倾出，手戴乳胶手套反复搓树脂，以除去吸附的杂质，搓后用蒸馏水洗涤，干搓，水洗树脂 3～4 次，直至水变清为止。然后再用蒸馏水搅拌洗涤 15～20 次(每次 15min)。

（10）洗脱　将以上洗涤好的树脂再装入柱内，用无热原的蒸馏水冲洗 15 min，除去可能污染的热原。再用新鲜配制的 6.4mol/L 氯化钠-60mol/L 磷酸氢二钠混合液洗脱，流出液变红时开始分段收集；颜色较浅时为前段，深红色为中段；快结束时颜色变浅的为后段。前段和后段含杂质较多，透析后重新吸附精制，浅色层树脂经洗脱后也作为回收处理。

（11）透析　中段洗脱液装入透析袋中对蒸馏水透析，每过 1h 换水 1 次。经常轻轻摇动透析袋。透析至无氯离子(即用硝酸银检查，无白色沉淀产生)。透析液过滤，即为精品液，可供制剂用。

3. 人造沸石的制备和沸石的处理及再生

（1）自制人造沸石　称取 50g 氢氧化钠加 30mL 水溶解，再投入 25g 铝片进行反应。反应结束后加水稀释至相对密度为 3.5，再用活性炭脱色过滤，即得铝酸钠溶液。取工业纯硅酸钠(又叫泡花碱)，加水稀释至相对密度为 3.5。将铝酸钠溶液和硅酸钠溶液等体积合并，搅拌，放置 4～5h。自来水洗 2～3 次，然后将水抽干，再用 5% 盐酸调 pH 在 5～8 之间。加蒸馏水洗去大量的氯离子(4～5 次即可)，抽干后倒入瓷盘内烘干。趁热加入沸水中，立即形成颗粒，用玻璃棒不断搅拌,烘干后过筛即得人造沸石。

(2)新沸石的处理　如果沸石大小不均匀,可将其放在乳钵中轻轻研磨,然后过筛(100～120目),放入2000 mL烧杯中,加蒸馏水搅拌,10min后收集沉降的颗粒,上层液倾去。如此反复多次,直到上层液澄清为止。将其放入瓷盘内,150℃烘干,保存备用。用时把适量沸石放在烧杯中,加水搅动,用倾斜法除去12s内不下沉的颗粒,即可用于吸附。

(3)旧沸石的再生　先用自来水洗去硫酸铵,再用相对密度为1.042(约2mol/L)的氯化钠溶液洗,用量为沸石体积的3.5倍,洗至柱下端流出液的相对密度为1.04即可重新使用。如沸石使用多次,颜色已变深,这时可用0.2～0.3 mol/L氢氧化钠和1mol/L氯化钠混合液清洗,即可变白。

4. 弱酸型树脂的处理

1)取新树脂用无离子水洗涤,除去异物,再用95%乙醇浸泡24h,除去有机污物,倾去乙醇,再用无离子水洗净。

2)用2mol/L氨水搅拌处理,静置24h倾去氨水,无离子水洗涤至pH约为8。

3)用2mol/L盐酸搅拌,静置24h,倾去盐酸液,无离子水洗涤至中性,不含氯离子。

4)再用2mol/L氨水处理,静置24h,使用前以无离子水洗涤至pH为9.2～9.5,不得大于10。

5. 树脂的再生

将用过的树脂下柱,用洗脱液搅拌脱色,弃去上层液,加固体氢氧化钠搅拌溶解,放出氨嗅,无离子水洗涤。如树脂显红色再加固体氢氧化钠处理,直至显原色为止。再用无离子水洗涤,加盐酸复原,水洗涤至pH为7,再加2mol/L氨水搅拌2h,放置备用。临用时,用无离子水洗涤至pH为9.2～9.5,不得大于10。

三、检 验 方 法

(一)质量标准

性状:深红色的澄清液体。

含铁量:0.40%～0.46%。

含酶量:每毫升中含细胞色素c不得少于15mg。

酶活力:不低于95.0%。

(二)含铁量测定

1. 原理

细胞色素c是含一个铁原子的蛋白质,而铁的相对原子质量为55.85,因此每一个细胞色素 c 分子中,铁原子的质量相当于 0.43%。如果测得细胞色素 c 铁含量为 0.43%,表示它是纯的;相反,若小于 0.43%,则说明含有杂质,这个数字越小,含杂质越多,这是检定细胞色素 c 质量好坏的一个标志。

一般提取的细胞色素 c 都是水溶液,所以在测定含铁量时,要首先测定样品的干重。

细胞色素 c 经与过氧化氢(H_2O_2)和酸混合消化后,分子中的铁便游离出来,以亚硫酸钠为还原剂,使铁变成铁离子,再与 2,2'-联吡啶(2,2'-dipyridyl)反应生成红色络合物,此络合物在 522nm 波长处 A_1 值最大。根据这一特性,用 722 型分光光度计,选择硫酸铁铵作为含铁量标准品,用同样的方法测定出 A_2 值,即可计算出样品的含铁量。

2. 标准铁溶液的制备

取硫酸铁铵 50g,加水 300mL 与硫酸 6mL 的混合液溶解后,加水适量使成 1000mL 摇匀。精密量取 25mL,置碘瓶中,加盐酸 5mL 混合,加碘化钾试液 12mL,密塞静置 10min,用硫代硫酸钠(0.1mol/L)滴定游离的碘,至近终点时,加淀粉指示液 1mL,继续滴定至蓝色消失,根据硫代硫酸钠(0.1mol/L)消耗量(mL),算出每 1mL 中含铁量(mg)。1mL 硫代硫酸钠滴定液(0.1mol/L)相当于 5.58mg 的铁。精密量取适量,加硫酸稀释液(取稀硫酸 2mL,加水稀释至 500mL)时每毫升含 2.3μg 的铁。

3. 样品溶液的制备

精密量取样品适量(相当于细胞色素 c 100mg),置于 10mL 容量瓶中,加水稀释至刻度。

4. 测定法

精密量取样品溶液 5mL,置已炽灼至恒重的坩埚中,蒸干,在 105℃ 干燥至恒重,精密称定质量 W_1,缓缓炽灼至完全炭化后,继续在 500~600℃ 炽灼使其完全炭化并恒重,精密称定质量 W_2。另精密量取样品溶液 1mL,置 25mL 容量瓶中,加 30% 的过氧化氢溶液 0.7mL 与稀硫酸 0.5mL,置水浴中,加热 30min,然后取出防冷,精密加入 2,2'-联吡啶试液 2mL,然后在冷水浴中,缓缓加入亚硫酸钠试液 5mL,随加随振摇,置 60~70℃ 水浴中,加热 30min,取出,放冷至室温,用水稀释至刻度,摇匀,照分光光度法,在 522nm 处测定吸收度 A_1;另精密量取标准铁溶液 2mL,置 25mL 容量瓶中,加 30% 的过氧化氢溶液 0.7mL 与稀硫酸 0.5mL,置水浴中,加热 30min,然后取出防冷,精密加入 2,2'-联吡啶试液 2mL,然后在冷水浴中,缓缓加入亚硫酸钠试液 5mL,随加随振摇,置 60~70℃ 水浴中,加热 30min,取出,放冷至室温,用水稀释至刻度,摇匀,照分光光度法,在 522nm 处测定吸收度 A_2。

按下式计算,含铁量应为 0.40%～0.46%

$$含铁量 = \frac{A_1 \times 23}{A_2(W_1 - W_2)} \times \%$$

(三) 含量测定

1. 吸收系数法

取待测溶液(浓度为 0.2～0.4mg/mL)5mL,置于小试管中,加联二亚硫酸钠约 3mg,摇匀,立即用分光光度计以水作为空白,在 550nm 附近,以间隔 0.5nm 找出最大吸收波长处,测定其光密度 A 值,按下式计算,得

$$1mL 待测溶液中含细胞色素 c 的毫克数 = \frac{A \times 样品稀释倍数}{5 \times 23.0}$$

式中:5 代表供试品的毫升数;23.0 代表细胞色素 c 在 550nm 的吸收系数($E_{1cm}^{1\%}$)。

2. 标准对照法

细胞色素 c 粗品是还原型和氧化型两种产品的混合物,在测定含量时,要加入联二亚硫酸钠,使混合物中的氧化型细胞色素 c 变为还原型。还原型细胞素 c 水溶液在波长 520nm 处有最大吸收值,根据这一特性,用 722 型分光光度计,选一标准品,与粗品在同样条件下测定光吸收值,即可算出粗品含量。

(1) 标准品的选择　购买标准品(市售针剂即可),按其含量适当稀释成 1 mg/mL 左右,备用。

(2) 样品制备　将样品适当稀释成 1 mg/mL 左右,待用。

(3) 测定　按表 6-4 进行操作。

表 6-4　标准对照法测细胞色素 c 含量

名称 \ 管号	1	2	3	4	5
标准品 /mL		1	1		
样品 /mL				1	1
蒸馏水 /mL	4	3	3	3	3
联二亚硫酸钠 (保险粉)	少许	少许	少许	少许	少许
A					

注:加保险粉要少量,过多会使 A 值增高。

(4) 计算　分别取 2 与 3 管 A 的平均值和 4 管与 5 管 A 的平均值,并都减去 1 号空白管的 A 值,然后按下式计算

标准管 A 值:标准含量 = 样品管 A 值:X(样品含量)

$$X = \frac{标准含量 \times 样品\ A\ 值}{标准 A\ 值}$$

$$总含量 = X \times 稀释倍数 \times 总体积$$

(四) 细胞色素 c 活力的测定(中华人民共和国药典,2000 年版二部附录 ⅫB)

以去细胞色素 c 的心悬浮液代替肾制剂(琥珀酸脱氨酶和细胞色素氧化酶),利用酶可还原率,测定细胞色素 c 的酶活力。测定时,在加入一定量琥珀酸和氧化型细胞色素 c 时,还加入氰化钾作为细胞色素 aa₃ 的抑制剂,结果反应进行到将氧化型细胞色素 c 转化为还原型细胞色素 c 时即停止(因 aa₃ 受抑制而使电子不能再往前传递)。此时用比色法在 550nm 处测定还原型细胞色素 c 的吸收度即为细胞色素 c 的酶可还原吸收度。细胞色素 c 的酶活力越高,转为还原型细胞色素 c 就愈多,吸收度就愈大。已失活的细胞色素 c 在酶反应中不被还原,但仍可被连二亚硫酸钠还原,此时在 550 nm 处测得的吸收度称为化学还原吸收度。细胞色素 c 的酶可还原吸收度与化学可还原吸收度的比即为细胞色素 c 的酶可还原率。

测定还原型细胞色素 c 时,应先用铁氰化钾将其转化为氧化型。外源性细胞色素 c 与心悬浮液结合成内源性细胞色素 c 后便不再受氰离子抑制结合。所以在测定细胞色素 c 的酶可还原率时要先加心悬乳液,后加氰化钾。

1. 缺细胞色素 c 的心悬乳液(HMP)的制备

取新鲜猪心 1~2 只,除去脂肪及韧带组织。切成条,绞肉机绞碎。于纱布袋中用自来水冲洗约 2h(一般挤去血水),挤干,浸泡于 0.1mol/L pH 为 7.3 的磷酸缓冲液约 1h。挤掉液体,重复 1 次。再用蒸馏水洗数次,挤干。加入 0.02mol/L pH 为 7.3 的磷酸缓冲液适量在组织捣碎机内捣成匀浆,以 3000r/min 的速率离心 10min。取上层混悬液加入少量冰块,迅速用 1mol/L 乙酸调 pH 至 5.5 左右,立即离心 15min(3000r/min)。弃去上清液,沉淀物加等体积约 0.1mol/L 磷酸缓冲液,再用玻璃匀浆器研匀,储存于冰箱中备用,用时以 1:10 稀释。

2. 测定方法

取带塞刻度的玻璃管 3 支(按表 6-5 操作),各加入 0.2mol/L 磷酸缓冲液 5mL、0.4mol/L 琥珀酸盐溶液 1mL。细胞色素 c 液 0.5mL(3mg/mL),置具塞比色管中,加入 0.01mol/L 铁氰化钾溶液 0.05mL(如果是氧化型,可不必加铁氰化钾)。再加入 10 倍稀释的心制剂混悬液 0.5 mL,并加入 0.1mol/L 氰化钾 1.0mL,同时做 1 管空白,用蒸馏水稀释至 10mL。混匀后于分光光度计 550nm 处测定光吸收(需找出最大吸收值),直至光吸收值不再增高为止,读数为酶还原光吸收值,接着加入固体联二亚硫酸钠约 5mg,混匀后,静置 5~10min,在同一波长处再测光吸收,直至光吸收值不再增高为止,此读数为化学还原光吸收值。

表 6-5 细胞色素 c 活力测定所需试剂

试　剂	1 号管(空白)	2 号(样品管)	3 号(样品管)
0.2mol/L 磷酸缓冲液/mL	5	5	5
0.4mol/L 琥珀酸盐溶液/mL	1	1	1
细胞色素 c 液(3mg/mL)/mL		0.5	0.5
0.01mol/L 氰化钾溶液/mL	0.05	0.05	0.05
10 倍稀释的心制剂混悬液/mL	0.5	0.5	0.5
0.1mol/L 氰化钾溶液/mL	1.0	1.0	1.0
蒸馏水/mL	2.45	1.95	1.95
OD$_{550}$(酶还原光吸收值)			
联二亚硫酸钠/mg	5	5	5
静置 5~10 min			
OD$_{550}$(化学还原光吸收值)			

按下式计算出细胞色素 c 酶可还原率。

$$酶可还原率 = \frac{酶还原光吸收值}{化学还原光吸收值} \times 100\%$$

(五)质量鉴定

1) 精密量取样品适量(约相当于细胞色素 c 100mg),置 10mL 容量瓶中,用无离子水稀释至刻度(10mg/mL)。取出 1mL,滴加三氯乙酸 20~100 滴,即发生棕红色凝乳状沉淀,上清液红色消失,取出沉淀应能在水中溶解。溶液显棕红色。

2) 精密量取样品适量(约 0.2mg/mL),用分光光度计进行测定,在(520±1)nm 与(550±1)nm 处应有最大光吸收;在(535±1)nm 处应有最小光吸收。

第十一节　超氧化物歧化酶的制备

超氧化物歧化酶,简称 SOD(superoxide dismutase, E. C, 1.15.1.1),是一种广泛存在于动、植物及微生物中的金属酶,至少可分为三种类型:第一种类型为 Cu·Zn-SOD,呈蓝绿色,主要存在于真核细胞的细胞浆内,相对分子质量在 32 000 左右,由两个亚基组成,每个亚基含 1 个铜和 1 个锌。第二种类型为 Mn-SOD,呈粉红色,其相对分子质量随来源不同而异。来自原核细胞的相对分子质量约为 4000,由 2 个亚基组成,每个亚基各含 1 个锰;来自真核细胞线粒体的—Mn-SOD,

由 4 个亚基组成,相对分子质量约为 80 000。第三种类型为——Fe-SOD,呈黄色,只存在于真核细胞中,相对分子质量在 38 000 左右,由 2 个亚基组成,每个亚基各含 1 个铁。此外,在牛肝中还存在一种 Co·Zn-SOD。

自从 1973 年 Weisiger 等在鸡肝中发现两种 SOD 以来,至今已采用了各种分离及分析方法,成功地从各种动物肝脏及血液中,分离纯化了 SOD。同时发现 SOD 的存在可能与机体衰老、肿瘤发生、自身免疫性疾病和辐射防护等有关。目前临床上主要用于延缓人体衰老、防止色素沉着、消除局部炎症,特别是治疗风湿性关节炎、慢性多发性关节炎及放射治疗后的炎症,无抗原性,毒副作用较小,是很有临床价值的治疗酶。SOD 不仅在临床上大显身手,而且近年来又被广泛地应用于日用化工行业。含有 SOD 的化妆护肤品,对抗衰老及去除面部雀斑等有显著作用。添加 SOD 的化妆护肤品备受女士的青睐,其产品具有很强的竞争力。如市场上销售的奥琪、大宝、紫罗兰、永芳等高级护肤化妆品,都因添加了 SOD 成为抢手货。随着 SOD 被广泛应用于护肤霜、洗面奶、香皂等领域及活性氧、疾病诊断和抗辐射等方面的研究,SOD 将成为广大药厂和日用化工厂的重要原料。因此,充分利用动物血液,生产 SOD(还可联产凝血酶)是大有发展前途的。

现将新工艺各步程序及其操作方法摘要叙述如下(以 Cu·Zn-SOD 为实例)。

一、试剂及器材

1. 原料

新鲜、无污染的牛血或猪血。

2. 试剂

(1) 萃取剂　由浓度为 0.2mol/L 柠檬素(42g 一水合柠檬酸/L)与 0.2mol/L (58.8g 二水合柠檬酸三钠/L)仔细混合均匀,其体积比例为 1:6.1 此混合溶液的 pH 应为 6.2 左右。再用少量乙酸钠饱和溶液仔细调整 pH 至 7.4～7.8 范围内即成。

(2) 95% 乙醇　这里作为溶剂,选用工业级乙醇。

(3) 丙酮　这里作为沉淀剂,选用化学纯试剂(CP)。

(4) 氯仿　这里作为溶剂,选用工业级。

(5) 柠檬酸三钠　这里作为抗凝剂,选用化学纯试剂(CP)。

(6) 盐酸　这里用于调节 pH,选用化学纯试剂(CP)。

(7) 氯化钠磷酸氢二钾(K_2HPO_4)-磷酸二氢钾(KH_2PO_4)缓冲液　配制方法如下。

1) 2.5μmol/L 磷酸氢二钾溶液的配制。一般市售的化学试剂其分子式为 $K_2HPO_4 \cdot 3H_2O$,称取 0.569g 溶解在 1000g 蒸馏水中,搅拌均匀。

2) 2.5μmol/L 磷酸二氢钾溶液的配制。如市售的化学试剂分子式为 KH₂PO₄，则在 1000g 蒸馏水中加入 0.34g，搅拌均匀。如果分子式为 KH₂PO₄·2H₂O，则在 1000g 水中加入 0.43g，搅拌均匀。

3) 缓冲溶液的配制。按上述方法配好 2.5μmol/L 磷酸氢二钾溶液和 2.5μmol/L 磷酸氢二钾溶液后，将磷酸氢二钾溶液缓慢地倒入磷酸氢二钾溶液中，直至调整溶液的 pH 到 7.6 为止。此时配好的溶液即为 2.5μmol/L 磷酸氢二钾-磷酸氢二钾缓冲液，若将磷酸二氢钾、磷酸氢二钾的量各加大 20 倍，配成的即为 50μmol/L 磷酸氢二钾-磷酸二氢钾缓冲液。

(8) DEAE-Sephadex A-50　这里用于层析。用前应预先处理，首先将它溶于水中(或 5～10 倍量洗脱剂中)，最好将干胶往水里加，边加边搅拌，以防凝胶结块。在室温放置，完全水化后，再用水反复洗 3～4 次，同时沥去水面上漂浮的细粉，用抽气漏斗抽干。将抽干的胶浸泡于 0.1mol/L 的氯化氢溶液中 20min，滤去氯化氢溶液，用水洗至中性。再用 0.1mol/L 的氢氧化钠溶液浸泡 20min，滤去氢氧化钠溶液，用水洗至中性。最后再用 0.1mol/L 氯化钠溶液浸泡 20min，滤去 NaCl 液，用水洗至中性，然后用磷酸缓冲液浸泡平衡即可使用。交换剂使用多次后吸附量降低，可按上述方法处理一遍，以保证交换剂的交换能力不降低。

3. 器材

离心机，不锈钢夹层反应罐，不锈钢桶，搅拌机，搪瓷罐，分光光度计，分液漏斗，玻璃柱(1.0cm×10cm)，自动收集器检测仪，酸度计，温度计(1～100℃)，试管，移液管，量筒，烧杯。

二、一步直接萃取法提取工艺

1. 工艺路线

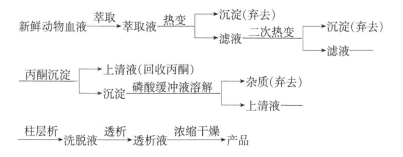

2. 操作步骤

(1) 萃取　将新鲜血液(猪血、马血、羊血、兔血、鸡血)倾入反应锅中，在充分搅拌下，依次地加入原血量 0.34 倍的上述萃取剂，1 倍量的事先已溶解有 6.5% 氯化钠的水溶液,再剧烈搅动 30min 以上。注意此萃取过程的 pH 应维持在 7.6 左右,以保证本工序的萃取效果理想。此步操作质量至关重要,关系到 SOD 收率。

(2) 热变 将上述萃取液倾入夹层不锈钢反应罐中,在充分搅拌的条件下,缓缓地加入事先配制好的、适量的氯化铜饱和溶液(按原先每 100L 动物血量加入 40g 二水合氯化铜的比例配制),混合均匀后,加温至 68℃,恒温反应 30min,然后急冷至室温。用尼龙布过滤以除去不溶物及沉淀物等,收集好滤液。

(3) 二次热变 将所得的上述滤液倾入夹层不锈钢反应锅中,在充分搅拌的条件下,加热到 65℃,缓缓地加入适量的氯化铜饱和溶液(其用量比例仍按 40g 二水合氯化铜/100L 原血量)混合均匀。此时,料液应呈现清澈并变为淡蓝色,保温 30 min 以上。然后将料液冷却至室温(10～15℃),用尼龙布过滤除去不溶物,得到澄明的滤液(如滤液欠澄明,应重新精细过滤)。

(4) 丙酮沉淀 将上述澄明的滤液倾入不锈钢桶中,再搅拌的条件下,用少量的乙酸钠饱和溶液调节其 pH 至 4.8～ 5.2,然后置于冷库中,使滤液温度预冷至 0℃ 以下,然后在充分搅拌下加入 1～2 倍量冷丙酮(0～4℃),即析出大量沉淀物,低温下静置。抽滤得沉淀物后,将其复溶于适量纯水中,仔细过滤除去不溶物,得清液。在清液中,再加入 0.75～1 倍量体积的冷丙酮,经 0℃ 下静置,抽滤得沉淀物。沉淀物经无水丙酮仔细洗涤,脱水两次,真空冷冻干燥即得到呈淡蓝绿色粉末状的 SOD 粗品,SOD 粗品的比活力以蛋白计可达 3000U/mg 以上(母液及洗液集中回收丙酮用)。

(5) 磷酸缓冲液溶制、柱层析 将上述所得的 SOD 粗品溶于 2.5μmol/L pH 为 7.6 的磷酸氢二钾-磷酸二氢钾缓冲液中,经超滤得澄清液。将此溶液上 DEAE-Sephadex A-50 层析柱(ϕ 7.5 cm×40cm)。该柱事先应用上述缓冲液平衡。上样流速应控制为 100～200mL/h。

(6) 洗脱 上样至饱和后,用同一缓冲液进行梯度洗脱(洗脱液 pH 为 7.6,浓度为 2.5μmol/L 的磷酸氢二钾-磷酸二氢钾缓冲液),控制其流速为 100～120 mL/h。仔细地通过取样监测具有 SOD 活性的蛋白峰(应注意的是:不同血源的 Cu·Zn-SOD 其具有 SOD 活性的最大蛋白峰——紫外光吸收的"光密度最大值"存在着差异,牛血为 258nm 处,猪血为 265nm 处)。

(7) 透析 将上述所收集好的 SOD 洗脱液装入透析袋中,在蒸馏水中透析除盐后,收集透析液。

(8) 浓缩干燥 将透析液超滤浓缩,然后冷冻干燥,即可得外观微带浅蓝绿色的 Cu·Zn-SOD 成品,其酶的比活力以蛋白计可达 10 000U/mg。

3. 工艺说明

"一步直接萃取法"提取 SOD 新工艺较离心分离法有下列优点:

1) 新工艺不使用离心机分离和洗涤血球,既节省设备投资,又节省时间。由于新工艺没有设备能力的限制,每人每天加工的动物血量最大可达100kg,能形成批量生产规模。

2) 新工艺不使用氯仿、乙醇等贵重、有害有机溶液,无需另加入抗凝剂,而且生产过程所用的丙酮也可回收72%以上。节省了药品费用,大大降低了生产成本。

3) 新工艺操作周期短,收率高,产品稳定性佳。

三、SOD 热变工艺

1. 工艺路线

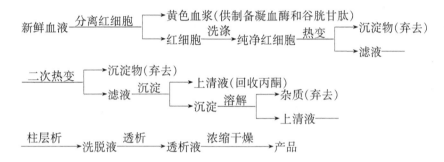

2. 操作步骤

(1) 分离红细胞　取新鲜血液,事先加入动物血液体积1/7的3.8%的柠檬酸三钠搅拌均匀,静置,使红细胞自然沉降,除去上层大部分血浆(制备凝血酶)。下层液离心分离,收集红细胞。

(2) 洗涤　将红细胞倾入不锈钢桶中,用3倍量的0.9%的氯化钠溶液洗涤两次,离心收集红细胞。

(3) 热变　将红细胞倾入夹层不锈钢罐中,加入2～3倍的蒸馏水,再按40 g/100L血液的比例加入氯化铜,在搅拌的条件下,加热到65℃,恒温30min,然后迅速冷却至室温,过滤除去沉淀,收集滤液。

(4) 二次热变　将以上滤液倾入夹层不锈钢罐中,再按40 g/100L血液的比例加入氯化铜,至滤液清澈变为淡蓝色为止,在搅拌的条件下,加热到65℃,保温20min,然后冷却至室温,离心收集上清液。

(5) 沉淀　将上述上清液倾入搪瓷缸中,加入0.7倍体积的丙酮,低温下(0～4℃)静置4～6h,然后离心收集沉淀,冷冻干燥保存。

(6) 溶解、柱层析　将上述所得的SOD粗品溶于2.5μmol/L pH为7.6的磷酸氢二钾-磷酸二氢钾缓冲液中,经超滤得澄清液。将此溶液上DEAE-Sephadex A-50层析柱(ϕ7.5cm×40cm)。该柱事先应用上述缓冲液平衡。上样流速应控制为100～200mL/h。

(7) 洗脱　上样至饱和后,用同一缓冲液进行梯度洗脱(洗脱液pH为7.6,浓度为 2.5μmol/L 的磷酸氢二钾-磷酸二氢钾缓冲液),控制其流速为 100～120 mL/h。仔细地通过取样监测具有 SOD 活性的蛋白峰(应注意的是:不同血源的 Cu·Zn-SOD 其具有 SOD 活性的最大蛋白峰——紫外光吸收的"光密度最大值"存在着差异,牛血为 258nm 处,猪血为 265nm 处)。

(8)透析　将上述所收集好的 SOD 洗脱液装入透析袋中,在蒸馏水中透析除盐后,收集透析液。

(9)浓缩干燥　将透析液超滤浓缩,然后冷冻干燥,即可得外观微带浅蓝绿色的 Cu·Zn-SOD 产品。

四、用新鲜血块提取 SOD 工艺

1. 工艺路线

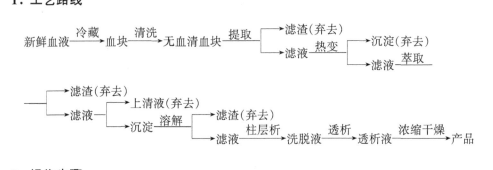

2. 操作步骤

(1)冷藏　将新鲜血液倾入不锈钢桶中,置于 10℃ 冷库中冷藏 3～4h,使其自然结块。

(2)清洗　将血块搅碎,然后置于双层尼龙布中,先用自来水洗 3 遍,再用蒸馏水洗净滤干,即得无血清血块。

(3)提取　将血块放入不锈钢桶中,加入 0.2 倍量 10% 的曲拉通-100 溶液,并在 3000r/min 的条件下剧烈搅拌 30min 左右,过滤收集血浆。

(4)热变　将血浆倾入不锈钢夹层反应罐中,按 40g/100L 血浆量加入氯化铜,然后加热到 65℃,在搅拌的条件下恒温反应 30min,然后冷却至室温,离心收集上清液。

(5)萃取　将以上滤液倾入不锈钢桶中,加入滤液体积 2/5 的乙醇-氯仿混合液(乙醇:氯仿 = 5:3),搅拌 5min,然后离心收集滤液于另一不锈钢桶中,在搅拌的条件下,按滤液体积 43% 的比例加入磷酸氢二钾,然后再加入滤液体积 1/5 的乙醇-氯仿混合液,搅拌均匀后,倾入分液漏斗中分层,收集上层清液。

(6)沉淀　将上述清液倾入搪瓷缸中,然后加入 1 倍量的冷丙酮,搅拌均匀,在 4～10℃ 的条件下静置 5～6h,然后离心收集沉淀,冷冻干燥后即为粗品。

(7)溶解、柱层析　将上述所得的 SOD 粗品溶于 2.5μmol/L pH 为 7.6 的磷酸氢二钾-磷酸二氢钾缓冲液中,经超滤得澄清液。将此溶液上 DEAE-Sephadex A-50 层析柱(ϕ 7.5 cm×40cm)。该柱事先应用上述缓冲液平衡。上样流速应控制为 100～200mL/h。

(8) 洗脱 上样至饱和后,用同一缓冲液进行梯度洗脱(洗脱液 pH 为 7.6,浓度力 2.5μmol/L 的磷酸氢二钾-磷酸二氢钾缓冲液),控制其流速为 100～120 mL/h。仔细地通过取样监测具有 SOD 活性的蛋白峰(应注意的是:不同血源的 Cu·Zn-SOD 其具有 SOD 活性的最大蛋白峰——紫外光吸收的"光密度最大值"存在着差异,牛血为 258nm 处,猪血为 265nm 处)。

(9) 透析 将上述所收集好的 SOD 洗脱液装入透析袋中,在蒸馏水中透析除盐后,收集透析液。

(10) 浓缩干燥 将透析液超滤浓缩,然后冷冻干燥,即可得外观微带浅蓝绿色的 Cu·Zn-SOD 产品。

五、从牛血提取 SOD 工艺

1. 工艺路线

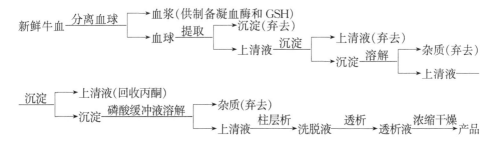

2. 操作步骤

(1) 分离血球 取新鲜牛血,按 100 kg 牛血加 3.8g 柠檬酸三钠投料,搅拌均匀,装入离心管中,在离心机中以 3000r/min 的速度离心 15min,收集血球,血浆可用于制备凝血酶。

(2) 提取 将收集的血球用 0.9%氯化钠溶液洗 3 遍(每次用血球 2 倍体积的氯化钠溶液),然后加入蒸馏水(和牛血等量的水),在 0～4℃ 条件下,搅拌溶血 30min,再缓慢加入溶血血球 0.25 倍体积的 95%乙醇和 0.15 倍体积(相对于溶血的血球而言)的氯仿(乙醇和氯仿要事先冷却至 4℃ 以下),搅拌均匀,静置 20min,置离心机中离心 30min,收集上清液,弃去沉淀。

(3) 沉淀 在上清液中加入 2 倍体积的冷丙酮,搅拌均匀,于冷处静置 20min,离心收集沉淀。沉淀物用 1～2 倍体积的水溶解,在 55℃ 水浴中保温 15min,离心收集上清液。再用 2 倍冷丙酮使上清液沉淀,静置过夜。然后离心收集沉淀,上清液可回收丙酮。

（4）DEAE-Sephadex A-50 分离纯化　把以上沉淀溶于 $2.5\mu mol/L$ pH 为 7.6 的磷酸氢二钾-磷酸二氢钾缓冲液中，用离心法除去杂质，收集上清液准备上柱。

先把 DEAE-Sephadex A-50 装入 $3cm \times 40\ cm$ 的柱中（即柱长 40cm，柱内径 3cm），用 $2.5\mu mol/L$ pH 为 7.6 的磷酸氢二钾-磷酸二氢钾缓冲液上柱，等流出液的 pH 为 7.6 时，然后将样品上柱，用 $2.5\sim50\mu mol/L$ pH 为 7.6 的磷酸氢二钾-磷酸二氢钾缓冲液进行梯度洗脱（洗脱液浓度从 $2.5\mu mol/L$ 开始逐渐加大至最终浓度达 $50\mu mol/L$，这样便形成一个洗脱梯度），收集具有 SOD 的活性峰，将洗脱液倒入透析袋中，在蒸馏水中进行透析，然后将透析液经超滤浓缩后，冷冻干燥即为 SOD 产品。

此外，还有用磷酸氢二钾法制备 SOD 的。此法除在第三步沉淀前加萃取（在上清液中加上清液质量 40% 的磷酸氢二钾，在分液漏斗中分层）外，其他步骤均与上同。

六、从猪血提取 SOD 工艺

1. 工艺路线

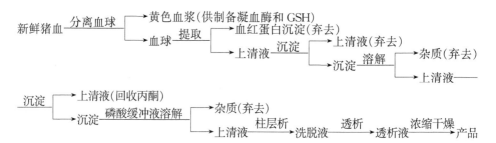

2. 操作步骤

（1）分离血球　取新鲜猪血，事先加入猪血体积 1/7 的 3.8% 柠檬酸三钠溶液，搅拌均匀，以 3000r/min 的速率离心 15min，除去黄色血浆，收集红细胞。

（2）除血红蛋白　红细胞用 2 倍 0.9% 氯化钠溶液离心洗涤 3 遍，然后向洗净的红细胞加入等体积去离子水，剧烈搅拌 30min，于 0~4℃ 静置过夜。再向溶血液中分别缓慢加入 0.25 倍体积的预冷乙醇和 0.15 倍体积的预冷氯仿，搅拌 15min 左右，静置 30min，然后用离心法除去沉淀，收集微带蓝色的清澈透明粗酶液体。

（3）沉淀　向上述粗酶液中加入等量冷丙酮，搅拌均匀，即有白色沉淀产生，静置 30 min，用离心法收集沉淀物。

（4）热变　把沉淀溶于 $2.5\mu mol/L$ pH 为 7.6 的磷酸氢二钾-磷酸二氢钾缓冲液中，加热到 55~65℃，恒温 20min，然后迅速冷却到室温，离心收集上清液，弃去沉淀物。在上清液中加入等体积的冷丙酮，静置 30min，离心分出沉淀，脱水干燥即得粗品，可用于化妆品或食用 SOD。

（5）DEAE-Sephadex A-50 分离纯化　沉淀用 2.5μmol/L pH 为 7.6 的磷酸氢二钾-磷酸二氢钾缓冲液溶解，用离心法除去杂质，上清液上 DEAE Sephadex A-50 柱，用 2.5～50μmol/L 磷酸氢二钾-磷酸二氢钾缓冲液进行梯度洗脱，收集具有 SOD 的活性峰。将洗脱液装入透析袋中，在蒸馏水中透析，超滤浓缩透析液，然后冷冻干燥即得精品。

七、酶活性及纯度的测定

（一）酶活性测定

超氧化物歧化酶能催化超氧离子（O$_2^-$）自由基的歧化反应

$$O_2^- + O_2^- + H^+ \xrightarrow{SOD} H_2O_2 + O_2$$

具有消除 O$_2^-$ 自由基的能力，O$_2^-$ 与生物体的生理现象及病理变化有密切关系。其活性测定也是根据这一反应进行。以 O$_2^-$ 作为底物，O$_2^-$ 是一种寿命很短的自由基，除非用脉冲射解技术进行纳秒级快速动力学跟踪或快速冰冻结合 ESR 波谱观察，才能获得 SOD 与 O$_2^-$ 反应动力学信息，但均需要有特殊的仪器设备。在一般情况下，只能应用间接活性测定法。

1. 邻苯三酚自氧化法

邻苯三酚（CHO$_3$C$_6$H$_8$，1，2，3-benzenefino1）在碱性条件下，能迅速自氧化，释放出 O$_2^-$，生成带色的中间产物。反应开始后，反应液先变成黄棕色，几分钟后转绿，几小时后又转变成黄色，这是因为生成的中间物不断氧化的结果。这里测定的是邻苯三酚自氧化过程中的初始阶段，中间物的积累在滞留 30～45s 后，与时间成线性关系，一般线性时间维持在 4min 的范围内。中间物在 420nm 波长处有强烈光吸收。当有 SOD 存在时，由于它能催化 O$_2^-$ 与 H$^+$ 结合生成 O$_2$ 和 H$_2$O$_2$，从而阻止了中间产物的积累，因此，通过计算即可求出 SOD 的酶活性。

邻苯三酚自氧化速率的测定：在试管中按表 6-6 加入缓冲液和重蒸馏水，25℃下保温 20 min，然后加入 25℃预热过的邻苯三酚（对照管用 10mmol/L 盐酸代替邻苯三酚），迅速摇匀，立即倾入比色杯中，在 420nm 波长处测定光吸收值，每隔 30s 读数一次，要求自氧化速率控制在每分钟的光吸值为 0.06（可增减邻苯三酚的加入量，以控制光吸收值）。

酶活性的测定：酶活性的测定按表 6-7 进行，操作与测定邻苯三酚自氧化速率相同。根据酶活性情况适当增减酶样品的加入量。酶活性单位的定义为：在 1mL 反应液中，每分钟抑制邻苯三酚自氧化速率达 50% 时的酶量定义为一个活性单位，即在 420nm 波长处测定时，每分钟光吸收值为一个活性单位。若每分钟抑制邻苯三酚自氧化速率在 35%～65% 之间，通常可按比例计算，若数值不在此范围内，应增减酶样品加入量。

表 6-6　邻苯三酚自氧化速率测定加样表

试　剂	对照管/mL	样品管/mL	最终浓度/(mmol/L)
pH 为 8.2、100mmol/L Tris-二甲胂酸钠缓冲溶液(内含 2mmol/L 二乙基三氨基五乙酸)	4.5	4.5	50,pH 为 8.2 Tris-二甲胂酸钠缓冲溶液(内含 1mmol/L 二乙基三氨基五乙酸)
重蒸水	4.2	4.2	—
10mmol/L 盐酸	0.3	—	—
6mmol/L 邻苯三酚	—	0.3	0.2
总体积	9	9	—

表 6-7　酶活性测定加样表

试　剂	对照管/mL	样品管/mL	最终浓度/(mmol/L)
pH 为 8.2、100mmol/L Tris-二甲胂酸钠缓冲溶液(内含 2mmol/L 二乙基三氨基五乙酸)	4.5	4.5	50 ,pH 为 8.2 Tris-二甲胂酸钠缓冲溶液(内含 1mmol/L 二乙基三氨基五乙酸)
酶溶液	—	0.1	—
重蒸水	4.2	4.1	—
6mmol/L 邻苯三酚	—	0.3	0.2
10mmol/L 盐酸	0.3	—	—
总体积	9	9	—

活性和比活的计算公式为

$$单位体积酶液活性 = \frac{\dfrac{0.060 - 酶样品管自氧化速率}{0.060} \times 100\%}{50\%}$$

$$\times 反应液总体积 \times \frac{酶样品液稀释倍数}{酶样品液体积}$$

$$总活性 = 单位体积酶液活性 \times 酶原液总体积$$

$$比活 = \frac{单位体积酶液活性}{单位体积蛋白含量} = \frac{总活性}{总蛋白}$$

式中:单位体积酶液活性的单位为 U/mL;总活性单位为 U;单位体积蛋白含量单位为 mg/mL;总蛋白单位为 mg。

2. 连苯三酚微量进样法

本法的条件为:45mmol/L 连苯三酚,50mmol/L pH 为 8.2 的 Tris-盐酸缓冲液,反应总体积 4.5mL,测定波长 323nm,温度 25℃。

连苯三酚自氧化速率的测定:在试管中按表 6-8 加入缓冲液,于 25℃ 保温 20 min,然后加入预热的连苯三酚(对照管用 10mmol/L 盐酸代替),迅速摇匀倒入

1cm 比色杯中,在 325nm 下,每隔 30s 测定光吸收值一次,要求自氧化速率在每分钟光吸收值为 0.07。

表 6-8　测定连苯三酚自氧化速率的试剂用量表

试剂	加入量/mL	最终浓度/(mmol/L)
50mmol/L pH 为 8.2 的 Tris-盐酸缓冲溶液	4.5	50
45mmol/L 连苯三酚溶液	0.01	0.10
总量	4.5	—

SOD 或粗酶提取液的活性测定:按表 6-6 加样,测定方法同上(图 6-9)。

表 6-9　SOD 载粗酶提取液的活性测定试剂用量表

试剂	加入量/mL	最终浓度/(mmol/L)
50mmol/L pH 为 8.2 的 Tris-盐酸缓冲溶液	4.5	50
酶或粗酶液	0.01	—
45mmol/L 连苯三酚溶液	0.01	0.10
总量	4.5	—

$$单位体积活力(U/mL) = \frac{\dfrac{0.070 - 样液速率}{0.070} \times 100\%}{50\%}$$

$$\times 反应液总体积 \times \frac{酶样品液稀释倍数}{酶样品液体积}$$

$$总活力(U) = 单位体积活力(U/mL) \times 原液总体积$$

(二) SOD 纯度检验

SOD 纯度可用聚丙烯酰胺凝胶电泳来测定其纯度,看其在相对分子质量 32 000 左右的一条带是否同标准品相同。

八、注 意 事 项

1) 牛血 SOD 对热稳定,猪血 SOD 对热敏感。因此在分离过程中温度应控制在 5℃ 左右,最好在 0℃,时间不要超过 4d。

2) 分离出的红细胞经生理盐水洗涤后,如暂不用,可冷冻保存,不影响其酶活力。

3) 上柱分离纯化要注意 pH 和盐浓度,pH 控制酶分子的带电状态,盐浓度控制结合键的强弱。为了得到高纯度的 SOD,常采用梯度洗脱,也可用 DE-32、CM-32 等作为交换剂。

4) 有机溶剂用量应掌握适当比例,在有机溶剂存在下,可有效地沉淀蛋白质,但应控制适当温度,方可达到最佳分离效果。

5) 牛血 SOD 在 pH 为 5.3~9.5 范围内比较稳定,猪血 SOD 在 pH 为 7.6~9.0 范围内比较稳定,因此在提取过程中应注意掌握 SOD 酶的最适 pH。

思 考 题

1. 解释辅基、NAD、NADP、辅酶、单纯酶、结合酶、酶的纯度、酶的比活力、纯化倍数和酶的回收率的含义。
2. 分别叙述酶的各种用途。
3. 有人讲"酶是由蛋白质组成的,所以所有的蛋白质都是酶",你认为这种讲法对吗?
4. 提取酶的最佳条件是什么? 在酶的制备过程中通常应注意哪些因素,才能获得好的产品?
5. SOD 有哪几种形式? 它们在临床上有何用途?
6. 细胞色素 c 是一种红蛋白酶,它在临床上有何作用?
7. 如何区分静态吸附与动态吸附? 它们有何不同?
8. 分段盐析的含义是什么? 盐析通常在什么温度条件下能达到最佳效果?
9. 如何能使尿激酶产品能达到长期保存?

第七章 糖类生化产品制备技术

第一节 概　　述

　　糖是地球上存在的最丰富的一类有机化合物,也是数量最多的天然有机物。对大多数有机体来说,糖是它们最重要的"生活资料",因为它是动物、人和许多微生物的主要能量来源,是生命的燃料,一个人平均每天进食约 500g,其中 80% 以上属于糖类物质,主要供给机体所需能量(靠糖供给占总量的 70% 以上)。绿色植物和光合生物的代谢中心是糖的合成,它们能用二氧化碳和水,以光能为能源,合成糖——葡萄糖、淀粉等,而这些糖又最终成为非光合细胞(包括动物、植物、微生物细胞)的能源和碳源。

　　最早研究糖的化学本质是 1812 年,由俄国化学家基尔霍夫(Kirchhoff)在加酸煮沸的淀粉中,得到一种与葡萄中提取的葡萄糖相同的物质,直到 1819 年法国科学家布拉孔诺(Braconnot)从木屑、亚麻和树皮中也得到葡萄糖,才认识到组成淀粉和纤维素的基本"单元"都是葡萄糖,得实验式 $C_6H_{12}O_6$,当时以为是碳与水化合的产物,被称为糖类(carbohydrate)。过了半个多世纪(1886 年),德国化学家基利阿尼(Heinrich Kiliani)证明了葡萄糖的碳为直链,没有与完整的水分子相结合。后来,德国化学家费歇尔(Emil Fischer)精确研究了糖的结构,奠定了近代糖类的化学基础,开拓了以结构为主的研究方向。近 30 年来,由于分子生物学特别是细胞生物学的高速发展,糖的诸多其他生物学功能也已被逐步揭示和认识。寡糖(由20 个以下糖残基组成的糖链)不仅以游离状态参与生命过程,而且往往以糖缀合物(糖链与其他生物大分子共价相连的化合物如糖蛋白、糖脂)的形式参与许多重要的生命活动。糖蛋白、糖脂是细胞膜的重要组成部分,它们作为生物信息的携带者和传递者,调节细胞的生长、分化、代谢及免疫反应等。大量的科学研究事实表明,在发挥生物功能中起决定性作用的是那些糖缀化物中的寡糖残基,它们储存着各种生物信息。这些寡糖链犹如细胞的耳目,捕获细胞间各种相互作用的信息;又像细胞的手脚,联系着其他细胞和细胞内外之间传递各种物质。新兴的糖原生物学(glycobiology)对寡糖功能的研究,为免疫学、分子药理学、肿瘤学等提供了精确的微观描述,为从分子和分子集合体水平上认识和控制复杂的生命现象、人类疾病、研制新的糖类药物等提供了科学依据,也得到国际上的高度重视,成为科学研究最热门的课题之一。

　　除此以外,糖还有许多其他重要的生物学功能。如淀粉和糖原是葡萄糖的临时储存形式,即动植物体的能量储存物质;不溶性多糖——纤维素等,是植物的支撑组织和细胞壁的主要成分,甲壳动物的外骨骼也是由多糖组成。动物的结缔组织中含有许多多糖。有些糖与蛋白质的复合物——糖蛋白,是细胞间的粘连剂,是骨关节等的润滑剂,是许多分泌物的重要成分。此外,有些糖是构成其他生物大分子的重要组成成分,如核糖和脱氧核糖是 RNA 和 DNA 的组成成分。还有一些糖和糖的衍生物是物质代谢的中间代谢物。总之,糖是生物体中的一类重要生物分子。

第二节 糖类的分类

从化学结构看,糖是一大类多羟基醛或酮的化合物,依据其结构特点分为:

(1) 单糖 简单的多羟基的醛或酮的化合物(主要是六碳糖如葡萄糖、果糖和半乳糖等,五碳糖重要的是核糖和脱氧核糖,均为核酸的组成部分)。

(2) 多糖 各种单糖的缩聚物。以分子中含单糖基的多少分别称多糖和低聚糖。一般由 20 个以下单糖基组成的称为低聚糖,20 个以上的称为多糖。依据单糖种类的不同,由 1 种单糖构成的多糖称纯多糖[主要有右旋糖酐、甘露聚糖(酵母)、果聚糖、香菇多糖、茯苓多糖、淀粉等]或同质多糖,由 2 种以上单糖构成的多糖称杂多糖(主要有肝素、硫酸软骨素、透明质酸等)。

(3) 糖的衍生物 糖的还原产物——多元醇、氧化产物——糖酸、氨基取代物——氨基糖以及糖磷酸酯等。

第三节 糖类的性质

单糖分子中的醛基具有还原性,其酮基由于相邻的 2 个碳上有羟基也具有还原性,能使碱性的铜离子还原成氧化亚铜,与银氨溶液产生银镜反应,糖氧化变成糖酸。

单糖与苯肼反应产生沉淀,常温时,糖与 1 分子苯肼缩合成糖的苯腙,在过量苯肼中加热反应,糖与 2 分子苯肼缩合物称糖脎。

单糖在稀酸溶液中稳定,但在稀酸中加热时或在强酸作用下颜色变深,发生脱水环化,形成呋喃甲醛类化合物,它们能与多酚等试剂形成有色物质。

单糖在浓碱溶液中很不稳定,能发生裂解、聚合、异构化反应,在稀碱溶液中常温下产生差向异构体。葡萄糖在氨水中,37℃时,可以分离出果糖、山梨糖、甘露糖和 D-阿拉伯糖,若延长反应时间,可以产生氨基糖及吡嗪、咪唑杂环等 50 多种化合物。

低聚糖如二糖的单糖基有两种状态:一种是单糖基以它的半缩醛羟基结成糖苷键;另一种保留了半缩醛羟基而以其他位置的羟基参与糖苷键。它们像游离的葡萄糖一样有还原性、变旋性、与苯肼成脎等性质。缺乏游离半缩醛羟基的低聚糖称非还原糖,没有还原糖的上述反应性质。

多糖的相对分子质量很大,分为直链和支链两种,多带有负电荷,水合度较大,水溶液具有一定的黏度,能被酸或酶水解变成单糖和低聚糖或其他组成多糖的成分。

近年来研究含糖醛 2 酸和氨基糖基的多糖,发现均具有酸性,其酸性强弱是肝素＞硫酸乙酰肝素＞硫酸软骨素 A 和 C＞透明质酸。

第四节 糖类的作用与用途

从细菌到高等动物的机体,都含有糖类物质。植物体中含量最丰富,约占干重的 85 %～80 %。植物通过光合作用,把二氧化碳和水转变成各种糖,主要是葡萄糖。其他生物则以糖类为营养物质。多糖类药物的来源有动物、植物、微生物和海洋生物,它们在抗凝、降血脂、抗病毒、抗肿瘤、增强免疫功能和抗衰老方面具有较强的药理作用,糖类物质在生物体中的作用,有以下几方面。

1. 合成其他物质

组成生物体的其他物质,如蛋白质、核酸、糖类等,也包括动物体及微生物的某些单糖类物质,它们分子的碳架大多是直接和间接地从糖转化过来的。所以,糖类物质是生物体合成本身物质的基本原料。

2. 提供能源

一切生物在它生存活动的过程中,都要消耗能源。能量主要是由糖类物质在降解代谢过程中提供的。例如,粮食的主要成分是一种淀粉多糖,在消化道中水解成葡萄糖。葡萄糖在细胞内氧化,提供大量为机体利用的能量。

3. 充当结构性物质

在植物中,茎秆的主要成分纤维素是起支持作用的结构物质。纤维素是一类广泛存在于生物界的多糖物质,化学性质比较稳定,在强酸作用下,可得到葡萄糖。在细胞间质当中的黏多糖也是结构物质。细胞膜结构的蛋白质、脂质中有些是与糖结合而成的糖蛋白和糖脂,它们具有重要功能。

4. 黏多糖类生化产品在临床上的作用

黏多糖类生化物质近年来引起人们的极大关注,特别是在抗凝血、降血脂、提高机体免疫力和抗癌等方面发现有很强的生理作用和治疗效果。

肝素是天然抗凝血物质,可抑制凝血酶原变成有活性的凝血酶,阻止血小板的凝集和破坏。肝素分子带有大量的负电荷,在血液中与癌细胞结合后,增加了细胞的负电荷,因而和带负电荷的血管内膜相斥,使癌细胞不易在血管内膜上附着,也不易穿过细胞间隙,起到了抗肿瘤转移的作用。临床上用于肝素预防和治疗血栓、周围血管病、心绞痛、充血性心力衰竭、手术后的血栓形成和肿瘤的辅助治疗。如对肝素的结构进行某些改造(降解、砜化、酯化),能降低抗凝性,提高抗血脂作用,可以口服给药。类肝素(heparinoid)又名脉爽、冠心舒,具有降血脂、降血胆固醇、抗动脉粥样硬化的作用。与肝素的不同点在于具有抗凝活性,可较长期应用于冠心病,防止因抗凝作用带来的副作用。

硫酸软骨素主要用于保健食品或药品,用于防治冠心病、心绞痛、心肌梗死、关节炎、角膜炎、肝炎、耳聋、耳鸣、神经痛等疾病,具有利尿、解毒、镇痛作用,对链霉素引起的听觉障碍有一定疗效;硫酸软骨素还应用于皮肤化妆品,以及外伤伤口的愈合剂和用于滴眼剂等;硫酸软骨素 A、类肝素在降血脂、防治冠心病方面有一定疗效。胎盘脂多糖是一种促 B-淋巴细胞分裂剂,能增强机体免疫力。透明质酸具有健肤、抗皱、美容作用;壳聚糖有降血脂作用,也是良好的片剂肠溶衣材料,取自海洋生物的利参多糖有抗肿瘤、抗病毒和促进细胞的吞噬作用。各种真菌多糖具有抗肿瘤、增强免疫功能和抗辐射作用,有的还有升高白细胞和抗炎作用。常见的产品有银耳多糖、香菇多糖、蘑菇多糖、灵芝多糖、人参多糖和黄芪多糖等。

因此从动物组织中提取以上黏多糖,可为临床提供有用的药物。同时这些黏多糖多存在于这些废弃的动物组织中,故又为废弃物的深加工提供了一条有用的途径。

第五节　糖类生化产品的提取分离方法

制取糖类生化产品的原料,在自然界中是丰富的,有动物的组织器官,有植物如海带、海藻等。利用微生物发酵也很早被人类发现并应用于生产实践中的,如葡萄球菌、肠膜状明串珠菌、酵母菌等。微生物在生长时,都能分泌一种酶到细胞外面,可以把单糖和多糖连接起来制造多葡聚糖,还是细胞壁的重要组成成分。由于原料来源的不同,各种生化产品的性质不同,没有一个统一规范的提取和纯化工艺。这里只介绍多糖和黏多糖一般分离纯化方法。

在动物组织中,黏多糖常以一定方式与蛋白质相结合。这些糖蛋白具有相当大的糖链,此糖链以含有重复性的双糖单位为特点,经常由糖醛酸和氨基乙糖组成。在组织中,糖与蛋白质连接的方式有三种:第一种是在木糖和丝氨酸羟基之间的一个 O-糖苷键;第二种是在 N-乙酰氨基半乳糖和丝氨酸或苏氨酸羟基之间的一个 O-糖苷键;第三种是在 N-乙酰氨葡萄糖和天门冬酰胺的酰胺基之间的一个 N-氨基糖残基的键。第一种连接类型存在于硫酸软骨素、硫酸皮肤素、肝素和硫酸乙酰肝素中;第二种类型存在于骨骼硫酸角质素中;第三种存在于角膜硫酸角质素中。

在提取黏多糖时,常用新鲜组织或经丙酮脱脂脱水的组织为原料,采用水或盐溶液进行提取分离。对于仅含一种黏多糖、而且又容易分离的组织,用水或盐溶液就可提取出产品。但对于同蛋白质相结合的黏多糖来讲,必须首先用酶降解蛋白质部分或用碱使蛋白质同多糖之间的键断裂开以促进黏多糖在提取时溶解在提取液中。一般来讲用碱性液提取效果要好,其主要原因是可防止黏多糖的硫酸基因水解而被破坏,而且在碱性提取时又可用蛋白水解酶处理原料。水解下来的蛋白质可用普通的蛋白质沉淀剂如硫酸铝等使之沉淀,也可调节 pH 和加热促使蛋白质沉淀,这样大大简化了工艺。在生产中用三氯乙酸、酚或乙酸提取黏多糖,也可获得好的效果。

在制备中常利用黏多糖在乙醇中的溶解度的不同,分级分离黏多糖混合物。有时也根据黏多糖阴离子电荷密度的不同,利用季铵盐络合物的生成,通过离子交换层析和电泳进行分级分离。糖醛酸和硫酸基都和黏多糖酸性的强弱有关,也与阴离子的电荷密度有关。对脑和皮组织,在提取前,应减少脂肪含量。通常在制备中将绞碎的组织在室温经数次丙酮提取除去脂肪。干燥后再用常规分级分离的方法提取黏多糖。

一、用非降解法从动物组织中提取黏多糖

对于仅含有一种黏多糖的动物组织,采用水或盐溶液可提取出黏多糖,一般提取效果比较好。在生产中对玻璃体、脐带、滑液等一类组织,常用这种方法。

二、用降解法从动物组织中提取黏多糖

用降解法从动物组织中提取黏多糖,常用以下两种方法,有时也把这两种方法结合起来一起使用。

1. 碱处理法

在生产中常应用碱处理方法从组织中对黏多糖进行较完全的提取。如从软骨中提取分离硫酸软骨素时,在 4℃,用 0.5 mol/L 碱液进行提取,过夜,乙酸中和并透析,所含蛋白质用白陶土或其他吸附剂除去,乙醇沉淀,得到硫酸软骨素。用碱处理的黏多糖的一些糖苷键很可能发生断裂。如希望保持分子的完整性,则应避免用碱处理,或尽可能地使用稀碱并避免高温。有时用碱提取在硼氢化物存在下进行,硼氢化物可使木糖残基还原为木糖醇,可防止黏多糖进一步降解。

2. 酶处理法

生物界的黏多糖多以与蛋白质结合的形式存在。因此在提取分离中常用专一性比较低的蛋白酶,进行广范围的蛋白质分解,从而从组织中分出多糖。用木瓜蛋白酶或链霉蛋白酶处理时,所得产物是只具有残存小肽的单多糖链。有时选用限

制性内切酶,如胰蛋白酶和糜蛋白酶处理软骨组织中的糖蛋白时,可得到两条多糖链,可供进一步结构分析。

在实际操作中,用酶处理糖蛋白后,分离出的黏多糖分子上总有一些氨基酸残基存在着,如用木瓜蛋白酶对软骨进行处理后所得的硫酸软骨素分子中仍存在着至少5个氨基酸构成的残存肽。用胃蛋白酶处理后所得产物,同样也含有残存肽,如要将这些残存肽除去,可用其他酶再进行多次处理。

三、黏多糖的分级分离法

在分级分离黏多糖之前,需要先除去低相对分子质量的消化产物和残存的蛋白质,通常用5%左右的三氯乙酸沉淀蛋白质,低温存放数小时或过夜,使蛋白质沉淀完全,然后离心弃去沉淀,收集上清液,调至中性进行透析。大生产时消化液体积很大,不可能用透析方法,而且透析可使低相对分子质量的黏多糖损失,所以常用膜过滤,以代替透析或直接沉淀黏多糖。通常采用乙醇和季铵盐作为沉淀剂。

1. 乙醇沉淀和分级分离

在生产中常用乙醇沉淀法从溶液中定量回收黏多糖,同样也用乙醇沉淀法对不同组分的黏多糖进行分级分离。在用乙醇沉淀时,黏多糖的质量分数以 1%～2%为宜。如果使用过量的乙醇,最小质量分数至 0.1%,也可以得到完全沉淀。在生产中,为了防止体积过大和尽量少用乙醇,可选用较高的质量分数。但在黏多糖的质量分数过大时,沉淀趋向于呈糖浆状而难以操作,分级分离也难以完全。为了使其沉淀完全,要有足够的离子浓度。一般提取液都含盐。当黏多糖的提取液中无盐时,加乙醇混合后,不会产生沉淀作用。为了使沉淀完全,有时需要加适量的乙酸钠、乙酸钾或乙酸铵,盐的最终质量分数小于 5%(如肝素钠的提取,洗脱液含有一定的氯化钠,方可沉淀完全)。大生产中,盐质量分数可小些。乙酸盐的优点是在乙醇中溶解度高,使用过量乙醇时,不会夹杂盐沉淀。一般盐溶液的质量分数高,再加 4～5 倍体积的乙醇可以使任何结缔组织中的黏多糖完全沉淀。在用蛋白酶水解时,乙醇用量以 2 倍以下为好,可避免杂物沉淀下来。在用乙醇第一次沉淀后,得到的往往是糖浆状物,难以溶解。这是多种消化产物干扰的结果,如透明质酸的沉淀就是如此。这时可用水或盐溶液反复溶解和沉淀,可以部分除去这些杂物,使产品易溶解。为了检验盐是否除尽,可反复进行溶解和沉淀,直至在加入乙醇后黏多糖仍保持溶解状态而发生沉淀现象为止,此时向乙醇中加入乙酸钠,可产生细的凝聚沉淀物。然后分离沉淀物,再把沉淀物悬浮于 2 倍无水乙醇中,用乙醇洗涤和脱水,如需完全回收,可在液体中再补加些乙酸钠。为了使黏多糖沉淀完全,应对混合物进行充分搅拌,直至离心后上清液完全变清为止。

乙醇分级分离是分离黏多糖混合物的经典方法,是某些黏多糖大规模分离的最适用的工序。若有两价金属离子钙离子、钡离子和锌离子存在时,用乙醇分级分离黏多糖效果最佳。Meyer 等推荐的工序曾在许多情况下使用并得到良好的效果。其方法是在搅拌下,缓慢加入乙醇到以 5%乙酸钙-0.5 mol/L 乙酸为溶剂的 1%~2%黏多糖溶液中。4℃过夜,离心收集沉淀,对上清液则以较高质量分数乙醇进行再沉淀,用 80%乙醇洗涤,用无水乙醇和乙醚洗涤,干燥。如果需要将黏多糖转为钠盐,可通过钠型阳离子交换树脂或溶于氯化钠溶液中再用乙醇沉淀。对于每次加入乙醇的质量分数的递增情况,取决于分级分离混合物的性质,如果增加的质量分数小于 5%,其结果不会产生明显改进。一般用大幅度提高质量分数的方法。

尽管乙醇沉淀分级分离是常规使用的一种方法,但它也存在着不足,即对于很相似的多种成分,不能达到完全分级分离的目的。

2. 季铵化合物沉淀和分级分离法

黏多糖的聚阴离子能与某些表面活性物质如十六烷基吡啶盐(CP)、十六烷基三甲基铵盐(CTA)的阳离子生成不溶于水的盐,但可溶于某种浓度的无机盐溶液中(临界电解质浓度),利用这种性质可达到纯化的目的。用季铵化合物沉淀黏多糖,是分级分离复杂黏多糖混合物的最有用的方法之一。在某些情况下,可达到对黏多糖混合物中各个组分的完全纯化。除此工序外,尚有在消化液和其他溶液中回收黏多糖的方法,由于生成的络合物溶解度低,可在 0.01%或更稀的溶液中沉淀黏多糖。

3. 离子交换层析法

由于黏多糖具有酸性基团如糖醛酸羧基和各种硫酸基,在溶液中以聚阴离子的形式存在,所以可用不同的阴离子交换剂进行交换吸附,如 D-254、Dowex 1~X、DEAE-C、DEAE-Sephadex、Deacidife FF,其中 Dowex 1 与纤维交换剂对比,在分离能力和其他性能方面都较好。通常用黏多糖的水溶液上柱,但其中明显存在一些不能被吸附的部分,这样使用低浓度的盐溶液,如 0.03~0.05mol/L 氯化钠液最适当。既可于上柱开始时使用,也可对未被吸附部分使用。

洗脱时用逐步提高盐浓度或分步提高盐浓度的办法来进行。如以 Dowex 1 柱进行分离时,分别用 0.5mol/L、1.25mol/L、1.5mol/L、2mol/L 和 3mol/L 的氯化钠洗脱,可以分离透明质酸、硫酸乙酰肝素、硫酸软骨素、肝素和硫酸角质素;以 DEAE-Sephadex A-25 柱进行层析时,分别用 0.5mol/L、1.25mol/L、1.5mol/L 和 2mol/L 氯化钠洗脱,可依次分离透明质酸、硫酸乙酰肝素、硫酸软骨素和硫酸皮肤素。

第六节　猪蹄壳提取物的制备

猪蹄壳(又称猪蹄甲)提取物是医药上制备妇血宁片的主要原料,具有止宫血功能,对功能性子宫出血症疗效显著。我国根据祖国医学对猪蹄甲临床使用的情况和现代对猪蹄甲的研究,试制了猪蹄甲提取物,用以治疗功能性子宫出血症,并命为"妇血宁"。

猪蹄甲入药用,远在《神农本草经》中即有记载。《本草纲目》载有"悬蹄甲",气味咸平无毒,主治五痔伏热在腹中,肠痈内蚀。用赤木烧烟熏,辟一切恶疮"。《本草从新》指出:"猪悬蹄甲,治寒热痰喘,痘疮入目,五痔肠痈"。其他,如《本经》、《千金·食治》、《圣济崇录》、《普济方》、《本经逢原》、《名医别录》、《仁斋直指方》等历代各家医书,对猪蹄甲都有记载。总的来看,猪蹄甲可用于治疗咳嗽喘息、痔疮、白秃、冻疮等症。

妇血宁的生产工艺是参考民间用猪蹄甲煅炭治疗功能性子宫出血症的经验和现代有关猪蹄甲组分的提取方法,并结合近代医学对猪蹄甲药理作用的研究,经实验后制定的。我国属于食肉大国,动物资源丰富,特别是像猪蹄大都作为废物抛去了,故此利用猪蹄壳提取妇血宁,不仅可变废为宝,为临床提供有用的药物。

一、试剂及器材

1. 原料

厂屠宰健康猪经检验合格的猪蹄壳,干燥后干品收集入库。

2. 试剂

(1) 氢氧化钠　这里用于调节 pH,选用化学纯试剂(CP)。
(2) 盐酸　这里用于调节 pH,选用化学纯试剂(CP)。
(3) 三氯乙酸　这里作为沉淀剂,选用化学纯试剂(CP)。
(4) 硫酸铜　这里用于配制双缩脲溶液,选用分析纯试剂(AR)。
(5) 酒石酸钾钠　这里用于配制双缩脲溶液,选用分析纯试剂(AR)。

3. 器材

夹层锅,不锈钢反应罐,真空干燥箱,万能粉碎机或球磨机,定氮仪,马弗炉,酸度计,温度计(1～100℃)。

二、提 取 工 艺

1. 工艺路线

猪蹄壳 →(原料处理)→ 粗粒状猪蹄壳 →(提取)→ 滤渣(弃去)／提取液 →(中和)→ 中和液 →(浓缩)→ 浓缩液 →(干燥)→ 干燥物 →(粉碎、包装)→ 成品

2. 操作步骤

（1）原料处理　取新鲜或干燥的猪蹄壳,筛选剔除杂物、毛发等杂质,清水冲洗两次后用水浸泡,加工业盐酸调至酸性,静置过夜。将浸泡液弃去,用清水反复冲洗蹄壳至中性,并反复搓洗干净,烘干,粉碎成粗粒。

（2）提取　将蹄壳粒置不锈钢反应罐中,加原料 18 倍量的自来水,并用氢氧化钠溶液调 pH 至 9～10,煮沸提取 24h,滤取药液。滤渣再加 10 倍量自来水,煮沸提取 16h 左右,滤取药液。合并滤液。提取时必须使溶液保持沸腾状态,且不可溢出。如用夹层锅提取,蒸汽压力一般为:夏季采用 0.08MPa,冬季 0.1～0.15MPa。

（3）中和　提取液采用 80 目网趁热过滤,倾入不锈钢桶中,等冷却后用盐酸调 pH 至 7.5 左右,静置过滤。滤渣留作下次提取原料用。

（4）浓缩　过滤后的提取液,置夹层锅内,采用蒸汽压为 0.15MPa,浓缩至稠膏状,约需 2h 左右。

（5）干燥　将稠膏均匀地摊放在铝盘中,一般厚度为 4mm,置真空干燥箱内,在 75～83℃ 干燥约 2h。升温要慢,避免物料表层结壳。

（6）粉碎、包装　采用 100 目万能粉碎机或球磨机粉碎。粉碎后要迅速包装,内用双层防潮塑料袋,外加纸箱或包装箱,置阴凉干燥处储藏。

（7）制剂　取检验合格的妇血宁细粉,按以下配方制成片剂。称取妇血宁细粉,用 70%～80% 的乙醇湿润制成软材,过 14 目筛选粒,湿粒于 60～70℃ 干燥,加入硬脂酸镁混匀,再过 12～14 目筛,用 10mm 糖衣冲模压片。每片重为 0.3g,外包天蓝色糖衣。

三、质 量 检 测

妇血宁粉经去蛋白和氨基酸后所得组分为多肽。妇血宁的质量标准是根据其化学成分为蛋白质和蛋白质水解产物的混合物而制定的,故在鉴别方面采用了双缩脲反应和三氯乙酸沉淀反应,而含量测定则按照氮测定法进行。在检查项目中规定了碱度的检查,以防止过多的游离碱残留,还规定了干燥失重和炽灼残渣两项,也能起到控制生产的作用。

该产品按干燥品计算,含总氮(N)量不得少于 13.5%。

1. 性状

本品为淡黄褐色的无定形粉末,味微咸、腥,有引湿性。

2. 检查

（1）pH　取本品适量,加水温热并使之成 1% 的溶液,依《中国药典》(1990 年版二部附录 44 页)测定,pH 应为 7.0~8.5。

（2）干燥失重 取本品在 105℃ 干燥至恒重,依《中国药典》(1990 年版二部附录 55 页)测得减失重不得超过 4.0%。

（3）炽灼残渣 不得超过 13.5%。按《中国药典》(1990 年版二部附录 56 页)操作。

3. 鉴别

取本品 0.5g 加水 50mL 振、摇、过滤,滤液按下述方法实验。

（1）显色反应 取滤液 5mL 加双缩脲溶液,显紫红色。

双缩脲溶液配制:称取五水合硫酸铜 1.50g、酒石酸钾钠 6.0g,加水 500mL 溶解后,搅拌加入 10% 氢氧化钠溶液 300mL 再加水至 1000mL。

（2）沉淀反应 取滤液 2mL 加三氯乙酸试液,即生成白色沉淀。

4. 含量测定

精密称取本品 0.2g,氮测定法按《中国药典》(1990 版二部附录 63 页第一法)测定。

四、工 艺 说 明

1）猪蹄甲入药,前人多经炙、烧、煅等方法炮制,粉碎研末后用。如《千金·食治》记载:"酒漫半日,炙焦用之。";《仁斋直指方》猪甲散治诸痔:"猪悬蹄甲不拘多少,烧存性,为末,陈米汤调二钱,空心服。"前人用这些方法炮制的目的是使其酥脆,易于粉碎。

2）用妇血宁治疗宫血,较其他中西疗法简便,且基本上无副作用。药理实验也说明这种提取物具有生物活性,它对实验动物有止血、缩宫和子宫内膜改善的作用。实践证明,这种碱性提取工艺较煅炭为优。具体表现在:有效成分不会因高温而破坏;服用剂量减少且易溶解和吸收;工艺稳定、操作方便,适合大批生产。

3）清洗蹄壳时需加酸,使水呈酸性。因酸可溶解蹄壳上附着的细沙、粪便及污泥等杂物,这些杂质直接影响产品质量,而角质蛋白在弱酸性条件下无影响。

4）提取液中加碱量对收得率及产品质量影响极大,一般按 3% 加入。每次提取后溶液的 pH 对产品影响甚大,pH 一般控制在 9~12 之间。

5）提取次数可根据生产规模而定,一般分 2~3 次提取,也可分 4 次提取,但水、电、汽耗费较大。也可将几次滤液合并一次中和、浓缩。

6）在整个提取过程中,切不可与铁品工具接触,尤其是带铁丝的工具。否则,易使反应液形成含铁的络合物,改变产品颜色和质量。

7）提取物原粉极易吸潮,应避光、防湿。

第七节 硫酸软骨素的提取

硫酸软骨素(chondroitin sulfate,CS),是从动物的软骨(如猪、牛和鸡等)组织中得到的硫酸化糖胺聚糖(酸性黏多糖),相对分子量在 10 000～50 000 之间。硫酸软骨素,尤其硫酸软骨素 A 能增强脂肪酶的活性,使乳糜微粒中的甘油三酯分解,使血中乳糜微粒减少而澄清,还具有抗凝和抗血栓作用,可用于冠状动脉硬化、血脂和胆固醇增高、心绞痛、心肌缺血和心肌梗死等症。硫酸软骨素还用于防治链霉素所引起的听觉障碍症。在欧洲、美国、日本等发达地区,硫酸软骨素主要用于保健食品或药品,应用于防止冠心病、心绞痛、心肌梗死、关节炎、角膜炎、肝炎、耳聋耳鸣、神经痛等疾病,长期服用无毒副作用。硫酸软骨素为中国国家标准(卫生部部颁标准)收载的生化原料药。自 1936 年 Crandal 发表了硫酸软骨素对偏头疼有疗效之后,临床应用范围不断扩大,我国把硫酸软骨素与中药制成复方制剂,用于治疗关节炎、神经痛、腰痛、老年肩痛等。也可与铜等金属离子结合制成外用药,治疗皮肤病。美国、日本把硫酸软骨素与其他一些药配制成复方眼药水,用于治疗结膜炎、角膜损伤等眼病。还有专利报道,与吡啶胺形成络合物,可用于预防动脉粥样硬化和抑制血小板凝聚。若与硝酸铋或氧化铝反应,可制成硫酸软骨素,与铋或铝的结合物,用于治疗消化性溃疡和作为皮肤化妆品等。

硫酸软骨素的衍生物的研究在国外也很活跃。把硫酸软骨素与局部麻醉剂利多卡因、马卡因或苯甲酸酯作用制成衍生物,可广泛用于外科手术的麻醉,对正常的血液循环无影响,比单一用局部麻醉剂更稳定,麻醉作用时间更持久。鲨鱼软骨中的软骨素有抗肿瘤的作用。

自然界中,硫酸软骨素多存在与动物的软骨、喉骨、鼻骨(猪含 41%)。牛、马中隔和气管(含 36%～39%)中,其他骨腱、韧带、皮肤、角膜等组织中也含有,鱼类软骨中含量很丰富,如鲨鱼骨含 50%～60%,结缔组织含量很少。空腔动物、海绵动物、原生动物也含有,植物中几乎没有。软骨中的硫酸软骨素与蛋白质结合以蛋白多糖的形式存在。硫酸软骨素 A 和 C 与胶原蛋白结合在一起。

硫酸软骨素按其化学组成和结构差异,又分 A、B、C、D、E、F、H 等多种,药用硫酸软骨素是从动物软骨中提取的,主要是 A、C 及各种硫酸软骨素的混合物。硫酸软骨素 A 和 C 都是由 D-葡糖醛酸与 2-乙酰氨基-2-脱氧-硫酸-D-半乳糖组成,只是硫酸基的位置不同。硫酸软骨素 A 又叫 4-硫酸软骨素,其分子中半乳糖上的硫酸基在 4 位。硫酸软骨素 C 又叫 6-硫酸软骨素,其分子中半乳糖上的硫酸基在 6 位。一般硫酸软骨素含 50～70 个双糖基本单位,相对分子质量在 10 000～50 000 之间。由于生产工艺不同,所得产品的平均相对分子质量也不同。一般碱水解提取法所得产品的平均相对分子质量偏低,而酶解或盐解法所得产品的平均相对分子质量较高,分子结构比较完整。

硫酸软骨素为白色粉末,有引湿性。硫酸软骨素或其钠盐及钙盐等易溶于水,不溶于乙醇、丙酮、乙醚、氯仿等有机溶剂。此外硫酸软骨素还具有以下化学性质。

(1) 水解反应　硫酸软骨素可被浓硫酸降解成小分子组分,并被硫酸化,降解的程度和硫酸化的程度随着温度的升高而增加,在 $-30 \sim -5℃$ 的温度下,2h 可使平均分子量 M 降至 $3000 \sim 4000$。硫酸软骨素也可以在稀盐酸溶液中水解而成为小分子产物,温度越高,水解速率越快。

(2) 酯化反应　硫酸软骨素分子中的游离羟基可以被酯化,而生成多硫酸衍生物。

(3) 中和反应　硫酸软骨素呈酸性,其聚阴离子能与多种阳离子生成盐。这些阳离子包括金属离子和有机阳离子如碱性染料甲苯胺蓝等。可以利用此性质对它进行纯化,如用阴离子交换树脂纯化等。

一、试剂及器材

1. 原料

(1) 软骨　选用动物的喉骨、鼻骨,牛、马中隔和气管为原料。

(2) 胰酶　它是一种混合酶制剂,这里作为水解酶,选购大于 1:25 倍胰酶。

2. 试剂

(1) 氯化钠　这里作为溶剂介质,选用工业级氯化钠。

(2) 氢氧化钠　这里用于配制溶剂及调节 pH,选用工业级氢氧化钠。

(3) 盐酸　这里用于调节 pH,选用化学纯试剂(CP)。

(4) 乙醇　这里作为沉淀剂,选用化学纯试剂(95% ～ 100%)。

3. 器材

不锈钢反应罐,不锈钢反应锅,搪瓷酸化缸,沉淀缸,抽滤瓶,干燥箱或真空干燥器,酒精比重计,温度计(1～100℃),酸度计。

二、稀碱提取工艺

1. 工艺路线

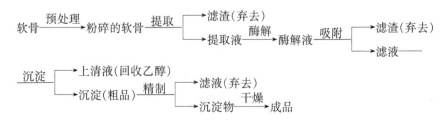

2．操作步骤

（1）预处理　将新鲜的软骨除脂肪等结缔组织后,置于冷库中保存。提取时取出,用粉碎机粉碎。

（2）提取　将粉碎的软骨置于不锈钢反应罐内,加入1倍量的40%氢氧化钠溶液,加热升温至40℃,保温搅拌提取24h,然后冷却,加入工业盐酸调pH至7.0～7.2,用双层纱布过滤,滤渣弃去,收集滤液。

（3）酶解　将上述滤液置于不锈钢消化罐中,在不断搅拌的条件下,加入1:1盐酸调pH至8.5～9.0,并加热至50℃,加入3%（按原软骨的量计）相当于1:25倍胰酶,继续升温,控制消化温度在53～54℃,共计5～6h。在水解过程中,由于氨基酸的增加,pH下降,需用100g/L（10%）氢氧化钠调整pH至8.8～9。水解终点检查,取少许反应液过滤于比色管中,10mL滤液滴加100g/L（10%）三氯乙酸1～2滴,若微显混浊,说明消化良好,否则酌情增加胰酶。

（4）吸附　当罐内温度达53～54℃时,用1:1盐酸调节pH至6.8～7,加入14%（按原软骨的量计）活性白陶土、1%活性炭,在搅拌的条件下,用100g/L（10%）氢氧化钠调整pH保持在6.8～7,搅拌吸附1h,再用1:2盐酸调节pH至5.4,停止加热,静置片刻,过滤,收集澄清滤液。

（5）沉淀　将上述澄清滤液置于搪瓷缸中,然后迅速用100g/L（10%）氢氧化钠调节pH至6.0,并加入澄清液体积10g/L（1%）的氯化钠,溶解,过滤至澄明。在搅拌的条件下,缓缓加入90%乙醇,使含醇量达70%,每隔30min搅拌1次,约搅4～6次,使细小颗粒增大而沉降,静置8h以上,吸去上清液,沉淀用无水乙醇充分脱水洗涤2次,抽干,于60～65℃干燥或真空干燥得粗品。

（6）精制　将上述粗品置于不锈钢反应罐中,按10%左右浓度溶解,并加入1%氯化钠。加入1%的胰酶,在pH为8.5～9.0,控制消化温度为53～54℃,酶解3h左右。然后升温至100℃,过滤至清,滤液用盐酸调pH至2～3,过滤,然后再用氢氧化钠调pH至6.5,用90%乙醇沉淀过夜,然后过滤收集沉淀。

（7）干燥　将沉淀经无水乙醇脱水,然后真空干燥后得精品。

三、浓碱提取工艺

1．工艺路线

2．操作步骤

（1）预处理　将新鲜的软骨除脂肪等结缔组织后,置于冷库中保存。提取时取出,用粉碎机粉碎。

(2) 提取 将粉碎的软骨置于不锈钢反应罐内,加入1倍量的40%氢氧化钠溶液,加热升温至40℃,保温搅拌提取24h,然后冷却,加入工业盐酸调pH至7.0～7.2,用双层纱布过滤,滤渣弃去,收集滤液。

(3) 酶解 将上述滤液置于不锈钢消化罐中,在不断搅拌的条件下,加入1:1盐酸调pH至8.5～9.0,并加热至50℃,加入3%(按原软骨的量计)相当于1:25倍胰酶,继续升温,控制消化温度在50～55℃,共计4h。在水解过程中,由于氨基酸的增加,pH下降,需用100g/L(10%)氢氧化钠调pH至8.8～9。水解终点检查,取少许反应液过滤于比色管中,10mL滤液滴加100g/L(10%)三氯乙酸1～2滴,若微显混浊,说明消化良好,否则酌情增加胰酶。然后加热至90℃,保温10min然后过滤,收集滤液。

(4) 沉淀 将上述澄清滤液置于搪瓷缸中,然后迅速用100g/L(10%)氢氧化钠调节pH至6.0,并加入澄清液体积10g/L(1%)的氯化钠,溶解,过滤至澄明。在搅拌的条件下,加入乙醇至其浓度达70%,至上清液澄清后,弃去上清液,收集沉淀。

(5) 干燥 将沉淀用70%乙醇洗涤2～3次,然后用95%以上的乙醇脱水2～3次,70℃以下真空干燥得成品。

四、稀碱-浓盐提取工艺

1．工艺路线

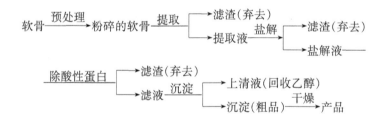

2．操作步骤

(1) 预处理 将新鲜的软骨除脂肪等结缔组织后,置于冷库中保存。提取时取出,用粉碎机粉碎。

(2) 提取 将洁白干净的碎软骨置于提取罐内,加浓度为3～3.5mol/L的氯化钠液(宜用高盐浓度)使骨渣完全浸没为止。用50%氢氧化钠液调节pH至12～13,搅拌提取10～15h,过滤,滤渣同上操作重提一次。提取过程中应随时校正pH至12～13,合并2次提取液。

(3) 盐解 将提取液倾入不锈钢反应罐中,然后用2mol/L盐酸调节pH至

7~8,再搅拌的条件下,迅速升温到 80~90℃,保持 20min,冷却后过滤,使滤液澄清,弃渣,收集盐解液。

(4) 除酸性蛋白　将盐解液倾入搪瓷缸中,用 2mol/L 盐酸调节 pH 至 2.6,搅拌 10min,静置存放 3~4h 后再滤至澄清,然后调 pH 至 6.5,加 2 倍去离子水,使溶液的氯化钠浓度为 1 mol/L 左右。

(5) 沉淀　将上述溶液置于搪瓷缸中,加入 95% 乙醇,使醇的体积分数达到 50%~60%(用酒精比重计计量),存放至清,虹吸除上清液。

(6) 干燥　将沉淀抽干,然后用 95% 以上的乙醇脱水 2~3 次,70℃ 以下真空干燥,即得硫酸软骨素成品。

五、酶解-树脂提取工艺

1. 工艺路线

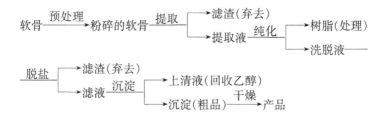

2. 操作步骤

(1) 预处理　将新鲜的鲸鱼软骨除脂肪等结缔组织后,置于冷库中保存。提取时取出,用粉碎机粉碎。

(2) 提取　将绞碎的鲸鱼软骨置于不锈钢反应罐中,加 1mol/L 氢氧化钠溶液浸泡,使骨渣完全浸没为止。在搅拌的条件下,加热到 40℃,保温水解 2h(或加 pH 为 7.5 的水浸泡,用蛋白酶 55℃ 保温水解 20h),然后再加盐酸中和近中性,过滤,收集滤液。

(3) 纯化　将以上滤液调整氯化钠浓度达到 0.5mol/L。然后,将溶液通过 Amberlite IRA-933 型离子交换树脂柱,吸附完毕,用 0.5mol/L 氯化钠液洗涤,再用 1.8mol/L 氯化钠液洗脱,流速 2L/h,收集洗脱液。

(4) 脱盐　将洗脱液经超滤器脱盐,收集超滤液。

(5) 沉淀　将上述超滤溶液置于搪瓷缸中,加入 95% 乙醇,使醇的体积分数达到 50%~60%(用酒精比重计计量),存放至清,虹吸除上清液。

(6) 干燥　将沉淀抽干,然后用 95% 以上的乙醇脱水 2~3 次,70℃ 以下真空干燥,即得硫酸软骨素成品。

六、工 艺 评 价

目前在提取硫酸软骨素的生产中,主要提取技术有稀碱提取工艺、浓碱提取工艺、稀碱-浓盐提取工艺和酶解-树脂提取工艺等几种。各种工艺都有其利弊。稀碱提取工艺主要缺点是时间长、液体体积大、乙醇用量大,但稀碱提取工艺产品的颜色好、相对分子质量大、精制时容易是主要优点。浓碱提取工艺提取时间短、生产周期短为主要优点,但浓碱提取工艺所得产品的颜色深、相对分子质量小、精制时工艺复杂,且酸、碱用量大是其主要缺点。采用了稀碱-浓盐提取法,不需酶解和脱色处理,产品色泽洁白、疏松,含量一般为 75% ~85%,收率在 10% ~15% 之间,符合口服质量标准,操作简便,成本较低,生产周期短,适合大规模化生产。但在稀碱-浓盐提取工艺中,提取工序升高温度,产量有明显增加,而提取液颜色变深,影响产品质量和外观。应用酶解-树脂提取工艺制得的硫酸软骨素样品,经纸电泳检查为单一区带,抗原物质试验结果为阴性,含硫量为 7.2%。其优点是酶水解或稀碱水解与树脂交换技术相结合,保证了硫酸软骨素分子不降解,解决了成品纯度的问题。方法简便、收率高,是一种较有实用价值的制备方法。但无论采用哪种生产工艺,生产人员都必须具备一定的技术水平,才能得心应手。

七、工 艺 说 明

1) 原料的处理要适当,应最大限度地除去脂肪等结缔组织,这样产品的纯度才高、质量才好。适当运用活性白陶土和活性炭是非常必要的:一方面可以吸附一些杂蛋白和氨基酸;另一方面可以起到去组胺、热原和脱色等目的。

2) 软骨浸泡时间过长,蛋白质含量相应增多,影响产品纯度。因此,要控制浸出液的密度限度。浸出的速率与室温有关。

3) 无论浓碱工艺还是稀碱工艺,都要用适量胰酶(酶用高倍胰酶、3.942 霉菌蛋白酶、胃蛋白酶、木瓜蛋白酶、菠萝蛋白酶和无花果蛋白酶等,去糖原时用淀粉酶。)水解其中的糖原和蛋白质以及少量的脂肪,这对于提高产品质量是非常重要的。胰酶水解能同时作用于蛋白质和糖原,应避免局部过热影响酶的活力,工艺中采用循环水浴加热装置。酶解和吸附过程温度控制在 53~54℃,这不仅是酶反应的需要,而且还能阻止微生物生长。从过滤开始到乙醇沉淀,操作要迅速,避免腐烂。

4) 活性白陶土作为吸附剂,可除去剩余的蛋白质和多肽。它的比表面随着pH 的升高而增大,pH 为 5 以上粒子显著变细。由于在中性时吸附性能较好,但粒子过细无法通过滤材,故过滤前调 pH 至 5.4,活性白陶土可吸附组织胺,与活性炭结合应用还有脱色和去热原作用。稀碱-酶解提取法应用活性白陶土的处理:取

100kg 活性白陶土,加水 70kg,盐酸 10L 搅匀;通入蒸汽煮沸 1h,冷却,用常水洗至 pH 为 4.4,再用蒸馏水反复洗至 pH 为 5.1,吊滤后压干,置盘中 105℃烘干、粉碎,200℃活化 3h 后,置密封容器内保存备用。

5) 使用碱性浓盐溶液进行提取,可使胶原蛋白·硫酸软骨素复合物发生解离,对未解离的复合物部分,在盐解过程中会进一步解离,解离后的蛋白质,在高离子强度下沉淀,从而达到分离的目的。

八、检 验 方 法

1. 质量标准简介

1989 年,卫生部部颁标准收载了硫酸软骨素的标准,规定了其含量测定以测定氨基己糖含量为准,并规定其氨基己糖的含量以氨基葡糖($C_6H_{13}O_5N$)计算,应不得少于 24.0%。目前,世界上还没有硫酸软骨素的药典标准,不同的外国企业对含量测定的要求也不同。有的采用树脂法脱去硫酸软骨素中的钠离子,然后用标准氢氧化钠溶液滴定以求算硫酸软骨素的含量。有的则规定了其中氨基己糖的含量和糖醛酸的含量,以推算其含量。由于生产方法的不同,含量测定结果与真实值的差别也不同。浓碱工艺中,部分氨基己糖受到破坏,如测氨基己糖,则结果偏低,与酸碱滴定法测得结果不同。

2. 含量测定法

(1) 比色法 卫生部部颁标准规定的氨基己糖含量测定法是根据 Elson-Morgan 反应加以改良而形成的。用此反应测定分子组成中的 2-氨基-2-脱氧-D-葡萄糖和 2-氨基-2-脱氧-D-半乳糖,包括用碱性乙酰丙酮处理、生成的几个色原与对二甲氨基苯甲醛(Ehriich's 试剂)反应生成红色化合物,以分光光度法测定吸收值,同时用氨基己糖制备标准曲线。操作时,先用盐酸水解硫酸软骨素产生氨基己糖,在碱性条件下与乙酰丙酮反应,再与对二甲氨基苯甲醛缩合,生成红色化合物,以盐酸氨基葡糖为标准对照品,用分光光度法测定。

硫酸软骨素的双糖单位分子式为 $C_{14}H_{22}O_{14}NS$,其中每 1mol 硫酸软骨素含氨基己糖 1mol,根据相对分子质量计算,氨基己糖($C_6H_{13}O_5N$)在硫酸软骨素中应为 39.1%。根据卫生部的规定,相当于含硫酸软骨素不得少于 61.4%。

本法专属性较强,操作简便,测得的标准曲线线性关系和重现理性良好,结果稳定。在加乙酰丙酮反应过程中,为了防止乙酰丙酮的挥发和保证反应完全,必须密塞,但在水浴中加热塞子易被冲出,为此采用放入水浴 1min,使气流平衡,再加塞,以减少测定误差。另外,所用的乙醇必须用无醛乙醇,因乙醇中的醛能与色原物起反应,影响测定结果。

(2) 重量法 在氧化条件下,使硫酸软骨素水解释放出硫酸根(如用盐酸与过氧化氢处理),再加钡盐使其生成 $BaSO_4$ 沉淀,然后按 $BaSO_4$ 分子形式,以重量法测定其含硫量。此法精密度高,但专一性差,因为受到游离硫酸根的干扰。为此,有的标准还规定了样品中游离硫酸根的限量,以有效地控制产品的质量。

(3) 定氮法 硫酸软骨素分子中含氮量为 3.05%,多余的氮则作为蛋白质、多肽及氨基酸等杂质的度量。因此含氮量测定可作为样品的含量及纯度检查标准。

第八节 肝素的提取分离

肝素(heparin)是 1916 年麦克伦(Mcleen)在研究凝血问题时,从狗的肝脏中发现的。从此,肝素作为抗凝血药物普遍受到人们的重视。十几年后,人们便从牛肺中提取了肝素并开始应用于临床。临床上一般使用肝素钠,它是肝素的钠盐。目前新研制的肝素钙在临床上副作用比肝素钠小,因而受到人们的欢迎。

肝素是由动物结缔组织的肥大细胞产生的,它广泛存在于哺乳动物的各种器官的组织中,如肠黏膜、十二指肠、肺、肝、心、肝脏、胎盘和血液中,多与蛋白质结合成复合体存在,这种复合物无抗凝活性,随着蛋白质除去而活性增加。与变性蛋白质结合较为紧密。各种组织肝素的含量与肥大细胞的数目有关,肥大细胞内的颗粒含肝素或肝素前体,当物理或化学刺激使肥大细胞脱颗粒时,肝素被释出来,在体内被肝脏产生的肝素酶灭活而从尿排泄出去。国外大多数药用肝素是从牛肺中提取的。羊脏器中也有肝素,但含量低。我国猪小肠资源丰富,肠黏膜又是生产肠衣的废弃物,而且含肝素量很高,所以我国以猪小肠黏膜提取肝素为主。

肝素是天然抗凝药,10mg 肝素在 4h 内能抑制 500mL 血浆凝固。抗凝机制是抗凝血酶起作用,在血液 α-球蛋白(肝素辅因子)共同参与下,抑制凝血酶原转变成凝血酶。静脉注射 10min 见效,作用维持 2~4h,效果较为恒定,对已形成的血栓无效。此外,还具有澄清血浆脂质、降低血胆固醇和增强抗癌药物疗效等作用。临床广泛用作各种外科手术前后防治血栓形成和血塞,输血时预防血液凝出和保存鲜血时的抗凝剂。小剂量时用于防治高血脂症和动脉粥样硬化。国外用于预防血栓疾病,已形成了一种肝素疗法。

肝素的主要药理作用是通过与 ATⅢ 形成复合物来加速 ATⅢ 中和已激活的凝血因子;灭活 FXa 而防止凝血酶原转变为凝血酶;灭活凝血酶和早期凝血反应的凝血因子而防止纤维蛋白原转变为纤维蛋白,从而抗凝血。

肝素除具有抗凝血活性外,还可抑制血小板功能,增加血管壁的通透性,抑制血管平滑肌细胞增殖和迟发型变态反应的作用,并可调控血管新生。

肝素的抗血栓作用也是因为它能抑制凝血酶的生成或使其灭活。凝血酶在血栓形成过程中起着重要作用,它不仅使纤维蛋白原变成纤维蛋白,并能激活因子 ATⅢ 以稳定纤维蛋白凝块,还通过激活因子Ⅷ、Ⅴ使凝血反应增加。

肝素还有调血脂作用。肝素进入血液循环后,促进血浆脂蛋白脂酶的释放,该脂酶有降低致动脉粥样硬化的低密度脂蛋白、极低密度脂蛋白、三酰甘油和胆固醇的作用,同时使有益的高密度脂蛋白增加。

肝素可作用于补体系统的多个环节,以抑制补体系统过度激活。与此相关,肝素还具有抗炎、抗过敏等作用。

在临床上肝素是需要迅速达到抗凝作用的首选药物,例如治疗深层近端静脉血栓形成、肺栓塞、急性动脉闭塞或急性心肌梗死;也可用于外科预防血栓形成以及妊娠者的抗凝治疗。对于已确诊的急性近端静脉血栓中肺栓塞的病人,可以静脉或皮下注射给予肝素适当的剂量(使活化部分凝血活酶时间延长至对照值的1.5~2.0倍为宜),使病人开始即能迅速达到低凝状态,且可继续应用 5~10d,继而使用口服抗凝药物治疗,对于急性心肌梗死患者,可用肝素预防病人发生静脉血栓栓塞病,并可预防大块的前壁透壁性心肌梗死病人发生动脉栓塞。

肝素的另一重要临床应用是在心脏手术和肾脏透析时维持血液体外循环畅通。

肝素还用于治疗各种原因引起的弥散性血管内凝血(DIC),也用于治疗肾小球肾炎、肾病综合征、类风湿性关节炎等。

美国是我国肝素钠产品的最大市场,每年耗用肝素较多,主要用于肾病患者的渗血治疗和急性心肌梗死的治疗。用肝素配合治疗暴发性流脑败血症和肾炎,效果也较好。目前一些国家已生产鼻腔喷雾剂、栓剂等肝素药品。我国对肝素钠的临床应用也越来越受到重视,已开始把肝素用于临床,如用肝素软膏治疗皮肤病等。此外,肝素配合治疗脑血管疾病,防止癌细胞转移的疗效,也引起了人们极大的兴趣。

不同来源的肝素在降血脂方面的差异,一般认为是硫酸化程度不同所致,硫酸化程度高的肝素,具有较高的降脂活性。从牛肺、羊肠中提取的肝素,硫酸化程度高于从猪肠黏膜中提取的肝素。高度乙酰化的肝素,抗凝活性降低甚至完全消失,而降脂活性不变。相对分子质量与活性有一定的关系,低相对分子质量肝素(相对分子质量为 4000~5000)具有较低的抗凝活性和较高的抗血栓形成活性。

一、肝素的物理和化学性质

1. 肝素的物理性质

肝素为无嗅或几乎无嗅的白色或灰白色无定形粉末。具有吸湿性,肝素及其钠盐易溶于水,不溶于乙醇、丙醇、二氧六环等有机溶剂中,分子结构"单元"中含有5 个硫酸基和 2 个羧基,呈强酸性,为聚阴离子,能与阳离子反应生成盐。游离酸在乙醚中有一定的溶解度。肝素分子趋于螺旋状的纤维状分子,其特征黏度较小,比旋光度 $[\alpha]_D^{20}$ 为:游离酸(牛、猪),+53°~+56°;中性钠盐(牛),+42°;酸性钡盐(牛),+45°。在紫外 185~220nm 波长处有特征吸收峰,在 230~300nm 无光吸收。如不纯有杂蛋白存在时,则最大吸收在 $265 \sim 292nm$,最小吸收在 $240 \sim 260nm$。在红外 $890cm^{-1}$、$840cm^{-1}$ 有特征吸收峰,测定 $1210 \sim 1150cm^{-1}$ 吸收强度,可用于快速测定。

肝素具有两性化合物的特征,故可与钠离子、钡离子、钙离子成盐,也可与盐酸、苦味酸成盐,此类盐均可成结晶状态。

肝素的糖苷键不易被酸水解,O-硫酸基对酸水解相当稳定,N-硫酸基对酸水解敏感,在温热的稀酸中会失活,温度越高,pH 越低,失活越快。在碱性条件下,N-硫酸基相当稳定。与氧化剂反应,可能被降解成酸性产物,使用氧化剂精制肝素时,一般收率能达到 80% 左右。还原剂存在时,基本上不影响肝素的活性。N-硫酸基遭到破坏,则抗凝活性降低。分子中的游离羟基被酯化。如硫酸化,抗凝血活性下降,乙酰化不影响抗凝血活性。

肝素失活产物能被过量乙酸和乙醇沉淀。失活过程中,其分子组分损失和相对分子质量变化不大,但形状变化很大,使原来螺旋形的纤维状分子结构发生改变,分子变得短而粗。

有人用肝素酶把肝素降解成双糖单位,分析结果表明,抑止凝血酶活性高的肝素片段,含有较多的三硫酸双糖单位和二硫酸双糖单位,而一硫酸双糖单位较少。Rosenberg 通过对高活性和低活性低相对分子质量肝素的研究,发现高活性的葡萄糖醛酸含量较高,艾杜糖醛酸含量较低。

肝素是一种黏多糖的硫酸酯,其化学结构如下

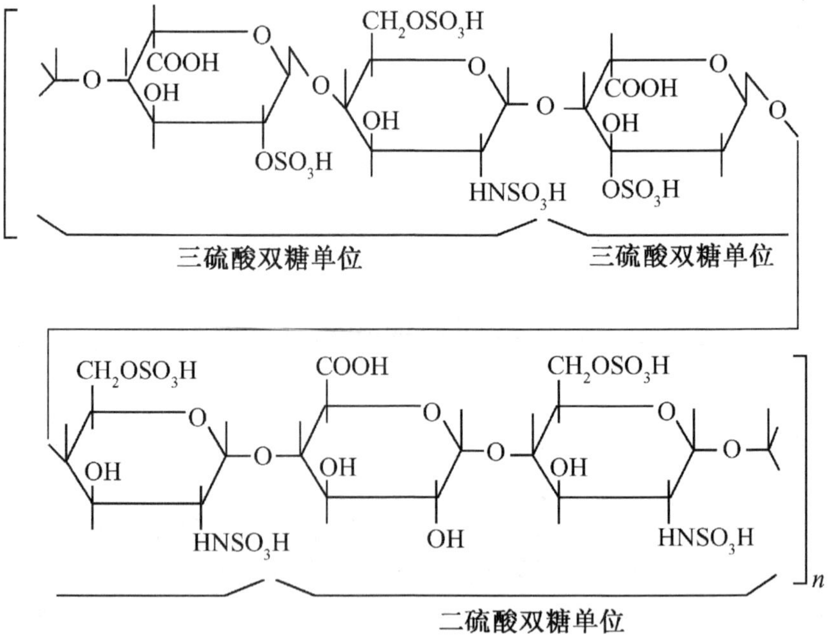

· 400 ·

肝素具有由六糖或八糖重复单位组成的线性链状分子,三硫酸双糖和二硫酸双糖以约3:1的比例交替连接,其相对分子质量为12 000±6000,对商品肝素的研究,提出至少含有21种分子个体,其相对分子质量从3000～37 500不等,两种分子个体之间相差约1500～2000,即一个六糖的量。商品肝素为未分级肝素(unfractionted heparin,UFH),其中有高相对分子质量(平均相对分子质量12 000～15 000)和低相对分子质量两部分。一般认为,相对分子质量小于8000的部分称为低分子肝素(low molecular weight heparin,LMWH)。

肝素结构中的 N-磺酸与抗凝血作用有密切关系,如遭破坏,则其抗凝血活性降低。结构中的游离羟基酯化后(如硫酸化),则其抗凝血活性也降低。

2．化学性质

(1) 易酸性水解　肝素在温热的稀酸中迅速失活,温度越高,pH越低,失去活性越快。如用0.1mol/L盐酸在70℃加热1min后约失活70%的抗凝血效价。粗制肝素水溶液在pH为2.5时,80℃加热2h后损失效价一半,其原因是肝素结构中的 N-硫酸基对酸水解很敏感。肝素在碱性条件下稳定,不会引起活性降低,一般纯度愈高,稳定性愈大。其原因是 N-磺酸基对碱相当稳定。如肝素钠精品在10mol/mL碱溶液及50%硫酸铵溶液中加热至80℃ 1h,不会引起活性降低,粗品肝素钠在碱性条件下,即碱性溶液中稳定性较差。但用稀碱溶液浸出无损失,浓碱溶液特别是在温度升高时会引起结构的破坏。

(2) 强酸性　肝素能与各种阴离子反应生成盐,如金属离子和各种有机阴离子——有机碱、碱性染料阴离子表面活性物质(长链季铵盐)、聚阴离子和蛋白质等。有机碱如十五烷基溴化吡啶(PPB)和十六烷基氯化吡啶(CPC)等长链吡啶化合物、番木鳖碱等;碱性染料如天青A等;长链季铵盐如十六烷基三甲基溴化铵(CTAB)等;聚阴离子如阴离子交换树脂等。

(3) 氧化反应　肝素与氧化剂作用会降解成酸性产物,所以有时用氧化剂脱色工艺,尽管操作十分严格,此步收率仅仅达到80%。但一些脱色工艺中使用氧化剂,则几乎不影响肝素的效价。

(4) 酯化反应　肝素分子中游离的羟基可以酯化。如经硫酸化,则抗凝血活性下降,乙酰化不影响抗凝血活性。

(5) 对酶稳定　组织中的酶很少能破坏肝素,特别是在提取过程中胰酶消化蛋白质类杂质,对肝素不起作用。

(6) 变色现象(异染性)　肝素与碱性染料反应,对染料的光吸收有影响。肝素能使含氨基的碱性染料如天青A(或类似产品天青Ⅰ)、甲苯胺蓝等的光吸收向短波移动。天青A在pH为5.3时的最大吸收在620 nm附近(随不同的产品而有差异),在一定的肝素浓度范围内,最大吸收移向505 nm或515 nm附近,505nm或515nm附近吸收值的增加,与肝素浓度成正比。

二、试剂及器材

1.原料

收集新鲜猪小肠黏膜,保证不变质,不腐败。

(1) 氢氧化钠 这里用于调节 pH,可选用工业品。

(2) 盐酸 这里用于调节 pH,可选用工业品。

(3) 乙醇 这里作为沉淀剂,选用化学纯试剂(CP)。

(4) 氯化钠 这里用于盐解和配制洗脱液,选用工业级和化学纯两种试剂。

(5) 氯化钙 这里用于分析,选用分析纯试剂(AR)。

(6) 高锰酸钾 这里作为防腐剂,选用分析纯试剂(AR)。

(7) 过氧化氢 这里作为氧化剂,选用分析纯试剂(AR)。

(8) 巴比妥 这里用于配制缓冲溶液,选用化学纯试剂(CP)。

(9) 柠檬酸三钠($Na_3C_6H_5O_7 \cdot 2H_2O$) 又称枸橼酸钠,防止血液凝固,选用化学纯试剂(CP)。

(10) 天青 A 生物染料,选用上海新中化工厂产品。

(11) D-254 树脂 是一种大孔径阴离子树脂,这里作为吸附剂。

(12) 滑石粉 这里作为助滤剂。

(13) 732 树脂 全称 001×7 强酸性苯乙烯,是阳离子交换树脂,这里作为吸附剂。

2.器材

提取罐(或反应锅),吸附罐,陶瓷缸,电动搅拌器,722 型分光光度计,恒温水浴,低温冰箱($-20℃$),酸度计,比重计,温度计($1 \sim 100℃$),漏斗,试管,尼龙布白涤纶布竹筛,量筒(1000mL),烧杯,移液管。

三、从猪小肠黏膜提取肝素钠粗品工艺

目前肝素的提取制备分为粗制和精制两个阶段:粗制包括肝素蛋白质复合物提取、降解和分级分离两步;精制是把粗品经过纯化得到精品。在粗品提取的三步中,常采用碱式盐解(即盐解)来完成前两步,即提取和解离肝素蛋白质的复合物,第三步分级分离常采用沉淀法和离子交换法。

(一) 盐解-离子交换法

黏膜内的肝素与其他黏多糖一起,并与蛋白质结合着,所以肝素的制备往往包括肝素蛋白质复合物的提取、分解和肝素的分级分离三步。碱性盐解即可完成前两步，而最后一步，只能采用离子交换树脂来完成。离子交换树脂主要是依据肝素的强酸性与某些阳离子络合成盐。从解离液中析出的肝素负离子与强碱性阴离子交换树脂上的负离子进行交换，后经洗脱，使肝素负离子从阴离子树脂上洗脱下来与钠离子结合生成肝素钠，再经沉淀、干燥等步骤得到肝素钠粗品。其原理一般为（其中 R^- 代表肝素聚负离子）

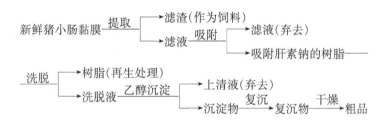

1. 工艺流程

2. 操作步骤

（1）提取　将新鲜的小肠黏膜移入不锈钢提取锅中，按肠黏膜量加入 4%～5%的粗盐（工业级），加热搅拌。用 30%～40%氢氧化钠溶液调 pH 至 9.0，等锅内温度升到 50℃ 时停止加热，搅拌下 55℃ 保温 2h，然后升温到 85℃ 左右，这时停止搅拌，温度在 90℃ 保持 15min，趁热用竹筛过滤除去大的杂物，最后用 100 目尼龙布过滤提取液（过滤前如液面上有浮油，应先捞去）。滤液供吸附用，滤渣是经高温灭菌的优质蛋白饲料，可直接冲洗后喂养动物或晒干后配制饲料。

（2）吸附　将滤液移入吸附罐中,等液体温度冷至50℃以下时,按原来小肠黏膜量加入5%已处理好的D-254树脂,搅拌吸附6~8h,注意搅拌不可太快,以使整个液体维持转动为宜,以防弄碎树脂。然后用尼龙布滤掉液体,收集树脂。

（3）清洗　把树脂倒入不锈钢桶中,用水反复清洗,至水变清为止,也可直接用尼龙袋装树脂冲洗,但千万注意不可冲洗掉树脂。在树脂中加2倍量的7%精盐水,浸泡1h,不时搅拌,滤掉盐水。然后再加2倍量8%精盐水浸泡1h,也要不时轻轻搅动,滤干,收集树脂。

（4）洗脱（也称解析）　将树脂移入桶中,用25%精盐水（用前要过滤）浸泡3h,用量为刚浸没树脂面,要不时轻轻搅动,以使洗脱液与树脂充分接触,促使肝素钠被解析下来,然后过滤,收集滤液。树脂可再用18%精盐水重复洗脱一次,然后滤去树脂（备用）,合并二次洗脱液。

（5）乙醇沉淀　将洗脱液用100目的涤纶袋过滤除去杂物,然后移入搪瓷缸中,加入质量分数为85%以上的乙醇,使洗脱液中乙醇的质量分数达35%~40%（夏季可略高点）,搅匀过夜（沉淀缸最好放在通风、低温处）,然后虹吸出上层乙醇清液,乙醇可回收后再用。

（6）复沉　加3倍量95%乙醇于沉淀缸内,搅匀,盖好沉淀缸,静置6h,然后虹吸出上层乙醇清液（回收再用）。

（7）脱水　加3倍的95%乙醇到沉淀缸中,搅拌均匀,盖好沉淀缸,静置6h。然后虹吸出上层乙醇液（回收再用）。把下层沉淀滤干或用白布吊干（也可用新砖挤干水分）。

（8）干燥　将吊干的粗品放在石灰缸中干燥。具体操作步骤如下:先把石灰块装在搪瓷缸中,石灰量以装2/3为好。在石灰块上盖一块硬纸板,硬纸板上做一些小洞,以便吸水。在硬纸板上放一层纸,然后把肝素粗品放在纸上,用塑料布包好石灰缸,放置1~2d即可干燥,干燥品也可装入塑料袋或瓶内,于石灰缸中保存。

(二) 酶解-离子交换法

1. 工艺流程

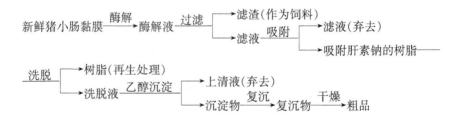

2. 操作步骤

(1) 酶解、过滤　将新鲜的小肠黏膜移入不锈钢提取锅中,先加 0.2% 苯酚(起抑菌作用),然后用 30% ~ 40% 氢氧化钠溶液调 pH 至 8.5 左右,加入 0.2% ~ 0.5% 绞碎的新鲜胰脏糊(在加胰脏前 2h,把胰脏用绞肉机绞碎,用石灰水调 pH 至 8.0,放置 2h,等酶被活化后用),用 pH 试纸检验 pH 达 8.5 左右,边搅拌边加热,等温度升到 40℃ 左右时,停止加热,保温 2~3h,pH 保持在 8.0 左右。然后加入 5% 粗食盐,升温到 80℃,保持温度在 80~90℃ 20min,其间停止搅拌,趁热先用竹筛把大的杂物滤去,滤液再用 100 目的尼龙袋过滤,滤液用于吸附,残渣作为饲料处理。

(2) 吸附　将滤液移入吸附罐中,等液体温度冷至 50℃ 以下时,按原来小肠黏膜量加入 5% 已处理好的 D-254 树脂,搅拌吸附 6~8h,注意搅拌不可太快,以使整个液体维持转动为宜,以防弄碎树脂。然后用尼龙布滤掉液体,收集树脂。

(3) 清洗　把树脂倒入不锈钢桶中,用水反复清洗,至水变清为止,也可直接用尼龙袋装树脂冲洗,但千万注意不可冲洗掉树脂。

在树脂中加 2 倍的 7% 精盐水,浸泡 1h,不时搅拌,滤掉盐水。然后再加 2 倍量 8% 精盐水浸泡 1h,也要不时轻轻搅动,滤干,收集树脂。

(4) 洗脱(也称解析)　将树脂移入桶中,用 25% 精盐水(用前要过滤)浸泡 3h,用量为刚浸没树脂面,要不时轻轻搅动,以便使洗脱液与树脂充分接触,促使肝素钠被解析下来,然后过滤,收集滤液。树脂可再用 18% 精盐水重复洗脱一次,然后滤去树脂(备用),合并二次洗脱液。

(5) 乙醇沉淀　将洗脱液用 100 目的涤纶袋过滤除去杂物,然后移入搪瓷缸中,加入质量分数为 85% 以上的乙醇,使洗脱液中乙醇的质量分数达 35% ~ 40%(夏季可略高点),搅匀过夜(沉淀缸最好放在通风、低温处),然后虹吸出上层乙醇清液,乙醇可回收后再用。

(6) 复沉　加 3 倍量 95% 乙醇于沉淀缸内,搅匀,盖好沉淀缸,静置 6h,然后虹吸出上层乙醇清液(回收再用)。

(7) 脱水　把下层沉淀滤干或用白布吊干(也可用新砖挤干水分)。

(8) 干燥　将吊干的粗品放在石灰缸中干燥。具体操作步骤如下:先把石灰块装在搪瓷缸中,石灰量以装 2/3 为好。在石灰块上盖一块硬纸板,硬纸板上做一些小洞,以便吸水。在硬纸板上放一层纸,然后把肝素粗品放在纸上,用塑料布包好石灰缸,放置 1~2d 即可干燥,干燥品也可装入塑料袋或瓶内,于石灰缸中保存。

四、从羊小肠黏膜提取肝素钠粗品工艺

1. 工艺路线

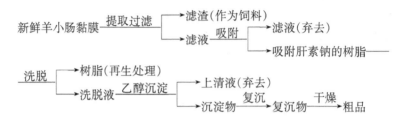

2. 操作步骤

(1) 提取　将新鲜的小肠黏膜移入不锈钢提取锅中,按肠黏膜量加入 4%～5% 的粗盐,然后用 30% 的烧碱调节 pH 至 9.0～9.5,升温至 50～60℃,停止搅拌,保温 1.5～2h。然后迅速升温到 90～98℃,中间间隔搅拌,保温 15min。

(2) 过滤　提取液趁热用竹筛过滤除去大的杂物,最后用 100 目尼龙布过滤提取液(过滤前如液面上有浮油,应先捞去)。滤渣再按上法提取一次,合并二次提取液。滤渣是经高温灭菌的优质蛋白饲料,可直接冲洗后喂养动物或晒干后配制饲料。提取液趁热过滤,收集滤液,滤渣再按上法提取一次,合并二次提取液。

(3) 吸附　将滤液移入吸附罐中,等液体温度冷至 50℃ 以下时,调节 pH 至 8.5～9.0,按羊肠黏膜的量加入 7% 已处理好的 D-254 树脂,搅拌吸附 6～8h,注意搅拌不可太快,以使整个液体维持转动为宜,以防弄碎树脂。然后用尼龙布滤掉液体,收集树脂。

(4) 清洗　把树脂倒入不锈钢桶中,用水反复清洗,至水变清为止,也可直接用尼龙袋装树脂冲洗,但千万注意不可冲洗掉树脂。在树脂中加 2 倍量的 7% 精盐水,浸泡 1h,不时搅拌,滤掉盐水。然后再加 2 倍量 8% 精盐水浸泡 1h,也要不时轻轻搅动,滤干,收集树脂。

(5) 洗脱(也称解析)　将树脂移入桶中,第一次用 4mol/L 的氯化钠洗脱 5h,第二次、第三次用 4mol/L 的氯化钠各洗脱 2h,收集三次洗脱液。

(6) 乙醇沉淀　将洗脱液用 100 目的涤纶袋过滤除去杂物,然后移入搪瓷缸中,加入质量分数为 85% 以上的乙醇,使洗脱液中乙醇的质量分数达 35%～40%(夏季可略高点),搅匀过夜(沉淀缸最好放在通风、低温处),然后虹吸出上层乙醇清液,乙醇可回收后再用。

(7) 复沉　加 3 倍量 95% 乙醇于沉淀缸内,搅匀,盖好沉淀缸,静置 6h,然后虹吸出上层乙醇清液(回收再用)。

(8) 脱水　把下层沉淀滤干或用白布吊干(也可用新砖挤干水分)。

(9) 干燥　将吊干的粗品放在石灰缸中干燥。具体操作步骤如下:先把石灰块装在搪瓷缸中,石灰量以装 2/3 为好。在石灰块上盖一块硬纸板,硬纸板上做一些小洞,以便吸水。在硬纸板上放一层纸,然后把肝素粗品放在纸上,用塑料布包好石灰缸,放置 1~2d 即可干燥,干燥品也可装入塑料袋或瓶内,于石灰缸中保存。

五、肝素钠的精制工艺

肝素钠粗品沉淀经过复沉后就可以直接用于精制,用 2% 氯化钠水溶液把粗品配成 10% 肝素钠溶液(即 1 kg 肝素钠粗品加 9L 盐水,如果是干粗品,用 15 倍量 1% 氯化钠水溶液溶解),备用。

精制肝素钠基本步骤为脱色,可采用过氧化氢法和高锰酸钾法。

1. 过氧化氢脱色法

将上述肝素钠溶液用 1:2 盐酸调 pH 至 1~2,然后迅速过滤。再用氢氧化钠溶液调 pH 为 10~12,按 3% 的量加入 30% 过氧化氢,25℃下放置 2d,并随时校正 pH 为 10~12。过滤后收集滤液,用 1:2 盐酸调滤液 pH 为 6~7,加入等量的 95% 乙醇沉淀,次日滤去清液(回收乙醇),沉淀用丙酮脱水,干燥后得肝素钠精品。

2. 高锰酸钾氧化法

在上述肝素钠溶液(粗品)中,加入 4% 高锰酸钾进行氧化,也可按每亿单位肝素钠加 79g 高锰酸钾。先将肝素钠粗品溶液调节 pH 至 7~9,并加热至 80℃,高锰酸钾也先加热到 80℃,在搅拌下加到肝素钠溶液中,保温 2~5h,然后加滑石粉或纤维素粉助滤,收集滤液。滤液用 1:2 盐酸调 pH 至 6.4,加入 1 倍左右的 95% 乙醇于冷处沉淀 8h 以上,收集沉淀物,然后分别用无水乙醇和丙酮脱水,再干燥即得肝素钠精品。

六、肝素钠的效价测定

肝素钠效价的测定方法分为二类:天青 A 法和生物测定法。

(一) 天青 A 法

天青 A 是一种碱性染料,其正电荷部分能与肝素黏多糖链上的阴离子结合,生成"肝素-天青"复合物,并能产生一种与原来染料颜色不同的颜色反应,这一反应程度与肝素的结合量有一定的关系。当肝素在低浓度、波长 505nm、pH≈8.6 的情况下,其浓度与光吸收值之间符合 Lambert-Beer 定律。天青 A 结构式如下

$$\left[(CH_3C)_2-N-\underset{N}{\overset{S}{\bigodot}}-\overset{+}{N}H_2 \right] Cl^-$$

天青 A

用天青 A 法测定肝素效价时,首先以肝素的标准品作光吸收值与肝素浓度之间关系的标准曲线,然后测定样品的光吸收值,对照标准曲线,查算出测定样品的效价数。

1．试剂配制

(1) 巴比妥缓冲液　称取 1g 氢氧化钠溶于 50mL 蒸馏水中煮沸,即成 0.5 mol/L 的氢氧化钠溶液。精确称量巴比妥(二乙基巴比妥酸)5.52g 溶于上述氢氧化钠溶液中,待完全溶解后冷却,用蒸馏水稀释至 500mL,经 pH 计校正 pH 为 8.6。

(2) 天青 A 染料溶液　称取天青 A(生物染料)0.5g,先用少量蒸馏水使其完全溶解,再用蒸馏水稀释到 500mL,经滤纸过滤,滤液置于冰箱内保存(即贮备液),使用前,取上述溶液 5mL,加蒸馏水 25mL 混匀供测定用。

(3) 肝素标准液　称取一定量的肝素标准品(药检部门提供)。用灭菌水配成 10 U/mL,作为贮备液,置于冰箱内保存,测定时取贮备液 2.5mL 于 250mL 容量瓶中,加蒸馏水稀释至刻度,即成 1U/mL(可视具体情况配制,一般以 1~1.5U/mL 为宜)。

2．测定方法

(1) 标准曲线的绘制　取试管 12 支,分 2 组,6 支为 1 组。各管依次编号 0~5,0 号管为空白对照管,不加肝素标准液而只加蒸馏水,1~5 号管分别按表 7-1 加肝素标准品 1~5 mL,再用蒸馏水补足各管至 5mL,然后在各管内各加入巴比妥缓冲溶液、天青 A 各 1mL。

表 7-1　绘制标准曲线数据

试 管 号	0	1	2	3	4	5
肝素标准液/mL	0	1	2	3	4	5
蒸馏水/mL	5	4	3	2	1	0
巴比妥缓冲液/mL	1	1	1	1	1	1
天青 A 染料/mL	1	1	1	1	1	1
总体积/mL	7	7	7	7	7	7
A						

在加入天青 A 染料之前,应摇动试管混匀管内溶液,加入天青 A 染料后,立即混匀,即置于 722 型分光光度计上,测定波长 505nm 的光吸收值,以 0 号管作空白对照,重复 2 次,测定结果取平均值,然后以效价单位为横坐标,光吸收值为纵坐标,绘制标准曲线。

(2) 样品的测定　精确称取 10～15mg 待测样品,先用蒸馏水溶解成 1 mg/mL,再取 250mL 容量瓶 2 个,各吸取上述溶液 2.5mL,加水稀释至刻度,即配成 0.01mg/mL 的测定液。吸取测定液 1～5mL(一般先吸取 3mL,如效价大于 150 U/mL,可吸取 2mL 或 1mL;如效价小于 50U/mL,可吸取 5mL),加蒸馏水补足到 5mL,充分摇匀后,置于 722 型分光光度计波长 505nm 处测定光吸收值,同时测两管样品,取其平均值。以待测样品的平均光吸收值,在标准曲线上查出相应的单位数,再换算出待测样品的效价。

(3) 注意事项

1) 精制过程中,失去抗凝血功能的肝素仍保留使天青 A 变色的活性,为此,必须对出厂肝素精制品进行生物活性鉴定。

2) 肝素钠吸湿性很强,最好应用称量瓶减重法称取。

3) 天青 A 含 80% 天青 A 和少量天青 B。天青 A 的纯度对比色影响很大,选用上海新中化工厂生产的天青 A 较为合适,而且一定要过滤后,方可使用。

4) 天青 A 测定用过的比色杯应洗净,每次用完后,应用乙醇洗去染料残留物,再用水冲洗,最后用蒸馏水冲洗干净后备用,使用天青 A 染料较久的比色杯,应用 10:1 的乙醇-盐酸清洗。

(二) 羊血浆法(生物法)

天青 A 法是利用碱性染料天青 A 的阳离子与肝素上的阴离子结合,使天青 A 的光吸收波长发生改变,它的吸收值与肝素上的阴离子基因多少有关,而与肝素本身是否有生物活性无关。在精制中,肝素易失去抗凝血活性,但这时的肝素仍有天青 A 变色活性,因此精品出厂必须采用生物鉴定法。

根据美国药典规定,肝素钠效价检验必须用柠檬酸羊血浆法。在羊血浆中,加入标准品和供试品,经过一段时间的重钙化处理,观察标准品和供试品的凝血程度,如标准品和供试品配成相同的浓度而又得到相同的凝固程度,则说明它们的效价相同,以此来对比测定未知样品的效价。

1. 试剂配制

(1) 8% 柠檬酸三钠溶液(质量浓度)　8g 柠檬酸三钠(AR),加生理盐水 100 mL。

(2) 9% 氯化钠溶液(质量浓度)　9g 氯化钠(AR)溶于 1000mL 蒸馏水中(又

称生理盐水溶液)。

(3) 0.25%氯化钙试剂(质量浓度) 5g 氯化钙(AR)溶解于 2000mL 0.9% 氯化钠溶液中。

2．测定方法

(1) 羊血浆的制备 将羊血液直接收集于质量分数为 8%柠檬酸三钠溶液的容器中(以分离颈动脉,插管放血为好),柠檬酸三钠溶液与羊血的体积比为 1:19,边收集边轻轻摇动,收集完后,将收集液充分混合,迅速于离心机上分离出血浆。取 1mL 血浆于清洁试管中,加 0.2mL1%氯化钙溶液混匀,若 5min 之内有凝血块形成,则此血浆可用。将血浆分装成多份,每份体积不超过 100mL,装入一个 200mL 容量瓶中,在 -20～-1℃下冰冻,-8℃保存。

(2) 标准溶液的制备 制备大约 8U/mL 的标准溶液。在 50mL 称量瓶中准确称量肝素钠(美国药典标准品)380～420U,用生理盐水溶液稀释至刻度,混匀,即为测定用的标准液。

(3) 测定样品的制备

1) 先计算需要称量样品的质量。要求制备肝素钠溶液 100mL,含量大约为 1000U/mL 计算式为

$$需称样品量 = \frac{100\,000}{估计效价}$$

2) 精确称取第一步计算的质量,称好的样品放入 100mL 容量瓶中,加生理盐水至刻度,即为样品的贮备液。

3) 取两个 250mL 容量瓶、每个吸取 2mL 贮备液,用生理盐水溶液稀释到刻度,摇匀,即得到测定样品溶液。

(4) 测定标准品肝素液 1/2 凝固度所需的大致体积数(V/2)

1) 恒温水浴调至 37℃恒温,放好试管架,并调好水位。

2) 取冰冻血浆 1 瓶,在低于 37℃熔化,用粗滤纸过滤。

3) 取 19 支试管,按顺序吸入 70～250μL 标准液,以 10μL 加 1 级(即 80、90、100、…、250μL)。

4) 各管加入 1mL 过滤后的血浆。

5) 各管加入 0.8mL 0.25%氯化钙溶液。

6) 盖好管塞,每管以同样方式倒转 3 次,混匀内溶物并使整个管内壁湿润。

7) 垂直放管于 37℃水浴内,并开始计时。

8) 1h 后,一次取出所有试管并观察、记录凝固程度。

L 凝固程度分为 5 级,按以下标准确定。

完全凝固:溶液完全凝固,倒转管子并猛敲一下,凝块不从管壁脱离。

3/4 凝固:溶液完全凝固,但当倒转试管并猛敲一下时,凝块从管壁脱离。

1/2 凝固:大约一半体积的溶液凝固。

1/4 凝固:很少溶液是凝固。

无凝固:溶液完全流动。

确定标准液 $V/2$ 大致体积(微升数)。如果 $70\sim250\mu L$ 的所有试管内都出现全凝或全不凝,则该血浆不可用(或以生理盐水溶液调整血浆浓度),如果系列中有全凝和全不凝管,也有较少流动管,则该血浆可用。如系列中出现部分凝固(1/4、1/2、3/4),可记录该体积作为 $V/2$。如相邻两管是全凝和全不凝,可记录平均体积为 1/2。

3．样品测定

1) 取 28 支试管,分为 4 组:标准液 2 组、测定液 2 组。每组以求出 $V/2$ 数作为中点,上下每管间隔 $5\mu L$,各做 3 管(即 $V/2+15\mu L$, $V/2+10\mu L$, $V/2+5\mu L$, $V/2$, $V/2-5\mu L$, $V/2-10\mu L$, $V/2-15\mu L$)。也可视具体情况,两端每间隔 $5\mu L$ 延长管数。

2) 28 支试管均加入过滤血浆 1mL。

3) 各管加 0.25% 氯化钙溶液 0.8mL。

4) 盖好各管,倒转 3 次混合,并使内壁湿润,垂直放入 37℃ 恒温水浴中 1h。

5) 1h 后一次取出,检查各管凝固程度并记录。

6) 确定每组标准液和待定液的 $V/2$ 体积。

如果测定系列中出现 1/2 凝固度,则相应的肝素加入的毫升数即为 1/2 体积。

如果测定系列中相邻两管跳过 1/2 凝固度(如第一管全凝,第二管是 1/4),则应推算其 $V/2$ 的体积,计算公式为

$$V/2 = 相邻两管中较大量 - \frac{相邻两管量之差 \times (1/2 - 小凝固度)}{大凝固度 - 小凝固度}$$

例如,全凝:180 $V/2$;1/4 凝:185μL。则

$$V/2 = 185\mu L - \frac{(185\mu L - 180\mu L) \times (1/2 - 1/4)}{(1 - 1/4)} = 183.3\mu L$$

7) 肝素测定样的效价按下式计算

$$测定样 = \frac{V_{(s+d)} \cdot c_{(s+d)} \cdot V}{V_{sam} \cdot m}$$

式中:$V_{(s+d)}$ 为标准品 1/2 凝固度的肝素加入体积(μL);V_{sam} 为测定样品 1/2 凝固度时加入体积(μL);$c_{(s+d)}$ 为标准品肝素溶液的浓度(U/mL);V 为测定样品的总体积(mL);m 为测定样品称取的质量(mg)。

（三）注意事项

（1）肠黏膜的质量　肠黏膜的质量好坏直接影响产品的收率和效价。腐败的肠黏膜还会阻塞树脂的孔径，使树脂的交换吸附能力减弱，再生次数相应增加，严重的甚至失去交换能力，这就是通常所说的树脂"受污染"，所以必须采用新鲜的肠黏膜。

（2）水解温度　盐解温度不可超过55℃，过高肝素与蛋白质不易分开，部分肝素分子会凝固在蛋白质中。肠黏膜经水解后，必须在短时间内升温到95℃，时间长，浆液会发生混浊，影响树脂吸附，也影响收率。另外，在95℃也只能维持较短时间，过长会破坏肝素钠分子。

（3）气候和水质　各地的气候不同、水质条件不同，这对树脂的交换吸附能力和产品的效价有一定影响，即在生产中，产生较多的酸、碱性蛋白质等各种有机杂质，降低肝素的纯度。因此在生产中，应注意水质，尽量用自来水，有条件的可用蒸馏水或去离子水。

（4）乙醇用量　乙醇过量会把一部分小分子肝素和盐沉淀出来，导致产品收率高、效价低，产品不合格、成本高。乙醇用量少，则产品效价高而产率低，经济上不合算。一般用1:1等体积乙醇沉淀为宜。

（5）工业烧碱的影响　在水解肠黏膜中，所用的工业烧碱的质量好坏也影响产品的收率。有些烧碱含碳酸钠量大，在反应中可生成碳酸根离子，它可同肝素一起争夺树脂（树脂也可吸附碳酸根离子），从而影响收率。所以，使用前应取样检验烧碱质量。检验方法是取少量碱液，加盐酸，若产生气泡则含碳酸钠，不可用。

七、肝素钙的制备

目前我国市售的肝素均以猪小肠黏膜（少量以羊小肠黏膜）为提取原料，通过盐解、提取、纯化等步骤获得肝素钠盐。肝素钠虽具有很强的抗凝血作用，但也有不足之处。由于肝素对钙的亲和力比对钠的亲和力强，所以使用肝素钠往往会在各个不同组织，特别在血管和毛细血管壁部位引起钙的沉淀，特别是当大剂量皮下注射时，钙的螯合作用破坏了邻近毛细血管的渗透力，因而会产生淤点和血肿现象。

为了克服以上副作用，国内外已采用钙离子代替肝素中的钠离子，经过交换产生的肝素钙已经用于临床，在急性血液凝固性异常增高的治疗中，用高浓度肝素钙局部注射，获得了快速、安全、有效的结果，特别是减少了淤点和血肿等反应，普遍受到人们的欢迎。

1．工艺路线

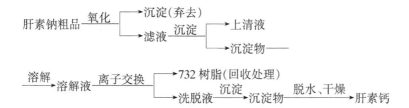

2．操作步骤

（1）氧化　称取一定量的肝素钠粗品于搪瓷桶中,加入 15 倍量的 2%氯化钠溶液,搅拌,使粗品完全溶解,用 15%氢氧化钠溶液调 pH 至 8 左右,加热到 80℃,按每 1 亿单位肝素钠加 178g 高锰酸钾(高锰酸钾预先配成溶液并预热到 80℃,投料保温 30min 左右,过滤除去二氧化锰等杂物,滤液用 1:6 的盐酸调 pH 至 6.4 左右)。

（2）沉淀　在上述滤液中加入 0.8～1.0 倍量的 95%乙醇,搅拌均匀,放置过夜。

（3）溶解　次日虹吸回收上层乙醇清液,沉淀加去离子水溶解,加滑石粉过滤,收集滤液。

（4）离子交换　在滤液中加入一定量经过处理的 732 型阳离子交换树脂,搅拌 10 min 左右,过滤除去树脂,将溶液用氢氧化钙溶液调 pH 至 7.8,加入适量氯化钙,过滤。

（5）沉淀　在上述滤液中加入 1 倍左右的 95%乙醇,在冷处(10℃以下)过夜。

（6）脱水　次日虹吸回收上层乙醇,下层沉淀,再经无水乙醇、丙酮分别洗涤,脱水,滤干。

（7）干燥　把脱水后的沉淀物放入干燥器中,干燥后即为肝素钙产品。

八、树脂的处理和再生

离子交换树脂是一种有机原料聚合而成的高分子化合物,合成后的树脂或多或少残留一些低聚物和有机杂质,使用前必须尽量除去,否则将影响树脂的使用寿命,D-25A 树脂的预处理方法如下:

1）将树脂放在一个大桶内,先用清水漂洗干净,抽干。

2）用 80%～90%的工业乙醇浸泡 24h,目的是洗去树脂内的醇溶性有机物,抽干(废乙醇可回收再用)。

3）用40～50℃的热水反复清洗,目的是洗去树脂内的水溶性杂质和乙醇味,洗净,抽干。

4）用2倍于树脂量的2mol/L盐酸溶液浸泡处理3h(需经常翻动),目的是洗去酸溶性杂质,然后用蒸馏水或自来水洗至近中性,抽干。

5）用2倍于树脂量的2mol/L氢氧化钠溶液浸泡3h(需经常翻动),目的是洗去碱溶性杂质,然后滤出树脂用蒸馏水或自来水洗至近中性,抽干。

6）用2倍于树脂量的2mol/L盐酸溶液浸泡3h,滤出树脂水洗至中性,滤出树脂即得氯型树脂备用。

已经用过的树脂应按以下方法再生:

1）用过3～4次后的树脂,用2mol/L盐酸浸泡3h,滤出树脂用水洗至中性,抽干备用。

2）用过5～7次后的树脂,用2mol/L氢氧化钠和2mol/L盐酸先后各浸泡3h,滤出树脂洗至中性,抽干备用。

3）用过10次以上的树脂,按新树脂法处理,即按酸、碱、酸的方法各处理1次,洗至中性,抽干备用。

九、鲜胰浆的制备

猪胰中的酶是一个多酶体系,包括内肽酶和外肽酶两类。其中的蛋白酶、糜蛋白酶及弹性蛋白酶等为内肽酶;外肽酶包括羧基肽酶A和羧基肽酶B。上述这些酶类在胰腺中最初都处于无活性的酶原状态。但是只要其中的最初无活性的胰蛋白酶原受到激活,则具有活性的胰蛋白酶就能同时使上述各种酶原转变成具有活性的酶类,而共同促使蛋白质水解。

胰蛋白酶原是一种环状多肽。可被肠激酶或胰蛋白酶自身激活。钙离子的存在可促进后一自我活化的过程。

新胰浆是有新鲜猪胰脏酶经绞碎、激活而制备的一种酶浆。利用鲜胰浆作为蛋白质水解消化酶,制作方便,效果较佳,生产中经常用到。本书中就有多处工艺中使用这种酶浆。为便于生产者自备自用,下面介绍其制备方法。

(一) 制备工艺

(1) 制备　收集新鲜猪胰,除去脂肪及结缔组织,用绞肉机绞碎成胰浆。

(2) 激活　在胰浆中加入胰浆量10%左右的乙醇,搅匀,放置24h备用。这里酒精起了自溶、激活、防腐的作用。

(3) 储存　新鲜胰浆一般都现备现用,不可久留。如需稍留待用,必须存放于5℃以下处,避光保存。

(二)胰浆的使用

若用胰浆对蛋白质进行水解时,需要使胰浆中各种酶类处于活性最大状态,一般较适宜的温度是 40～50℃,较适宜的酸度是 pH 为 7～9。但是,因为在具体的使用中,还涉及很多其他因素,所以,温度和酸度也还需有一定的调整。

思 考 题

1. 解释单糖、多糖、寡糖、黏多糖、糖原和肌多糖的含义。
2. 糖在肌体内有哪些用途?
3. 以肝素钠为例,说明黏多糖的分离纯化方法和注意事项,并说明生物测定法与化学测定法的不同所在。
4. 硫酸软骨素商品名康得灵,主要用于保健食品或药品。目前提取硫酸软骨素的方法有哪些? 比较它们的优缺点。
5. 如何区分未分级肝素与低分子肝素? 肝素钠在临床有何用途?

第八章　脂类生化产品制备技术

第一节　概　　述

脂类包括的范围很广,简单地讲脂类化合物就是广泛存在于生物体中的脂肪及类脂类的、能够被有机溶剂提取出来的化合物。这些物质在化学成分和化学结构上也有很大差异,但是它们都有一个共同的特性,即不溶于水,而易溶于乙醚、氯仿、苯、二硫化碳、热乙醇及其他非极性溶剂中。用这类溶剂可将脂类化合物从细胞和组织中提取出来。脂类的这种特性,主要是由构成它的碳氢结构成分所决定的。脂类具有重要的生物学功能,它是构成生物膜的重要物质,几乎细胞所含有的全部磷脂类都集中在生物膜中。生物膜的许多特性,如柔软性、对极性分子的不可通透性、高电阻性等都与脂类有关。脂类是机体代谢所需燃料的储存形式和运输形式。在机体表面的脂类,有防止机械损伤和防止热量散发等保护作用。脂类作为细胞表面物质,与细胞的识别(cell recognition)、种属特异性(species specificity)和组织免疫(tissue immunity)等有密切关系。有一些属于脂类的物质具有强烈的生物学活性,这些物质包括某些维生素(vitamin)和激素(hormone)等。类脂类主要有磷脂、脑苷脂、固醇及蜡等。磷脂也是一种甘油酯,但与中性脂不同,主要是甘油上的3个羟基中有一个不是与脂肪酸结合,而是与磷酸胆碱相连。不同的磷脂有不同的溶解性质,如脑磷脂不溶于丙酮而溶于氯仿和乙醚,卵磷脂不溶于冷乙醇而溶于热乙醇,神经磷脂则不溶于乙醚。这些溶解性质的差别常作为提取分离磷脂化合物的依据。类固醇化合物都不溶于水,而溶于有机溶剂。

第二节　脂类的分类

脂类可按不同的方法分类,比较理想的分类方法是根据构成脂类的主要成分进行分类。根据这一原则可将脂类分为复合脂类(complex lipid)和简单脂类(simple lipid)两大类。复合脂类包括与脂肪酸结合在一起的各种脂类,有酰基甘油(acyl glycerol,主要有卵磷脂、脑磷脂、豆磷脂等)、磷酸甘油酯类(phosphoglyceride)、鞘脂类(sphingolipid)、蜡(wax)等。简单脂类包括不含脂肪酸的脂类[主要有亚油酸、亚麻酸、花生四烯酸、二十碳五烯酸(EPA)和二十二碳六烯酸(DHA)等],有萜类(terpene,主要有鲨烯)、甾类化合物[steroid,主要有胆固醇、谷固醇、胆酸和胆汁酸、蟾毒配基(bufogenin)等]、前列腺素类(prostaglandin)及其他如胆红素、泛癸利酮、人工牛黄、人工熊胆等。

第三节 脂类的结构与性质

一、单 纯 脂

脂肪是脂肪酸的甘油三元酯,天然脂肪大多数是混酸甘油酯,具有不对称结构而存在异构体。高等动、植物的脂肪酸有以下的共性:

1) 多数链长为 14~20 个碳原子,都是偶数。最常见的是 16 或 18 个碳原子。12 个碳以下的饱和脂肪酸主要存在于哺乳动物的乳脂中。

2) 饱和脂肪酸中最普遍的是软脂酸和硬脂酸。饱和脂肪酸组分主要为十八碳烯酸,其中有 1 个双键的称为油酸,有 2 个双键的称为亚油酸,有 3 个双键的称为亚麻酸。不饱和脂肪酸中最普遍的是油酸。

3) 在高等植物和低温生活的动物中,不饱和脂肪酸的含量高于饱和脂肪酸。

4) 不饱和脂肪酸的熔点比同等链长的饱和脂肪酸的熔点低。

5) 高等动植物的单不饱和脂肪酸(含有一个不饱和键的脂肪酸)的双键位置一般在 C_9 和 C_{10} 碳原子之间,多不饱和脂肪酸(含有一个以上不饱和键的脂肪酸)中的第一个双键也始与于 C_9。

6) 高等动、植物的脂肪酸几乎均是顺式结构,只要极少数有顺反异构体。从 1978 年 Dyerberg 指出二十碳五烯酸有益于人的身体健康以来,研究与开发 ω-3 多不饱和脂肪酸(PUFA),发现在海洋动物和海洋浮游植物中含量较丰富。天然多不饱和脂肪酸的主要分布和含量见表 8-1。

表 8-1　几种植物油和鱼油多不饱和脂肪酸含量(单位:%)

来　源		ω-6 脂肪酸		ω-3 脂肪酸				
		$C_{18:2}$	$C_{20:4}$	$C_{18:3}$	$C_{18:4}$	$C_{20:5}$	$C_{22:5}$	$C_{22:6}$
植物油	棕榈油	8.4		0.3				
	菜油	23.0		10.0				
	花生油	29.0		1.6				
	豆油	52.0		7.4				
鱼油	鳕鱼油	0.5	3.9	0.1	0.2	17.2	1.5	33.4
	大比目鱼油	1.6	8.5	3.5	1.9	10.3	4.9	15.0
	鲱鱼油	1.4	0.6	1.2	1.8	7.0	1.1	6.5
	大马哈鱼油	1.4	0.5	0.8	1.7	8.2	2.7	11.0
	步鱼油	2.0	1.3	2.1	4.8	17.2	2.2	9.0

注:$C_{20:5}$,二十碳五烯酸(EPA);$C_{22:6}$ 二十二碳六烯酸(DHA)。

饱和脂肪酸的组分主要是十六烷酸或称软脂酸、十八烷酸或称硬脂酸等,都是直链的羧酸,通式 R—COOH,可用一条锯齿形的碳氢链来表示其构型。脂肪酸分子中,非极性的碳氢链是"疏水"的,极性基团羧基是"亲水"的。由于疏水的碳氢链占有分子体积的绝大部分,因此,决定了分子的脂溶性。在水中不溶解的脂肪酸,由于分子中极性基团羧基的存在,仍能被水所润湿。

脂肪酸均能溶于乙醚、氯仿、苯及热的乙醇中,分子比较小(十六碳以下)的,也溶于冷乙醇中,其丙酸、丁酸等能溶于水。熔点和凝固点无差别。

常用分析脂肪皂化价的高低的方法来了解脂肪分子的大小。依据碘价的高低,可以看出脂肪酸的不饱和程度。从乙酰价的高低,可以看出脂肪酸中所含羟基的量。

二、复 合 脂

磷脂有甘油磷脂和神经鞘磷脂,甘油磷脂主要是卵磷脂和脑磷脂,结构式如下

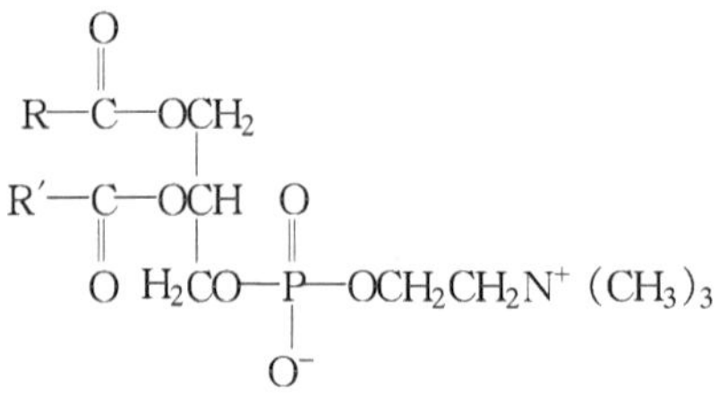

卵磷脂(磷脂酰胆碱) 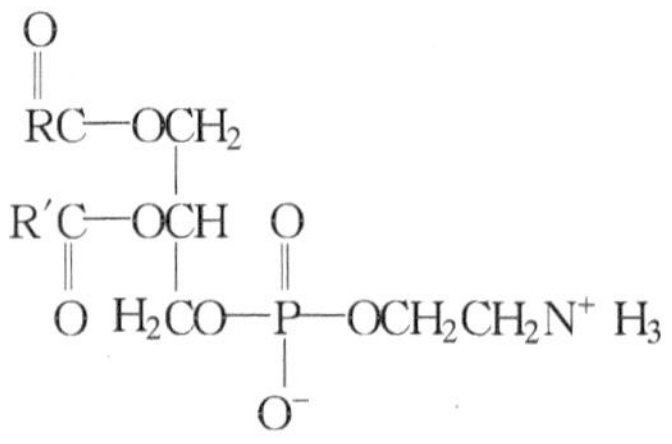　　　　　　　脑磷脂(磷脂酰乙醇胺)

磷脂分子中,以酯键形式和胆碱相结合,R、R′代表脂肪酸,一个是饱和的,一个是不饱和的。常见的有硬脂酸、软脂酸、油酸、亚油酸、亚麻酸及花生四烯酸等。

自然状态的磷脂分子中,都有 2 条比较柔软的长碳氢链的脂肪酸,其烃基是疏水基团,溶于有机溶剂。亲水基团主要是磷酸、胆碱或乙醇胺等,可乳化于水,以胶体状态在水中扩散。不溶于丙酮。与氯化镉结合,生成一种不溶于乙醇的复盐,根据复盐溶解度的差别,进一步进行纯化。但脑磷脂、卵磷脂、神经磷脂与胆固醇在有机溶剂中的溶解度差别很大。根据这个性质,可以将以上几种物质有效地分开(表8-2)。

表8-2　磷脂与胆固醇在有机溶剂中的溶解度比较

脂类 ＼ 溶剂	乙醚	乙醇	丙酮
卵磷脂	溶	溶	不溶
脑磷脂	溶	不溶	不溶
神经磷脂	不溶	溶于热乙醇	不溶
胆固醇	溶	溶于热乙醇	溶

三、萜 式 脂

在生物体中,存在着由若干个异戊二烯碳架构成的脂类化合物,由"五碳"整数倍组成的碳架,有规则地出现在甲基侧链。如从鲨鱼肝中分离出来的鲨烯,是6个异戊二烯构成的不饱和脂肪烯烃,分子中的双键全是反式的,结构式如下

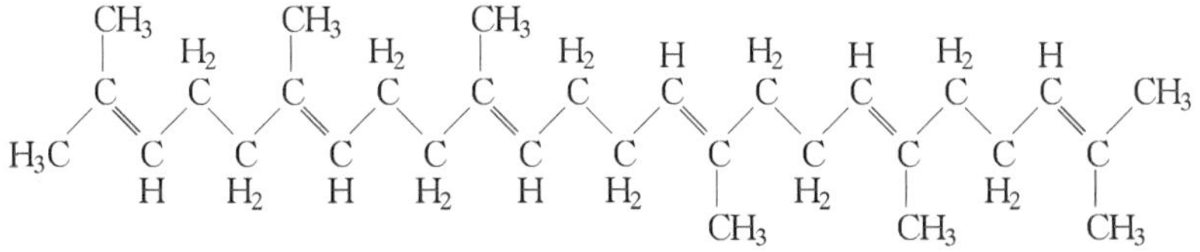

鲨烯

固醇是脂质类中不被皂化、在有机溶剂中容易结晶出来的化合物。上述固醇结构都有一个环戊烷多氢菲环,A、B环之间和C、D环之间都有一个甲基称角甲基。带有角甲基的环戊烷多氢菲称"甾",因此固醇也称甾醇。典型结构以胆烷(甾)醇为代表。

胆烷醇在5、6位脱氢后变成胆固醇,胆固醇在7、8位上脱氢变成7-脱氢胆固醇,7-脱氢胆固醇存在于皮肤和毛皮中,经阳光或紫外线照射后,转变为维生素 D_3,结构式如下

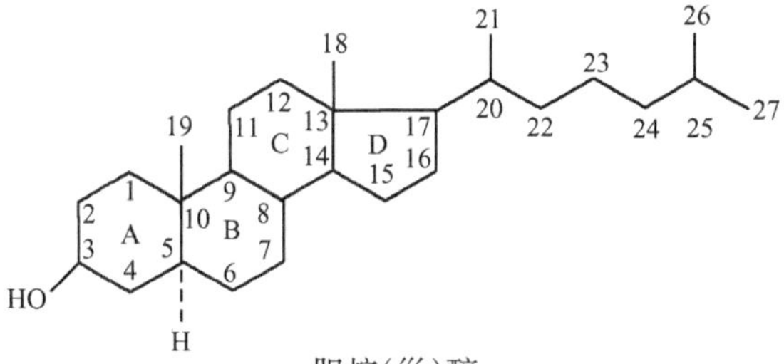

胆烷(甾)醇

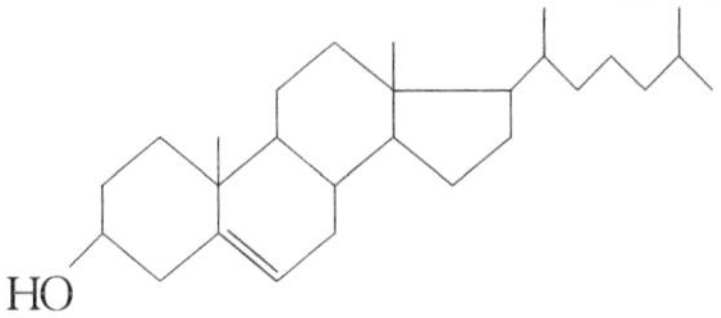

胆固醇

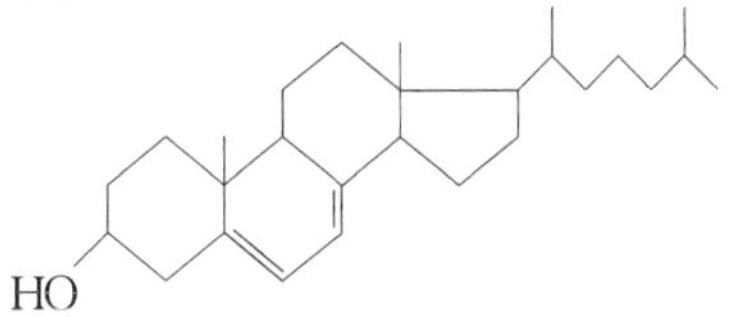

7-脱氢胆固醇

在酵母和麦角菌中,含有麦角固醇,它的B环上有2个双键,17位上的侧链是9个碳的烯基,经紫外线照射能转化为维生素 D_2,结构式如下

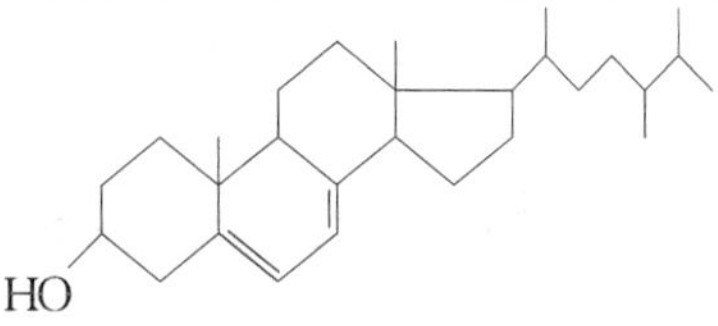

麦角固醇

在大豆油和其他种豆油中的豆固醇(stigmosterol)、高等植物中分布很广的谷固醇(sitosterol),它们的 B 环上有 1 个双键,17 位上有 1 个 11 碳的侧链,结构式如下

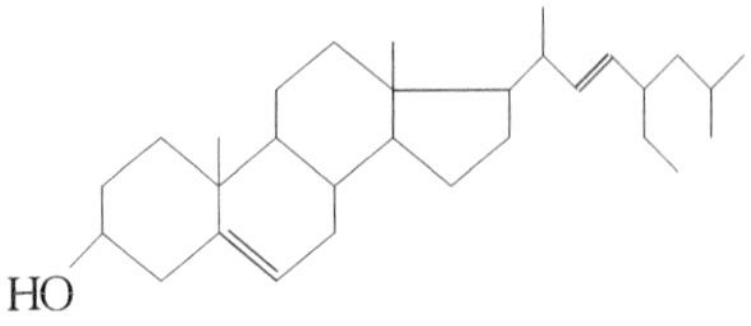

豆固醇 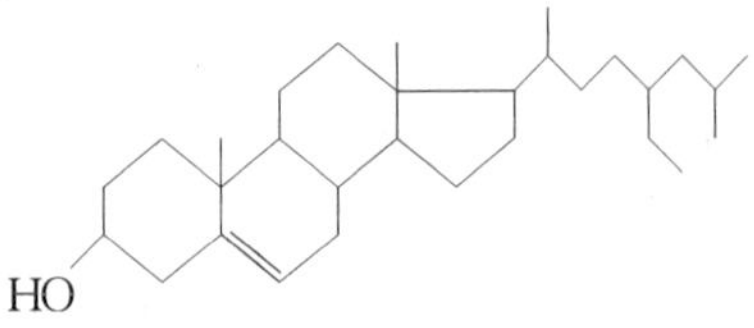　　　　　　　　　　　谷固醇

麦角固醇、豆固醇和谷固醇在人体肠道中都不被吸收,而且据认为饭前服用 β-谷固醇还能抑制肠黏膜对胆固醇的吸收,因此,谷固醇在临床上可作为降血脂药物应用。

类固醇与固醇比较,甾体上的氧化程度较高,含有 2 个以上的含氧基团,这些含氧基团以羟基、酮基、羧基和醚基的形式存在。主要化合物有胆酸、鹅去氧胆酸、熊去氧胆酸、睾丸酮、雌二醇、黄体酮(孕酮)等。胆酸的 3、7、12 位上的羟基都是 α 型,AB 环是顺式的,侧链上的羧基或磺酸基都是亲水基团。如果在 12 位上失去 1 个羟基,可得到鹅去氧胆酸,7 位上失去 1 个羟基可得去氧胆酸。以下是几种胆酸的化学结构。

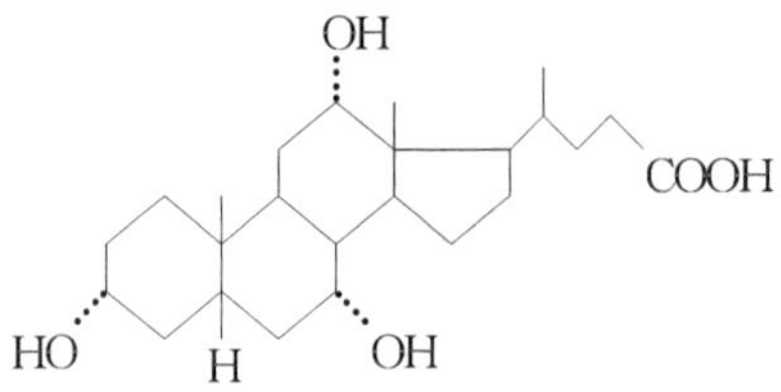

胆酸 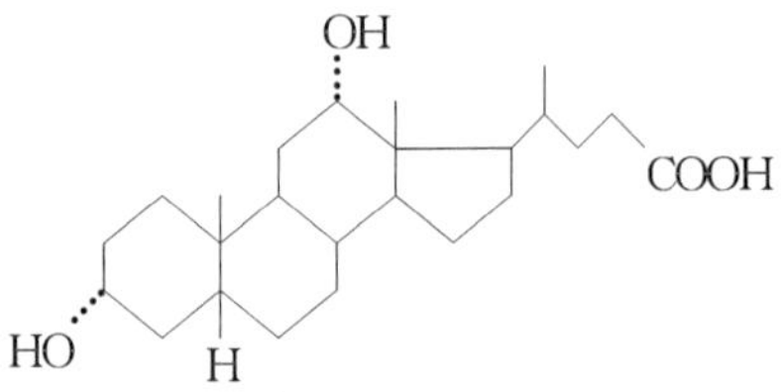　　　　　　　　　　　　去氧胆酸

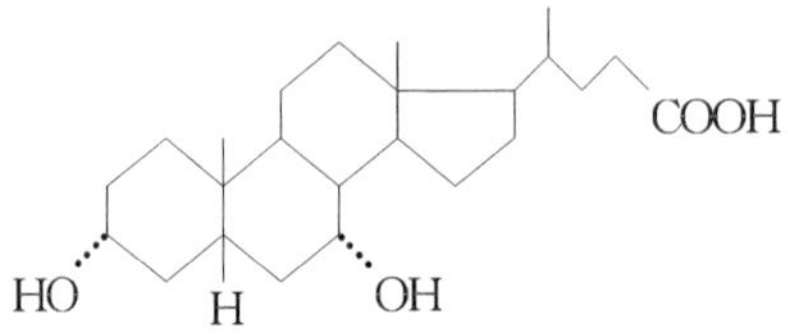

鹅去氧胆酸 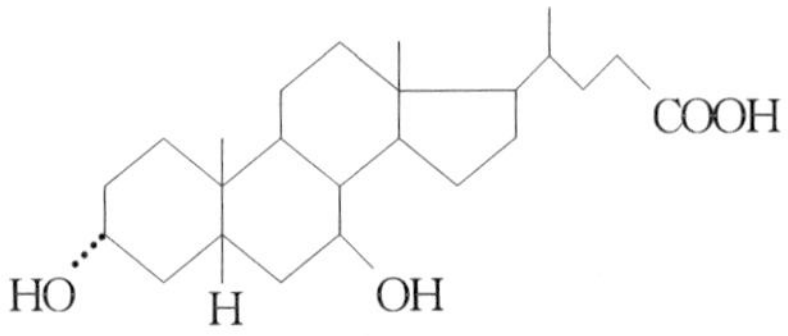　　　　　　　　　熊去氧胆酸

第四节　脂类的作用与用途

天然脂类是广泛存在于生物体内的一类物质,具有多方面的生理生化功能。脂类生化产品主要有不饱和脂肪酸类、磷脂类、胆酸类等。

一、磷脂类生化产品

卵磷脂具有抗动脉硬化、降低血胆固醇和总脂、护肝等作用,临床应用于动脉

粥样硬化、脂肪肝、神经衰弱及营养不良的治疗。不同来源的制剂,有不同的疗效,豆磷脂更适用于抗动脉硬化,还是制备静注脂肪乳的乳化剂。由于卵磷脂能维持胆汁中胆固醇的溶解度,可期待用于胆固醇结石的防治。脑磷脂能防止肝硬化、肝脂肪性病变及神经衰弱,此外脑磷脂还有止血作用。

二、胆酸类生化产品

胆酸钠是天然的利胆药物,口服给药后,可增加胆汁的分泌量及成分。乳化脂肪有利于胰脂酶对脂肪的水解,促进脂肪消化产物和脂溶性维生素的吸收,用于胆道瘘管长期引流患者,能补充胆汁的不足,此外,尚具有镇静、镇痉、降压、利尿、强心、抗炎、抑菌等功效,又可用于感冒发烧、肺炎、支气管炎、扁桃体炎、胆囊炎、胆道炎、肝炎、外伤感染及其他高热炎症。去氢胆酸能够促进分泌稀胆汁,增加胆汁中的水分而不影响其固形成分,有助于脂肪和脂溶性维生素的消化吸收,作用迅速,静注30min达到最大,但维持时间短,毒性比甘氨胆酸、牛黄胆酸小,且无溶血作用,临床用于胆道炎、胆囊炎、胆道小结石、药物中毒及其他非完全阻塞性胆汁淤滞,冲洗胆囊胆管内细菌、炎症性产物和胆砂,消除胆汁淤滞,防止上行性胆道感染以及排除结石,同时应给予阿托品等解痉药,或将硫酸镁灌入十二指肠松弛胆道口括约肌;异去氧胆酸是一种次级胆酸,具有降低血液胆固醇、镇痉和祛痰作用,临床用于高血脂症、气管炎以及肝胆疾病引起的消化不良,对百日咳菌、白喉杆菌、金黄色葡萄球菌等有抑菌作用,可作为消炎药;鹅去氧胆酸是胆固醇类结石的溶解药,主要用于无症状或症状较轻的、X射线显示胆囊功能良好的胆固醇类结石的患者或有手术禁忌症的患者,对严重的钙胆石疗效较差;熊去氧胆酸是存在于人胆汁中的天然次级胆酸,具有溶解胆石、抑制血中胆固醇沉着、平肝、利胆、解毒作用,其溶胆石作用和疗效与鹅去氧胆酸相似,但疗程短、剂量小,没有腹泻的不良反应,适用于高血脂症、急慢性肝炎、肝硬化、胆结石、胆囊炎、胆道炎、黄疸、肝中毒等;牛磺鹅去氧胆酸、牛磺去氢胆酸及牛磺去氧胆酸有抗病毒作用,可用于防治艾滋病、流感及副流感病毒感染引起的传染性疾患。

三、色素类生化产品

色素类生化产品有胆红素、胆绿素、血红素、原卟啉、血卟啉及其衍生物。血红素是食品添加剂的着色剂;胆红素是人工牛黄的重要成分,它是由四个吡咯环构成的线性化合物,为抗氧剂,有清除氧自由基的功能,用于消炎,也是天然牛黄的重要成分之一,含量达72%～76.5%,为人工牛黄的原料,具有解热、降压、促进红细胞新生等作用,临床用于肝硬化及肝炎的治疗。人工牛黄是我国仿制天然牛黄的独创药物,作用与天然牛黄相似,具有镇静、解热、抗惊厥、祛痰、抗菌等作用,内服治疗热病、谵狂、神昏不语、小儿风热惊厥,外用治疗咽喉肿、口疮、痈疽和疔毒等;胆绿素药理效应尚不清楚,但胆南星、胆黄素及胆荚片等消炎类中成药均含该成分;原卟啉可促进细胞呼吸,改善肝脏代谢功能,临床上用于治疗肝炎;血卟啉及其衍生物为光敏化剂,可在癌细胞中潴留,是激光治疗癌症的辅助剂,临床上用于治疗多种癌症。

四、不饱和脂肪酸类生化产品

不饱和脂肪酸类生化产品包括前列腺素、亚油酸、亚麻酸、花生四烯酸、二十碳五烯酸及二十二碳六烯酸等。前列腺素是多种同类化合物的总称,具有广泛的生理作用和药理作用,其中前列腺素 E_1 和 E_2(PGE_1 和 PGE_2)等应用较为广泛,仅 $10^{-9}\sim10^{-8}$mol/L,即可表现出生理活性。各种前列腺素的结构不同,功能也不相同。前列腺素在临床上用于催产、中期引产、抗早孕和催经等,有人甚至认为前列腺素可能成为第三代避孕药,也有用于治疗哮喘、胃肠溃疡病、鼻塞、男性不育的可能性,尤其在治疗心血管疾病、高血压、控制肾内水和钠离子的排泄以及与肿瘤的关系等方面,更广泛地引起人们的注意。前列腺素具有舒张血管和松弛平滑肌的作用,用于中期或足月妊娠引产、中期流产,给药途径以阴道或子宫局部给药为宜,可减少不良反应;亚油酸、亚麻酸、花生四烯酸、二十碳五烯酸及二十碳六烯酸均有降血脂作用,可用于治疗高血脂症,预防动脉粥样硬化。

五、泛醌类生化产品

泛醌是一类生物体中广泛存在的脂溶性醌类化合物。来源不同,其侧链异戊烯单位的数目不同,人类和哺乳动物是 10 个异戊烯单位,称泛癸利酮。泛醌是组成线粒体呼吸链的成分之一,为传递电子、质子的氢递体,能激活细胞呼吸,加速产生 ATP,是心肌代谢的激活剂。用于轻度和中度充血性心力衰竭所致的浮肿、肺郁血、肝大和心绞痛等,能够增加心排血量,促使心肌氧化磷酸化恢复正常,改善心电图及郁血等自觉症状。与强心苷、利尿药合用,改善心力衰竭的效果更佳。临床用于治疗病毒性亚急性肝坏死、慢性肝炎、持续抗原血症及暴发性肝炎。还适用于降血压、延长癌病人的寿命、治疗胃及十二指肠溃疡和牙周炎等。

六、胆固醇类生化产品

胆固醇类药物包括胆固醇、麦角固醇及 β-谷固醇。胆固醇为人工牛黄原料,是机体细胞膜不可缺少的成分,也是机体多种甾体激素及胆酸原料;麦角固醇是机体维生素 D_2 的原料;β-谷固醇可降低血浆胆固醇。

七、人工牛黄

人工牛黄是根据天然牛黄(牛胆结石)的组成而人工配制的脂类药物,其主要成分为胆红素、胆酸、猪胆酸、胆固醇及无机盐等,是百多种中成药的重要原料药。具有清热、解毒、祛痰及抗惊厥作用,临床上用于治疗热病谵狂、神昏不语、小儿惊风及咽喉肿胀等,外用治疗疔疮及口疮等。

第五节　脂类的提取分离方法

在提取分离脂类化合物的过程中,要依据脂类化合物的种类、理化性质、在细胞中存在的状态来选择提取的溶剂和操作条件。脂质化合物的自然形态是以结合的形式存在的。中性和非极性脂质,是通过它们分子中的烃链以相当弱的分子间引力与其他脂质分子或蛋白质分子的疏水区相结合;极性脂质如磷脂、胆固醇等是通过氢键或静电力与蛋白质分子相结合;脂肪酸类则以酯、酰胺、糖苷等方式与多糖分子共价相结合。选择提取溶剂时,疏水结合的脂,一般用非极性溶剂提取,如乙醚、氯仿、苯等。与生物膜相结合的脂质,要用相对极性较强的溶剂提取,以断开蛋白质分子与脂类化合物分子之间的氢键或静电力。共价结合的脂质不能用溶剂直接提取,要先用酸或碱水解,使脂质分子从复合物中分裂出来再提取。

天然脂类是一类非常复杂的混合物,要获得较纯的脂质,在目前情况下,主要从天然资源中提取、分离制备,供医药及其他方面的应用。比化学合成方法容易,成本低。

一、脂类化合物的提取分离

1. 机械压榨法

在制取油脂类化合物中,通常用压榨法,即通过各种压榨机在 $10^5 \sim 10^6$ Pa 的压力下,将流动性较大的油从材料破碎的细胞中挤压出来,常用这种方法从油料作物的种子中制取油(花生油、豆油等)。

2. 水代法

在民间仍然沿用一种简单、便利的收油法,即用水代油,获取所要的油。其原理是油料细胞中的蛋白质亲水性强,而油的疏水性强,在热的条件下加大量水,剧烈搅拌,水进入细胞和蛋白质结合而将油顶替出来。这种方法要求设备简单,劳动成本低廉,生产安全而出油率高。市场上出售的驰名中外的小磨香油就是用水代法提取的。

3. 皂化法

甘油二酯(甘油酯)与酸或碱共煮或经脂酶(lipase)作用时,都可发生水解。酸水解可逆,碱水解不可逆。当用碱(氢氧化钾或氢氧化钠)水解甘油三酯时,甘油三酯水解成能溶于水的脂肪酸钠或钾(即肥皂)和甘油,此过程称为皂化。皂化液再经酸化处理,即分离析出高级脂肪酸。不被皂化部分如固醇等通过皂化反应后与甘油酯分开,可进一步用有机溶剂提取纯化。目前从动物油脂中制取油酸和脂肪酸,即用皂化法。

4. 溶解度法

溶解度法是依据脂类生化产品在不同溶剂中溶解度差异进行分离的方法,如游离胆红素在酸性条件溶于氯仿及二氯甲烷,故胆汁经碱水解及酸化后用氯仿抽提,其他物质难溶于氯仿,而胆红素溶出,因此得以分离;又如卵磷脂溶于乙醇,不溶于丙酮,脑磷脂溶于乙醚而不溶于丙酮和乙醇,故脑干丙酮抽提液用于制备胆固醇,不溶物用乙醇抽提得卵磷脂,用乙醚抽提得脑磷脂,从而使3种成分得以分离。

5. 有机溶剂萃取法

自然界中,脂类的形态是以结合形式存在的。中性和非极性脂类,是通过它们分子中的烃链以相当弱的分子间引力与其他脂类分子或蛋白质分子的疏水区相结合;极性脂类如磷脂、胆固醇等,是通过氢键或静电力与蛋白质分子相结合;脂肪酸类则以酯、酰胺、糖苷等方式与多糖分子共价相结合。选择提取溶剂时,疏水结合的脂类,一般用非极性溶剂提取,如乙醚、氯仿、苯等。与生物膜相结合的脂类,要用相对极性较强的溶剂提取,以断开蛋白质分子与脂类分子间的氢键或静电力。共价结合的脂类不能用溶剂直接提取,要先用酸或碱水解,使脂类分子从复合物中分裂出来再提取。

在生物脂类化合物的提取分离中,常用有机溶剂萃取方法,它主要根据不同油脂化合物在不同溶剂和不同条件下溶解性质的差别而进行分离。在实际操作中,常常采用几种有机溶剂组合的方式进行,以醇为组合溶剂的必需组分。醇能裂开脂质-蛋白质复合物,溶解脂类化合物和使生物组织中脂质降解酶失活。醇溶剂的缺点是糖、氨基酸、盐类等也被提取出来。要除去水溶性杂质,最常用的方法是水洗提取物,但可能形成难处理的乳浊液。采用氯仿:甲醇:水=1:2:0.8(体积比)组合溶剂提取脂类化合物,提取物再用氯仿和水稀释,形成二相体系,氯仿和甲醇:水=1:0.9,水溶性杂质分配进入甲醇-水相,脂类化合物进入氯仿,基本上可防止以上现象产生。提取时一般在室温下进行,防止其过氧化和水解反应。如必要时,可在低于室温条件下操作。对于不稳定的脂类化合物,应尽量避免加热。用含醇的混合溶剂,能使许多脂酶和磷脂酶失活。对稳定的酶,可将提取材料在热乙醇或沸水中浸 1～2 min,使酶失活。

提取脂类化合物中采用的有机溶剂,要保证新蒸馏过,不含过氧化物。在提取高度不饱和脂质类化合物时,溶剂中要通入氮气驱除空气,操作中应置于氮气下进行。不可使脂类化合物的提取物完全干燥或在干燥状态下长时间放置,应尽快溶于适当的溶剂中。此外,脂类化合物容易被氧化和被水解,因此提取物不宜长期保存。如果要保存,可溶于新蒸馏的氯仿:甲醇=2:1(体积比)的溶剂中,充满溶剂,于-15～0℃保存,时间较长者(1～2a),必须加抗氧化剂,于-40℃保存。

二、纯 化 法

1. 丙酮沉淀法

利用不同的脂类在丙酮中的溶解度不同而实现分离的目的。操作简单,效果好。用于磷脂分离,大部分磷脂不溶于冷丙酮,中性脂类则溶于冷丙酮,这样可从脂类的混合物中,把磷脂与中性脂类分离开,制备纯品。

2. 层析分离法

吸附层析是在制备规模上分离脂质混合物常用的有效方法。它是通过极性和离子力,还有分子间引力,把各种化合物结合到固体吸附剂上。脂质混合物的分离是依据单个脂质组分的相对极性而进行的,是由分子中极性基团的数量和类型所决定的,也受分子中的非极性基团的数量和类型的影响。一般通过极性逐渐增大的溶剂进行洗提,可从脂类混合物中分离出极性逐渐增大的各类物质,部分脂类的顺序为:蜡、固醇酯、脂肪、长链醇、脂肪酸、固醇、二甘油酯、一甘油酯、卵磷脂。极性磷脂用一根柱是不能使其完全分离的,需要进一步使用薄层层析或另一柱层析分级分离,才能得到纯的单个脂类组分。

常用吸附剂有硅酸、氧化铝、氧化镁和硅酸镁等。

如从家禽胆汁中提取的鹅去氧胆酸粗品经硅胶柱层析及乙醇-氯仿溶液梯度洗脱即可与其他杂质分离。前列腺素 E_2 粗品经硅胶柱层析及硝酸银硅胶柱层析分离得精品。泛癸利酮粗制品经硅胶柱层析时,以石油醚和乙醚梯度洗脱,即可将其中杂质分开。胆红素粗品也可通过硅胶柱层析及氯仿-乙醇梯度洗脱分离。

离子交换层析是常用的纯化方法。脂类分非离解的、两性离子的和酸式离解的三种情况,对每一种情况,可根据它们的极性和酸性的不同进行分离纯化,如DEAE-纤维素可对各种脂类进行一般分离,TEAE-纤维素则对分离脂肪酸和胆汁酸等特别有用。

3. 尿素包含法

尿素通常呈四方晶形,当与某些脂肪簇化合时,会形成包含一些脂肪族物质的六方晶型,许多直链脂肪酸及其甲酯均易与尿素形成包含化合物(或称络合物)而达到纯化的目的。

饱和脂肪酸比不饱和脂肪酸易与尿素化合,形成稳定络合物。在实际操作时,将尿素和混合脂肪酸或其甲酯混在一起,先溶于热的甲醇(或甲醇乙醇混合液)中,冷却至室温或0℃以结晶,再将络合物和母液分别与水混合,再按常规用乙醚或石油醚萃取,即可得成品。

适用于直链脂肪酸及其酯、支链或环状化合物的分离,也应用不饱程度不同的酸或酯的分离,是分离纯化油酸、亚油酸和亚麻酸甲酯的一种重要方法。

4. 结晶法

饱和脂肪酸在室温下通常呈固态,可在适宜的溶剂中,置于室温或低于室温结晶,过滤,收取结晶制得。

不饱和脂肪酸熔点较低而溶解度较高,需在低温($0 \sim 90$℃)下结晶,相应低温下过滤,分离。

结晶法是一种缓和的分离程序,适宜于易氧化的多烯酸、饱和脂肪酸与单烯酸的分离,若想将多烯酸彼此分离,不易成功。常用溶剂有甲醇、乙醚、石油醚和丙酮等,每克常用 $5 \sim 10mL$ 溶剂稀释。

5. 蒸馏法

利用不同脂类的沸点差进行的分离方法。用于 $C_{12} \sim C_{20}$ 脂肪酸酯,不适用于分离硬脂酸甲酯、油酸甲酯、亚油酸甲酯和亚麻酯混合物。最广泛使用的蒸馏程序是减压($13.33 \sim 133.3Pa$)下分馏。

自进入20世纪90年代,随着现代科学技术的进步,制造方法不断创新和改进,已采用酶转化法、发酵法、完全细胞培养法(如用酵母菌纲梭状菌 $C. absonum$ 转化 CDCA 为 UDCA)及发酵法和合成法相结合,减少副产物、提高收率、简化工艺等,都是很有实用价值和发展前途的制造方法。

第六节　豆磷脂的制备

从大豆油中制备的磷脂,称为豆磷脂。它是多种磷脂的混合物,主要是卵磷脂、脑磷脂、磷酸肌醇等。此外,还含相当数量的甘油三酯、游离脂肪酸及糖类等。呈浅黄或浅棕色,无味或有淡淡气味,极易吸潮,变黏稠至蜡状。不耐温,80℃变棕色,120℃分解。溶于乙醚、苯、三氯甲烷等有机溶剂,也溶于脂肪酸和矿物油,不溶于丙酮,部分溶于乙醇。

乳化剂的作用就是能使互不相溶的流体形成稳定的乳浊液,属表面活性剂的一种。大豆磷脂是惟一的天然乳化剂,除有乳化作用外,还具有生化功能,可增加磷酸胆碱、胆胺、肌醇和有机磷,以补充人体营养的需要,因而广泛用于糖果、饼干、巧克力和人造奶油等食品中。在制备静脉注射乳剂方面也发挥了重要作用,具有使水不溶性药物直接进入血液循环,作用迅速,可破网状内皮系统的吞噬细胞吞噬等特点,能明显增强人体的细胞免疫功能,所以引起人们的极大关注。

磷脂普遍存在于动植物体内,尤其在大豆、菜籽等油料作物种子中含量较高。大豆含磷脂 1.5%~3%,其颜色、气味及乳化性能较好。其他油料种子如菜籽、棉籽、向日葵、玉米、红花籽等油料种子中,也能提取磷脂,但乳化性、颜色、气味、滋味等都比较差,实际上很少或没有被利用,有待进一步研究和资源开发。

我国大豆资源十分丰富,在炼油的同时,注意回收和制造豆磷脂,不仅可提供制药工业的原料,还会提高大豆综合利用的经济效益。

一、试剂及器材

1. 原料

大豆炼油的下脚料。

2. 试剂

(1) 丙酮　这里作为溶剂,选用工业级丙酮。

(2) 乙醇　这里作为溶剂,选用工业乙醇。

(3) 活性炭　这里用于脱色,选用针剂型。

(4) 氧化铝(Al_2O_3)　这里作为氧化剂,选用工业品。

3. 器材

搪瓷缸(或陶瓷缸),真空抽滤装置,回流装置,烘干设备,反应锅,离心机,搅拌器,恒温水浴,滤布,温度计(1~100℃),722 型分光光度计,分析天平,抽滤瓶。

二、从豆油中提取豆磷脂的制备工艺

在制油过程中,磷脂随油脂一起溶出,加入热水或稀盐水,使磷脂吸水膨胀,从油脂中凝聚分离,脱水干燥后可得浓缩磷脂。浓缩磷脂中还有部分中性油、脂肪酸等杂质,可用丙酮将杂质除去,再以双氧水漂白脱色,可得到精制浓缩磷脂。大豆磷脂生产工艺如下。

1. 工艺路线

2. 操作步骤

(1) 水合 将大豆油倾入不锈钢反应罐中,加入油量 2%～3% 的水和 0.03%～0.15%浓磷酸,在 50～70℃ 充分混合,或直接向大豆油中通入相应量的水蒸气(170℃ 左右),搅拌反应 1h 左右。水合豆磷脂不溶于油,以泥浆状沉淀析出。

(2) 分离 将水合完毕的豆油,用泵送入离心分离器中进行分离,收集泥浆状物,即得粗制豆磷脂。含水 40%～50%,豆油 12%～18%。

(3) 干燥 取粗豆磷脂进行脱水干燥(间歇干燥,在65～70℃进行真空浓缩干燥;连续干燥,用膜蒸发器在 115℃ 左右,快速真空干燥。干燥时,均应严格控制温度和时间,能得到浅色产品)至含水量小于 1%,最终可降至 0.5%。干燥后必须立即将豆磷脂冷却到 50℃ 以下,防止颜色变深,立即包装,防止吸湿。

三、精品(卵磷脂)制备工艺

卵磷脂是磷脂酸的衍生物。磷脂酸中的磷酸基与羟基化合物——胆碱中的羟基连接成酯,又称磷脂酰胆碱。所含脂肪酸常见的有硬脂酸、软脂酸、油酸、亚油酸、亚麻酸和花生四烯酸等。从化学结构可看出卵磷脂属甘油磷脂,结构式如下

$$
\begin{array}{l}
R_1-\overset{\displaystyle O}{\overset{\|}{C}}-O-CH_2 \\
R_2-\overset{\displaystyle O}{\overset{\|}{C}}-O-CH \\
\overset{\displaystyle |}{O} \\
H_2C-O-\overset{\displaystyle |}{\underset{\displaystyle O}{\overset{\|}{P}}}-OCH_2CH_2N^+(CH_3)_3
\end{array}
$$

R_1、R_2 为饱和不饱和脂肪酸 $HOCH_2CH_2N^+(CH_3)_3OH^-$ 为胆碱

卵磷脂在临床上用于治疗婴儿湿疹、神经衰弱、肝炎、肝硬化及动脉粥样硬化等,也可作为化学试剂。

1. 工艺路线

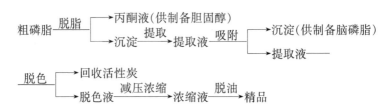

2. 操作步骤

(1) 脱脂　取粗磷脂弄碎后放入搪瓷缸中,搅拌下加入 15 倍左右的工业丙酮,搅匀后,静置 20min,吸去上层丙酮液(供回收丙酮),沉淀再加 10 倍工业丙酮,充分搅拌,静置 20min,吸去上层丙酮液,再按同法重复脱脂 5 次,至洗液用滤纸检查无油迹时为止。再将沉淀物(除去豆油、游离脂肪酸等杂质)真空抽滤至干,得颗粒状磷。

(2) 提取　将吊干的磷脂移入回流锅中,加入 95% 的乙醇(加乙醇量为粗磷脂量的 1.5 倍),加热至 50℃ 左右回流提取 1h,冷却后,吸出上层提取液,沉淀再按同法提取 3 次,合并 3 次提取液于另一搪瓷桶中。

(3) 吸附　将以上提取液放置 -5℃ 冷库中过夜。次日取出,加热至室温,搅拌下加入氧化铝(按 1kg 粗磷脂加 0.8g 氧化铝投料),加热回流 1~1.5h,冷却后滤除氧化铝(吸附有降压物质),收集滤液于反应锅中。

(4) 脱色　在以上滤液中加入针剂用活性炭(按 1kg 粗磷脂加 60g 投料),加热至 100℃ 左右,回流搅拌 40min 以上,放冷至 45~50℃ 后过滤回收活性炭,收集脱色液于另一反应锅中。

(5) 减压浓缩　将滤液减压浓缩至原体积的 1/3,再加入活性炭(按每千克粗磷脂加 20g 投料),加热回流搅拌 40min,放冷至 45~50℃ 后滤除活性炭,滤液真空减压蒸馏至干。

(6) 脱油　将蒸干的磷脂加 1~2 倍化学纯丙酮搓洗 5~6 次,滤除丙酮,干燥后即得豆磷脂,装入棕色瓶中,于冰箱中保存。

四、食品用天然乳化剂大豆磷脂的生产工艺

1. 工艺路线

大豆油 →(水合)→ 水合大豆油 →(分离)→ ┌ 上清液(弃去)
　　　　　　　　　　　　　　　　　　　└ 粗制豆磷脂 —
→(浓缩)→ 浓缩液 →(脱色)→ 脱色液 →(真空浓缩)→ 产品

2. 操作步骤

(1) 水合　将大豆油倾入不锈钢反应罐中,加入油量 2%~3% 的水和 0.03%~0.15% 浓磷酸,在 50~70℃ 充分混合,或直接向大豆油中通入相应量的水蒸气(170℃ 左右),搅拌反应 1h 左右。水合豆磷脂不溶于油,以泥浆状沉淀析出。

(2) 分离　将水合完毕的豆油,用泵送入离心分离器中进行分离,将油层分

出,剩下的磷脂(即得粗制豆磷脂,含水40%~50%,豆油12%~18%)沉淀加热到80~90℃,当温度达80℃时,加5%~10%的食盐水,盐水量为沉淀物的40%~50%,保温静置24h,分出上层油脂。

(3)浓缩 将去除了油脂的磷脂在不断搅拌下用蒸汽加热,在80kPa的真空下浓缩,将滤液减压浓缩至原体积的1/3。

(4)脱色 上述浓缩磷脂颜色较深,需脱色处理,加入磷脂量的2%~3%的过氧化氢(30%水溶液),搅拌0.5h,再真空浓缩,即得精制磷脂,可满足食品工业的需求。

五、胆固醇的提取工艺

胆固醇,又称为胆固-5-烯3-β醇,是胆烷醇5、6位脱氢后生成的化合物。它的分子式为$C_{27}H_{45}O$,相对分子质量380.6,熔点147~150℃。

胆固醇是高等动物体中的主要甾醇,是细胞膜脂质的成分之一,主要在肝脏中合成。动物组织中胆固醇含量以脑组织为最多,在肝、骨、胰脏、脾和胆汁中较多,心脏次之。猪脑和蛋黄中胆固醇含量高达2%,因此可作为综合利用提取胆固醇的原料。

7-脱氢胆固醇主要存在于皮肤和毛发中,经阳光或紫外线照射后,能转变为维生素D_3。胆固醇可以通过化学方法脱氢,生成7-脱氢胆固醇,用于生产维生素D_3。此外胆固醇还是配制人工牛黄和合成激素的主要原料。

胆固醇具有液晶性质,溶液具有流动性,其分子能在一定条件下非常有规则地像晶体那样排列起来。胆固醇与不同的脂肪酸制成的胆固醇酯是具有显著温度效应的液晶材料。因此,综合利用大豆磷脂制取胆固醇具有重要价值。

1. 工艺流程

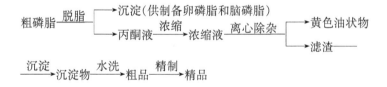

2. 操作步骤

(1)浓缩 将豆磷脂丙酮脱脂液抽入蒸发罐中,尽量蒸发,回收丙酮,也可以将滤液在56~58.5℃浓缩至原体积的1/10,回收的丙酮可用于提取胆固醇。

(2)离心 将以上浓缩液在20~60℃离心分离,除去黄色油状物,滤液用冷乙醇(工业级)洗涤一遍,用80目尼龙布过滤两次,收集滤渣。

（3）沉淀　将滤渣加入95%以上乙醇适量(按脑干量加入1～1.5倍乙醇)，煮沸至全部溶解后放出，冷却至室温，于5℃以下静置24h，用双层纱布过滤收集结晶。于结晶中加入2%～3%碳酸钠和50～60℃热水适量，静置片刻后装入白细布袋中揉洗，得淡黄色片状的胆固醇粗品。

（4）精制　取胆固醇粗品适量，加10倍量95%乙醇和2%～2.5%(按100mL溶液加2～2.5g计)左右的活性炭，加热回流30min，用双层滤纸保温过滤。滤液冷至室温后，于5℃以下静置24h，使结晶完全。趁冷真空抽滤或甩干，以适量95%冷乙醇洗涤，70～80℃干燥，即得精品，装于棕色瓶中保存。成品率为4%。

六、脑磷脂的提取

脑磷脂是自牲畜脑及脊髓中提取的磷脂酸和乙醇胺(胆胺)的复合甘油磷脂，又称磷脂酰乙醇胺或乙醇胺磷脂。最早于1884年命名，是指脑脂质中不溶于乙醇而可溶于乙醚的组分，主要成分是磷脂酰乙醇胺，也含有磷脂酰丝氨酸及磷脂酰肌醇。脑磷脂结构式如下

R_1、R_2 为饱和或不饱和脂肪酸　　　$—OCH_2CH_2NH_3^+$ 为乙醇胺

把经乙醇提取后的沉淀滤渣移入搪瓷缸，加等量左右的乙醚，搅拌提取12h。浓缩提取液，在0℃左右静置12h。于离心机上分出上层清液，在上层清液中加入1倍左右95%的温乙醇，静置沉淀。重复"乙醚溶解——乙醇沉淀"几次，最后过滤，收集沉淀，干燥即得脑磷脂成品。

在临床上，脑磷脂应用于局部止血、神经衰弱、动脉粥样硬化、肝硬化和脂肪性病变。羊脑磷脂可作为肝功能诊断试剂。

七、工 艺 说 明

1）从大豆油中分离提取豆磷脂的过程是油脂精炼加工中的脱胶工艺。油中含的胶质指磷脂，很难在反复碱处理中除去，加入0.03%～0.15%浓磷酸有助于除去胶质，还有一个优点是磷酸具有螯合能力，可除去油中的金属离子。

2）大豆油与1%～3%水混合并加热至170℃左右，会形成不溶于水的磷脂水合物。间歇法操作完全水合约需0.5～1h；在连续系统中，采用极好的搅拌，水合

时间可缩短到 1min,甚至更短。

3) 粗豆磷脂中可加入一定量的添加剂,调节其流动性和浓度。

4) 含水的磷脂很易变质,特别在夏日易产生臭味,污染环境。因此,粗磷脂在分离后必须立即进行真空脱水,使含水量降低至 1% 以下,才能较长时间保存。

5) 常用溶剂提取处理进行纯化,丙酮是常用的溶剂,油和脂肪酸溶于丙酮而磷脂不溶,分离沉淀,干燥成粒状或粉状,若含 1%～2% 的油可增加其稳定性,最好添加 0.1%～0.2% 维生素 E 作为抗氧剂,加强稳定性。

6) 经丙酮沉淀制备的磷脂,可用乙醇提取进行改性,得到富含卵磷脂的产品,因卵磷脂比脑磷脂和肌醇磷脂更易溶于乙醇。如用 90% 乙醇处理,产品中卵磷脂与脑磷脂的含量比例可大于 5:1。除乙醇外,还可用甲醇、异丙醇、丙二醇等作为溶剂。经乙醇处理后的磷脂,可分成醇溶和不溶两部分,前者卵磷脂含量高,增强了亲水性和抗硬水的性能,是 O/W 型乳化剂,适用于食品工业制造速溶性乳化食品、牛奶可可、乳状汤汁等;后者脑磷脂、肌醇磷脂含量高,是 W/O 型乳化剂。

7) 粗磷脂的颜色较深,一般为浅红棕色,脱色后颜色变浅。脱色方法有漂白和活性炭吸附,常用漂白剂有过氧化氢和过氧化苯甲酰,前者对黄色特别有效;后者对红色更有效,两者配合使用可获得浅色产品。漂白磷脂一般不用于食品。食用或药用磷脂采用严格控制提取、精制工艺条件或用活性炭脱色制备。

8) 氧化铝预先经 110℃ 烘箱烘 2h 以上,除去水分,增加吸附力。规格选择层析用的中性氧化铝。脱色用活性炭的处理,要经烘箱 110℃ 烘 1h 后,再用。

9) 我国市售磷脂产品,从性状分有液态、膏状、塑态和粉状等几种。

第七节　EPA、DHA 的制备

二十碳五烯酸(all cis 5,8,11,14,17-eicosapentaenoic acid,EPA)和二十二碳六烯酸(all cis 4,7,10,13,16,19-docosahexaenoic acid,DHA)等属于 ω-3 系多不饱和脂肪酸(polyunsataurated fatty acid,PUFA)。EPA 和 DHA 的双键都始自甲基端第三个碳原子,即属 ω-3 系。EPA 的分子式为 $C_{20}H_{30}O_2$,相对分子质量为 302.44;DHA 的分子式为 $C_{22}H_{32}O_2$;相对分子质量为 328.47。EPA 和 DHA 为鱼油多不饱和脂肪酸的主要组成成分。

EPA 和 DHA 多不饱和脂肪酸为黄色透明的油状液体,有鱼腥臭。与无水乙醇、四氯化碳、氯仿、乙醚能任意混溶,在水中几乎不溶。由于分子中有多个双键的存在,这类脂肪酸对光、氧、热等因素不稳定,易发生氧化分解、聚合、转位重排、异构化等反应。为了提高稳定性,增加生物利用度,通常将鱼油多不饱和脂肪酸进行酯化制成乙酯或甲酯,并制成软胶囊或以某种手段进行固化。

多不饱和脂肪酸分子中的双键可与碘发生加成反应,因此多不饱和脂肪酸的相对含量与碘值有关。每百克脂肪或脂肪酸所能吸收碘的克数,即称为碘值,碘值越高,不饱和脂肪酸的含量也越高。不饱和脂肪酸在空气中暴露,易被氧化为过氧化物等有害物质,检查其过氧化值也是控制其质量的重要指标。对于多不饱和脂肪酸酯,可被水解成游离脂肪酸,后者可能被氧化为过氧化物,再分解成醛、酮或低级脂肪酸,这些产物都有酸嗅味,叫酸败。常用"酸价"表示含游离脂肪酸的多少。所谓酸价,即中和 1g 油脂中所含的游离脂肪酸所需的氢氧化钾的毫克数。酸价与产品质量的优劣有关。

EPA 和 DHA 除存在于深海鱼类的脂肪中外,在淡水鱼类的脂肪中,也含有不饱和脂肪酸,但多为 C_{18}。据资料报道,我国淡水鱼,如鲤鱼油 EPA 和 DHA 含量仅占 2%～4%。陆地动植物脂肪中,一般多为 C_{16} 和 C_{18} 脂肪酸,尤其是 C_{18} 脂肪酸最多。

此外 EPA 和 DHA 还存在于藻类中金藻纲、黄藻纲、硅藻纲、红藻纲、褐藻纲、绿藻纲、绿枝藻纲等藻中,它们都能产生高含量的 EPA,有的占总脂肪酸质量的 40% 以上。甲藻纲中的藻含有较高 DHA。这些藻类,对含有 4～5 个或更多双键的不饱和脂肪酸,有奇特的合成能力。1993 年和 1994 年 Molin Grima 等报道用黄绿等金鞭藻(Lsochrysis galbana)在恒化器中进行培养,大规模生产 EPA 和 DHA。比海洋鱼油中提取有明显的优点,资源丰富、易得,产品没有鱼油气味和滋味。通过基因工程选育"工程菌或藻"来提高真菌和藻类生产 EPA、DHA 和 PUFA(多不饱和脂肪酸)有很大潜力,可以开发新的生物资源。

1978 年丹麦学者 Dyerberg 等发现爱斯基摩人心血管病发病率极低的原因是他们食用大量海生动物,从中摄取了较多的 EPA、DHA。经过多年的研究发现 EPA、DHA 有多种生理功能和药理作用,如抑制血小板聚集、调整血脂、改善血液流变学、扩张血管、改善末梢循环、抗炎、改善大脑功能、促进记忆、提高生物膜液态性能等,为人体必需脂肪酸。在临床上鱼油多不饱和脂肪酸乙酯,主要用于治疗高脂血症,也可用于心绞痛、高血压、偏头痛、血栓病的防治,还可作为促智药,此外还具有抗血栓和抗动脉粥样硬化等作用。

我国海洋渔业占世界第 3 位,有较丰富的鱼油资源,已开发的产品有鱼脂酸胶丸(含 EPA9%,DHA13%),是降血脂的海洋药物。还有多烯康胶丸、鱼油降脂丸等,已广泛用于预防与治疗高血脂症、冠心病和脑栓塞等疾病。EPA 和 DHA 不仅在临床上大显身手,近年来又被广泛应用于保健品行业。在保健食品市场上,有一类"脑黄金"制品,如市场上销售的多灵多鱼脑精胶丸、海力生脑元神胶丸、精灵鱼 DHA 胶丸、忘不了 DHA 胶丸、DHA 生命源、海盗 DHA 鱼精、巨人脑黄金胶丸、小聪聪母液等,均含有 DHA 等主要营养成分,备受青少年及老年人的青睐,其产品具有较强的竞争力。已被营养学界证实具有健脑、益智、强心和明目的作用,可称为新型健脑功能食品。

据 1992 年美国农业部资料,世界鱼油产量 158.5 万 t,最大生产国是日本,为 41 万 t;秘鲁为 30 万 t;智利为 16.4 万 t。最大的鱼油进口国是荷兰,为 18 万 t;英国为 16.5 万 t;德国为 12 万 t。许多国家把鱼油进行精细加工,制成各种医药品、健康功能食品,在日本、美国和西欧等国,非常受欢迎,出现了世界"鱼油热"。

随着人们对深海鱼油的广泛重视,EPA和DHA对人体的医疗保健作用也越来越受关注。国内外已研制出多种制备方法和多种鱼油产品,但都因提取时间长、成本高、操作复杂、工艺条件不易控制以及EPA、DHA易发生异构化而受到限制,难于实现工业化生产。本法制备的EPA和DHA不但纯度高、色泽好,而且易于生产实践。

一、试剂及器材

1．原料

选用新鲜或冷冻的鲱鱼下脚料为原料。

2．试剂

(1) 尿素　这里用于包合反应,选用化学纯试剂(CP)。

(2) 甲醇　这里作为溶剂,选用化学纯试剂(CP)。

(3) 氢氧化钠　这里用于酯化,选用化学纯试剂(CP)。

(4) 盐酸　这里用于酸化,选用化学纯试剂(CP)。

(5) 氯化钠　这里作为溶剂,选用化学纯试剂(CP)。

3．器材

离心机,不锈钢回流反应罐,不锈钢反应锅,不锈钢桶,酸度计,温度计(1～100℃)。

二、乙酯化制备工艺

在碱性催化剂存在时,通过用乙醇置换油脂中的甘油,制取脂肪酸乙酯,反应式如下

$$C_3H_5(OOCR)_3 + 3C_2H_5OH \xrightarrow{\text{催化剂}} 3C_2H_5OOCR + C_3H_5(OH)_3$$

鱼油乙酯化的目的在于将鱼油中的高不饱和脂肪酸EPA和DHA分离出来。

1．工艺路线

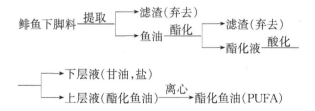

2. 操作步骤

(1) 提取 将鲱鱼下脚料绞碎,置于不锈钢反应锅中,然后加 1/2 量(质量浓度)水,调 pH 至 8.5～9.0,在搅拌下加热至 85～90℃,保持 45min 后,加 5% 的粗食盐,搅拌溶解,继续保持 13min。用双层尼龙布过滤,压榨滤渣,合并滤液与压榨滤液,趁热过滤,收集上层液,得鱼油。

(2) 酯化 将鱼油倾入不锈钢回流反应罐中,加温到 72～76℃,然后在搅拌条件下按 1:0.4 的量加入配制好的 1mol/L(4%)的氢氧化钠-乙醇溶液进行酯化,反应 30min 左右,检测 pH 如已达到 13～14,则反应完全终止,然后用尼龙布过滤,收集滤液。

(3) 酸化、离心 将滤液倾入另一不锈钢反应锅中,在搅拌条件下,按鱼油量的 0.156 倍加配制好的 1:1 的乙醇-盐酸溶液进行酸化反应。控制温度在 70℃ 以下酸化 20min 左右,然后停止搅拌,静止沉降 20min 后,放出下层甘油、水和盐分,取上层乙酯化鱼油以 10 000r/min 的速率离心 10min,得上层液即为 PUFA。该步可得乙酯化鱼油收率为 110%～120%,经气相色谱分析,EPA+DHA 纯度仅为 30% 左右。

三、尿素包合制备工艺

尿素包合制备 EPA 和 DHA 的原理:尿素[$(NH_2)CO$]可以形成包合物时,尿素通过—NH 与相邻尿素分子的氧形成氢键,构成直径约为 0.5nm、内壁具有管状的六面体结晶的管道,直链的饱和脂肪酸能进入管腔内,形成尿素包合复合物。尿素分子以螺旋状方式构成包合物的框架,每单元晶格有 6 个尿素分子。含支链的脂肪酸因截面积大不能进入管道中,进入管道中的直链脂肪酸与尿素借分子间引力或静电引力形成稳定的包合物。脂肪酸碳链愈长,分子间引力愈大,包合物愈稳定。脂肪酸内的双键使碳链缩短,分子体积增大,立体结构不规则,由于分子间距离不平衡使引力减弱,包合物稳定性下降。故碳链短或双键多的脂肪酸不易与尿素形成稳定的包合物,两者之中不饱和键对包合物的影响尤为显著。EPA 和 DHA 分别含 5 个和 6 个双键,很难与尿素形成稳定的包合物,而鱼油中饱和及低度不饱和脂肪酸可与尿素形成包合物析出。利用这一特征,就可以将高不饱和的脂肪酸 EPA 和 DHA 仍留在滤液中,达到浓缩提纯的目的。

尿素包合可将鱼油中的 EPA 和 DHA 浓缩到 60% 以上,适合于工业化生产。此外,由于尿素包合过程是一个物理过程,不需要高温高压和强酸强碱等条件,对不饱和脂肪酸的稳定性影响小,不至于发生异构化反应。

1. 工艺路线

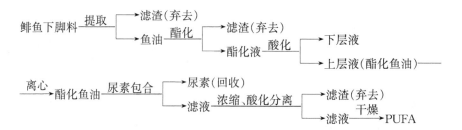

2. 操作步骤

（1）提取 将鲱鱼下脚料绞碎，置于不锈钢反应锅中，然后加 1/2 量（质量浓度）水，调 pH 至 8.5～9.0，在搅拌下加热至 85～90℃，保持 45min 后，加 5% 的粗食盐，搅拌溶解，继续保持 13min。用双层尼龙布过滤，压榨滤渣，合并滤液与压榨滤液，趁热过滤，收集上层液，得鱼油。

（2）酯化 将鱼油倾入不锈钢回流反应罐中，加温到 72～76℃，然后在搅拌条件下按 1:0.4 的量加入配制好的 1mol/L（4%）的氢氧化钠-乙醇溶液进行酯化，反应 30min 左右，检测 pH 如已达到 13～14，则反应完全中止，然后用尼龙布过滤，收集滤液。

（3）酸化离心 将滤液倾入另一不锈钢反应锅中，在搅拌条件下，按鱼油量的 0.156 倍加配制好的 1:1 的乙醇-盐酸溶液进行酸化反应。控制温度在 70℃ 以下酸化 20min 左右，然后关闭搅拌，静止沉降 20min 后，放出下层甘油、水和盐分，取上层乙酯化鱼油，以 10 000 r/min 的速率离心 10min，得上层液即为 PUFA。

（4）尿素包合 尿素包合法是采用乙醇作为有机溶剂，将乙酯化鱼油、尿素、乙醇按 1:2:6 的投料加入不锈钢反应罐中，即首先将 2 份的尿素加入到 6 份的乙醇溶剂当中，在搅拌的条件下待尿素完全溶解后，缓慢加入 1 份的乙酯化鱼油，控制温度不超过 75℃，在搅拌状态下包合 30min。反应结束后，静止冷却至室温使尿素充分结晶，形成包合物。然后以 10 000 r/min 的速率离心分离回收尿素，收集滤液。

（5）浓缩 将以上滤液倾入不锈钢回流反应罐中，在 70～80℃ 的条件下蒸馏回收乙醇，收集浓缩液。

（6）酸化分离 将以上浓缩液倾入不锈钢桶中，用稀盐酸将滤液调 pH 至 2～3，搅拌后静置 30min，然后收集上层液。酸洗和水洗等过程除去溶液中的乙醇和残存的尿素，即可得到包合后的高不饱和脂肪酸乙酯浓缩液（注：使用尿素试纸检测浓缩液中尿素是否完全除净）。

（7）干燥 将以上浓缩液用水洗后，分出上层液，然后用无水硫酸钠干燥得 PUFA。

对高不饱和脂肪酸乙酯浓缩液分别进行定性定量检测。经气相色谱分析，其中EPA和DHA含量可在60%以上；收率可达到40%以上。

四、真空蒸馏制备工艺

（1）原理　尿素包合法浓缩的鱼油，EPA和DHA含量最高只能达到70%左右（实验室可达70%以上），但是为了达到70%以上或更高的纯度，并起到脱色目的，则要进行高真空分子蒸馏工艺。其原理就是根据不同物质或同一物质中不同组分的沸点不同，而在不同温度上，即不同沸点或沸程下由低到高截取各阶段的不同馏分，从而达到高精度的分离提纯目的。并且，由于鱼油中的色素分子要相对较大，在蒸馏时随温度的升高、物料的减少而逐渐沉积凝聚在容器底部或壁上，从而使被蒸馏出来的物质颜色较浅，达到脱色目的。

（2）操作方法　为达到更高的质量要求，将尿素包合所得的高不饱和脂肪酸乙酯浓缩液，在真空度低于100Pa的工艺条件下进行分子蒸馏。分别在180～190℃、190～200℃和200～215℃三个温度段上截取轻馏分、中间馏分和重组分。这样，就可以使重组分中的EPA和DHA纯度达到70%乃至更高。

五、盐溶解制备工艺（旧工艺）

1. 工艺路线

2. 操作步骤

（1）提取　将鲱鱼下脚料绞碎，置于不锈钢反应锅中，然后加1/2量（质量浓度）水，调pH至8.5～9.0，在搅拌下加热至85～90℃，保持45min后，加5%的粗食盐，搅拌使溶，继续保持13min。用双层尼龙布过滤，压榨滤渣，合并滤液与压榨滤液，趁热过滤，收集上层液，得鱼油。

（2）酯化　将鲱鱼鱼油倾入不锈钢回流反应罐中，加入5倍体积4%（质量浓度）氢氧化钠-乙醇溶液中，在氮气流下回流10～20min，放至室温，大量脂肪酸钠盐析出，挤压过滤，得滤液。

（3）纯化　将滤液冷却到−20℃,压滤。滤液加等体积水,用稀盐酸调 pH 至 3～4,以 10 000 r/min 的速率离心 10min,得上层脂肪酸。将脂肪酸溶于 4 倍体积氢氧化钠-乙醇溶液中,−20℃放置过夜,然后压滤。滤液加少量水,−10℃冷冻,抽滤除去胆固醇结晶。滤液再加少量水,−20℃冷冻,以 10 000 r/min 的速率离心 5min,倾出上层液,得下层 PUFA 钠盐胶状物。

（4）酸化　将 PUFA 钠盐胶状物置于不锈钢桶中,用稀盐酸调 pH 至 2～3,以 10 000 r/min 的速率离心 10min,得上层液即为 PUFA。

3．注意事项

1）在鱼油的提取过程中,将提取物调至碱性并在加热后加入食盐,可使过滤压榨容易进行,但加碱不可过量,否则鱼油将被皂化。在保温后期加入食盐,提取液黏性变小,渣子凝聚。另外,食盐还有破乳化作用,有利于油水分离。压榨对鱼油收率影响很大,有 1/3～1/2 的鱼油存在于压榨液中。

2）在皂化后用冷冻的办法对 PUFA 进行纯化,其基本原理为脂肪酸不饱和程度低者,其盐易析出,故温度对纯化效率有显著的影响。冷冻温度越低,纯化效率越高,应根据具体情况和需要选用冷冻条件。

3）乙醇的含量也很重要。实验发现,鱼油在 80% 的乙醇中皂化后,冷却到室温无脂肪酸钠盐析出、再冷却至−20℃,整个皂化液冻结成硬块,无纯化作用。乙醇含量宜在 90% 以上。

4）在纯化过程中,将第一次−20℃冷冻、酸化离心后获得的脂肪酸溶于氢氧化钠-乙醇溶液,与冷却除钠盐结晶后的滤液相比,脂肪酸钠的浓度大大提高,再冷却还会析出脂肪酸钠盐,除去这部分钠盐,EPA 和 DHA 得到进一步纯化。

5）通过向 PUFA 的碱性乙醇溶液中加入适量的水,于低温下使胆固醇析出。不仅可除去 PUFA 中的胆固醇,而且还有一定的脱色作用。

六、尿素包合制备工艺（旧工艺）

1．工艺路线

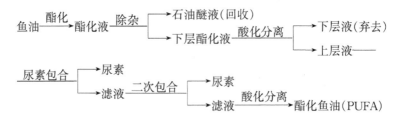

2. 操作步骤

（1）酯化　将 0.25 倍的氢氧化钾和 8 倍的 95% 乙醇倾入不锈钢回流反应罐中，在搅拌的条件下，使氢氧化钾溶解，然后加入 1 倍量的鱼油，在氮气流下加热回流 20～60min，使完全酯化。酯化程度检查用硅胶 G 薄层层析法，以三酰甘油斑点消失判定酯化完全。

（2）除杂　将酯化液倾入反应罐中，加 1 倍左右的水，用 1/3 体积的石油醚萃取非酯化物，弃去石油醚层，收集下层酯化液。

（3）酸化分离　下层酯化液加 2 倍体积的水，用稀盐酸调至 pH 至 2～3，搅拌，静置分层，收集上层油样液，以无水硫酸钠干燥得混合脂肪酸。

（4）尿素包合　将乙酯化鱼油、尿素、甲醇按 1:2:10 的投料加入不锈钢反应罐中，即首先将 2 份的尿素加入到 10 份的甲醇溶剂当中，在搅拌的条件下尿素待完全溶解后，缓慢加入 1 份的乙酯化鱼油，置室温继续搅拌 3h，静置 24h，抽滤，弃去沉淀（尿素包合饱和脂肪酸），得滤液。

（5）二次包合　将滤液倾入反应锅中，再按鱼油的量加入 0.4 倍的尿素和 0.4 倍的甲醇液，搅拌溶解后，室温静置过夜，于 -20℃ 再静置 24h，抽滤，弃去沉淀（尿素包合饱和脂肪酸和低度不饱和脂肪酸），收集滤液。

（6）酸化分离　将 PUFA 钠盐胶状物置于不锈钢桶中，用稀盐酸调 pH 至 2～3，以 10 000 r/min 的速率离心 10min，得上层液即为 PUFA。

3. 注意事项

1）尿素用量影响的包合物形成，在相同温度条件下，尿素用量小时，饱和度高的脂肪酸优先形成包合物而沉淀；尿素用量大时，一个和两个双键的脂肪酸也形成包合物析出。

2）温度影响的包合物形成，在尿素与脂肪酸物质的量之比相同条件下，温度越低越有利于包合物的形成。随着温度下降，低度不饱和脂肪酸形成的包合物逐渐增多。

3）盐溶解度法和尿素包合法除去低度不饱和脂肪酸的机理不同，各有所长。盐溶解度法除去 C_{16}～C_{18} 低度不饱和脂肪酸效果较好，尿素包合法除去 C_{20}～C_{22} 低度不饱和脂肪酸较为优越，故两种方法交替应用进行纯化，可进一步提高产品 EPA 和 DHA 含量。

4）鱼油制品，多为含 EPA 和 DHA 的复方制剂，有片剂、丸剂、溶液剂、乳剂、混悬剂、饱和脂肪酸，对光、氧、热很不稳定，易氧化，通常应添加抗氧剂。常用抗氧剂有维生素 E、维生素 C 及谷胱甘肽等。还可添加卵磷脂或大豆磷脂、右旋糖、环糊精或充惰性气体等，提高制剂的稳定性。有的鱼油制品含有豆油、橄榄油及米糠油等。

七、质 量 指 标

外观　淡黄色透明油状液体

相对密度　0.915～0.930（比重瓶法检测）

折光率　1.480～1.495（采用钠光谱的 D 线测定供试品相对于空气的折光率）

碘值　≥300（《中国药典》,2000 年版二部）

酸值　≤7.0（《中国药典》,2000 年版二部）

第八节　血红素的制备

血红素(heme)是由原卟啉与 1 个二价铁原子构成的,称为铁卟啉的化合物,分子量 616.19,具有很高的实用价值,其结构式如下

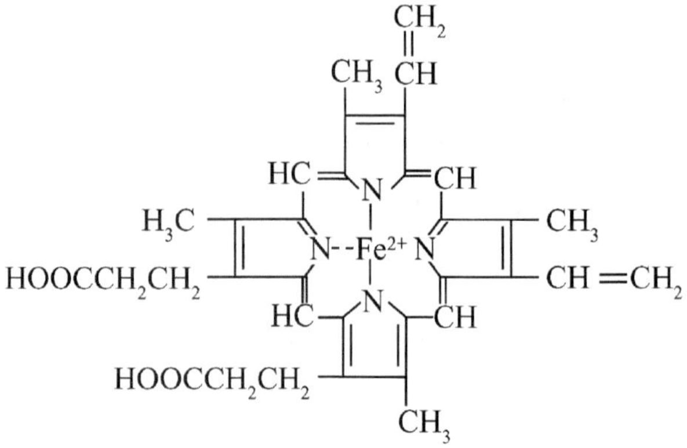

在食品行业中,血红素可代替熟肉中的发色剂亚硝酸盐及人工合成色素。它可使肉制品产生一种诱人的鲜艳红色,增加其外观美感。如在西式火腿和红肠制品中添加血红素,其制品切面色泽均匀,鲜艳美观,保持肌肉固有的天然色彩,组织结构细密无空泡,口感韧性强,味道纯正,同时增加了营养价值。更重要的是使用血红素可减少亚硝酸盐的致癌作用。在制药行业中,血红素可作为半合成胆红素原料,而且是制备抗癌的特效药。另外,血红素在临床上作为补铁剂,可治疗因缺铁引起的贫血症(在儿童、妇女中较常见)。目前临床上用的非血红素补铁剂,主要从植物性食物中提取,以氢氧化铁络合物形式存在。这种铁络合物在人体中吸收率很低,并含有对人体有害的成分,而血红素补铁剂(即亚铁血红素)可直接被人体吸收,吸收率高达 10％～20％。我国民间早有吃血治疗贫血的经验,但原血有异味,易腐败变质,难以作为补铁剂用于临床。从血中提取血红素,可解决这一问题。

血红素补铁剂将取代目前常用的补铁剂,成为深受欢迎的一代产品。

从猪血中提取血红素及血红素补铁剂,目前在国内外广泛引起人们的关注。猪血来源丰富,平均每头猪可得2kg血。若年屠宰5000万头猪,则可得1 000 000t血,数量相当可观。但不少地区,因原料分散,部分除食用外,都作为废物弃去。因此开发利用猪血具有很重要的经济价值。以往提取血红素一般用冰醋酸加热法,此法工艺流程长、收率低、成本高,从实践中人们总结出六种比较适用的方法,这些方法都是基于以下原理进行的。

血液中的血红蛋白是由4分子亚铁血红素和1分子珠蛋白结合而成的。在pH<3时,亚铁血红素与珠蛋白结合最疏松。根据此性质,提取时先从血液中分离出血球液,然后加水将血球液溶解(即溶血),调节pH至3.0左右,加入适量丙酮,可使蛋白质凝固,亚铁血红素则溶于丙酮液中。此时若加入乙酸钠和鞣酸,即可使血红素沉淀析出。如加入羧甲基纤维素(CM-C)阳离子交换剂,血红素可被CM-C吸附,然后过滤,就可以分离出血红素。

一、试剂及器材

1. 原料

选用新鲜猪血。

2. 试剂

(1) 乙酸　这里作为溶剂,选用化学纯试剂(CP)。

(2) 乙酸钠　这里作为血红素的沉淀剂,选用化学纯试剂(CP)。

(3) 柠檬酸三钠　这里作为抗凝剂,选用化学纯试剂(CP)。

(4) 丙酮　这里作为溶剂,选用化学纯试剂(CP)。

(5) 乙醇　这里作为溶剂,选用工业乙醇(CP)。

(6) 乙醚　这里作为干燥剂,选用化学纯试剂(CP)。

(7) 氯仿　这里作为溶剂,选用化学纯试剂(CP)。

(8) 氢氧化钠　这里用于调pH,选用化学纯试剂(CP)。

(9) 盐酸　这里用于调pH,选用化学纯试剂(CP)。

(10) 鞣酸　这里作为吸附剂,选用化学纯试剂(CP)。

(11) 吡啶　这里作为溶剂,选用化学纯试剂(CP)。

(12) 氯化钠　这里用于配制饱和溶液,选用化学纯试剂(CP)。

(13) 氨水　这里作为溶剂,选用分析纯试剂(AR)。

3. 器材

搪瓷桶,搪瓷缸,离心机,酸度计,温度计(1~100℃)。

二、乙酸钠法提取工艺

1. 工艺流程

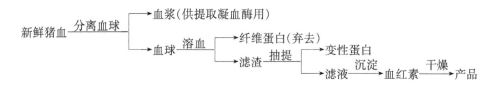

2. 操作步骤

(1) 分离血球、溶血　将新鲜猪血移入搪瓷桶中,加入 0.8% 柠檬酸三钠(每 100kg 猪血加 0.8kg),搅拌均匀,装入离心管中,以 3000r/min 的速率离心 15min,弃去上清液(可供提取凝血酶用),收集血球,加入等量蒸馏水,搅拌 30min,使血球溶血。然后加 5 倍量的氯仿,过滤出纤维。

(2) 抽提　在滤液中加 4~5 倍体积的丙酮溶液(其中含丙酮体积 3% 的盐酸),用 1mol/L 盐酸校正 pH 为 2~3,搅拌抽提 10min 左右,然后过滤,滤渣干燥得蛋白粉,收集滤液备用。

(3) 沉淀　将滤液移入另一搪瓷桶中,用 1mol/L 氢氧化钠调节 pH 为 4~6,然后加滤液量 1 倍的乙酸钠,搅拌均匀,静置一定时间,血红素即以无定形黑绿色沉淀析出,抽滤(或过滤) 得血红素沉淀物。

(4) 干燥　把血红素沉淀用布袋吊干,置于石灰缸中干燥 2d,即得产品(也可用干燥器干燥)。

三、蒸馏法提取工艺

1. 工艺流程

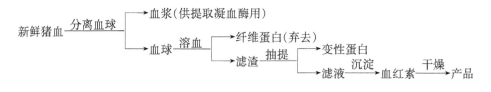

2. 操作步骤

(1) 分离血球、溶血　将新鲜猪血放入搪瓷桶中,每 100kg 猪血加 0.8 kg 柠檬酸三钠,搅拌均匀,装入离心管中,以 3000r/min 的速率离心 15min,弃去上清液,收集血球。加入等体积的蒸馏水,搅拌 30 min,使血球溶血,再加 5 倍体积的氯仿,滤去纤维,收集滤液。

(2) 抽提　把上述除去纤维的血球移入另一搪瓷桶中,加 4~5 倍体积的丙酮溶液(其中含丙酮体积3%的盐酸)。用1mol/L盐酸校正pH至2～3,搅拌抽提10min,然后过滤,收集滤液,滤渣经干燥可加工成蛋白粉。

(3)蒸馏　将上述溶液装入蒸馏瓶中(装瓶体积为2/3),于水浴上蒸馏回收丙酮(温度控制在60℃左右),待滤液浓缩至干时,即有沉淀析出。倒入抽滤漏斗中过滤,收集沉淀。

(4)干燥　把沉淀抽干后,置于石灰缸中1～2 d,即得产品。产品为无定形黑绿色粉末状物,装入瓶中保存。

四、鞣酸法提取工艺

1. 工艺路线

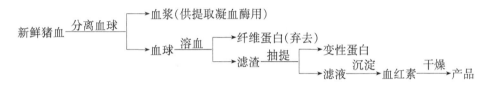

2. 操作步骤

(1)分离血球、溶血　将新鲜猪血放入搪瓷桶中,加0.8%柠檬酸三钠,搅拌均匀,装入离心管中,以3000r/min的速率离心10min,弃去血浆,收集血球。加等量蒸馏水,在0～4℃条件下搅拌30min,使血球溶血,然后加入1:5氯仿(即1份溶血液加入5份氯仿),过滤收集滤液(含血球) 备用。

(2)抽提　将血球滤液移入另一容器中,加4～5倍体积含3%盐酸的丙酮溶液,充分搅拌,搅拌抽提10min以上,过滤,收集提取液,滤渣经干燥得蛋白粉。

(3)沉淀　在提取液中加5%鞣酸,搅匀静置过夜,血红素呈针状结晶析出,离心分出血红素沉淀物,用蒸馏水冲洗3～4次,至洗出液变清,然后用布袋吊干。

(4)干燥　将沉淀包好放入石灰缸中,干燥1～2d,即得血红素成品,装瓶保存。

五、羧甲基纤维素(CM-C)提取工艺

1. 工艺路线

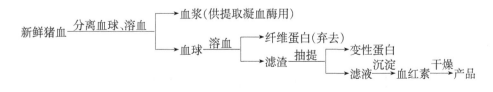

2．操作步骤

（1）分离血球　将新鲜猪血移入搪瓷桶中，加入 0.8％柠檬酸三钠，搅匀后在离心机上以 3000r/min 的速率离心 15min，分出血球，弃去血浆。

（2）溶血、抽提　将血球移入另一搪瓷桶中，加 3 倍左右蒸馏水，搅拌 30min 溶血，用 1mol/L 盐酸调 pH 至 2～3，按血球液体积 1∶10 或 1∶15 的比例，加入 CM-C 悬浮液，搅匀，静置 3～4h 后在离心机上分出清液。

（3）沉淀　将分出的清液，用 2mol/L 氢氧化钠调 pH 至 5.5 左右，静置沉淀分层，然后离心分出沉淀。

（4）干燥　将沉淀物压干，置于 60～70℃真空干燥，干燥后研磨，过 80 目筛，即得 CM-C-亚铁血红素粉。

六、冰醋酸提取工艺

1．工艺流程

$$新鲜猪血 \xrightarrow{提取} 提取液 \xrightarrow{沉淀、洗涤干燥} 粗品血红素$$

2．操作步骤

（1）提取　先将猪血 4 倍体积的冰醋酸放入密闭的提取缸中，然后加入新鲜猪血，加热至 90℃，搅拌下恒温 30min，然后室温静置过夜。

（2）沉淀、洗涤干燥　室温静置过夜后，缸中即有亮晶晶的沉淀物析出，然后滤出沉淀，沉淀分别用 50％乙酸溶液、蒸馏水、乙醇、乙醚洗涤，干燥后干燥即得粗品血红素。

七、血粉提取工艺

1．工艺路线

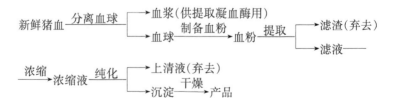

2．操作步骤

（1）分离血球　将新鲜猪血移入搪瓷桶中，加入 0.8％柠檬酸三钠，搅匀后在离心机上以 3000r/min 的速率离心 15min,分出血球,弃去血浆。

（2）制备血粉　将以上收集的血球,低温干燥成血粉。

（3）提取　将低温干燥的血粉移入另一搪瓷桶中,加 3～4 倍体积含 3%乙酸的丙酮溶液(该溶液的 pH 为 3 以下),充分搅拌抽提 10min 后,过滤去沉淀,该沉淀用上述溶液重复提取 1 次,合并滤液。

（4）浓缩　将以上滤液真空浓缩,即析出血红素,离心分离,取沉淀。

（5）纯化　该沉淀用 2.8%氨水溶液溶解后,再用盐酸调 pH 至中性,析出的沉淀物用水洗 3 次,干燥后即为血红素。

（6）干燥　将沉淀包好放入石灰缸中,干燥 1～2d,即得血红素成品,装瓶保存。

八、血红素精制工艺

1. 工艺流程

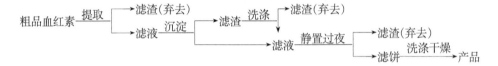

2. 操作步骤

（1）提取　先将血红素 4 倍量的吡啶、7 倍量的氯仿倒入瓶中,然后加入粗品血红素,充分振荡 30min,过滤后收集滤液。滤渣用氯仿洗涤,合并两次滤液。

（2）沉淀、静置过夜、洗涤干燥　先把适量冰醋酸加热至沸腾后,加入各占 1/7体积(相对于冰醋酸而言)的饱和氯化钠溶液和盐酸,随后加入滤液,搅匀后过滤,滤渣用氯仿洗涤,合并两次滤液,静置过夜,过滤收集滤饼,用冰醋酸洗涤后,干燥,即得产品。

九、血红素的测定方法

1. 绘制标准曲线

准确称取血红素(药检部门供给)标准品 22mg,置于 100mL 棕色容量瓶中,用2.8%氨水溶解并稀释到 100mL。按表 8-3 加入检样量,0 号管为空白,于 390nm处测定光吸收值。

表 8-3　不同量标准品的检样量

名称 \ 管号	0	1	2	3	4	5
标准品/mL	0	0.5	1.0	1.5	2.0	2.5
氨水/mL	10	9.5	9.0	8.5	8.0	7.5
检样品/μg	0	11	22	33	44	55
A_{390nm}						

以各管吸收值为纵坐标,血红素浓度为横坐标作曲线图。

2. 样品测定

准确称取 2.0~3.0mg 样品,用氨水(浓氨水稀释 10 倍)稀释至 100mL,按上法测定,并从标准曲线中查得样品含量,根据取样量,即可求得样品中血红素含量。

十、注意事项与工艺评价

1. 注意事项

一定要保证猪血新鲜,防止腐臭变质。

2. 工艺评价

提取血红素的方法虽然很多,但归纳起来,主要有以上六种方法,前五种都比第六种方法实用。过去我们常用冰醋酸提取血红素,每提取 1L 血液只可得 3~4g 血红素,而且冰醋酸难以回收、成本高、收率低。但用前五种方法提取,1L 血液可得血红素 10g 左右,同时可产 400g 左右的蛋白,而且丙酮容易回收、成本低、收率高。此外,鞣酸法提取的产品为红紫色晶体,在显微镜下呈针状结晶,容易鉴定,这一特点使鞣酸法较其他方法更优越。

从前五种方法看,由于均采用新鲜猪血为原料,既造成原料的运输、储存困难,且因原料中水分含量过高,造成试剂的大量消耗,得率低、纯度低、成本高。其中加 CM-C 制备得到的 CM-C 血红素粉得率可达 80%,这是由于 CM-C 已混入到血红素粉中,因此纯度相对要低得多。

加鞣酸的制备技术,其产品纯度相对较高。结晶呈紫色无定形,但由于单宁酸价格昂贵,且无法合理回收,因此生产成本居高不下,无法用于实际生产中。采用低温干燥的猪血粉为原料,而且提取溶剂以价廉的有机酸配制酸性丙酮,并回收有机溶剂丙酮,使产品纯度提高至 95%,为工业化生产血红素提供了一条可行的工艺路线。

由于血红素产品不溶于水,所以亚铁血红素和 CM-C-亚铁血红素不宜制成水剂和冲剂,一般制成片剂、糖浆剂、牙膏剂或作为夹心巧克力、糖果和糕点等食品的铁添加剂。提取过程中的副产品蛋白粉可加工成食用蛋白或饲料添加剂。

第九节 胆固醇的提取

胆固醇(cholesterol),又称为胆固 5-烯-3β-醇,是胆烷醇 5、6 位脱氢后生成的化合物。它的分子式为 $C_{27}H_{46}O$,相对分子质量为 386.66,熔点 147～150℃。

胆固醇是高等动物体中的主要甾醇,是细胞膜脂质的成分之一,主要在肝脏中合成。动物组织中胆固醇含量以脑组织为最多,在肝、骨、胰脏、脾和胆汁中较多,心脏次之。猪脑和蛋黄中胆固醇含量高达 2%,因此可作为综合利用提取胆固醇的原料。

7-脱氢胆固醇主要存在于皮肤和毛发中,经阳光或紫外线照射后,能转变为维生素 D_3。胆固醇可以通过化学方法脱氢,生成 7-脱氢胆固醇,用于生产维生素 D_3。此外胆固醇还是配制人工牛黄和合成激素的主要原料。

胆固醇具有液晶性质,溶液具有流动性,其分子能在一定条件下非常有规则地像晶体那样排列起来。胆固醇与不同的脂肪酸制成的胆固醇酯是具有显著温度效应的液晶材料。因此,综合利用猪脑制取胆固醇具有重要价值。

一、试剂及器材

1. 原料

鸡蛋及变质的次劣蛋与蛋制品都可作为原料。

2. 试剂

(1)乙醇　这里作为浸提液,选用化学纯试剂(CP)。

(2)丙酮　这里作为浸提液,选用化学纯试剂(CP)。

(3)乙醚　这里作为浸提液,选用化学纯试剂(CP)。

(4)活性炭　这里作为脱色剂,选用食用活性炭。

(5)碳酸钠　这里用于提纯,选用化学纯试剂(CP)。

(6)氯化钙　这里作为干燥剂,选用化学纯试剂(CP)。

(7)氢氧化钠　这里作为浸提液,选用化学纯试剂(CP)。

(8)三氯化铁　这里用于配制测定胆固醇的分析试剂,选用化学纯试剂(CP)。

(9)酚酞　这里作为滴定时的指示剂,选用化学纯试剂(CP)配制。

3. 器材

烘干设备,提取缸,蒸发罐,离心机,搪瓷缸,回流装置,干燥器,721 型分光光度计,分析天平,抽滤瓶,容量瓶,纱布,80 目尼龙布,移液管,棕色瓶。

二、提 取 工 艺

1．工艺流程

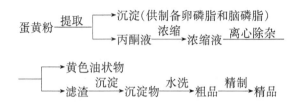

2．操作步骤

（1）原料处理　将鸡蛋或变质发臭的次劣鸡蛋放在不锈钢盘内,送入－10℃冷库内,使蛋的内容物凝固,然后取出,打开蛋壳,将蛋黄分离出来,集中在不锈钢盘或搪瓷盘中。将上述蛋黄原料放入烘箱或烘房内,在55℃下烘6h左右便成干燥状态,研磨成粉末,储存备用。

（2）提取　将以上蛋黄粉放入搪瓷缸中,加入1倍左右的冷丙酮(－10℃),搅拌1h。然后以4000～5000r/min的速率离心30min,收集离心液。滤渣再加丙酮重复提取2次,最后合并3次离心液,滤渣用于提取卵磷脂和脑磷脂。

（3）浓缩　将以上离心的丙酮脱脂液抽入蒸发罐中,尽量蒸发,回收丙酮,也可以将滤液在56～58.5℃浓缩至原体积的1/10,回收的丙酮可用于提取胆固醇。

（4）离心除杂　将以上浓缩液在20～60℃离心分离,除去黄色油状物,滤液用冷乙醇(工业级)洗涤一遍,用80目尼龙布过滤两次,收集滤渣。

（5）沉淀、水洗　将滤渣加入95%以上乙醇适量(按脑干量加入1～1.5倍乙醇),煮沸至全部溶解后放出,冷却至室温,于5℃以下静置24h,用双层纱布过滤收集结晶。于结晶中加入2～3kg碳酸钠和50～60℃热水适量,静置片刻后装入白细布袋中揉洗,得淡黄色片状的胆固醇粗品。

（6）精制　取胆固醇粗品适量,加10倍量95%乙醇和2%～2.5%(按100mL溶液加2～2.5g计)左右的活性炭,加热回流30min,用双层滤纸保温过滤。滤液冷至室温后,于5℃以下静置24h,使结晶完全。趁冷真空抽滤或甩干,以适量95%冷乙醇洗涤,70～80℃干燥,即得精品,装于棕色瓶中保存。成品率为4%。

三、蛋黄卵磷脂的制备

1．工艺路线

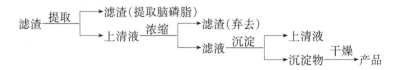

2. 操作步骤

（1）提取　将经丙酮提取的蛋黄粉滤渣移入搪瓷锅中,再搅拌的条件下,加入2倍左右95%的乙醇,然后加热35～40℃,不断搅拌12h,然后离心分出上清液,沉淀再按同样方法提取1次,合并上清液,滤渣可提取脑磷脂。

（2）浓缩　将上清液移入蒸发罐中,浓缩至原体积的1/3,然后过滤,收集滤液。将滤液移入不锈钢桶中,加入0.5倍量的乙醚,搅拌均匀,静置3～4h过滤,收集滤液。

（3）沉淀　将滤液移入搪瓷缸中,在快速搅拌下加入1.5倍量的丙酮,等析出沉淀后过滤收集油膏状物。

（4）干燥　将绢丝布袋中的软蜡状卵磷脂用刮刀刮下,平铺在瓷盘上,厚度不宜超过1.5cm,在避光下迅速放入底层已预置氯化钙的真空干燥箱内,密闭后,将空气抽尽,进行真空干燥。箱内温度应保持在25～30℃,这样经过24～48h烘干便是干燥的卵磷脂。

（5）成品包装　干燥成品自真空干燥箱中取出,在避光下进行,迅速切成小块颗粒,按50g、100g、250g、500g分量装入棕色瓶中,加盖,并用石蜡密封,再放入铺有氯化钙的干燥箱内密闭,在干燥阴凉处储存、销售。

四、蛋黄脑磷脂的制备

1. 工艺流程

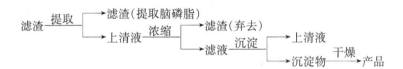

2. 操作步骤

（1）提取　将经乙醇提取卵磷脂的滤渣移入搪瓷锅中,在搅拌的条件下,加入1倍量的乙醚,搅拌提取12h,然后离心分出上清液,沉淀再按同样方法提取1次,合并上清液。

（2）浓缩　将上清液移入浓缩罐中,浓缩至原体积的1/3,然后静置12h,离心分出上清液,收集滤液。

（3）沉淀　将上清液移入搪瓷缸中,在快速搅拌下加入1倍量的乙醇,静置沉淀,等析出沉淀后过滤沉淀物。

（4）干燥　将沉淀物放入氯化钙的真空干燥箱内,密闭后,将空气抽尽,进行真空干燥。箱内温度应保持在25～30℃,这样经过24～48h烘干便是干燥的脑磷脂。

第十节　胆红素的提取

胆红素(bilirubin)的化学式为 $C_{33}H_{36}N_4O_6$,相对分子质量为 584.67,它是一个直链的吡咯化合物,属于二烯胆素类,存在于动物的胆、肝脏中。胆红素是配制人工牛黄的重要原料,而

人工牛黄又是很多中成药配方的重要组成成分,例如:安宫牛黄丸、六神丸、牛黄清心丸、牛黄解毒丸、至宝舟、速效伤风感冒胶囊等,这些较有名气的中成药,广泛用于临床,疗效显著,群众熟悉,很受欢迎。

目前国内外制取胆红素的方法有 3 种:一种是全合成法,它最早是用 1-氢-4 甲基-3 丙醇基吡咯与浓过氧化氢在吡啶中反应开始,经一系列冗长的反应产生胆红素,此法步骤较繁,中间体原料的供应不好解决。但反应条件不苛刻,其收率比用胆汁收率高,只要解决了中间体的问题,就会有一定的投产价值。另一种是半合成法,它的原料是血红素。提取血红素的原料丰富,易得到,此法首先把血红素溶于含水的吡啶中,在肼/氧条件下,偶合氧化得到胆绿素,然后用硼酸钠还原为胆红素。此方法产率低,氧化反应,硼酸钠成本高。但是我们如能寻找到更理想的酶(胆红素加氧酶和胆绿素还原酶)及适当的反应条件,使反应获得更佳的立体定向性和立体选择性而提高产率和纯度,那此法就可能成为生物提取法的佼佼者。最后一种方法就是从胆汁中提取胆红素。我国生猪资源丰富,所以此方法目前较盛行。我国每年耗用 70～80t 牛黄,天然牛黄远远满足不了需要,因此从胆汁中提取胆红素用于配制人工牛黄的生产技术,估计在今后一段时期内仍占主导地位。

一、胆红素的性质

1. 胆红素的存在与药理价值

胆红素存在于动物的胆、肝脏中。胆红素为血红蛋白分解代谢后的还原产物,人体在 24h 内可分解形成胆红素 300～400 mg。胆红素在肝内与葡萄糖醛酸结合形成胆红素酯,它在胆汁中约占 80%,其中 70%～80% 为二葡萄糖醛酸酯,20%～30% 为单葡萄糖醛酸及微量的胆红素与葡萄糖或木糖的结合物。结合的胆红素呈弱酸性,溶于水,分子大,带电荷,不能透过生物膜,而非结合胆红素的 pH 多为

8.3,在体内的酸碱度(pH＝7.2)范围内不溶于水,溶于脂肪,能透过生物膜进入细胞。哺乳动物不能排泄非结合胆红素,这种脂溶性的非结合胆红素在肠道被重新吸收而回到肝脏,在肝脏变为胆红素酯,胆汁进入肠道后变为尿胆源排出体外。

游离胆红素可以和蛋白质等物质形成稳定的复合物,这种对蛋白质的亲和力,对 W256 肿瘤细胞和乙型脑炎病毒有较好的抑制作用。胆红素钙盐有镇静、镇惊、解热、促进红细胞新生的作用。

2. 胆红素的理化性质

胆红素为淡橙色或深红棕色的单斜品体,由猪胆汁中提取的为橙色粉末。干燥固体和放置在暗处的胆红素氯仿溶液较稳定。在碱液中(如 0.1mol/L 氢氧化钠)或与三价铁离子作用极不稳定,很快气化为胆绿素。加血清蛋白、维生素 C 或 EDTA,可使胆红素稳定。因此在提取过程中应避免接触铁器,同时要在酸性条件下进行。

胆红素不溶于水,溶于氯仿、氯苯、苯、二硫化碳及碱液中,微溶于乙醇和乙醚。胆红素钠盐易溶于水,不溶于氯仿,其钙、镁、钡盐不溶于水。

二、试剂与器材

1. 原料

选用新鲜或解冻的胆汁,不得腐败变质。

2. 试剂

(1) 盐酸　这里用于调节 pH,选用化学纯试剂(CP)。

(2) 氢氧化钠　这里用于调节 pH,选用化学纯试剂(CP)。

(3) 氯仿　这里作为萃取剂,选用化学纯试剂(CP)。

(4) 乙醚　这里作为溶剂,选用化学纯试剂(CP)。

(5) 氯化钠　这里作为溶剂,选用化学纯试剂(CP)。

(6) 亚硫酸氢钠　这里作为抗氧剂,选用化学纯试剂(CP)。

(7) 对氨基苯磺酸　这里用于测定,选用化学纯试剂(CP)。

(8) 亚硝酸钠　这里用于测定,选用化学纯试剂(CP)。

(9) 乙酸　这里用于测定,选用化学纯试剂(CP)。

(10) 乙酸钠　这里用于测定,选用化学纯试剂(CP)。

(11) 甲基红　这里用于测定,选用分析纯试剂(AR)。

(12) 氯化钙　这里用于测定,选用化学纯试剂(CP)。

(13) D-256 阴离子树脂　这里用于层析。

(14) 714 阴离子树脂　这里用于层析。

3．器材

铝锅或不锈钢锅，分液漏斗，电动搅拌器，恒温水浴，回馏装置，布氏漏斗，天平，722型分光光度计，温度计，酸度计，玻璃烧杯，玻璃试管。

三、提 取 工 艺

从胆汁中提取胆红素的方法主要有以下5种，可根据生产规模及生产条件选用。

（一）钙盐法

1．工艺流程

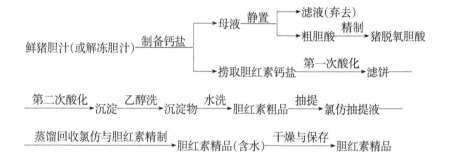

2．操作步骤

（1）饱和石灰水的制备　称取一定量的生石灰块，加入清水，充分搅拌，让生石灰充分熟化，静置澄清24h以上（此石灰水相对密度为2～3），在使用前用40目的箩筛过一遍，把过滤后的清液盖好保存备用。

（2）原料处理　取新鲜猪胆（冻猪胆要等自然解冻后用，千万不可急于加热解冻）称重后，置于竹箕（或铝盆）内，剪破并滤去胆皮（大生产可用绞肉机绞破胆皮），剩下胆汁，用粗纱布或窗纱过滤一次，去掉油脂块及其他杂物，称重，移入可倾锅（或铝锅）内、用以制备钙盐。

（3）制备钙盐　按胆汁的质量在锅内加入5倍的石灰清液，充分搅拌，放在火上逐渐加热（如有蒸汽，也可用夹层锅加热制备），开始时一定搅拌均匀，等温度升高到50℃时，将浮在液面上的沫子捞出扔掉，继续加热到70℃以上时，就有橘红色的胆红素钙盐产生，这时就不要再搅拌了。随着温度的升高，锅边便不断有橙色钙盐析出，浮于液面，并向中间聚集，到90℃左右（极限为90℃），锅内液体全部沸腾，继续2～3min，停止加热（注意防止钙盐溢出），静置数分钟后，轻轻将大部分浮于液面的胆红素钙盐撇到白细布上让其自然滤干。收集下层胆水供胆汁酸制备用。锅底层少量钙盐并入滤布内滤干(可用吊包法自然滤干)，至无水滴滴出，即为钙盐成品。放塑料袋内，扎紧口放入冰箱或冷库内待用或出售。捞取钙盐后的母液等冷却到80℃以下时，直接用盐酸调pH为2～3，静置10h左右，把上层清液倒掉，底部就是湿的粗胆酸，铲出滤干，用塑料袋保存出售。胆酸粗品回收率在10%左右，粗胆酸可经精制得到猪脱氧胆酸，后者也是配制人工牛黄的原料之一。

(4) 第一次酸化 取胆钙盐适量，放在杯子里(最好在大烧杯中)，加半倍到1倍的清水，用木棒或玻璃棒搅成糊状，研磨后，过80目筛子，筛子上的渣子可以不要。随后按胆钙盐的质量加入1%亚硫酸氢钠(或偏重亚硫酸钠)，滴加的方法为1g亚硫酸氢钠先用少量水溶解后分次加入。若溶解后总量为10mL，可先加入5mL，在不断搅拌下用滴管慢慢滴加1:1化学纯的盐酸进行酸化，当酸化到pH为5时，再把剩下的5mL亚硫酸氢钠液体倒进去，继续慢慢滴加1:1盐酸，一直到pH为1.5～2.0(低于1.2时，胆红素易分解)。一般以150kg猪胆或100kg胆汁制备出8～10kg胆钙盐为准，则酸化时间长达4h多，用酸量大约为4000 mL左右。如果目测，在夏季，酸化液的色泽由橙色变为草绿色时，即达到酸化要求。如果加酸过快，搅拌不均匀，就容易产生团状物，达不到酸化分离的效果。因此，这一步操作一定要小心。酸化后，静置40min左右(以分好层为准)，倒在细布上过滤，滤干即可。滤饼称重。

(5) 第二次酸化、乙醇洗、水洗 将第一次酸化的滤饼移入杯子或桶中，先用少量乙醇搅成糊状，再加入0.5%亚硫酸氢钠(用少量水溶解后一次加入)，然后加入1倍量质量分数为80%以上的乙醇，搅拌均匀，在搅拌下缓缓滴加1:1的稀盐酸，调pH为3.0～3.5，静置分层16h左右(以沉淀完全为好，沉淀时间过长，对产品有破坏作用)，虹吸出上层深绿色乙醇液，下层的沉淀物再用10倍量乙醇洗涤1遍，也可少量多次洗至乙醇不变色为止，吸出上层乙醇，得粗制胆红素。在胆红素粗品中加入45～50℃的温水，静置分层，粗品即浮于表面，用虹吸法吸去下层水。

(6) 抽提 经温水漂浮所得精制品中加入4倍量的氯仿，一起移入回流器内，充分摇匀，在水浴(或热水锅)内加热回流2～3h，温度控制在35℃左右，然后用虹吸法吸出氯仿，盛在棕色瓶中，再往回流器内倒入新鲜的1～2倍量氯仿，按上述方法重复3～4次，直到氯仿颜色变浅为止，把盛在棕色瓶中的氯仿用双层绸布过滤，得胆红素氯仿溶液。不溶于氯仿的残渣合并后回收。

(7) 蒸馏回收氯仿与胆红素精制 将胆红素氯仿溶液放入蒸馏瓶中(溶液的体积不超过瓶体积的2/3)，装上冷凝管，通进冷水，在水浴上加热蒸馏至沸，这时也回收了氯仿。到快要蒸干时，有胆红素结晶析出，这时加入少量95%乙醇，继续蒸馏，直至全部蒸出残留的氯仿。然后连同少量乙醇一起倒入垫有两层滤纸的布氏漏斗中过滤(也可倒入搪瓷盆中，在水浴上蒸干乙醇，得精品)，再用无水乙醇分几次冲洗成品至洗出液无色，尽量抽干，即得胆红素精品。

(8) 干燥与保存　将胆红素精品铺放在培养皿中,然后连培养皿一起放在无水氯化钙干燥器中干燥、保存。干燥后称量,计算产率。在条件不允许的情况下,也可将干的胆红素精品装入塑料袋或瓶中,扎紧口盛放在广口的棕色瓶里,瓶里放一些石灰块,盖紧瓶口干燥保存。如要长期保存,最好用棕色瓶装,也可在瓶中放入几片维生素 C,而且要放在通风避光的地方。

3. 注意事项

本法使用的石灰水对钙盐的产率影响很大,因此一定要选择色泽很白、手感很轻的石灰块作为原料。

第一次酸化过程应在 20℃ 以下操作。第二次酸化用乙醇沉淀应在 40～45℃下进行。

在冲洗胆红素时发现胆红素有时呈白色渣子状物质,这可能由于水的碱性比较大,或者是盛水的容器不干净,带有碱性而使胆红素发生了化学变化,所以应先用 pH 试纸检查所用器具及水源。

(二) 无醇法

1. 工艺流程

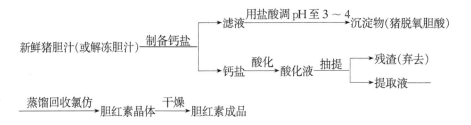

2. 操作步骤

(1) 饱和石灰水的制备　取新鲜、色泽洁白的生石灰块,按一定比例加入水,充分搅拌,让生石灰充分熟化,静置澄清 24h 以上(此石灰水相对密度为 2～3),在使用前用 80 目的箩筛过一遍,把过滤后的清液盖好保存备用(饱和石灰水保存时间不宜过长,最好用新鲜的)。

(2) 原料处理　取新鲜猪胆(冻猪胆要等自然解冻后用,千万不可急于加热解冻)称重后,置于竹箕(或铝盆)内,剪破并滤去胆皮(大生产可用绞肉机绞破胆皮),剩下胆汁,用粗纱布或窗纱过滤一次,去掉油脂块及其他杂物,称量,移入可倾锅(或铝锅)内,用以制备钙盐。

(3) 制备钙盐　按胆汁量加入 5 倍的澄清饱和石灰水,并过 40 目筛,充分搅拌。然后移入反应锅中,并同时加热,不断搅拌,当温度升至 50℃ 时,捞出液面上的浮沫扔掉。当温度升到 70℃ 时,就有橙色颗粒状的胆红素钙盐上浮,这时停止搅拌。随着温度升高,胆红素钙盐聚集越来越多,待全部沸腾,立即停止加热。静置 3～4min,轻轻将大部分浮于液面的胆红素钙渣撇到白细布上滤干,收集下层胆水供胆汁酸的制备用,并收集锅底层少量钙盐滤干(最好用手挤干,挤去胆酸)。将滤干的钙盐加 5～10 倍的水、煮沸 3～5min,过 80 目筛,然后再用沸水冲洗至 pH 至 8～9,收集沉淀物。

(4) 酸化　将钙盐加 50%～80% 的清水溶解,加 0.5% 抗氧剂(亚硫酸氢钠或焦亚硫酸钠,先用少量清水将抗氧剂溶解,分 2 次加入),酸化时先加入 1:1 的乙酸,边加边搅拌至 pH 至 3～4 时,再换 1:1 的盐酸缓慢滴加,并不断搅拌,直到 pH 为 1～2 时停止。整个酸化过程温度保持在 20℃ 以下,并随时注意酸化情况,调节酸化速率,防止起团,酸化后静置 30min。

(5) 抽提、蒸馏回收氯仿　在酸化液中直接加入 4 倍量(或 8～9 倍量)的氯仿,搅拌均匀,在 35℃ 左右保温 2h(也可用回流提取 2h),此时出现 3 层:下层为氯仿提取液;中层为胆红素粗品;上层为水。分出下层氯仿提取液,残渣再加氯仿提取,直至氯仿颜色变浅时为止。合并氯仿提取液,用细布过滤后移入蒸馏瓶中,在常压下蒸出氯仿(加热温度控制在 80℃ 左右),至胆红素结晶析出,加入少量 95% 乙醇,继续蒸馏,至溶液内的氯仿蒸发净,把湿的胆红素精品经布氏漏斗过滤,用无水乙醇洗至无色。

(6) 干燥　将上述洗过的精品滤干,用滤布包好放入器内(或石灰缸内)干燥。

(7) 保存　把干燥好的胆红素精品装在棕色瓶内,盖紧瓶盖,在避光、干燥处保存。

3. 注意事项

1) 用盐酸酸化一定要准确、细心,防止起团。
2) 操作温度应在 20℃ 以下,冬天可适当加温。
3) 酸化后要严禁遇碱、遇酸。
4) 提取过程应避光。

(三) 树脂法

由于胆红素分子具有两个丙酸基,呈弱酸性,所以能同碱土金属离子如钙离子生成不溶性盐,遇酸(如盐酸)可被置换出来。本工艺就是基于这一原理,采用强碱性阴离子树脂来吸附胆红素,以达到分离提取目的。

1. 工艺流程

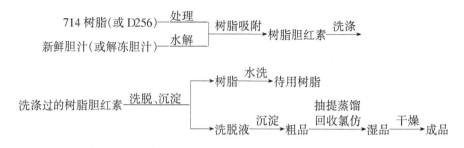

2. 操作步骤

（1）水解　将新鲜胆或自然解冻的胆剪破取胆汁,用粗纱布或窗纱滤去油脂块及杂物。把滤好的胆汁移入反应锅中(铝锅或不锈钢锅),边加热边搅拌,在搅拌下滴加5%氢氧化钠液,当pH达到11左右时,煮沸2～3min(其间要不断搅拌),使胆红素呈离子状态,以便吸附。

（2）树脂吸附　将上述水解液用80～100目尼龙布过滤,等滤液冷却至40℃左右时,加入已处理好的714型碱性阴离子树脂,加树脂量为水解液的5%左右(旧树脂可适当加大用量),然后搅拌吸附7～8h,静置后过滤收集树脂,弃去滤液。

（3）洗涤　将滤出的树脂先用清水冲洗干净,滤干。然后用2倍量6%氯化钠液搅拌洗涤2h,洗去树脂表面的杂物,滤干,然后用1倍量左右6%氯化钠液搅拌洗涤2h左右,滤干。

（4）洗脱　在上述树脂内加2倍于树脂量的20%氯化钠液,搅拌洗脱7～8h。然后用布滤干,收集滤液,树脂再用1倍左右的20%氯化钠液搅拌洗脱3～4h,过滤收集滤液。合并两次滤液,树脂用清水洗净备用。

（5）沉淀　将洗脱液移入沉淀缸中,在搅拌下加入1倍左右95%乙醇,静置24h。然后虹吸除去上层乙醇清液(回收),过滤沉淀至干,用无水乙醇洗涤沉淀1次,滤干(或吊干),即为粗品。

（6）抽提　将粗品中加入4倍量的氯仿,混匀后移入回流瓶中,于35℃左右回流2～3h,倒入分液漏斗中,分出下层氯仿,上层残渣反复用氯仿回收3～4次(也可并入下批一起回流),直到胆红素提完为止(即氯仿不变色)。

（7）蒸馏回收氯仿　合并抽提液,移入蒸馏瓶内,加少许抗氧剂,在80℃左右蒸馏回收氯仿,等快要蒸干,胆红素结晶析出时,加入少量95%乙醇,继续蒸馏到无氯仿味为止。将带有少量乙醇的胆红素精品经布氏漏斗过滤,先用少量95%的热乙醇洗1次,再用热水洗1次,最后用无水乙醇洗1次,滤干、干燥,得胆红素精品,包装好后存放于干燥器中。

3．改进的树脂法

上述树脂提取法产率高，但工艺流程长，乙醇用量较大，为了改进工艺，缩短提取时间，作者经多次试验，总结出以下提取工艺。在此工艺中，胆汁水解和树脂吸附与上法一致，仅洗脱以后的步骤不同。

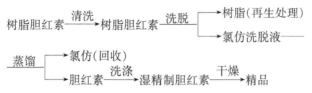

（1）清洗　把吸附胆红素的树脂再用5%盐酸酸化至pH为1～2，然后滤除盐酸，用清水反复冲洗至pH为2～3，最后用95%以上的乙醇洗至无色，过滤收集树脂。

（2）洗脱　将树脂放在洗脱桶中（不可用塑料桶），加4倍量氯仿，搅拌洗脱0.5～1h，滤出洗脱液（盖好氯仿洗脱液，防止挥发），树脂再用氯仿反复洗脱几次（可少量多次），直至氯仿不变色为止。合并氯仿洗脱液。

（3）蒸馏、洗涤、干燥　将氯仿洗脱液装入蒸馏瓶中，在80℃左右蒸馏回收氯仿，等快要蒸干，有胆红素结晶析出时，加少量95%乙醇，继续蒸馏，直至瓶内残留氯仿全部蒸出（无氯仿味）。然后趁热过滤，先用95%热乙醇洗1次，再用热水洗1次，最后用无水乙醇洗至流出液无色，干燥后即可保存。

4．新树脂处理与旧树脂的再生

新购进的树脂（714）先用清水泡24h，洗去一些水溶性物质，然后用85%乙醇浸泡24h，除去一些有机杂物，用2倍于树脂量的盐酸在搅拌下浸泡3h，水洗至中性，再用2倍量2mol/L氯化钠搅拌3h，洗至中性备用。

每次洗脱后的714树脂可浸泡于25%氯化钠溶液中保存，下次使用时必须用水把氯化钠洗净。

生产中可选用强碱性树脂和多孔强碱性阴离子树脂吸附胆红素。选用714或D-254强碱树脂要求：粒度0.3～1.0mm，含水40%～50%，总交换容量2.5～3.0mmol/g，操作温度70℃（氯离子）或60℃（氢氧根离子）。

（四）水解法

水解法也称快速法，此工艺的主要优点为快速、稳定、产率高。此外，所需设备简单，操作时间仅为其他工艺的1/10，同时药耗很低。

1．水解法（快速法）提取胆红素原理

胆红素是胆汁中的主要色素，属于胆色素中的二次甲胆色素，胆汁的胆红素主

要以双葡萄糖醛酸胆红素酯的形式存在(约占80%),它与氢氧化钠溶液进行皂化反应,生成溶于水的胆红素钠盐(其反应部位在胆红素中的两个丙酸基侧链上),可离解出胆红素阴离子。当用稀盐酸进行酸化时,在一定 pH 条件下,盐酸中的氢离子(H+)可与胆红素阴离子结合生成游离的胆红素分子,因其溶于氯仿而被提取出来,以下工艺就是基于以上原理制定的。

2. 工艺流程

新鲜胆汁(或解冻胆汁) $\xrightarrow{\text{水解}}$ 水解液 $\xrightarrow{\text{酸化}}$ 胆红素氯仿抽提液 $\xrightarrow{\text{蒸馏}}$ 胆红素 $\xrightarrow{\text{精制}}$ 精品

3. 操作步骤

(1) 水解 取新鲜或解冻的胆,用不锈钢剪刀剪破,用双层纱布或单层窗纱过滤胆汁,去掉油脂及杂质,称重后移入反应锅内,按每 100mL 胆汁加 0.5mL 氯仿,搅拌下加热至 60~62℃时,用氢氧化钠液慢慢调 pH 到 9~12,继续搅拌加热煮沸3~4min。此时要十分小心,勿使泡沫溢出。然后停止加热,取下冷却至 20℃ 左右。

(2) 酸化 按 1000mL 胆汁加 1g 亚硫酸氢钠投料(先用水把亚硫酸氢钠溶解约为 1.2%,再加入胆汁中)。然后量取水解液,以 30% 的量加入氯仿,混合均匀,用 1:10 盐酸(1 份盐酸加 10 份水)边加边搅拌,调 pH 到 4~6,注意滴加盐酸要慢,大约 10mL 水解液加 10mL 盐酸,pH 不可超出范围。在此期间,溶液由奶黄变黄绿,然后呈棕黄色,在分液漏斗中静置 20~30min,分成 2 层,下层为黄色的氯仿抽提液,上层为胆酸和水溶液。小心分出下层氯仿抽提液,再重复用 30% 量的氯仿提取两次。

(3) 蒸馏 将氯仿抽取液合并,移入蒸馏瓶中,置 80~85℃水浴上蒸馏,回收氯仿反复使用。当瓶内液体无翻滚气泡,呈橘红色,瓶口氯仿气味很弱时,加少量95%乙醇继续蒸发,至氯仿全部蒸出时,趁热过滤,用 65℃ 95%热乙醇小心冲洗 1次,取出沉淀,干燥,置棕色瓶中保存。

(4) 精制 若要进一步提高胆红素纯度,可将粗制品弄碎,倒入装有 5~10 倍蒸馏水的瓶中,在 80℃ 条件下,加热 10min,趁热过冰,用 65℃ 95% 的热乙醇冲洗1 次,即可得到颗粒均匀、色质鲜艳的橘红色成品,置于干燥器或石灰缸中保存。

4. 注意事项

1) 酸碱度对生产影响很大,pH 必须符合工艺要求。pH 过高,氯仿虽然容易分离,但产率和纯度不高;pH 过低,易使胆红素氧化,使生产失败。

2) 回收氯仿时,一定要将氯仿蒸干,残留的氯仿会严重降低胆红素的提取率,因胆红素易溶于氯仿,氯仿又与乙醇互溶。由于氯仿的存在,当加乙醇这一步时,胆红素很难成颗粒析出,乙醇溶液会呈土黄色。

3) 用冰醋酸代替盐酸可提高产率和质量,但成本较高。为此,生产中应选用工业纯的氯仿、盐酸和乙醇。

4) 提取过程中应严格按规定添加抗氧剂,添加时要事先用水溶解。

提取胆红素也可选牛胆汁为原料,产率为 0.008%～0.013%,为了降低成本,可用二氯甲烷代替三氯甲烷。用二氯甲烷提取的胆红素,色泽和质量均可达到要求。

(五) 改进的水解法

1. 工艺流程

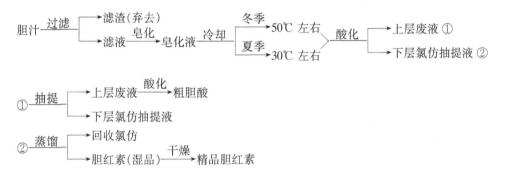

2. 操作步骤

(1) 过滤　取新鲜冷冻的胆,用不锈钢剪刀剪破,用双层纱布或单层窗纱过滤胆汁,除去油脂及杂质,称重后移入反应锅中。

(2) 皂化、冷却　将反应锅中的胆汁先在搅拌下加热至 60～70℃,用 8% 左右的氢氧化钠液缓慢调 pH 到 11～12,继续搅拌加热到 90℃,保温 10min 左右。此时要十分小心,勿使泡沫溢出。然后停止加热,取下冷却,冬季冷到 50℃ 左右,夏季冷到 30℃ 左右。

(3) 酸化、抽提　量取以上皂化液,以 30% 的量加入氯仿,混拌均匀,用 1:10 的盐酸边加边搅拌,调 pH 为 3.8～4.1,注意滴加盐酸要慢,大约 100mL 皂化液加 10mL 左右盐酸,pH 不可过小或过大,在此期间,溶液由奶黄变黄绿,然后呈棕黄色,在分液漏斗中静置 20～30min,静置分为 2 层,下层为黄色的氯仿抽提液,上层为胆酸和水溶液。小心分出下层氯仿抽提液。上层废液可用 20% 氯仿重复抽提 2 次,合并下层氯仿抽提液。

(4) 蒸馏、干燥　将以上氯仿抽提液移入蒸馏瓶中,置 80～85℃ 水浴上蒸馏,回收的氯仿可反复使用。当瓶内液体无翻滚气泡、呈橘红色、瓶口氯仿气味很弱时,加入少量 95% 乙醇继续蒸发,至氯仿全部浸出时趁热过滤,用 65℃ 95% 的热乙醇小心冲洗 1 次,取出沉淀,干燥,置棕色瓶中保存备用。

3．工艺说明

(1) 皂化反应 pH 的控制和工艺的改进　在改进的工艺中，皂化反应时，一般用 8% 的氢氧化钠液调 pH 到 10.5～11.5，如加碱量不足，pH 偏低，水解不完全，有一部分胆红素仍以双葡萄糖醛酸胆红素酯的形式存在，降低了产品收率。加碱量过多，则 pH 偏高，容易引起氧化，而且给酸化后的分层造成困难，因此务必控制皂化 pH 在 10.5～11.5 范围内。在常规的提取工艺中，都要在胆汁中加 0.5% 的氯仿，以溶解胆汁中游离的胆红素并起防腐作用，而且每一个工艺环节都加入一定量的抗氧剂——亚硫酸氢钠，以防胆红素的氧化。但在实际生产中，因氯仿的沸点较低(61.2℃)，在皂化加热中，将产生大量的泡沫，并有较大的氯仿刺激味，影响操作。本工艺不加氯仿和抗氧剂，也可得到质量好的产品。

(2) 冷却温度的控制　根据生产实践经验，作者认为夏季冷到 30℃ 以下比较合适，在 20 min 左右，酸化即可分层，而冬季常控制在 50℃ 左右，酸化后分层也比较快。

(3) 酸化条件的控制及工艺的改进　当酸化不足时，溶液中有一部分胆红素阴离子不能与氢离子结合生成游离胆红素分子，即使分层，下层氯仿液色淡，产品收率明显下降。若酸化过度，一则容易引起氧化，二则粗结合型胆汁液将部分沉淀出来，不但分层困难，而且包裹现象严重，收率不高。实践证明，酸化最适 pH 应为 3.8～4.1，盐酸的浓度一般在(1:10)～(1:20)较合适。加酸速度太快或者搅拌不均匀，既会造成局部酸浓度过高而导致胆红素氧化，又会产生黏性颗粒状物质将胆红素包容在其内部不能游离出来，这样，虽然酸化 pH 达到了要求，但酸化仍不完全，影响产品收率。所以酸化时必须注意加酸速度要缓慢，搅拌要充分、均匀。

(4) 氯仿加入时间的控制　在以往的许多工艺中都采取酸化后再加入氯仿的方法，但在酸化时会产生少量浅黄色颗粒状悬浮物，尽管加酸缓慢且搅拌充分，这种现象也无法避免，既影响酸化后的分层，又降低产品收率，而在本工艺中待冷后加入氯仿，然后再酸化，则无上述现象产生。这是因为当酸化达到一定 pH 范围时，游离胆红素开始逐渐生成，而胆红素溶于氯仿，这样形成一点溶解一点，能促进下列动态平衡向右移动，有利于胆红素分子的形成，使反应更加彻底。反应如下

$$胆红素^- + H^+ ══ 胆红素分子$$

由此可见，冷却后加入氯仿再进行酸化，其效果与酸化后再加入氯仿相比，显然要好得多。

四、含量测定

1．原理

胆红素和重氮化试剂反应，产生偶氮染料，它在强酸中呈蓝紫色，在 pH 为 2.0～5.5 之间呈红色，在 pH 为 5.5 以上呈绿色。

2. 标准溶液和供试液的配制

精确称取标准胆红素 0.0100g、供试样品胆红素 0.01~0.015g,分别以氯仿溶入 50mL 棕色容量瓶中,加氯仿至刻度。各取 10mL 加入 50 mL 棕色容量瓶中,以 95% 乙醇稀释至刻度。标准溶液含胆红素 0.000 02g/mL。

3. 标准曲线的绘制

精确吸取胆红素标准溶液 0mL、1mL、2mL、3mL、4mL、5mL 置于带色试管中,分别加入 95% 乙醇 9mL、8mL、7mL、6mL、5mL、4mL,使全量均为 9mL,再加入重氮化试剂 1mL,混合均匀,在 20℃暗处静置 1h,在波长 520nm 处测光吸收值,并以光吸收值为纵坐标,各管所含的胆红素浓度为横坐标,画出标准曲线。

4. 样品测定

取供试液 3mL,加 95% 乙醇 6mL,重氮化试剂 1mL,混匀,在暗处 20℃静置 1h,在波长 520nm 处测吸收值。由测得的光吸收值从标准曲线上查胆红素的量,然后按以下公式计算样品胆红素含量

$$样品胆红素含量 = \frac{标准曲线上查胆红素的量 \times 50 \times 5}{样品量 \times 3} \times 100\%$$

重氮化试剂的配制:

溶液 A:对氨基苯磺酸 1.0g,加浓盐酸 15mL,加水 985mL。

溶液 B:0.5% 亚硝酸钠溶液。

临用时,取 10mL A 液加 0.3mL B 液混匀。

胆红素的含量无法用土办法测定,但可用肉眼粗略地估计胆红素的优劣。凡颜色橘红并鲜艳者,一般较好;凡颜色发黄或红褐且暗者,大多质劣。

5. 快速测定胆汁中胆红素的粗含量

为了估计胆汁中胆红素的含量,利用甲基红溶液标定色度的方法,可进行胆汁中含胆红素近似量的快速测定,本法操作简单,设备少(不要分析天平和分光光度计),可随时随地测定,为收集胆汁提供了一项很有用的方法。

(1)试剂配制

1) 重氮化试剂。

甲液:取对氨基苯磺酸(AR)0.1g,加浓盐酸 1.5mL,加水使溶解成 100mL,备用。

乙液:取亚硝酸钠(CP)0.5g,加水使溶解成 100mL,备用。

临用时,取甲液 10mL,加乙液 0.3mL,混匀。

2) 乙酸-乙酸钠缓冲溶液。取冰醋酸(CP)3mL,加入 500mL 容量瓶中,慢慢

用水将乙酸钠（CP,CH$_3$COONa·3H$_2$O）7.2g 溶入,溶解后,用水稀释至 500mL,备用。

3) 甲基红-乙酸溶液。甲基红 0.1g,加冰醋酸使溶解成 50mL,备用。

（2）测定方法

1) 制作标准色管。精密称取胆红素标准品 20mg,用氯仿洗入 100mL 容量瓶中,加氯仿到 100mL,置暗处放置充分溶解 4h。吸取此氯仿溶液 2.5mL。加入 50mL 容量瓶中,加入乙醇稀释至 50mL,即成胆红素标准稀释液,浓度为 10 μg/mL。

取带塞的 25mL 试管 10 支,按 1～10 号依次排列,分别照表 8-4 加入胆红素标准稀释液、乙醇及重氮化试剂。

表 8-4　制作标准色度数据

试 剂 ＼ 管 号	1	2	3	4	5	6	7	8	9	10
标准稀释液/mL	0	2	2.5	3	3.5	4	4.5	5	5.5	6
乙醇/mL	10	8	7.5	7	6.5	6	5.5	5	4.5	4
重氮化试剂/mL	1	1	1	1	1	1	1	1	1	1
含胆红素量/μg	0	20	25	30	35	40	45	50	55	60

加好重氮化试剂后,塞上管塞,摇匀,于暗处放置显色 10min,取出用 721 型分光光度计于 520nm 处分别测定光吸收值,详细记录各管测定的光吸收值,作为制作标准色度管时验证用。

将甲基红-乙酸溶液慢慢加入到乙酸-乙酸钠缓冲液中,逐步调节测定色度,直至所测定的吸光度和上面 10 管的验证光吸收值相等,然后将此液用乙酸-乙酸钠缓冲液,按 2:6,2.5:6,…,5.5:6 倍稀释,共得到 9 种深浅不同的色度液,分别测定其光吸收值,并按对照验证光吸收值,加以校正。相等后,各取 11mL,分别装入 9 支 15mL 的试管中,塞上塞子,各自标出相当含量等于 0.02%,0.025%,…,0.06%,即成系列标准色度管。

2) 胆汁中胆红素含量测定。取 15mL 试管 1 支,其玻璃色泽和管符应和系列标准色度管相同,准确加入乙醇 9.9mL,待测定胆汁 0.1mL 和重氮化试剂 1mL,摇匀,于暗处放置显色 10min。取出和系列标准色度管目测比色,色度和测试管相同或接近的标准色度管,其所标的含量,即为该胆汁含胆红素的近似值。

五、工 艺 评 价

目前在提取胆红素的生产中,主要提取技术有钙盐法、无醇法、树脂法、水解法等几种,各种工艺都有其特点。钙盐法生产工艺是20世纪50年代末建立起来的,生产历史比较长,工艺较成熟,提取率也稳定,适用于大规模生产。特别是胆红素钙盐可在低温下保存一定时间,这样可解决生产旺季原料多与生产规模小的矛盾,现在各大生化制药厂仍沿用此技术。其缺点是生产周期较长,乙醇用量较大。无醇法是在钙盐法的基础上,省掉了用大量乙醇沉淀中间产物的步骤,可缩短生产周期、降低生产成本,适用于中小规模生产。树脂法是利用树脂吸附原理提取胆红素的方法,其特点是产品纯度较高,适用于技术力量强的单位。对树脂的性能不了解,或对树脂预处理不当,都会严重影响产率。水解法的原理是先将胆红素制成钠盐,然后酸化,用有机溶剂提取。这种方法省去了制钙盐、醇浸等步骤,大大缩短了生产周期,加速了提取过程,适用于中小规模生产。评价胆红素提取工艺,应科学定量地进行分析,一般从生产角度讲,一种工艺对原料胆汁中胆红素提取率如能达到60%～80%,就是较好的工艺,就有一定的生产意义,但是如果我们离开原料胆汁中胆红素的含量,而仅仅讲某种工艺产率达万分之几,含量达百分之几十,这种做法是不科学的,也是不可取的。

影响胆红素提取收率及纯度的因素很多,但只有了解各步生产原理,细心地把握各种影响因素,产品的收率及纯度才会有所改善。

思 考 题

1. 解释卵磷脂、脑磷脂、豆磷脂、EPA和DHA的含义。
2. 脂肪酸有哪些共性? 分别说明这些共性。
3. 如何利用各种脂在不同有机溶剂中溶解度的差异来分离卵磷脂、脑磷脂和胆固醇?
4. 目前制备胆红素有哪些方法? 比较它们的优缺点。

第九章　天然食用色素的生产工艺

第一节　概　　述

天然食用食品的色泽是构成食品感官质量的一个重要因素,在食品工业中是一类重要的食品添加剂。主要用于着色,从白色光中吸收一部分可见光,通过反射或透射呈现颜色,食品的色泽能诱导人的食欲和提高食品的商品价值。因此,保持或赋予食品以良好的色泽是食品科学技术中的重要问题之一。

食用色素按其来源和性质分为天然食用色素和合成食用色素两大类。

1) 天然食用色素包括植物色素、动物色素、微生物色素以及矿物色素等,常用的有辣椒红素、叶绿素、姜黄、β-胡萝卜素等。近年来,新发展的有玫瑰茄红、玉米黄、高粱红、茄子紫等,大多是从植物、动物中提取而成。我国早在远古以前已将从植物中提取的天然色素用于食品的染织物上。天然食物材料中的色素物质一般都对光、热、酶、碱等条件敏感,在加工、储存过程中常因此而褪色或变色。

2) 食品工业中广泛使用一些人工合成的染料来使食品着色,合成食用色素起源于 1856 年,因其色彩鲜艳、着色力强、坚固度大、性质稳定,还可任意调色且成本低、品种多、使用方便,很快就取代了天然食用色素。从第一个合成食用色素出现至今的 140 多年间,合成色素在食品加工应用中占据着绝对的主导地位。合成食用色素多以从煤焦油或石油制品中提取的苯、甲苯、萘等为原料合成,又称为煤焦油色素或苯胺色素。随着科学技术的不断进步和食品毒理学的发展,人们发现合成食用色素中有不少品种不仅无营养价值,反而对人体有害。据研究表明,合成食用色素中有些品种具有致毒、致癌及致畸作用,有些是可直接危害人体,有些是在代谢过程中产生有害物质或在加工合成过程中被有害物质污染来危害人体,因此,近年来对天然无害食用色素的开发研究成了食品科学研究中引人瞩目的课题。

世界各国在食用色素的生产和使用上均采取慎重态度,颁布了有关规定,还规定了最大使用量和使用范围,立法限制甚至禁止使用。据资料,英国现在允许使用的合成食用色素 16 种,而日本只允许使用 11 种,美国允许使用 9 种,我国仅允许使用 8 种,对面类制品、肉类制品、婴儿代乳品中不能使用合成食用色素。

随着科学知识的普及和人民生活水平的提高,以及人们卫生保健意识的增强,对食品的质量要求也更高,因而现代食品的加工日趋"天然化"、"保健化"、"营养化",都致力于开发利用安全性更高的天然食用色素。据不完全统计,联合国粮食与农业组织/世界卫生组织(FAO/WHO)允许使用的食用天然色素约为 13 种,欧洲经济共同体(EEC)约 13 种,美国约 26 种,日本 29 种,中国 32 种。近年来,随着各国的实际应用,天然色素的品种、数量不断增加,各国在开发过程中都重视应用研究,对天然色素进行深加工,使其系列化、配套化。

以植物和水果皮为原料,可提取许多种有用的食用色素,如红米色素、玉米色素、辣椒红素、萝卜红素等,除可作为各种食品的着色剂,如果酱、果汁、果冻、果酒、汽水、饮料及糕点等,同时还可作为化妆品或营养添加剂的着色剂。制备这些色素的原料丰富、价格低廉,加上食用色素用途广泛,越来越引起人们的重视。

第二节　天然色素分类

天然食用色素就来源而言可分为动物色素、植物色素和微生物色素三大类,以植物色素最为缤纷多彩,是构成食物色泽的主体。这些不同来源的色素若以溶解性能来区分,则可分为脂溶性色素(如叶绿素和类胡萝卜素)及水溶性色素(如花青素)。从化学结构类型上分,可分为吡咯色素、多烯色素、酚类色素、吡啶色素、醌酮色素以及其他类别的色素。

天然食用色素可根据形态、来源、化学结构等分类。

一、按其形态分类

1) 以其原貌使用的天然色素,例如水果的果酱类、浓缩果汁类等。

2) 对天然物采用干燥、粉碎等简单处理手段而得到的天然色素,例如茶叶末、咖喱粉等。

3) 从天然资源(包括发酵产物)中提取色素成分,浓缩制成天然色素或将其干燥制成粉末状,例如栀子黄色素、甜菜红色素、红曲色素、葡萄皮色素等,几乎包括了大部分的天然色素。

4) 经加热处理或酶处理而得到的天然色素,例如焦糖色素(加热处理)、栀蓝色素(酶处理)。

5) 以前是天然的,但现在是被合成的色素(作为天然色素来使用,其实为合成色素),例如 β-胡萝卜素、核黄素等。

二、按其化学结构分类

1) 异戊二烯衍生物类,如类胡萝卜素又称复烯色素。

2) 多酚类衍生物,如花青素、花黄素等。

3) 四吡咯衍生物(或卟啉类衍生物),如叶绿素等。

4) 酮类衍生物,如红曲色素、姜黄素等。

5) 醌类衍生物,如虫胶色素等。

第三节 色素的存在形式

一、异戊二烯衍生物——类胡萝卜素

类胡萝卜素又称复烯色素,常见的可以分为五小类:

(1) 复烯烃类 此类色素如 α-、β-、γ-、δ-胡萝卜素和番茄红素等。主要存在于植物体中,如蔬菜、黄色和红色水果及其他绿色植物中。

(2) 复烯醇类 此类色素也广泛分布在植物界,如叶黄素、玉米黄素等。

(3) 复烯酮类 如辣椒果实含有两种红色素,即辣椒黄素与辣椒红素。

(4) 复烯烃的环氧化物 许多花中含有此类色素。

(5) 非四萜类的复烯色素类 如藏红花素、栀子色素。

类胡萝卜素是从浅黄到深红色的脂溶性色素,都具有较强的亲脂性,几乎不溶于水、乙醇,大多易溶于石油醚或己烷,在弱碱性时比较稳定,在酸性时则不稳定。但它的含氧衍生物(以醛、酸、醇、酮和环氧化合物等形式存在)则随其分子中含氧官能团数目的增多,亲脂性也随之减弱;相反,在石油醚中的溶解度则依次减少,在乙醇中的溶解度又会逐渐加大,这类胡萝卜素具有高度共轭双键的黄色团并含有—OH等助色基,所以具有不同的颜色。随着这一类色素的双键位置不同、基团不同,它们的吸收光谱也有不同。根据这一特性,可作为类胡萝卜素的鉴定方法。类胡萝卜素对热较稳定,但因含许多双键,因此易被氧气、脂肪氧化酶、过氧化酶所氧化而变褐色,尤其在 pH 和水分过低时,更易被氧化。

二、多酚类衍生物——花青色素与花黄色素

酚类色素是植物中水溶性的主要成分,可分为花青色素、花黄色素和鞣质三大部分,其中鞣质即可视为呈味(涩味)物质,也可列为呈色物质。这类色素最基本的母核是苯环和 γ-吡喃环聚合而成的。

(1) 花青色素 花青色素与糖以苷的形式(称为花青苷)存在于植物细胞液中,并构成花、叶、茎及果实等的美丽色彩,它属于水溶性色素。由于花青色素是由苯并吡喃环与酚组成,随着酚环上含有的羟基数目的不同而呈现不同的颜色,如天竺葵色素的酚环上含有一个羟基的,呈橘红色,但随着—OH 的增加,像青芙蓉色素为紫红色。花青素在可见光下的颜色随环境的 pH 改变而异。根据测定表明:花青素一般在 pH 为 7 以下时呈红色,pH 为 8.5 左右显紫色,在 pH 为 11 则显蓝色(或蓝紫色)。花青素易受氧化剂,抗坏血酸、温度等影响而变色。

(2) 花黄素(黄酮类色素) 是由苯并吡喃酮与苯环组成,广布于植物的花、果实、茎、叶中,是水溶性的黄色色素。黄酮类色素多带有酸性羟基,因此具有酚类化

合物的通性。它具有吡酮环、羟基,这样就组成生色团的基本结构,分子中酚羟基数目和结合的位置对显色有密切的关系。属于此类的色素有黄酮、黄酮醇、黄烷酮和黄烷酮醇等,如高粱色素、可可色素等。

三、四吡咯衍生物——叶绿素和血红素

这类化合物是由四个吡咯环的 α-碳原子通过次甲基(—CH=)相连而成的复杂共轭体系,主要包括叶绿素、血红素等,也称卟啉类色素,广泛存在于绿色植物的叶部和动物的血液中。

1. 叶绿素

叶绿素是由叶绿酸(镁卟啉衍生物,二羧酸)与叶绿醇(phytol)及甲醇所构成的二醇酯,绿色来自叶绿酸残基部分。高等植物叶绿素有 a、b 两种,当 3 位上为甲基时是叶绿素 a(蓝黑色的粉末,熔点 117~120℃,它的乙醇溶液呈蓝绿色,并有深红色荧光),为醛基时是叶绿素 b(深绿色粉末,熔点 120~130℃,它的乙醇溶液呈绿色或黄绿色,有红色荧光),通常 a:b=3:1。叶绿素在植物细胞中与蛋白质体结合成叶绿体。

叶绿素在活细胞中与蛋白质体相结合,细胞死亡后叶绿素即从质体上释出。游离叶绿素很不稳定,对光和热均敏感;在稀碱液中可皂化水解为颜色仍为鲜绿色的叶绿酸(盐)、叶绿醇及甲醇;在酸性条件下分子中的镁原子可被氢原子取代,生成暗绿色至绿褐色的脱镁叶绿素;在适当条件下,分子中的镁原子可被铜、铁、锌等取代。

叶绿素及脱镁叶绿素都不溶于水而溶于乙醇、乙醚、丙酮等脂肪溶剂中,在石油醚中纯叶绿素 a 只能微溶,而叶绿素 b 则几乎不溶,叶绿素、脱叶醇基叶绿素、脱镁脱叶醇基叶绿素都可溶于水而不溶于脂肪溶液。

在适当的条件下,叶绿素分子中的镁原子可为其他金属所取代,其中以钢叶绿素的色泽最为鲜亮,对光和热均较稳定,在食品工业中作为染色剂。

2. 血红素

有关血红素的介绍参见第八章第八节。

四、酮类衍生物——红曲色素

红曲色素来源于微生物,是红曲霉(*Monascus* sp.)的菌丝所分泌的色素,在我国如此自古以来用来着色。从不同菌种得到的红曲色素,其组成是有区别的。如从赤红曲霉获得的是红曲素及红曲黄素;从紫红曲霉获得的是红曲素和红斑素;从左藤玉红红曲霉获得的是红曲素。因此,它们的物理化学性质互不相同,具有实际应用价值的主要是醇溶性的红曲色素、红斑素和红曲红素。红曲色素对 pH 稳定,耐热性、耐光性强,几乎不受金属离子、氧化剂和还原剂的影响,对蛋白质的着色性好,一旦着色后经水洗也不褪色。

五、醌类衍生物

此类色素有苯醌、萘醌、蒽醌、菲醌等类型。它们的颜色与分子中带有的酚性羟基似乎有一定的关系。无酚性羟基表现为黄色,反之则多为橙色或红色。醌类色素有胭脂虫红、紫胶色素、茜草色素和紫根色素。除胭脂虫红以外,我国都有丰富的资源,现在紫胶色素已有批量生产,其他还未开发利用。

第四节　胡萝卜素的提取

胡萝卜素(carotene)是最早发现存在于胡萝卜肉质根中的红橙色色素,即多烯色素(polyene pigment),是以异戊二烯残基为单元组成的共轭双键长链为基础的一类色素,因此,这类色素又总称为类胡萝卜素(oarotenoid)。类胡萝卜素是广泛分布于生物界中的一大类色素,已知的类胡萝卜素已达 300 种以上,颜色从黄、橙、红以至紫色都有,不溶于水而溶于脂肪溶剂。

类胡萝卜素与叶绿素一起大量存在于植物的叶组织中,也存在于花、果实、块根和块茎中,一些微生物(酵母菌、霉菌、细菌类中都有)也能大量合成类胡萝卜素。动物体内不能合成类胡萝卜素,但常蓄积有类胡萝卜素,其来源直接或间接来自植物界。一些类胡萝卜素如 β-胡萝卜素等在动物体内可转化为维生素 A,称为维生素 A 元。

类胡萝卜素可按其结构与溶解性质分为两大类:

(1) 胡萝卜素类(oarotene)　结构特征为共轭多烯烃,溶于石油醚,但仅微溶于甲醇、乙醇。

(2) 叶黄素类(xanthophyl)　是共轭多烯的含氧衍生物,可以醇、醛、酮、酸的形式存在,溶于甲醇、乙醇和石油醚。

类胡萝卜素的结构上的特点就是其中有大量共轭双键,形成发色基团,产生颜色。大多数的天然类胡萝卜素都可看成是番茄红素的衍生物,番茄红素的实验式为 $C_{40}H_{56}$,结构式如下番茄红素的一端或两端环构化,便成了它的同分异构物 α-胡萝卜素、β-胡萝卜素及 γ-胡萝卜素。双键位置在 4、5 碳位间的端环称为 α-紫罗酮环(ionona ring),在 5、6 碳位间的称为 β-紫罗酮环,只有具备 β-紫罗酮环的类胡萝卜素才有维生素 A 元的功能,所以番茄红素没有营养作用,α-胡萝卜素及 γ-胡萝卜素也只有 β-胡萝卜素一半的效价。

番茄红素及 α-、β-及 γ-胡萝卜素是食物中主要的胡萝卜素类,即多烯烃类着色物质,番茄红素是番茄中的主要色素,也存在于西瓜、杏、桃、柑橘、辣椒、南瓜等水果、蔬菜中。在三种胡萝卜素中,β-胡萝卜素在自然界中含量最多,分布最广。β-胡萝卜素的分子式为 $C_{40}H_{56}$,相对分子质量为 536.89。胡萝卜素结构式如下

类胡萝卜素作为一类天然色素早就广泛应用于食品着色,但以油质食品为限,用于人造黄油、鲜奶油及其他食用油脂的着色者具多数。近年来发展了一些使类胡萝卜素可分散于水溶液中的新方法。有的是将类胡萝卜素溶于能与水混溶的介质中,有的是将类胡萝卜素制成极细的微晶状,比较实用的一种是将类胡萝卜素吸附在明胶或可溶性的糖类载体(如环状糊精)上。经喷雾干燥制成"微胶相分散体",即可"溶"于水,形成光学透明的胶体,用于饮料、乳品、糖浆、面条等食品着色。

类胡萝卜素是食物中的正常成分,终生食用,动物及人体实验证明,类胡萝卜素即使摄入过多对人体也无损害,作为食品添加剂使用时不限制用量。

胡萝卜素是一种重要的食用色素,它具有食品着色剂和营养增补剂的双重功能。它的 β-胡萝卜素及类胡萝卜素是一类结构和维生素 A 相似的化合物,在人体内可以被转化成维生素 A,具有较好的抗氧化性。现代研究认为,在人体内,胡萝卜素和人体内的氧自由基作用,可消除氧自由基这个在人体内的"垃圾",因而能够防癌。现在已用 β-胡萝卜素制成各种保健品,如胶囊、饮料、食品添加剂等。

胡萝卜素呈紫红色粉末,易溶于水,可溶于甲酸、乙酸、甲醛等强极性溶剂,不溶于无水甲醇、无水乙醇、丙酮、氯仿、苯、甲苯、乙醚、乙酸乙酯、四氯化碳等弱极性溶剂。

配制色素的柠檬酸-柠檬酸钠缓冲液,pH 为 5.0、6.0,经不同热处理后,在最大吸收波长测其 OD 值,以考察胡萝卜素的热稳定性,结果见表 9-1。

表 9-1　不同受热温度对胡萝卜色素的影响

温度	时间	pH 为 5.0		pH 为 6.0	
		OD$_{520}$	颜色	OD$_{530}$	颜色
室温	24 h	0.277	粉红	0.235	紫玫瑰
80℃	30 min	0.221	稍浅	0.193	稍浅
100℃	30 min	0.219	稍浅	0.183	稍浅
121℃	20 min	0.222	较上者深	0.192	较上者深

将色素溶液置于自然光下,半年后观察,溶液颜色无明显变化,说明该色素对光的稳定性较强。

分别配制 5% 的胡萝卜色素溶液,pH 为 2.2～14.0,观察色素溶液的颜色,并测其在可见光区域内的最大吸收波长 λ_{max},常温放置 10d 后,再观察其颜色变化,测其 λ_{max} 的变动。结果见表 9-2。

表 9-2　不同的 pH 对胡萝卜色素的影响

pH	λ_{max}/nm	颜色	10d 后的 λ_{max}/nm	10d 后的颜色
2.2	510	橘红|变	510	橘红|变
3.0	515	橘红|浅	510	橘红|浅
4.0	510	橘红↓	510	橘红↓
5.0	无	粉红	无	粉红
6.0	无	粉红	无	粉红↓变浅
7.0	550	粉红|	无	紫红|变
8.0	580	紫深|	590	紫蓝↓深
9.0	580	紫红↓	600	黄绿中略带红色
10.0	580	紫红↓	610	黄绿
11.0	—	紫蓝	—	黄
12.0	—	黄绿	—	黄
13.0	—	明黄	—	明黄
14.0	—	明黄	—	明黄

从表 9-2 中看到,该色素在酸性溶液中较稳定,保持其固有颜色,λ_{max} 基本不变,而在中性及弱碱性溶液中,λ_{max} 向长波方向移动,色素颜色易变化;在强碱性溶液中,色素变为稳定的明黄色。

一、试剂及器材

1．原料

(1) 玉米蛋白粉　选用新鲜的玉米蛋白粉为原料。

(2) 胡萝卜　选取深红色,质地紧密,不空心,不发软,无虫蛀,色素含量高的红心胡萝卜。

(3) 菌种　L红酵母(最初从自然界分离获得)。

2．试剂

(1) 培养基　8～10Be′麦芽汁,pH＝5～6。

(2) 乙醇　这里作为沉淀剂,选用化学纯试剂(CP)。

(3) 盐酸　这里用于调节 pH,可选用化学纯试剂(CP)。

(4) 果胶酶　它是一种生物酶,用于水解果胶。

(5) 乙酸乙酯　这里作为溶剂,选用化学纯试剂(CP)。

(6) 氯仿　这里作为防腐剂,选用化学纯试剂(CP)。

(7) 丙酮　本工艺中作为沉淀剂,选用化学纯试剂(CP)。

(8) 硫酸　这里用于测定砷,选用化学纯试剂(CP)。

(9) 硝酸　这里用于测定砷,选用化学纯试剂(CP)。

(10) 草酸铵　这里用于测定砷,选用化学纯试剂(CP)。

(11) 酚酞　这里用于配制酚酞指示剂检测反应程度,选用分析纯试剂(AR)。

(12) 氨水　这里用于测定重金属,选用化学纯试剂(CP)。

3．器材

摇床,发酵罐,搪瓷锅,不锈钢锅,旋转蒸发器,真空干燥箱,喷雾干燥设备,离心机,温度计(1～100℃),酒精比重计,试管,移液管,量筒,烧杯。

二、从萝卜中提取胡萝卜素

1．工艺流程

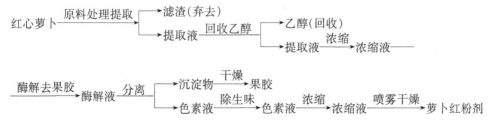

2．操作步骤

（1）原料处理　选取深红色,质地紧密,不空心,不发软,无虫蛀,色素含量高的红心胡萝卜为原料。然后用清水洗净,稍干后进行切分。制作糖醋菜的切成丝状;提取果胶的需切碎,然后打浆。

（2）提取　将以上处理后的红心胡萝卜置于不锈钢锅中,在搅拌的条件下加入1.2倍50％的乙醇,然后用1mol/L盐酸调节pH为4,加热至60℃,继续反应1h,然后过滤,收集滤液。滤渣再按以上方法提取2次,滤液合并。

（3）回收乙醇　将以上滤液置于乙醇回收塔中,先回收乙醇,收集蒸馏除去乙醇的溶液。

（4）浓缩　将除去乙醇的溶液置于不锈钢锅中,加热浓缩成10～15倍量(也可作为萝卜红液剂用)。

（5）酶解去果胶、分离　将以上浓缩液置于不锈钢锅中,在搅拌的条件下加入0.15％～0.2％的果胶酶,然后在pH 3～4,温度30～40℃的条件下,反应3～5h,调节浓缩液pH＝2,加入等量乙醇沉淀3～4h,过滤,沉淀物经洗涤后干燥、磨粉,即成果胶。收集滤液。

（6）除生味　将去掉果胶的色素液置于不锈钢锅中,加入3％白皮白心萝卜汁,调节pH至3.5,在35℃下处理1h,然后把色素液放入高压锅内,在尽量短的时间内升温,温度至121℃,立即放出全部蒸气。

（7）浓缩　将以上除生味后的溶液倾入不锈钢锅中,然后浓缩至色素液含花色苷20％左右。

（8）喷雾干燥　将浓缩液用喷雾干燥设备进行干燥。

三、从玉米中提取胡萝卜素及类胡萝卜素工艺

1．工艺流程

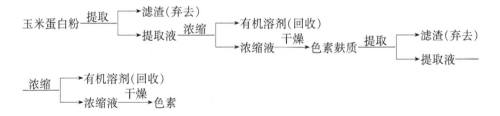

2．操作步骤1

（1）提取　将玉米蛋白粉置于不锈钢锅中(装样量径高比为1:4),在搅拌的条件下加入5倍量的乙酸乙酯和乙醇溶剂(1:1),然后浸泡1h后,以0.5cm/min的流速渗滤至无色液。

（2）浓缩　将以上提取液置于不锈钢浓缩回收罐中,回收溶剂,即得色素浓缩物。

（3）干燥　将浓缩液经喷雾干燥设备进行干燥,然后粉碎即得色素。

3．操作步骤 2

（1）提取　将麸质置于不锈钢锅中,在搅拌的条件下加入 5 倍量的乙酸乙酯和乙醇溶剂(1:1),充分搅拌,静置分层,吸取上层有机相后,过滤,重复操作一次,合并有机相。

（2）浓缩　将以上提取液置于不锈钢蒸发罐中,蒸发回收有机溶媒,得色素浓缩物。

（3）干燥　将浓缩液经喷雾干燥设备进行干燥,然后粉碎即得色素。

四、从红酵母中提取胡萝卜素

1．工艺流程

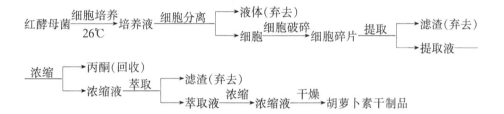

2．操作步骤

（1）细胞培养　培养基(8~10Be'麦芽汁,pH = 5~6)经高温高压杀菌(0.1MPa,20min),冷却后接入新鲜的红酵母悬浮液(接种量为 2%~3%),置于旋转式摇床上培养48h(温度为 26℃,转速为 200r/min)。

（2）细胞分离　将细胞培养液于 200r/min 的转速下离心 15min,用蒸馏水洗涤后置于低温(50℃左右)下烘干至恒重,称重。

（3）细胞破碎　用 2~3mol/L 盐酸处理干细胞,于沸水中保持 2~3min,迅速冷却,再于 4000r/min 的转速下离心 20min,最后用蒸馏水洗涤两次,即得细胞碎片。

（4）提取　将以上细胞碎片置于搪瓷缸中,在搅拌的条件下用加入 2 倍体积的丙酮溶液浸泡 2~3h,然后于 4000r/min 的转速下离心 20min,去掉细胞碎片沉淀,即得丙酮的胡萝卜素提取液。

（5）浓缩　将提取液置于旋转蒸发器浓缩,得浓缩液。

（6）萃取、浓缩　将浓缩液置于不锈钢反应罐中,加入 2 倍体积的氯仿溶液萃取,即得胡萝卜素的氯仿浓缩液。

(7) 干燥　将胡萝卜素的氯仿浓缩液进行真空干燥,再经喷雾干燥,即得胡萝卜素干制品。

五、氯仿溶液中胡萝卜素含量测定方法

1. 方法1

将本品用减压干燥器(硫酸)干燥 4h,精确称取约 30mg,溶于环乙烷至 100mL。取 10mL,加环乙烷至 100mL,再取 10mL,加环乙烷至 100mL 作为检液。液层长 1cm,波长 455nm,测定此液的吸光率 A。根据下式可求出 β-胡萝卜素的含量

$$胡萝卜素的含量 = \frac{A}{2450} \times \frac{100\,000}{试样的采取量(mg)} \times 100\%$$

2. 方法2

$$胡萝卜素含量/干细胞(\mu g/g) = \frac{ADV}{0.16W}$$

式中:A 为色素最大吸收波长处的吸光度;D 为测定试样的稀释倍数;V 为提取色素用溶剂量(mL);W 为红酵母干细胞质量(g);0.16 为胡萝卜素的消光系数。

六、质量指标及检测方法

1. 性状

1) 本品在环己烷溶液(1→400)中,没有旋光性。

2) 本品的环乙烷溶液(1→300 000),在波长(455±1)nm 和(483±1)nm 处有最大吸收峰。

3) 取本品 10mg,加 10mL 氯仿,溶解,呈金黄色,在其中加三氯化锑试液 1mL,呈蓝绿色。

2. 纯度试验

(1) 分解点　本品在减压封闭管中测定熔点时,应在 176～183℃下分解。

(2) 溶解性　将本品 0.1g 溶于 10mL 氯仿时,溶液体应透明。

(3) 砷　将本品 1g 装入 100mL 的分解烧瓶中,加硫酸 5mL、硝酸 5mL,静置加热。并且时而追加硝酸 2～3mL,加热直至溶液从无色变成淡黄色,冷后加饱和草酸铵溶液 15mL,加热至发生浓白烟时,继续加热浓缩到 2～3mL 为止。冷后,加水至 10mL,取 5mL 作为检液。进行砷的常规试验,应符合要求。标准色是将各种

标准液 2mL 装入 100mL 的分解烧瓶中,加硫酸 5mL 及硝酸 5mL。以下操作应与试样相同。

(4) 重金属　在强热残留化的试验中得到的残留物,加盐酸 1mL 和硝酸 0.2mL,置水浴上蒸发变干,然后,加稀盐酸 1mL、水 15mL,加热溶解。冷后,加酚酞试剂 1 滴,再滴加氨水至溶液稍呈红色时,加稀乙酸 2mL。如有必要可过滤,并再加水至 50mL,加硫化钠试液 2 滴,放置 5min,溶液颜色不比在标准溶液 2mL 中加乙酸 2mL 和水至 50mL,再加硫化钠试液 2 滴,放置 5min 的液色更深。

3．干燥失重

将本品用真空干燥器(硫酸)干燥 4h,其干燥失重应在 1% 以下。

4．强热残留物

取本品 1g,进行强热残留物试验,其量应在 0.1% 以下。

5．保存方法

装入遮光密封容器中,用氮取代空气保存。

6．注释

1) β-胡萝卜素是深红色、带有光泽的斜方六面体或是板状的微结晶。稀溶液呈黄色,浓溶液带有金黄色。由于溶剂的极性而多少带有红色。在 30℃,100mL 的各种不同溶剂中的溶解度:氯仿中可溶 4.3g,四氯化碳中可溶 2.3g,苯中可溶 0.1g,环乙烷中可溶 0.307g,正己烷中可溶 0.109g,更易溶于二硫化碳、乙醚、石油醚、油等。难溶于甲醇、己醇。不溶于水。

2) β-胡萝卜素在构造上大多数是顺式、反式的光学异构体。本品是全反式的,无旋光性。天然的 β-胡萝卜素大都是反式的,和少量 3-单顺式、微量 3,6-双顺式体共存。另外,在自然界中存在着 α-、γ-、δ-等异构体、α-胡萝卜素有旋光性,当它混入时,显旋光性。

3) β-胡萝卜素表示特有的吸光光谱,在环己烷液中,在 455nm 和 483nm 处有最大吸收峰,在 434nm 处出小峰,光谱形状与很多的类胡萝卜素相似。可是最大吸收峰 λ_{max} 都是各自特有的,在鉴定上使用,但根据溶剂而移位。n-己烷:(425nm)、453nm、481nm。氯仿:466nm、497nm。二硫化碳:(450nm)、485nm、520nm。

在本条中使用的环己烷,比在正己烷中溶解度大,和定量法中的溶解操作相同,所以本条依据定量法与定量同时进行,是很方便的。

4) 维生素 A 及胡萝卜素类在氯仿中有共同的显色反应,称为卡普(Cartprise)反应。对还原剂稳定的(焦油色素脱色),可用氧化剂脱色。根据 FAO/WHO 的规定,可用硝酸钠和 0.5mol/L 硫酸,分解脱色,作为一种鉴定法。

5) 熔点规定为 181～182℃,文献上多为 183℃(减压封管)(分解)。FCC 规定为 176～182℃(分解)。

6) β-胡萝卜素可大约 4％溶解在氯仿中。不溶杂质,其浊度规定为微浊。

7) 根据硫酸-硝酸进行湿式分解以后,进行砷试验。三氧化二砷限量为 2μg/g。

8) 水中不溶物质,一般是先将强热残留物溶解于盐酸-硝酸液后,调制成重金属检液。以下与一般重金属试验法相同,铅限量为 20μg/g。FCC 规定为 10μg/g,FAO/WHO 规定进行铅试验时,铅限量为 20μg/g。

9) 对混入的杂质或异构体,用加以限制,所以规定了吸收光谱的形状,顺式型有时在 362nm 处出现最大吸收峰。

10) 对水及其他挥发物进行规定,一般在 0.1％以下。

11) 强残留物实际是极少的。因它是用在重金属的试验上,所以不能使用铂坩埚。

12) 以从环己烷液(1→300 000)中的最大吸收峰 455nm 处的吸光率 A,依照下式计算含量

$$纯粹的 \ β\text{-胡萝卜素} \ E_{1cm}^{\%}=2.450$$

13) 本品在空气中极易氧化分解,遇光也易发生变化。在空气中放置 6 周,吸光度降低 25％以上。

第五节　葡萄红色素的提取

葡萄红色素是一类花青素类天然色素,其主要成分包括:锦葵色素-3-葡糖啶、丁香啶、二甲翠雀素、甲基花青素、3′-甲翠雀素和翠雀素等。

葡萄红色素易溶于水,可溶于乙醇、丙二醇、甲醇,不溶于氯仿和己烷。该色素 0.01％的盐酸酸化甲醇溶液在可见光区域 $λ_{max}=515.5$nm,在紫外光区域 $λ_{max}=290.5$ nm,在酸性条件下,该色素对热比较稳定。

葡萄红色素是食品色素中最为人们熟知的天然色素之一。这种色素的颜色随溶液 pH 的变化而变化,在酸性条件下呈鲜红色。世界上葡萄产量非常大,约占世界水果产量的四分之一,而庞大的葡萄饮料及制酒工业中存在大量废弃的带色残渣,因此,从葡萄皮中提取红色食用色素受到了人们的重视。在国内外已把葡萄红色素广泛地应用于果酒、果酱、酸性饮料中。我国葡萄资源丰富,酿酒榨汁后的葡萄皮是葡萄红色素的良好资源。综合利用废弃物,不但可以变废为宝,而且可以获得很好的经济效益。

一、试剂及器材

1. 原料

选用新鲜干燥红葡萄皮为原料。

2. 试剂

(1) 乙醇　这里作为沉淀剂,选用化学纯试剂(CP)。
(2) 氢氧化钠　这里作为溶剂,选用化学纯试剂(CP)。
(3) 盐酸　这里作为溶剂,选用化学纯试剂(CP)。
(4) 乙酸　这里作为萃取剂,选用化学纯试剂(CP)。
(5) 乙醚　这里作为萃取剂,选用化学纯试剂(CP)
(6) 二氧化硫　这里作为测定试剂,选用化学纯试剂(CP)。
(7) 乙酸铅　这里作为测定试剂,选用化学纯试剂(CP)。
(8) 氯化亚锡　这里作为测定试剂,选用化学纯试剂(CP)。

3. 器材

不锈钢锅,不锈钢浓缩罐,温度计(1~100℃)。

二、提 取 工 艺

1. 工艺流程

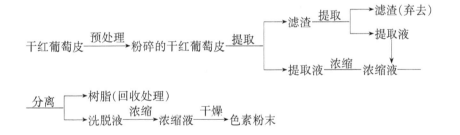

2. 操作步骤

(1) 预处理　将干燥红葡萄皮粉碎并过 40 目筛。

(2) 提取　将以上处理的干燥红葡萄皮置于不锈钢锅中,在搅拌的条件下,加 5 倍质量的 50% 乙醇水溶液,60℃ 搅拌提取 1h,过滤收集滤液。滤渣按同法提取一次,合并提取液。

(3) 浓缩　将提取液减压浓缩回收乙醇,得色素液,过滤,除去残渣。

（4）分离、浓缩　将滤液通过大孔吸附树脂柱，水洗吸附柱至流出液无色，然后用95%乙醇将色素从吸附柱解吸下来，减压回收乙醇，得色素浓缩液。

（5）干燥　将色素浓缩液干燥得色素粉末。

三、质量指标及检测方法

1. 质量指标(参照 FAO/WHO)

含量	色度不低于所标标准。
碱性色素	阴性。
其他酸性色素	
二氧化硫	<0.005%/色值。
砷(以 As 计)	≤3 mg/kg。
铅	≤10mg/kg。
重金属(以铅计)	≤40mg/kg。

2. 检测方法

（1）含量分析

缓冲液的制备：取 2.1% 柠檬酸溶液 159 份(体积)与 0.16% 磷酸二钠溶液 41 份(体积)混合后，用柠檬酸溶液或磷酸氢二钠溶液调整至 pH 为 3.0。

精确称取适量的试样，以使测得的吸光度在 0.2~0.7 之间为准，加上述缓冲液定容至 100mL。

在 1 cm 吸收池中测定其在最大吸收波长约 525 nm 处的吸光度 A，用上述缓冲液作为空白试液，色度计算公式为

$$色度 = \frac{A \times 10}{试样量(g)}$$

（2）质量指标分析

1）碱性色素。取试液 1g，加氢氧化钠溶液 100mL，充分摇匀。取此溶液 30mL，用 15mL 乙醚萃取。用稀乙酸试液反萃此乙醚萃出液两次，每次 5mL，此乙酸反萃液应为无色。

2）其他酸性色素。取试样 1g，加氨试液 1mL 和水 10mL 后充分摇匀。按纸上色谱法测定。在薄层色谱板上点试样液 0.002mL 后将其干燥。以吡啶和氨试液的混合液(2:1，体积比)作为展开溶剂，当溶剂前沿上升至离试样原点约 15cm 时停止展开。在日光下干燥后，溶剂前沿处不得发现色斑，如出现，当喷以 40% 的氯化亚锡的盐酸溶液后，必须褪色。

3）二氧化硫。取试样 1g 放入蒸馏瓶中，加水 100mL 和 2/7 磷酸溶液 25mL，装上凯氏防溅球后进行蒸馏。在接收瓶中预先加入 2% 乙酸铅溶液 25mL。冷凝

器的末端应插入此乙酸铅溶液中,蒸馏至接收瓶中的液体量约达100mL后,用少量水冲洗冷凝器末端,在馏出液中加盐酸5mL和淀粉试液1mL,用0.01mol/L碘液滴定。每毫升0.01mol/L碘相当于二氧化硫(SO_2)0.3203mg。

4) 砷、铅。按常规方法检测。

5) 重金属。按常规方法检测。

第六节　姜黄色素的提取

姜黄,别名黄姜,为著名中药材,有野生的,也有人工种植的,广泛分布于我国云南、四川、贵州、广西、广东、福建、江西、浙江、湖南、湖北及陕西等地,资源十分丰富。姜黄的主要成分由淀粉、纤维素、挥发油、水分以及酚性色素组成,其中酚性色素是作为食用色素的有效成分,它的主要成分有姜黄素(curcuminc)、脱甲氧基姜黄素、双脱甲氧基姜黄素。

姜黄素是世界卫生组织(WHO)、联合国粮农组织(FAO)、欧洲共同体,以及中国、美国、加拿大、日本、澳大利亚等国都许可使用的黄色食用色素。

姜黄素在碱性时呈红褐色,中性、酸性为黄色,味香,具有较强的着色力。它是一种混合物的酚性结构。其主要成分的结构式如下

姜黄素易溶于水、醇、酸或醚中,遇碱立即变红,中和后复原。本品有特有的味和芳香,耐还原性、染着性(特别是对蛋白质)均强,但耐光性、耐热性及耐铁等金属离子性较差。自古以来姜黄作为萝卜条、咖喱粉等食品及调料的着色剂。

姜黄素是人们熟知的一种天然食用色素。它不但色彩鲜艳,而且还具有杀菌

和护肝作用,它安全无毒,作为着色素广泛应用于糕点、糖果、饮料、有色酒等食品中。姜黄素是从姜黄中提取得到的。

一、试剂及器材

1．原料

选取新鲜干净的姜黄块为原料。

2．试剂

(1) 乙醇　这里作为沉淀剂,选用化学纯试剂(CP)。
(2) 氢氧化钠　这里作为溶剂,选用化学纯试剂(CP)。
(3) 盐酸　这里用于调节 pH,选用化学纯试剂(CP)。
(4) 乙酸　这里作为溶剂,选用化学纯试剂(CP)。
(5) 草酸　这里作为分析试剂,选用化学纯试剂(CP)。

3．器材

不锈钢蒸馏罐,不锈钢浓缩锅,离心机,温度计(1~100℃),酸度计。

二、提 取 工 艺

1．工艺流程

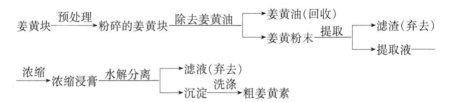

(1) 预处理　首先将姜黄块用粉碎机粉碎(5~10目)。

(2) 除去姜黄油　将粉碎的姜黄块置于不锈钢蒸馏罐中,加入2倍体积的水,然后用蒸馏法处理提取姜黄油。过滤弃去水分,收集沉淀物(提取姜黄油后的姜黄粉末要求含水分15%左右)。

(3) 提取　将上述姜黄粉末置于不锈钢蒸馏罐中,加入2倍体积70%的乙醇,连续回流提取至原料呈灰白色为止,然后过滤分出提取液。

(4) 浓缩　将提取液置于不锈钢浓缩锅中,浓缩成褐色糖状物,得浓缩浸膏。

(5) 水解分离、洗涤　向浸膏中加入6%的氢氧化钠溶液,加热到100℃水解30~45min,加入盐酸调 pH 至黄色素沉淀(pH 为 6.8~7),迅速离心分离,以清水洗涤,得粗姜黄素,含量17%~87%。

根据需要,可对姜黄素粗品进行精制,精制可采用环乙烷萃取法,除去杂质,重结晶,得姜黄素精品。

三、质量指标及检测方法

1. 质量指标(参照 FAO/WHO)

总色素含量	≥90%。
残留溶剂	≤50mg/kg。
砷(以 As 计)	≤3mg/kg。
铅	≤10mg/kg。
重金属(以铅计)	≤40mg/kg。

2. 检测方法

(1) 含量分析 将盛有 60mL 冰醋酸和 0.10g 试样的 100mL 容量瓶,置于 90℃ 的水浴上,保持 1h,加 2g 硼酸和 2g 草酸,在水浴上再保持 10min;冷却至室温后加冰醋酸至刻度,充分振摇;吸取该混合液 5mL 移入 50mL 容量瓶中,加冰醋酸至刻度;于 1mL 吸收池中测定红色溶液在 540nm 处的吸光度,用冰醋酸作为参比标准。取 0.10g 标准姜黄色素加热溶于冰醋酸后移入 100mL 容量瓶并定容。分别吸取 5mL、10mL、15mL 该溶液,移入 3 只 100mL 容量瓶中。再按上述测定步骤中加 1mL 冰醋酸和草酸后定容。绘制校正曲线并测定与试样液吸光度相对应的姜黄色素浓度。

(2) 质量指标分析 其他质量指标按常规质量指标分析检测。

第七节 辣椒红色素的提取

辣椒红色素是从辣椒中提取的一种天然色素,属于类胡萝卜系色素,由于它颜色鲜艳,色调多样,一经问世,便深受人们的喜爱。辣椒红色素广泛应用于医药、高级化妆品中,以及食品中的饮料、果汁、果酒、汽水、糕点等。其色调如下:用食用乙醇以 1:15 溶解后,加量为 1/5000 时呈红色,1/8000 时呈橘红色,1/12 000 时呈黄色,因此具有很重要的生产价值。辣椒红色素对人体无任何副作用,国际上规定 ADI(人体每日允许摄入量)为"不限制"。我国辣椒的利用率很低,大部分用于制作辣椒干、辣椒粉、辣椒油等食用品,开发利用较晚。

辣椒的主要成分是辣椒素和辣椒色素,以及具有特殊香味的挥发物。辣椒中产生辣椒味的物质是辣椒碱,辣椒红色素和辣椒碱能溶于乙醇、乙醚、氯仿、苯等有机溶剂和碱溶液中。辣椒碱在辣椒中的含量一般为 0.2%~0.5%,但只要辣椒红色素中有十万分之一的辣椒碱就可明显地感觉到辣味。由于辣椒碱对人体血管有刺激作用,所以在提取辣椒红色素的同时要除去辣椒碱。

一、试剂及器材

1．原料

选取干辣椒果皮作为原料。

2．试剂

(1) 乙醇 这里作为溶剂,选用食用乙醇。

(2) 硅胶 这里作为层析剂,选用化学纯试剂(CP)。

(3) 乙酸乙酯 这里作为溶剂,选用化学纯试剂(CP)。

(4) 丙酮 这里作为溶剂,选用化学纯试剂(CP)。

(5) 石油醚 这里作为溶剂,选用工业级。

(6) 氯化钠 这里用于盐析,选用精盐。

(7) 氢氧化钠 这里用于配制碱液,选用化学纯试剂(CP)。

(8) 盐酸 这里用于调节 pH,选用化学纯试剂(CP)。

(9) 正己烷 这里作为溶剂,选用化学纯试剂(CP)。

(10) 氢氧化钙 这里用于分离产品,选用工业级制品。

3．器材

搪瓷缸,搪瓷桶,粉碎机,回流装置,温度计($0 \sim 100\,^{\circ}\mathrm{C}$),酸度计。

二、提 取 工 艺

目前提取辣椒红色素主要有以下五种方法,都是采用有机溶剂提取、分离纯化得到产物。

(一) 乙醇-硅胶法

1．工艺流程

干辣椒果皮 →(预处理)→ 辣椒粉 →(提取)→ 乙醇提取物 →(柱层析)→ 硅胶 / 红色油状物

2．操作步骤

(1) 预处理 收集干净的辣椒,去除籽及梗,将辣椒果皮用粉碎机粉碎,过 20 目筛,然后将辣椒粉倒入回流瓶中。

（2）提取　往回流瓶中加1.5～2倍量95%的食用乙醇,在40℃左右回流3～4h,收集紫红色油膏状的乙醇提取物。

（3）柱层析　将乙醇提取物通过硅胶柱层析,用正己烷作为洗脱剂,收集橙红色油状物。油状物中包含辣椒橙(油)及紫红色油状物(辣椒红),进一步纯化即为产品。

（二）丙酮-石油醚法

1. 工艺流程

2. 操作步骤

（1）预处理　收集干净辣椒,去除籽及梗,将辣椒果皮经粉碎机粉碎,过20目筛,然后将辣椒粉移入回流瓶中。

（2）抽提　在回流瓶中加入1.5～2倍体积的丙酮反复抽提3～4h,收集丙酮提取液。

（3）重结晶　将丙酮液移入另一搪瓷桶中,加入石油醚,搅拌均匀,置4℃重结晶过夜,然后收集结晶物,即为辣椒红色素产品,所得产品不溶于水,溶于乙醇、油脂及有机溶剂,耐热、耐酸性好,耐光性较差,产品有不良气味和辣味,要去除辣味方可用于化妆品中。

（三）乙醇-盐析法

1. 工艺流程

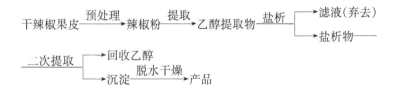

2. 操作步骤

（1）预处理　收集干净的干辣椒,去除籽及梗,将辣椒果皮粉碎,过20目筛,然后把辣椒粉倒入回流瓶中。

（2）提取　往回流瓶中加入1.5～2倍量食用乙醇(95%),回流3～4h,收集紫红色油膏状的提取物。

（3）盐析　将收集的乙醇提取物移入搪瓷桶中,搅拌下加入精盐盐析3～4h,除去辣味,收集盐析物。

（4）二次提取、脱水干燥　将盐析物倒入另一搪瓷桶中,加入2倍量的95%乙醇,搅拌提取2h左右,然后回流回收乙醇,沉淀用少量无水乙醇(食用)洗1次,最后干燥即得精品。本产品色价为120,无有害物质。

（四）正己烷法

1. 工艺流程

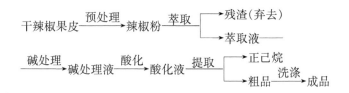

2. 操作步骤

（1）预处理　收集干净的干辣椒,去除籽及梗,用粉碎机粉碎辣椒果皮,将辣椒粉倒入回流瓶中。

（2）萃取　在回流瓶中加入2倍体积的正己烷,在50～55℃条件下回流3～4h,然后过滤回收正己烷。把滤液移入搪瓷桶中。

（3）碱处理、酸化、提取　在上述滤液中加入等量的30%氢氧化钠溶液,加热至80℃,保温30min,冷至室温,用1∶1的盐酸调节pH至2～3,静置过夜,排出水相。加入15倍量正己烷,室温下搅拌提取3～4h,静置分层后,回收正己烷,得粗品。

（4）洗涤　将粗品用95%的乙醇及无水乙醇分别洗涤几次,即得产品。本品有辣味。

（五）乙酸乙酯法

1. 工艺流程

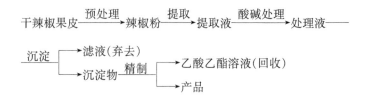

2. 操作步骤

（1）预处理　收集干净的干辣椒,去除籽及梗,用粉碎机粉碎辣椒果皮,过20

目筛,将辣椒粉倒入回流瓶中。

（2）提取　在回流瓶中加入 4 倍体积的乙酸乙酯,50℃左右回流 3～4h,蒸馏回收乙酸乙酯(77℃),收集油状物。

（3）酸碱处理、沉淀　将油状物倒入反应锅中,加入等量的 30％氢氧化钠溶液,加热到 80℃,恒温 30min,冷却至室温后,用 1∶1 的盐酸调节 pH 至 2～3,静置分层,排出水相,调节 pH 至 6.0,再慢慢加入 1/2 量的固体氢氧化钙,搅拌均匀,用离心机分离得固体物,减压干燥,得粗品。

（4）精制　将粗品移入另一反应锅内,加入 5 倍体积的乙酸乙酯,在 50℃条件下搅拌 2h,然后倒入回流瓶中,77℃回收乙酸乙酯,沉淀物再用无水乙醇脱水,干燥即得精品。本产品无任何辣味。

（六）工艺评价

1）目前的提取工艺,产品回收率都在 5％～6％,要提高回收率,就要解决提取充分的问题。

2）以上介绍的方法 1～方法 4,所得产品都有不良味道或苦辣味。对于有辣味的产品,部分可以直接使用,但在化妆品中不能应用,需要进一步除去辣味,方法 5(即乙酸乙酯法)解决了这一问题,产品无辣味,有害物质也少。此外,方法 3 也是较好的一种工艺,值得推广应用。

3）经分析,方法 1 中辣椒橙除含有胡萝卜素外,还含有辣椒红色素及其他微量色素,辣椒红中除含辣椒红色素外,还含有少量胡萝卜素及其他微量色素。所得产品中,辣椒橙为红色油状液体,无辣味,无不良气体味。辣椒红为暗红色油状液体,有辣味,无不良气味。因此要除去辣味,即应除去辣椒红的辣味,得到的是良好的辣椒红色素产品,可广泛应用于医药、高级化妆品及食品中。

三、质量标准及检验方法

1. 质量指标(FAO/WHO)

含量(以色价计)	按产品定值。
残留溶剂	
三氯乙烯	≤30mg/kg
2-丙醇	≤50mg/kg
丙酮	≤30 mg/kg
甲醇	≤50 mg/kg
乙醇	≤50mg/kg
己烷	≤25 mg/kg
砷(以 As 计)	≤3mg/kg。

铅　　　　　　　　　　　　　≤10mg/kg。

重金属(以铅计)　　　　　　≤400mg/kg。

2．检测方法

含量分析(以色值计)

(1) 试剂　硫酸铵钴,必须在盛有无水硫酸钙的干燥器中干燥1周。

(2) 标准比色液　用1.8mol/L硫酸溶液配制每升中含0.3005g重铬酸钾和34.96g硫酸铵钴晶体的比色液。

(3) 测定步骤　在5cm见方的玻璃纸上称取50~80mg试样,精确至0.1mg。将纸和试样均置于100mL容量瓶中,用丙酮定容后在不时摇动下,萃取15min以上。用10mL移液管吸取萃取液10mL,移入另一100mL容量瓶中,再用丙酮定容。用滤纸过滤,弃去10~15mL初滤液。将滤液滤入吸收池,用丙酮作为空白试样,测定460nm处的吸光度。同时测定标准比色液在460nm处的吸光度(A_s)。

(4) 计算

$$可萃取色素 ASTA 色值 = \frac{丙酮萃出液在 460nm 的吸光度 \times 164 \times I_f}{试样量(g)}$$

吸收池长度和仪器校准系数(I_f)计算公式为

$$I_f = 0.600/A_s$$

思　考　题

1. 食用色素分哪几种? 天然色素是如何分类的? 色素存在形式有哪几种?

2. 我国允许使用的食用天然色素约为多少种?

3. 简单叙述胡萝卜素的作用与用途。在提取胡萝卜素时应注意哪些条件?

4. 如何除去辣椒红色素的不良味道或苦辣味?

第十章 基因工程生化产品制备原理及方法

第一节 概　　述

随着分子生物学研究的进展,在 20 世纪 70 年代生物技术发生了巨大的变化。1973 年,美国加利福尼亚大学旧金山分校的 Herber Boyer 教授和斯坦福大学的 StanLey Cohen 教授共同完成了一项著名的实验。他们选用了一个仅含有单一 $EcoR$ I 位点的质粒载体 pSC101,并用 $EcoR$ I 将其切为线性分子,然后将该线性分子与同样具有 $EcoR$ I 黏性末端的另一质粒 DNA 片段和 DNA 连接酶混合,从而获得了具有两个复制起始位点的新的 DNA 组合(图 10-1),并引入宿主细胞后能有效地表达该基因产物。

这是人类历史上第一次有目的的基因重组的尝试。虽然这两位科学家在这次实验中没有涉及任何有用的基因,但是他们还是敏感地意识到了这一实验的重大意义,并据此提出了"基因克隆"的策略。这一策略一经提出,世界各国的生物学家们立刻就敏感地认识到了这种对 DNA 进行重组的技术和基因克隆策略的重大作用和深远意义。于是在很短的时间内研究人员就开发出了大量行之有效的分离、鉴定、克隆基因的方法;到 1975 年科学家又成功地建立了单克隆抗体技术,采用细胞融合技术使鼠的免疫脾细胞与骨髓瘤细胞相融合,形成杂交瘤细胞以定向产生只作用于其一抗原决定簇的单克隆抗体。由此建立的新生物技术成为全球发展最快的高技术之一。首先应用新

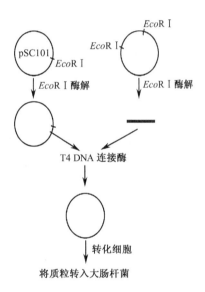

图 10-1　DNA 组合

生物技术目前最为活跃的研究领域是医学领域,它给生命科学的研究带来了一场革命,而起点又集中于开展活性蛋白和多肽类药物及单克隆抗体的研究,进展神速。相继,人类基因组学、功能基因组学、蛋白质组学、生物信息学研究的进展和转基因动物与植物、蛋白质工程、抗体工程、基因治疗和生物芯片等新技术的建立并取得重大突破与发展,为生物技术医药开拓了一个新领域,产生了新型生物技术产业。自 1982 年 10 月第一个生物技术药物人胰岛素获美国 FDA 批准,1983 年投

放市场以来,至 2000 年国际上已有 116 种生物技术药物投放市场,369 种获得批准Ⅲ期临床试验,2600 多种处于实验室研究和早期临床观察阶段。我国已有 19 种生物技术药物投放市场,它们是干扰素 α-1b、α-2a、α-2b 与 γ-干扰素、人白细胞介素-2、促红细胞生成素、粒细胞集落刺激因子、粒细胞巨噬细胞集落刺激因子、碱性成纤维细胞生长因子、重组链激酶、表皮生长因子、生长激素和胰岛素等。还有近 30 种生物技术药物已进入临床试验开发阶段,以及众多的生物技术药物处于中试阶段。国际上生物技术药物已产生巨大的经济和社会效益。据统计,1993 年 10 种生物技术医药产品销售达 77 亿美元,2000 年生物技术药物销售额已超过 200 亿美元,可见生物技术药物已在新药开发中成为一支主力军。

由于生物技术及其产业化程度能体现一个国家的整体研究水平和创新能力,而且,它又能产生巨大的社会和经济效益,因此,生物技术已成为 21 世纪新的竞争热点,世界各国纷纷制定发展战略,支持和扶植本国的生物技术及其产业,制定相应的优惠政策,以确保和拓展本国在世界生物技术产业市场的优势和发展空间。

第二节 基因工程产品的制备程序

将生物体内生物活性物质的基因分离出来或者人工合成,然后利用重组 DNA 技术加以改造,使其在细菌、酵母、动物细胞或转基因动物中大量表达,通过这种方法生产的新型生化产品称为现代生物技术生化产品。

现代生物技术产品生产的基础就是基因(DNA)的体外重组技术的应用,利用这一技术创建的生物技术工程称为基因工程或者遗传工程。

基因工程技术就是将重组对象的目的基因插入载体,拼接后转入新的宿主细胞,构建成工程菌(或细胞),实现遗传物质的重新组合,并使目的基因在工程菌内进行复制和表达的技术。基因工程技术使得很多从自然界很难或不能获得的蛋白质得以大规模合成。80 年代以来,以大肠杆菌作为宿主,表达真核 cDNA、细菌毒素和病毒抗原基因等,为人类获取大量有医用价值的多肽类蛋白质开辟了一条新的途径。

一、基因工程研发的程序

基因工程生化产品的研制开发一般经历五个阶段:①制备基因工程菌株(或细胞)及实验室小试阶段,主要涉及 DNA 重组技术,称为基因工程上游技术;②中试与质量检定阶段,主要涉及基因工程产物的分离、纯化,称为基因工程下游技术;③临床前研究阶段;④临床试验阶段;⑤试生产阶段。

二、基因工程的基本过程

基因工程上游技术即重组 DNA 技术,是通过对核酸分子的剪接、重组和插入而实现遗传物质的重新组合,再借助质粒、病毒、细菌或其他载体,将重组基因转移到新的宿主细胞,使其在新的宿主细胞系统内复制和表达的技术,是现代生物技术的核心。其基本过程包括以下几个方面:①目的基因的制备;②载体的制备;③目的基因与载体的连接;④将含目的基因的重组表达载体引入受体细胞并在其中复制和表达;⑤筛选带有重组目的基因的转化子;⑥鉴定目的基因的表达产物。

基因工程生化药物的生产是一项十分复杂的系统工程,可分为上游和下游两个阶段:上游阶段是研究开发必不可少的基础,它主要是分离目的基因、构建工程菌(细胞);下游阶段是从工程菌(细胞)的大规模培养一直到产品的分离纯化、质量控制等。上游阶段的工作主要在实验室内完成。基因工程生化产品的生产必须首先获得目的基因,然后用限制性内切酶和连接酶将所需目的基因插入适当的载体质粒或噬菌体中,并转入大肠杆菌或其他宿主菌(细胞),以便大量复制目的基因。对目的基因要进行限制性内切酶和核苷酸序列分析。目的基因获得后,最重要的就是使目的基因表达。基因的表达系统有原核生物系统和真核生物系统。选择基因表达系统主要考虑的是保证表达的蛋白质的功能,其次要考虑的是表达量的多少和分离纯化的难易。将目的基因与表达载体重组,转入合适的表达系统,获得稳定高效表达的基因工程菌(细胞)。下游阶段是将实验室成果产业化、商品化,它主要包括工程菌大规模发酵最佳参数的确立,新型生物反应器的研制,高效分离介质及装置的开发,分离纯化的优化控制,高纯度产品的制备技术,生物传感器等一系列仪器仪表的设计和制造,电子计算机的优化控制等。工程菌的发酵工艺不同于传统的抗生素和氨基酸发酵,需要对影响目的基因表达的因素进行分析,对各种影响因素进行优化,建立适于目的基因高效表达的发酵工艺,以便获得较高产量的目的基因表达产物。为了获得合格的目的产物,必须建立起一系列相应的分离纯化、质量控制、产品保存等技术。

三、获得目的基因

应用基因工程技术生产新型生化产品,首先必须构建一个特定的目的基因无性繁殖系,即产生各种新的不同的基因工程菌株。来源于真核细胞的产生基因工程生化产品的目的基因,是不能进行直接分离的。真核细胞中单拷贝基因只是染色体 DNA 中的很小一部分,为其 $10^{-7} \sim 10^{-5}$,即使多拷贝基因也只有其 10^{-3},因此从染色体中直接分离纯化目的基因极为困难。另外,真核基因内一般都有内含子,如果以原核细胞作为表达系统,即使分离出真核基因,由于原核细胞缺乏

mRNA的转录后加工系统,真核基因转录的mRNA也不能加工、拼接成为成熟的mRNA,因此不能直接克隆真核基因。

利用基因工程生产蛋白质或多肽首先需要得到其基因。获得目的基因可根据不同情况采用不同方法。

(一) 利用聚合酶链式反应获得基因

如果已知目的基因的核苷酸序列,可以通过聚合酶链式反应(PCR)在体外大量扩增目的基因。方法是,设计和合成一对分别与目的基因双键DNA片段的两个3′末端部分序列互补的单链寡核苷酸引物,制备或利用已有的含目的基因序列的基因组DNA或cDNA作为模板,通过耐热DNA聚合酶扩增出目的基因。这个方法快速简便,将置于微量离心管中的标准PCR反应体系在基因扩增仪中反应,经过30次左右的高温变性(90~95℃)、低温退火(50~55℃)和中温延伸(60~72℃)的循环,只需2~3h就可扩增出数以百万计的目的基因拷贝。同时,在设计引物时,可以根据需要,在5′端延伸,添加限制酶识别序列及转录和翻译调控序列,或者利用碱基错配,对5′端密码子进行定点诱变,改造翻译起始区序列,以提高基因表达效率。由于上述优点,PCR方法在生长因子基因工程中得到广泛应用。

(二) 从DNA文库筛选基因

不适合人工合成或用PCR方法制备的基因,可以从DNA文库中筛选。

1. 制备基因文库

有两种DNA文库,基因组文库和cDNA文库。

(1) 基因组文库　是由一种生物的基因组得到的DNA片段的集合,其中每个片段部连接到一个克隆载体上,该种生物的全部遗传信息由文库中的全部DNA片段代表。基因组文库的构建方法如下:

1) 制备或选择克隆载体,并用一种限制酶在适当位置切开纯化的载体DNA。作为克隆载体,应具有复制原点,能在宿主细胞中自主复制;具有明显而方便的选择标记基因,如抗生素基因或显色反应基因;具有人工合成的多种限制酶的单一切点,便于外源基因插入;在宿主细胞中以多拷贝形式存在;体积小,容易进入宿主细胞并在宿主中稳定遗传。常见的克隆载体有质粒、λ噬菌体和黏粒,即人工构建的含有λ噬菌体COS位点的质粒。

2) 用限制酶,通常是制备载体所用的同一种酶局部消化基因组DNA,使其降解为适当大小的片段。

3) 用蔗糖密度梯度离心法除去因太大或太小而不适合克隆到选定载体中的片段。

4) 将基因组 DNA 片段和切开的载体 DNA 混合、连接。

5) 用连接混合物转化细菌细胞(载体为质粒)或体外包装噬菌体颗粒(载体为噬菌体),最终得到一个大的细菌或噬菌体群体,其中每个细菌或噬菌体都包含一种不同的重组 DNA 分子,这就是基因组文库。在这种文库中,如果是质粒或黏粒作为克隆载体,每个被转化的细菌都长成一个菌落(colony)或细胞克隆,菌落中的所有细菌都具有相同的重组质粒;如果是噬菌体作为克隆载体,则每种类型的重组噬菌体都产生一个噬菌斑(plaque),在一个噬菌斑中的所有重组噬菌体都相同。

真核生物基因通常含有非编码区及内含子,在原核细胞宿主中不能正常表达,因此,基因文库中的基因一般不能用于原核细胞表达系统的基因工程。

(2) cDNA 文库　是一种更具专一性的 DNA 文库,它只含有在一定生物或一定细胞和组织中表达的基因。表达基因和非表达基因的关键区别在于表达基因要转录 RNA,因此构建 cDNA 文库的一般步骤为:

1) 从表达目的基因的细胞中提取总 RNA,用寡聚脱氧胸苷(dT)纤维素柱从总 RNA 中提取 mRNA。

2) 以 mRNA 为模板,利用逆转录酶合成互补 DNA,即 cDNA 文库,再用 DNA 聚合酶合成 cDNA 的双链。

3) 将产生的双链 cDNA 片段插入到适当的载体中克隆化,这样产生的克隆群体称为 cDNA 文库。由于 RNA 转录加工过程中,内含子序列已被剪切掉,因此 cDNA 文库中的基因无内含子,适于在原核系统中表达,不过,cDNA 只包含蛋白质的结构基因部分,缺少有关的调控序列,因此在原核系统中表达,还需要根据表达载体的结构,配以相应的调控序列。

2. 长 DNA 文库中筛选目的基因

得到 DNA 文库以后,需要从文库数以万计的 DNA 片段中筛选出目的基因。因为每个基因都有惟一的核苷酸序列,所以可以利用与该基因序列互补的标记 DNA 片段检出目的基因,这种标记 DNA 片段称为探针。探针可以用放射性同位素标记,也可以用非放射性物质如生物素、地高辛、荧光素等标记。作为探针的 DNA 片段,可以是由另一物种克隆的同源基因,也可以是根据目的基因产物蛋白质的氨基酸序列和遗传密码知识设计合成的寡核苷酸序列。

利用标记 DNA 探针从 DNA 文库中筛选目的基因的一般方法是:

1) 用硝酸纤维素膜或特制尼龙膜印在含有许多单菌落的琼脂平板上,每个菌落都含有一种不同的重组 DNA,每个菌落都有一些细胞粘在膜上,形成平板影印膜;

2) 用碱处理滤膜,破坏细胞,使细胞中的 DNA 变性,变性 DNA 仍然留在原来菌落所在的位置;

3) 将标记探针加到滤膜上,探针只与含有互补 DNA 序列的目的基因退火,使

相应菌落所在位置带上标记;

4) 通过放射自显影显现标记的菌落,这个菌落就是目的基因的克隆。许多生长因子的早期基因工程都是利用 cDNA 基因。

(三) 人工合成基因

如果已知蛋白质的氨基酸序列或其基因的核苷酸序列,可以利用 DNA 合成仪合成编码该蛋白质的基因。由于现有 DNA 合成仪能力的限制,一般需要先分段合成目的基因的核苷酸序列,然后再将这些片段连接成完整基因。人工合成基因可以根据需要修改密码子,采用宿主细胞偏爱的密码子,以及在结构基因的适当位置添加转录和翻译调控序列,还可以在目的基因的两侧添加限制酶识别序列,以利于和载体的连接。许多细胞生长因子,如胰岛素样生长因子、表皮生长因子、干扰素、红细胞生成素等都采用了人工合成基因。

(四) 载体的制备与连接

有了目的基因,还需要将目的基因导入宿主细胞并使之表达的载体。作为表达载体,除了具备一般克隆载体的特性外,还需要有强启动子、增强子、终止子以及翻译调控序列如 SD 序列等。表达载体的构建或选择由所用宿主类型和表达战略两个因素决定。表达宿主可以用原核细胞如大肠杆菌($E.coli$)、枯草杆菌($B.subtilis$)、链霉菌(streptomyces)等,也可以用真核生物如酵母、昆虫或哺乳动物细胞和转基因动物。不同的宿主系统需要用不同的表达载体。大肠杆菌表达系统可以采用直接表达、融合蛋白表达和分泌型表达三种不同的战略,不同表达战略需要用不同的表达载体。

1. 表达(非融合表达)载体

我国预防医学科学院病毒学研究所构建的质粒 pBV220 就是一个高效率非融合表达载体,这个载体含有:

1) 噬菌体的两个串联启动子 P_R 和 P_L 及 SD 序列;

2) pUC8 质粒的多具接头,有八种限制酶的单一切点;

3) 核糖体基因 mB 的终止子 mBT1T2,是一个强转录终止信号;

4) 选择标记基因 Amp^R;

5) 温度敏感型 λ 噬菌体阻遏物基因 $CIts$857,在 30℃ 时,该基因产物使 P_R P_L 处于抑制状态,温度升至 42℃,CI 阻遏物失活,P_R P_L 活化,使其下游基因表达(图 10-2)。带起始密码子 ATG 的外源基因可以插入启动子下游的多酶切点,表达非融合蛋白。我们已利用这个载体已成功表达了人胰岛素。

2. pET 系统

pET 系统(图 10-3)被认为是最有潜力的系统。插入基因的转录和翻译系统来源于 T7 噬菌体。表达由位于宿主细胞上的 T7RNA 聚合酶所控制，T7RNA 聚合酶启动子为 LacUV5，由 IPTG 诱导。克隆宿主可用大肠杆菌 K12 系的 HB101、JM103 等，其在克隆宿主中不会因表达而造成细胞损伤；表达宿主为 BL21（FompTrb⁻mB⁻）、λDE30。表达菌在 LB 培养基（1％胰蛋白胨、0.5％酵母提取物、1％氯化钠）或 M9 培养基中生长良好。产物以包含体形式存在于细胞内，外源基因最大表达量可占细胞总蛋白的 50％。中试生产中，可以用乳糖代替 IPTG 作为诱导剂，不影响表达率，大大降低发酵成本。

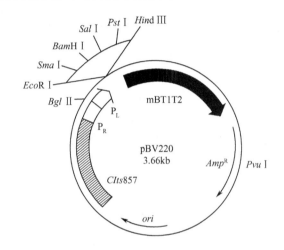

图 10-2　非融合表达载体 pBV220

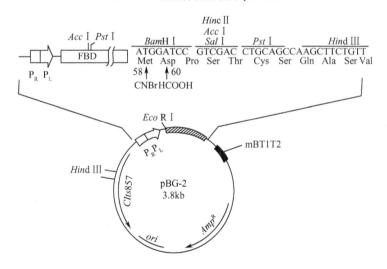

图 10-3　融合表达质粒 pBG-2 的结构

pET 系统多克隆位点上有 NdeⅠ或 NcoⅠ单一切点，切开的黏性末端后三位为 ATG，可直接插入带 ATG 的外源基因。不带 ATG 的外源基因，质粒切开后以

DNA 聚合酶大片段补平再与外源基因连接,进行表达。

pET 系统较新的型号带有 his 标记,标记与克隆位点之间有酶切割位点,使产物能方便地使用金属螯合物分离材料进行分离,一步即可达到高纯度、高收率,而且可在有盐酸胍的情况下操作。该质粒有 a、b、c 3 种,分别为 3 种可读框,使用方便。

3. 分泌型表达载体

细菌细胞质内有多种蛋白酶可以降解外源基因产物,而外周质(壁膜间隙)中蛋白酶较少,因此容易降解的蛋白质产物可采用分泌型表达,使产物分泌到外周质。分泌型表达需要在外源基因的 N 末端融接带有完整信号肽的细菌分泌蛋白质的部分编码序列,大肠杆菌碱性磷酸酯酶、支链淀粉酶、脂蛋白、外膜蛋白 OmpA、金黄葡萄球菌蛋白 A 的带有信号肽的 N 末端编码序列都可用于构建分泌型表达载体。质粒 pTA1529(图 10-4)即属于分泌型表达载体。它含有 *E. coli* phoA 基因启动子和信号肽序列(SS)。信号肽序列的第一个密码子为 GTG。多克隆位点在信号肽序列切割位点(↓)的附近。

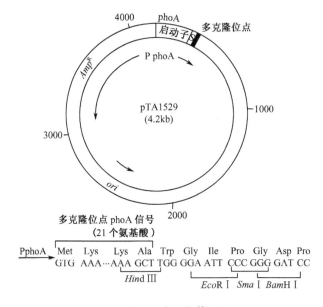

图 10-4 分泌型表达载体 pTA1529

(五) 目的基因与载体连接

得到目的基因和表达载体以后,需要用 DNA 连接酶将它们连接起来。根据目的基因和载体制备过程中产生的末端性质不同,可采用黏性末端连接、平头末端连接和人工接头连接三种不同的连接战略。

1. 黏性末端连接

黏性末端连接有三种方式:

1) 用同一种产生黏性末端的限制酶切开载体和目的基因的两端,然后用连接酶连接,连接处可以用同一种酶再切开,重新回收插入的目的基因片段;

2) 载体和目的基因用两种能产生相同黏性末端的限制酶(如 *Bam*H I 和 *Bgl* II)切开,然后用连接酶连接,但是,产生的连接部位可能用原来的任何一种酶都不能切开;

3) 用两种产生不同黏性末端的限制酶分别切开载体和目的基因序列中的这两种酶的识别序列,然后用连接酶连接,这种连接方式的优点是能将目的基因按需要定向插入到载体的克隆化位点,形成正确的读框。

2. 平头末端连接

一些人工合成基因、cDNA 基因或用产生平头末端的限制酶切下的基因没有黏性末端,可以采用平头末端连接。平头末端连接效率较低,需要加大连接酶用量。平头末端连接要求载体被插入部位两端也是平头,为此,可用两种方式处理载体:

1) 用产生平头末端的限制酶切开载体,如果插入基因片段需要回收,可用同一种酶切开载体和目的基因,若不然,只要用产生平头末端的限制酶即可;

2) 载体预定插入部位若不能用产生平头末端的酶切开,也可以用产生黏性末端的酶切开。然后用 S1 核酸酶除去黏性末端的单链凸出部分或用大肠杆菌 DNA 聚合酶 I Klenow 大片段补齐黏性末端的凹回部分。

3. 人工接头连接

如果目的基因和切开的载体的末端不能吻合,通常是加上一个含有所需限制酶识别序列的合成 DNA 片段,以便于连接和以后再切开被连接的 DNA。这种合成的 DNA 片段称为接头(linker)。一个含有几种限制酶识别序列的合成 DNA 片段称为多聚接头(polylinker)。在限制酶和人工接头广泛使用以前,是通过 λ 噬菌体外切核酸酶和末端转移酶将互补的同聚物尾巴加到被连接的 DNA 片段,以产生黏性末端。目前,已有各种人工接头商品供应,也可以按需要自行设计合成。为保证连接后的基因读框的正确性,同一接头可以设计成长短不同的三种类型。例如,含 *Bam*H I 识别序列的接头可设计为:d(CGGATCC)、d(CGGGATCCG) 和 d(CGCGGATCCGCG)。

(六) 转化

含目的基因的表达载体构建完成后,需要导入宿主细胞中表达,通常采用转化法。所谓转化是指细胞在一定生理状态即感受态(competence)时,可摄取外源遗传物质,摄入的遗传物质可独立复制或在体内重组成为宿主细胞染色体的一部分,并带给宿主细胞某些新的遗传形状。不同的宿主需用不同的方法处理,形成感受态,进行转化。

1. 氯化钙转化法

将受体细胞在 5.0mmol/L 氯化钙溶液中,于 0℃温育 30min,然后加入重组质粒 DNA,在冰上继续温育 30min,迅速转换到 42℃进行热激(heat shock)处理 2min,使细胞成为感受态,容易吸收质粒 DNAD。这种方法是大肠杆菌最常用的转化法,对葡萄球菌和其他一些革兰氏阴性菌也有效。

2. 原生质体-聚乙二醇(PEG)转化法

一些微生物具有坚韧的细胞壁,很难导入外源 DNA,需要用溶菌酶消化,除去细胞壁,制备成原生质体,再通过钙-PEG 处理,使细胞通透性大大提高,能够吸收 DNA。用这种方法使枯草杆菌、嗜热脂肪芽孢杆菌和酵母菌等许多微生物实现转化。

3. 电穿孔法

电穿孔法(electroporation)使细胞接受电击,通常是短暂接受 4000～8000V/cm 的电压梯度作用后,细胞就能通过质膜上形成的孔,从悬浮液中吸收外源 DNA,这是一种将克隆基因导入微生物、植物细胞和动物细胞的快速、简便方法。

(七) 转化子的筛选和鉴定

重组质粒转化的细胞在全部受体细胞中只占极少数,需要从大量细胞中筛选出重组质粒的转化子。

1. 抗药性筛选

目前使用的质粒载体几乎都带有某种抗药性基因作为选择标记,为转化子的筛选提供了方便。例如 pBV220 带有氨苄青霉素抗性基因(Amp^R),在含氨苄青霉素的琼脂平板上,重组 pBV220 转化的细胞能够生长,形成菌落,而非 pBV220 转化细胞则受到抑制或被杀死。在某些情况下,重组 pBV220 中若混有不含目的基因的 pBV220 质粒,这种质粒转化的细胞也能在氨苄青霉素琼脂平板上形成菌落。在这种情况下,需要对转化子进行进一步筛选鉴定。

2. 单菌落快速电泳

将抗药性转化子单菌落随机挑出,快速提取质粒,电泳检测,找出比单纯载体相对分子质量大的条带,对含大相对分子质量质粒的菌株进一步进行质粒 DNA 酶切图谱检查或基因功能检查。

3. 限制酶图谱分析

将初步筛选的转化子细胞或质粒的 DNA 进行限制酶切分析,确定是否为含有目的基因的重组子。

4. Southern 印迹杂交或菌落原位杂交

将重组质粒抽提出来,经酶切或不经酶切,经琼脂糖凝胶电泳后,电泳条带转移到硝酸纤维素膜上,用标记 mRNA 或 cDNA 作为探针,进行 Southern 印迹杂交,以检测含目的基因序列的区带。也可不经电泳,进行菌落原位杂交,将琼脂平板上的菌落转移到硝酸纤维素膜上,变性处理后与探针杂交,含目的基因的克隆菌落位置呈阳性斑点。

5. 基因及其表达产物的鉴定

可测定基因 DNA 由核苷酸序列,也可通过免疫分析鉴定基因表达产物的存在,还可直接测定产物的氨基酸序列、功能和活性。

第三节 大肠杆菌表达体系的优化

由于对大肠杆菌的分子遗传学研究较深入,且由于大肠杆菌生长迅速,所以目前它仍是基因工程研究中采用最多的原核表达体系。大肠杆菌由于本身的特点,其表达基因工程产物的形式多种多样,有细胞内不溶性表达(包含体)、胞内可溶性表达、细胞周质表达等,极少数情况下还可分泌到细胞外表达。不同的表达形式具有不同的表达水平,且会带来完全不同的杂质。

大肠杆菌中的表达不存在信号肽,故产品多为胞内产物,提取时需破碎细胞,故细胞质内其他蛋白质也释放出来,因而造成提取困难。由于分泌能力不足,真核蛋白质常形成不溶性的包含体,表达产物必须在下游处理过程中经过变性和复性处理才能恢复其生物活性。在大肠杆菌中的表达不存在翻译后修饰作用,故对蛋白质产物不能糖基化,因此只适于表达不经糖基化等翻译后修饰仍具有生物功能的真核蛋白质,在应用上受到一定限制。由于翻译常从甲硫氨酸的 AUG 密码子开始,故目的蛋白质的 N 端常多余一个甲硫氨酸残基,容易引起免疫反应。大肠杆菌会产生很难除去的内毒素,还会产生蛋白酶而破坏目的蛋白质。

基因工程生化产品多属真核生物蛋白或多肽,影响真核基因在大肠杆菌中表达效率的主要因素有:启动子强度、翻译起始区序列、mRNA 的二级结构、密码子选择、转录终止、质粒拷贝数、质粒稳定性和宿主细胞生理学,其中多数因素是在翻译水平上起作用。

一、选择和构建强启动子

启动子是与 RNA 聚合酶结合并启动 RNA 转录的 40~50bp 的 DNA 序列,原核细胞启动子主要有 -10 区和 -35 区两个保守区域: -10 区位于转录起始点上游 5~10bp 处,由 6~8bp 组成,富含 AT,又称 TATA box 或 Pribnow box; -35 区位于转录起始点上游约 35bp 处,一般由 9bp 组成。原核生物 RNA 聚合酶不能识别真核基因启动子。因此在大肠杆菌中高效表达真核基因,需要在构建表达载体时选用原核生物强启动子,并且,这种强启动子必须是受到控制或可诱导的,以使外源蛋白不会过早表达,影响宿主细胞的生长和增殖。大肠杆菌基因工程中常用的强启动子有 Lac、Trp、Tac、λP$_L$ 和 T7 启动子。

Lac 由 $E.coli$ 乳糖操纵子的启动子、cAMP 受体蛋白(CRP)结合位点、操纵基因及半乳糖苷酶结构基因部分序列组成,受 CRP 和 cAMP 正调控和 Lac 阻遏物负调控,LacUV5 是个突变的 Lac 启动子,对 CRP 和 cAMP 不敏感,只受 Lac 阻遏物调控,两者均可用异丙基硫代半乳糖苷(IPTG)诱导。

Trp 由色氨酸操纵子的启动子、操纵基因、弱化子及 trpE 结构基因部分序列组成。色氨酸与 Trp 阻遏蛋白结合形成活性阻遏物,它与操纵基因结合阻止转录。因此,Trp 启动子可由色氨酸饥饿或用色氨酸的竞争性抑制剂 β-吲哚丙烯酸诱导。

Tac 是由 Lac 和 Trp 部分序列及人工合成序列组成的一组杂合启动子。其中,Tac I 由 Trp 的 -35 区和 LacUV5 的 -10 区构成;Tac II 由 Trp 的 -35 区、一个合成的 46bp DNA 片段(包括 Pribnow box)和 Lac 操纵基因构成;Tac12 由 Trp 的 -35 区和 Lac 的 -10 区构成,受 Lac 阻遏物调控和 IPTG 诱导。

λP$_L$ 是 λ 噬菌体早期左向转录启动子,通常用 λ 噬菌体 cI 阻遏物基因的温度敏感型突变基因($cIts$ 857)调控转录,通过改变细菌培养温度诱导,在 30℃,阻遏物与操纵基因结合,复制转录,在 42℃,阻遏物失活,转录起始。

T7 是 T7 噬菌体 RNA 聚合酶基因启动子,利用 T7 启动子的表达载体需要以缺陷型 λ 噬菌体 DE3 的溶源菌株,如 BL21(DE3)作为宿主,DE3 携带的 T7RNA 聚合酶基因受 LacUV5 启动子和操纵基因控制,而插入的外源基因受 T7RNA 聚合酶基因的强启动子 Φ10 的控制,用 IPTG 诱导,可使外源基因表述增强 10^5 倍。

二、优化翻译起始区

影响翻译起始的主要因素是 Shinc-Delgarno(S-D)序列或核糖体结合位点(rbs)。它位于起始密码子 AUG 上游 3~11bp,由 3~9bp 组成,富含嘌呤核苷酸,与 16S rRNA3′末端序列互补,互补程度能影响翻译速率,5′-CGAGG-3′序列产生完全的互补,在这个序列中单一碱基变化能使翻译降低 10 倍。

改变 S-D 区后的四个碱基组成会影响翻译。这个位置有四个 A 或四个 T 能产生最高的翻译效率。如果这个区含四个 C 或四个 G,则翻译效率分别只有最高效率的 50% 和 25%。

起始密码子 AUG 前面的三联体也能影响翻译效率。在 β-半乳糖苷酶 mRNA 中,这个三联体的最佳组合是 UAU 和 CUU。如果 UUC 或 AGG 代替 UAU 或 CUU,翻译水平降低 20 倍。

AUG 起始密码子后面的密码子组成也影响翻译速率。例如改变人干扰素 γ 基因第四个密码子的第三位碱基可使表达水平变化 30 倍。另外,许多天然mRNA 第二个密码子有一种很强的偏性,与密码子使用的一般偏性不同,高表达基因是以 AAA(Lys)或 GCU(Ala)作为第二个密码子。改变粒细胞集落刺激因子基因前四个密码子的所有 G 和 C,基因表达产物变化幅度从检测不出到占细胞总蛋白的 17%。

三、优化 mRNA 二级结构

翻译起始需要活化的 30S 核糖体亚基与折叠成特定二皱结构的 mRNA5′末端区之间的相互作用,因此,对于高效率翻译,mRNA 的起始密码子和 S-D 序列不应该形成双链结构,以便于接近 30S 核糖体亚基。改变 mRNA5′末端和 S-D 序列之间的距离会影响翻译,当这个距离少于 15 个碱基时,翻译效率明显降低。S-D 序列和起始密码子之间的距离变化也影响翻译,当以分泌型表达人表皮生长因子基因时,这个距离在 7~9 个核苷酸得到最理想的表达。

四、使用宿主偏爱的密码子

密码子是简并的,多数氨基酸有一个以上的密码子。在所有基因中,同义密码子的使用不是随机的,密码子使用的偏性与细胞中 tRNA 的可利用性和密码子嘧啶末端的非随机选择两个因素有关。在大肠杆菌中,26 种已知的 tRNA 的相对丰富度与密码子使用偏性之间有很强的正相关。多效高表达基因含有大量相应于主要 tRNA 的密码子,只有极少数密码子相应于稀有 tRNA。密码子偏性也包括终止密码子,UAA 是高表达基因的偏性终止密码子,而 UAG 和 UGA 在低水平表达的基因中更频繁地使用。另外,密码子 X1X2C 和 X1X2U 总是编码同一种氨基酸,一般来说,这两种三联体由同一种 tRNA 译码。不过,密码子第三位置的嘧啶的选择是有偏性的,且与基因表达度有关。在高表达基因中,如果密码子前两个碱基是 A 或 U,则优先使用的第三个碱基是 C;如果前两个碱基是 G 或 C,则偏爱的第三个碱基是 U。

利用人工合成基因,可以容易地使密码子选择最优化,以利于基因最大限度表达。

五、提高质粒拷贝数

影响基因转录速率的因素有两个:一是启动子强度;二是基因拷贝数。增加基因剂量的最容易方法是利用高拷贝数质粒克隆目的基因。通常用的高拷贝数质粒载体多数是 colE I 质粒的衍生物。colE I 复制受两种负调节因子控制:一是一种180个核苷酸的非翻译 RNA,称为 RNA I;另一个是蛋白质阻遏物,称为 Rop。RNA II 是质粒编码的一种 RNA,由 RNaseH 加工产生一种555个核苷酸的引物,用于 colE I 的复制起始。RNA II 可以采取两种不同的构象,这两种构象的选择由RNA I 决定:当 RNA I 不存在时,RNA II 具有一种构象,能与复制原点结合,引发DNA复制;在 RNA I 存在时,RNA II 采取另一种与 DNA 复制不相容的构象。Rop 是一种63个氨基酸的多肽,能增强 RNA I 的抑制活性。Rop 基因缺失(如pAT153质粒)或者 RNA I 突变都可使质粒拷贝数增加。已构建一些质粒,其拷贝数受可调节启动子控制。这些质粒有两个复制原点:一个在30℃有活性,与 par 序列结合,维持质粒低拷贝数;另一个复制原点使 λP_L 启动于取代了 RNA II 基因启动子,在携带 λ 阻遏物基因温度敏感型突变 cI857 的菌株中,第二个复制原点只有阻遏物受到温度诱导而失活时,才有功能,在38℃以上,质粒复制不受控制,每个细胞可积累很高的拷贝数。

六、利用强转录终止子

一些强启动子可能引起转录通读、使转录超过真核基因终止信号,产生超长转录物,增加细胞能量消耗;或使转录物形成非需要的二级结构,降低翻译效率,还可能干扰其他必需基因或调节基因的转录,例如由于连读 Rop 基因而干扰质粒复制,导致质粒拷贝数下降。因此,在大肠杆菌中表达外源基因需要用强终止子。

七、增强质粒稳定性

外源基因的高效表达可能导致细胞生长速率降低或形态学变化,如成为纤丝状和增加细胞脆性,如果产生丢失质粒或发生结构重排的突变体,这种突变体不再表达重组基因或减少质粒拷贝数,可能具有更快的生长速率,并迅速在培养物中占优势,从而引起基因工程菌的质粒不稳定性。

(一) 分配不稳定性

由于分配缺陷引起的质粒丢失为分配不稳定。天然质粒 DNA 有一个负责分配功能的 par 区,保证质粒在每次细胞分裂时精确地分离。对于低拷贝数质粒的稳定性十分重要。colE I 也有一个 par 区,但在 pBR322 中被删除,因此,pBR322 在细胞分裂时随机分离。虽然 pBR322 拷贝数高,无质粒细胞出现率非常低,但在一定条件下,如营养限制型或宿主细胞快速生长期间,仍有可能产生无质粒细胞。这个问题可以通过保持抗生素选择而避免,但是,出于成本和大量处理废物的考虑,这不是一个理想的解决方法。可以把其他质粒如 pSC101 的 par 区克隆到 pBR322 系列的载体中,使质粒稳定化。

消除质粒分配不稳定性的另一种方法是反选择无质粒细胞。使含目的基因的质粒同时携带 λc I 基因,然后用 λ 噬菌体的阻遏物缺陷型突变体使携带重组质粒的宿主细胞溶源化。溶源菌中质粒的丧失将伴随 λ 阻遏物的丧失,从而,原噬菌体被诱导进入裂解生长周期,引起无质粒细胞死亡。

质粒形成多聚体也会引起质粒不稳定性。colE I 含有一个解离位点,能以类似转座子诱导的其合体解离方式使多聚体解离为单体,因此,colE I 不形成多聚体。将 colE I 的解离位点克隆到 pBR322 型质粒中,可以消除质粒多聚化问题。

(二) 结构不稳定性

由 DNA 缺失、插入或重排产生的质粒不稳定性称为结构不稳定性。质粒的自发缺失与质粒中存在的短的正向重复之间的同源重组有关,具有两个串联启动子的人工质粒尤其容易形成缺失;在无同源性的两个位点之间也会发生缺失,例如 LacI 阻遏物与相应操纵基因结合,会造成 DNA 合成停滞,从而形成缺失热点。为减少质粒结构不稳定性发生的可能性,可以利用阻遏物控制外源基因的表达,使其在细胞生长和增殖阶段保持在最低限度,这样可以减轻细胞代谢负担和对缺失体的选择。虽然阻遏物结合可能产生缺失热点,但这仍不失为一种好方法。

八、宿主细胞生理学

基因表达还受宿主细胞生理学的控制,其中,主要因素包括营养成分及其提供方式,环境参数如温度、pH 和溶解氧等。迄今为止,还没有就不同生长条件对外源蛋白在大肠杆菌中合成的影响进行系统研究,可供参考的资料也很少。不过,从为数不多的研究结果可以看出宿主细胞生理学对外源基因表达的重要性。例如,高效表达的外源蛋白在大肠杆菌细胞中往往形成不溶性聚集物——包含体,然而,一些研究结果表明,降低细胞生长温度或者采用减低细胞生长速率的培养基组成和 pH 均能增加正确折叠的可溶性蛋白的产量,减少包含体形成。

第四节　非大肠杆菌表达系统

除了大肠杆菌以外,其他一些原核和真核生物细胞也可以作为细胞生长因子基因工程中的表达宿主,这些非大肠杆菌系统主要包括枯草芽孢杆菌、酿酒酵母、昆虫细胞及幼体、哺乳动物细胞和转基因动物。

一、枯草芽孢杆菌系统

枯草芽孢杆菌($B.subtilis$)分泌能力强,可以将蛋白质产物直接分泌到培养液中,不形成包含体。该菌也不能使蛋白质产物糖基化。另外,由于它有很强的胞外蛋白酶,会对产物进行不同程度的降解,因此它在外源基因表达的应用中受到限制。

$B.subtilis$ 是革兰氏阳性专性需氧菌,和属于革兰氏阴性兼性厌氧菌的 $E.coli$ 在生化和遗传方面有显著区别。例如,$B.subtilis$ RNA 聚合酶的 σ 因子(43kD)比 $E.coli$ RNA 聚合酶的 σ 因子(70 kD)小得多,因此对转录模板的专一性更强,它的翻译机构也和 $E.coli$ 不同,其核糖体缺少 $E.coli$ 核糖体中最大的一种蛋白质 S1。有证据说明 S1 的作用是非特异性地结合 mRNA,并将其带到 30S 亚基的解码部位,$B.subtilis$ 的核糖体曲子缺少 S1,所以只能识别同源的 mRNA;另外,91% 已测序的 $E.coli$ 基因的起始密码子 E 是 AUG,而将近 30% 的 $B.subtilis$ 基因起始密码子 E 是 UGC 或 CUG 等。

$E.coli$ 质粒在 $B.subtilis$ 中不能有效复制,而 $B.subtilis$ 本身的天然质粒都是隐蔽型质粒,没有可检测的表型,因此不能用于基因克隆。从 $S.aureus$ 中分离的质粒,如 pC194,有氯霉素抗性基因,能转化 $B.subtilis$ 并在其中正常复制和表达抗生素抗性。因此,PC194 和其他一些 $S.aureus$ 质粒如 pE194、pUB110 和 pTL27 等被用于发展 $B.subtilis$ 克隆载体。

直接在 $B.subtilis$ 中克隆由于质粒的结构和分配不稳定性而遇到困难,所以构建了一些穿梭载体,即能在两种不同生物细胞(如 $E.coli$ 和 $B.subtilis$)中保持和复制的质粒载体。常用的穿梭载体有 pHV 系列、pHP 系列、pEB10 和 pLB5 等。其中 pHP13(图 10-5)是一个以 $B.subtilis$ 内源性隐蔽型质粒 pTA1060 为基础的 $E.coli$-$B.subtilis$ 穿梭载体,长 4.9kb,含有 1.4kb 的 pTA1060 序列(基本复制功能),pE194 的 Em 基因,pC194 的 Cm 基因和 pUC9 $LacZα$ 基因及复制原点。这个穿梭质粒在 $B.subtilis$ 中每个染色体有 5 个拷贝,在 $E.coli$ 中约为 200 个拷贝,在 Em 基因中的 Bcl I 限制酶位点和 Cm 基因的 Nco I 限制酶位点可以插入外源基因,并通过标记失活进行克隆筛选,而 $LacZα$ 基因中的多克隆位点可用于在 $E.coli$ 中进行直接的克隆筛选。在限制缺陷型 $B.subtilis$ 宿主中,pHP13 有很高的克隆效率(高于 30%)。

　　B. subtilis 的表达载体中,一些是以 E. coli 的 lac 系统、λ 噬菌体(E. coli)或 Φ105(B. subtilis)的温度敏感型阻遏物为基础构建的;另一些是 B. subtilis 的蔗糖诱导性基因 sacB 的调节区为基础构建的。sacB 编码一种胞外酶-果聚糖蔗糖酶(levansucrase),它的调节区有个终止子样结构,位于 sacB 启动子和核糖体结合位点之间。一个编码抗终止子蛋白的正调节基因 sacY 负责调节蔗糖诱导的表达。将 sacY 与 sacB 启动子上游的一个组成型强启动子偶联,构建成一个表达盒(expression cassette)(图 10-6),当用蔗糖诱导时,克隆基因的表达至少增强 18 倍。

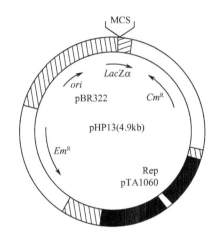

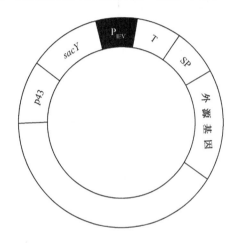

图 10-5　pTA1060 质粒的衍生物 pHP13
深黑色表示由 pTA1060 得到的序列,
斜线表示由 pUC6 得到的序列

图 10-6　B. subtilis 使用的可诱导的表达盒
p43 是强组成型启动子,sacY 编码作用于 T 的抗终止蛋白。P$_{IEV}$是可用蔗糖诱导的启动子

　　B. subtilis 表达的蛋白质一般以分泌形式穿过质膜,进入培养基中,可以直接从发酵液中得到产品,使产物的后处理变得简单,从而降低成本,提高产量。另外,B. subtilis 是工业上常用的菌种,无致病性,不产生内毒素,这些特点使 B. subtilis 成为很有吸引力的基因工程宿主。迄今为止,已有胰岛素、干扰素等多种细胞生长因子在 B. subtilis 中得到表达。

二、酵母表达系统

　　酵母是最简单的真核生物,基因组大小只有 E. coli 基因组的 4 倍,E. coli 的许多遗传操作方法都适用于酵母。酵母安全、无毒、容易培养,遗传背景已相当清楚,人类利用酵母已有几千年历史,适于大规模工业化生产。酵母具有真核生物的特征,能进行蛋白质翻译后修饰加工,如糖基化,一些真核生物蛋白,尤其是经过糖基化修饰才有生物活性的蛋白更适于在酵母中表达。

随着各种酵母质粒的构建和酵母转化技术的建立,酵母体系中的基因表达研究进展较快。和其他表达系统一样,酵母表达系统也包括载体、启动子等控制序列和宿主细胞的 3 个主要部分。

(一) 载体

酵母载体是可以携带外源基因在酵母细胞内保存和复制,并随酵母分裂传递到子代细胞的 DNA 或 RNA 单位。

1. 克隆载体复制序列

酵母细胞中的天然质粒称为 2μ 质粒,因为没有明显的选择标记,不适于作为基因工程载体。利用 DNA 重组技术发展了一系列酵母克隆载体,其中包括:

(1) 酵母附加体质粒(yeast episomal plasmid,YEp) 此类载体的复制序列为酵母 2μ 质粒成分。2μ 质粒是多数酿酒酵母中天然存在的质粒,长 6.3kb,可独立复制。将 2μ 质粒中的复制起点区及 YEp3 基因区的序列引入载体,就足以维持在大多数酵母株系中的复制能力。但对于某些无内源 2μ 质粒的酵母菌株,就需要将更长的 2μ 序列引入载体中,才能使它顺利地复制和扩增。这类载体相对比较稳定,在细胞中的拷贝数约力 $5\sim50$,某些高拷贝的载体可达 $100\sim200$,转化频率(以 DNA 计)为 $10^3\sim10^5/\mu g$。例如,由酵母 2μ 质粒、酵母核 DNA 片段和 $E.coli$ 载体 pMB9 组成的穿梭质粒,在 $E.coli$ 和酵母中都能复制,能高频率转化酵母,在酵母细胞中以高拷贝数存在,以非孟德尔型遗传。以 2μ 质粒为基础的载体,因具有较高的拷贝数、转化频率和稳定性而被广泛地应用。

(2) 酵母复制型质粒(yeast replicating plasmid,YRP) 此类截体的复制序列是非 2μ 来源的自主复制序列(autonomous replication sequence,ARS),可来自酵母染色体,也可来自其他生物。这类载体稳定性差,拷贝数也少,一般在 $5\sim10$,转化频率(以 DNA 计)为 $10^3\sim10^5/\mu g$。例如,一个含 TrpI 的 1.4kb 酵母 DNA 片段插入 pBR322 的 $EcoR$ I 位点得到的质粒,这个质粒能高频率转化 TrpI 酵母原生质体为 $TRPI^+$,在酵母中以共价闭合环 DNA 存在的原因是质粒的酵母染色体 DNA 片段中含有自主复制序列(ARS)如着丝粒等,YRP 在酵母细胞中以高拷贝数存在,产生的转化体极不稳定。

(3) 酵母着丝粒型质粒(yeast centromere plasmid,YCP) 此类载体的复制序列也属于 ARS,并且含有酵母染色体中心粒成分,有的还引入酵母染色体端粒成分。它们作为一种类似染色体的单位参与细胞有丝分裂和减数分裂,在子代细胞中精确地分配,因此有很好的稳定性。不过它们的拷贝数只有 1 个,转化频率(以 DNA 计)为 $10^3\sim10^4/\mu g$。如酵母染色体,着丝粒连锁的位于 Leu2 和 Cdc10 位点之间的一个 1.6kp 片段。在功能上 YCP 表现出酵母细胞染色体的三个特征:在无选择压情况下,有丝分裂稳定;在减数分裂中以孟德尔型遗传;在宿主细胞中以低拷贝数存在。上述 YEP、YRP 和 YCP 三种自主复制型质粒在酵母细胞中部是环状 DNA 分子。

(4) 酵母整合型质粒(yeast integrating plasmid, YIP)　此类载体含有可与酵母染色体重组的序列,可以完全整合到染色体中。因此,它依靠酵母染色体进行复制,具有很好的稳定性。拷贝数只有 1 个,转化频率(以 DNA 计)为 $1\sim1001/\mu g$。例如质粒 pYeLeu10,由 $E.coli$ 质粒 colE I 和一个含 Leu2$^+$ 基因的酵母 DNA 片段组成,可以转化酵母细胞,一齐整合到酵母染色体 DNA 中。

(5) 人造酵母染色体(yeast artificial chromosome, YAC)　这种载体含有天然酵母染色体的三种基本成分:复制起点、着丝粒序列和端粒序列。具有线性结构和天然酵母染色体的许多性质。酵母克隆载体除上述五种类型外,还有一种基于酵母 TY 转座子的逆转录病毒样载体(retrovirus-like vector)。

2. 克隆载体

从大肠杆菌中制备质粒比从酵母中容易得多,因此酵母质粒的加工和制备大部分是通过大肠杆菌进行的,只有在最后阶段才转入酵母中,这就要求酵母载体也同时具有在大肠杆菌中复制和增殖的能力。为此,向酵母载体中引入大肠杆菌质粒 pBR322 的 ori 部分和 Amp^R 或 tet^R 部分,这样构成的载体同时带有细菌和酵母的复制原点和选择标记。酵母菌最常使用的选择性标记是某些氨基酸或核苷酸合成酶系基因,也可以利用抗性基因作为选择标记。克隆载体既能在细菌中进行质粒复制和表型选择,又能在酵母中进行质粒复制和表型选择。目前已成功地构建了一系列可供基因工程使用的酵母克隆载体。

3. 表达载体

将酵母菌的启动子和终止子等有关控制序列引入载体的适当位点后,就构成了酵母菌的表达载体。酵母菌的表达载体有两类:

(1) 普通表达载体　此类载体只能方便地引入外源基因并进行表达,对表达产物的组成,特别是对其 N 末端氨基酸是否增减并无严格要求。例如对于分泌型启动子 α-因子来说,外源基因应插入在其前导肽编码序列后面。恰好天然的 α-因子基因在此部位有一个 $Hind$ III 切点,可用于插入外源基因。因此,只需选出上述含有 α-因子基因亚克隆的质粒就可作为这类表达载体。

(2) 精确表达载体　此类载体要求在启动子或前导肽编码序列的适当部位有内切酶位点,以利于接入外源基因,并使它在表达和加工后 N 末端氨基酸序列与天然产物相同,既无多余的氨基酸,也无缺失的氨基酸。例如在构建 α-因子精确表达载体时,应在其 Arg85 密码子后面引入一内切酶位点,因为 α-因子前导肽最主要的断裂位点在 Arg85(图 10-7)。如在此处引入外源基因,表达产物加工断裂后可以得到正确的 N 端氨基酸。

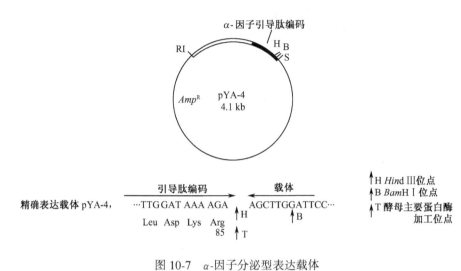

图 10-7　α-因子分泌型表达载体

(二)影响酵母菌中表达的因素

1.外源基因的拷贝数

由于外源基因通常是由多拷贝的质粒载体导入宿主细胞的,所以质粒的拷贝数及其在宿主细胞内的稳定性对外源基因的表达起决定作用。有些质粒在导入宿主细胞后,在传代培养中很快丢失,不能用于工业生产。通过整合质粒,将外源基因整合到宿主染色体上,虽然很稳定,但通常只有一个拷贝,不能高效表达。高度稳定的高拷贝数的质粒可使外源基因高效表达,但高拷贝数常会引起细胞生长量的降低,而单拷贝的质粒对细胞的最大生长没有影响,因而也能达到较高效的表达。

2.外源基因的表达效率

外源基因在酵母菌中表达的效率主要与启动子、分泌信号和终止序列有关。

(1)启动子　要使外源基因在酵母菌中表达,必须将外源基因克隆到酵母菌表达载体的启动子和终止子之间,构成"表达框架"。酵母菌的启动子由上游激活序列和保留的近端启动子组成。近端启动子含有一个转录所必需的 TATA 序列和 mRNA 起始转录位点——起始密码子。终止子区含有终止 mRNA 转录所需的信号。

在酵母菌中经常利用的启动子有组成型启动子和诱导型启动子(表 10-1)。不同启动子对不同外源基因的表达水平的调节作用明显不同,因此在表达目的基因时应选择合适的启动子。

表 10-1　常用的酵母启动子

启动子类型	所用的基因	基因符号
组成型	磷酸甘油酸激酶	PGK
	烯醇酶	ENOL
	3-磷酸甘油醛脱氢酶	GAPDH
	乙醇脱氢酶 1	ADH1
	磷酸三糖异构酶	TRI
	信息素 α-因子	MFα1
诱导型	细胞色素 c	CYC1
	酸性磷酸脂酶	PHO5
	半乳糖激酶	GAL1
	UDP-D-半乳糖-4-差向酶	GAL10

组成型启动子原则上在酵母的生长各个时期都能发挥作用,但是,当外源基因产物对酵母细胞有不利影响时,过早表达该基因常使酵母菌生长不良以致达不到所需的细胞密度,从而影响了总表达产量。通常采用代谢控制方法来部分缓解这类问题,如改换碳源、改变温度等。

诱导型启动子的表达受诱导物或诱导条件的特异性影响,可以在较大范围内改变表达效率。如 PHO5 启动子的表达由培养基中无机磷调节,控制培养基中无机磷的含量就可调节该基因的表达水平。在低磷酸盐浓度时,表达效率可以提高数十倍至百倍以上。寻找高效的诱导型启动子是提高酵母表达效率的重要途径。

(2) 分泌信号的效率　分泌信号包括信号肽部分以及前导肽部分的编码序列,它帮助后面的表达产物分泌出酵母细胞,并在适当的部位由胞内蛋白酶加工切断表达产物与前导肽之间的肽键,产生正确的表达产物。表达产物分泌到细胞外,既可以避免对酵母细胞可能产生的不利影响,又可以避免提取纯化时破碎细胞,分离蛋白的困难,所以有重要的实用意义。

分泌信号是酵母菌表达蛋白的起始分泌,糖基化和蛋白折叠加工等不可缺少的因素。由于酵母表达的蛋白的加工、转运和分泌途径都与高等真核生物相似,所以,许多哺乳动物的蛋白都能在酵母中正确加工并分泌到胞外。酵母菌也能利用异源的分泌信号,但利用酵母菌自身分泌信号的效率一般要优于利用哺乳动物或其他生物分泌信号的效率。

(3) 终止序列的影响　基因编码区后的终止序列对于真核基因的表达有重要作用。终止序列保证了转录产物(mRNA)在适当部位终止和加上 polyA 尾部,这样形成的 mRNA 可能比较稳定并被有效地翻译。在酵母中表达的人工合成基因一般不含有终止序列,必须借用外加的终止序列或载体上现有的终止序列。常用的外加终止序列有 ADH1、CYC1、MFα1 和 PGK。对终止序列不适当的删除会导致终止功能的剧烈下降,因此一般不对终止序列进行特殊的剪切。

3. 外源蛋白的糖基化

酿酒酵母能使表达的外源蛋白在分泌过程中发生糖基化。外源蛋白在酵母细胞中可发生 N-糖苷键(天冬酰胺连接)和 O-糖苷键(丝氨酸或苏氨酸连接)连接的两种不同的糖基化,这与哺乳动物细胞中发生的糖基化相同。酵母细胞在分泌过程中能正确识别外源蛋白上的 N-糖基化信号,使外源蛋白正确折叠,并将这些蛋白质分泌到胞外。酿酒酵母还能使外源蛋白发生 O-糖基化。酵母细胞分泌的异源蛋白糖基化产物与天然产物完全相同,这是应用酵母菌生产重要生化产品的最大优点之一。外源蛋白经酿酒酵母合成、氨基末端修饰、二硫键形成、蛋白折叠和糖基化后,可以有效地以活性型分泌到培养基中,而且某些蛋白质糖基化后更加稳定,便于分离精制。

4. 宿主菌株的影响

不同的酵母菌株及其生理状况对外源基因的表达有明显的影响。表达用的酵母宿主菌株应具备下列要求:

1) 菌体生长力强。使用非分泌型启动子时,外源基因的表达产量直接与酵母菌密度有关,故应选择生长力强的菌株。

2) 菌体内源蛋白酶要较弱。因为外源基因表达产物易受酵母细胞内的蛋白酶分解,内源蛋白酶活力低的菌株造成的破坏较小。

3) 菌株性能稳定。常用的宿主菌株几乎都是突变株,应避免使用回复突变率高的不稳定株系。最好使用二倍体或多倍体菌株。酵母宿主菌株的倍体性和MAT(matrix-attachment site,基质附着部位)位点结构对附加体质粒(YEP)有丝分裂稳定性和 HBsAg 基因表达的影响已被证实。例如,质粒 YEP、PYF19 和 YEP13 + HBsAg 在三倍体和大部分二倍体菌株中有丝分裂的稳定性明显高于单倍体菌株。大部分含 YEP13 + HBsAg 的多倍体酵母转化子中,HBsAg 的含量较单倍体细胞高 2~4 倍。

4) 分泌能力强。不同菌株的分泌能力有所差别。如使用分泌型启动子,最好选用分泌能力强的株系。有些外源基因常常不能有效地通过酵母菌的分泌途径分泌,发展适当的分泌突变体菌株可以改善酵母菌分泌外源蛋白的能力。如使用超分泌型突变株可使凝胶酶、tPA 的产量较野生型增加 5~8 倍,且其分泌效率与分泌蛋白上是否存在分泌信号无关。

三、昆虫细胞及幼体表达系统

在昆虫系统中作为载体的是感染昆虫的杆状病毒,主要有两种:苜蓿银纹夜蛾核型多角体病毒(autographa California nuclear polyhedrosis virus,AcMNPV)和家蚕核型多角体病毒(bombyx mori nuclear polyhedrosis virus,BmNPV)。核多角体病毒(NPV)基因组是大的双链DNA分子,约128kb。在正常感染期间,病毒产生核包含体,由包埋在蛋白质基质中的病毒颗粒组成,主要成分是病毒编码的一种蛋白质,称为多角体蛋白。多角体蛋白基因的启动子是一个极强的启动子,在病毒感染细胞后期,多角体蛋白可达细胞总蛋白量的50%,而多角体蛋白不是病毒复制所必需,因此,用外源基因取代多角体蛋白基因,构成重组病毒,就可以利用多角体蛋白基因启动子驱动外源基因在昆虫细胞或幼体中表达。

构建NPV表达载体需要将外源基因插入多角体蛋白基因启动子下游。但是,由于病毒基因组DNA太大,不能通过简单的体外操作直接实现这个目标,需要采用一种间接战略,即利用一个小的重组转移载体(transfer vector)及体内同源重组产生作为表达载体的重组病毒基因组,已有许多种转移载体可以用于完成这项任务,现以人干扰素α基因在BmNPV中的表达为例,说明核多角体病毒表达载体的构建方法。首先,将多角体蛋白基因区DNA片段克隆到 $E.coli$ 载体pUC9中,使多聚接头恰好在多角体蛋白启动子指导的转录起始点下游,而在多聚接头的另一侧是插入的含多角体蛋白基因下游序列的DNA片段。然后,将干扰素α编码序列连接到多聚接头部位,以正确方向插入到多角体蛋白启动子和基因下游序列之间,得到重组转移载体。用此重组转移载体与野生BmNPV DNA共转染家蚕培养细胞,通过细胞内同源重组使转移质粒中被隔开的多角体蛋白基因置换病毒DNA中的野生型多角体蛋白基因,得到重组病毒。重组病毒不能形成包含体,所以产生特有的空斑,能够被分离出来。用重组体病毒感染家蚕幼虫(或细胞),每条虫体可产生50g干扰素α。

重组AcMNPV的表达一般是通过感染秋黏虫(spodoptera frugiperda)培养细胞、外源基因在感染期间表达,在感染后大约3d可获得很高产量的蛋白质。

昆虫,尤其是家蚕,由于饲养成本低,容易大规模生产,已成为具有重要应用价值的基因工程表达系统之一。迄今,在国内外,已有干扰素α和β、肿瘤坏死因子σ、人巨噬细胞集落刺激因子和粒细胞-巨噬细胞集落刺激因子等多种细胞因子在昆虫系统中获得表达。

四、哺乳动物细胞系统

哺乳动物细胞由于外源基因的表达产物可由重组转化的细胞分泌到培养液中,细胞培养液成分完全由人工控制,从而使产物纯化变得容易,动物细胞分泌的基因产物是糖基化的,接近或类似于天然产物。但动物细胞生长慢,因而单位体积生产率低,而且培养条件要求苛刻,费用高,培养液浓度较小,而且目前用于表达外源基因的细胞均为传代细胞,一般认为传代细胞均是恶性化细胞,因而对使用这类细胞生产重组 DNA 产品是否存在致癌的问题还有疑问。

但为了保持许多基因工程生化产品与自然分子一样的功能,需经过真核细胞所特有的翻译后加工修饰,因此动物细胞是重要的表达系统。

对于哺乳动物细胞,没有类似质粒的载体可以利用,外源基因需要整合到宿主细胞染色体中,随染色体一起复制、遗传和表达。

(一) 外源 DNA 导入哺乳动物细胞的方法

1. 磷酸钙-DNA 共沉淀法

磷酸钙和 DNA 的沉淀可以被细胞吸收。这个方法是将任何 DNA 导入哺乳动物细胞的一般方法。不过吸收外源 DNA 的细胞比例很低($1\% \sim 2\%$),并且许多细胞株不能适应固体沉淀物附着在细胞或培养瓶的表面。对于这些细胞株可用 DEAE-dextran(二乙胺乙基葡聚糖)转染法。DEAE-dextran 是一种可溶性聚阳离子,不会产生沉淀,用于 COS 细胞瞬时表达分析非常方便,但不能产生稳定的转化细胞。上述转化作用可能是细胞通过吞饮作用吸收 DNA。

2. 脂质体包裹法

脂质体包裹法是将外源 DNA 分子色埋于脂质体微囊内,通过脂质体微囊与宿主细胞融合作用将外源 DNA 导入宿主细胞的方法。通常是在含重组 DNA 分子的水溶液中加入磷脂和吐温 80 等乳化剂,经过激烈搅拌或超声波处理,使磷脂分子分散于水溶液中,静置后聚集,类似于生物膜的液态脂质双层膜,将重组 DNA 水滴包裹于脂质微囊中,形成人工原生质体即脂质体。然后,在 PEG 或其他促溶剂存在下,将脂质体与宿主细胞混合,在一定条件下产生融合作用,从而将重组 DNA 引入宿主细胞。

3. 显微注射法

用很细的注射针将 DNA 直接注入细胞核,这种方法转化率很高,但不适用于处理大量细胞。

4. 电穿孔法

利用短脉冲电流在质膜上产生孔隙,使 DNA 能穿过质膜进入细胞。这个方法容易使用,广泛用于产生瞬时或稳定的转化子。

5. 病毒载体导入法

像在细菌系统中一样,病毒能将外源基因有效导入动物细胞。动物病毒作为外源基因载体有如下优点:它们具有吸附和感染动物细胞的天然能力;动物病毒往往往含有强启动子,能用于驱动外源基因表达;在许多情况下,动物病毒能复制自身的基因,在细胞内达到很高的拷贝数,为外源基因高水平表达提供一条途径;某些动物病毒,尤其是逆转录病毒,将它们的 DNA 自然整合到宿主染色体中,作为其复制周期的组成部分。这些优点使病毒能提供与转染法不同的将外源基因导入细胞的方法。通常作为载体的病毒有 SV40、重组痘苗病毒、腺病毒和逆转录病毒。

(二) 共转染(cotransfection)

利用磷酸钙沉淀法、可以使两种物理性质不同的 DNA 混合物同时转染动物细胞,进入细胞的共转染 DNA 能彼此连接,形成串联体,并且,能整合到细胞基因组的任何部位,共转染现象能使克隆基因稳定地导入培养哺乳动物细胞而不需要能在宿主细胞中复制的载体。

(三) 选择标记基因

哺乳动物细胞的高效率转染需要选择标记基因的有效表达。哺乳动物细胞使用的选择标记基因主要有单纯疱疹病毒(HSV)胸苷激酶基因(*tk*)和二氢叶酸还原酶(DHFR)氨甲蝶呤(Mtx)选择系统。

1. *HSVtk* 基因

HSVtk 基因能有效转染 TK-哺乳动物细胞,产生稳定的 TK$^+$ 表型。利用 HAT 培养基(含次黄嘌呤 H、氨基蝶呤 A 和胸苷 T)可以筛选出 TK$^+$ 转化子,*HSVtk* 基因可以克隆到 *E.coli* 质粒中提供 *tk* 基因的来源。不过, *tk* 基因的选择需要 TK-受体细胞,这一点严重限制了它的使用。为此发展了一系列可以用于非突变细胞株的显性选择标记基因。

2. *DHFR-Mtx* 选择系统

DHFR 对其抑制物 *Mtx* 很敏感,但有三类细胞具有 *Mtx* 抗性: *Mtx* 吸收能力降低的细胞、高效表达 *DHFR* 的细胞和 *DHFR* 结构改变因而降低了对 *Mtx* 亲和性的细胞。高效表达 *DHFR* 的细胞中该基因的拷贝数大量扩增,可多达 1000 个拷贝。扩增的单位即扩增子(amplicon)的 DNA 序列很长,约 100kb,比选择标记基因 DHFR 本身(约 31kb)大得多、如果外源 DNA 与 DHFR 基因共价连接,也可得到扩增。这在基因工程中具有重要意义,因为外源基因拷贝增加可能使基因产物高水平表达。为利用扩增子扩增外源基因,可以单纯利用共转染,使外源基因和 *DHFR* 基因整合及共价连接;也可以使外源基因与表达小鼠 *DHFR* cDNA 的载体共转染,在细胞内形成扩增子。

中国仓鼠卵巢(CHO)A29 细胞株能合成大量变异的 *DHFR*,因而有极强的 *Mtx* 抗性。用 A29 细胞基因组 DNA 作为供体,提供高拷贝数的变异 *DNFR* 基因,与外源基因共转染非突变体 *Mtx* 敏感型细胞株,然后,通过挑选 *Mtx* 抗性细胞群落,并用逐渐增高的 *Mtx* 浓度持续进行选择,就可以筛选出具有高度 *Mtx* 抗性、高拷贝数的 *DHFR* 基因和外源基因以及外源基因产物高表达的转化子。

(四) 外源基因在哺乳动物细胞中的高水平表达

当需要蛋白质产物以哺乳动物特有的方式糖基化时,就必须用哺乳动物细胞作为表达宿主。在动物细胞中高水平表达外源基因,需要的条件有:

1) 使用强的增强子/启动子,如 SV40 增强子/早期启动子、RSVLTR 启动子或人巨细胞病毒立即早期启动子(immediate early promoter);

2) 避免 mRNA 5′-非译区内形成二级结构;

3) 缩短 mRNA 的 5′非翻译区,消除起始密码子上游的 AUG,因为这些 AUG 三联体对真正起始密码子的起始有害;

4) 起始密码子周围的顺序应符合 Kozak 规则,其中最重要的是在 3 位置(AUG 密码子的 A 为 +1)是嘌呤、而在 +4 位置是 G;

5) 消除 mRNA 3′非翻译区的富 AU 序列,因其能降低 mRNA 的稳定性;

6) 如需要可诱导表达系统,可以选择金属硫蛋白(MT)作为启动子,用金属离子镉或锌诱导转录。

第五节 工程菌的发酵

基因工程下游技术一般指在构建了稳定高效表达的细胞株,并经过实验室小试后,进行大规模工程菌发酵或细胞培养、分离纯化、制剂、质量控制等一系列工艺过程。其中,分离纯化技术最为重要,包括细胞破碎、固液分离、超滤浓缩、层析纯化,直至得到纯品。这个过程工艺复杂,无固定模式借鉴,工艺设计和操作单元的选择需要通过试验摸索,还要靠工艺设计者的经验和知识水平。

良好的发酵工艺对表达外源蛋白至关重要,直接影响到产品的质量和生产成本,决定着产品在市场上的竞争力。基因工程菌的培养过程主要包括:

1) 通过摇床操作了解工程菌生长的基础条件,如温度、pH、培养基各种组分以及碳氮比,分析表达产物的合成、积累对受体细胞的影响。

摇床有三种类型即小型旋转式摇床、往复式摇床和大型立式旋转摇床。摇床温度和转速可调,使用的三角瓶大小和数量不等,可根据需要确定,有的一次可摇500mL 的三角瓶 100 个。摇床培养适于基因工程菌种培养和小规模试验。

2) 通过培养罐操作确定培养参数和控制的方案以及顺序。由于细胞生长和异源基因表达之间有着较大的差异,各培养参数在全过程中必须分段控制。

在不同的发酵条件下,工程菌的代谢途径也许不一样,因而对下游的纯化工艺会造成不同的影响。因此在高表达高密度的前提下,还要尽量建立有利于纯化的发酵工艺,以提高产品的纯度及改善其性质。

一、基因工程菌的培养方式

基因工程菌培养常用的方式有补料分批培养、连续培养、透析培养、固定化培养。

1. 补料分批培养

补料分批培养是将种子接入发酵反应器中进行培养,经过一段时间后,间歇或连续地补加新鲜培养基,使菌体进一步生长的培养方法。在分批培养中,为保持基因工程菌生长所需的良好微环境,延长其生长对数期,获得高密度菌体,通常把溶氧控制和流加补料措施结合起来,根据基因工程菌的生长规律来调节补料的流加速率。

2. 连续培养

连续培养是将种子接入发酵反应器中,搅拌培养至一定菌体浓度后,开动进料和出料的蠕动泵,以控制一定稀释率进行不间断的培养。连续培养可为微生物提供恒定的生活环境,控制其比生长速率,为研究基因工程菌的发酵动力学、生理生化特性、环境因素对基因表达的影响等创造了良好条件。

但是由于基因工程菌的不稳定性,连续培养比较困难。为解决这一问题,人们将工程菌的生长阶段和基因表达阶段分开,进行两阶段连续培养。在这样的系统中关键的控制参数是诱导水平、稀释率和细胞比生长速率。优化这 3 个参数可以保证在第一阶段培养时质粒稳定,在第二阶段可获得最高表达水平或最大产率。

3. 透析培养

透析培养是利用膜的半透性原理使代谢产物和培养基分离,通过去除培养液中的代谢产物来消除其对生产菌的不利影响。传统生产外源蛋白的发酵方法,由于乙酸等代谢副产物的过高积累而限制工程菌的生长及外源基因的表达,而透析培养解决了上述问题。采用膜透析装置是在发酵过程中用蠕动泵将发酵液打入罐外的膜透析器的一侧循环,其另一侧通入透析液循环。在补料分批培养中,大量乙酸在透析器中透过半透膜,降低培养基中的乙酸浓度,并可通过在透析液中补充养分而维持较合适的培养基浓度,从而获得高密度菌体。膜的种类、孔径、面积、发酵液和透析液的比例、透析液的组成、循环流速、开始透析的时间和透析培养的持续时间等都对产物的产率有影响。用此法培养重组菌 $E. coli$ HB101(pPAKS2)生产青霉素酰化酶,可提高产率 11 倍。

4. 固定化培养

基因工程菌培养的一大难题是如何维持质粒的稳定性。有人将固定化技术应用到这一领域，发现基因工程菌经固定化后，质粒的稳定性大大提高，便于进行连续培养，特别是对分泌型菌更为有利。因此基因工程菌固定化培养研究已得到迅速开展。

二、基因工程菌的发酵工艺

利用基因重组技术构建的基因工程菌的发酵工艺不同于传统的微生物发酵工艺，就其选用的生物材料而言，基因工程菌是带外源基因重组载体的微生物，而传统的微生物不含外源基因。从发酵工艺考虑，基因工程菌发酵生产的目的是使外源基因高效表达，尽可能减少宿主细胞本身蛋白的污染，以获得大量的外源基因产物，而传统微生物发酵生产的目的是获得微生物自身基因表达所产生的初级或次级代谢产物。外源基因的高效表达，不仅涉及宿主、载体和克隆基因之间的相互关系，而且与其所处的环境息息相关。不同的发酵条件，基因工程菌的代谢途径也许就不一样，对下游的纯化工艺就会造成不同的影响，因此，发酵还直接影响产品的纯化及质量。仅按传统的发酵工艺生产生物制品是远远不够的，需要对影响外源基因表达的因素进行分析，探索出一套既适于外源基因高效表达，又有利于产品纯化的发酵工艺。现就几个主要因素进行分析。

1. 培养基的影响

培养基的组成既要提高工程菌的生长速率，又要保持重组质粒的稳定性，使外源基因能够高效表达。常用的碳源有葡萄糖、甘油、乳糖、甘露糖、果糖等。常用的氮源有酵母提取物、蛋白胨、酪蛋白水解物、玉米浆和氨水、硫酸铵、硝酸铵、氯化铵等。另外，培养基中还加一些无机盐、微量元素、维生素、生物素等。对营养缺陷型菌株还要补加相应的营养物质。

使用不同的碳源对菌体生长和外源基因表达有较大的影响。使用葡萄糖和甘油菌体比生长速率及呼吸强度相差不大，但以甘油为碳源的菌体得率较大，而以葡萄糖为碳源的菌体所产生的副产物较多。葡萄糖对 Lac 启动子有阻遏作用，采用流加措施，控制培养液中葡萄糖的较低浓度，可减弱或消除葡萄糖的阻遏作用。用甘露糖作为碳源，不产生乙酸，但比生长速率和呼吸强度较小。对 Lac 启动子来说，使用乳糖作为碳源较为有利，乳糖同时还起诱导作用。

在各种有机氮源中，酪蛋白水解物更有利于产物的合成与分泌。培养基中色氨酸对 Trp 启动子控制的基因表达有影响。

无机磷在许多初级代谢的酶促反应中是一个效应因子，如在生物大分子

(DNA、RNA、蛋白质)的合成、糖代谢、细胞呼吸及 ATP 浓度的控制中,过量的无机磷会刺激葡萄糖的利用、菌体生长和氧消耗。Ryan 等研究无机磷浓度对重组大肠杆菌生长及克隆基因表达的结果表明,在低磷浓度下,尽管最大菌体浓度较低,但产物产率及产物浓度都最高。Jensen 等在进行补料分批培养时,降低培养基中的磷含量,使菌体生长受到控制,再加大葡萄糖流加速率,可使目的蛋白产量提高一倍。由于启动子只有在低磷酸盐时才被启动,因此必须控制磷酸盐的浓度,使细菌生长到一定密度,磷酸盐被消耗至低浓度时,目的蛋白才被表达。起始磷酸盐浓度应控制在 0.015 mol/L 左右,浓度低影响细菌生长,浓度高则外源基因不表达。

2. 接种量的影响

接种量是指移入的种子液体积和培养液体积的比例。它的大小影响发酵的产量和发酵周期,接种量小,延长菌体延迟期,不利于外源基因的表达,采用大接种量,由于种子液中含有大量水解酶,有利于对基质的利用,可以缩短生长延迟期,并使生产菌能迅速占领整个培养环境,减少污染机会,但接种量过高往往又会使菌体生长过快,代谢产物积累过多,反而会抑制后期菌体的生长,所以接种量的大小取决于生产菌种在发酵中的生长繁殖速率。表达 rhGM-CSF 的工程菌——大肠杆菌 DH5α/j1 的发酵分别采用 5%、10%、15% 的接种量,结果表明,5% 助接种量,菌体延迟期较长,使菌龄老化,不宜表达外源基因;10%、15% 的接种量,延迟期极短,菌群迅速繁衍,很快进入对数生长期,适于表达外源基因。

3. 温度的影响

温度对基因表达的调控作用可发生在复制、转录、翻译或小分子调节分子的合成等水平上。在复制水平上,可通过调控复制,来改变基因拷贝数,影响基因表达;在转录水平上,可通过影响 RNA 聚合酶的作用或修饰 RNA 聚合酶,来调控基因表达;温度也可在 mRNA 降解和翻译水平上影响基因表达,温度还可能通过细胞内小分子调节分子的量而影响基因表达,也可通过影响细胞内 ppGpp 量调控一系列基因表达。大肠杆菌合成青霉素酰化酶不仅受苯乙酸诱导和葡萄糖阻遏,而且还受温度的调控。青霉素酰化酶基因工程菌大肠杆菌 A56(pPΛ22)合成青霉素酰化酶的量从 37℃ 起随着温度降低而逐渐增加,至 20～22℃ 达到高峰,在 18℃ 和 16℃ 合成酶量又逐渐下降,这是由于在 18℃ 和 16℃ 培养时菌体生长较慢,影响所合成酶的总量。以青霉素酰化酶基因为探针,通过 DNA-RNA 点杂交试验分析在 37℃、28℃、22℃ 培养的细胞中青霉素酰化酶的 mRNA 量,结果表明 37℃ 培养的细胞中检不出青霉素酰化酶 mRNA,22℃ 培养的细胞中青霉素酰化酶的 mRNA 量是 28℃ 培养的细胞中的 5 倍左右,这说明温度对青霉素酰化酶基因表达的调控作用的原因在于它影响了细胞内青霉素酰化酶 mRNA 的浓度。为了确定温度是不是通过影响质粒的拷贝数来调控青霉素酰化酶的合成,检测了质粒 pPA22 携带的氯霉素乙酰转移酶基因在不同温度培养细胞中氯霉素乙酰转移酶的 mRNA 量,表明 37℃、28℃、22℃培养的细胞中氯霉素乙酰转移酶的 mRNA 量基本相同,这说明在不同温度培养的大肠杆菌 A56(pPA22)中质粒 pPA22 的拷贝数无明显差异,而且质粒 pPA22 上的氯霉素乙酰转移酶基因的表达不受温度影响。这说明温度是在转录水平上专一地调控青霉素酰化酶基因的表达。

温敏扩增型质粒,升温后质粒拷贝数就处于失控状态,对菌体生长有很大影响。对含此类质粒的工程菌,通常要先在较低温度下培养,然后升温,以大量增加质粒拷贝数,诱导外源基因表达。

温度还影响蛋白质的活性和包含体的形成。分泌型重组人粒细胞-巨噬细胞集落刺激因子工程菌 E.coli W3100/pGM-CSF 在 30℃培养时,目的产物表达量最高,温度低时影响细菌生长,不利于目的产物的表达;温度高(37℃)时由于细菌的热休克(heat-shock)系统被激活,大量的蛋白酶被诱导,易使表达产物降解。因此,表达量低于在 30℃时发酵的产量。重组人生长激素在不同的温度培养还影响产物的表达形式:30℃培养时是可溶的,在 37℃培养时则形成包含体。

4. 溶解氧的影响

溶解氧是工程菌发酵培养过程中影响菌体代谢的一个重要参数,对菌体的生长和产物的生成影响很大。菌群在大量扩增过程中,进行耗氧的氧化分解代谢,及时供给饱和氧是很重要的。发酵时,随 DO 浓度的下降,细胞生长减慢,ST 值下降,尤其在发酵后期,下降幅度更大。外源基因的高效转录和翻译需要大量的能量,促进了细胞的呼吸作用,提高了对 O_2 的需求,因此维持较高水平的 DO_2 值(≥40%)才能提高带有重组质粒细胞的生长,利于外源蛋白产物的形成。

采用调节搅拌转速的方法,可以改善培养过程中的氧供给,提高活菌产量。在常速搅拌下,增加通气量以提高氧的传递速率是递减性的,即当气流速率越大,再增加其速率,氧的溶解度的提高程度越小。当系统被气流引起液泛时,传质速率会显著下降,泡沫增多,罐的有效利用率减小。因此,在发酵前期采用较低转速,即可满足菌体生长;在培养后期,提高搅拌转速才能满足菌体继续生长的要求。这样既可以满足工程菌生长,获得高活菌数,又可以避免发酵培养全过程采用高转速,节约能源。

研究发现,分泌型重组人粒细胞-巨噬细胞集落刺激因子工程菌 E.coli W3100/pGM-CSF 在发酵过程中,若 DO 长期低于 20%,则产生大量杂蛋白,影响以后的纯化。为此,在发酵过程中,应始终控制 DO 不低于 25%。

5. 诱导时机的影响

对于 λP_L 启动子型的工程菌来说,使用 cI 阻遏蛋白的温度敏感型突变株($cIts857$),在 28～30℃下培养时,该突变体能合成有活性的阻遏蛋白阻遏 P_L 启动子的转录;当温度升高到42℃时,该阻遏蛋白失活,使 P_L 启动子启动转录,提高目的基因转录翻译效率。一般在对数生长期或对数生长后期升温诱导表达。在对数生长期,细胞快速繁殖,直到细胞密度达到 10^9 个/mL(OD_{600} 为 2.5)为止,这时菌群数目倍增,对营养和氧需求量急增,营养和氧成了菌群旺盛代谢的限制因素。如果分批发酵培养,控制在一定的菌体密度下,进行诱导有利于外源蛋白的表达,菌体湿重一般为 8~10g/L;如果采用流加工艺,补充必要的营养,加大供氧量,菌群继续倍增,菌体密度提高(25~30g/L),而且表达量并不降低。这在工业化生产中确有巨大的潜力,生物量能够提高 2~3 倍,会产生巨大的经济效益。

6. pH 的影响

pH 对细胞的正常生长和外源蛋白的高效表达都有影响,所以应根据工程菌的生长和代谢情况,对 pH 进行适当的调节。如采用两阶段培养工艺,培养前期着重于优化工程菌的最佳生长条件,培养后期着重于优化外源蛋白的表达条件,细胞生长期的最佳 pH 范围在 6.8~7.4 左右,外源蛋白表达的最佳 pH 为 6.0~6.5。在发酵过程中 pH 的变化受工程菌的代谢、培养基的组成和发酵条件的影响。细胞自身对 pH 具有一定调节能力,但当 pH 变化超过细胞自身调节能力时,影响细胞的正常生长。在发酵前期,pH 可以控制在 7.0 左右,开始热诱导表达外源蛋白时,关闭碱泵,细胞自身代谢使 pH 逐渐下降,当 pH 降至 6.0 时,重新启动碱泵。采用自动调节程序,可避免环境 pH 激烈变化对细胞生长和代谢造成的不利影响。

总之,工程菌发酵工艺的优化对异源蛋白的表达关系重大,必须建立最佳化工艺。最佳化工艺是获得最快周期、最高产量、最好质量、最低消耗、最大安全性、最周全的废物处理效果、最佳速率与最低失败率等指标的保障。工艺最佳化需对不同的菌种进行大量试验,取得重复性好的准确数据后,模拟发酵代谢曲线,预测放大值,才能更合理地设计最佳工艺条件。

三、基因工程菌的培养设备

近年来,生物产品已进入生物技术时代,愈来愈多地应用发酵罐来大规模培养基因工程菌。为了防止工程菌丢失携带的质粒,保持基因工程菌的遗传特性,对发酵罐的要求十分严格。由于生化工程学和计算机技术的发展,新型自动化发酵罐完全能够满足安全可靠地培养基因工程菌的要求。

常规微生物发酵设备可直接用于基因工程菌的培养。但是微生物发酵和基因工程菌发酵有所不同,微生物发酵获得的主要是它们的初级或次级代谢产物,细胞生长并非主要目标,而基因工程菌发酵是为了获得最大量的基因表达产物,由于这类物质是相对独立于细胞染色体之外的重组质粒上的外源基因所合成的、细胞并不需要的蛋白质,因此,培养设备以及控制条件应满足获得高浓度的受体细胞和高表达的基因产物。

1. 发酵罐结构

发酵罐的组成部分有罐体,搅拌器,精密温度控制和灭菌系统,空气无菌过滤系统,残留气体处理装置,各种参数如 pH、氧气和二氧化碳浓度等的测量与控制系统,培养液配置及连续操作装置等。

为保证工程菌发酵培养过程中环境条件恒定,不影响其遗传特性,不引起质粒丢失,要求:发酵罐提供细菌最适生长条件;培养过程中无污染,保证纯菌培养;培养及消毒过程中不产生干扰细菌代谢活动的异物等。为此,发酵罐的结构材料稳定性要好,一般用不锈钢,表面光滑易清洗,灭菌时无死角;与发酵罐连接的阀门要用膜式,不用球形阀;所有连接接口都要用密封圈封闭,不留"死腔",任何接口处不得有泄漏。

2. 发酵罐中的反应和参数

工程菌在发酵罐中的反应是一个复杂的多层次相互作用过程,涉及与细菌遗传特性有关的分子水平的反应,与细菌代谢调节有关的细胞水平的反应,以及和热量、质量、动量传递特性有关的工程水平的反应。在生产过程中任何一种因素的变化都能在上述三个水平上反映出来,成为影响生产的限制因素。例如,菌体代谢调节失控(细胞水平)会引起细菌生长期间消耗氮源异常和 pH 波动大(工程水平),甚至引起工程菌遗传特性变化,如质粒丢失,基因扩增或表达(分子水平)。因此,对发酵条件的控制不能单凭某个参数的变化,需要通过计算机对发酵罐进行多参数检测、控制和数据处理。目前,发酵罐较常测定的参数有温度、罐压、搅拌转速、pH、DO、效价、糖含量、NH_2-N 含量、前体浓度、菌体浓度等,不常测定的参数有氧化还原电位、黏度、排气氧气和二氧化碳含量等。

3. 发酵罐控制系统

发酵过程计算机控制系统包括传感器、计算机和执行器件三部分。传感器是获得发酵过程参数的主要来源,因为要保持发酵罐内的无杂菌状态,必须高温灭菌,所以发酵过程所用的传感器必须耐热。目前研究和生产上应用的传感器除一些热工参数传感器外,主要是用于解决发酵过程中具有重要工业控制意义的 pH、DO、排气氧气和二氧化碳及发酵体积在线测量的传感器。如测量 pH 的发酵耐高温电极、测量发酵罐 DO 的电极、测量排气氧气和二氧化碳的氧分析仪和二氧化碳分析仪、测量发酵罐内培养液体积的传感器等,这些传感器国内外均有多种型号产品。对于一些不耐高温的传感器如酶电极、微生物电极、免疫敏感电极、电化学电极、热敏、离子敏场效应管、光学生物传感器和直接电子转移等二次传感技术,需要将发酵液引出罐外测定,可采用罐外流通式测量和近年来出现的流动注射法

(FlA)测量等技术。由于计算机技术的不断更新、智能化控制仪表的发展,基因工程菌发酵自动化生产已渐趋成熟,国外已有多种型号的计算机控制的自动发酵罐可供使用。工业用发酵罐主要是通用式发酵罐(图10-8),是既有机械搅拌又有压缩空气分布装置的发酵罐。目前最大的通用式发酵罐体积约为480m³,此外,还有机械搅拌自吸式发酵罐,空气带升环流式发酵罐和高位塔式发酵罐。

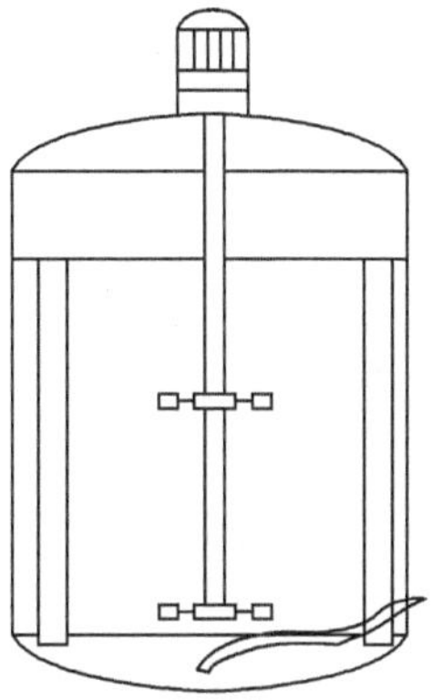

图 10-8 通用发酵罐

4．发酵罐操作方式

工程菌发酵罐培养一般可采用三种不同的操作方式,即分批发酵、连续发酵或连续培养和补料分批发酵。

（1）分批发酵 是在封闭培养系统内加入限定量培养基的一种间歇培养方式,在培养过程中,培养系统先除了通气、加酸碱溶液调节 pH 及排除废气外,与外界没有其他物料交换,这是一种操作简单、广泛使用的发酵方式。

（2）连续发酵或连续培养 也称连续流动培养或开放性培养,是将培养基料液连续输入发酵罐并同时放出含有产品的发酵液的培养方式。

（3）补料分批发酵 又称半连续发酵或半连续培养,是在分批培养过程中间歇或连续地补加新鲜培养基的培养方法。这种方式与分批发酵相比,其优点是能使发酵系统维持很低的基质浓度,有利于消除快速利用碳源产生的阻遏效应,维持适当菌体浓度,避免供氧不足以及培养基积累有害代谢物。与连续发酵相比,补料分批发酵不需要严格的无菌条件,也不会产生菌种老化和变异等问题,因此获得广泛应用。

第六节 基因工程生化产品的分离纯化

一、破 碎 细 胞

基因工程菌株和细胞经过发酵或培养,高效表达的产物有的可以分泌到细胞外,但大部分在细胞浆内,因此,为获取基因工程产物,首先需要破碎细胞。

细胞壁是以肽聚糖为骨架、由乙酰葡萄胺和乙酰胞壁酸交错排列形成的坚固网状结构,破坏这种结构,可用机械破碎和非机械破碎两种方法。

1．机械破碎方法

（1）超声波法(ultrasonication) 是利用超声波的空穴作用和冲击作用产生的强烈冲击波压力,对悬浮细胞造成剪切应力,促使细胞破裂的方法。通常使用的超声波仪在 15~25kHz 的频率下操作。超声波振荡容易引起温度剧烈上升,操作时需要对细胞悬液进行冷却处理,如投入冰盐或在夹套中通入冷却液。超声波对不同的细胞或细菌破碎效果不同,杆菌比球菌易破碎,革兰氏阴性菌比革兰氏阳性菌容易破碎,酵母破碎效果较差。超声波法适用于破碎少量细胞,尤其是破碎包含体,大规模操作,因放大后需要输入很高能量提供必要的冷却而难于实用。

(2)高压匀浆器法(high pressure homogenizer) 利用高压迫使细胞悬液通过匀浆器针形阀,经过突然减压和高速冲击撞击而造成细胞破裂,影响破碎的主要因素是压力、温度和通过匀浆器阀的次数,是大规模破碎细胞的常用方法。

(3)高压挤压法(X-Press) 是一种改进的高压方法,利用特殊装置"X-Press 挤压机",将浓缩的细胞悬液冷却至 $-30 \sim -25$℃形成冰晶体,用 50MPa 以上的高压冲击使冷却细胞从高压阀孔中挤出,由于冰晶体磨损,包埋在冰中的细胞变形而引起细胞破碎。此法主要用于实验室中,具有适用范围广,破碎率高,细胞碎片粉碎程度低,生物活性保持好等优点,但对于冻融敏感的生物活性物质,如糖蛋白不适用。

2. 非机械破碎方法

(1)酶解法 常用溶菌酶破坏细胞壁是特殊的键,使细胞破碎,但溶菌酶价格昂贵,并且若该酶与表达产物相对分子质量接近,在纯化过程中很难除尽,因此不适于大规模生产。

(2)渗透压休克法(osmotic shock) 将细胞放在高渗透压介质(如一定浓度的甘油或蔗糖溶液)中,达到平衡后突然稀释介质或者将细胞转入水或缓冲液中,由于渗透压突然变化,水迅速进入细胞,引起细胞壁破裂,是一种较温和的破碎方法,适于细胞壁较脆弱或预先用酶处理的菌。分离外周质空间分泌表达的基因工程产物常用此法。

(3)反复冻融法 将细胞在低温下突然冷冻,再在室温下融化,反复多次,使细胞膜疏水键破坏,细胞亲水性增强,胞内水结晶,胞内外溶液浓度改变,从而引起细胞突然膨胀破裂。此法缺点为破碎率低,且能引起对冻融敏感的蛋白质变性。

(4)化学裂解法 用酸碱和表面活性剂(如十二烷基硫酸钠、TritonX-100 等)可使细胞溶解,或使某些组分从细胞内渗漏出来,用尿素、丁醇、丙酮、氯仿等脂溶性溶剂也可以溶解细胞,这些试剂易引起产物破坏,还会为纯化产物带来困难。

(5)干燥法 采用空气干燥、真空干燥、冷冻干燥等,可使细胞膜渗透性改变,再用适当溶剂处理,胞内物质就容易被抽提出来。

选择合适的破碎方法需要考虑细胞数量、产物对破碎条件(温度、化学试剂、酶等)的敏感性、需要破碎程度和破碎速率等因素,要尽可能采用最温和的方法。大规模生产还要选择适合放大的破碎技术。

二、固液分离

从细胞破碎后的匀浆中移走细胞碎片往往是固液分离中最困难的操作,因为细胞碎片中含胞壁碎片、膜碎片、细胞器及未破碎细胞,大小不均一,离心分离不易除去某些絮状物,膜分离速率慢且易发生污染和蛋白质滞留。双水相萃取在分离细胞碎片和细胞内蛋白质方面显示出取代高速离心和膜分离的巨大潜力。

1．错流过滤

错流过滤(cross-flow filtration)是一种新的过滤方式,它的固体悬浮液流动方向与过滤介质平行(常规过滤是垂直的),因此能连续清除过滤介质表面滞留物,不会形成滤饼,从而保证较高的滤速,错流过滤介质通常是用高分子聚合物材料(醋酸纤维素、硝酸纤维素、聚砜、聚酰胺、聚乙烯、聚丙烯、聚四氟乙烯等)制成的人工半透膜。这类膜依孔径不同可分为三类:微孔滤膜,孔径 $0.1 \sim 10 \mu m$,常用规格有 $0.2 \mu m$、$0.4 \mu m$ 和 $0.6 \mu m$ 三种,微孔滤膜过滤(micro-filtration)用于分离固体颗粒、细胞碎片、包含体及蛋白质沉淀物;超滤膜,孔径 $0.001 \sim 0.1 \mu m$,一般以"截留分子量(MWCO)"衡量其孔径大小,所谓截留分子量,是指该膜具有截留 90% 或 95% 的该分子量标准试验物的能力,超滤膜常用规格有 1 万、3 万、5 万、10 万和 30 万 MWCO,超滤(ultrafiltration)用于浓缩大分子物质如蛋白质、核酸、多糖;反渗透膜,孔径小于 $0.001 \mu m$,用于长小分子如抗生素、氨基酸中脱水。为改善膜分离效果,通常需要对分离材料进行预处理,如调整 pH 和离子浓度、加入凝乳剂和助滤剂等。利用膜分离技术的错流过滤在基因工程生化产品的分离中已得到广泛应用。

2．水相萃取

由于聚合物分子的不相容性,两种聚合物如聚乙二醇(PEG)和葡聚糖(dextran)在水溶液中形成密度不同的两相,轻相含一种高分子化合物,重相含另一种高分子化合物(或盐类)。两相都含有较多的水,故称为双水相。常用的双水相系统为 PEG/无机盐和 PEG/葡聚糖两种,由于葡聚糖价格较高,所以,PEG/无机盐系统应用更广泛。

三、产物的分离纯化

工程菌或工程细胞经过细胞破碎和固液分离之后,目的产物仍与大量的杂质混合在一起,这类杂质可能有病毒、热原质、氧化产物、核酸、多聚体、杂蛋白、与目的物类似的异构体等。因此为了获得合格的目的产物,必须对混合物进行分离和纯化。

分离纯化主要依赖色谱分离方法。层析技术是医药生物技术下游精制阶段的常用手段,该法优点是具有多种多样的分离机制,设备简单,便于自动化控制和分离过程中无发热等有害效应。层析技术分为离子交换层析谱、疏水层析、反相色谱、亲和色谱、凝胶过滤色谱、高压液相色谱等。

蛋白质纯化方法的设计通常根据产物分子的物理、化学参数和生物学特性,它们对分离纯化的影响见表 10-2。

表 10-2 产物的主要特性及在分离纯化中的作用

产 物 特 性	作 用
等电点	决定离子交换的种类及条件
相对分子质量	选择不同孔径及分级分离范围的介质
疏水性	与疏水、反相介质结合的程度
特殊反应性	产物的氧化、还原及部分催化性能的抑制
聚合性	是否采用预防聚合、解聚及分离去除聚合体
生物特异性	决定亲和配基
溶解性	决定分离体系及蛋白浓度
稳定性	决定工艺采用的温度及流程时间等
微不均一性	影响产物的回收

选择纯化方法应根据目的蛋白质和杂蛋白的物理、化学和生物学方面性质的差异,尤其重要的是表面性质的差异,例如表面电荷密度、对一些配基的生物学特异性、表面疏水性、表面金属离子、糖含量、自由巯基数目、分子大小和形状(相对分子质量)、pI 和稳定性等。选用的方法应能充分利用目的蛋白质和杂蛋白间上述差异。几乎所有蛋白质的理化性质均会影响色谱类型的选择。

1. 离子交换层析

离子交换层析(ion exchange chromatography, IEC)的基本原理是通过带电的溶质分子与离子交换剂中可交换的离子进行交换,从而达到分离目的。由于离子交换色谱分辨率高、容量大、操作容易,该法已成为多肽、蛋白质、核酸和许多发酵产物分离纯化的一种重要方法。

离子交换剂是一类具有离子交换功能的高分子材料,功能基是由固定在骨架上的带电基团与可进行交换的能移动的离子两部分组成。二者所带电荷相反,因静电结合,可进行交换的离子称为反离子。反离子可与溶液中带同种电荷的离子进行交换,这种交换反应是可逆的,在一定条件下被交换的离子可以解吸,使离子交换剂又恢复到原来的形式,因此离子交换剂通过交换和再生可以反复使用。利用离子交换层析分离纯化生物大分子可以采用两种方式:一是将目的产物离子化,然后被交换到介质上,杂质不被吸附而从柱中流出,称为"正吸附",其优点是得到的目的产物纯度高,还可以起到浓缩作用,适于处理目的产物浓度低、工作液量大的溶液;二是将杂质离子化后交换,目的产物不被交换而直接流出,称为"负吸附",该法适用于处理目的产物浓度高的工作液,通常只可除去 50%～70% 的杂质,产物的纯度不高。

蛋白质的等电点和表面电荷的分布主要影响其离子交换的性能,影响蛋白质离子交换层析保留的其他因素,还有交换基团和交换介质的种类、吸附和洗脱的条件(pH、离子强度、反离子)等。蛋白质是两性分子,其带电性质随 pH 的变化而变化,如蛋白质在低于等电点的 pH 范围内稳定,带正电荷,可与阳离子交换剂进行反应;如蛋白质在高于等电点的 pH 范围内稳定,带负电荷,可与阴离子交换剂进行反应;若蛋白质在高于或低于等电点的 pH 范围内都稳定,那么既可以用阳离子交换剂也可以用阴离子交换剂,此时选用的交换剂的类型取决于工作液的 pH 及杂质的带电情况。滴定曲线可以给出样品中不同蛋白质在不同 pH 下的带电状态,测定蛋白质混合物的滴定曲线可以帮助选择合适的离子交换层析条件。在进行离子交换分离时,应选择各蛋白质滴定曲线无交叉的 pH 作为分离缓冲液的 pH,还应考虑蛋白质在该 pH 下的稳定性和溶解性。蛋白质的表面电荷并不是均等分布,因而可以利用离子交换层析分离等电点相同但表面电荷分布不同的两个蛋白质。等电点处于极端位置(pI<5 或 pI>8)的基因工程产物应首选离子交换层析方法,往往一步即可除去几乎全部的杂质。A、B、C 3 种蛋白质的电荷与 pH 的关系如图 10-9 所示,分离时应选择在电荷相差最大的 pH 下进行操作。图 10-9 中蛋白质 A 和 B 有相同的等电点,但 pH 向两侧改变时,其电荷相差增大。所以可选择 pH 为 3～4,使 B 从 A 和 C 中分出,然后选 pH>8,将 A 和 C 分开。

2. 反相层析和疏水层析

反相层析(reversed phase chromatography, RPC)和疏水层析(hydroplm-bicinteraction chromatography, HIC)是根据蛋白质疏水性的差异来分离纯化的。反相层析是利用溶质分子中非极性基团与非极性固定相之间相互作用力的大小,以及溶质分子中极性基团与流动相中极性分子之间在相反方向作用力的大小的差异进行分离的。进行生物大分子反相层析分离时,常用的固定相为硅胶烷基键合相。流动相多采用低离子强度的酸性水溶液,并加入一定比例的能与水互溶的乙腈、甲醇、异丙醇等有机溶剂。由于固定相骨架的疏水性强,吸附的蛋白质需要用有机溶剂才能洗脱下来。疏水层析的原理与反相层析相似,主要是利用蛋白质分子表面上的疏水区域(非极性氨基酸的侧链,如丙氨酸、甲硫氨酸、色氨酸和苯丙氨酸)和介质的疏水基团(苯基或辛基)之间的相互作用,无机盐的存在能使相互作用力增强。所用介质表面的疏水性比反相层析所用介质的弱,为有机聚合物键合相或大孔硅胶键合相,流动相一般 pH 为 6～8 的盐水溶液。在高盐浓度时,蛋白质分子中疏水性鄰分与介质的疏水基团产生疏水性作用而被吸附；盐浓度降低时蛋白质的疏水作用减弱，目的蛋白质被逐步洗脱下来，蛋白质的疏水性越强，洗脱时间越长。与反相色谱相比，疏水层析回收率较高，蛋白质变性的可能性小。

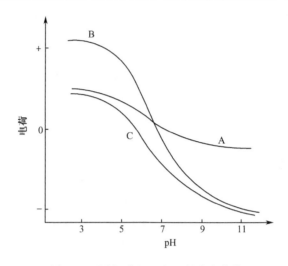

图 10-9　蛋白质 A、B 和 C 的滴定曲线

反相层析和疏水层析的差异在于前者在有机相中进行，蛋白质经过反相流动相与固定相作用有时会发生部分变性，而后者通常在水溶液中进行，蛋白质在分离过程中一般仍保持其天然构象。

选择两种层析分离的条件包括离子强度、pH、流动相洗脱剂的组成和强度等。各种添加试剂可能改变蛋白质的构象，从而影响蛋白质在介质上的保留时间，反相中有机溶剂的应用也会使蛋白质在一定程度上产生去折叠，从而暴露蛋白质分子内部的疏水区域，因此溶剂成分和强度对蛋白质在反相层析上的保留有很大影响。两种介质键合疏水基团的密度应适中，碳链长度应选择在 4～8 个碳原子，反相分离介质的孔径应在 30 nm 以上。

3. 亲和层析

亲和层析(affinity chromatography，AC)是利用固定化配基与目的蛋白质之间特异的生物亲和力进行吸附，如抗体与抗原、受体与激素、酶与底物或抑制剂之间的作用。在亲和层析中起可逆结合的特异性物质称为配基，与配基结合的支撑物称为载体。亲和层析的过程大致分为三步：第一步配基固定化，选择合适的配基与不溶性的载体结合成具有特异性的分离介质；第二步吸附目的物，亲和层析分离介质选择性地吸附目的蛋白质，而杂质与分离介质间没有亲和力而不被吸附，可被洗涤去除；第三步样品解吸，选择合适的条件，将吸附在亲和介质上的目的蛋白质解吸下来。

蛋白质的生物特异性可以帮助选择特异性的亲和配基,一般是目的蛋白质与配基结合而不保留杂蛋白质,蛋白质吸附后再利用洗脱液的快速变换和加入竞争剂的方法进行洗脱。亲和层析由于其选择性强,在产物纯化中具有较大的潜力,要选择亲和力适中而特异性较强的配基,其解离常数要求在 $10^{-8} \sim 10^{-4}$ mol/L 之间。亲和层析纯化成功的关键是要控制好配基的脱落问题。

4. 凝胶过滤色谱

凝胶过滤是以具有空隙大小一定的多孔性凝胶作为分离介质,小分子能进入孔内,在柱中缓慢移动,而大分子不能进入孔内,快速移动,利用这种移动差别可使大分子与小分子分开。

根据蛋白质的相对分子质量和蛋白质分子的动力学体积的大小差异,可以利用凝胶过滤来分离纯化目的蛋白。主要应用在两个方面:一是用于蛋白质分离过程中的脱盐和更换缓冲液;二是用于蛋白质分子的分级分离。由于大多数原核基因工程重组的细胞因子的相对分子质量在 1.5×10^4 左右,通常以包含体的形式存在,其中的杂蛋白的相对分子质量一般大于 3.0×10^4,因此应用凝胶过滤很容易分离纯化。分级分离的另一个应用是在产品成形阶段前用于去除产物的多聚体及降解产物,以避免由于产物的不均一性而影响其生物学功能。

四、去除非蛋白质类杂质

非蛋白质类杂质不应忽视,在纯化过程中,需要特别注意 3 种可能存在的非蛋白质类杂质,它们是 DNA、热原质和病毒,常用的分离纯化方法见表 10-3。

表 10-3　基因工程生化产品制备过程中常用的分离纯化方法

方　　法	目　　　的
离心/过滤	去除细胞、细胞碎片、颗粒性杂质(如病毒)
阴离子交换层析	去除杂质蛋白、脂质、DNA 和病毒等
40nm 微孔滤膜过滤	进一步去除病毒
阳离子交换层析	去除牛血清蛋白或转铁蛋白等
超滤	去除沉淀物及病毒
疏水层析	去除残余的杂蛋白
凝胶过滤	与多聚体分离
$0.22\mu m$ 微孔滤膜过滤	除菌

1. 去除 DNA

DNA 在 pH 为 4.0 以上呈阴离子,可用阴离子交换剂吸附除去,但目的蛋白质 pI 应在 6.0 以上。如蛋白质为强酸性,则可选择条件使其吸附在阳离子交换剂上,而不让 DNA 吸附上去。利用亲和层析吸附蛋白质,而 DNA 不被吸附,也可分离。疏水层析对分离也有效,在上柱时需要高盐浓度,以使 DNA-蛋白质结合物离解,蛋白质吸附在柱上,而 DNA 不被吸附。

2. 去除热原质

热原质主要是肠杆菌科所产生的细菌内毒素,在细菌生长或细胞溶解时会释放出来,它们是革兰氏阴性细菌细胞壁的组分——脂多糖,其性质相当稳定,即使经高压灭菌也不失活。注射用药必须无热原质。

从蛋白质溶液中去除内毒素是比较困难的,最好的方法是防止产生热原质,整个生产过程要在无菌条件下进行。所有层析介质在使用前都要先除去热原质,在 2~8℃下进行操作。洗脱液需先经无菌处理,流出的蛋白质溶液也应无菌处理,即通过 0.2μm 微滤膜,并在 2~8℃下保存。

传统的去除热原质的方法不适用于蛋白质生产。相对分子质量小的多肽或蛋白质中的热原质可以用超滤或反渗透的方法去除,但对大分子蛋白质无效。因为脂多糖是阴离子物质,可用阴离子交换层析法去除。此时应调节 pH 使蛋白质不被吸附。脂多糖中脂质是疏水性的,因而也可用疏水层析法除去。另外,还可用亲和层析法除去,配基可用多黏菌素 B、变形细胞溶解物或广谱的抗体。

3. 去除病毒

成品中必须检查是否含有病毒,因为病人的免疫能力低,易受病毒感染。病毒最大的来源是由宿主细胞带入。经过层析分离,一般能将病毒除去,必要时也可以用紫外线照射使病毒失活,或用过滤法将病毒去除。

五、分离纯化方法的选择

1. 合理选择分离纯化方法

分泌型表达产物的发酵液的体积很大,但浓度较低,因此必须在纯化前进行浓缩,可用沉淀和超滤的方法浓缩。

产物在周质表达是介于细胞内可溶性表达和分泌表达之间的一种形式,它可以避开细胞内可溶性蛋白和培养基中蛋白类杂质,在一定程度上有利于分离纯化。为了获得周质蛋白,*E. coli* 经低浓度溶菌酶处理后,可采用渗透压休克法来获得。由于周质中仅有为数不多的几种分泌蛋白,同时又无蛋白水解酶的污染,因此通常能够回收到高质量的产物。

E. coli 细胞内可溶性表达产物破菌后的细胞上清液,首选亲和分离方法。如果没有可以利用的单克隆抗体或相对特异性的亲和配基,一般选用离子交换层析,

处于极端等电点的蛋白质用离子交换分离可以得到较好的纯化效果,能去掉大部分的杂质。

多数重组蛋白形成细胞内不溶性表达产物——包含体(inclusion body),它是不溶性的固体颗粒,大小为 $0.5\sim1\mu m$。因其密度高,折光性强,在相差显微镜下观察呈深色颗粒体,故也称光折射体。包含体基本上由蛋白质构成,其中大部分是克隆基因表达产物,因无正确折叠的立体结构而没有活性。其他成分有细胞 RNA 聚合酶、膜蛋白、核糖体 RNA、质粒 DNA 和质粒编码蛋白以及脂质、肽聚糖、脂多糖等。

包含体在变性溶液中溶解,其中变性的重组蛋白仍保持良好的一级结构。除去变性剂后的重组蛋白可以自动折叠成具有活性的天然结构,称为蛋白质复性。

对包含体产物的处理包括三个步骤:

(1) 包含体溶解前处理 在变性条件下溶解包含体可将表达产物变为可溶形式,以利于分离纯化。在溶解包含体前,先用温和表面活性剂(如 Triton X-100)或低浓度弱变性剂(如尿素)处理,除去脂质和部分膜蛋白,使用浓度以不溶解包含体中的表达产物为原则,硫酸链霉素和酚抽提可去除包含体中大部分核酸,降低包含体溶解抽提液的黏度,有利于以后的层析分离。

(2) 包含体溶解和表达产物变性 溶解包含体通常使用变性剂盐酸胍和尿素以及表面活性剂十二烷基硫酸钠。这三种试剂溶解包含体原理不同。盐酸胍和尿素破坏离子间相互作用,解除维系蛋白质稳定性的非共价键,引起蛋白质的去折叠和变性,但它们不破坏共价键;十二烷基硫酸钠主要破坏蛋白质肽键间的疏水相互作用。选择洗涤和溶解包含体的最佳条件对后期分离纯化可起到事半功倍的作用。由于表达产物、宿主以及培养和诱导条件的差异,溶解包含体所用的试剂和浓度也会有很大差异,一般先以 $1\sim2mL$ 的规模进行预试验,测定包含体中表达产物开始溶解和完全溶解所需试剂浓度及作用时间,以不使表达产物出现溶解为原则,控制洗涤剂浓度。一般能使表达产物溶解的盐酸胍浓度为 $5\sim8mol/L$,尿素为 $6\sim8mol/L$,十二烷基硫酸钠浓度在 $1\%\sim2\%$(质量浓度)之间。不同溶解剂对层析分离影响不同,也需要予以关注。

(3) 重组蛋白的复性 溶解包含体中重组蛋白的复性主要有两种方法:一是将溶液稀释,使变性剂浓度变低,促使蛋白质复性;另一种方法是用透析、超滤或电渗析法除去变性剂。

包含体中蛋白质产物如含有两个以上二硫键有可能会发生错误连接。为此,在复性之前需用还原剂打断 S—S 键,使其变为 SH,复性后再加入氧化剂使两个—SH 变成正确的二硫键。常用的还原剂有二硫苏糖醇(DTT)($1\sim50mmol/L$)、β-巯基乙醇($0.5\sim50mmol/L$)、还原型谷胱甘肽;常用的氧化剂有氧化型谷胱甘肽和空气(在碱性条件下)等。

包含体对蛋白质分离纯化有两方面的影响:一方面是可以很容易地与胞内可

溶性蛋白杂质分离,蛋白纯化较容易完成;另一方面包含体可从匀浆液中以低速离心出来,以促溶剂(如尿素、盐酸胍、十二烷基硫酸钠)溶解,在适当条件下(pH、离子强度与稀释)复性,产物经过了一个变性复性过程,较易形成错误折叠和聚合体。包含体的形成虽然增加了提取的步骤,但包含体中目的蛋白质的纯度较高,可达到20%~80%,又不受蛋白酶的破坏。如果杂质的存在影响复性,也可以在纯化后再进行复性。

由于诸多因素的影响,包含体中蛋白质产物的复性率很低,一般不超过20%。为减少复性损失,在复性时,必须使操作处于复性界限之上,以提高复性率。

2. 合理组织分离纯化方法

应选择不同机制的分离单元来组成一套分离纯化工艺,尽早采用高效的分离手段,先将含量最多的杂质分离去除,将费用最高、最费时的分离单元放在最后阶段,即通常先运用非特异、低分辨的操作单元(如沉淀、超滤和吸附等),以尽快缩小样品体积,提高产物浓度,去除最主要的杂质(包括非蛋白类杂质);随后采用高分辨率的操作单元(如具有高选择性的离子交换层析和亲和层析);凝胶排阻色谱这类分离规模小、分离速率慢的操作单元放在最后,这样可以提高分离效果。

层析分离次序的选择同样重要,一个合理组合的层析次序能够提高分离效率,同时改变条件,进行较少改变即可进行各步骤之间的过渡。当几种方法连用时,最好以不同的分离机制为基础,而且经前一种方法处理的样品应能适合于作为后一种方法的料液,不必经过脱盐、浓缩等处理。如经盐析后得到的样品,不适宜于离子交换层析,但对疏水层析则可直接应用。离子交换、疏水及亲和层析通常可起到蛋白质浓缩的效应,而凝胶过滤层析常常使样品稀释,在离子交换层析之后进行疏水层析色谱就很合适,不必经过缓冲液的更换,因为多数蛋白质在高离子强度下与疏水介质结合较强。亲和层析选择性最强,但不能放在第一步:一方面,因为杂质多,易受污染,降低使用寿命;另一方面,体积较大,需用大量的介质,而亲和层析介质一般较贵。因此亲和层析多放在第二步以后。有时为了防止介质中毒,在其前面加一保护柱,通常为不带配基的介质。经过亲和层析后,还可能有脱落的配基存在,而且目的蛋白质在分离和纯化过程中会聚合成二聚体或更高的聚合物,特别是当浓度较高,或含有降解产物时更易形成聚合体,因此最后需经过进一步纯化操作,常使用凝胶过滤层析,也可用高效液相层析法,但费用较高。凝胶过滤层析放在最后一步又可以直接过渡到适当的缓冲体系中,以利于产品成形保存。

3. 合理选择分离纯化的原则

在分离纯化过程中,通常需要综合使用多种分离纯化技术,一般来说,分离纯化工艺应遵循以下原则:

1) 具有良好的稳定性和重复性。工艺的稳定性包括不受或少受发酵工艺、条件及原材料来源的影响,在任何环境下使用都应具有重复性,可生产出同一规格的产品。为保证工艺的重复性,必须明确工艺中需严格控制的步骤和技术,以及允许的变化范围。严格控制的工艺步骤和技术越少,工艺条件可变动范围越宽,工艺重复性越好。

2) 尽可能减少组成工艺的步骤。步骤越多,产品的后处理收率越低,但必须保证产品的质量。这就要求组成工艺的技术具有高效性。一般分离原理相同的技术在工艺中不要重复使用。

3) 组成工艺的各技术或步骤之间要能相互适应和协调,工艺与设备也能相互适应,从而减少步骤之间对物料的处理和条件调整。

4) 在工艺过程中要尽可能少用试剂,以免增加分离纯化步骤,或干扰产品质量。

5) 分离纯化工艺所用的时间要尽可能短,因稳定性差的产物随工艺时间增加,收率特别是生物活性收率会降低,产品质量也会下降。

6) 工艺和技术必须高效,收率高,易操作,对设备条件要求低,能耗低。

7) 具有较高的安全性。在选择后处理技术、工艺和操作条件时,要能确保去除有危险的杂质,保证产品质量和使用安全,以及生产过程的安全。药品生产必须保证安全、无菌、无热原、无污染。

第七节　基因工程生化产品的质量控制

基因工程生化产品与传统意义上的一般生化产品的制备有着许多不同之处,首先它是利用活的细胞作为表达系统,所获蛋白质产品往往相对分子质量较大,并具有复杂的结构;许多基因工程生化产品还是参与人体一些生理功能精密调节所必需的蛋白质,极微量就可产生显著效应(每剂量的用量:白介素-12 仅 $0.1\mu g$,干扰素 α 也只有 $10\sim30\mu g$),任何药物性质或剂量上的偏差,都可能贻误病情甚至造成严重危害。宿主细胞中表达的外源基因,在转录或翻译、精制、工艺放大过程中,都有可能发生变化,故从原料到产品以及制备全过程的每一步都必须严格控制条件和鉴定质量,确保产品符合质量标准,安全有效。因此,对基因工程生化产品进行严格的质量控制是十分必要的。

一、原材料的质量控制

原材料的质量控制是要确保编码生化产品的 DNA 序列的正确性,重组微生物来自单一克隆,所用质粒纯而稳定,以保证产品质量的安全性和一致性。

根据质量控制要求,应该了解下列诸多特性:需要明确目的基因的来源、克隆经过,并以限制性内切酶酶切图谱和核苷酸序列等予以确证;应提供表达载体的名称、结构、遗传特性及其各组成部分(如复制子、启动子)的来源与功能,构建中所用位点的酶切图谱、抗生素抗性标志物;应提供宿主细胞的名称、来源、传代历史、检定结果及其生物学特性等;需阐明载体引入宿主细胞的方法及载体在宿主细胞内的状态,如是否整合到染色体内及在其中的拷贝数,并证明宿主细胞与载体结合后的遗传稳定性;提供插入基因与表达载体两侧端控制区内的核苷酸序列,详细叙述在生产过程中,启动与控制克隆基因在宿主细胞中表达的方法及水平等。

二、培养过程的质量控制

在工程菌菌种储存中,要求种子克隆纯而稳定;在培养过程中,要求工程菌所含的质粒稳定,始终无突变;在重复生产发酵中,工程菌表达稳定;始终能排除外源微生物污染。

生产基因工程产品应有种子批系统,并证明种子批不含致癌因子,无细菌、病毒、真菌和支原体等污染,并由原始种子批建立生产用工作细胞库。原始种子批需确证克隆基因 DNA 序列,详细叙述种子批来源、方式、保存及预计使用期,保存与复苏时宿主载体表达系统的稳定性。对生产种子,应详细叙述细胞生长与产品生成的方法和材料,并控制微生物污染;提供培养生产浓度与产量恒定性数据,依据宿主细胞-载体系统稳定性,确定最高允许传种代数;培养过程中,应测定被表达基因分子的完整性及宿主细胞长期培养后的基因型特征;依宿主细胞-载体稳定性与产品恒定性,规定持续培养时间,并定期评价细胞系统和产品。培养周期结束时,应监测宿主细胞-载体系统的特性,如质粒拷贝数、宿主细胞中表达载体存留程度,含插入基因载体的酶切图谱等。

三、纯化工艺过程的质量控制

产品要有足够的生理和生物学试验数据,确证提纯物种子批间保持一致性;外源蛋白质、DNA 与热原质都控制在规定限度以下。

在精制过程中能清除宿主细胞蛋白质、核酸、糖类、病毒、培养基成分及精制工序本身引入的化学物质,并有检测方法。

四、目标产品的质量控制

基因工程生化产品质量控制主要包括以下几项要求:产品的鉴别、纯度、活性、安全性、稳定性和一致性。任何一种单一的分析方法都无法满足对该类产品的检测要求。它需要综合利用生物化学、免疫学、微生物学、细胞生物学和分子生物学等多门学科的理论与技术所建立起来的鉴定方法,才能切实保证基因工程药品的安全有效。

（一）产品的鉴别

目前有许多方法可用于对由重组技术所获蛋白质药物产品进行全面鉴定,见表 10-4。

表 10-4　基因工程产物鉴定方法

电泳方法:SDS-PAGE,等电点聚焦,免疫电泳

免疫学分析方法:放免法(RIA),放射性免疫扩散法(RID),酶联免疫吸附法(ELISA),免疫印渍
　　　　　　　　(immunoblotting)

受体结合试验(receptor binding)

各种高效液相分析法(HPLC)

肽图分析法

Edman N 末端序列分析法

圆二色谱(CD)

核磁共振(NMR)

(1) 肽图分析　肽图分析是用酶法或化学法降解目的蛋白质,对生成的肽段进行分离分析。它是检测蛋白质一级结构中细微变化的最有效方法,该技术灵敏高的特点使其成为对基因工程生化产品的分子结构和遗传稳定性进行评价和验证的首选方法。蛋白质降解形成肽段的检定以往是通过氨基酸组成分析及 N 末端测序,而现在可以用高效液相层析(HPLC)或毛细管电泳(capillary dectrophoresis,CE)来测定。HPLC 主要用反相-HPLC(RT-HPLC)与质谱联用技术,根据肽的长短和疏水性质来分离。但亲水性或疏水性很强的肽用 HPLC 不易被分离,而 CE 可以弥补这个缺陷。

肽图分析可作为基因工程产品与天然产品或参考品进行精密比较的手段。肽图分析结果与氨基酸成分和序列分析结果合并,作为蛋白质的精确鉴别。对含二硫键的制品,肽图可确证制品中二硫键的排列。

(2) 氨基酸成分分析　在氨基酸成分分析中,一般含 50 个左右的氨基酸残基的蛋白质的定量分析接近理论值,即与序列分析结果一致。而含 100 个左右的氨基酸残基的蛋白质的成分分析与理论值会产生较大的偏差,相对分子质量越大,偏差越严重。主要原因是不同氨基酸的肽键在水解条件下,有些水解不完全,有些则被破坏,很难做出合适的校正。但氨基酸成分分析对目的产物的纯度仍可以提供重要信息。完整的氨基酸成分分析结果,应包括甲硫氨酸、胱氨酸和色氨酸的准确值。氨基酸成分分析结果应为 3 次分别水解样品测定后的平均值。

(3) 部分氨基酸序列分析　部分氨基酸序列分析(N 端 15 个氨基酸)可作为

重组蛋白质和多肽的重要鉴定指标。

(4) 重组蛋白质的浓度测定和相对分子质量测定　蛋白质浓度测定方法主要有凯氏定氮法、双缩脲法、染料结合比色法、福林-酚法和紫外光谱法等。蛋白质相对分子质量测定最常用的方法有凝胶过滤法和 SDS-PAGE 法,凝胶过滤法是测定完整的蛋白质相对分子质量,而 SDS-PACE 法测定的是蛋白质亚基的相对分子质量。同时用这两种方法测定同一蛋白质的相对分子质量,可以方便地判断样品蛋白质是寡蛋白质还是聚蛋白质。

(5) 蛋白质二硫键的分析　二硫键和巯基与蛋白质的生物活性有密切关系,基因工程生化产品的硫-硫键是否正确配对是一个重要问题。测定巯基的方法有对氯汞苯甲酸法(p -chloromercuribenzeate,PCMB)和 5,5′-二硫基双-2-硝基苯甲酸法(5,5′-dithiobis-2-nitrobenzoic acid,DTNB)等。

(二) 纯度分析

纯度分析是基因工程生化产品质量控制的关键项目,它包括目的蛋白质含量测定和杂质限量分析两个方面的内容。

1. 目的蛋白质含量测定

测定蛋白质含量的方法可根据目的蛋白质的理化性质和生物学特性来设计。通常采用的方法有还原性及非还原性 SDS-PAGE,IEF,各种 HPLC、CE 等。应有两种以上不同机制的分析方法相互佐证,以便对目的的蛋白质的含量进行综合评价。

2. 杂质

基因工程产物的杂质包括蛋白质和非蛋白质两类,表 10-5 列出了基因工程产物中通常需要检测的杂质和污染物及方法。

(1) 蛋白类杂质　在蛋白类杂质中,最主要的是纯化过程中残余的宿主细胞蛋白。它的测定基本上采用免疫分析的方法,其灵敏度可达百万分之一。同时需辅以电泳等其他检测手段对其加以补充和验证。除宿主细胞蛋白外,目的蛋白本身也可能发生某些变化,形成在理化性质上与原蛋白质极为相似的蛋白杂质,如由污染的蛋白酶所造成的产物降解、冷冻过程中由于脱盐而导致的目的蛋白沉淀、冻干过程中过分处理所引发的蛋白质聚合等。这些由于降解、聚合或错误折叠而造成的目的蛋白变构体在体内往往会导致抗体的产生,因此这类杂质也都得严格控制。

(2) 非蛋白类杂质　具有生物学作用的非蛋白类杂质主要有病毒和细菌等微生物、热原质、内毒素、致敏原及 DNA。无菌性是对基因工程生化产品的最基本要求之一,可通过微生物学方法来检测,应证实最终制品中无外源病毒和细菌等污染。热原质可用传统的注射家兔法进行检测。目前鲎试验法测定内毒素也正越来越多地被引入到基因工程生化产品的质量控制中。来源于宿主细胞的残余DNA的含量必须用敏感的方法来测定，一般认为残余DNA含量小于1(10μg)剂量是安全的，但应视制品的用途、用法和使用对象来决定可接受的程度，残余DNA含量较多时，要采用核酸杂交法检测。

表10-5　基因工程产物中通常需要检测的杂质和污染物及方法

杂质和污染物	检 测 方 法
杂质	
内毒素	鲎试剂、家兔热原法
宿主细胞蛋白	免疫分析、SDS-PAGE、CE
其他蛋白杂质(如培养基)	SDS-PAGE、HPLC、免疫分析、CE
残余DNA	DNA杂交、紫外光谱、蛋白结合
蛋白变异	肽谱、HPLC、IEF、CE
甲酰基甲硫氨酸	肽谱、HPLC、IEF、CE
甲硫氨酸氧化	肽谱、氨基酸分析、HPLC、质谱、Edman分析
产物变性或聚合脱氨基	SDS-PAGE、凝胶排阻色谱、IEF、HPLC、CE、Edman分析、质谱
单克隆抗体(亲和配基脱落)	SDS-PAGE、免疫分析
氨基酸取代	氨基酸分析、肽谱、CE、Edman分析、质谱
污染物	
微生物(细菌、酵母、真菌)	微生物学检查
支原体	微生物学检查
病毒	微生物学检查

（三）生物活性测定

生物活性测定是保证基因工程生化产品有效性的重要手段，往往需要进行动物体内试验和通过细胞培养进行体外效价测定。重组蛋白质是一种抗原，均有相应的抗体或单克隆抗体，可用放射免疫分析法或酶标法测定其免疫学活性。体内生物活性的测定要根据目的产物的生物学特性建立适合的生物学模型。体外生物活性测定的方法有细胞培养计数法、^{3}H-TaR掺入法和酶法细胞计数等。采用国际或国家标准品，或经国家检定机构认可的参考品进行校正标化。

（四）稳定性考察

生化产品的稳定性是评价生化产品有效性和安全性的重要指标之一，也是确定生化产品储藏条件和使用期限的主要依据。对于基因工程生化产品而言，作为活性成分的蛋白质或多肽的分子构型和生物活性的保持都依赖于各种共价而非共价的作用力，因此它们对温度、氧化、光照、离子浓度和机械剪切等环境因素都特别敏感。这就要求对其稳定性进行严格的控制。没有哪一种单一的稳定性试验或参数能够完全反映基因工程生化产品的稳定性特征,必须对产品在一致性、纯度、分子特征和生物效价等多方面的变化情况加以综合评价。采用恰当的物理化学、生物化学和免疫化学技术对其活性成分的性质进行全面鉴定,要准确检测在储藏过程中由于脱氨、氧化、磺酰化、聚合或降解等造成的分子变化,可选用电泳和高分辨率的 HPLC,以及肽图分析等方法。

由于蛋白质结构十分复杂,可能同时存在多种降解途径,其降解过程往往不符合 Arrhenius 动力学方程,因此通过加速降解试验来预测基因工程生化产品的有效期并不十分可靠。必须在实际条件下长期观测稳定性,才能确定其有效期限。

(五)产品一致性的保证

以重组 DNA 技术为主的生化产品生产是一个十分复杂的过程,生产周期可达一个月甚至更长,影响因素较多。只有对原料、生产到产品的每一步骤都进行严格的控制和质量检定,才能确保各批最终产品都安全有效,含量和杂质限度一致并符合标准。

五、基因工程产品的保存

目的产物失活受多种理化因素的影响,保存时要根据其不同特性,采用不同的措施,防止变性、降解,保护其活性中心。

1. 液态保存

液态保存主要有 4 种常用方法:

(1) 低温保存 蛋白质对热敏感,温度越高,稳定性越差,在绝大多数情况下可以低温保存蛋白质溶液,液态蛋白质样品在 −20～−10℃ 以下冰冻保存比较理想。

(2) 在稳定 pH 条件下保存 多数蛋白质只有在很窄的 pH 范围内才稳定,超出此范围会迅速变性,蛋白质较稳定的 pH 一般在等电点,因而保存液态蛋白质样品时,应小心调到其稳定的 pH 范围内。

(3) 高浓度保存 一般蛋白质在高浓度溶液中比较稳定,这是因为液态蛋白质容易受水化作用的影响,保存时浓度不能太低,否则可能会引起亚基解离和表面变性。

(4) 加保护剂保存 多数蛋白质在疏水环境中才能长期保存,加入某些稳定剂可以降低蛋白质溶液的极性,以免变性失活。这类蛋白质的稳定剂有糖类、脂肪类、蛋白质类、多元醇、有机溶剂等;有些蛋白质在高离子强度的极性环境下才能保持其活性,加入中性盐可稳定这些蛋白质;某些蛋白质表面或内部含有半胱氨酸巯基,容易被空气中的氧缓慢氧化成次磺酸或二硫化物,使蛋白质的电荷或构象发生改变而失活,可加入 2-巯基乙醇、二硫苏糖醇等,在真空或惰性气体中密闭保存。

2. 固态保存

固态蛋白质比液态稳定,一般蛋白质含水量超过 10% 时容易失活。含水量降到 5% 时,在室温或冰箱中保存均比较稳定,但在 37℃ 保存时活性则明显下降。长期保存蛋白质的最好方法是把它们制成干粉或结晶。冻干粉或结晶都具有强抗热性和稳定性,把它们放在干燥器中在 4℃ 以下可保存相当长的时间。

第八节　重组白细胞介素-2 的制备

重组白细胞介素-2(recombination interleukin-2 或 RIL-2)是一类介导白细胞间相互作用的细胞因子(1989 年上市),迄今发现的 IL 已多达 15 种,分别命名为 IL-1、IL-2、…、IL-15。许多 IL 不仅介导白细胞的相互作用,还参与其他细胞,如造血干细胞、血管内皮细胞、纤维母细胞、神经细胞、成骨细胞和破骨细胞等的相互作用。

白细胞介素-2 是 1976 年被发现的,最初只知道与 T 细胞的增生有关系,称为 T 细胞生长因子(TCGF),1979 年国际淋巴因子专题会议正式命名 interleukin-2(IL-2)。1983 年美国、日本、比利时等几个国家实验室研究表明,IL-2 是由 133 个氨基酸残基组成的糖蛋白。糖基部分是半乳糖胺与唾液酸,相对分子质量约 155 000,等电点为 7.7～8.2,链内含有一个 58 与 105 位半胱氨酸形成的二硫键,维持其构型。人 IL-2 第 125 位半胱氨酸与二硫键形成无关。分子中一半是螺旋结构,具有明显的疏水性,比较稳定,在 56℃ 加热 1h 仍保持稳定。有人测定 37℃ 放置 7d,生物活性不丧失。根据等电点的不同可分三类,都具有同样的生物活性。对脱氧核糖核酸酶和核糖核酸酶不敏感,对多种蛋白水解酶如胰蛋白酶、糜蛋白酶、枯草杆菌蛋白酶敏感。一般以除菌过滤,保存于 -20℃ 最适宜。人 IL-2 的分子结构示意图见图 10-10。

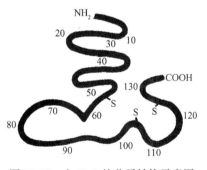

图 10-10　人 IL-2 的分子结构示意图

一、IL-2 的生物活性及作用

(1) 促进 T 细胞生长及克隆增殖　抗原或丝裂原激活 T 细胞,使之产生 IL-2,表达 IL-2 受体,并成为 IL-2 的靶细胞。IL-2 通过这种自分泌作用途径促进 T 细胞的生长和增殖,是机体最强有力的 T 细胞生长因子,而 T 细胞在机体免疫应答及调节中起重要作用。因此,IL-2 是保障机体正常免疫的关键因子。

(2) 诱导或增强多种细胞毒性细胞的活性　如诱导天然杀伤细胞(natural killer,NK)、杀伤性 T 淋巴细胞(cytotoxic T lymphocyte,CTL)、淋巴因子激活的杀伤细胞(lymphokine activating killer cell,LAK)和肿瘤浸润性淋巴细胞(tumor infiltration lymphocyte,TIL)的活性。这些细胞在机体的免疫监视及肿瘤免疫方面至关重要。

(3) 协同刺激 B 细胞增殖及分泌 Ig　较高浓度的 IL-2 可诱导金黄葡萄球菌(cotwan I 株)刺激 B 细胞或 EB 病毒感染的 B 细胞系分泌 IgM 和 IgG。IL-2 还能促进抗 IgM 活化的人 B 细胞增殖,促进人 T 细胞白血病毒(HTLV-1)感染的 B 细胞分化为 IgM 分泌性细胞。

(4) 增强活化的 T 细胞产生 IFN 和集落刺激因子。

(5) 诱导淋巴细胞表达 IL-2 受体。

IL-2 能诱导 T 细胞增殖与分化,刺激 T 细胞分泌干扰素,增强杀伤细胞的活性,故在调整免疫功能上具有重要作用。临床用于治疗一些免疫性疾病,如获得性免疫缺陷综合征(艾滋病)、原发性免疫缺损、老年性免疫功能不全以及癌症的综合治疗。IL-2 对损伤修复也有一定的作用。动物细胞培养和用大肠杆菌基因重组的 hIL-2 都已用于临床。如抗肿瘤,临床有效的病例包括肾癌、黑色素癌、乳腺癌、非霍奇金病、白血病等。此外,对免疫缺陷病如 AIDS,对病毒、细菌、真菌或原虫感染如肝炎、结核病、结节性麻风病等均有一定疗效。对皮肤癌、肺癌疗效尤为显著,主要治疗化疗后血小板减少症等。

二、分离和纯化

分离纯化通常按如下四个步骤进行。

(1) 细胞破碎　由于 RIL-2 是胞内产物,首先应破碎细胞。离心收集细胞,并悬浮于缓冲液中,细胞破碎常采用超声波和溶菌酶的协同作用,以提高破碎效果,溶菌酶的加量一般为 5~10mg/g 菌体。此外还可用匀浆法破碎细胞。

(2) 包含体的提取　大肠杆菌中的白细胞介素-2 以一种不溶性包含体(inclusion body)形式沉淀于细胞质中(包含体是重组基因表达的蛋白质产物与菌体蛋白、质粒 DNA、16S rRNA、23S rRNA 的混合物),RIL-2 在包含体中以还原态存在,无二硫键,故没有生物活性,它不溶于水。为了恢复其活性,应将其氧化。

细胞破碎后需离心,由于包含体不溶于水,故混杂在菌体蛋白和细胞碎片等固体中。将其悬浮于 pH 为 8.1~8.5 的 Tris-盐酸-四乙酸乙二胺缓冲液中,在低浓度尿素存在下,使菌体蛋白溶解,离心后将其分离除去,然后在高浓度变性剂存在下,使包含体溶解,这样即可初步纯化包含体。较好的变性剂为 8mol/L 盐酸胍、8mol/L 尿素、1% 十二烷基硫酸钠等。研究表明变性剂的作用是使聚集状态的

RIL-2 沉淀物变成分散状态的单体,从而溶解。由于还原型 RIL-2 的 SH 基在高浓度变性剂和高浓度蛋白存在的,易被氧化,形成分子间二硫键,所以为了在溶解过程中保持其还原态,还常加入二硫苏糖醇(DTT)进行保护。

(3) 还原型 RIL-2 的氧化 为了形成具有生物学活性的白细胞介素,要将无活性的还原型氧化,使在 CYS-58 和 105 位上的 SH 基形成二硫键。高浓度变性剂存在会干扰正常位置上的氧化,因此应预先除去部分变性剂,常采用 Sephadex G-10 或 G-25 凝胶层析(必须注意不能将变性剂全部除去,否则会导致已溶解的 RIL-2 重新沉淀)。Takashi 认为,氧化时适宜的盐酸胍浓度为 $1.5\sim3.0$mol/L,氧化应在温和条件下进行,常用的氧化剂为铜离子、O-氧碘苯甲酸、谷胱甘肽等。氧化反应一般在室温下进行。

(4) RIL-2 的精制 精制的方法有离子交换、亲和层析和高效液相色谱等。离子交换剂常采用 CM-Sapharose 的阳离子交换柱,用氯化钠梯度洗脱。亲和层析中,可采用抗 RIL-2 的单克隆抗体与 Sepharose 4B 连接,制备亲和层析柱,也可用重组白细胞介素-2 的受体制备。高压液液色谱适用于制备少量纯品或分析鉴定。常用反相高压液相色谱(RP-HPLC),流动相为含 0.1% 三氯乙酸的水和乙腈,采用乙腈浓度变化为 $40\%\sim64\%$ 的梯度洗脱。经纯化后,内毒素含量(以 UIL-2 计)小于 0.1×10^{-6}ng,纯度大于 99%。

第九节 干扰素的制备

干扰素(interferon, IFN)是指由干扰素诱生剂诱导有关生物细胞所产生的一类高活性、多功能的诱生蛋白质。这类诱生蛋白质从细胞中产生和释放之后,作用于相应的其他各种生物细胞,并使其获得抗病毒和抗肿瘤等多方的"免疫力",由英国病毒学家艾瑟克斯(A. Isaacs)和他的同伴林德曼(J. Lindenman)于 1957 年共同发现。

由于产生干扰素的细胞种类不同,于是可以产生不同种的干扰素。由白细胞或淋巴细胞产生的称 α-IFN;由人成纤细胞产生的称 β-IFN;用抗原致敏的淋巴细胞再与该抗原相接触时产生的称 γ-IFN,又称免疫 IFN,是所谓的淋巴因子(lymphokine)的一种,在同一种类型中,根据氨基酸序列的差异,又分为若干亚型。已知 α-IFN 有 23 个以上的亚型,分别以 IFN-α_1、IFN-α_2…表示。β-IFN 和 γ-IFN 仅有 1 个亚型。3 种干扰素的理化及生物学性质有明显差异,即使 IFN-α 的各亚型之间,其生物学作用也不尽相同。一般认为是具有抗病毒作用的蛋白质,但至今尚未得到有关该蛋白质的准确数据资料。

基因工程重组 α-干扰素 Intron A 是由 165 个氨基酸残基构成的糖蛋白,相对分子质量约为 19 000,比活力为 1.0×10^6U/mg。重组 RoferonA 的相对分子质量为 $184\,000\sim194\,000$,比活力为 2.4×10^6U/mg。两者的差异为 IntronA 是精$_{23}$,而

RoferonA 是赖$_{23}$。Intron A 的抗原性比 RoferonA 弱。

β-干扰素由 166 个氨基酸残基组成的糖蛋白,只有 1 个基因,与 α-干扰素具有共同的受体。但 β-干扰素中亮氨酸、酪氨酸等疏水氨基酸较多,主要差异是糖链占整个分子结合点的 1/4。

γ-干扰素是由 146 个氨基酸残基构成的糖蛋白,只有 1 个基因,生物活性更显著。

Vileek 等描述的三种 IFN 相对分子质量、等电点和稳定性见表 10-6。

表 10-6　三种 IFN 的比较

名　称	相对分子质量	等电点	稳定性(pH=2)
α-IFN	15 000~22 000	5.7~7	稳定
β-IFN	24 000	6.5	稳定
γ-IFN	58 000	8.6	不稳定

现已研究证明,不仅人和高等动物的有关细胞经诱导可产生干扰素,在许多低等动物、植物及细菌中也能产生干扰素。干扰素分布很广,种类繁多,概括起来主要有人干扰素、动物干扰素、昆虫干扰素、植物干扰素和细菌干扰素等。就其生物学意义而言,干扰素系统很可能是一种独特的生物功能系统。

种属特异性:所有的干扰素,一般都有较严格的种属特异性,即某一种属的细胞所产生的干扰素,只能作用于相同种属的其他细胞,使其获得免疫力。人干扰素只对人体有保护作用,对其他动物没有保护作用。但也有例外,猴干扰素除对猴有保护作用外,对人也有一定的保护作用。

作用广谱性:干扰素作用于机体有关组织细胞后,可使其获得抗多种病毒和其他微生物的能力,对多种 DNA 病毒和 RNA 病毒都有抑制作用。这种抗病毒作用不是靠干扰素本身去直接抑杀病毒的,而是间接地通过细胞来发挥作用。即可使细胞产生一种抗病毒蛋白,去抑制病毒蛋白质(称病毒衣壳)的合成,故有抗病毒的广谱性。

相对无害性:干扰素应用于临床防治疾病已达数万人之多,至目前为止尚未发现对人体有严重的危害性。最近发现,使用超高剂量如每千克体重每日肌注干扰素 17×10^4U 时,有时会有白细胞轻微减少和体温增高现象,一经停药,可迅速恢复正常。

特殊稳定性:对温度和 pH 相当稳定。一般 60℃下 1h 内不被灭活,粗制品和纯品均可在 -20℃左右低温下长期保存,若加入适量的血清或 γ-球蛋白或降解明胶或葡聚糖,效果更好。在 pH 为 2 时 γ-干扰素不稳定,α-干扰素与 β-干扰素则相当稳定。若欲灭活干扰素制品中的病毒,可调至 pH 为 2 作用一定的时间,一般在 2~5d 能灭活病毒。

干扰素还有沉降率低,不能透析,可通过滤菌器,可被胃蛋白酶、胰蛋白酶和木瓜蛋白酶破坏,不被 DNase 和 RNase 破坏等特性。

一、试剂及器材

1. 菌种

SW-IFNα-2b/*E. coli* DH5α。

2. 试剂

蛋白胨(生化试剂),酵母提取物(生化试剂),氯化钠(CP),磷酸二氢钾(CP),亚硫酸镁(CP),葡萄糖(CP),氯化钙,氨苄青霉素(生化试剂),尿素(CP),二巯基苏糖醇(CP),Sephadex G-50 等。

3. 器材

摇床,发酵罐,离心机,超声波,中空纤维超滤器,Sephadex G-50 柱。

二、发　　酵

人干扰素 α-2b 基因工程菌为 SW-IFNα-2b/*E. coli* DH5α,质粒用 P_L 启动子,含氨苄青霉素抗性基因。种子培养基含 1%蛋白胨、0.5%酵母提取物、0.5%氯化钠。分别接种人干扰素 α-2b 基因工程菌到 4 个装有 250mL 种子培养基的 1000mL 三角瓶中,30℃摇床培养 10h,作为发酵罐种子使用。用 15L 发酵罐进行发酵,发酵培养基的装量为 10L,发酵培养基由 1%蛋白胨、0.5%酵母提取物、0.05%氯化钠、0.01%氯化铵、0.6%磷酸氢二钠、0.001%氯化钙、0.3%磷酸二氢钾、0.01%亚硫酸镁、0.4%葡萄糖、50mg/mL 氨苄青霉素、少量防泡剂组成,pH 为 6.8。搅拌转速 500r/min,溶氧为 50%。30℃发酵 8h,然后在 42℃诱导 2～3h,即可完成发酵。同时每隔不同时间取 2mL 发酵液,10 000r/min 离心除去上清液,称量菌体湿重。

三、产物的提取与纯化

发酵完毕冷却后进行 4000r/min 离心 30min,除去上清液,得湿菌体 1000g 左右。取 100g 湿菌体重新悬浮于 500mL 20mmol/L 磷酸缓冲液(pH 为 7.0)中,于冰浴条件下进行超声破碎。然后 4000r/min 离心 30min。取沉淀部分,用 100mL 含 8mol/L 尿素、20mmol/L 磷酸缓冲液(pH 为 7.0)、0.5mmol/L 二巯基苏糖醇的溶液,室温搅拌抽提 2h,然后 15 000r/min 离心 30min。取上清,用 20mmol/L 磷酸缓冲液(pH 为 7.0)稀释至尿素浓度为 0.5 mol/L,加二巯基苏糖醇至 0.1

mol/L,4℃搅拌15h,15 000r/min离心30min除去不溶物。

上清液经截流量为10 000相对分子质量的中空纤维超滤器浓缩,将浓缩的人干扰素 α-2b 溶液经过 Sephadex G-50 分离,层析柱2cm×100cm。先用20mmol/L磷酸缓冲液(pH为7.0)平衡,上柱后用同一缓冲液洗脱分离,收集人干扰素 α-2b 部分,经 SDS-PAGE 检查。

将 Sephadex G-50 柱分离的人干扰素 α-2b 组分,再经 DE-52 柱(2cm×50cm)纯化人干扰素 α-2b 组分,上柱后用含 0.05mol/L、0.1mol/L、0.15mol/L 氯化钠的 20mmol/L 磷酸缓冲液(pH为7.0)分别洗涤,收集含人干扰素 α-2b 的洗脱液。

全过程蛋白质回收率为 20%～25%,产品不含杂蛋白,DNA 及热原质含量合格。

四、质量控制标准和要求

1. 半成品检定

半成品检定,主要包括下列项目:效价测定、蛋白质含量测定、活性测定、比活性测定、纯度测定、相对分子质量测定、核酸含量测定、鼠 IgG 含量测定、等电点测定、无菌试验、热原质试验等。

(1) 干扰素效价测定　用细胞病变抑制法,以 Wish 细胞、VSV 病毒为基本检测系统。测定中必须用国家或国际参考品校准为国际单位。

(2) 蛋白质含量测定　用福林-酚法,以中国药品生物制品检定所提供的标准蛋白质作为标准。

(3) 比活性　干扰素效价的国际单位与蛋白质含量的毫克数的比即为比活性。

(4) 纯度测定　电泳纯度用非还原型 SDS-PAGE 法,银染显色应为单一区带,经扫描仪测定纯度应在95%以上。在非还原电泳上允许有少量聚合体存在,但不得超过10%。用高效液相色谱反相柱或 GPC 柱测纯度,应呈一个吸收峰,或主峰占峰总面积95%以上。

(5) 相对分子质量测定　用还原型 SDS-PAGE 法,加样量不低于 $5\mu g$,同时用已知相对分子质量的蛋白标准系列作为对照,以迁移率为横坐标,相对分子质量的对数为纵坐标作图,计算相对分子质量,再与干扰素理论值比较,其误差不得高于10%。

(6) 残余外源性 DNA 含量测定　用放射性核素或生物素探针法测定,每剂量中残余外源性 DNA 应低于 100 pg。

(7) 残余血清 IgG 含量测定　在应用抗体亲和层析法作为纯化方法时必须进行此项检定。如用鼠杂交瘤单克隆抗体时应测定鼠 IgG 的含量,可用酶标或其他敏感方法测定,每剂量($20\mu g$)的鼠 IgG 的含量应在 100ng 以下。

（8）残余抗生素活性测定　凡在菌种传代中曾经使用过抗生素者,均应测定相应抗生素活性,半成品中不应有残余抗生素活性存在。

（9）紫外光谱扫描　检查半成品的光谱吸收值,用全自动扫描紫外分光光度计观察紫外光范围内光谱图,最大吸收值应力(280 ± 2)nm。

（10）肽图测定　用CNBr裂解法,测定结果应符合该干扰素的结构,且批与批之间肽图应一致。

（11）等电点测定　用IEF法测定,批与批之间等电点应完全相同。

（12）除菌　半成品应做干扰素效价测定、无菌试验、热原质试验

2. 成品检定

成品检定主要包括下列项目:外观检查、活性测定、水分测定、无菌试验、安全毒性试验、热原质试验等。

（1）物理性状　冻干制品外观应为白色或微黄色疏松体,加入注射水后,不得含有肉眼可见的不溶物。

（2）鉴别试验　应用ELISA或中和试验鉴定。

（3）水分测定　用卡氏法,水分含量应低于3%。

（4）无菌试验　同半成品检定。

（5）热原质试验　同半成品检定。

（6）干扰素效价测定　同半成品检定,效价不低于标示量。

（7）安全试验　取体重350～400g豚鼠3只,每只腹侧皮下注射剂量为每千克体重临床使用最大量的3倍,观察7d,若豚鼠局部无红肿,坏死,总体重不下降,则说明成品合格。取体重18～20g小鼠5只,每只尾静脉注射剂量按每千克体重临床使用最大量的3倍,观察7d,若动物全部存活,则说明成品合格。

第十节　人胰岛素的制备

在人和某些动物腹腔内。靠近十二指物处有一长形粉红色器官,叫胰腺。早在1788年Cowaley（考利）医生曾观察到胰脏功能失调和糖尿病之间的关系;1889年Mering和Minkowski表明通过胰脏的切除能引起实用性糖尿病病症;1900年Schulzeh和Sbolew认为能引起血糖水平下降的胰脏物质是在胰脏（或胰腺）蓝氏胰岛细胞内形成的胰腺。胰腺由两种组织组成:一种是普通的腺细胞,它分泌胰液,通过导管进十二指肠,起消化作用;另一种是在胰腺内还有一些弥散于胰腺细胞组织间的细胞群,这些细胞群不和导管联系,犹如海岛一样,称为"胰岛"（正常人有200万个胰岛,占胰脏总质量的1.5%）。胰岛又由三种细胞组成,即α细胞、β细胞和γ细胞。胰岛素就是由β细胞分泌的一种物质。这是一种蛋白质激素,它直接被释放于血液中,对血糖含量起调节作用;α细胞产生胰高血糖素和胰抗脂肝

素;γ细胞产生生长激素抑止因子。并由于这个缘故,在 1909 年将这个未知物质命名为"胰岛素"(insulin),早在 1911 年已成功地从胰脏中进行胰岛素的提取,但直到 1920 年,Banting 和 Best 协同生化学家 Collip 一起进行提取。1922 年开始,胰岛素在临床的应用和着手于胰岛素化学的研究。1926 年 Abel 进行了纯的胰岛素的分离并制得了结晶。1955 年,Sanger 等又阐明胰岛素的化学组成和测定了胰岛素的一级结构(即化学结构,这是世界上第一个被测定的蛋白质结构)。我国在 1965 年又在世界上第一个成功地完成了结晶牛胰岛素的全合成;1982 年用 DNA 重组技术生产的人胰岛素作为基因工程的第一个商品进入市场。至今,胰岛素的空间结构和功能关系基本上已得到了阐明。

在各种动物的胰腺中,胰岛素的含量有些差异,牛、猪、马、羊新鲜胰组织中分别含有胰岛素 3.0IU/g、2.5IU/g、1.5IU/g、1.0IU/g。同一种动物不同发育阶段,其含量也有较大差别,如老乳牛为 2000IU/g,小牛则达 10 000IU/g(近 400mg)。澳大利亚有人从海洋生物——海星中分离出一种类胰岛素,具有同动物胰岛素一样的药理功能。英国从曲霉菌等原始单细胞微生物中分离的胰岛素,被称为原生胰岛素。经研究分析结果证明,原生胰岛素分子结构和性状与人胰岛素十分相似,还能刺激人体脂肪细胞,把葡萄糖转化为脂肪,起着与胰腺分泌的胰岛素一样的作用。这一发现推翻了原来认为胰岛素只有人和其他高级脊椎动物胰腺才能分泌的理论,也为生产实践上运用单细胞微生物制造胰岛素开发了新的资源。

一、胰岛素的生物学作用及临床上的应用

胰岛素是调节血糖水平的重要激素,能使血糖降低,主要治疗:

1) 胰岛素依赖性糖尿病;

2) 糖尿病合并感染、妊娠、创伤、甲状腺功能亢进、抗体对胰岛素需要量增加者;

3) 糖尿病昏迷和酮症酸中毒;

4) 休克法治疗精神分裂症。

胰岛素是一种有效的抗糖尿病药物,它的作用是使血糖降低。根据现有的认识,一般认为通过胰岛素的作用,促使血糖进入细胞内(加强细胞膜对葡萄糖的透入),加速糖原、脂肪和蛋白质的合成。其降低血糖的作用大致是通过下述几种方式实现的:

1) 促进糖原的生成。通过胰岛素促进己糖激酶的活化,从而加速了血糖合成糖原的过程,所合成的糖原储存于肝脏和肌肉内。

2) 增加血糖的氧化。在胰岛素的作用下,血液中的葡萄糖及其他物质的氧化速率加快。

3) 胰岛素还可加速葡萄糖转变为脂肪、蛋白质,并可抑制肝糖原的分解及抑

制糖原的增生作用(即由蛋白质和脂肪转变为糖原的作用),还能防止对人体有害的物质——酮体的形成。

糖尿病是一种新陈代谢疾病。是由于某些原因引起胰岛功能不全或阻抑,由此引起体内胰岛素的缺少或阻抑。从而造成了糖代谢紊乱以致血糖过高,尿糖出现。糖尿病的症状很多,最显著的是:血糖过高,糖尿及三多(即吃得多,喝水多,尿得多),人体虚弱消瘦,严重者可完全失去工作能力。由于此病还伴有蛋白质及脂肪代谢的紊乱,故还有酮病、酸中毒、失水、昏迷以至死亡。这些症状,只有血糖过高是原发症状。其他各项都是继发性症状。糖尿病目前在我国呈上升趋势,特别是大中城市发病率很高,糖尿病已成为危害人类健康的三大疾病之一(心血管疾病、糖尿病和老年痴呆症)。

糖尿病患者的血糖可由正常水平($80\sim100$mg/100mL,即 $3.9\sim6.1$mmol/L)升高至 200 mg/100mL(中等糖尿病)或 300 mg/100mL(当空腹血糖超过 7mmol/L 时即可诊断为糖尿病)。有时还会高出此数值。当血糖的含量超过肾糖阀时($160\sim180$mg/100mL),糖就会排入尿中,产生糖尿。葡萄糖的大量排泄必须在稀释状态,因而有大量的水分也随同排出,产生多尿。肌体内失水,因而需要饮水,产生烦渴。大量的糖由尿中排出,而糖又是机体的重要营养物质,因而引起食欲过剩。但随食量的增加,血糖升得更高,糖尿也就更多。因患者体内糖的代谢失调,机体就动用体内储存的脂肪和蛋白质来维持。因而会使患者体重减轻,虚弱和消瘦。由于动用了大量脂肪,会使脂肪氧化不完全,其中间产物如丙酮(CH_3COCH_3)、乙酰乙酸(CH_3COCH_3COOH)等堆积在血中,可引起酸中毒或酮病。其中乙酰乙酸的毒害更大,可以抑制高级神经中枢,产生昏迷,甚至死亡。

糖尿病的治疗方法一般以膳食控制(饮食疗法),口服降糖药[磺脲类如磺丁脲(简称 B_{z-55})和甲磺丁脲(简称 D_{863})、双胍类和盐酸吡咯列酮]和注射胰岛素为主。约有一半糖尿病患者(轻度糖尿病)只需膳食的控制或口服降糖药即能达到治疗的目的,不一定要用胰岛素治疗。胰岛素治疗一般适用于:较重的糖尿病——用规定膳食不能消除、酮病——酸中毒时、施行手术或有传染病时和孕妇或儿童。胰岛素因能被胃肠道中的胃蛋白酶等水解破坏,故不宜口服,多供皮下或肌肉注射用,只在急症时才用静脉注射。每次注射用量视不同病情而定。一般在使用前,病人必须在医生的指导下,经过血糖测定(或尿糖)后才能决定具体用量,然后再酌情逐步增加剂量,若过量即能引起病人休克甚至死亡。

二、胰岛素的化学结构

胰岛素是由 51 个氨基酸残基组成的,分 A 链(含 21 个氨基酸残基)和 B 链(含 30 个氨基酸残基),两链之间由 2 对二硫键相连,A 链本身还有 1 对二硫键。胰岛素原是胰岛素的前体,在 A 链的 N 末端与 B 链的 C 末端之间,连接一多肽,称

C肽。C肽由 30 多个氨基酸残基组成,因种属的不同而有多有少,如猪胰岛素原的 C 肽为 35 肽,经专一酶即胰蛋白酶和类羧肽酶 B 的水解,切去 C 肽,释放出胰岛素。1967 年阐明了胰岛素原(猪胰岛素)的一级结构如下

```
                              ┌────────S—S────────┐
A链  甘·异亮·缬·谷·谷胺·半胱·半胱·苏·丝·异亮·半胱·丝·亮·酪·谷胺·亮·谷·天胺·酪·半胱·天胺
         1        5                │                        15                20    │
                                   S                                               S
                                   │                                               │
                                   S                                               S
B链  苯丙·缬·天胺·谷胺·组·亮·半胱·甘·丝·组·亮·缬·谷·丙·亮·酪·亮·缬·半胱·甘
         1        5            10              15                20    ·谷·
                                                                         丙·赖·脯·苏·酪·苯丙·苯丙·甘·精
                                                                         30        25
```

A 链的 N 末端为甘氨酸,C 末端为天冬酰胺;B 链的 N 末端为苯丙氨酸,C 末端为丙氨酸。

不同种属动物的胰岛素分子结构大致相同,不同之处主要在 A 链二硫桥中间的第 8、9、10 位上和 B 链 C 末端的氨基酸上,这些氨基酸随种属而异,但其生理功能是相同的,说明这个氨基酸残基的改变并不影响胰岛素的生物活性,不起决定作用。对于这些可变动的氨基酸,一般认为不位于激素的"活性中心"或对维持"活性中心"不重要,只是与免疫性有关。我国生产的胰岛素是从猪胰中提取出来的,由于猪与人的胰岛素相比只有 B30 位的一个氨基酸不同(表 10-7),人的是苏氨酸,猪的是丙氨酸,因此,用猪胰岛素治疗糖尿病,既不易引起胰岛素抗体的产生,效果也较好(图 10-11)。

表 10-7 人与几种哺乳动物胰岛素组成的氨基酸差异

来　源	氨基酸排列顺序的部分差异			
	A_8	A_9	A_{10}	B_{30}
人	苏	丝	异亮	苏
猪	苏	丝	异亮	丙
牛	丙	丝	缬	丙
狗	苏	丝	异亮	丙
山羊	丙	甘	缬	丙
马	苏	甘	异亮	丙
象	苏	甘	缬	苏
抹香鲸	苏	丝	异亮	丙
兔	苏	丝	异亮	丝

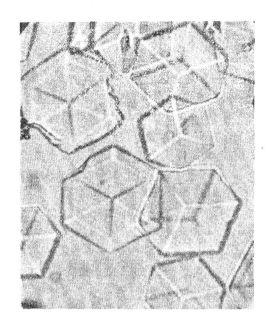

图 10-11　猪胰岛素结晶

三、胰岛素的性质

1．一般性状

胰岛素为白色或类白色粉末结晶,由于精制方法不同,在显微镜下观察,可分为两种形态:一种为不规则细微颗粒,称"无定形";另一种为扁斜形六面体。

2．一般性质

根据化学结构分析,相对分子质量牛胰岛素为 5733,猪为 5764,人为 5784。胰岛素的等电点为 $5.30 \sim 5.35$。因蛋白质的等电点随溶液的离子强度及离子性质不同而有所改变,因此在生产实践中分离、精制或结晶时采用的等电点并不一定正好在此值。

$$R-\underset{\underset{NH_2}{|}}{CH}-COO^- \xleftarrow{\underset{碱}{NaOH}} R-\underset{\underset{NH_3^+}{|}}{CH}-COO^- \xrightarrow{\underset{酸}{HCl}} R-\underset{\underset{NH_3^+}{|}}{CH}-COOH$$

中性
（等电点）

3．胰岛素的溶解性质

胰岛素在 pH 为 $4.5 \sim 6.5$ 范围内,几乎不溶于水,在室温下溶解度为 10

$\mu g/mL$;易溶于稀酸或稀碱溶液;在80%以下乙醇或丙酮中溶解;在90%以上乙醇或80%以上丙酮中难溶;在乙醚中不溶。

4. 变性作用

胰岛素在弱酸性水溶液或混悬在中性缓冲液中较为稳定,在碱性溶液中易水解而失活,温度升高时失活更快。在pH为8.6时,溶液煮沸10min即失活一半,而在0.25%硫酸溶液中要煮沸60min才能导致同等程度的失活。

5. 解聚和复合物的形成

在水溶液中,胰岛素分子在一定的条件下易聚合成多聚体,但此种多聚体在另一种条件下又易解聚成单体,反应式为

$$nI \Longleftrightarrow I_n$$

这些解聚和聚合作用一般都是可逆的。胰岛素在溶液中这种行为取决于pH、温度、离子强度、本身的浓度和外加离子影响。

6. pH 的影响

在水溶液中胰岛素分子随pH、温度、离子强度的影响产生聚合和解聚现象。在低胰岛素浓度的酸性溶液(pH≤2)时呈单体状态。锌胰岛素在pH为2的水溶液中呈二聚体,聚合作用随pH增高而增加,在pH为4~7时聚合成不溶解状态的无定形沉淀。在高浓度锌的溶液中,pH为6~8时胰岛素溶解度急剧下降。锌胰岛素在pH为7~9时呈六聚体或八聚体;pH>9时则解聚,并由于单体结构改变而失活。

7. 温度的影响

在20℃酸性溶液中(pH为2),胰岛素以二聚体形式存在占优势。在pH为2的酸性水溶液中加热至80~100℃,可发生聚合而转变为无活性纤维状胰岛素。如及时用冷0.05mol/L氢氧化钠处理,仍可变为结晶形、有活性的胰岛素。

8. 胰岛素具有蛋白质的各种特殊反应

高浓度的盐,如饱和氯化钠、半饱和硫酸铵等可使其沉淀析出,也能被蛋白质沉淀剂如三氯乙酸等沉淀,并有茚三酮、双缩脲等蛋白质的显色反应。

胰岛素能被胰岛素酶、胃蛋白酶、糜蛋白酶等蛋白水解酶水解而失活。因此胰岛素通常只能注射给药。即使这样,在血液和组织中也能被水解,所以药物作用时间较短。当与鱼精蛋白或珠蛋白形成复合物或制成难溶解的结晶时,即能延长药效。

9．还原剂的影响

还原剂如硫化氢、甲酸、醛、乙酐、硫代硫酸钠、维生素 C 及多数重金属(除锌、铬、钴、镍、银、金外)都能使胰岛素失活。

10．物理因素的影响

胰岛素对高能辐射非常敏感,容易失活;紫外线能破坏胱氨酸和酪氨酸基团;光氧化作用能导致分子中组氨酸破坏;超声波能引起其非专一性降解。

11．吸附作用

胰岛素能被活性炭、白陶土、氢氧化铝、磷酸钙、CM-C 和 DEAE-C 吸附。

四、人胰岛素的制备

1．工程菌活化

取出储存于 -80℃ 的菌种甘油管,立即在超净台中用接种针挑出少量菌体,在 LB(*Amp*)琼脂平皿上划线,于 37℃ 培养过夜活化,次日在划线上应出现单菌落,而在未划线上不应有菌落出现,更不应有任何杂菌。活化的工程菌可保存在平皿上,用石蜡膜封闭培养皿,置 4℃ 冰箱,可使用 2~3 周。一旦出现杂菌污染,经消毒灭菌后再丢弃。

2．种子培养

挑划好在平皿上的工程菌单菌落,划斜面,37℃ 恒温箱培养过夜。次日上午刮取划线菌,接种于含 100mL LB(*Amp*)培养基的 500mL 三角瓶中,另取 5mL 进行对照培养。37℃ 、250r/min 振荡 16h,OD_{600}值在 2~3 之间,得一级种子液。在种子罐内含 7L 已灭菌的 LB 培养基中,在火花灭菌状态下加入 350mg *Amp* 粉末,100mL 一级种子液,通氧量 1:1,30℃ 、250 r/min 培养过夜,得二级种子液。

3．发酵培养

1）发酵室紫外照射 4~5h 灭菌。

2）发酵前,将罐上各电极接好,接通循环水,校正 pH 电极,开机预热培养液至 30℃ ,火花无菌状态下接入补料葡萄糖溶液,最后火花灭菌下接入已长好的 7L 二级种子液。同时连接好调节 pH 用的氨水及补料培养基输送系统。发酵罐条件设置如下:转速 250 r/min,温度 30℃ ,pH 为 7.2,溶氧 100 通氧量 1:1。

3）每隔 1h 取样测一次 OD_{600} 值。当 OD_{600} 值增至 6.5~7.5 之间,已发酵 8~9h。此时开始加入流加培养基,在 5~6h 内将 15L 流加培养基加 8L,OD_{600} 值增至

35～40,此时将温度升至 42℃,开始热诱导。继续在 1.5h 内将剩余的 7L 流加培养基加完。热诱导共 2h,OD_{600} 值可达 50 左右。

4) 诱导结束后,将发酵液全部取出,清洗发酵罐。

5) 发酵液冷却后,在连续离心机中以 14 000 r/min 进行离心(4℃,30min)。收集沉淀的菌体,通常 100L 发酵液可得湿菌体 11～12kg。于 −80℃ 冻存。

6) 在进入人胰岛素原制备工艺之前,需用 SDS-PAGE 技术检测发酵菌体的表达量。

7) 人胰岛素原制备。工艺路线如下:

发酵菌体 $\xrightarrow{破碎}$ 包含体 $\xrightarrow{裂解}$ 裂解液 $\xrightarrow{还原}$ 还原 $\xrightarrow{等电点沉淀}$ 酸沉淀 $\longrightarrow$ 重组 $\longrightarrow$ 超滤浓缩 $\longrightarrow$ 凝胶层析 $\longrightarrow$ 超滤脱盐 $\longrightarrow$ 冻干 $\longrightarrow$ 人胰岛素原取

4kg 发酵湿菌体,按 1:5(质量浓度)加预冷 STET 至约 20L,充分搅拌混匀,均质机破碎 4 个循环,40～50MPa,运转温度低于 40℃。

离心 10 000 r/min,4℃,20min。

沉淀称量,按 1:5(质量浓度)比例溶于预冷的 STET 中,均质机破碎 4 个循环,压力 40～50MPa,运转温度低于 40℃。

离心 10 000 r/min,4℃,20min。

沉淀称重,以 1:8(质量浓度)比例溶于裂解液中,再加入 1μmol/L(768.75mg) DTT,沉淀应充分碾碎,终体积约 5L,在 4℃ 搅拌过夜。

次日晨离心,10 000 r/min,4℃,30min,收集上清液,弃沉淀。

在沉淀液中加入 5g DTT,用封口膜封口,于 37℃ 保温 2h。

上述保温液加入三倍预冷的蒸馏水(约 3L),用 6mol/L 盐酸调 pH 至 5.0 左右。于 4℃ 静置 2～3h 后 10 000r/min 离心,4℃,30min,收集酸沉淀物,弃去上清液。

将酸沉淀物称重,悬浮于 3L 预冷蒸馏水中,用 10% 氢氧化钠调 pH 至 12,使沉淀完全溶解,呈透明状。

将酸沉淀的溶液缓慢加入到 60 倍(约 180L)的 0.05mol/L 甘氨酸-氢氧化钠(pH 为 10.8)缓冲溶液中,于 4℃ 静置 24～36h,进行重组。

重组液 140 000 r/min 离心,4℃,上清液在 10℃ 条件下超滤浓缩,随时检测 OD_{280} 和 OD_{260} 数值。

浓缩至重组液体积的 1/60 时,测总 OD_{280} 和 OD_{260} 数值。

浓缩液进行 Sephadex G-50(超细)柱层析。柱预先用 0.05mol/L 的甘氨酸-氢氧化钠缓冲溶液(pH 为 10.8)充分平衡,用紫外监测仪于 280nm 波长监测,收集第二个峰。

将收集的洗脱液进行超滤浓缩,并加蒸馏水,浓缩至中性,收集中性超滤液。

浓缩液进行冷冻干燥。如不进行冷冻干燥,可在用水洗至中性的基础上,将浓缩液用 0.08mol/LTris-盐酸(pH 为 7.5)缓冲溶液超滤,然后冻存,或直接纯化。

依上述步骤,从 4kg 菌体应可得人胰岛素原约 9g。纯化。

4．胰岛素原的活化

胰岛素原溶液于 37℃ 保温 5～10min,加入胰蛋白酶溶液(1/150～1/50)和羧肽酶 B 溶液(1/300),于 37℃ 保温搅拌,反应 60min,立即加入尿素使其终浓度为 6mol/L 以终止反应。补加水,使终体积为胰岛素原溶液体积的 1.5 倍,活化产物立即进行下一步操作,或 -20℃ 保存。

5．DEAE-Sepharose Fast Flow 纯化胰岛素

活化后的胰岛素原溶液进行 DEAE-Sepharose Fast Flow 柱层析,流速 40 mL/h,弃去穿过峰,并用平衡缓冲液洗至基线。然后进行梯度洗脱,梯度为0.01～0.08mol/L 氯化钠,流速 60 mL/h,收集 0.05～0.08 mol/L 氯化钠梯度处洗脱峰。

6．脱盐浓缩

在 4℃ 条件下将收集的梯度洗脱峰用酸调 pH 至 3 左右再进行超滤浓缩,至终体积为脱盐峰体积的 1/20～1/10。

7．含锌胰岛素沉淀

在浓缩液中加入乙酸锌并调节 pH 为 5.8～6.3,4℃ 静置数小时,冷冻离心收集沉淀。

8．胰岛素结晶

溶解胰岛素沉淀物,然后采用柠檬酸盐结晶法进行胰岛素结晶。次日冷冻离心收集晶体,先后用预冷的水、丙酮和乙醚洗涤,离心,干燥。

9．葡聚糖凝胶离子交换剂使用方法

新购进的阳离子交换剂(如 CM-Sephadex C-25)为钠型,阴离子凝胶交换剂(如 DEAE-Sephadex A-25)为氯型,使用前要按一般离子交换剂的使用方法进行转型处理。1g 阴离子交换剂约用 100mL、0.5mol/L 氢氧化钠溶液浸泡 20min 后减压过滤,充分洗涤,再用等量 0.5mol/L 盐酸处理,洗至中和备用。阳离子交换剂 1g 约用 100mL 0.5mol/L 盐酸浸泡 20min 后过滤,充分洗涤,再用等量 0.5mol/L 氢氧化钠溶液处理 20min,洗至中性备用。

将以上处理好的葡聚糖凝胶离子交换剂,用 20～30 倍量与层析时所用的同种缓冲液浸泡(但浓度要高,如 0.1～0.5mol/L),再用同种酸或碱调节至所需要 pH,放置 1h 后,待 pH 不变即可减压过滤。

凝胶离子交换剂保存时,需先转成盐型。其他使用方法均同 G 类葡聚糖凝胶。再次用缓冲溶液充分浸泡、洗涤,除去气泡后即可上柱。

思 考 题

1. 解释生物工程、基因工程、克隆、载体、宿主细胞、融合蛋白、包含体、重组、变性和复性的含义。
2. 基因工程生化产品的研制开发一般经历哪个几阶段?
3. 通常基因工程的基本过程有哪几步?
4. 除了大肠杆菌以外,其他一些原核和真核生物细胞也可以作为细胞生长因子基因工程中的表达宿主,这些非大肠杆菌系统主要包括哪些?
5. 工程菌的培养方式有哪几种?
6. 基因工程菌的发酵应注意哪些条件?
7. 基因工程菌株和细胞经过发酵或培养,高效表达的产物有的可以分泌到细胞外,但大部分在细胞浆内,因此,为获取基因工程产物,首先需要破碎细胞。目前破碎细胞通常采用哪些方法?
8. 基因工程生化产品质量控制主要包括哪几项要求?

第十一章　生化产品的保藏

生物材料的合理保藏对保证生化产品的质量和提高生产的经济效益有重要意义。生化产品的正确保藏,在生物化学以及医学科学领域中都是非常重要的。不适当的保藏不仅造成经济上的损失,而且会给生化研究和应用带来很大影响。特别是一些用于生物大分子结构和功能研究的生化产品,以及分析用的标准生化样品,要求更为严格的保存,防止失活、失效或变质。要保存好生物材料和生化产品,首先要对材料、产品变质的一般规律以及样品的理化性质有足够的了解,才能确定某种样品的最适保藏条件。

第一节　生化产品保存的一般方法

生化产品大部分是药用,部分为生化试剂和食用品,保存方法大同小异,主要有密闭保存、低温保存、固态干燥保存、避光保存、添加稳定剂等保存方法。

1. 密闭保存

生化产品露置在空气中易受水分、空气的影响而发生吸水水解、潮解、氧化、聚合、风化、挥发、霉坏等变化。几乎所有的生化产品都可用密闭保存方法,以防空气、水分的侵入。玻璃瓶、安瓿是密闭保存最理想的容器,固体、液体均可采用。有些极易氧化的样品,瓶装时应尽量装满,少留空隙以减少瓶内氧气的相对含量,加塞加盖后蜡封保存。如果样品少,或为了取样方便可用安瓿或小瓶分装。吸湿后易发霉的酶制剂、蛋白质和含矿物质或吸湿后易分解失效的 DNA 等样品,应放入内盛无水氯化钙、硅胶、五氧化二磷等干燥剂的干燥器中密闭保存。

2. 低温保存

生化产品一般对热敏感,特别是生物大分子,性质很不稳定,容易受温度等环境因素的影响而变性失活。对热敏感的生物活性物质是极易水解、氧化的物质,保存这些物质一般温度越低越好。低温保存是多数生化产品保存的必要手段,但由于不同产品具有不同理化性质和耐热性,因此,要合理地选择保存温度。同样是酶制剂,大部分干制剂在 4℃ 下冷藏,有些在 $-10℃$ 或 $-20℃$ 下保存,但一些对低温敏感的样品,保存温度不能太低,如木瓜蛋白酶粉能耐 100℃ 干热 3h,甚至在溶液中对热也极稳定。

3．固态干燥保存

　　干燥保存是最古老的、最普遍采用的方法,在生化产品保存中占有重要的地位。固态干燥保存排除了水导致的不稳定,创造了不利于微生物生存的条件。一些在水溶液中容易变性或水解、氧化的产品,在干燥或低温下都比较稳定。如干燥青霉素在完全无水条件下可以长期保持效价不变,但吸湿或含水量在10%以上时即分解失效。因此,干燥后的固态产品需瓶装并放入干燥器内或置冰箱密封保存。

4．避光保存

　　凡见光引起分解、氧化或变色的产品,均应置棕色玻璃瓶或安瓿内避光保存,棕色玻璃能阻碍某些波长的光线,特别是紫外线的透过。如没有棕色瓶,也可用黑色纸包裹或暗处逆光保存,以减弱光化作用。对光特别敏感者需用棕色瓶再外包一层黑纸保存,如胆红素、胡萝卜素、维生素C等都是对光极敏感的物质。

5．添加稳定剂

　　液态保存常需根据不同生化产品的要求添加某些辅助成分,如防腐剂、抗氧剂、酸碱调节剂等。这些物质对产品起一定稳定作用,故通称为稳定剂。

　　(1) 防腐剂　用于抑制微生物生长、繁殖的防腐剂有乙醇、酚类和氯酚类(如苯酚、氯苯酚)、有机汞化合物(如硫柳汞、乙酸汞等)、对羟基苯甲酸酯类(对羟基苯甲酸的甲酯、乙酯、苯酯)等,选择防腐剂应以防腐能力和对样品无影响为依据。

　　(2) 抗氧剂　抗氧剂本身是较强的还原剂,容易被氧化。有氧存在时其自身首先被氧化,从而延缓了样品的氧化,能强烈地与产品争夺氧气的物质,固定或螯合金属离子的物质都可以作为抗氧剂。常用的水溶性抗氧剂有亚硫酸钠、亚硫酸氢钠、硫代硫酸钠、维生素C等。常用的脂溶性抗氧剂有维生素E、没食子酸丙酯、对苯二酚等。

第二节　各类生化产品的保存

一、蛋白质和酶的保存

　　蛋白质和酶都是具有生物活性的物质,受多种理化因素的影响而失活,采用不同措施可防止变性和降解。

1．液态保存

　　(1) 在低温下保存　蛋白质和酶对热敏感,温度越高,稳定性越差。因此,低温保存蛋白质和酶溶液在绝大多数情况下是有利的。液态蛋白质样品常在－10～

−5℃以至−20℃以下冰冻保存比较理想,有时经数月或数年仍保留大部分活性。通常蛋白质和酶越纯,其稳定性越差,特别是纯酶溶液,对热很敏感,绝大多数酶在60℃以上即失去活性,在普通冰箱中难以长期保存,通常只能保存1周左右。少数酶例外,如核糖核酸酶在80℃水浴中保温10min不失活,胰蛋白酶能在稀盐酸溶液中耐90℃高温,某些耐高温细菌能产生耐热性酶。

但是,蛋白质和酶的耐热性不同,并非温度越低,保存越稳定,例如鸟肝丙酮酸羧化酶对冷敏感,25℃左右稳定,低温反而容易失活。反复冻融一般会导致蛋白质和酶变性,必须尽量避免。

(2) 在稳定 pH 下保存　多数蛋白质只有在很狭窄的 pH 范围内才稳定,超出此范围即迅速变性。如鲸肌红蛋白在等电点 6.8 附近时稳定。蛋白质较稳定的 pH 一般在等电点。因此,酸性、中性和碱性蛋白质的稳定 pH 分别为 2～6、6～9 和 5～10.5。酶的最稳定 pH 也并不是酶促反应的最适 pH,两者有时可相差 1 至数个 pH 单位,所以,保存液态蛋白质和酶时,应小心调到其稳定 pH 范围内。

(3) 在高浓度下保存　液态蛋白质易受水化作用影响,保存时浓度不能太稀,否则将可能引起亚基解离、表面变性。一般蛋白质在浓溶液中比较稳定。酶溶液保存时其浓度也应大于 1%。保存时间长时,还需加入防腐剂、酶抑制剂或其他稳定剂。在选择蛋白酶抑制剂时,要注意酶的酸碱性,中性蛋白酶常用 EDTA;碱性蛋白酶用二异丙基氟磷酸、苯甲基黄酰氟;酸性蛋白酶用十二烷基磺酸钠、N-溴琥珀酰亚胺。

2. 固态保存

蛋白质和酶在干燥状态比在溶液状态稳定。一般蛋白质含水量超过10%时,无论在室温或低温均容易失活;含水量若降低至5%时,在室温或冰箱中均比较稳定,但在37℃时活性明显下降。长期保存蛋白质和酶的最好办法是把它们制成结晶或干粉。结晶和冻干品均具有增强抗热性、稳定蛋白质的良好效果,而且易于保存、便于运输。多数固态蛋白质和酶在有干燥剂的干燥器中,在 0～4℃ 或更低温度下可保持相当长时间。如干态葡萄糖氧化酶在0℃下可保存 2a,−15℃下可保持 8a。冰冻干燥是酶保存最普遍采用的方法之一,但有些酶由于冷冻干燥而引起酶活性下降,冻干失活与温度和离子强度有关。如谷氨酸脱氢酶对冻融稳定,但冻干易引起失活,离子强度为 0.1mol/L 时,−30℃、−80℃和−196℃冻干使此酶活性由 100% 下降为 51%、42% 和 38%,离子强度为 0.01mol/L 时,活性又分别降为 45%、42% 和 30%。还有羧肽酶 B(CPB)只有在 0.1mol/L 氯化钠溶液中−20℃冷冻保存才稳定(36 个月会有少量降解发生)。

二、核酸的保存

核酸、蛋白质、酶都是生物大分子,凡能影响蛋白质、酶变性和降解的因素同样能影响核酸,因此核酸保存的条件与蛋白质、酶大致相同,一般保存方法如下。

1. 浓盐液

水、稀电解质都可以断裂核酸的氢键,破坏其双螺旋结构,使核酸变性,对具有双螺旋结构的 DNA 影响更大。因此 DNA 制品应在较高浓度的缓冲液中或盐溶液中保存。用盐溶液保存核酸时,须配合低温 0~4℃,加防腐剂[氯仿或 1mol/L 偶氮化钠(NaN₂)]、核酸酶抑制剂等措施,如 DNA 可在 0.15mol/L 氯化钠和 0.015mol/L 柠檬酸钠溶液中,加几滴氯仿后于 4℃ 保存,几个月仍稳定不变。相对分子质量低的 RNA 可干态保存,但相对分子质量高的 RNA 应在含 2% 乙酸钠的 75% 乙醇中 4℃ 下以浆状保存。

2. 稳定 pH

核酸溶液的保存受 pH 的影响,过酸过碱均会导致碱基上形成氢键的基团的解离,使氢键稳定性下降以致断裂。DNA 分子上的碱基在 pH 为 4~11 范围较稳定,超出此范围 DNA 易变性或降解。低温、酸性或稀碱下保存 DNA 及低温酸性下保存 RNA 均较稳定。

3. 低温

DNA 变性温度(T_m 值)一般在 70~85℃,DNA 的 T_m 值还与 G—C 含量有关,G—C 含量越高,T_m 值越高。RNA 分子中有局部的双螺旋区,所以 RNA 也可发生变性,但 T_m 值较低。通常固态核酸宜在 0~4℃ 下干燥保存,而液态核酸在室温下容易变性,短期最好在 4℃ 下保存。小分子核酸保存温度还可更低些,如固态 tRNA 可在 -10℃ 保存,也有报道牛肝 RNA 溶于 50mmol/L 氯化钠后在 -5℃ 低温冰冻保存,2 个月不变性或降解,但应避免重复冻融。电解质的存在对核酸冰冻有一定保护作用,如将含 0.15mol/L 氯化钠和 0.015mol/L 柠檬酸钠的 DNA 在 -70℃ 迅速冷冻,后于 -20℃ 保存,可长达 1 年之久不变性。

三、油脂的保存

脂肪和油脂保存不当会发生酸败。油脂在空气中暴露过久即产生难闻的嗅味,这种现象称为"酸败"。酸败是由水解和氧化作用所引起。酸败的油脂相对密度减小、碘值降低、酸值增高,可作为油脂保存中质量检查的指标。根据油脂酸败时化学变化的特点,可把酸败分为水解酸败和氧化酸败两大类。

1. 水解酸败

水解酸败是由于油脂混有脂肪酶,在水和适宜条件下(如 $25\sim35℃$,pH 为 $4.5\sim5$)催化油脂的不饱和双键水解,产生游离脂肪酸。含水油脂容易长霉菌和酵母菌,产生脂肪酶和脂肪氧化酶,即使在 $0℃$ 以下保存,也会发生酶水解,所以,长期保存油脂的关键是除去水分,在无水无菌状态下保存。通常把油脂加热灭菌处理,可使脂肪酶失活,达到除去水分的目的。

2. 氧化酸败

氧化酸败是由于空气中的氧使不饱和脂肪酸的双键加氧生成过氧化物 $-\overset{\displaystyle |}{\underset{\displaystyle O}{C}}-\overset{\displaystyle |}{\underset{\displaystyle O}{C}}-$,再分解成有特殊嗅味和味道的低分子游离酸、醛、酮等。油脂一般都含有不饱和脂肪酸,不饱和程度愈高,愈容易发生氧化变质。某些金属(如 Fe、Cu 等)、光、水和热等都能加速油脂氧化酸败,因此,长期保存油脂一般都应避光、低温、密闭保存,尽量充满容器,除尽水分和灭菌。必要时可加入抗氧剂(如五倍子酸的脂类、二丁基甲酚、维生素 E 等)和增效剂(如脑磷脂、维生素 C 等)增强抗氧效果,阻止或延缓氧化进行。

四、生物材料和生物制剂的保存

菌苗、疫苗、类毒素、抗毒素等生物制剂的稳定性差别较大,需根据不同情况选择保存方法。菌苗、疫苗或抗原、抗体也可直接冻藏。有些生物制剂需加入稳定剂(如蔗糖、明胶)或杀菌剂,然后冷冻保存,如抗血清加硫柳汞或叠氮化钠分别达 0.01% 和 0.1% ,在无菌安瓿分装后冰冻保存可维持 2 年以上不变性。

大牲畜的胰脏、胃黏膜、心脏、甲状腺、胸腺、脑下垂体、胆囊等脏器和腺体是生化产品制备最有实用价值的生物材料。这些生物材料的合理保藏,对提高生化产品的质量和收率有重要意义。由于生物材料中的有效成分不同,保藏方法也有所差别。

胰脏是生产胰岛素和胰酶的原料,胰岛素、胰酶都是蛋白质,特别是胰岛素容易被胰脏中的胰岛素酶和其他多种蛋白质水解酶分解破坏,影响收率。因此,采集的胰脏马上冷冻抑制酶的作用,为了保证冷冻充分和便于包装运输,冻盘的尺寸不要超过 $58cm\times48cm\times8\ cm$。最好要单层冷冻,冻结的温度在 $-18℃$ 以下,冻结充分后,在 $-18℃$ 冷藏。

采集的胃黏膜用冷水冲净后置于有冰的容器中,及时送冷室冷却,装冻盘内,于 $-18℃$ 冷冻并冷藏保存。甲状腺和胸腺保存方法相同,采集的甲状腺应以冷水冲淋去除血污,再沥干血水,按包装要求置一定尺寸的冻盘中单层于 -18℃ 冻结、冷藏。胸腺要剥去外附脂肪和结缔组织后,按同样方法冷藏。

胆汁在室温条件下很快变质,应立即采取保藏措施,保藏方法有直接冷冻、浓缩成膏和苛性碱处理三种。

1. 直接冷冻

胆囊可置冻盘中于 -18℃ 直接冷冻。用前解冻,取出胆汁。这种保藏方法适用于猪胆汁提取胆红素用。

2. 浓缩成膏

胆汁经蒸发成浓胆汁,浓缩温度不宜超过 95℃,过高的温度会使有效成分破坏。胆膏的总固体含量可控制在 65%～70%。胆膏也可进一步制成胆粉或低温冷藏,猪胆膏可用于生产胆汁制剂和提取 α-猪脱氧胆酸、胆盐等。牛、羊胆盐主要用于生产胆酸。

3. 苛性碱处理

牛、羊胆汁如供提取胆酸用,采样地点分散或在边远牧区可用苛性碱处理,是一种较为简单可行的保藏方法,用 50% 氢氧化钠加入胆汁使氢氧化钠终质量分数为 1%,搅匀,储存在合适容器中便于运输。

一些酶的保存条件的稳定性如表 11-1 所示。

表 11-1　一些酶保存的条件和稳定性

	名　称	保存条件	稳　定　性
水解酶	胰蛋白酶	(1)液态 pH 为 3 冰箱保存加钙离子保护更好;(2)固态 5℃ 保存	(1)数周内不失活,如 pH 为 2.3～3 室温下可稳定几天,pH 低于 3 易变性,pH 高于 5 易自溶;(2)可稳定几个月不变
	胃蛋白酶	冻干品 4℃ 干燥下保存	可稳定很多个月至 1a,酶液 pH>6 易失活
	淀粉酶	(1)干粉 -20℃ 保存;(2)α-淀粉酶结晶在氯化钠-氯化钙或 2～3mol/L 硫酸铵中 4℃ 冰箱保存	(1)可保存 1a;(2)可保存几个月。加钙离子和调 pH 至 4.8～10.6,酶活可增加稳定性,冻干易失活
	糜蛋白酶	(1)干粉 4℃ 保存;(2)酶液 pH 为 2～6,37℃ 保存;(3)酶液 pH 为 3 冰箱保存	(1)1～几年内稳定;(2)4 小时失活 20%;(3)几天内稳定
	脱氧核糖核酸酶	冻干品 5℃ 下保存	2～5a 内稳定
	RNA 酶 A	干粉 4℃ 下干燥保存	半年内稳定。酶液酸性范围(pH 为 2～2.5)最稳定
	脲酶	(1)在 50% 甘油中 2℃ 下保存;(2)干粉 4℃ 保存	(1)可稳定几个月;(2)可稳定 1a

	名　称	保　存　条　件	稳　定　性
水解酶	羧肽酶 Y	(1)在饱和硫酸铵中 -20℃ 下保存;(2)酶液(1%,pH 为 7)在 -20℃ 冰冻保存	(1)可长期保存;(2)2a 内不失活,但稀释至 0.1mg/mL 则迅速失活,反复冻融引起失活。其水溶液 25℃ pH 为 5.5～8.0 下 8h 内稳定
	羧肽酶 A	酶结晶水溶液 4℃ 保存	较稳定
	羧肽酶 B	浓酶液(在水或 pH 为 7.5 的稀 Tris 缓冲液中) -10℃ 冰冻保存	1a 内稳定
	氨肽酶(胞浆)	(1)干态 0～4℃ 保存;(2)悬浮于 3mol/L 硫酸铵中(含 0.1mol/L pH 为 8 的 Tris-盐酸和 5mol/L 氯化镁)4℃ 保存	(1)可稳定几个月;(2)可保存 4 个月。其水液 pH 为 7～9 最稳定,可保存 2d
	脂肪酶	(1)酶液在巴比妥缓冲液和牛胆酸钠液中(pH 为 3～7)4℃ 保存;(2)干粉 -20℃ 保存	(1)可保存 1 个月;(2)可保存 2a
	弹性蛋白酶	干品 5℃ 下保存(-10℃ 更好)	可保存 6～12 个月。液态 pH 为 4～10.5 于 2℃ 下较稳定,pH<6 稳定性有所增加
	果胶酶	干粉 4℃ 保存	可保存半年,其溶液 50℃ 稳定,62℃ 30s 内全失活
	木瓜蛋白酶	(1)干粉 4℃ 保存;(2)悬浮于浓氯化钠中 4℃ 保存	(1)可稳定 6 个月;(2)可保存许多个月
	溶菌酶	干粉 4℃ 保存	1a 以上不失活,酶液酸性条件下(pH 为 4～5)最稳定
	纤维素酶	干粉 4℃ 保存	可保存 1a,酶液 pH 为 4～6 最稳定
	碱性磷酸酯酶	(1)粗酶冻干品 -20℃ 保存;(2)纯酶干粉 -20℃ 保存	(1)能保存 2a;(2)可保存半年,最适稳定 pH 为 9～10(肠)。血中碱性磷酸酯酶 25℃ 较稳定
	酸性磷酸酯酶	冻干品 -20℃ 保存	可保存 2a,酶液在 pH<6.5 或酶液加入柠檬酸和乙酸,降低 pH 可增加稳定性
氧化还原酶	乳酸脱氢酶	(1)浓酶液 3～15℃ 下保存;(2)结晶酶于 0.5 饱和度硫酸铵中低温保存;(3)对 0.1mol/L pH 为 7 磷酸缓冲液透析后冰冻保存;(4)酶结晶在 3.2mol/L pH 为 7 硫酸铵中 4℃ 保存	(1)可稳定几个月;(2)高度稀释极不稳定;(3)2 个月左右活力不变;(4)可稳定 1～几年。纯酶水液不稳定
	L-氨基酸氧化酶	(1)干粉 4℃ 保存;(2)结晶酶悬浮于 3.2mol/L pH 为 6 硫酸铵中 4℃ 保存	(1)几个月内活力不变;(2)可保存 1a
	D-氨基酸氧化酶	(1)固态 4℃ 保存;(2)在 1.8mol/L 硫酸铵中 pH 为 6.25 下 4℃ 保存	(1)12 个月内稳定;(2)几个月内稳定,但稀释后易失活,如含 $1×10^{-5}$mol/L FAD 可排除
	过氧化氢酶	(1)5℃ 保存;(2)干粉 4℃ 避光干燥保存	(1)所有制剂 6～12 个月均稳定,但冰冻或冻干会失活;(2)1a 内稳定,液态 pH 为 7 较稳定

	名　称	保　存　条　件	稳　定　性
氧化还原酶	过氧化物酶	干粉 4℃ 避光干燥保存	1a 内稳定,液态 pH<3.5、pH>12 不稳定
	丙酮酸激酶	冻干品 4℃ 保存;悬浮于 3mol/L 硫酸铵中 4℃ 保存	至少可保存 1a
转换酶	谷丙转氨酶	(1)干粉 −20℃ 保存;(2)结晶酶在 3.2mol/L 硫酸铵中(pH 为 6)4℃ 保存	(1)可稳定 2a;(2)可稳定 3～6 个月
	谷草转氨酶	(1)冻干品 4℃ 保存;(2)在 3.2mol/L 硫酸铵中(pH 为 6)4℃ 保存	(1)6～12 个月内稳定;(2)可稳定几个月
	己糖激酶	(1)冻干品 4℃ 保存;(2)悬浮于 3.0 mol/L 硫酸铵液中或 50% 甘油中 0～4℃ 保存	(1)可保存 1a;(2)可保存 1a
RNA 或 DNA 聚合酶	T4 DNA 聚合酶	纯酶液中(0.86mg/mL)含有 200mmol/L 磷酸钾缓冲液(pH 为 6.5)、10mmol/L 2-巯基乙醇、50% 甘油,保存在 −20℃	10 个月内活力不变
	小牛胸腺 DNA 聚合酶 a 大肠杆菌 DNA 聚合酶 Ⅰ	纯酶有 50mmol/L 磷酸钾缓冲液(pH 为 7.0)、1mmol/L 2-巯基乙醇、50% 甘油中,保存在 −20℃	
	RNA 聚合酶	在 10mmol/L β-巯基乙醇、10mmol/L 氯化镁、100mmol/L 氯化钾、0.1mmol/L 乙二酸四乙胺、50% 甘油、10mmol/L Tris-盐酸(pH 为 7.9)中安瓿充氮气后于 −20℃ 保存	2～3 个月活力不变
	哺乳动物细胞低相对分子质量 DNA 聚合酶	在 20mmol/L Tris-盐酸(pH 为 8)、200mmol/L 氯化钠、1mmol/L 巯基乙醇、0.1mmol/L 乙二酸四乙胺、50% 甘油中 −20℃ 保存	6 个月内维持稳定

第三节　生物材料的采集、保存及几种药用动物的采集与处理

生物材料的合理采集与保存对保证生化产品的质量和提高生产制备的经济效益有重要意义。生化产品的正确采集与保存,在生化产品的制备中是非常重要的。不适当的采集不仅造成经济上的损失,而且会给生化制备带来很大影响。要采集好生物材料和生化产品,首先要对生物材料、生化产品变质的一般规律以及生化样

品的理化性质有足够的了解,才能确定某种样品的最适采集与保存条件。

一、生物材料的采集与保存

生物活性物质易失活与降解,采集时必须保持材料的新鲜,防止腐败、变质与微生物污染。如胰脏采摘后要立即速冻,防止胰岛素活力下降。胆汁不可在空气中久置,以防止胆红素氧化。酶原提取要及时,防止随酶原激活转变为酶。因此生物材料的采摘必须快速,及时速冻,低温保存。选取材料要求完整,尽量不带入无用组织,同时要注意符合卫生要求,不可污染微生物及其他有害物质。

保存生物材料的主要方法有速冻、冻干、有机溶剂脱水、制成"丙酮粉",或浸存于丙酮与甘油中等。

二、动物细胞的培养与保存

动物细胞培养技术是 1907 年 R.G. 帕拉逊在试管内对蛙的神经组织培养成功后建立的,以后陆续成功地培养了哺乳动物、昆虫、鱼类等多种动物细胞。利用培养的细胞生产疫苗、干扰素、尿激酶、促红细胞生成素和单克隆抗体等已进入工业化生产。

动物细胞的生长培养液有平衡盐溶液、天然培养基和合成培养液。

平衡盐溶液具有维持渗透压、控制酸碱平衡作用,也能供给细胞生存所需要的能量和离子,又是配制各种培养基的基础溶液。常用的有 Hanks 平衡盐溶液及 Earle 平衡盐溶液。

天然培养基如血浆、鼠尾胶原、鸡胚浸出液、血清等,其营养成分高,成分复杂,来源受限制。

合成培养液是根据天然培养基的成分,用化学物质模拟配方组成,如 199 培养液、Eagle 培养液、DMEM 培养液、F_{12}培养液、RPM1640 等。合成培养液只能维持动物细胞的生存,要使细胞繁殖,还要补充适量天然培养基,才能取得更好效果。常用的是人血清或牛血清,尤其用同源血清效果更好。血清对细胞附着和保护有着明显作用,且能中和毒物,使细胞不受损害。但血清中含有 600 多种蛋白质,给产物分离、纯化增加了困难,也提高了成本,因此目前正在转向使用人工无血清培养基。

动物细胞比较脆弱,培养时要严格控制搅拌、pH、温度、溶氧和剪切力等。已有整套带电脑控制的各种动物细胞培养装置系统,主要反应器类型有中空纤维反应器和微载体悬浮反应器。动物细胞的保存方法有组织块保存、细胞悬液保存、单层细胞保存及低温冷冻保存法。

1．组织块保存法

胚胎组织块比成体组织块易保存。胚胎组织如人胚胎肾块在 4℃ 可保存 2 周，长者可达 1 个月。其方法是取出新生胎儿肾脏剪成小块，洗涤后加生长培养液，于 4℃ 过夜，换液一次，可置冰瓶转送其他地方。

2．组织悬液保存法

在一定条件下，细胞悬液可短期保存，不同种类的细胞保存条件不同，通常于 4℃ 生长培养液中可保存数日或数周。如用胰蛋白酶分散的新鲜猴肾细胞悬液，4℃ 保存 10~24h 后，离心收集细胞，用新鲜生长培养液再悬浮，于 4℃ 至少可保存 3 周。

3．单层细胞保存法

本法是通过降低温度来延长细胞的正常代谢时间。保存过程中经常更换生长培养液，效果更佳。如人羊膜细胞 28℃ 可保存 1 个月。人二倍体细胞 30℃ 可保存 2 周，中间换液，可保存 1 个月。若生长培养液中牛血清减到 0.5%~1%，37℃ 培养，并有规律更换生长培养液，可长期保存。

4．低温冰冻保存

将细胞冻存于 −70℃ 低温冰箱中或液氮中。在低温冰箱中可冻存 1 年以上，在液氮中可长期保存。

（1）细胞的冻存速率 生理浓度盐溶液在 −0.6~−0.5℃ 时开始结冰，若温度急速下降则胞内外一起结冰，可破坏细胞结构，造成细胞死亡，故降温速率应缓慢，先使细胞间隙结冰，将胞内水分慢慢吸出，细胞的脱水程度将达到 90% 以上。温度以每分钟 1~5℃ 的速率下降获得的生存率最高。复苏时可加温加速融化，细胞吸收水分，结构与功能不受影响。

（2）保存剂 细胞的冻结保存剂有甘油及二甲基亚砜(DMSO)。甘油能结合水，减少组织结冰量，防止胞内盐浓度上升，使组织慢慢冻结，并能增加细胞膜通透性，而且毒性小，对细胞有保护作用。甘油的使用浓度依不同组织而定，一般在 5%~20% 之间。DMSO 比甘油更能防止细胞冻伤，通透性更高，黏度更低，毒性更小。细胞在 DMSO 中 30s~10min 即可达到内外平衡。DMSO 常用浓度为 5%~12.5%，使用时应注意 DMSO 的质量，要用蒸汽高压消毒。复苏时含 0.5%~1% DMSO 不影响细胞生长。

（3）冻结方法 准备传代的单层细胞可进行冻存。操作方法是用常规方法消化分散细胞，离心收集(800r/min)，按每毫升 5×10^6 个细胞浓度添加保护剂(保护剂是在生长液中加入 8%~10%DMSO，15%~20% 牛血清及适量碳酸氢钠配成，也可添加适量抗生素),然后以 1mL 量分装于 2mL 的保存瓶中,在 0~4℃ 预冻 2~4h,摇匀,置于 −70℃ 冰箱冻存。也可先置于液氮罐气相中过夜,再浸入液相中 (−196℃)保存。或将 −70℃ 冻存过夜的细胞保存瓶直接浸入液氮中存放。

(4)冻存细胞的复苏 细胞传代培养前,要先使冻存细胞融化复苏。其过程为取出冻存细胞保存瓶,立即用 4 层纱布包好,浸入 40℃ 水中片刻,防止炸裂,去掉纱布,浸入水中摇融 40s,混匀后立刻接种到 1~2 个培养瓶中,按等量稀释法加入生长液使成 20mL。如用 DMSO 为保护剂即可直接接种,但 DMSO 必须在生长液中被稀释 10 倍以上。如保护剂是甘油,即应离心收集细胞,除去甘油后再接种。加完生长培养液后取样计数死活细胞数,用台酚蓝染色,死细胞为蓝色。于 37℃ 培养 4~18h 后换液,然后转入传代培养。

三、微生物菌种的选育与保存

(一)菌种的分离

微生物种类繁多,易于培养,是工业化生产各种生化物质的主要材料。

(1)含菌样品的收集 根据微生物的生态特点,从自然界取样,分离所需菌种,如到堆积和腐烂纤维素的地方去取样分离纤维素酶产生菌;到温泉附近去取样分离高温蛋白酶产生菌。也可以从发酵生产材料中进行分离,如我国的小曲就是产生糖化酶的根霉的来源。如事先不了解产生目的物的微生物的具体来源,一般可以从土壤中分离。取样时先将表土刮去 2~3cm,在同一条件下选好 2~5 点土样混在一起包好,标明采样地点及日期备用。

(2)富集培养 收集到的样品若含所需要的菌较多,可直接分离;若含所需要的菌很少,就需要经过富集培养,使所需要的菌大量生长,以利筛选,再配合控制温度、pH 或营养成分即可达到目的。有时用能分解的底物作为生长和诱导产生所需成分的培养基成分,以便所需的菌种得到快速生长,有利于进一步分离。

(3)菌种的纯化 在自然条件下,各种类型的菌混杂在一起生活,所以要进行分离,以获得纯种。菌种纯化的方法一般采用稀释分离法或划线分离法。

一般来说,霉菌多采用马铃薯浸汁、葡萄糖琼脂(P、D、A)培养基或麦芽汁培养基。对于细菌,大多采用肉汤培养基。

(二)菌种的筛选

(1)筛选对象的选择 筛选前,先要考虑哪些微生物是筛选的对象。如有报道,则可根据文献收集可能性最大的微生物进行筛选;如无报道,则可根据一般知识,以不同种属代表,先进行广泛比较。

(2)培养方式的确定 微生物的培养方式,有固体培养与液体培养两种。固体培养,常用麸皮、朽木、米糠等农副产品作为营养源,加适量水,制成固体培养基。

接种后在适合的温度下培养,使菌生长,并形成所需的活性物质。液体培养法,即用三角瓶装适量的液体培养基,接种后,在摇床上振荡培养一定时间。此条件与发酵罐相似,筛出的菌种,适合于发酵罐扩大培养。原则上说,可以根据将来扩大生产所具备的条件来选择培养方式。无论哪一种方式,培养基的成分、培养温度和培养时间的选择都是非常重要的。

(三) 菌株的选育

无论抗生素、氨基酸、核苷酸或酶制剂的发酵生产,从自然界直接分离到的菌种,都不能立即适应实际生产需要。只有通过诱变,选育才能使产量成倍、成百倍地提高。选育方法基本上可以分成两类:随机选择突变体;根据代谢的调节机理选择各种突变体。

(1) 随机选择突变体　一般程序是采用诱变剂诱变处理微生物,增殖培养,经过稀释涂布,随机选择部分或全部单菌落,逐个测定它们的生物活性。最后挑选出产量或其他性能比亲代菌株优秀的突变体。常见的诱变剂有碱基类似物(如 5-溴尿嘧啶、5′-溴脱氧尿苷、2-氨基嘌呤、羟胺、亚硝酸、烷化剂、吖啶类)、紫外线照射、电离辐射。

一般来说,不同种微生物或者同种微生物的不同处理材料,如孢子或营养体对各种诱变剂的反应不一样。但是,并不存在能够特异地诱发高产生物活性物质的诱变剂。因此,选择诱变剂的基本依据是微生物材料本身。譬如,对旺盛生长期的营养细胞,一般物理、化学诱变剂都可以。如果以孢子或其他静息细胞为材料,则应选择直接作用于遗传物质的诱变剂,如电离辐射和亚硝酸等。由于诱变剂的作用效果与菌体的基因型,亲缘谱系及控制代谢物合成机理的特殊性有关,所以不断变换诱变剂比使用单一诱变剂处理的效果好,几种诱变剂复合处理比常用一种诱变剂的效果好。

(2) 根据代谢的调节机理选择高产突变体　根据代谢的调节机理选择高产突变体,一般从两个方面考虑:其一是根据环境因素考虑添加诱导物和降低阻遏物的浓度;其二是从遗传学角度考虑将生产菌种诱发突变成为组成型和增加基因拷贝的,以达到分离高产菌株的目的。

(四) 菌种的保藏

1. 菌种的退化

生产菌种本来在自然环境下生长,所以在人工培养条件下,任何菌株通过一系列的转接传代都可能发生"退化"。广义地说:退化意味着随时间的推移,菌种的一个或多个特性逐步减退或消失,最终导致营养细胞的死亡。一般把菌株的生活力,产孢子能力的衰退和特殊产物产量的下降统称为退化。实际上,两者既相互有关又相互区别,而且产生这些现象的原因也不相同。

菌株的遗传性状是稳定的,但是也可能发生突变。因此,可以在基因型改变的情况下引起菌种退化。例如,在核苷酸和氨基酸发酵生产中常采用微生物的营养缺陷型。有关的这一营养缺陷基因发生回复突变就可致产量下降。在转接传代过程中回复体数的数量逐步取得优势的过程,也就是菌种退化的过程。所以基因突变可以使原来纯的菌株变为不纯,不纯菌株在转接传代过程中不断增加比例,从而导致群体的退化。菌种退化现象的综合比较鉴别是:①单位容积中发酵液的活性物质含量;②琼脂平皿上的单菌落形态;③不同培养时期菌体细胞的形态和主要遗传特征,如形成孢子能力;④发酵过程的 pH 变动情况;⑤发酵液的气味、色泽。

2. 菌种退化的防止措施

菌种退化问题十分复杂,对其规律尚缺乏了解。所以,只能提供一些原则性防止措施。

(1) 防止基因突变　基因突变是菌种退化的一个重要原因,减少突变是防止退化的重要措施。应用低温保藏法可以减少突变的发生。

(2) 采用双重缺陷型　利用营养缺陷型作为生产菌株时,回复突变可导致产量下降。采用双重缺陷标志可间接而有效地防止突变。

(3) 制定科学管理制度　使用菌种时大批制作平行的菌种斜面,少转接传代。

(4) 分离单菌落　在建立新菌株和使用过程中认真进行单菌落分离,再多制作平行的菌种斜面;

(5) 选择培养条件　选择有利高产菌株(或其他有利性状)而不利于低产菌株(或其他不利性状)的培养条件。如对一些抗药性,抗噬菌体菌株进行单菌落分离后,在有药物或噬菌体存在的条件下选育,培养一定时间。

3. 常用的菌种保藏方法

菌种的保藏方法很多,主要有两个要求:其一使菌种不死亡;其二使菌种的原有特性不变。常用的有以下 7 种方法。

(1) 斜面保存法　将菌种转接到新鲜的琼脂斜面上,待生长良好后,于 4℃ 保存。根据具体情况,间隔一定时间后转接。此法简便,但保存期短,经常转接会使某些菌种活力减退或出现变异。

(2) 矿油法　在固种斜面上覆盖矿油以隔绝空气防止蒸发。此法对保藏霉菌、酵母、放线菌及细菌均有效。保存期可在 1 年以上。

(3) 索氏法　将小试管斜面的菌种放在大试管内,大管内装几粒氢氧化钾,管口加橡皮套,然后用石蜡包封。此法对各类菌广泛有效,保存期可达 10a。

(4) 干硅胶法　试管内装硅胶约半满,180℃ 加热灭菌 1.5h,置密封干燥器内冷却,接种菌液约 1mL,塞好棉花,放入预置有色硅胶的大瓶中,蜡封瓶口,于低温处保存。此法特别适用于链孢霉及藻类,保存期达 3 年以上。

(5) 砂土管法　取普通黄沙,洗净过 60 目筛,晒干,另取普通园土研碎、过筛、晒干。两者以 6:4 混合。分装于安瓿管或小试管中,然后在 60℃ 干热灭菌 2h,连续灭菌三次后即可使用。此法适用于芽孢杆菌、放线菌或真菌。装管时可吸取少许孢子悬液加入,待干燥后抽真空封口或用棉花塞紧后蜡封,低温保存。此法可保存菌种 3～5a 或更长时间。

(6) 冷冻干燥法　将菌种悬浮于脱脂消毒牛奶中,快速冷冻,真空干燥,可保存 5～10a。

(7) 甘油冷冻保存法　将对数期菌体悬浮于新鲜培养基中,加入 15% 消毒甘油,混匀速冻,冻存于 -80～-70℃,可保存 3～5a。

四、几种药用动物的采集与处理

我国动物资源丰富,许多动物又是配制中成药的重要成分,因此正确地采集药用动物和泡制药物十分重要,下面简单介绍几种方法,以供参考。

1. 牛黄

牛黄为黄牛食百草之精华,或偶尔误食有毒物与不消化物造成肠胃壅滞等原因凝结而成。有牛黄的黄牛一般出现食欲逐减,日渐消瘦,时有喀咳吼唤,眼红充血,夜视毛皮有发光现象。牛黄因存在不同部位而有不同称谓:生于胆或肝中的大如蛋黄,小如谷粒,称为"蛋黄";生于胆管或肝管中的结石呈块状或管状,称为"管黄";牛喝水时因喀咳吼唤,吐出牛黄堕落水盆中的,称为"生神黄",此黄最贵重;生于牛角中的,称"角虫黄";牛心中的黄酱汁在清水中凝结的黄,叫"心黄"。

加工方法:无论哪种牛黄,取出后,应即时滤去胆汁,除净外部薄膜杂质,用白毛边纸包上几层,再用布包好,悬挂阴凉处阴干,大约百日即可入药使用。

2. 狗宝

狗宝是狗胃结石、膀胱结石及胆结石,这些结石在中药学中称为狗宝。天然狗宝主要有混合狗宝(由蛔虫把大肠杆菌带入狗胆道中形成)、异物狗宝(由异物在胆囊中形成)和胆固醇狗宝(因胆汁中胆固醇过剩而成)。人工培育狗宝有喂食异物育宝法、植入异物育宝法、药物育宝法等。

加工方法:取狗宝有两种方法:一是待狗自然死亡或杀死取宝;二是活狗全身麻醉手术取宝,取宝后缝合伤口,还可继续育狗宝。取出狗宝后,要慢慢地去净附着的肉膜和杂物,待宝完全露出来后用丝绒线扎紧,置阴凉处自然干燥,切忌风吹日晒。

3．马宝

马宝为马的肠道或胃道的结石。马宝主治癫痫、痰热内盛、神志昏迷等症。马宝形状呈球形、卵圆形或扁形。

加工方法：将马宰杀后，如有结石，取出后用清水洗净，晾干即可。

4．骡宝

骡宝为骡的胃肠道的结石。主治小儿急风、痰热内蕴及癫狂谵语等症。形状为球形或略不规则形状。

加工方法：骡宰杀后，将结石取出水洗干净，晾干即可。

5．猴枣

猴枣的异名为猴子枣或羊肠枣，是猴科动物猕猴等内脏的结石。猴枣主治痰热咳喘、小儿惊风、瘰疬、痰咳等症。形状呈椭圆形，大如鸡卵、小如黄豆，表面青铜色或绿黑色，光滑。

加工方法：宰杀猴后取出结石，洗净晾干即可。

6．鸡内金

以鸡的砂囊内壁经清水洗净，干燥入药，称为"鸡内金"。

加工方法：将清洗干净的鸡砂囊内壁撕下，摊在盘内。把电热干燥箱的温度升到240℃，将盘子置于其内，并将温度稳定，烘烤 7min 取出盘子。盘中的鸡内金制品应呈卷曲状，发泡鼓起，色黄，质地酥脆，有焦香气味。

7．狗肾

以雄性狗的干燥棒状阴茎和椭圆形睾丸入药，称为黄狗肾。

加工方法：将狗杀死后，取阴茎和睾丸，把附着的脂肪和内筋去净，用竹篾撑长，悬挂于阴凉通风处阴干或挂在无烟火上烘干便成。加工狗肾全年皆可，尤以冬季为宜。

8．全蝎

蝎以干燥虫体入药，称为全蝎。

加工方法：将捕捉的蝎先放入清水或含少量盐的水中，使其将腹中泥土吐出至淹死，然后捞出，再放入盐水锅内煮沸（每千克活蝎 200～300g 盐）。待其脊背塌下如瓦垄形，即可捞出。用清水洗去泥浊，摊在席上晾干（不可日晒），如阴天可用微火烘干。加工好的全蝎，分等级包装出售。

9. 土鳖虫

土鳖虫是以干燥的雌虫全只入药。

加工方法:雌虫以9~11月龄体重最大,此时干鲜比为40%左右,一般可在8月下旬至越冬前采集。把采集的活鳖虫用沸水烫死后晒干即可。也可用清洁的水洗净泥土,再放入盐水中(1000g虫放200g盐),煮沸40min左右,待腹部已瘪时捞出并摊在席上,用板轻轻压出虫肚中的积水后晒干或用炭火焙干即可。

10. 刺猬

刺猬别名猬鼠等。以其皮入药,中药名刺猬皮。

加工方法:刺猬多在春秋季捕捉。捉到后用脚踏紧,使猬体舒展,然后用利刀纵剖腹部,剥净肌肉和脂肪,把皮剥下,撒一层石灰,把皮翻开,使刺向内,用竹篾撑开挂通风处阴干。使用时,先将刺猬皮剁成小块,洗净晒干,然后取滑石粉放在锅内炒热,再倒入剁好的刺猬皮,炒烫至皮成黄色,取出,再筛除滑石粉,晾凉便可药用。

11. 鳖甲

以甲壳入药,称为鳖甲。

加工方法:将杀出血的鳖放入沸水中,烫至背甲上的硬皮能剥脱,取出,剥取背甲,除去残肉杂质成完整鳖甲,晒干即成。

12. 穿山甲

以穿山甲的鳞甲入药。

加工方法:把除去内脏的穿山甲甲壳用清水洗干净,浸泡12~24h(新捕来的不用浸泡)取出,置于蒸箱或蒸锅上熏蒸或通入蒸汽熏蒸1~2h。停火放凉后,摘下甲片,剔净残肉,将甲片按大、中、小档次分放,然后投放在米醋盆中浸拌。甲片与醋的比例为(10:1)~(10:1.5)。浸拌均匀后捞出风晾,并将剩余醋液撒在甲片上,再晒至八九成干,然后取适量细小净砂投入锅内,武火炒至细砂翻动起波浪状(225~265℃)时,投入甲片,快速翻砂,至甲片全体鼓起,卷曲呈黄白色时出锅,筛去细砂,便制得药用穿山甲。

13. 蜈蚣

蜈蚣又名百脚,以干燥的全虫入药。

加工方法:捕捉入药蜈蚣,以在惊蛰至清明前捕捉的质量为好。捉到的蜈蚣先用开水烫死,然后剪开尾部挤出肠粪和卵,取长宽与蜈蚣相等、两端间尖的薄竹片,一端刺入虫体下腭,一端扎入其尾上部,借助竹片的弹力,使虫体伸直。穿好后置于阳光下晒干,也可用硫磺烘烤,每次需烤 5min。后一方法的优点是蜈蚣干燥快,虫体色泽好,不易腐烂。无论采用哪种方法,都要注意在操作时不要折头断尾,影响品质,加工好的虫体要储放在干燥处或石灰缸中,以防生虫、发霉。

14. 僵蚕

自然病死的蚕体入药。

加工方法:将自然病死的蚕收集起来倒入石灰中拌匀,吸去水分,晒干除去石灰即成。也可把病死的蚕放入石灰浓溶液中(冷却后),浸泡 1～2d,取出晒干,并筛去石灰渣即成。

15. 蟾酥

蟾蜍俗名癞蛤蟆。蟾蜍以其耳后腺及背上隆起的疣粉分泌的白色浆液经加工干燥成块片状入药,中药称此为"蟾酥"。

加工方法:采集的蟾蜍先用水洗干净,用竹夹或镀锌镊子(勿用铁镊子)轻轻挤压耳后腺(凸起的椭圆形腺体),使白色浆液流出,盛于瓷盆中,每只蟾蜍挤压 1～2次为宜,一般可获白色鲜浆液 0.05～0.09g。其次,过滤浆液。用滤筛或用三层纱布进行过滤,除去杂质,将滤液涂抹在玻璃上,厚度约 2～3mm,成硬币形状后置于通风处晾至 7～8 成干即可。也可晒或烘至 7～8 成干,采集或加工蟾酥时,应戴上手套和口罩,蟾蜍毒性很大,要防止溅入口内、眼内。如溅入,应及时用水洗净,一旦发生中毒,可用甘草、白芨片各 20g 煎浓汁服用解毒。成品蟾酥应装镀锌桶、木桶、竹桶或棕色玻璃瓶内,不可用铁桶装。装后应密封避光、避潮存储。

16. 蛙干及蛙油

蛤蟆又称蛤土蟆、雪蛤,学名中国林蛙,药用称田鸡。以蛤蟆内皮自然干燥入药,称"蛙干",以雌性成蛙的输卵管入药称为"蛙油"或"田鸡油"。蛤蟆加工中药材以在秋分至霜降前后(9～10 月间)捕捉的质量最佳。捕捉方法有挖沟截捕法、灯火诱捕法、追捕法、摸捕法、网捞法、须笼截捕法、截流捕捉法、草团诱捕法、洞穴诱捕法等。

(1)蛙干加工

方法一:将蛤蟆体表洗净,用细铁丝贯穿两眼成串,并使腹部朝外,每串 50～60 只,挂通风向阳处晾晒,至 7～8 成干时,将其前肢合抱于胸,后腹顺直合拢,使腹部朝外以利剥油、包装和储存,这样晾干即成蛙干。

方法二:将捉来的蛤蟆放入 60～70℃ 热水中烫死,1～3min,待后腿伸直时即可捞出冷却,然后穿串并晾干。蛙干必须是自然干燥的,不可火烤,不可淋雨或受冻。储存应用麻袋盛装。

(2)蛙油加工　先将蛙干投入 60～70℃ 热水中,搅动使其湿热均匀,3～5min

时,蛙腹发软即捞出,放在铺有湿麻袋的筐内、用湿麻袋闷润 12~15h,待其整体闷软即可剥油。

剥油时先将蛙腹向上,一手拇指在下顶住脊椎骨,四指在上握住其大腹基部,另一手拇指、食指捏住其腹部两侧,其余三指握住其头部,然后两手自腹处同时用力反背下折,将腹皮掰裂,撕开腹部,蛤蟆输卵管位于腹腔两侧,呈不规则的黄白色块状。用小刀或竹片撬起一端,将其整块取出,剔净皮膜、黑籽等杂质,放于盘中置阴凉通风处晾至 8~9 成干便成蛙油。蛙油严禁日晒、火烤干燥,一般一等蛙干 4kg 可剥油 1kg,二等蛙干 5~6 kg 可剥油 1 kg。蛙油应分等装入缸、桶或木箱内,先喷白酒消毒,装后密封,放阴凉干燥处储存。

思 考 题

1. 生化产品保存的一般方法有哪几种? 应该如何保存各种生化产品?
2. 微生物菌种的选育与保存通常有哪些步骤?
3. 一般防止菌种退化的措施有哪些?

参考文献

蔡良琬.1990.核酸研究技术.北京:科学技术出版社

曹劲松.2000.初乳功能性食品.北京:轻工业出版社

曹凯鸣等.1991.核酸化学导论.上海:复旦大学出版社

陈来同.1992.从动物脏器和废弃物提取药用和食用制品.北京:北京大学出版社

陈来同.1994.41种生物化学产品生产技术.北京:金盾出版社

陈来同.2003.生物化学产品制备技术(1).北京:科学技术文献出版社

陈来同等.1997.生化工艺学.北京:北京大学出版社

陈新谦,金有豫.1992.新编药物学.北京:人民卫生出版社

陈新谦,金有豫.2000.新编药物学.北京:人民卫生出版社

大连轻工业学院.1980.生物化学.北京:轻工业出版社

宫崎利夫.1996.多糖类の构造と生理活性.东京:シ一ェムシ出版社

顾觉奋等.1994.分离纯化工艺原理.北京:中国医药科技出版社

郭尧君.1999.蛋白质电泳技术.北京:科学技术出版社

国家医药管理局医药工业情报中心等.1987.世界新药.北京:中国医药科技出版社

何兆雄等.1985.动物药物制药基础.北京:中国商业出版社

化工百科全书编辑部.1996.化工百科全书.北京:化学工业出版社

化学工业出版.2000.中日化工产品大全(第二版).北京:化学工业出版社

荒井棕一.1995.机能性食品の的研究.东京:学会出版社

江体乾.1992.化工工艺手册.上海:上海科学技术出版社

江一帆.1994.世界最新药物手册.北京:中国医药科技出版社

姜泊等.1997.分子生物学常用实验方法.北京:人民军事出版社

李良铸等.1991.生化制药学.北京:中国医药科技出版社

李正化.1993.药物化学.北京:人民卫生出版社

理查德 W 奥利弗.2003.即将到来的生物科技时代.北京:中国人民大学出版社、北京大学出版社

林元藻,王凤山,王转花.1998.生化制药学.北京:人民卫生出版社

马清钧.2002.生物技术药物.北京:化学工业出版社

欧阳平凯.2000.化工产品手册.北京:化学工业出版社

萨姆布鲁J,费里奇 E F,曼尼阿蒂 T.1996.分子克隆实验指南.金冬雁,黎孟枫译.北京:科学技术出版社

沈仁权等.1980.基础生物化学.上海:上海科学技术出版社

孙常晨.1996.药物化学.北京:中国医药科技出版社

孙树秦等.2001.生物化学.北京:人民卫生出版社

谭竹钧.1999.动物药物提取制备技术.北京:中国农业出版社

天津轻工业学院等.1981.食品生物化学.北京:轻工业出版社

王大全.1998.精细化工辞典.北京:化学工业出版社

王德宝等.1986.核酸(结构功能与合成).北京:科学出版社

王凤山,凌沛学等.1997.生化药物研究.北京:人民卫生出版社

王镜岩等.2002.生物化学.北京:高等教育出版社

王宽揩等.1993.天然药物化学.北京:人民卫生出版社

王泽民.1993.当代结构药物全集.北京:北京科学技术出版社

沃伊特 J G,普拉特 C W.2003.基础生物化学(上).朱德煦,郑昌学主译.北京:科学出版社

吴冠芸,潘华珍等.1999.生物化学与分子生物学实验常用数据手册.北京:科学技术出版社

奚若明.1992.中国化工医药产品大全.北京:科学出版社

下村孟,长濑雄三.1981.日本药局方解说明书(第十版)

小林章夫等.1999.天然食品、药物、香桩品的事典.东京:朝仓

徐化等.1993.天然产物化学.北京:科学出版社

杨安刚等.2001.生物化学与分子生物学实验技术.北京:高等教育出版社

俞志明.1996.中国化工商品大全(第一卷).北京:中国物资出版社

原正平,王汝龙.1987.化工产品手册(药物).北京:化学工业出版社

张楚富.2003.生物化学原理.北京:高等教育出版社

张亮仁等.1997.核酸药物化学.北京:北京医科大学、中国协和医科大学联合出版社

张天明,吴梧桐等.1981.动物生化制药学.北京:人民卫生出版社

张惟杰.1987.复合多糖生化研究技术.上海:上海科学技术出版社

张伟国.1997.氨基酸生产技术及其应用.北京:中国轻工业出版社

赵永芳.1994.生物化学技术及其应用(第二版).武汉:武汉大学出版社

赵永芳.2000.生物化学技术及其应用(第三版).北京:科学出版社

郑虎.2000.药物化学.北京:人民卫生出版社

中华人民共和国卫生部.1995.中国生物制品规程.北京:中国人口出版社

中华人民共和国卫生部药典委员会.1993.中华人民共和国药典(二部).1990 版.药典注释.北京:化学工业
　　出版社、人民卫生出版社

中华人民共和国卫生部药典委员会.1995.中华人民共和国药典(二部).1995 版.北京:化学工业出版社

中华人民共和国卫生部药典委员会.2000.中华人民共和国药典(二部).2000 版.北京:化学工业出版社

《国家基本药物》编委会.1984.国家基本药物.北京:人民卫生出版社

Cooper T G.1980.生物化学工具.徐晓利主译.北京:人民卫生出版社

附　录

附录一　生化产品的安全生产和防护

在生化产品及生化药物的提取制备中,安全生产十分重要,应采取一切可能的措施,保障生产人员的安全,避免人民财产的损失,努力防止事故的发生。生化产品生产过程一般具有高温、高压、真空、易燃、易爆、易中毒等特点。在生产操作中,如果对温度、压力、反应速率和时间等条件控制不当,就会发生火灾、爆炸和中毒事故。但是只要我们了解和掌握了它的规律,在生产中严格遵守操作规程制度,是可以避免事故的发生,做到安全生产的。

一、防　　火

生化产品提取制备中使用的有机溶剂大多是易燃的。易燃是有机溶剂的一大缺点,一旦发生火灾,其损失将很严重。为此,要从以下几个方面预防火灾隐患。

1) 经常教育生产人员要切实遵守安全制度,保证火源远离溶剂,盛有易燃有机溶剂的容器不得靠近火源,数量较多的易燃有机溶剂应放在危险药品柜中。切勿在生产操作中粗心大意、不负责任,违反安全操作规程和防火安全制度。

2) 回流或蒸馏液体时应放沸石,以防溶液因过热暴沸冲出。若在加热后发现未放沸石,则应停止加热,待冷却后补加沸石;否则,在过热溶液中放入沸石会导致液体迅速沸腾,冲出瓶外而引起火灾。不可用火直接加热烧瓶,而应根据沸点高低使用石棉网、油浴或水浴。冷凝水要保持畅通,若冷凝管忘记通水,大量蒸气来不及冷凝而逸出,也易造成火灾。

3) 应向生产技术人员讲解易燃易爆物品名称、性能、特点和防火、灭火知识。

4) 易燃有机溶剂(特别是低沸点易燃溶剂)在室温时即有较大的蒸气压,在平常温度下,也会挥发,这些溶剂挥发出来的气体在空气中达到一定限度时,只要有点火星,即会发生燃烧、爆炸,而且有机溶剂蒸气都较空气的相对密度大,会沿着桌面或地面飘移至较远处,或沉积在低洼处。因此,切勿将易燃溶剂到处乱倒,更不能用开口容器盛放、储存易燃品。附表1-1列举了几种常用易燃有机溶剂的性质。使用这些易燃物质的场所,要严格禁止用火。盛装这些挥发性溶剂的容器,必须密闭,并且与需要用火的单位,或者电焊场所,保持规定的距离。在这些容易起火的工作场所,不能穿鞋底有铁钉的鞋。开汽油桶和酒精桶的时候,要用螺丝把手,不能用锤敲打或用扁铲铲,以免冲击发火。

名　　称	乙酸丁酯	正丁醇	乙酸乙酯	甲　醇
类别	二级易燃液体	二级易燃液体	一级易燃液体	一级易燃液体
化学式	$CH_3COOC_4H_9$	C_4H_9OH	$CH_3COOC_2H_5$	CH_3OH
相对分子质量	116.156	74.08	88.1	
相对密度	0.876(20℃)	0.81(20℃)	0.901(20℃)	0.79(20/25℃)
沸点/℃(常压)	126.5	117.5	77.15	64.70
闪点/℃	25	35	-5	18.33
自燃点/℃	420	366	484	470
爆炸限度(体积分数)	1.7%~15%	1.7%~18%	2.2%~11.4%	6%~36.50%
水中溶解度	1%	7.9%	8.6%	∞
有效灭火剂	泡沫,二氧化碳,四氯化碳,喷雾状水	同乙酸丁酯	同乙酸丁酯	同乙酸丁酯
空气中最大允许浓度/(mg/m³)	200	303	200	50
嗅觉可感到的最低浓度/(mg/L)	—	1.0	—	
中毒浓度/(mg/L)	5	2	5	
中毒症状	头昏,眼、鼻、呼吸道发炎	昏迷,头痛,眼角膜、呼吸道发炎	对眼、鼻、气管有刺激作用,可引起皮炎及湿疹	对黏膜刺激,皮肤可吸收
预防与急救	预防:使用巨尤-3.28号防毒面具。急救:将中毒者搬到空气新鲜处保暖,必要时输氧气和人工呼吸	同乙酸丁酯	同乙酸丁酯	
火灾危险性	液体易燃,蒸气易与空气混合物遇火爆炸	同乙酸丁酯	同乙酸丁酯	极易燃烧,蒸气与空气混合物易爆炸
储藏	密闭,远离火、热源	同乙酸丁酯	同乙酸丁酯	阴凉,避火,避免与氧化剂混放
操作注意	注意通风,严格防火		严格防火,注意通风	避触皮肤吸入,防火,通风

有机溶剂的性能

乙醇	氯仿	丙酮	异丙醇	苯	吡啶
易燃液体	有机		一级易燃液体	一级易燃液体	一级易燃液体
C_2H_5OH	$CHCl_3$	CH_3COCH_3		C_6H_6	
46.05	119.39	58.08			
0.789	1.4985(15℃)	0.788(25℃)	0.785(20℃)	0.879(20℃)	0.982(20℃)
78.2	61.26	56.5	82.3	80.1	115.3
−14		−20	21.1	−11	360
510	—		455.6	538	482
3.3%~19%			2.5%~5.2%	1.4%~8%	1.8%~12.4%
∞	1mL/200mL 水(25℃)	∞	∞	不溶于水	∞
泡沫,二氧化碳,四氯化碳,水			二氧化碳,四氯化碳,水,泡沫	二氧化碳,砂,四氯化碳	二氧化碳,砂,雾状水
1500	240(我国未规定,外国资料供参考)		1020	50	15
250					
16					
同丁醇	麻醉剂,长期吸入慢性中毒,造成肝、肾、心脏等损害,使白血球升高,遇光或灼热易分解成剧毒的光气,液体能透过皮肤吸收		同丁酯	大量吸入蒸气有麻醉作用,爆炸中毒损害骨髓细胞,血小板减少,凝血困难	
同丁酯	昏迷者输氧,给咖啡因素、中枢神经兴奋剂,禁止使用肾上腺素		头晕头昏时,速至空气新鲜处休息,误服应求医	同异丙醇 急救时绝对禁用肾上腺素	同异丙醇 治疗中毒应大量给予维生素B
同丁酯	本身不燃,遇碱易分解,有爆炸危险		同丁酯 过氧化物易爆炸	同丁酯	同丁酯
	密闭,避光,置阴暗处		同氯仿	同氯仿	同氯仿
通风,严格防火	不使触及皮肤、眼,戴橡皮手套、活性炭口罩、眼镜,注意通风		同氯仿	同异丙醇	力求密闭、通风,严格防火

5）容易起火的工作场所，必须严格控制明火，如炉火、灯火、焊接火、火柴和打火机的火焰、香烟头火、烟囱火星、撞击摩擦产生的火星、烧红的电热丝和铁块等。

6）在易燃、易爆场所严禁把工作服、过滤布、包装纸、棉布、刨花、木屑、回丝、手套、油类、棉花等，挂在高温锅炉、蒸气管道、灯泡、灯管、烘房或烤箱上，以免时间长了被烤焦起火。

7）易燃、易爆场所要定期检查机械设备，特别要注意检查转动部分。如果缺乏润滑油，就会因机械摩擦造成高温，引起燃烧。

二、灭　火

1）平时要注意偶然着火的可能性，除配备各种消防器材外，还应准备适用于各种情况的灭火材料，包括消防砂、石棉布、破麻袋等各种灭火器材。消防砂要保持干净，切不可有水浸入。

2）在操作间，一旦发生了火灾，应保持沉着、镇静，不必惊慌失措，并立即采取各种相应措施，以减少事故损失。首先，应立即熄灭附近所有火源（关闭煤气），切断电流，并移开附近的易燃物质。少量溶剂（几毫升）着火，可任其烧完。瓶内溶剂着火可用石棉网或湿布盖熄。小火可立即用湿布、湿麻袋或黄沙盖熄。在易燃液体和固体着火时，不能用水去浇。因为除甲醇、乙醇等少数化合物能与水任意混合外，大多数有机物相对密度小于水，如油脂浮在水面上继续燃烧，能扩大燃烧面积。因此，除小范围可用湿布覆盖外，要立即用消防砂、泡沫灭火器扑灭。精密仪器应用四氯化碳灭火。如火势大，应立即报告消防队，请求灭火。

四氯化碳灭火器用以扑灭电器内或电器附近的火，但不能在狭小和通风不良的地方应用，因为四氯化碳在高温时会生成剧毒的光气。此外，四氯化碳和金属钠接触也要发生爆炸。使用时只需连续抽动唧筒，四氯化碳即会由喷嘴喷出。

二氧化碳灭火器也是常用的一种灭火器，它的钢筒内装有压缩的液态二氧化碳，使用时打开开关，二氧化碳气体即会喷出，用以扑灭有机物及电器设备的着火。使用时应注意，一手提灭火器，一手应握在喷二氧化碳喇叭筒的把手上。因为喷出的二氧化碳压力骤然降低，温度也随之骤降，手若握在喇叭筒上易被冻结。

泡沫灭火器的内部分别装有含发泡剂的碳酸氢钠溶液和硫酸铝溶液，使用时将筒身颠倒，两种溶液即反应生成硫酸氢钠、氢氧化铝及大量二氧化碳。灭火筒内压力突然增大，使大量二氧化碳泡沫喷出。非大火通常不用泡沫灭火器，因为处理麻烦。

无论用何种灭火器，皆应从火的周围开始向中心扑灭。

3) 油浴和有机溶剂着火时，绝对不能用水浇，因为这样反而会使火焰蔓延开来。一般应用灭火沙和灭火器熄灭。

4) 若衣服着火，切勿奔跑，用厚的外衣包裹即可熄灭。较严重者应躺在地上（以免火焰烧向头部）用防火毯紧紧包住，直至火熄，或者打开附近的自来水开关，用水冲淋熄灭。烧伤严重者应急送医疗单位。

5) 电线着火时，须关闭电源，切断电流，再用四氯化碳灭火器熄灭，不可用水或泡沫灭火器熄灭燃烧的电源。

6) 坚决杜绝火种，不准在易燃、易爆场所吸烟，不许明火作业，在进入易燃、易爆场所前必须留下火种。如维修确需动用明火时，一定要清理现场，冲洗管道，并报告有关人员，进行检查，在做好防火措施后，方可动火。

三、防　爆　炸

在生化产品制备中可能产生有危险性的化合物，操作时需特别小心。有些类型的化合物具有爆炸性，如叠氮化物、干燥的重氮盐、硝酸酯、多硝基化合物等，使用时须严格遵守操作规程。有些有机化合物如醚或共轭烯烃，久置后会生成易爆炸的过氧化物，需特殊处理后才能应用。

四、防　　喷

丙酮、氯仿、乙醇等溶剂在使用或回收时，由于违反操作规程，在密闭情况下工作，内部压力过大，容易使溶剂从阀门等处冲出。

1) 严格执行安全操作规程，控制生产过程的温度，不超过规定的标准。

2) 开启有挥发性液体（氯仿、乙醇等）的瓶塞和安瓿时，必须先充分冷却后再开启（开启安瓿时需用布包裹），开启时瓶口必须指向无人处，以免由于液体喷溅而导致伤害。如遇瓶塞不易开启时，必须注意瓶内储物的性质，切不可冒然用火加热或乱敲瓶塞等。

3) 如发生事故，试剂溅入眼内，任何情况下都要先用自来水洗涤，急救后送医疗单位。

酸：用大量水洗，再用1%碳酸氢钠溶液洗。

碱：用大量水洗，再用1%硼酸溶液洗。

溴：用大量水洗，再用1%碳酸氢钠溶液洗。

玻璃：用镊子移去碎玻璃，或在盆中用水洗，切勿用手揉动。

五、防　　毒

在生产中所用有毒药品，应认真操作，妥善保管，不许乱放，并有专人负责收发，使用者应遵守操作规程。生产后的有毒废物必须进行妥善而有效的处理，不准乱丢。

1) 有些有毒物质会渗入皮肤，因此在接触时必须戴皮手套，操作后立即洗手。切勿让毒品沾及五官或伤口，例如氰化钠沾入伤口后就随血液循环全身，严重者会造成中毒死亡事故。

2) 当有毒物质溅入口中尚未咽下时应立即吐出，用大量水冲洗口腔。如已吞下，应根据毒物性质给以解毒。酸性毒物可先饮大量水，然后服用氢氧化铝膏、鸡蛋白；若是强碱，也应先饮大量水，然后服用醋、酸果汁、鸡蛋白。酸、碱中毒者在做完上述处理后都应以牛奶灌注，但不要吃呕吐剂。

对于刺激剂及神经性毒物中毒者，应先给牛奶或鸡蛋白使其立即冲淡和缓和，再用一大匙硫酸镁（约30g）溶于一杯水中催吐。有时也可用手指伸入喉部使呕吐，然后立即送医疗单位。

对吸入气体中毒者，应立即将其移至室外，解开衣领及纽扣。吸入少量氯气或溴者，需用碳酸氢钠溶液漱口。

六、防　腐　蚀

在生产中，经常使用强酸、强碱等腐蚀性溶剂，由于操作不当极易造成外伤。

1) 取腐蚀类刺激性化学品时，应戴手套和防护眼镜等。腐蚀性化学品不得在烘箱中烘烤。吸取液体时，必须用吸耳球吸，绝不可用嘴吸。

2) 开启酸碱的坛盖时，必须用锯子将石膏锯开，禁止用榔头敲打，以免坛子破裂。搬运坛子时严禁背扛搬运，使用时要戴上防护眼镜、橡皮手套和围裙。

3) 稀释硫酸时，必须用烧杯等耐热容器，而且必须在玻璃棒不断搅拌下，仔细缓慢地将浓硫酸加入水中，绝对不能将水加入硫酸中，以免溅出伤人。

七、其 他 伤 害

如发生割伤情况，应取出伤口中的玻璃或固体物，用蒸馏水冲洗后涂上红药水，用绷带扎住。大伤口则应先按紧主血管以防止大量出血，急送医疗单位。

如发生意外烫伤，轻伤涂以玉树油或鞣酸油膏，重伤涂以烫伤油膏后送医疗单位。

如发生酸试剂灼伤，应立即用大量水洗，再以 3%～5%碳酸氢钠溶液洗，最后用水洗。严重时要消毒，拭干后涂烫伤油膏。

如发生碱试剂灼伤，应立即用水洗，再用 2%乙酸液洗，最后用水洗。严重时要消毒，拭干后涂烫伤油膏。

八、电器设备及厂房安全

1) 使用电器时，必须遵守操作规程，事先要检查电源开关以及电动机和机械设备的各部分是否安置妥当。

2) 停止工作时，必须切断电源。

附录二　去离子水的制备

在生物化学产品的制备中，常常需要大量的去离子水，而平时我们常用的自来水中，常含有一定量的无机盐。常见的阳离子有钾离子、钠离子、钙离子、镁离子、铜离子、锰离子等。常见的阴离子有酸性碳酸根、硫酸根、氯离子、硝酸根等。必须进行提纯才能应用于生产。利用阳、阴离子交换树脂在水溶液中的离子化，与上述水中离子发生相互交换便得到去离子水。

一、用离子交换树脂制备水的原理

制备水用的离子交换树脂是强酸型阳离子交换树脂和强碱型阴离子交换树脂。

强酸性阳离子交换树脂的性质类似于酸，也是由氯离子和"酸根"组成的，不过这种酸根是复杂的高分子有机化合物（通常是苯乙烯的聚合物）。如果用 R^- 表示这个"酸根"，那么，阳离子交换树脂可用 H^+-R 表示。当水通过它时，水中的阳离子便与树脂上的氢离子交换，把氢离子赶下来，而钙离子、镁离子则占据了氢离子的位置，氢离子随水下来，这时出来的水是酸性的。在正常工作时，它的 pH 在 2.4～4.5 之间，反应式为

$$Ca^{2+} + 2H^+\text{-}R^- \longrightarrow Ca^{2+}\text{-}R^- + 2H^+$$

强碱性阴离子交换树脂类似于碱。有氢氧根离子和特殊的"金属"，它是另一种苯乙烯的聚合物，若用钾离子代表这种有机化合物，树脂可以用 OH^--K^+ 表示。当水通过时，水中的阴离子（如 Cl^-）可以与树脂上的 OH^- 交换，反应式为

$$Cl^- + OH^-\text{-}K^+ \longrightarrow Cl^-\text{-}K^+ + OH^-$$

若把自来水先通过阳树脂之后又通过阴树脂，则从阴树脂下来的氢氧根离子

和从阳树脂上下来的氢离子结合成水。若把以上两种树脂处理好后按一定比例混合，则上面两种交换反应同时进行，可同时除去水中各种杂质，水为中性。

二、树脂的选择

1. 732 苯乙烯型强酸性阳离子交换树脂

粒度 16～50 目，交换量≥4.5mmol/g，含水量 40%～50%。

2. 717 苯乙烯型强碱性阴离子交换树脂

粒度 16～50 目，交换量>3mmol/g，含水量 40%～50%。

三、新树脂的处理与转型

1. 溶胀与洗涤

将阳阴树脂分别放在适当的容器内，阳离子树脂用热水、阴离子树脂用低于 40℃ 的温水，各浸泡数小时或更多时间。倒去洗涤水，重复用清水洗涤至水澄清、无黄棕或淡黄色为止。

2. 酸碱处理与转型

(1) 阳离子交换树脂　先将树脂中的水滤干，加入约 3 倍体积的 7% (2mol/L)盐酸，浸泡 1h，用澄清的水洗至流出液 pH 为 3～4（甲基红指示液呈橙色），再加约 3 倍体积的 8% 氢氧化钠液（2mol/L），浸泡约 1h，用蒸馏水或通过阴离子树脂交换的水（pH 为 3～4）或去离子水洗至流出液 pH 为 9（酚酞指示液呈淡红色，无指示液时，可用 pH 为 1～14 试纸）。阳离子树脂用酸碱交替处理 1～2 次，然后用 7% 盐酸转成氢型，用蒸馏水洗至流出液 pH 为 4 左右，用电导仪测电阻达 100 万 Ω 左右为止。

(2) 阴离子交换树脂　先用约 3 倍体积的 8% 氢氧化钠液浸泡约 2h，用通过阳离子树脂的水或去离子水，洗至洗出液 pH 约为 9（不用自来水洗涤，因自来水中的钙、镁离子遇碱生成不溶解的氢氧化钙、氢氧化镁的沉淀而滞留在树脂沟，污染树脂，难以洗净，需要用稀酸处理方可恢复）。再用 3 倍体积的 7% 盐酸浸泡约 1h，用蒸馏水洗至洗出液 pH 为 4 左右为止。阴离子树脂用碱酸交替处理 1～2 次，然后用 8% 氢氧化钠转成氢氧型至洗出液 pH 为 8～9，用硝酸银测无氯离子为合格。

四、制备去离子水具体操作

把经处理好后的阳、阴离子交换树脂装入附图 2-1 所示的柱 1 和柱 2 中，把处理好的阳离子树脂和阴离子树脂按 1:1 的质量比混合后，装入柱 3，将柱 1、柱 2、柱 3 串联，通水。

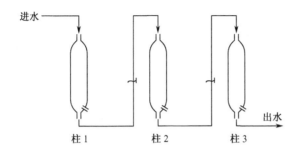

附图 2-1　制备去离子水装置

交换前应检查交换柱，若柱内有气泡，把进出水管反接自来水反冲，使气泡排尽，树脂排列均匀，再将进出水管调整。在交换过程中，水面必须高出树脂数厘米以上，防止漏干。打开阳柱进水管，待水满后，打开阴柱逆水管，同时关闭阳柱的气阀门，待阴柱水满后，调整流速，使其 1h 的进水量为 300~350L，然后打开混合柱下端出水口。

1. 注意事项

1) 水的流速是影响水质的因素之一。注意不要过大、过小或忽大忽小。

2) 出水速率大于进水速率时，树脂便露出水面，空气便进入树脂内，再加水也不能赶走气泡，这种现象为漏干，它明显影响水的质量。应尽力防止，若发生了漏干现象，可进行反冲或用木棒敲打，赶走气泡。

3) 切勿先关气阀门再开逆水管，防止水流冲破管道，造成混合柱分层。

4) 停柱时要关闭自来水管和各柱下端的出水管，详细检查有无漏水现象，防止树脂漏干。

生产中所得的去离子水，是否符合要求，应对其进行全面检查。根据水质愈纯电阻愈大的原理，可用电导仪来检验水质好坏，实践证明，一般生化产品的制备用水电阻在 20 万 Ω 以上，精制用水更高（80 万 Ω 以上），而自来水的电阻只有几百欧姆。

2．在实际操作中还要采用以下方法，对水质经常检查

（1）钙镁离子　取阳柱水 10mL，加氨-氯化铵缓冲液及铬黑 T 各 3 滴，应呈蓝色，不得呈红色或紫色。

（2）酸碱度　取阴柱水 10mL，加甲基橙试剂 3 滴，应呈黄色或橙黄色，不应呈红色。

（3）氯离子　取混合柱水 10mL，加硝酸银 3 滴，不得显混浊。

（4）检查水质时应注意洗净容器　特别是测定电阻，若烧杯洗刷不干净，则不能正确测定水质。应注意外界对水质的影响，如氨、碱、酸等都是影响正确测定水质的重要因素。

五、树脂的再生

离子交换树脂可交换的氢离子和氢氧根离子完全被杂质交换后，流出的水经检查不合格，表明树脂已经失活——失去了和水中离子交换的能力，同时树脂改变颜色，此时应对树脂进行再生处理，恢复其交换能力。

1．阳柱的再生

当柱内的树脂颜色由上向下逐步变浅，取阳柱水加氯化铵缓冲液及铬黑 T 呈紫或红色反应时，应立即再生（操作时应尽力做到加入试液后不立即呈红色，而经过振摇再呈红色，即可再生，或看树脂的失活线在柱底部的数厘米以上）。用自来水自阳柱下端反冲，使树脂在柱内完全疏松，脏物从柱上部排气阀门排出后关闭自来水管，稍停，待树脂下沉后，从柱底部放水至树脂表面数厘米以上，勿使树脂漏干。取相对密度为 1.03～1.04 的盐酸液 40L，从柱顶端加酸处缓缓加入，通酸时间一般为 50min 左右。流速保持在 900mL/min 左右，注意关闭排气阀门，防止酸液过多而溢出，待酸加完后，用自来水从柱顶端淋洗约 10min 左右，冲洗至 pH 为 3.0 为止。反冲洗通往阴柱的管道。流出水加试液后呈蓝色反应，即可开始交换。

2．阴柱再生

当柱内的树脂颜色由上向下逐渐变浅，取流出液加甲基红试液呈红色而不呈黄或橙黄色，即应再生（尽量保持流出水加甲基红试液不立即变红就开始再生。看树脂的失活线在柱底端数厘米以上）。将柱内水放至树脂表面数厘米以上，用阳柱合格水自柱底部反冲，使树脂在柱内完全疏松，脏物从柱上部气阀门排出后关闭阴柱水管，待树脂下沉后放水至树脂表面数厘米以上。取波美氏相对密度为 1.06～1.07 的氢氧化钠溶液 40L，从上端加碱处缓慢进入，通碱时间约为 50min

左右，流速保持在 900mL/min 左右，待碱加完后，用阳柱合格水淋洗至 pH 为 8～9（时间约为 10min），流出液加甲基红呈黄或橙黄色后，冲洗通往混合柱的管道，可开始交换制水。

3．混合柱的再生

取混合柱水加硝酸银 3 滴，显浑浊，电导仪测定水质在 20 万 Ω 左右，应立即停止交换制水。将混合柱水放至树脂表面数厘米左右，使两种树脂因相对密度不同而分层，同时从气阀门排出脏物，关闭进水管，待树脂下沉后，放水至树脂表面数厘米以上。从上端进碱处缓慢加入波美氏相对密度为 1.06～1.07 的氢氧化钠液 40L，流速和再生阳柱相同，待碱液加完后，从柱底加入阳柱合格水反冲洗，控制流速，防止树脂溢出，反冲至 pH 为 11.0，柱下端放水至 pH 约为 10 即可将柱内水放干，从柱下部进酸处缓慢加入波美氏相对密度为 1.03～1.04 的盐酸液 20L，使酸液均匀散布于阳离子交换树脂表面，流速同再生阳性相同后关闭进酸管，再用自来水自进酸处缓慢加入，冲洗至 pH 为 3 即可。自来水管加入流往阳阴柱的合格水于树脂表面数厘米以上，将柱底部阀门打开，柱上端启动真空泵，则气体有交换柱下端冲进树脂，使两种树脂充分混合均匀后，立即正冲，使树脂缓慢落下，时间约 10min 左右。

开始交换时，先不急于储藏备用，直至流出液澄清，加硝酸银不显浑浊，水质在 20 万 Ω 以上再储存。

4．操作时注意事项

1）配酸液用自来水，碱液则用的柱合格水或去离子水。

2）一般再生时加碱、酸液是树脂体积的 15 倍，碱液的流速不应太快，使其能充分浸泡。

3）反冲起赶排脏物的作用，反冲得越干净，再生的效果越好。

4）阴树脂怕酸，再生混合柱时，切勿使酸液进入阴树脂层中。

5）反冲时应控制流速，防止树脂溢出。反冲不畅时，可用木棒轻轻敲打。树脂装置不可过多，否则不利于反冲，混合柱不容易均匀混合。

附录三　乙醇的回收及其回收装置

在生化物质的制备过程中，许多工艺需要乙醇作为溶剂，因此乙醇的回收是一个重要的工作。如在肝素钠沉淀反应中，沉淀清液中含 50% 乙醇，一般可回收 80% 以上。如不注意回收或回收不好，将给制备造成很大浪费，使制备成本增高。装配乙醇回收装置，可根据生产规模而决定装置的大小，其基本装置由蒸发罐、分馏塔和冷凝器组成（附图 3-1）。

一、蒸　发　罐

蒸发罐可以是夹层的（附图 3-2），在夹层中通蒸气加热；也可以是不带夹层的，在铁罐中安装蛇形管，蒸气通过蛇形管加热（附图 3-3）。在没有锅炉的单位可以采用煤炉火直接加热（附图 3-4），但一定要注意防火措施，加废乙醇入口及乙醇出口一定与火源隔开，要有安全可靠的烟道，将烟尘送出室外，以防火星引起火灾。

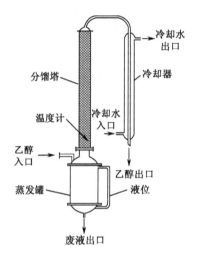

附图 3-1　乙醇蒸馏装置示意图

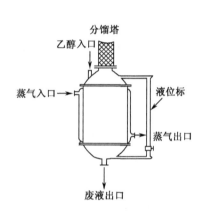

附图 3-2　夹层蒸发罐

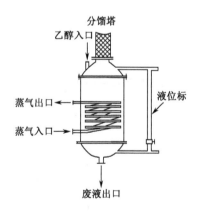

附图 3-3　蛇形管加热蒸馏装置

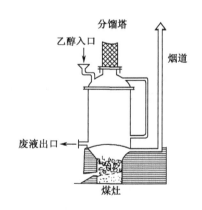

附图 3-4　煤炉加热蒸发装置

蒸发罐的用途是将乙醇气化。由于乙醇的沸点较低而水的沸点高，所以乙醇首先蒸发出来，乙醇中带出的水汽在分馏塔中进行分离，从分馏塔出来的乙醇蒸气浓度就比较大，通过冷凝器冷却就获得乙醇。

二、分 馏 塔

简单的分馏塔可用铁管制成（管的直径可根据回收乙醇的量来决定），中间塞满填充材料。为了防止填充料落入加热罐中，在塔身底部加一块多孔的筛板或铁丝网。分馏塔的效果好坏直接关系到回收乙醇的浓度与回收产量，塔中的填料要求有高的传热能力，而且汽、液分离效果好，这样高浓度的乙醇蒸气能很顺利到达塔顶，而低浓度的乙醇液体能顺利从塔顶沿着填料往下流，液体中乙醇遇到从蒸发罐中来的热蒸气又重新挥发，最后含乙醇很低的水分从塔里流回到蒸发罐中，这样起到了分馏浓缩作用。一般分馏塔越高，蒸出来的乙醇浓度越高；填料的传热能力越大，蒸出来的乙醇浓度也越高。

常用的塔中填料可用瓷环（直径 15mm，长 15mm），这种填料寿命长，但传热效果差；用废铁丝或废铝线（直径 2～3mm）卷成直径为 15mm 左右的弹簧圈，这种弹簧式的填料传热效果很好。其绕制方法也很简单，在一个摇把上锯一开口，将铝线头插入开口中，将摇把一转，即成一个弹簧。

三、冷 凝 装 置

冷凝装置的目的是将乙醇蒸气冷却成液体。回收量大的装置可用列管式的冷凝器，回收量小的只要用带夹套的单管冷凝器即可，没有自来水的地方冬季可以采用空气冷凝，夏天采用蛇形管冷凝装置（附图 3-5）。

回收乙醇时，先在附图 3-1（乙醇蒸馏装置示意图）的蒸发罐中加入 2/3 体积的废乙醇，缓慢加热，注意暴沸。如果发生暴沸，废乙醇将从塔顶喷出，得不到好的回收效果。遇到这种情况，应将蒸气阀门或火门关小，同时应控制乙醇流出量。在回收过程中，还应经常用酒精比重计测定回收乙醇的浓度，收集 70% 以上的乙醇，70% 以下的再回收一次，直到乙醇浓度低于 30% 或者不出乙醇为止。一般蒸发罐温度升到 105℃ 以上，基本可以认为蒸发罐中没有乙醇了，这时将废液放掉，浓度低的乙醇可供下次再回收。如回收沉淀肝素钠后的废乙醇，乙醇回收后，蒸发罐中盐浓度可达 30% 左右，可以收集供提取肝素钠盐解用。

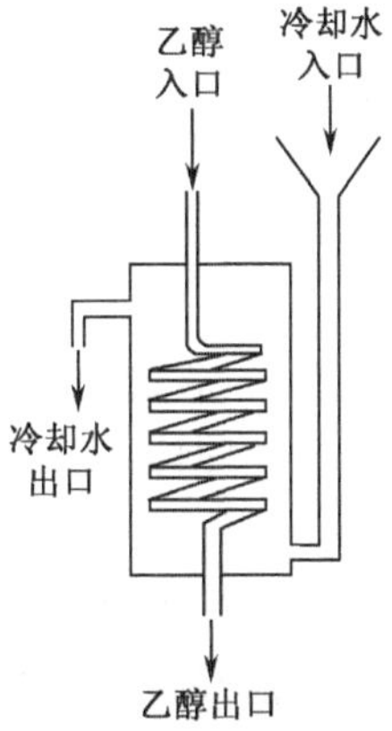

根据多年的回收乙醇经验，要得到高浓度的乙醇，提

附图 3-5　废汽油桶改装的冷凝器

高回收率及节省回收时间，必须有一套合理的回收装置，为此提供以下回收装置的比例数据（附表 3-1），以供大家参考。

附表 3-1　回收乙醇装置的比例数据

每天回收量 /L	蒸发罐 /L	塔高 /m	塔直径 /cm	蒸馏时间 /h	最高蒸出浓度 /%
20	40	3	60	4~5	90 以上
50	100	3	100	5~6	90 以上
200	400	4	150	5~6	90 以上

附录四　常用仪器的使用

一、酸　度　计

酸度计是测定溶液 pH 的重要精密仪器。实验室常用的是国产雷磁 25 型酸度计，可用于 pH 测定和电动势测定。

1. 使用方法

（1）安装电极　仪器配备 221 型玻璃电极和 222 型甘汞电极。把玻璃电极的塑料帽夹在电极夹的夹子上，插头插在插孔内，并用插孔上的小螺钉把电极插头固定。把甘汞电极的金属帽夹在电极夹的另一夹子上，由于它具有金属的帽子，可直接与仪器内部形成回路。两个电极的高度，可利用电极夹上的支头螺丝调节。

1）首先，将"pH-mV"开关拨到"pH"位置。然后，打开电源开关，指示灯亮后，应预热 5min。

2）在小烧杯中加入已知 pH 的标准缓冲溶液，将电极浸入，应使玻璃电极的球状体和甘汞电极的毛细孔完全浸入溶液，再轻摇烧杯，使电极所接触的溶液均匀。

3）调节温度补偿器使旋钮指示的温度与杯内溶液的温度相同。

4）根据标准缓冲液的 pH，将量程选择开关拨至 0~7 或 7~14。旋转零点调节器，使指针指在 pH 为 7 处。

5）按下读数开关，如要揿住，可按下后稍许转动即可。转动定位调节器，使指针恰好指在标准缓冲溶液的 pH 处。

6）放开读数开关，指针应在 pH＝7 处。如有变动，则重复 4）、5）操作至数值稳定为止。校正完毕，不要再动定位旋钮。

7）校正后，用蒸馏水冲洗电极与烧杯，并用滤纸轻轻地吸干剩余的溶液。

（2）测量　包括下列步骤。

1）用待测液冲洗一下电极，然后将电极浸入盛有待测液的烧杯中，轻摇烧杯使溶液均匀。

2）被测溶液的温度应与标准缓冲液的温度相同。

3）按下读数开关，指针所指的pH即为待测液的值。重复几次，直至数值不变为准。

4）放开读数开关，指针应指在pH＝7处，否则应再次调节pH至7处，重测读数稳定为止。

5）若在量程0～7范围测定时，指针读数超出刻度范围，应将量程开关拨至7～14的位置，再重复3）、4）的操作。

6）测量完毕，放开读数开关，关闭电源开关。然后冲洗干净，玻璃电极可浸泡在蒸馏水中，将甘汞电极离开蒸馏水并戴上橡皮套。

2．注意事项

1）玻璃电极在使用前应使圆球泡在蒸馏水中浸数小时甚至1昼夜，平时，应经常浸泡在蒸馏水中，以备随时可用。

2）玻璃电极不要与强烈吸水的溶剂、强酸溶液接触太久。用毕立即用水洗净。不要沾上油污，若不慎沾上油泥应先用乙醇，再用四氯化碳或乙醚，最后用乙醇浸洗，再用水洗净。

3）玻璃电极的圆球泡很薄，使用时应小心勿与硬物相碰，以免球泡破碎。

4）甘汞电极在使用时，要注意电极内充满氯化钾溶液，里面应无气泡，防止断路。电极不用时，可用橡皮套将下端毛细孔套住，或浸在饱和氯化钾溶液内。不要与玻璃电极同时浸在蒸馏水中。

3．标准缓冲液的配制

酸度计用的标准缓冲液要求有较大的稳定性、较小的温度依赖性，其试剂易于提纯。附表4-1列出了不同温度时标准缓冲液的pH。常用标准缓冲液的配制方法如下：

（1）pH＝4.00（10～20℃）　将邻苯二甲酸氢钾在105℃干燥1h后，称取5.07g加重蒸馏水溶解至500 mL。

（2）pH＝6.88（20℃）　称取在130℃干燥2h的3.401g磷酸二氢钾（KH_2PO_4）、8.95g磷酸氢二钠（$Na_2HPO_4 \cdot 12H_2O$）或3.549g无水磷酸氢二钠（Na_2HPO_4），加重蒸馏水溶解至500 mL。

（3）pH＝9.18（25℃）　称取3.8144g四硼酸钠（$Na_2B_4O_7 \cdot 10H_2O$）、2.02g无水四硼酸钠（$Na_2B_4O_7$），加重蒸馏水溶解至1000 mL。

附表 4-1　不同温度时标准缓冲液的 pH

温度/℃	0.05mol/L 邻苯二甲酸氢钾	0.025mol/L 磷酸二氢钾 0.025mol/L 磷酸氢二钠	0.01mol/L 四硼酸钠
10	4.00	6.92	9.33
15	4.00	6.90	9.27
20	4.00	6.88	9.23
25	4.01	6.86	9.18
30	4.02	6.85	9.14
35	4.03	6.84	9.08

二、分光光度计

根据物质的吸收光谱进行定性或定量分析的方法称为吸收光谱法或分光光度法，该法所用的仪器称为分光光度计或吸收光谱仪。用于可见光及紫外光区域（即 200～800 nm）的吸收光谱仪，通常叫分光光度计；用于红外光区域的吸收光谱仪，简称为红外光谱仪。

1. 721 型分光光度计

721 型分光光度计是在 72 型的基础上革新的产品，比 72 型有很大的改进，仪器体积小，稳定性和灵敏度都有所提高，使用比较方便，且外型美观大方。操作方法如下：

1) 检查读数电流计的指针是否指在透光度"0"刻度线上，若有偏离可用电流计上的校正螺丝进行调节。

2) 接上电源，打开电源开关，打开比色槽暗箱盖，使电表指针处于透光度 100%（即光吸收"0"刻度线上，预热 20 min，再选择须用的单色光波长和相应的放大灵敏度挡，用调"0"电位器校正电表光吸收"0"位。

3) 将空白溶液的比色皿放在比色架的第一格，其余三格放待测溶液比色皿。将比色皿箱盖合上，这时空白溶液对准光路，光电管见光，旋转光量调节器，使电表指针正确地指在 100% 透光度上。

4) 按上述方式连续几次调正"0"位和电表指针透光度 100%，仪器即可进行测定工作。若空白溶液对光线吸收能力过强，仪器灵敏度不能调到 100% 时，可将灵敏度选择开关拨到较高一挡，至足以调到 100% 为宜，但改变灵敏度选择开关位置后，需要重复校正"0"和"100%"。

5) 将标准液及测定液的比色皿依次推入光路，可从电流计直接读出其光吸收值。

6) 使用完毕后，将开关放回"关"的位置，切断电源。并将比色皿取出，用蒸馏水洗涤干净。

2. 722 型光栅分光光度计

（1）仪器的主要用途　722 型光栅分光光度计（附图 4-1）能在近紫外、可见光谱区域内对样品物质进行定性和定量的分析，该仪器可广泛应用于医药卫生临床检验、生物化学、石油化工、环境保护、质量控制等部门，是理化实验室常用分析仪器之一。

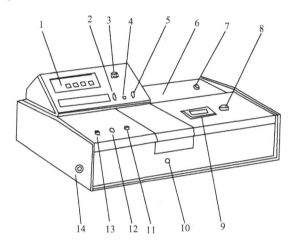

附图 4-1　722 型光栅分光光度计

1. 数字显示器；2. 光吸收调零旋钮；3. 选择开关；4. 光吸收调斜率电位器；5. 浓度旋钮；6. 光源室；7. 电源开关；8. 波长手轮；9. 波长刻度窗；10. 试样架拉手；11.100%T 旋钮；12.0%T 旋钮；13. 灵敏度调节旋钮；14. 干燥器

（2）仪器的操作方法及注意事项　主要有以下几个方面。

1）将灵敏度旋钮调置"1"挡（放大倍率最小）。

2）开启电源，指示灯亮，仪器预热 20min，选择开关置于"T"。

3）打开试样室盖（光门自动关闭），调节"0%T"旋钮，使数字显示为"00.0"。

4）将装有溶液的比色皿放置比色架中。

5）旋动仪器波长手轮，把测试所需的波长调节至刻度线处。

6）盖上样品室，将参比溶液比色皿置于光路，调节透光率"100%T"旋钮，使数字显示为"100%T"，如显示不到 100%，则可适当增加灵敏度的挡数，同时重复 3），调整仪器为"00.0"。

7）将被测溶液置于光路中，数字表直接读出被测溶液的透光率（T）值。

8）光吸收 A 的测量，参照操作 3）、6），调整仪器为"00.0"和"100%T"

将选择开关置于 A，旋动光吸收调零旋钮，使得数字显示为".000"，然后移入被测溶液，显示值即为试样的光吸收 A 值。

9) 浓度 c 的测量，选择开关由 A 旋至 c，将标定浓度的溶液移入光路，调节浓度旋钮，使得数字显示为标定值，将被测溶液移入光路，即可读出相应的浓度值。

10) 仪器在使用时，应常参照本操作方法 3)、6)，进行调"00.0"和"100%T"的工作。

11) 每台仪器所配套的比色皿不能与其他仪器上的比色皿单个调换。

12) 本仪器数字显示器的后背部带有外接插座，可输出模拟信号，插座 1 脚为正，2 脚为负接地线。

13) 如果大幅度改变测试波长，需等数分钟才能正常工作（因波长由长波向短波或短波向长波移动时，光能量变化急剧，光电传受光后响应缓慢，需一段光响应平衡时间）。

3. 751 型分光光度计

751 型分光光度计是可见光和紫外光分光光度计，其波长范围为 200～1000nm。在波长 200～320nm 范围内，用氢灯作为光源；在波长 320～1000nm 范围内，用钨丝白炽灯泡作为光源，它可测定物质在紫外区、可见光区及近红外区的吸收光谱，因而它的应用范围更为广泛。

751 型分光光度计经过改进成为 751G 分光光度计（上海分析仪器厂出品），其使用方法相同。751G 分光光度计结构示意图（正视）见附图 4-2。

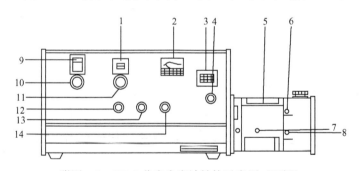

附图 4-2　751G 分光光度计结构示意图（正视）

1. 测量读数盘；2. 零位计（电表）；3. 狭缝；4. 狭缝旋钮；5. 样品室盖；
6. 光门旋钮；7. 试样选择旋钮（手柄）；8. 光电管选择旋钮；9. 波长分度盘；
10. 波长选择旋钮；11. 读数电位器旋钮；12. 选择开关；13. 灵敏度旋钮；
14. 暗电流旋钮

（1）操作方法　包括以下步骤。

1）在电源电压与仪器要求的电压相符时，插上电源插头。

2）仪器装有两个光源灯。钨灯的波长范围为 320～1000nm，氢灯为 320nm 以下。拨动光源灯座的把手，将选用的氢灯或钨灯置于光路中。

3）检查仪器各种开关和旋钮，处于关闭位置时，打开电源开关，把选择开关置"校正"位置，调节暗电流旋钮，使电表指示零位，预热 10min。

4）选择适当的比色皿，测定波长在 350nm 以上时，用玻璃比色皿；若在 350nm 以下，必须使用石英比色皿。比色皿盛入溶液后，放在暗厢内比色皿架上，盖好盖板。此时空白溶液的比色皿恰好处于光路中。

5）选择适当的光电管。测定的波长范围在 200～625nm 内，用蓝敏光电管，应将手柄推入；若在 625～1000nm 范围内，用红敏光电管，应将手柄拉出。

6）调节灵敏度旋钮，在正常情况下，从停止的位置起沿顺时针方向转动 4～5 圈。

7）将选择开关拨至"校正"位置后，转动选择波长的旋钮，使波长刻度对准所需要的波长。

8）调节暗电流旋钮，使电表指针对准"0"位，为了得到较高的准确度，每测量一次都应校正暗电流一次。

9）转动读数电位器旋钮 11，使刻度盘处于透光幕"100%"位。然后，把选择开关拨至"×1"位，再拉开暗电流闸门，使单色光进入光电管。

10）调节狭缝旋钮使电表指针处于"0"位附近，再用灵敏度旋钮仔细调节，使电表指针准确地位于"0"位。

11）轻轻拉动比色皿架拉杆，使第二个比色皿的待测液处于光路中，这时电表指针偏离"0"位，再转动读数电位器旋钮，重新调电表指针对准"0"位，刻度盘上的读数即为该待测液的光密度，依此测定第二、第三个待测液，并读出数据。

12）完成一次测量后，要将暗电流闸门立即关上，以保护光电管。

13）当选择开关处于"×1"位，光吸收从 ∞～0，透光率从 0～100，若透光率小于 10% 时，则可把选择开关拨到"0.1"位。这时，读出的透光率数值要除以"10"，而光吸收值应加上"10"。

14）测定完毕，将每个开关、旋钮、操作手柄等复原或关闭。拔掉电源插头，以切断电源，并盖好仪器罩。

（2）注意事项　主要有以下方面。

1）该仪器是贵重的精密仪器，应由专人负责管理和维护。

2）若外电路电压波动较大，可使用稳压器，以增加仪器的稳定性，延长仪器的寿命。

三、电动离心机

在生化制品的提取制备过程中，为了在短时间内分离出一些物质，常采用离心机。离心机是利用离心力对混合溶液进行分离和沉淀的一种专用仪器。电动离心机分为大、中、小三种类型。在此只介绍最常用的落地式电动离心机。

1. 操作

1）使用前应先检查变速旋钮是否在"0"处。外套管应完整不漏，外套管底部需放橡皮垫。

2）离心时先将待离心的物质转移到大小合适的离心管内，盛量占管的 2/3 体积为宜，过多会溢出．将此离心管放入外套管，再在离心管与外套管间加入缓冲用水。

3）一对外套管和离心管一起放在台秤上平衡，可调整离心管内容物的量或缓冲用水的量。每次离心操作，都必须严格遵守平衡的要求，否则将会损坏离心机部体，甚至造成严重事故，应该十分警惕。

4）将以上两个平衡好的一对套管和离心管，按对称方向放到离心机中，盖严离心机盖，并把不用的离心套管取出。

5）开动时，先开电源，然后慢慢拨动旋钮，使速率逐渐增加。停止时，先将旋钮拨动到"0"，不继续使用时拔下插头，待离心机自动停止后，才能打开离心机盖并取出样品，绝对不能用手阻止离心机转动。

6）用完后，将套管中的橡皮垫洗净，保管好，冲洗外套管，倒立放置使其干燥。

2. 注意事项

1）离心过程中，若听到特殊响声，表明离心管可能破碎，应立即停止离心。如果管已破碎，将玻璃碴冲洗干净，然后换新管按上述操作重新离心。若管未破碎，也需要重新平衡后再离心。

2）有机溶剂和酚等腐蚀塑料套管，盐溶液会腐蚀金属套管。若有渗漏现象，必须及时擦洗干净漏出的溶液，并更换套管。

3）避免连续使用时间过长。一般大离心机用 40min 休息 20min，台式小离心机用 40min 休息 10 min。

4）电源电压应与离心机所需要的电压一致。接地线后，才能通电使用。

5）一年应检查一次离心机内电动机的电刷与整流子磨损情况，严重时更换电刷或轴承。

附录五 常用数据表

附表 5-1 常用酸碱的相对密度和浓度的关系

溶质	分子式	M_r	$c/(mol/L)$	$c/(g/L)$	质量百分数/%	相对密度	配制 1mol/L 溶液的加入量/(mol/L)
冰醋酸	CH_3COOH	60.05	17.4	1045	99.5	1.05	57.5
乙酸		60.05	6.27	376	36	1.045	159.5
甲酸	$HCOOH$	46.02	23.4	1080	90	1.20	42.7
盐酸	HCl	36.5	11.6	424	36	1.18	86.2
			2.9	105	10	1.05	344.8
硝酸	HNO_3	63.02	15.99	1008	71	1.42	62.5
			14.9	938	67	1.40	67.1
			13.3	837	61	1.37	75.2
高氯酸	$HClO_4$	100.5	11.65	1172	70	1.67	85.8
			9.2	923	60	1.54	108.7
磷酸	H_3PO_4	80.0	18.1	1445	85	1.70	55.2
硫酸	H_2SO_4	98.1	18.0	1766	96	1.84	55.6
氢氧化铵	NH_4OH	35.0	14.8	251	28	0.898	67.6
氢氧化钾	KOH	56.1	13.5	757	50	1.52	74.1
			1.94	109	10	1.09	515.5
氢氧化钠	$NaOH$	40.0	19.1	763	50	1.53	52.4
			2.75	111	10	1.11	363.6

附表 5-2 常用元素的相对原子质量表

元素	符号	相对原子质量	元素	符号	相对原子质量	元素	符号	相对原子质量
银	Ag	107.9	铬	Cr	52.00	氮	N	14.01
铝	Al	26.98	铯	Cs	132.9	钠	Na	22.99
砷	As	74.92	铜	Cu	63.55	镍	Ni	58.70
金	Au	197.0	氟	F	19.00	氧	O	16.00
硼	B	10.81	铁	Fe	55.85	磷	P	30.97
钡	Ba	137.3	氢	H	1.008	铅	Pb	207.2
铋	Bi	209.0	氦	He	4.003	钯	Pd	106.4
溴	Br	79.90	汞	Hg	200.6	铂	Pt	195.1
碳	C	12.01	碘	I	126.9	镭	Ra	226.0
钙	Ca	40.08	钾	K	39.10	铷	Rb	85.47
镉	Cd	112.4	锂	Li	6.941	硫	S	32.06
铈	Ce	140.1	镁	Mg	24.31	锑	Sb	121.8
氯	Cl	35.45	锰	Mn	54.94	硒	Se	78.96
钴	Co	58.93	钼	Mo	95.94	硅	Si	28.09

附表 5-3　常用化合物的溶解度

名称	化学式	溶解度	名称	化学式	溶解度
硝酸银	$AgNO_3$	218	高锰酸钾	$KMnO_4$	6.4
硫酸铝	$Al_2(SO_4)_3 \cdot 18H_2O$	36.4	硝酸钾	KNO_3	31.6
氯化钡	$BaCl_2$	35.7	氢氧化钾	$KOH \cdot 2H_2O$	112
氢氧化钡	$Ba(OH)_2$	3.84	硫酸锂	Li_2SO_4	34.2
氯化钙	$CaCl_2$	74.5	硫酸镁	$MgSO_4 \cdot 7H_2O$	26.2
乙酸钙	$Ca(Ac)_2 \cdot 2H_2O$	34.7	草酸铵	$(NH_4)_2C_2O_4$	4.4
氢氧化钙	$Ca(OH)_2$	1.65×10^{-1}	氯化铵	NH_4Cl	37.2
硫酸铜	$CuSO_4$	20.7	硫酸铵	$(NH_4)_2SO_4$	75.4
三氯化铁	$FeCl_3$	91.9	硼砂	$Na_2B_4O_7 \cdot 10H_2O$	2.7
硫酸亚铁	$FeSO_4 \cdot 7H_2O$	26.5	乙酸钠	$NaAc \cdot 3H_2O$	46.5
氯化汞	$HgCl_2$	6.6	乙酸钠	$NaAc$	123.5
碘	I_2	2.9×10^{-2}	氯化钠	$NaCl$	36.0
溴化钾	KBr	65.8	氢氧化钠	$NaOH$	109.0
氯化钾	KCl	34.0	碳酸钠	$Na_2CO_3 \cdot 10H_2O$	21.5
碘化钾	KI	144	碳酸氢钠	$NaHCO_3$	9.6
重铬酸钾	$K_2Cr_2O_7$	13.1	磷酸氢二钠	$Na_2HPO_4 \cdot 12H_2O$	7.7
碘酸钾	KIO_3	8.13	硫代硫酸钠	$Na_2S_2O_3$	70.0

注:表中所列数值表示 100g 水中含溶质的质量(g)。

附表 5-4　常用基准物质的干燥温度和应用范围

名称	化学式	干燥后组成	干燥温度/℃	应用
碳酸氢钠	$NaHCO_3$	Na_2CO_3	270～300	标定酸
十水合碳酸钠	$Na_2CO_3 \cdot 10H_2O$	Na_2CO_3	270～300	标定酸
四硼酸钠	$Na_2B_4O_7 \cdot 10H_2O$	$Na_2B_4O_7$	在装有氯化钠和蔗糖饱和溶液的干燥器中	标定酸
碳酸氢钾	$KHCO_3 \cdot H_2O$	K_2CO_3	270～300	标定酸
二水合草酸	$H_2C_2O_4 \cdot 2H_2O$	$H_2C_2O_4 \cdot 2H_2O$	室温空气干燥	标定碱
邻苯二甲酸氢钾	HOOC—COOK (苯环)	HOOC—COOK (苯环)	110～120	标定碱
重铬酸钾	$K_2Cr_2O_7$	$K_2Cr_2O_7$	140～150	标定还原剂
溴酸钾	$KBrO_3$	$KBrO_3$	150	标定还原剂
碘酸钾	KIO_3	KIO_3	180	标定还原剂
草酸钠	$Na_2C_2O_4$	$Na_2C_2O_4$	130	标定氧化剂
锌	Zn	Zn	室温、干燥器中保存	标定 EDTA
氧化锌	ZnO	ZnO	900～1000	标定 EDTA
碳酸钙	$CaCO_3$	$CaCO_3$	110	标定 EDTA

附表 5-5　氨基酸的一些物理常数

中文名称	英文名称 (缩写)	相对分子 质量	熔点 /℃[①]	溶解度[②]	等电点	pK$_a$(25℃)
DL-丙氨酸	DL-alanine(Ala)	89.09	295d	16.6	6.00	(1)2.35;(2)9.69
L-丙氨酸	L-alanine(Ala)	89.09	297d	16.65	6.00	
DL-精氨酸	DL-arginine(Arg)	174.20	238d		10.76	(1)2.17(COOH); (2)9.04(NH$_2$); (3)12.48(胍基)
L-精氨酸	L-arginine(Arg)	174.20	244d	15.0[21]	10.76	
DL-天门冬酰胺	DL-asparagine(Asp- NH$_2$)(Asn)	132.12	213~215d	2.16		(1)2.02;(2)8.8
L-天门冬酰胺	L-asparagine(Asp- NH$_2$)(Asn)	132.12	236d (水合物)	2.989		
L-天门冬氨酸	L-aspartic acid(Asp)	133.10	269~271	0.5	2.77	(1)2.09(α-COOH); (2)3.86(β-COOH); (3)9.82(NH$_2$)
L-瓜氨酸	L-citrulline(Cit)	175.19	234~237d	易溶		
L-半胱氨酸	L-cysteine(Cys)	121.15		易溶	5.07	(1)1.71;(2)8.33(NH$_2$); (3)10.78(SH)
DL-胱氨酸	DL-cystine(Cyss)	240.29	260	0.0049	5.05	(1)1.65;(2)2.26; (3)7.85;(4)9.85
L-胱氨酸	L-cystine(Cyss)	240.29	258~261d	0.011	5.05	
DL-谷氨酸	DL-glutamic acid(Glu)	147.13	225~227d	2.054	3.22	(1)2.19;(2)4.25;(3)9.69
L-谷氨酸	L-glutamic acid(Glu)	147.13	247~249d	0.864	3.22	
L-谷氨酰胺	L-glutamine(Glu-NH$_2$) (Gln)	146.15	184~185	4.25		(1)2.17;(2)9.13
甘氨酸	Glycine(Gly)	75.07	292d	24.99	5.97	(1)2.34;(2)9.6
DL-组氨酸	DL-histidine(His)	155.16	285~286d	易溶		(1)1.82(COOH); (2)6.0(咪唑基); (3)9.17(NH$_2$)
L-组氨酸	L-histidine(His)	155.16	277d	4.16		
L-羟脯氨酸	L-hydroxyproline (Pro-OH)(Hyp)	131.13	270d	36.11	5.83	(1)1.92;(2)9.73
DL-异亮氨酸	DL-isoleucine(Jleu)	131.17	292d	2.229	6.02	(1)2.36;(2)9.68
L-异亮氨酸	L-isolcucine(Ile)	131.17	285~286d	4.12	6.02	
DL-亮氨酸	DL-leucine(Leu)	131.17	332d	0.991	5.98	(1)2.36;(2)9.60
L-亮氨酸	L-leucine(Leu)	131.17	337d	2.19	5.98	
DL-赖氨酸	DL-lysine(Lys)	146.19			9.74	(1)2.18; (2)8.95(C—NH$_2$); (3)10.53(C—NH$_2$)
L-赖氨酸	L-lysine(Lys)	146.19	224d	易溶	9.74	
DL-甲硫氨酸 (蛋氨酸)	DL-methionine (Met)	149.21	281	3.38	5.74	(1)2.28;(2)9.21
L-甲硫氨酸	L-methionine(Met)	149.21	283d	易溶	5.74	

中文名称	英文名称（缩写）	相对分子质量	熔点/℃[1]	溶解度[2]	等电点	pKa(25℃)
DL-苯丙氨酸	DL-phenylalanine(Phe)	165.19	318～320d	1.42	5.48	(1)1.83;(2)9.13
L-苯丙氨酸	L-phenylalanine(Phe)	165.19	283～284d	2.96	5.48	
DL-脯氨酸	DL-proline(Pro)	115.13	213	易溶	6.30	(1)1.99;(2)10.6
L-脯氨酸	L-proline(Pro)	115.13	220～222d	162.3	6.30	
DL-丝氨酸	DL-serine(Ser)	105.09	246d	5.02	5.68	(1)2.21;(2)9.15
L-丝氨酸	L-serine(Ser)	105.09	223～228d	25^{20}	5.68	
DL-苏氨酸	DL-threonine(Thr)	119.12	235d	20.1	6.16	(1)2.63;(2)10.43
L-苏氨酸	L-threonine(Thr)	119.12	253d	易溶	6.16	
DL-色氨酸	DL-tryptophane(Try)	204.22	283～285	0.25^{30}	5.89	(1)2.38;(2)9.39
L-色氨酸	L-tryptophane(Try)	204.22	281～282	1.14	5.89	
DL-酪氨酸	DL-tyrosine(Tyr)	181.19	316	0.0351	5.66	(1)2.20(COOH);(2)9.11(NH₂);(3)10.07(OH)
L-酪氨酸	L-tyrosine(Tyr)	181.19	342.4d	0.045	5.66	
DL-缬氨酸	DL-valine(Val)	117.15	293d	7.04	5.96	(1)2.32;(2)9.62
L-缬氨酸	L-valine(Val)	117.15	315d	8.85^{20}	5.96	

① d 代表达到熔点后分解。

② 在25℃于100g水中溶解的质量(g),特殊的温度条件则注明在右上角。

附表 5-6 常用参考蛋白质相对分子质量

蛋白质名称		相对分子质量
中文	英文	
肌球蛋白	myosin	220 000
β-半乳糖苷酶	β-galactosidase	130 000
副肌球蛋白	paramyosin	100 000
磷酸化酶 a	phosphorylase a	94 000
血清白蛋白	serum albumin	68 000
L-氨基酸氧化酶	L-amino acid oxidase	63 000
过氧化氢酶	catalase	232 000
丙酮酸激活酶	pyruvate kinase	57 000
谷氨酸脱氢酶	glutamate dehydrogenase	53 000
亮氨酸氨肽酶	leucine aminopeptidase	53 000
γ-球蛋白,H 链	γ-globulin,H chain	50 000
延胡索酸酶	fumarase	49 000
卵白蛋白	ovalbumin	43 000
乙醇脱氢酶(肝)	alcohol dehydrogenase	41 000
烯醇化酶	enolase	41 000
醛缩酶	aldolase(rabbit muscle)	158 000
肌酸激酶	creatine kinase	40 000
D-氨基酸氧化酶	D-amino acid oxidase	
乙醇脱氢酶(酵母)	alcohol dehydrogenase(yeast)	37 000
甘油醛磷酸脱氢酶	glyceraldehyde phosphate dehydrogenase	36 000

附表 5-7　常用蛋白质等电点参考值

蛋　白　质	等　电　点	蛋　白　质	等　电　点
鲑精蛋白(salmine)	12.1	卵黄类黏蛋白(vitellomucoid)	5.5
鲱精蛋白(clupeine)	12.1	尿促性腺激素	3.2～3.3
鲟精蛋白(sturine)	11.71	(urinary gonadotropin)	
胸腺组蛋白(thymohistone)	10.8	溶菌酶(lysozyme)	11.0～11.2
珠蛋白(人)(globin(human))	7.5	肌红蛋白(myoglobin)	6.99
卵白蛋白(ovalbumin)	4.71;4.59	血红蛋白(人)	7.07
伴清蛋白(conalbumin)	6.8;7.1	[hemoglobin(human)]	
血清白蛋白(serum albumin)	4.7～4.9	血红蛋白(鸡)[hemoglobin(hen)]	7.23
肌清蛋白(myoalbumin)	3.5	血红蛋白(马)[hemoglobin(horse)]	6.92
肌浆蛋白 A(myogen A)	6.3	血蓝蛋白(hemocyanin)	4.6～6.4
β-乳球蛋白(β-lactoglobulin)	5.1～5.3	蚯蚓血红蛋白(hemerythrin)	5.6
卵黄蛋白(livetin)	4.8～5.0	血绿蛋白(chlorocruorin)	4.3～4.5
γ_1-球蛋白(人)	5.8;6.6	无脊椎血红蛋白(erythrocruorine)	4.6～6.2
[γ_1-globulin(human)]		细胞色素 c(cytochrome c)	9.8～10.1
γ_2-球蛋白(人)	7.3;8.2	视紫质(rhodopsin)	4.47～4.57
[γ_2-globulin(human)]		促凝血酶原激酶(thromboplastin)	5.2
肌球蛋白 A(myosin A)	5.2～5.5	α_1-脂蛋白(α_1-lipoprotein)	5.5
原肌球蛋白(trotomyosin)	5.1	β_1-脂蛋白(β_1-lipoprotein)	5.4
铁传递蛋白(siderophilin)	5.9	β-卵黄脂磷蛋白(β-lipovitellin)	5.9
胎球蛋白(fetuin)	3.4～3.5	芜菁黄花病毒(turnip yellow virus)	3.75
血纤蛋白原(fibrinogen)	5.5～5.8	牛痘病毒(vaccinia virus)	5.3
α-眼晶体蛋白(α-crystallin)	4.8	生长激素(somatotropin)	6.85
β-眼晶体蛋白(β-crystallin)	6.0	催乳激素(prolactin)	5.73
花生球蛋白(arachin)	5.1	胰岛素(insulin)	5.35
伴花生球蛋白(conarachin)	3.9	胃蛋白酶(pepsin)	1.0 左右
角蛋白类(keratin)	3.7～5.0	糜蛋白酶(胰凝乳蛋白酶)	8.1
还原角蛋白(keratein)	4.6～4.7	(chymotrypsin)	
胶原蛋白(collagen)	6.6～6.8	牛血清白蛋白	4.9
鱼胶(ichthyocol)	4.8～5.2	(bovine serum albumin)	
白明胶(gelatin)	4.7～5.0	核糖核酸酶(牛胰)[ribonuclease 或	7.8
α-酪蛋白(α-casein)	4.0～4.1	R Nase(bovine pancreas)]	
β-酪蛋白(β-casein)	4.5	甲状腺球蛋白(thyroglobulin)	4.58
γ-酪蛋白(γ-casein)	5.8～6.0	胸腺核组蛋白	4 左右
α-卵类黏蛋白(α-ovomucoid)	3.83～4.41	(thymonucleohistone)	
α_1-黏蛋白(α_1-mucoprotein)	1.8～2.7		

附表 5-8 调整硫酸铵溶液饱和度计算表(25℃)

硫酸铵初浓度/%饱和度	在25℃硫酸铵终浓度/%饱和度																
	10	20	25	30	33	35	40	45	50	55	60	65	70	75	80	90	100
	每升溶液加固体硫酸铵的质量/g①																
0	56	114	144	176	196	209	243	277	313	351	390	430	472	516	561	662	767
10		57	86	118	137	150	183	216	251	288	326	365	406	449	494	592	694
20			29	59	78	91	123	155	189	225	262	300	340	382	424	520	619
25				30	49	61	93	125	158	193	230	267	307	348	390	485	583
30					19	30	62	94	127	162	198	235	273	314	356	449	546
33						12	43	74	107	142	177	214	252	292	333	426	522
35							31	63	94	129	164	200	238	278	319	411	506
40								31	63	97	132	168	205	245	285	375	469
45									32	65	99	134	171	210	250	339	431
50										33	66	101	137	176	214	302	392
55											33	67	103	141	179	264	353
60												34	69	105	143	227	314
65													34	70	107	190	275
70														35	72	153	237
75															36	115	198
80																77	157
90																	79

① 在25℃下硫酸铵溶液由初浓度调到终浓度时,每升溶液所加固体硫酸铵的质量(g)。

附表 5-9 调整硫酸铵溶液饱和度计算表(0℃)

硫酸铵初浓度/%饱和度	在0℃硫酸铵终浓度/%饱和度																
	20	25	30	35	40	45	50	55	60	65	70	75	80	85	90	95	100
	每100mL溶液加固体硫酸铵的质量/g①																
0	10.6	13.4	16.4	19.4	22.6	25.8	29.1	32.6	36.1	39.8	43.6	47.6	51.6	55.9	60.3	65.0	69.7
5	7.9	10.8	13.7	16.6	19.7	22.9	26.2	29.6	33.1	36.8	40.5	44.4	48.4	52.6	57.0	61.5	66.2
10	5.3	8.1	10.9	13.9	16.9	20.0	23.3	26.6	30.1	33.7	37.4	41.2	45.2	49.3	53.6	58.1	62.7
15	2.6	5.4	8.2	11.1	14.1	17.2	20.4	23.7	27.1	30.6	34.3	38.1	42.0	46.0	50.3	54.7	59.2
20	0	2.7	5.5	8.3	11.3	14.3	17.5	20.7	24.1	27.6	31.2	34.9	38.7	42.7	46.9	51.2	55.7
25		0	2.7	5.6	8.4	11.5	14.6	17.9	21.1	24.5	28.0	31.7	35.5	39.5	43.6	47.8	52.2
30			0	2.8	5.6	8.6	11.7	14.8	18.1	21.4	24.9	28.5	32.3	36.2	10.2	44.5	48.8
35				0	2.8	5.7	8.7	11.8	15.1	18.4	21.8	25.4	29.1	32.9	36.9	41.0	45.3
40					0	2.9	5.8	8.9	12.0	15.3	18.7	22.2	25.8	29.6	33.5	37.6	41.8
45						0	2.9	5.9	9.0	12.3	15.6	19.0	22.6	26.3	30.2	34.2	38.3
50							0	3.0	6.0	9.2	12.5	15.9	19.4	23.0	26.3	30.8	34.8
55								0	3.0	6.1	9.3	12.7	16.1	19.7	23.5	27.3	31.3
60									0	3.1	6.2	9.5	12.9	16.4	20.1	23.1	27.9
65										0	3.1	6.3	9.7	13.2	16.8	20.5	24.4
70											0	3.2	6.5	9.9	13.4	17.1	20.9
75												0	3.2	6.6	10.1	13.7	17.4
80													0	3.3	6.7	10.3	13.9
85														0	3.4	6.8	10.5
90															0	3.4	7.0
95																0	3.5
100																	0

① 在0℃下硫酸铵溶液由初浓度调到终浓度时,每100mL溶液所加固体硫酸铵的质量(g)。

附录六 常用缓冲溶液的配制方法

附表 6-1 甘氨酸-盐酸缓冲液(0.05mol/L)的配制方法

(x mL 0.2mol/L 甘氨酸 + y mL 0.2mol/L 盐酸,加水稀释至 200mL)

pH	x/mL	y/mL	pH	x/mL	y/mL
2.2	50	44.0	3.0	50	11.4
2.4	50	32.4	3.2	50	8.2
2.6	50	24.2	3.4	50	6.4
2.8	50	16.8	3.6	50	5.0

注:甘氨酸 M_r = 75.07,0.2mol/L 甘氨酸溶液为15.01g/L。

附表 6-2 甘氨酸-氢氧化钠缓冲液(0.05mol/L)的配制方法

(x mL 0.2mol/L 甘氨酸 + y mL 0.2mol/L 氢氧化钠,加水稀释至 200mL)

pH	x/mL	y/mL	pH	x/mL	y/mL
8.6	50	4.0	9.6	50	22.4
8.8	50	6.0	9.8	50	27.2
9.0	50	8.8	10.0	50	32.0
9.2	50	12.0	10.4	50	38.6
9.4	50	16.8	10.6	50	45.5

注:甘氨酸 M_r = 75.07,0.2mol/L 甘氨酸溶液为15.01g/L。

附表 6-3 邻苯二甲酸-盐酸缓冲液(0.05mol/L,20℃)的配制方法

(x mL 0.2mol/L 邻苯二甲酸氢钾 + y mL 0.2mol/L 盐酸,加水稀释至 20mL)

pH	x/mL	y/mL	pH	x/mL	y/mL
2.2	5	4.670	3.2	5	1.470
2.4	5	3.960	3.4	5	0.990
2.6	5	3.295	3.6	5	0.597
2.8	5	2.642	3.8	5	0.263
3.0	5	2.032			

注:邻苯二甲酸氢钾 M_r = 204.23,0.2mol/L 邻苯二甲酸氢钾溶液为40.85g/L。

pH	0.2mol/L 磷酸氢二钠/mL	0.1mol/L 柠檬酸/mL	pH	0.2mol/L 磷酸氢二钠/mL	0.1mol/L 柠檬酸/mL
2.2	0.40	19.60	5.2	10.72	9.28
2.4	1.24	18.76	5.4	11.15	8.85
2.6	2.18	17.82	5.6	11.60	8.40
2.8	3.17	16.83	5.8	12.09	7.91
3.0	4.11	15.89	6.0	12.63	7.37
3.2	4.94	15.06	6.2	13.22	6.78
3.4	5.70	14.30	6.4	13.85	6.15
3.6	6.44	13.56	6.6	14.55	5.45
3.8	7.10	12.90	6.8	15.45	4.55
4.0	7.71	12.29	7.0	16.47	3.53
4.2	8.28	11.72	7.2	17.39	2.61
4.4	8.82	11.18	7.4	18.17	1.83
4.6	9.35	10.65	7.6	18.73	1.27
4.8	9.86	10.14	7.8	19.15	0.85
5.0	10.30	9.70	8.0	19.45	0.55

注:磷酸氢二钠,M_r= 141.98,0.2mol/L 溶液为 28.40g/L;

　　二水合磷酸氢二钠,M_r= 178.05,0.2mol/L 溶液为 35.61g/L;

　　柠檬酸,M_r= 210.14,0.1mol/L 溶液为 21.01g/L。

附表 6-5　柠檬酸-氢氧化钠-盐酸缓冲液的配制方法

pH	钠离子浓度 /(mol/L)	柠檬酸 $C_6H_8O_7 \cdot H_2O$/g	氢氧化钠 (97%)/g	浓盐酸/mL	最终体积/L[①]
2.2	0.20	210	84	160	10
3.1	0.20	210	83	116	10
3.3	0.20	210	83	106	10
4.3	0.20	210	83	45	10
5.3	0.35	245	144	68	10
5.8	0.45	285	186	105	10
6.5	0.38	266	156	126	10

①使用时可以每升中加入 1g 酚,若最后 pH 有变化,再用少量 50%氢氧化钠溶液或浓盐酸调节,置冰箱保存。

附表 6-6　柠檬酸-柠檬酸钠缓冲液(0.1mol/L)的配制方法

pH	0.1mol/L 柠檬酸/mL	0.1mol/L 柠檬酸钠/mL	pH	0.1mol/L 柠檬酸/mL	0.1mol/L 柠檬酸钠/mL
3.0	18.6	1.4	5.0	8.2	11.8
3.2	17.2	2.8	5.2	7.3	12.7
3.4	16.0	4.0	5.4	6.4	13.6
3.6	14.9	5.1	5.6	5.5	14.5
3.8	14.0	6.0	5.8	4.7	15.3
4.0	13.1	6.9	6.0	3.8	16.2
4.2	12.3	7.7	6.2	2.8	17.2
4.4	11.4	8.6	6.4	2.0	18.0
4.6	10.3	9.7	6.6	1.4	18.6
4.8	9.2	10.8			

注:柠檬酸 $C_6H_8O_7 \cdot H_2O$,$M_r=210.14$,0.1mol/L 溶液为 21.01g/L;

柠檬酸钠 $Na_3C_6H_5O_7 \cdot 2H_2O$,$M_r=294.12$,0.1mol/L 溶液为 29.41g/L。

附表 6-7　乙酸-乙酸钠缓冲液(0.2mol/L,18℃)的配制方法

pH	0.2mol/L 乙酸钠/mL	0.2mol/L 乙酸/mL	pH	0.2mol/L 乙酸钠/mL	0.2mol/L 乙酸/mL
3.6	0.75	9.25	4.8	5.90	4.10
3.8	1.20	8.80	5.0	7.00	3.00
4.0	1.80	8.20	5.2	7.90	2.10
4.2	2.65	7.35	5.4	8.60	1.40
4.4	3.70	6.30	5.6	9.10	0.90
4.6	4.90	5.10	5.8	9.40	0.60

注:三水合乙酸钠,$M_r=136.09$,0.2mol/L 溶液为 27.22g/L。

附表 6-8　邻苯二甲酸氢钾-氢氧化钠缓冲液的配制方法

(50mL 0.1mol/L 邻苯二甲酸氢钾 + x mL 0.1mol/L 氢氧化钠,加水稀释至100mL)

pH	x/mL	pH	x/mL	pH	x/mL
4.1	1.3	4.8	16.5	5.5	36.6
4.2	3.0	4.9	19.4	5.6	38.8
4.3	4.7	5.0	22.6	5.7	40.6
4.4	6.6	5.1	25.5	5.8	42.3
4.5	8.7	5.2	28.8	5.9	43.7
4.6	11.1	5.3	31.6		
4.7	13.6	5.4	34.1		

注:邻苯二甲酸氢钾,$M_r=204.23$,0.1mol/L 溶液为 20.42g/L。

附表 6-9　磷酸氢二钠-磷酸二氢钠缓冲液(0.2mol/L)的配制方法

pH	0.2mol/L 磷酸氢二钠/mL	0.2mol/L 磷酸二氢钠/mL	pH	0.2mol/L 磷酸氢二钠/mL	0.2mol/L 磷酸二氢钠/mL
5.8	8.0	92.0	7.0	61.0	39.0
5.9	10.0	90.0	7.1	67.0	33.0
6.0	12.3	87.7	7.2	72.0	28.0
6.1	15.0	85.0	7.3	77.0	23.0
6.2	18.5	81.5	7.4	81.0	19.0
6.3	22.5	77.5	7.5	84.0	16.0
6.4	26.5	73.5	7.6	87.0	13.0
6.5	31.5	68.5	7.7	89.5	10.5
6.6	37.5	62.5	7.8	91.5	8.5
6.7	43.5	56.5	7.9	93.0	7.0
6.8	49.0	51.0	8.0	94.7	5.3
6.9	55.0	45.0			

注:二水合磷酸氢二钠,$M_r=178.05$,0.2mol/L 溶液为 35.61g/L;

十二水合磷酸氢二钠,$M_r=358.22$,0.2mol/L 溶液为 71.64g/L;

一水合磷酸二氢钠,$M_r=138.01$,0.2mol/L 溶液为 27.6g/L;

二水合磷酸二氢钠,$M_r=156.03$,0.2mol/L 溶液为 31.21g/L。

附表 6-10　磷酸氢二钠-磷酸二氢钾缓冲液(1/15mol/L)的配制方法

pH	1/15mol/L 磷酸氢二钠/mL	1/15mol/L 磷酸二氢钾/mL	pH	1/15mol/L 磷酸氢二钠/mL	1/15mol/L 磷酸二氢钾/mL
4.92	0.10	9.90	7.17	7.00	3.00
5.29	0.50	9.50	7.38	8.00	2.00
5.91	1.00	9.00	7.73	9.00	1.00
6.24	2.00	8.00	8.04	9.50	0.50
6.47	3.00	7.00	8.34	9.75	0.25
6.64	4.00	6.00	8.67	9.90	0.10
6.81	5.00	5.00	8.18	10.00	0
6.98	6.00	4.00			

注:二水合磷酸氢二钠,$M_r=178.05$,1/15mol/L 溶液为 11.876g/L;

磷酸二氢钾,$M_r=136.09$,1/15mol/L 溶液为 9.078g/L。

附表 6-11 磷酸氢二钠-氢氧化钠缓冲液的配制方法

（50mL 0.05mol/L 磷酸氢二钠 + x mL 0.1mol/L 氢氧化钠，加水稀释至 100mL）

pH	x/mL	pH	x/mL	pH	x/mL
10.9	3.3	11.3	7.6	11.7	16.2
11.0	4.1	11.4	9.1	11.8	19.4
11.1	5.1	11.5	11.1	11.9	23.0
11.2	6.3	11.6	13.5	12.0	26.9

注：二水合磷酸氢二钠，$M_r = 178.05$，0.05mol/L 溶液为 8.90g/L；

十二水合磷酸氢二钠，$M_r = 358.22$，0.05mol/L 溶液为 17.91g/L。

附表 6-12 磷酸二氢钾-氢氧化钠缓冲液(0.05mol/L,20℃)的配制方法

（x mL 0.2mol/L 磷酸二氢钾 + y mL 0.2mol/L 氢氧化钠，加水稀释至 20mL）

pH	x/mL	y/mL	pH	x/mL	y/mL
5.8	5	0.372	7.0	5	2.963
6.0	5	0.570	7.2	5	3.500
6.2	5	0.860	7.4	5	3.950
6.4	5	1.260	7.6	5	4.280
6.6	5	1.780	7.8	5	4.520
6.8	5	2.365	8.0	5	4.680

附表 6-13 巴比妥钠-盐酸缓冲液(18℃)的配制方法

pH	0.04mol/L 巴比妥钠溶液/mL	0.2mol/L 盐酸/mL	pH	0.04mol/L 巴比妥钠溶液/mL	0.2mol/L 盐酸/mL
6.8	100	18.4	8.4	100	5.21
7.0	100	17.8	8.6	100	3.82
7.2	100	16.7	8.8	100	2.52
7.4	100	15.3	9.0	100	1.65
7.6	100	13.4	9.2	100	1.13
7.8	100	11.47	9.4	100	0.70
8.0	100	9.39	9.6	100	0.35
8.2	100	7.21			

注：巴比妥钠盐，$M_r = 206.18$，0.04mol/L 溶液为 8.25g/L。

(50mL 0.1mol/L 三羟甲基氨基甲烷(Tris)溶液与 x mL 0.1mol/L 盐酸混匀后,加水稀释至 100mL)

pH	x/mL	pH	x/mL	pH	x/mL
7.10	45.7	7.80	34.5	8.50	14.7
7.20	44.7	7.90	32.0	8.60	12.4
7.30	43.4	8.00	29.2	8.70	10.3
7.40	42.0	8.10	26.2	8.80	8.5
7.50	40.3	8.20	22.9	8.90	7.0
7.60	38.5	8.30	19.9	9.00	5.7
7.70	36.6	8.40	17.2		

注:三羟甲基氨基甲烷(Tris)

$M_r=121.14$,0.1mol/L 溶液为 12.114g/L。Tris溶液可从空气中吸收二氧化碳,保存时注意密封。

附表 6-15　硼砂-盐酸缓冲液(0.05mol/L 硼酸根)的配制方法

(50mL 0.025mol/L 硼砂 + x mL 0.1mol/L 盐酸,加水稀释至 100mL)

pH	x/mL	pH	x/mL	pH	x/mL
8.00	20.5	8.4	16.6	8.8	9.4
8.10	19.7	8.5	15.2	8.9	7.1
8.20	18.8	8.6	13.5	9.0	4.6
8.30	17.7	8.7	11.6	9.1	2.0

注:硼砂,$M_r=381.43$,0.025mol/L 溶液为 9.53g/L。

附表 6-16　硼酸-硼砂缓冲液(0.2mol/L 硼酸根)的配制方法

pH	0.05mol/L 硼砂/mL	0.2mol/L 硼酸/mL	pH	0.05mol/L 硼砂/mL	0.2mol/L 硼酸/mL
7.4	1.0	9.0	8.2	3.5	6.5
7.6	1.5	8.5	8.4	4.5	5.5
7.8	2.0	8.0	8.7	6.0	4.0
8.0	3.0	7.0	9.0	8.0	2.0

注:硼砂,$M_r=381.43$,0.05mol/L 溶液(=0.2 mol/L 硼酸根)为 19.07g/L,硼砂易失去结晶水,必须密闭保存;

硼酸,$M_r=61.84$,0.2mol/L 溶液为 12.37g/L。

附表 6-17　硼砂-氢氧化钠缓冲液(0.05mol/L 硼酸根)配制方法

（x mL 0.05mol/L 硼砂 + y mL 0.2mol/L 氢氧化钠,加水稀释至 200mL）

pH	x/mL	y/mL	pH	x/mL	y/mL
9.3	50	6.0	9.8	50	34.0
9.4	50	11.0	10.0	50	43.0
9.6	50	23.0	10.1	50	46.0

注:硼砂,M_r=381.43,0.05mol/L 溶液为 19.07g/L。

附表 6-18　碳酸钠-碳酸氢钠缓冲液(0.1mol/L)的配制方法

（钙离子、镁离子存在时不得使用）

pH		0.1mol/L 碳酸钠/mL	0.1mol/L 碳酸氢钠/mL
20℃	37℃		
9.16	8.77	1	9
9.40	9.12	2	8
9.51	9.40	3	7
9.78	9.50	4	6
9.90	9.72	5	5
10.14	9.90	6	4
10.28	10.08	7	3
10.53	10.28	8	2
10.83	10.57	9	1

注:无水碳酸钠,M_r=105.99,0.1mol/L 溶液为 10.60g/L;

碳酸氢钠,M_r=84.01,0.1mol/L 溶液为 8.40g/L。

附表 6-19　碳酸氢钠-氢氧化钠缓冲液(0.025mol/L 碳酸氢钠)的配制方法

（50mL 0.05mol/L 碳酸氢钠 + x mL 0.1mol/L 氢氧化钠,加水稀释至 100mL）

pH	x/mL	pH	x/mL	pH	x/mL
9.6	5.0	10.1	12.2	10.6	19.1
9.7	6.2	10.2	13.8	10.7	20.2
9.8	7.6	10.3	15.2	10.8	21.2
9.9	9.1	10.4	16.5	10.9	22.0
10.0	10.7	10.5	17.8	11.0	22.7

注:碳酸氢钠,M_r=84.01,0.05mol/L 溶液为 4.20g/L。

(25mL 0.2mol/L 氯化钾 + x mL 0.2mol/L 氢氧化钠,加水稀释至 100mL)

pH	x/mL	pH	x/mL	pH	x/mL
12.0	6.0	12.4	16.2	12.8	41.2
12.1	8.0	12.5	20.4	12.9	53.0
12.2	10.2	12.6	25.6	13.0	66.0
12.3	12.8	12.7	32.2		

注:氯化钾,M_r = 74.55,0.2mol/L 溶液为 14.91g/L。

附表 6-21　几种常用缓冲溶液的配制

pH	配　制　方　法
0	1mol/L 盐酸
1	0.1mol/L 盐酸
2	0.01mol/L 盐酸
3.6	三水合乙酸钠 8g,溶于适量水中,加 6mol/L 乙酸 134mL,稀释至 500mL
4.0	三水合乙酸钠 20g,溶于适量水中,加 6mol/L 乙酸 134mL,稀释至 500mL
4.5	三水合乙酸钠 32g,溶于适量水中,加 6mol/L 乙酸 68mL,稀释至 500mL
5.0	三水合乙酸钠 50g,溶于适量水中,加 6mol/L 乙酸 34mL,稀释至 500mL
5.7	三水合乙酸钠 100g,溶于适量水中,加 6mol/L 乙酸 13mL,稀释至 500mL
7	乙酸铵 77g,用水溶解后,稀释至 500mL
7.5	乙酸铵 60g,溶于适量水中,加 15mol/L 氨水 1.4mL,稀释至 500mL
8.0	乙酸铵 50g,溶于适量水中,加 15mol/L 氨水 3.5mL,稀释至 500mL
8.5	乙酸铵 40g,溶于适量水中,加 15mol/L 氨水 8.8mL,稀释至 500mL
9.0	乙酸铵 35g,溶于适量水中,加 15mol/L 氨水 24mL,稀释至 500mL
9.5	乙酸铵 30g,溶于适量水中,加 15mol/L 氨水 65mL,稀释至 500mL
10.0	乙酸铵 27g,溶于适量水中,加 15mol/L 氨水 197mL,稀释至 500mL
10.5	乙酸铵 9g,溶于适量水中,加 15mol/L 氨水 175mL,稀释至 500mL
11	氯化铵 3g,溶于适量水中,加 15mol/L 氨水 207mL,稀释至 500mL
12	0.01mol/L 氢氧化钠
13	0.1mol/L 氢氧化钠

附录七 常用酸碱指示剂

附表 7-1 某些常用指示剂

名 称	配 制 方 法	pH 范围
百里酚蓝(thymol blue) (酸范围)	0.1g 溶于 10.75mL 0.02mol/L 氢氧化钠,用水稀释到 250mL	1.2~2.8 红 黄
溴酚蓝 (bromophenol blue)	0.1g 溶于 18.6mL 0.02mol/L 氢氧化钠,用水稀释到 250mL	3.0~4.6 黄 蓝
甲基红(methyl red)	0.1g 溶于 7.45mL 0.02mol/L 氢氧化钠,用水稀释到 250mL	4.4~6.2 红 黄
溴甲酚紫 (bromocresol purple)	0.1g 溶于 9.25mL 0.02mol/L 氢氧化钠,用水稀释到 250mL	5.2~6.8 黄 紫
酚红 (phenol red)	0.1g 溶于 14.20mL 0.02mol/L 氢氧化钠,用水稀释到 250mL	6.8~8.0 黄 红
百里酚蓝 (thymol blue)(碱范围)	0.1g 溶于 10.75mL 0.02mol/L 氢氧化钠,用水稀释到 250mL	8.0~9.6 黄 蓝
酚酞 (phenolphthalein)	0.1g 溶于 250mL 70%乙醇	8.2~10.0 无色 红紫

附表 7-2 混合指示剂

指示剂溶液的组成	变色点 pH	酸 色	碱 色	备 注
1 份 0.1%甲基黄乙醇溶液 1 份 0.1%甲烯蓝乙醇溶液	3.28	蓝紫	绿	pH=3.4 绿色, pH=3.2 蓝色
4 份 0.1%甲基红乙醇溶液 1 份 0.1%甲烯蓝乙醇溶液	5.4	红紫	绿	pH=5.2 红紫, pH=5.4 暗蓝, pH=5.6 绿色
1 份 0.1%中性红乙醇溶液 1 份 0.1%甲烯蓝乙醇溶液	7.0	蓝紫	绿	pH=7.0 蓝紫, 保存于深色瓶中
1 份 0.1% α-萘酚乙醇溶液 3 份 0.1%酚酞乙醇溶液	8.9	浅红	紫	pH=8.6 浅绿, pH=9.0 紫色

附录八　层析法常用数据表

附表 8-1　葡聚糖凝胶的某些技术数据

分子筛类型	干颗粒直径/μm	相对分子质量分级的范围		床体积/(mL/g 干分子筛)	得水值	最少溶胀平衡时间/h	
		肽及球形蛋白质	葡聚糖（线性分子）			室温	沸水浴
Sephadex G-10	40～120	~700	~700	2～3	1.0±0.1	3	1
Sephadex G-15	40～120	~1500	~1500	2.5～3.5	1.5±0.2	3	1
Sephadex G-25							
粗级	100～300						
中级	50～150	1000～5000	100～5000	4～6	2.5±0.2	6	2
细级	20～30						
超细	10～40						
Sephadex G-50							
粗级	100～300						
中级	50～150	1500～30 000	500～10 000	9～11	5.0±0.3	6	2
细级	20～80						
超细	10～40						
Sephadex G-75	40～120	3000～70 000	1000～50 000	12～15	7.5±0.5	24	3
超细	10～40						
Sephadex G-100	40～120	4000～1 500 000	1000～100 000	15～20	10.0±1.0	48	5
超细	10～40						
Sephadex G-150	40～120	5000～400 000	1000～150 000	20～30	15.0±1.5	72	5
超细	10～40			18～22			
Sephadex G-200	40～120	5000～800 000	1000～200 000	30～40	20.0±2.0	72	5
	10～40			20～25			

附表 8-2　聚丙烯酰胺凝胶的技术数据

型　号	排阻的下限（相对分子质量）	分级分离的范围（相对分子质量）	膨胀后的床体积/(mL/g 干凝胶)	膨胀所需最少时间/h(室温)
Bio-Gel-P-2	1600	200～2000	3.8	2～4
Bio-Gel-P-4	3600	500～4000	5.8	2～4
Bio-Gel-P-6	4600	1000～5000	8.8	2～4
Bio-Gel-P-10	10 000	5000～17 000	12.4	2～4
Bio-Gel-P-10	30 000	20 000～50 000	14.9	10～12
Bio-Gel-P-60	60 000	30 000～70 000	19.0	10～12
Bio-Gel-P-100	100 000	40 000～100 000	19.0	24
Bio-Gel-P-150	150 000	50 000～150 000	24.0	24
Bio-Gel-P-200	200 000	80 000～300 000	34.0	48
Bio-Gel-P-300	300 000	100 000～400 000	40.0	48

　　注:上述各种型号的凝胶都是亲水性的多孔颗粒,在水和缓冲溶液中很容易膨胀。生产厂为 Bio-Rad Laboratories, Rich-mond, California, U.S.A.。

附表 8-3　葡聚糖凝胶的技术数据

名称型号	凝胶内琼脂糖含量/%	排阻的下限（相对分子质量）	分级分离的范围（相对分子质量）	生产厂商
Sepharose 4B	4		$0.3\times10^6\sim3\times10^6$	Pharmacia, Uppsala,
Sepharose 2B	2		$2\times10^6\sim25\times10^6$	Sweden
Sagavac 10	10	2.5×10^5	$1\times10^4\sim2.5\times10^5$	
Sagavac 8	8	7×10^5	$2.5\times10^4\sim7\times10^5$	Seravac Laboratories,
Sagavac 6	6	2×10^6	$5\times10^4\sim2\times10^6$	Maidenhead, England
Sagavac 4	4	15×10^6	$2\times10^5\sim15\times10^6$	
Sagavac 2	2	150×10^6	$5\times10^5\sim15\times10^5$	
Bio-GelA-0.5m	10	0.5×10^6	$<1\times10^4\sim0.5\times10^6$	
Bio-GelA-1.5m	8	1.5×10^6	$<1\times10^4\sim1.5\times10^6$	
Bio-GelA-5m	6	5×10^6	$1\times10^4\sim5\times10^6$	Bio Rad Laboratories,
Bio-GelA-15m	4	15×10^6	$4\times10^4\sim15\times10^6$	California, U.S.A.
Bio-GelA-50m	2	50×10^6	$1\times10^5\sim50\times10^6$	
Bio-GelA-150m	1	150×10^6	$1\times10^6\sim150\times10^6$	

附表 8-4　瑞典 Pharmacia-LKB 公司出产的生物制备以填料

方法	凝胶填料	特征	分离范围(相对分子质量,球蛋白)	载量/[g/(L·h)]	工作pH范围	备注
凝胶过滤	SephacrylS-100HR SephacrylS-200HR	高分辨率分离	$1\times10^3\sim1\times10^4$ $5\times10^3\sim2.5\times10^5$	0.75~1.5(流速为 30cm/h; 周期体积为1柱体积)	2~11	应用在多肽、小蛋白 应用在蛋白、小血清蛋白(如白蛋白) 应用在血清蛋白、单抗 应用在大型蛋白及其延伸结构的蛋白 应用在生物大分子、颗粒及质粒
	SephacrylS-300HR SephacrylS-400HR		$1\times10^4\sim1.5\times10^6$ $2\times10^4\sim8\times10^6$			
	SephacrylS-500HR					
离子交换	DEAE Sepharose FF	弱阴离子交换剂	$<4\times10^6$	4~15(流速为100cm/h,周期体积为16柱体积)	2~14	Sepharose FF 是从 Sepharose CL 凝胶发展出来的，具有更多交联链的新一代凝胶，其优点包括更佳的化学及物理稳定性、高流速等
	Q Sepharose FF	强阴离子交换剂			4~14	
	CM Sepharose FF	弱阳离子交换剂			2~14	
	S Sepharose FF	强阳离子交换剂			2~14	
疏水性相互作用	Phenyl Sepharose FF	低疏水性芳香链	$<20\times10^6$	3~12(流速为100cm/h,周期体积为16柱体积)	2~14	

方法	凝胶填料	特 征	分离范围(相对分子质量,球蛋白)	载量/[g/(L·h)]	工作pH范围	备 注
亲和层析	Protein A Sepharose 4FF Protein G Sepharose 4FF	对IgG有吸附作用	<20×10^6	15(流速为100cm/h,周期体积为16柱体积)	2~11	应用于单克隆抗体提纯
	chelating Sepharose FF	对金属离子有吸附作用		4~15(流速为100cm/h,周期体积为16柱体积)		应用在离子性亲和层析上,如干扰素、血清蛋白等
脱冲盐液,转缓换	Sephadex G 25C Sephadex G 25M Sephadex G 25F Sephadex G 25S F	组族分离	1000~5000	30~120(流速为200cm/h,样品量为30%柱体积)	2~11	应用在脱盐、缓冲液转换及去除生物小分子

附表 8-5 惠普(HP)公司出产的用于生物分子分离纯化的色谱柱填料

方法	填 料	粒度/μm	基 质	孔径	pH范围	备 注
离子交换	阴离子交换					用于蛋白质、多肽、核苷酸、核酸的分离
	TSK DEAE-5PW	10	高聚合物	1000Å	2~12	二乙基氨基乙基弱阴离子交换剂
	TSK DEAE-NPR	3	高聚合物	无孔	2~12	二乙基氨基乙基弱阴离子交换剂,用于快速分离
	PL 1000 SAX	8	高聚合物	1000Å	1~13	季铵型强阴离子交换剂
	阳离子交换					
	TSK SP-5PW	10	高聚合物	1000Å	2~12	丙基磺酸型强阳离子交换剂
	TSK SP NPR	3	高聚合物	无孔	2~12	丙基磺酸型强阳离子交换剂,用于快速分离
凝胶过滤	TSK 2000 SW	10	硅胶	125Å	2~7.5	使用相对分子质量范围500~100 000,用于蛋白质、寡核苷酸、核酸
	TSK 3000 SW	10	硅胶	250Å	2~7.5	使用相对分子质量范围1000~500 000,用于蛋白质、寡核苷酸、核酸
	TSK 4000 SW	10	硅胶	500Å	2~7.5	使用相对分子质量范围5000~7 000 000,用于蛋白质、寡核苷酸、核酸
反相色谱	Vydac C$_4$	5	硅胶	300Å	2~7.5	用于疏水蛋白和肽
	Vydac C$_{18}$	5	硅胶	300Å	2~7.5	
	TSK NPR C$_{18}$	3	高聚合物	无孔	2~12	用于蛋白质和多肽的快速分离
	Hy-TACH C$_{18}$	2	硅胶	无孔	2~9	用于肽的快速分离
	Hypersil C$_{18}$	5	硅胶	120Å	2~7.5	用于氨基酸的快速分离
疏水色谱	TSK phenyl-5PW	10	高聚合物	1000Å	2~12	弱的疏水相,用于蛋白质和肽
	TSK Ethe-5PW	10	高聚合物	1000Å	2~12	弱的疏水相,用于蛋白质和肽

品　　名	面质量/(g/m²)	厚度/mm	灰分/%	性　　能
新华滤纸 1 号	90	0.17	0.08	快速,薄纸
新华滤纸 2 号	90	0.16	0.08	中速,薄纸
新华滤纸 3 号	90	0.15	0.08	慢速,薄纸
新华滤纸 4 号	180	0.34	0.08	快速,厚纸
新华滤纸 5 号	180	0.32	0.08	中速,厚纸
新华滤纸 6 号	180	0.30	0.08	慢速,厚纸
SS₅₉₈G(德)	140～145	0.25～0.28	—	快速,厚纸
Whatman 1 号	85～95	0.16	0.027	中速,薄纸
Whatman 2 号	95～100	0.18	—	中速,薄纸
Whatman 3 号	180	0.36	0.075	中速,厚纸
Whatman 54 号	0.91	0.15		快速,厚纸

附录九　各类化合物的色谱溶剂系统

附表 9-1　各类化合物的色谱溶剂系统

待分析化合物	层 析 类 别		溶剂及其比例
糖类		纸层析	乙酸乙酯-吡啶-水(12:5:4) 异丙醇-吡啶-水(3:1:1) 正丁醇-乙酸-水(12:3:5)
	薄层层析	纤维素薄层	乙酸乙酯-吡啶-乙酸-水(7:5:1:3) 异丙醇-吡啶-乙酸-水(8:8:1:4) 正丁醇-乙酸-水(4:1:2)
		硅胶薄层	乙酸乙酯-甲醇-乙酸-水(12:3:3:2) 正丁醇-甲醇-水(2:3:1) 氯仿-甲醇-水(16:9:2)
氨基酸		纸层析	甲醇-吡啶-水(20:1:5) 异丙醇-甲酸-水(6:1:1) 正丁醇-吡啶-水(1:1:1)
	薄层层析	纤维素薄层	正丙醇-0.2mol/L 氢氧化铵(3:1) 异丙醇-甲酸-水(20:1:5) 正丁醇-吡啶-水(1:1:1)
		硅胶薄层	96% 乙醇-34% 氢氧化铵(7:3) 正丙醇-34% 氢氧化铵(7:3) 正丙醇-乙酸-水(3:1:1)

待分析化合物	层析类别		溶剂及其比例
蛋白质	葡聚糖凝胶柱		0.1mol/L Tris 缓冲溶液,pH＝8.0
			磷酸缓冲溶液(pH＝7.2)＋0.5mol/L 氯化钠
核 酸	葡聚糖凝胶柱		0.13mol/L 甲酸铵,pH＝6.0
			0.02mol/L 磷酸缓冲液,pH＝7.6
	薄层层析	纤维素薄层	异丙醇-盐酸-水(65:16.7:183)
			正丁醇-甲酸-水(77:10:13)
		DEAE 纤维素薄层	异丁醇-浓氢氧化铵-水(33:1:16)
		硅藻土	异丙醇-水(9:1)
		聚酰胺	庚烷-丁醇-乙酸(4:4:1)
			四氯化碳-乙酸-丙酮(4:1:4)
脂肪酸	纸层析 (滤纸经 12%～15% 石蜡油或 5%～10% 真空油脂或矿油处理)		甲醇(95%,90%,80% 或 65%)
			酚用水饱和
			苯-甲酸(1:1)
			正丁醇-乙酸-水(4:1:5)
			冰醋酸-88% 甲酸-30% 过氧化氢(6:1:1)
	硅胶 G 薄层层析		乙酸-水(90:10 或 80:20)
			乙腈-乙酸-水(7:1:2)
生物碱	纸层析(滤纸可经缓冲液 或甲酰胺处理)		乙醇-水(3:2)
			正丁醇-5% 柠檬酸(9:1)
			正丁醇-甲酸-水(12:1:7)
	薄层层析	硅胶 G 薄层	氯仿-丙酮-二乙基胺(5:4:1)
			苯-乙酸乙酯-二乙基胺(7:2:1)
		氧化铝 G 薄层	环己烷-氯仿(30:70)加 0.05% 二乙基胺 3 滴
		硅藻土	氯仿-乙醇(9:1)
甾 类	纸层析 (滤纸经甲酰胺处理)		苯-甲醇-水(2:1:1)
			甲苯-乙酸乙酯-甲醇-水(9:1:5:5)
			正丁醇-乙酸丁酯-水(3:17:1)
	薄层层析	硅胶 G 薄层	苯-甲醇(9:1)
			氯仿-乙醇(19:1 或 9:1)
			二氯甲烷-乙酸(9:1)
			乙酸乙酯-环己烷-乙醇(9:9:2)
		硅藻土 G 薄层	乙酸(70% 或 50%)(石蜡油处理)
			环己烷-甲苯(4:1)(丙二醇处理)
		氧化铝薄层	苯-乙醇(19:1)
			氯仿-乙醇(99:1 或 96:4)
		硅酸镁薄层	苯-乙醇(49:1 或 9:1)
			氯仿-乙醇(99:1 或 96:4)

附录十 各种离子交换剂的特性表

附表 10-1 国产离子交换树脂的特性表

树脂牌号	类型	功能基	粒度/mm	含水量/%	总交换容量/(mmol/g)	最高操作温度/℃	允许pH范围	树脂母体或原料
强酸1号	强酸	—SO₃H	0.3~1.2	45~55	4.5	110	0~14	
强酸1×7(732)	强酸	—SO₃H	0.3~1.2	46~52	4.5	120	0~14	苯乙烯、二乙烯苯、硫酸
强酸010(732)	强酸	—SO₃H	0.3~1.2	45~55	4~5	<120(Na) <100(H)	1~14	
华东强酸42号	强酸	—SO₃H	0.3~1.0	29~32	2.0~2.2	95(Na) 40(H)	1~10	酚醛树脂
多孔强酸1号	强酸	—SO₃H	0.3~0.84		4~4.5	130~150	0~14	交联聚苯乙烯
粉末强酸1×8	强酸	—SO₃H	2~4	44~50	≥4.8	120	0~14	聚苯乙烯
弱酸122号	弱酸	—COOH	0.3~0.84	40~50	3~4			水杨酸、苯酚、甲醛缩聚体
多孔弱酸122号	弱酸	—COOH	0.3~1.0		3.9			
弱酸101×1~8(724)	弱酸	—COOH	0.3~0.84	≤65	≥9		1~14	丙烯酸型
强碱201号	强碱	—N⁺(CH₃)₃X	0.3~1.0	40~50	≥2.7~3.5	70(Cl) 60(OH)	0~14	交联聚苯乙烯
强碱201×4(711)	强碱	—N⁺(CH₃)₃X	0.3~1.2	40~50	≥3.5	70(Cl) 60(OH)	0~14	交联聚苯乙烯

树脂牌号	类型	功能基	粒度/mm	含水量/%	总交换容量/(mmol/g)	最高操作温度/℃	允许pH范围	树脂母体或原料
强碱201×7(717)	强碱	$-N^+(CH_3)_3X$	0.3~1.2	40~50	≥3.0	70(Cl) 60(OH)	0~14	
多孔强碱201	强碱	$-N^+(CH_3)_3X$	0.3~1.0	40~50	2.5~3.0			交联聚苯乙烯
多孔强碱D-254	强碱	$-N^+(CH_3)_3X$	0.3~1.0	40~50	2.5~3.0	70(Cl)	0~14	
粉末201×8	弱碱	$-N^+(CH_3)_3X$	2~4	40~50	≥3.0	60(OH)	0~14	
大孔型强碱202号(763)	强碱	$-N\!\!\begin{matrix}CH_2-CH_2-OH\\(CH_3)_2\end{matrix}X$	0.3~0.84	48~58	≥3.4	50(OH)	0~14	
华东弱碱321号	弱碱	$-NH-$	0.2~0.84	37~40	4~6	50	0~7	间苯二胺多乙烯多胺甲醛缩聚体
弱碱330(701)	弱碱	$-N=$ $-NH_2$	0.2~0.84	55~65	≥9			环氧氯丙烷缩聚体
弱碱311×2(704)	弱碱	$=NH$ $-NH_2$	0.3~0.84	45~55	≥5	—	—	交联聚苯乙烯
弱碱301号	弱碱	$-N(CH_3)_2$	0.3~1.0	45~55	3.0	—		
多孔弱碱301号	弱碱	$-N(CH_3)_2$	0.3~1.0	45~50	1.1			
大孔弱碱702号	弱碱	$=NH$ $-NH_2$	0.3~0.84	57~63	≥7.0	50(OH)	0~9	
大孔弱碱703号	弱碱	$-N(CH_3)_2$	0.3~0.84	58~64	≥6.5	50(OH)	0~9	

附表 10-2　上海树脂厂产品

牌号	产品名称	外观	交换当量/(meq/g)	交换速率	机械强度/%	粒度	膨胀率	真密度/(g/mL)	视密度/(g/mL)	水分/%	活性基团
#701（弱碱330）	环氧型弱碱性阴离子交换树脂	金黄至琥珀色球状颗粒	>9	15min饱和度≥40%	≥90	10~50目占90%以上	$OH^-\rightarrow Cl^-$ ≤20%		0.60~0.75	58~60	$-NH_2$, $=NH$, $\equiv N$
#704（弱碱311×2）	苯乙烯型弱碱性阴离子交换树脂	淡黄色球状颗粒	≥5			16~50目占95%以上				45~55	$-NH_2$, $=NH$
#711（强碱201×4）	苯乙烯型强碱阴树脂	淡黄至金黄色球状颗粒	≥3.5			16~50目占90%以上			0.65~0.75	55~65	$-N(CH_3)_3^+$ Cl^-
#717（强碱201×7）	苯乙烯型强碱阴树脂	淡黄至金黄色球状颗粒	≥3		≥9.5	16~50目占95%以上		1.06~1.11	0.65~0.75	40~50	$-N(CH_3)_3^+$ Cl^-
#724（弱酸101×1.28）	丙烯酸型弱酸性阳树脂	乳白色球状颗粒	≥9	15min吸附链霉素≥60万U/g		20~50目占80%以上	$H^+\rightarrow Na^+$ 150%~190%			≤65	$-COOH$
#732（强酸1×7）	苯乙烯型强酸性阳树脂	淡黄至褐色球状颗粒	≥4.5			16~50目占95%以上		1.23~1.27	0.75~0.85	40~52	$-SO_3H$
#734（强酸1×4.5）	苯乙烯型强酸性阳树脂	棕黄至棕褐色球状颗粒	≥4.5			0.3~1.2mm≥95%				55~65	$-SO_3H$
#735（强酸1×2）	苯乙烯型强酸性阳树脂	棕黄至棕褐色球状颗粒	≥4.5			0.3~1.2mm≥90%				75~85	$-SO_3H$
#763	苯乙烯多孔强碱Ⅱ型阴树脂	乳白至黄色不透明球状颗粒	>3.3			16~50目占95%以上	$OH^-\rightarrow Cl^-$ ≤11%	1.04~1.12	0.65~0.75	48~58	$-NH_2$, $\equiv N$
#702	丙烯酰胺多孔弱碱树脂									60~70	$-NH_2$, $=NH$, $\equiv N$
#703（D311）	丙烯酰胺多孔弱碱树脂	乳黄色不透明球状颗粒	>6.5			0.3~1.2mm≥95%	$OH^-\rightarrow Cl^-$	1.07~1.11	0.70~0.80	52~62	$-NH_2$, $=NH$, $\equiv N$

附表10-3　南开大学化工厂产品

牌号产品名称	主要性能	主要原料	功能团	主要用途
强酸1号 #1阳离子交换树脂 (001×7)	交换容量4.5mg当量/g 强度:耐磨性好	苯乙烯,二乙烯苯,硫酸	$-SO_3H$	制备软化水和纯水,有机合成中作为催化剂,提纯化学试剂和医药产品,以及应用于冶金、印染和制糖等工业中
强酸31号 多孔强酸性 #1阳树脂 (D31)	交换容量>1.3mg当量/g 强度:比普通树脂性好 交换速率:快	苯乙烯,二乙烯苯,硫酸	$-SO_3H$	制备高压锅炉(如120~150atm①)用的超纯水,有机合成中作为催化剂,提纯化学试剂和制糖工业中
强酸61号 改性多孔强酸 #1阳树脂(汽油型) (D61)	交换容量>4.0mg当量/g 强度:高强度	苯乙烯,二乙烯苯,200#溶剂汽油,异丁烯	$-SO_3H$	味精生产中用以提取谷氨酸
强酸71号 改性多孔强酸 #1阳树脂(石蜡型) (D71)	交换容量>4.0mg当量/g 强度:高强度	苯乙烯,二乙烯苯,石蜡,异丁烯,二氯乙烷	$-SO_3H$	石油化学工业中作为催化剂
弱酸101号 弱酸性 #101阳树脂	交换容量>8.5mg当量/g 强度:耐磨性好	甲基丙烯酸,甲基丙烯酸甲酯,二乙烯苯	$-COOH$	链霉素、维生素的提取,血液的脱钙以及在治疗总盐症中作为脱钠剂
弱酸110号 弱酸性 #110阳树脂	交换容量>12mg当量/g 强度:耐磨性好	丙烯酸甲酯,二乙烯苯,乙醇,氢氧化钠	$-COOH$	链霉素的提取,高硬度和高碱度水的处理
弱酸122号 弱酸性 #122阳树脂	交换容量>8.9mg当量/g 强度:耐磨性好	苯酚,甲醛,水杨酸	$-OH$ $-COOH$	杆菌肽、维生素B_{12}的提取,化工产品和化学试剂的提纯;味精工业中用于除去铁
强碱201号 强碱性 #201阴树脂 (201×7)	交换容量>3.0mg当量/g 强度:耐磨性好	苯乙烯,二乙烯苯,三甲胺	$N^+(CH_3)_3Cl^-$	水的软化、高纯水的制备,以及用于冶金和制糖工业中
强碱231号 多孔强碱 #201阴树脂	交换容量>1.0mg当量/g 强度:比普通树脂好 交换速率:比普通树脂快	苯乙烯,二乙烯苯,三甲胺	$N^+(CH_3)_3Cl^-$	制备用于高压锅炉、反应堆中的超纯水,制糖工业中作为脱色剂以及有机合成中作为催化剂等

牌号	产品名称	主要性能	主要原料	功能团	主要用途
弱碱301号(D301)	弱碱性#301阴树脂	交换容量>3.0mg当量/g	苯乙烯,二乙烯、氯甲醚,二甲胺	$-N(CH_3)_2$	治疗胃溃疡和软化水等
弱碱302号	多孔弱碱#301阴树脂	交换容量:比普通树脂好 强度:比普通树脂好 交换速率:比普通树脂快	苯乙烯,二乙烯苯、氯甲醚,二甲胺	$-N(CH_3)_2$	超纯水制备,葡萄糖精制等
弱碱330号	弱碱性#330阴树脂	交换容量>8.5mg当量/g 强度:耐磨性好	多乙烯多胺,氯代环氧丙烷	$-NH_2$ $=NH, \equiv N$	用于黄金的提取,水的处理和化学试剂的提纯等
两性801	两性脱色树脂	交换容量>3.0mg当量/g 强度:高强度	苯乙烯,二乙烯苯、溶剂汽油,三甲胺,氯甲醚		葡萄糖脱色,甘油脱色等

① atm为非法定单位,1atm=1.013 25×10⁵Pa。

附表10-4 其他产品

牌号	树脂类型	外观	功能团	交换容量/(mg当量/g)	生产单位	主要用途
粉末1×8	苯乙烯二乙烯苯	黄色球状100~200目	$-SO_3H$	>4.8	华东化工学院树脂厂	核苷酸分离等
粉末201×8	苯乙烯二乙烯苯	浓黄色球状100~200目	$CH_2\overset{+}{N}(CH_3)_3Cl^-$	>3.0	华东化工学院树脂厂	核苷酸分离等
弱酸125	二羟基苯甲酸-甲醛	黑色粒状	$-COOH, -OH$	6~7	上海第四制药厂	链霉素精制液脱色
弱酸130	间苯二酚-甲醛	棕黄至棕褐球状			上海第五制药厂	
1×3	强酸性苯乙烯系	棕黄至棕褐球状	$-SO_3H$	≥4	扬州制药厂	抗生素提炼吸附
1×25	强酸性苯乙烯系	棕黄至棕褐球状	$-SO_3H$	≥3.5	扬州制药厂	抗生素精制脱盐

附表 10-5 国内外离子交换树脂相应牌号对照表

中　国	美　国	英　国	德　国	日　本	前苏联	主要功能团
华东强酸阳#42	Amberlite IR-100, Dowex 30	Zerolit 315			Ky-11	$-SO_3H$ $-OH$
华东弱酸阳#122	Duolite CS-100	Zerolit 216	Wotatit CS			$-COOH$　$-OH$
强酸 1×1~24	Amberlite IR-118, IR-120, IR-124, Dowex50×2, Dowex HCR-S		Wotatit	神胶 1 号 ダイセイオン Diaion SA-1A	Ky-2	$-CH-CH_2-$ 苯环 SO_3H
强碱 201×1~24	Amberlite IRA-400, IRA-401, Dowex-1×2, Dowex SBR	Deacilite FF	Lewatit MN	神胶 800 号 ダイセイオン Diaion SA-10A	AB-17	$-CH-CH_2-$ 苯环 $CH_2\overset{+}{N}(CH_3)_3\,Cl^-$
强碱 201×1~24	Amberlite IRA-410, Dowex-2			神胶 801 号	AB-18	$-CH-CH_2-$ 苯环 $\overset{+}{\underset{CH_2\cdot CH_2OH}{CH_2N(CH_3)_2}}\,Cl^-$
弱酸 101×1~20	Amberlite IRC-50	Zerolit 226	Wotatit		KB-4112	$-CH_2-\overset{COOH}{\underset{CH_3}{C}}-CH_2-$

中 国	美 国	英 国	德 国	日 本	前苏联	主要功能团
弱碱 301		Zerolit H			AH-18	苯乙烯骨架，$-CH_2N(C_2H_5)_2$
弱碱 302		Zerolit G				苯乙烯骨架，$-CH_2N(CH_3)_2$
弱碱 311	Amberlite IR-45, Dowex-3, Dowex-CCR-3				AH-22	苯乙烯骨架，$CH_2 \cdot NH \cdot CH_2 \cdot CH_2 \cdot NH_2$
弱碱 320	Amberlite IR-4B				AH-21	酚醛型
弱碱 330			Wotatit 150		：π：1011	环氧型
脱色树脂 1 号		Docolorite				弱碱多孔
脱色树脂 2 号	Duolite S-30					弱酸多孔

中　国	美　国	英　国	法　国	德　国	日　本	骨架结构交换基团
强酸大孔 离子交换树脂 D001 （D72）	AmberliteIR- 250 252 Amberlyst XN-1005 Dowex MSC-1	Zerolite S-1104	Duolite C-26 C-264	Lewatit SP-100 SP-112 SP-120	Diaion PK-204 PK-208 HPK-16	聚苯乙烯磺酸型 $-SO_3^-$
强碱大孔 离子交换树脂 D296 D290,D261 D206	Amberlite IRA-900C IRA-900 IRA-910 Dowex MSA-1	Zerolite S-1102 S-1095 S-1106	Duolite A-161 A-162	Lewatit MP-500 MP-600	PA-304 PA-306 PA-404	聚苯乙烯系 $-N{\overset{CH_3}{\underset{CH_3}{\mid}}}CH_3$ $-N{\overset{(CH_3)_2}{\underset{C_2H_4OH}{\mid}}}$
弱酸大孔 离子交换树脂 D150 D152	Amberlite IRC-50 IRC-72 IRC-75 Dowex MWC-1		Duolite CC-4 C-464	Lewatit CNP CNP-80	WA-10 WA-11	聚苯烯酸系 $-COOH$
弱酸大孔 离子交换树脂 D301 D390 D396	Amberlite IRA-93′ IRA-93 IRA-94 Dowex MWA-1	H-1101	Duolite A-368	Wotatit AD-41 Lewatit MP-60 MP-64 MP-62	WA-21	$-N(CH_3)_2$ 聚苯乙烯系 $-NR_2$ $-NHR$ $-NR_2$

附表 10-7　离子交换纤维素的特性表

离子交换纤维素型号	化学类型	功　能　基	酸碱性 强弱程度	交换容量 /(mmol/g)	床容积 /(mL/g)
1. 阳离子交换纤维素					
CM-C	羧甲基	$-CH_2COOH$	弱酸性	0.6	7.5
P-C	磷酸化	$-OPO_3H_2$	强酸性	0.8	7.5
SE-C	磺乙基	$-OC_2H_4SO_3Na$	强酸性	0.2	7.5

离子交换纤维素型号	化学类型	功 能 基	酸碱性强弱程度	交换容量/(mmol/g)	床容积/(mL/g)
2.阴离子交换纤维素					
DEAE-C	二乙氨基乙基	$-OC_2H_4NH(C_2H_5)_2Cl$	弱碱性	0.9~1.0	6.0~9.0
TEAE-C	三乙氨基乙基	$-OC_2H_4N(C_2H_5)_3Cl$	强碱性	0.5~0.8	7.5
GE-C	胍乙基	$-OC_2H_4NHC-NH_2$ $\parallel$ NH	强碱性	0.2~0.3	7.5
ECTEOLA-C	交联醇氨	$-O-CH_2CH_2-N-$ $(C_2H_5OH)_3$	中等碱性	0.3	7.0
PAB-C	对氨基苯甲基	$-OCH_2-\bigcirc-NH_2$	弱碱性	0.2	8.0
AE-C	氨基乙基	$-O-C_2H_4NH_2$	弱碱性	0.2~0.3	8.0

附录十一　各种透析管、透析袋和超滤膜数据表

附表 11-1　Union Carbide 各种型号透析管的渗透范围

型 号	近似膨胀直径(湿)/cm	可透过的分子质量/Da	不能透过的分子质量/Da
8 号	0.62	5 732	20 000
18 号	1.40	3 300	5 732
20 号	1.55	30 000	45 000
27 号	2.10	5 732	20 000
36 号	2.80	20 000	—
$1\frac{7}{8}$ 号	4.7	不详,与 8 号管大致相同	
$3\frac{1}{4}$ 号	8.13	不详,与 8 号管大致相同	

附表 11-2　Spectra por 再生纤维素膜透析袋的数据

型　号	规　格	截留分子量 /Da	扁平宽度 /mm	直　径 /mm	厚　度 /mm	体　积 /(mL/cm)
Spectra por 1	7	$6 \times 10^3 \sim 8 \times 10^3$	10	6.4	0.051	0.32
			23	14.6	0.028	1.7
			32	20.4	0.028	3.2
			40	25.5		5.0
			50	31.8	0.046	8.0
			100	63.7		31.8
			120	76.4		45.8
Spectra por 2	6	$1.2 \times 10^4 \sim 1.4 \times 10^4$	4	2.5		0.05
			10	6.4	0.051	0.032
			25	15.9	0.020	2.0
			45	28.6	0.025	6.4
			105	63.7		31.8
			120	76.4		45.8
Spectra por 3	3	3.5×10^3	18	11.5	0.030	1.0
			45	28.6	0.025	6.4
			54	34.4	0.03	9.3
Spectra por 4	5	$1.2 \times 10^4 \sim 1.4 \times 10^4$	10	6.4	0.051	0.32
			25	15.9	0.020	2.0
			32	20.4	0.028	3.2
			45	28.6	0.025	6.4
			75	47.7	0.041	17.9
Spectra por 5	4	$1.2 \times 10^4 \sim 1.4 \times 10^4$	65	41.4		13.4
			100	63.7		32.2
			120	76.4		45.8
			140	89.2	0.092	63.6
Spectra SMT	4	$1.2 \times 10^4 \sim 1.4 \times 10^4$	4	2.5		0.05
			8	5.1		0.20
			10	6.4	0.510	0.32
			16	10.2		0.81
Spectra por 6(1)	4	1×10^3	12	7.6		0.46
			18	11.5		1.0
			38	24.2		4.6
			45	28.6		6.3
Spectra por 6(2)	4	2×10^3	12	7.6		0.46
			18	11.5	0.30	1.0
			38	24.2		4.6
			45	28.6	0.025	6.3

型　号	规格	截留分子量 /Da	扁平宽度 /mm	直　径 /mm	厚　度 /mm	体　积 /(mL/cm)
Spectra por 6(3)	3	3.5×10^3	18	11.5	0.030	1.0
			45	28.6	0.025	6.4
			54	34.4	0.030	9.3
Spectra por 6 (4)	3	8×10^3	23	14.6	0.020	1.7
			32	20.4	0.028	3.2
			50	31.8	0.028	8.0
Spectra por 6(5)	4	1×10^4	10	6.4	0.051	0.32
			25	15.9	0.020	2.0
			32	20.4	0.028	3.2
			45	28.6	0.025	6.4
Spectra por 6(6)	4	1.5×10^4	10	6.4	0.051	0.32
			25	15.9	0.020	2.0
			32	20.4	0.028	3.2
			45	28.6	0.025	6.4
Spectra por 6(7)	3	2.5×10^4	12	7.6		0.46
			18	11.5	0.030	1.0
			14	21.6	0.025	3.7
Spectra por 6(8)	3	5×10^4	12	7.6		0.46
			18	11.5	0.030	1.0
			14	21.6	0.025	3.7

附表 11-3　纤维素酯膜透析袋的数据

型　号 Spectra por	种　类	截留分子量 /Da	扁平宽度 /mm	直　径 /mm	体　积 /(mL/cm)
CE(1)	4	1×10^2	8	5	0.20
			10	6.4	0.32
			12	7.5	0.44
			16	10.2	0.79
CE(2)	4	5×10^2	8	5	0.20
			10	6.4	0.32
			12	7.5	0.44
			16	10.2	0.79
CE(3)	4	1×10^3	8	5	0.20
			10	6.4	0.32
			12	7.5	0.44
			16	10.2	0.79

型　号 Spectra por	种　类	截留分子量 /Da	扁平宽度 /mm	直　径 /mm	体　积 /(mL/cm)
CE(4)	4	2×10^3	8	5	0.20
			10	6.4	0.32
			12	7.5	0.44
			16	10.2	0.79
CE(5)	4	3.5×10^3	8	5	0.20
			10	6.4	0.32
			12	7.5	0.44
			16	10.2	0.79
CE(6)	4	5×10^3	8	5	0.20
			10	6.4	0.32
			12	7.5	0.44
			16	10.2	0.79
CE(7)	3	8×10^3	10	6.4	0.32
			12	7.5	0.44
			16	10.2	0.79
CE(8)	4	1×10^4	8	5	0.20
			10	6.4	0.32
			12	7.5	0.44
			16	10.2	0.79
CE(9)	4	1.5×10^4	8	5	0.20
			10	6.4	0.32
			12	7.5	0.44
			16	10.2	0.79
CE(10)	4	2.5×10^4	8	5	0.20
			10	6.4	0.32
			12	7.5	0.44
			16	10.2	0.79

附表 11-4　Amicon 圆形超滤膜的规格和有效过滤面积的数据

超滤膜直径/mm	有效过滤面积/cm²
14	0.92
25	4.1
43	13.4
62	28.7
76	41.8
90	63
150	162

超滤膜型号	标称截留分子量	水流量 /[mL/(min·cm²)]	溶质	溶质流量 /[mL/(min·cm²)]
YCO5	500	0.03~0.04	蔗糖	0.03
YM1	1000	0.02~0.04	蔗糖	0.03
YM3	3000	0.06~0.08	白蛋白	0.07
YM10	10 000	0.15~0.20	白蛋白	0.15
PM10	10 000	1.5~3.0	白蛋白	0.17
YM30	30 000	0.8~1.0	白蛋白	0.20
PM30	30 000	2.0~6.0	白蛋白	0.20
XM50	50 000	1.0~2.5	白蛋白	0.15
YM100	100 000	0.6~1.0	白蛋白	0.75
XM300	300 000	0.5~1.0	组分 II	0.06